Lehr- und Handbücher zu Tourismus, Verkehr und Freizeit

Herausgegeben von
Univ.-Prof. Dr. Walter Freyer

Lieferbare Titel:

Agricola, Freizeit – Grundlagen für Planer und Manager

Althof, Incoming-Tourismus, 2. Auflage

Arlt · Freyer, Deutschland als Reiseziel chinesischer Touristen

Bastian · Born · Dreyer, Kundenorientierung im Touristikmanagement, 2. Auflage

Bieger, Management von Destinationen, 7. Auflage

Dreyer, Kulturtourismus, 3. Auflage

Dreyer · Krüger, Sportmanagement

Dreyer · Dehner, Kundenzufriedenheit im Tourismus, 2. Auflage

Dreyer u.a., Krisenmanagement im Tourismus

Finger · Gayler, Animation im Urlaub, 3. Auflage

Freyer, Tourismus, 9. Auflage

Freyer, Tourismus-Marketing, 6. Auflage

Freyer · Pompl, Reisebüro-Management, 2. Auflage

Günter, Handbuch für Studienreiseleiter, 3. Auflage

Henselek, Hotelmanagement – Planung und Kontrolle

Illing, Gesundheitstourismus und Spa-Management

Kaspar, Management der Verkehrsunternehmungen

Landgrebe · Schnell, Städtetourismus

Lieb · Pompl, Qualitätsmanagement im Tourismus

Müller, Tourismus und Ökologie, 3. Auflage

Schreiber, Kongress- und Tagungsmanagement, 2. Auflage

Schulz, Verkehrsträger im Tourismus

Steinbach, Tourismus – Einführung in das räumlich-zeitliche System

Sterzenbach · Conrady · Fichert, Luftverkehr, 4. Auflage

Luftverkehr

Betriebswirtschaftliches Lehr- und Handbuch

von
Prof. Dr. Rüdiger Sterzenbach,
Prof. Dr. Roland Conrady
und
Prof. Dr. Frank Fichert

4., grundlegend überarbeitete und erweiterte Auflage

Oldenbourg Verlag München

Bibliografische Information der Deutschen Nationalbibliothek

Die Deutsche Nationalbibliothek verzeichnet diese Publikation in der Deutschen Nationalbibliografie; detaillierte bibliografische Daten sind im Internet über <http://dnb.d-nb.de> abrufbar.

© 2009 Oldenbourg Wissenschaftsverlag GmbH
Rosenheimer Straße 145, D-81671 München
Telefon: (089) 45051-0
oldenbourg.de

Das Werk einschließlich aller Abbildungen ist urheberrechtlich geschützt. Jede Verwertung außerhalb der Grenzen des Urheberrechtsgesetzes ist ohne Zustimmung des Verlages unzulässig und strafbar. Das gilt insbesondere für Vervielfältigungen, Übersetzungen, Mikroverfilmungen und die Einspeicherung und Bearbeitung in elektronischen Systemen.

Lektorat: Wirtschafts- und Sozialwissenschaften, wiso@oldenbourg.de
Herstellung: Anna Grosser
Coverentwurf: Kochan & Partner, München
Gedruckt auf säure- und chlorfreiem Papier
Gesamtherstellung: Druckhaus „Thomas Müntzer" GmbH, Bad Langensalza

ISBN 978-3-486-58537-7

Vorwort zur vierten Auflage

Die 4. Auflage ist, wie die bisherigen Auflagen, ein Grundlagenwerk des Luftverkehrs. Studenten und Praktikern wird ein verständlicher Überblick über die wichtigsten Themen im Luftverkehr geboten, Problemstellungen und Gestaltungsmöglichkeiten werden aufgezeigt.

In inhaltlicher Ergänzung zu den bisherigen Auflagen ist dieses Buch mehr als ein betriebswirtschaftliches Lehr- und Handbuch, werden doch nunmehr verstärkt auch volkswirtschaftliche und allgemeinpolitische Bezüge des Luftverkehrs in die Ausführungen eingebunden. So wurde unter anderem für Luftverkehr und Umweltschutz ein eigenes Kapitel angelegt.

Entsprechend den sich im Zeitablauf verändernden Anforderungen zum Bestehen im Wettbewerb, sind die Kapitel insgesamt neu geordnet und in ihrer Bedeutung für das Bestehen im Wettbewerb berücksichtigt und ergänzt.

Neu ist zudem, dass am Ende eines jeden Kapitels kommentierte Literatur- und Quellenhinweise gegeben werden. Dem Leser wird somit die Möglichkeit geboten, zielgerecht ergänzende oder vertiefende Kenntnisse zu den dargestellten Problemstellungen und Analysen zu erlangen.

Es bleibt auch für diese Auflage der Hinweis, dass die einzelnen Kapitel eigenständig und in sich abgeschlossen sind. Es besteht somit weiterhin die Möglichkeit auch ohne grundlegende Kenntnis der übrigen Kapitel tiefer gehende Einblicke in einzelne Teilgebiete des Luftverkehrs zu bekommen.

Es gilt bei Matthias Kurtz, Jenny Martin, Stefanie Telmes und Anina Walz von den Hochschulen Worms und Heilbronn Dank zu sagen für die wertvollen Hilfen bei der technischen Umsetzung des Manuskripts zu diesem Buch.

Worms und Heilbronn

Rüdiger Sterzenbach
Roland Conrady
Frank Fichert

Vorwort zur dritten Auflage

Der internationale Luftverkehr hat sich in den letzten Jahren grundlegend verändert. Im heutigen deregulierten Wettbewerbsumfeld sind die weltweit führenden Airlines hochkompetitive Unternehmen, die mit modernsten betriebswirtschaftlichen Methoden arbeiten, in der Nutzung von Informationstechnologien „leading edge" sind und das Interesse der Kapitalmärkte längst gefunden haben.

Die dritte Auflage ist wie die ersten beiden Auflagen ein Grundlagenwerk des Luftverkehrs, das sowohl Studenten der Fachgebiete Verkehr und Tourismus einen Einstieg bieten als auch interessierten Praktikern einen Überblick über die aktuellen und relevanten Themen ermöglichen soll. Es ist ein betriebswirtschaftliches Lehr- und Handbuch, da immer wieder Bezüge zu den betriebswirtschaftlichen Grundlagen des Luftverkehrs hergestellt werden. Insofern stellt es auch einen Beitrag zu einer angewandten Betriebswirtschaftslehre dar. Darüber hinaus werden vielfältige Gestaltungsmöglichkeiten im Airline-Management aufgezeigt, die dem Airline- und Tourismus-Praktiker konkrete Entscheidungshilfen liefern sollen.

Für ein Verständnis einzelner Themen des Luftverkehrs ist es nicht zwingend erforderlich, das gesamte Buch zu lesen. Die einzelnen Kapitel sind als eigenständige Werke in sich abgeschlossen und ermöglichen dem interessierten Leser einen fokussierten Einblick in einzelne Teilgebiete des Luftverkehrs.

Das Werk wird durch eine Vielzahl von Graphiken, Beispielen und Fallstudien, die in vielen Fällen der langjährigen Airline-Praxis der Autoren entstammen und die den aktuellen Stand des modernen Airline-Management wiedergeben, angereichert und aufgelockert. Bewusst wenig Beschränkungen haben wir uns beim Literaturverzeichnis auferlegt, da wir dem Leser einen tieferen Einstieg in die vielfältigen aktuellen Analysen und Beiträge zum Luftverkehr erleichtern wollen.

Wir möchten uns an dieser Stelle für den wertvollen Input von Dipl.-Betriebsw. (FH) Udo Preißner und Dipl.-Betriebsw. (FH) Markus A. Reichert bedanken. Sie haben zahlreiche Literaturhinweise und eigene Ideen geliefert. Hilfreich waren ebenfalls die vielen kleinen „Mosaiksteinchen", die im Rahmen unserer Veranstaltungen an der Fachhochschule durch verschiedene Studenten zugeliefert wurden.

Unser besonderer Dank gilt Herrn Dipl.-Betriebsw. (FH) Markus Schuckert, der weite Teile des Buches in seine Obhut genommen hat und durch seine engagierte Analyse- und Recherchetätigkeit viele wertvolle Quellenhinweise lieferte. Wesentlich zum Gelingen haben auch Dipl.-Kff. Christine Ostermayer und Dipl.-Kfm. Tim und Sven Sterzenbach beigetragen.

Rüdiger Sterzenbach   Roland Conrady

Vorwort zur ersten Auflage

Es gibt keine gesonderte Verkehrsbetriebslehre für Luftverkehrsunternehmen. Die Leistungsstruktur und die Leistungsverbundenheit im Luftverkehr erfährt erst in jüngerer Zeit in der Literatur eine größere Bedeutung. Bereits vorliegende Veröffentlichungen beziehen sich vielfach auf Einzelbereiche oder Einzelprobleme des Luftverkehrs.

Mit dem vorliegenden Buch wird der Versuch unternommen, dem Betrachter einen umfassenden Überblick über ökonomische Sachverhalte, Problemstellungen und Gestaltungsmöglichkeiten im Luftverkehr zu geben. Die bestehende Literatur wurde gesammelt, geordnet und - wo es nötig erschien - ergänzt.

Dieses Buch soll den wissenschaftlichen Nachweis erbringen, dass gerade in Zeiten eines zunehmenden Wettbewerbs die Anwendung der neuesten Erkenntnisse der Betriebswirtschaftslehre eine unabdingbare Voraussetzung zum erfolgreichen unternehmerischen Bestehen im Luftverkehr ist.

Das Buch ist als Hand- und Lehrbuch für Studierende und Praktiker zu sehen.

Es ist selbstverständlich, dass das Schwergewicht der Ausführungen nur dort liegen kann, wo die Kenntnis allgemein betriebswirtschaftlicher Tatbestände von hervorragender Bedeutung im Luftverkehr ist.

Schaubilder und Graphiken zur Darstellung aktueller Daten können nur Momentaufnahmen wiedergeben. Sofern die Daten grundlegende Zusammenhänge aufzeigen und die vermittelten Erkenntnisse über den Erhebungs- und Erfassungszeitraum der Daten grundsätzlichen Bestand haben, fanden Schaubilder und Graphiken in diesem Buch Berücksichtigung.

Mein besonderer Dank gilt den Dipl. Betriebswirtinnen (FH) Dagmar Löher, Simone Holzer, Utta Kramer und Polyxeni Lazogianis für ihren fachmännischen Rat und ihre Hilfestellung bei der Anfertigung des Manuskriptes zu diesem Buch. Sie ordneten die von mir gesammelte Literatur, Tabellen und Schaubilder und führten eigenständig weitere Literaturrecherchen durch. Dipl. Betriebswirtin (FH) Petra Hahn brachte die Buchtexte auf Diskette, Dipl. Betriebswirt (FH) Werner Geiger und Dipl. Dokumentarin (FHBI) Ingeborg Oeschger fertigten die Grafiken an.

Der Verfasser

Inhalt

Vorwort zur vierten Auflage	V
Vorwort zur dritten Auflage	VI
Vorwort zur ersten Auflage	VII
Abkürzungsverzeichnis	XVII
Abbildungsverzeichnis	XXV
Tabellenverzeichnis	XXXIII

Kapitel I   Grundlagen 1
1   Der Luftverkehr als Teil des Gesamtverkehrssystems 2
2   Systematisierung des Luftverkehrs 3
3   Daten zum Luftverkehr 6
4   Besonderheiten von Angebot und Nachfrage im Überblick 13
5   Kommentierte Literatur- und Quellenhinweise 15

Kapitel II   Organisationen des Luftverkehrs 19
1   Überblick 20
2   Staatliche Institutionen des Luftverkehrs 21
    2.1   Staatliche Institutionen auf der nationalen Ebene 21
    2.2   Staatliche Institutionen auf der europäischen Ebene 22
    2.3   Staatliche Institutionen auf der internationalen Ebene 24
3   Private Organisationen des Luftverkehrs 25
    3.1   Private Organisationen auf der nationalen Ebene 25
    3.2   Private Organisationen auf der europäischen Ebene 26
    3.3   Private Organisationen auf der internationalen Ebene 27
4   Zusammenwirken der Institutionen des Luftverkehrs 28
5   Kommentierte Literatur- und Quellenhinweise 29

Kapitel III   Politische und rechtliche Grundlagen 31
1   Luftverkehrspolitik 32
    1.1   Begriffsabgrenzung und Ziele der Luftverkehrspolitik 32
    1.2   Instrumente der Luftverkehrspolitik 36
2   Grundlagen des Luftverkehrsrechts 38

3	Öffentliches Luftverkehrsrecht		39
	3.1	Multilaterale Regelungen	39
		3.1.1 Das Chicagoer Abkommen und die Freiheiten der Luft	39
		3.1.2 Weitere Regelungen des Chicagoer Abkommens	44
	3.2	Bilaterale Luftverkehrsabkommen	44
		3.2.1 Grundsätzliche Regelungsinhalte bilateraler Luftverkehrsabkommen	44
		3.2.2 Restriktive Luftverkehrsabkommen vs. Open-Skies-Abkommen	47
	3.3	Europäisches Luftverkehrsrecht	49
		3.3.1 Grundlagen der Marktordnungspolitik	49
		3.3.2 Marktordnung für den innergemeinschaftlichen Luftverkehr	51
		3.3.3 Weitere Vorschriften in der EU	56
	3.4	Nationales Luftverkehrsrecht	57
4	Privates Luftverkehrsrecht		61
	4.1	Internationales Haftungsrecht (Montrealer Übereinkommen)	61
	4.2	Europäisches Luftverkehrsprivatrecht	62
	4.3	Nationales Luftverkehrsprivatrecht	64
5	Kommentierte Literatur- und Quellenhinweise		64

Kapitel IV Luftverkehr und Umweltschutz 69

1	Grundlagen		70
2	Fluglärm		72
	2.1	Lärmdefinition, Ausmaß der Belastung und Lärmursachen	72
	2.2	Passiver Schallschutz	75
	2.3	Aktiver Schallschutz	75
		2.3.1 Ordnungsrechtliche Instrumente	75
		2.3.2 Finanzielle Anreize	78
3	Lokale Schadstoffbelastungen		80
4	Globale Klimawirkungen		82
	4.1	Beitrag des Luftverkehrs zur globalen Klimaveränderung	82
	4.2	Umweltbelastungen der Verkehrsträger im Vergleich	84
	4.3	Kerosinbesteuerung und andere Steuern auf den Luftverkehr	86
	4.4	Emissionsrechtehandel im Luftverkehr	88
5	Betriebliches Umweltmanagement		90
	5.1	Ziele des betrieblichen Umweltmanagements	90
	5.2	Instrumente des betrieblichen Umweltmanagements	91
6	Kommentierte Literatur- und Quellenhinweise		92

Kapitel V Sicherheit 95

1	Überblick	96
2	Betriebssicherheit (Safety)	97

3	Sicherheit vor äußeren Eingriffen (Security)	100
4	Kommentierte Literatur- und Quellenhinweise	102

Kapitel VI   Luftverkehrsnachfrage — **105**

1	Grundlagen zur Luftverkehrsnachfrage	106
	1.1 Determinanten der Nachfrage im Überblick	106
	1.2 Unterschiedliche Nachfragergruppen und ihre Anforderungen an Flugreisen	109
	1.3 Preiselastizität der Nachfrage	114
2	Intermodaler Wettbewerb und Substitutionswettbewerb	117
3	Schwankungen der Nachfrage im Zeitablauf	121
4	Krisenbedingte Nachfrageeinbrüche	128
5	Nachfrageprognosen	130
	5.1 Grundlagen zu Prognosegrößen und Prognosemethodik	130
	5.2 Ausgewählte Luftverkehrsprognosen im Überblick	132
6	Kommentierte Literatur- und Quellenhinweise	134

Kapitel VII   Produktionsfaktoren — **137**

1	System der Produktionsfaktoren	138
2	Flugzeuge als Betriebsmittel	139
	2.1 Betriebswirtschaftlich relevante Merkmale von Flugzeugen	139
	2.2 Beschaffung von Flugzeugen (Kauf und Leasing)	144
	2.3 Instandhaltung und Wartung	147
3	Fliegendes und stationäres Personal	148
4	Kerosin als Werkstoff	151
5	Flugsicherungsinfrastruktur	152
6	Kommentierte Literatur- und Quellenhinweise	156

Kapitel VIII   Flughäfen — **159**

1	Grundlagen	160
	1.1 Arten von Flugplätzen und Flughäfen	160
	1.2 Funktionen und Aufgaben von Flughäfen	163
	1.3 Flughafenanlagen und -einrichtungen	164
	1.4 Voraussetzungen für Anlage und Betrieb	166
2	Strukturmerkmale von Flughäfen	167
3	Flughafenkapazität und Slotvergabe	170
	3.1 Determinanten der Flughafenkapazität	170
	3.2 Slotvergabe	172
4	Intermodalität	176
5	Geschäftsfelder und Einnahmen von Flughäfen	177
	5.1 Überblick	177
	5.2 Bereitstellung der Infrastruktur und Flughafenentgelte	179

	5.3 Bodenverkehrsdienste	183
	5.4 Non-Aviation-Einnahmen	185
6	Wettbewerb, Eigentümerstruktur und Regulierung von Flughäfen	186
	6.1 Wettbewerb zwischen Flughäfen	186
	6.2 Eigentümerstruktur	188
	6.3 Flughafenregulierung	192
7	Kooperation und Konzentration	194
8	Volkswirtschaftliche Bedeutung von Flughäfen	195
9	Kommentierte Literatur- und Quellenhinweise	199

Kapitel IX Marktstruktur 203

1 Streckennetztypen 204
   1.1 Grundlagen von Point-to-Point- und Hub-and-Spoke-Systemen 204
   1.2 Unterschiedliche Arten von Hub-and-Spoke-Systemen 207
2 Determinanten der Marktstruktur 210
   2.1 Marktstruktur auf isolierten Direktverbindungen 210
   2.2 Marktstruktur bei Hub-and-Spoke-Systemen 212
3 Entwicklung von Erlösen, Kosten und Gewinnen 214
4 Kommentierte Literatur- und Quellenhinweise 219

Kapitel X Strategien und Geschäftsmodelle 221

1 Strategien im Luftverkehr 222
   1.1 Der Prozess des strategischen Management 222
   1.2 Methoden und Konzepte des strategischen Management 223
2 Geschäftsmodelle im Luftverkehr 230
   2.1 Überblick 230
   2.2 Network Carrier 232
       2.2.1 Network Carrier im Überblick 232
       2.2.2 Merkmale des Network Carrier-Geschäftsmodells 232
   2.3 Regional Carrier 236
       2.3.1 Regional Carrier im Überblick 236
       2.3.2 Merkmale des Regional Carrier-Geschäftsmodells 237
   2.4 Low Cost Carrier 239
       2.4.1 Entwicklung der Low Cost Carrier 239
       2.4.2 Low Cost Carrier im Überblick 241
       2.4.3 Merkmale des Low Cost-Geschäftsmodells 242
       2.4.4 Low Cost auf der Langstrecke 248
       2.4.5 Zukunftsperspektiven der Low Cost Carrier 250

	2.5	Leisure Carrier	252
		2.5.1 Leisure Carrier im Überblick	252
		2.5.2 Merkmale des Leisure Carrier-Geschäftsmodells	253
	2.6	Business Aviation	254
		2.6.1 Einordnung des Business Aviation-Geschäftsmodells	254
		2.6.2 Marktüberblick	255
		2.6.3 Merkmale des Business Aviation-Geschäftsmodells	257
		2.6.4 Betreibermodelle	260
	2.7	Lufttaxi	262
	2.8	Konvergenz der Geschäftsmodelle	264
3	Kommentierte Literatur- und Quellenhinweise		268

Kapitel XI   Unternehmensverbindungen — **271**

1	Bedeutung von Unternehmensverbindungen im Luftverkehr		272
2	Formen von Unternehmensverbindungen		272
	2.1	Unternehmensverbindungen im Überblick	272
	2.2	Kooperationen	274
		2.2.1 Begriff und Ausprägungen von Kooperationen	274
		2.2.2 Kooperationsmotive	274
		2.2.3 Allgemeine und luftverkehrsspezifische Kooperationsformen	275
		2.2.4 Codesharing	279
	2.3	Strategische Allianzen	283
		2.3.1 Historische Entwicklung und Begriffsbestimmung strategischer Allianzen im Luftverkehr	283
		2.3.2 Kooperationsbereiche und Vorteile strategischer Allianzen	284
		2.3.3 Globale Allianzsysteme im Überblick	286
		2.3.4 Management des Allianzprozesses	291
		2.3.5 Weiterentwicklung strategischer Allianzen	294
	2.4	Beteiligungen und Joint Ventures	295
	2.5	Übernahmen und Fusionen	297
3	Kommentierte Literatur- und Quellenhinweise		302

Kapitel XII   Netzmanagement — **305**

1	Überblick		307
2	Kapazitätsplanung		309
	2.1	Grundlagen der Kapazitätsplanung	309
	2.2	Strategische Optionen im Break-even-/ Auslastungs-Portfolio	312
	2.3	Formen der Kapazitätsanpassung	313
	2.4	Spill-Effekte	314
	2.5	Wirtschaftlichkeitseffekte von Kapazitätsanpassungen	317

	2.6	Flottenplanung	320
	2.7	Flugzeugbestellungen	321
3	Flugplanung (Scheduling)		323
	3.1	Grundlagen der Flugplanung	323
	3.2	Entscheidungsparameter der Flugplanung	324
	3.3	Auswahl und Priorisierung von O & Ds im Rahmen der Flugplangestaltung	328
	3.4	Flugplanqualität	330
	3.5	Prozessablauf der Flugplanung	333
		3.5.1 Überblick	333
		3.5.2 Strukturierungsphase und Optimierungsphase	334
		3.5.3 Realisierungsphase	339
		3.5.4 Dynamic Fleet Management	340
	3.6	Informationstechnologiesysteme in der Flugplanung	342
4	Preismanagement		343
	4.1	Bedeutung des Preismanagements im Luftverkehr	343
	4.2	Systematisierung von Tarifen und Preisen	344
	4.3	Preistheoretische Grundlagen von Luftverkehrsmärkten	349
		4.3.1 Marktformen	349
		4.3.2 Ansätze der Preisbestimmung	350
		4.3.3 Preiselastizität der Nachfrage	351
	4.4	Strategiekonzepte der Preispolitik	353
5	Yield Management		359
	5.1	Grundgedanke und Begriff	359
	5.2	Entstehung von Yield Management-Systemen	363
	5.3	Elemente von Yield Management-Systemen	364
		5.3.1 Überblick	364
		5.3.2 Marktsegmentierung und Preisdifferenzierung	365
		5.3.3 Nachfragelenkung im Zeitverlauf	367
		5.3.4 Überbuchung	369
		5.3.5 Bildung und Einzelsteuerung von Buchungsklassen	371
		5.3.6 Nesting	374
		5.3.7 Verkehrsstrombezogene Buchungsklassensteuerung	375
		5.3.8 Verkaufsursprungbezogene Buchungsklassensteuerung	377
		5.3.9 Prognosemodelle	379
		5.3.10 IT-Systeme für die Netzsteuerung	380
6	Kommentierte Literatur- und Quellenhinweise		381

Kapitel XIII Strecken- und Netzergebnisrechnung   383
1   Begriffe und Funktionen...384
2   Voraussetzungen 386
3   Kosten von Airlines...387
    3.1   Systematisierung der Kosten 387
    3.2   Kostenarten von Airlines..388
    3.3   Kostenstruktur von Airlines 395
4   Strecken- und Netzerlöse...397
5   Aufbau einer Streckenergebnisrechnung...399
6   Aufbau einer Netzergebnisrechnung 404
7   Kennzahlen der Netzergebnisrechnung 406
8   Kommentierte Literatur- und Quellenhinweise 407

XIV   Marketingmanagement   409
1   Einleitung 410
2   Produkt- und Servicepolitik...411
    2.1   Grunddefinitionen 411
    2.2   Entscheidungstatbestände der Produkt- und Servicepolitik................411
    2.3   Die Servicekette im Luftverkehr 414
    2.4   Klassenkonzepte im Luftverkehr...418
    2.5   Informationstechnologien in der Produkt- und Servicepolitik............424
3   Distributionspolitik...426
    3.1   Grunddefinition 426
    3.2   Entscheidungsfelder der Distributionspolitik 427
    3.3   Distributionskanäle im Luftverkehr..432
    3.4   Struktur des Reisemittlermarktes 436
    3.5   Vergütung von Distributionsleistungen 440
4   Kommunikationspolitik...443
    4.1   Grundlagen der Kommunikationspolitik 443
    4.2   Instrumente der Kommunikationspolitik..446
5   Vielfliegerprogramme als Instrument eines Customer Relationship Management 453
    5.1   Entstehung und Einordnung von Vielfliegerprogrammen..................453
    5.2   Funktionsweise von Vielfliegerprogrammen 454
    5.3   Beispiel: Miles & More von Lufthansa 457
6   Kommentierte Literatur- und Quellenhinweise 460

Kapitel XV Informationstechnologien im Luftverkehr 463
1   Die Bedeutung von Informationstechnologien im Luftverkehr................................. 464
2   Global Distribution Systems (GDS).. 467
    2.1   Begriff und Architektur von GDS 467
    2.2   Historische Entwicklung von GDS 469
    2.3   Anbieterüberblick.. 472
    2.4   Funktionsumfang von GDS... 473
    2.5   Ordnungsmuster der Flugplandarstellung in den GDS.................................. 476
    2.6   Vergütungsstrukturen und GDS-Kosten 477
    2.7   Disintermediation durch alternative Distributionssysteme............................ 482
3   Internet.. 485
    3.1   Entwicklung des Internet... 485
    3.2   Stärken und Schwächen des Internet... 485
    3.3   Nutzung des Internet 488
    3.4   Geschäftsmodelle und Buchungsvolumina zu Reisen im Internet 489
    3.5   Das Internet als Distributionskanal für Flugreisen 491
    3.6   Perspektiven des Online-Vertriebs im Luftverkehr....................................... 492
4   Kommentierte Literatur- und Quellenhinweise.. 494

Literaturverzeichnis 497

Stichwortverzeichnis 513

Abkürzungsverzeichnis

ACARE	Advisory Council für Aeronautics Research
ACD	Automatic Call Distribution
ACI	Airports Council International
ACMI	Aircraft, Crew, Maintenance, Insurance
ADL	Arbeitsgemeinschaft Deutscher Luftfahrtunternehmen
ADV	Arbeitsgemeinschaft Deutscher Verkehrsflughäfen e.V.
AEA	Association of European Airlines
AEG	Allgemeines Eisenbahngesetz
AFö	Agentenförderung
AHM	Airport Handling Manual
AIDA	Attention-Interest-Desire-Action
AOC	Air Operator´s Certificate
AOCI	Airports Operators Council International
AÖV	Arbeitsgemeinschaft Österreichischer Verkehrsflughäfen
A/P	Airport
APEX	Advance-Purchase-Excursion
AR	Ancillary Revenue
ARA	Amsterdam-Rotterdam-Antwerpen
ARB	Air Research Bureau
ARC	Airline Reporting Corporation
ASK	Available Seat Kilometer (= SKO)
ATA	Air Transport Association
ATC	Air Traffic Control
ATM	Air Traffic Management
ATO	Airport Ticket Office
ATPCO	Airline Tariff Publishing Company
ATRS	Air Transport Research Society
ASA	Air Service Agreement
BADV	Bodenabfertigungsdienst-Verordnung
BAK	Beförderungsabhängige Kosten
BARIG	Board of Airline Representatives in Germany
BAZL	Bundesamt für Zivilluftfahrt (Schweiz)
BCBP	Bar Coded Boarding Pass
BDF	Bundesverband der Deutschen Fluggesellschaften
BDL	Bundesverband Deutscher Leasing-Unternehmen
BDLI	Bundesverband der Deutschen Luft- und Raumfahrtindustrie

BE	Break-even
BFU	Bundesstelle für Flugunfalluntersuchung
BGB	Bürgerliches Gesetzbuch
BIP	Bruttoinlandsprodukt
BMVBS	Bundesministerium für Verkehr, Bau- und Stadtentwicklung
BRAIN	Basis Reference System for Airline Integrated Network Management
BSP	Billing and Settlement Plan (früher: Bank Settlement Plan)
BTM	Business Travel Management
BTW	Bundesverband der Deutschen Tourismuswirtschaft
BVD	Bodenverkehrsdienstleister
BVF	Bundesvereinigung gegen Fluglärm e.V.
B2B	Business-to-Business
B2C	Business-to-Consumer
CAA	Civil Aviation Authority
CAB	Civil Aeronautics Board
C/Cl	Business Class
CDF	Contractual Definition Freeze
CFMU	Central Flow Management Unit
CH_4	Methan
CIC	Customer Interaction Centre
CLV	Customer Lifetime Value
CO	Kohlenmonoxid
CO_2	Kohlendioxid
CRAF	Civil Reserve Air Fleet
CRCO	Central Route Charges Office
CRM	Customer Relationship Management
CRS	Computerreservierungssystem
CTO	City Ticket Office
CUSS	Common User Service-System
CVA	Cash Value Added
CVS	Convertible Seat
db	Dezibel
DB	Deckungsbeitrag
Destatis	Statistisches Bundesamt Deutschland
DFS	Deutsche Flugsicherung GmbH
DGLR	Deutsche Gesellschaft für Luft- und Raumfahrt e.V.
DG TREN	Directorate-General for Energy and Transport
DIW	Deutsches Institut für Wirtschaftsforschung
DLR	Deutsches Zentrum für Luft- und Raumfahrt
DOC	Direct Operating Costs
DOT	Department of Transportation
DVWG	Deutsche Verkehrswissenschaftliche Gesellschaft

DWD	Deutscher Wetterdienst
EARB	European Airlines Research Bureau
EASA	European Aviation Safety Agency (Europäische Agentur für Flugsicherheit)
EBAA	European Business Aviation Association
EBITDA	Earnings before Interests, Taxes, Depreciation and Amortisation
ECAA	European Common Aviation Area
ECAC	European Civil Aviation Conference
ECAD	European Center for Aviation Development
EFTA	European Free Trade Association
ELFAA	European Low Fares Airline Association
EMEA	Europe, Middle East, Africa
EMP	Ertragsmanagement Passage
EMSR	Expected Marginal Seat Revenue
EPNdb	Effective Perceived Noise Level (db)
ERAA	European Regions Airline Association
ERP	Enterprise Resource Planning
ETOPS	Extended-Range Twin-Engine Operation Performance Standard
ETS	Emissions Trading Scheme
EUROCONTROL	European Organisation for the Safety of Air Navigation
Eurostat	Statistisches Amt der Europäischen Gemeinschaften
EWG	Europäische Wirtschaftsgemeinschaft
EWR	Europäischer Wirtschaftsraum
FAB	Functional Airspace Block
FAK	Flugereignisabhängige Kosten
FAZ	Frankfurter Allgemeine Zeitung
FCKW	Fluorchlorkohlenwasserstoff
F/Cl	First Class
F & E	Forschung & Entwicklung
FFP	Frequent Flyer Program (= Vielfliegerprogramm oder Kundenbindungsprogramm)
FSNC	Full Service Network Carrier
ft	Feet
fvw	Fremdenverkehrswirtschaft
GARS	German Aviation Research Society
GBAA	German Business Aviation Association
GDP	Gross Domestic Product (= Bruttoinlandsprodukt)
GDS	Global Distribution System
GE	Geldeinheiten
GECAS	General Electric Commercial Aviation Service
GNE	Global New Entrant

GRIPS	Gruppen-, Reservierungs-, Informations-, Prognose- und Steuerungssystem
GSA	General Sales Agreement (auch: General Sales Agent)
GWB	Gesetz gegen Wettbewerbsbeschränkungen
HGB	Handelsgesetzbuch
HTML	Hypertext Markup Language
IATA	International Air Transport Association
IACA	International Air Carrier Association
IATO	International Air Traffic Organisation
ICAA	International Civil Airports Association
ICAO	International Civil Aviation Organisation
ICT	Information and Communication Technology
ILFC	International Lease Finance Corporation
IMF	International Monetary Fund
IOC	Indirect Operating Costs
IOSA	IATA operational safety audit
IPCC	Intergovernmental Panel on Climate Change
IT	Informationstechnologie
JAA	Joint Aviation Authorities
JAR	Joint Aviation Requirements
JAR-FCL	Joint Aviation Requirements-Flight Crew Licensing
JAR-OPS	Joint Aviation Requirements-Operations
kt	Knoten
L_{Aeq}	Äquivalenter Dauerschallpegel
LBA	Luftfahrt-Bundesamt
lbs	Pfund
LCC	Low Cost Carrier
LOI	Letter of Intent
LTO	Landing – Take-Off Zyklus
LuftPersV	Verordnung für Luftfahrtpersonal
LuftSiG	Luftsicherheitsgesetz
LuftVG	Luftverkehrsgesetz
LuftVO	Luftverkehrsordnung
LuftVZO	Luftverkehrszulassungsordnung
LVG	Luftverkehrsgesellschaft
M & A	Merger & Acquisition
MBO	Management-Buy-Out
MCD	Movable Cabin Divider
M/Cl	Economy Class

MCT	Minimum Connecting Time
ME	Mengeneinheiten
MIDT	Marketing Information Data Tapes
MOU	Memorandum of Understanding
MRO	Maintenance, Repair and Overhaul
MTOW	Maximum Take Off Weight
NBAA	National Business Aviation Association
NC	Network Carrier
NER	Netzergebnisrechnung
nm	Nautische Meile (= 1.852 m)
NO_x	Stickoxide
NTP	Normaltarifpassagier
OAG	Official Airline Guide
OAL	Other Airline (= Wettbewerber)
O & D	Origin & Destination
OECD	Organization for Economic Cooperation and Development
ÖPNV	Öffentlicher Personennahverkehr
OKP	Operative Konzernplanung
OLAP	Online Analytical Processing
OTA	Online Travel Agency
PAD	Passenger Available for Disembarking
PESTE	Policy, Economy, Society, Technology, Environment
PEX	Purchase-Excursion-Tarif
PICAO	Provisional International Civil Aviation Organization
PKM	Passagierkilometer
PKT	Passenger Kilometers Transported (= RPK)
POS	Point of Sale
PM	Passenger Mile (Passagiermeile)
PNR	Passenger Name Record
PR	Public Relations
PRM	Persons with reduced Mobility
PROS	Passenger Revenue Optimization System
PSO	Public Service Obligations
PTS	Passagier-Transfer-Systeme
QSI	Quality of Service Index
RFC	Request for Change
RFP	Request for Proposal
RM	Revenue Management
ROI	Return on Investment
RPK	Revenue Passenger Kilometers (= PKT)

RPM	Revenue Passenger Miles
RSK	Revenue Seat Kilometers
RSS	Really Simple Sydication
rt	Return
SAFA	Safety Assessment of Foreign Aircraft
SARP	Standards and Recommended Practices
SBE	Streckenbetriebsergebnis
SCN	Special Change Notifications
SER	Streckenergebnisrechnung
SES	Single European Sky
SESAR	Single European Sky ATM Research Programme
SITA	Société Internationale de Télécommunication Aéronautique
SKO	Seat Kilometers Offered (= ASK)
SLA	Service Level Agreement
SLF	Sitzladefaktor (seat load factor)
SMM	Safety Management Manual
StGB	Strafgesetzbuch
SWOT	Strengths, Weaknesses, Opportunities, Threats
SZR	Sonderziehungsrechte
TACO	Travel Agency Commission Override
TFC	Taxes, Fees and Charges
TKP	Tausenderkontaktpreis
TMC	Travel Management Company
T/O	Tour Operator
TQM	Total Quality Management
TUI	Touristik Union International
TW	Technische Werksvertretung
UAC	Upper Area Control Centre
UECNA	Union Européenne contre les Nuisances des Avions
UFO	Unabhängige Flugbegleiter Organisation
UHC	Unburned Hydrocarbons
USD	US Dollar
USP	Unique Selling Proposition
UVO	Urspungsverkaufsort
VC	Vereinigung Cockpit
VFR	Visiting Friends and Relatives
VLJ	Very Light Jets
WLU	Work-Load Unit
WWW	World Wide Web

YM	Yield Management
ZLW	Zeitschrift für Luft- und Weltraumrecht

Abbildungsverzeichnis

Abbildung 1.1:	Systematisierung des Luftverkehrs	5
Abbildung 1.2:	Systematisierung des Luftverkehrs am Beispiel des gewerblichen Personenverkehrs	5
Abbildung 1.3:	Einsteiger und Reisende auf deutschen Flughäfen (2007)	8
Abbildung 1.4:	Zusammenhang zwischen Kenngrößen des Luftverkehrs am Beispiel der Relation Hamburg-München	9
Abbildung 1.5:	Entwicklung des weltweiten Linienverkehrs	10
Abbildung 1.6:	Weltweite Verteilung des Passagieraufkommens im Jahr 2007	11
Abbildung 1.7:	Die zehn größten Märkte im weltweiten Luftverkehr im Jahr 2006 (Angaben in Mio. Pkm)	13
Abbildung 3.1:	Ziele der staatlichen Luftverkehrspolitik im Überblick	34
Abbildung 3.2:	Freiheiten der Luft	43
Abbildung 4.1:	Wesentliche luftverkehrsbedingte Umweltbelastungen im Überblick	71
Abbildung 4.2:	Ausmaß der Störung bzw. Belästigung durch Lärm in Deutschland (2006)	73
Abbildung 4.3:	Zulässige Lärmemissionen bei der Landung gemäß Annex 16, Chapter 3	76
Abbildung 4.4:	Vergleich der CO_2-Emissionen unterschiedlicher Verkehrsträger auf der Strecke Frankfurt/Main – Paris (Angaben in kg pro Person)	85
Abbildung 6.1:	Altersstruktur von Flugreisenden (Privatreisende) am Beispiel des Flughafens London-Heathrow (2006)	108
Abbildung 6.2:	Typische Anforderungsprofile von Nachfragern im Luftverkehr	111
Abbildung 6.3:	Zusammenhang zwischen der Reisezeit mit der Bahn und dem Marktanteil des Luftverkehrs im innerdeutschen Verkehr (2005)	118
Abbildung 6.4:	Allgemeiner Zusammenhang zwischen der Reisedistanz und dem Marktanteil des Luftverkehrs (Prinzipskizze)	118
Abbildung 6.5:	Tageszeitliche Nachfrageschwankungen im Luftverkehr (Prinzipskizze für einen Kurzstreckenmarkt)	121
Abbildung 6.6:	Gegenüberstellung von tageszeitlichen Nachfrageschwankungen und Flugplan	122
Abbildung 6.7:	Passagiere auf Kurzstreckenverbindungen (Linienverkehr) in Nordwesteuropa (1999)	123

Abbildung 6.8:	Saisonale Schwankungen im Luftverkehr am Beispiel des deutschen Marktes (2007)	123
Abbildung 6.9:	Zahl der Geschäfts- und der Privatreisenden auf dem Flughafen London-Heathrow im Jahr 2006 (Monatswerte)	124
Abbildung 6.10:	Monatliche Verteilung der Reisenden am Beispiel typischer Geschäftsreise- bzw. Tourismusrelationen	125
Abbildung 6.11:	Monatliche Verteilung der Reisenden auf dem Markt Deutschland-Thailand (2007)	126
Abbildung 6.12:	Wachstumsraten des weltweiten Bruttoinlandsprodukts und der Verkehrsleistung (Passagierkilometer) zwischen 1970 und 2007	127
Abbildung 6.13:	Krise mit temporärem Nachfragerückgang (kurzfristige Trendabweichung)	129
Abbildung 6.14:	Krise mit dauerhaftem Nachfragerückgang (Trendverschiebung)	130
Abbildung 6.15:	Verkehrsleistung in den zehn größten Passagiermärkten im Jahr 2026 sowie Vergleich mit dem Jahr 2006	133
Abbildung 7.1:	Systematisierung der Produktionsfaktoren im Luftverkehr	139
Abbildung 7.2:	Nutzlast-Reichweiten-Diagramm (Prinzipskizze)	142
Abbildung 7.3:	Flotte der Deutschen Lufthansa gemäß Reichweite und Kapazität (Stand 2008)	143
Abbildung 7.4:	Altersstruktur der Flotte der Deutschen Lufthansa Passage im Jahr 2008	145
Abbildung 7.5:	Personalstruktur einer Airline am Beispiel Air Berlin (Stand 31.12.2007, incl. LTU)	151
Abbildung 8.1:	Unterscheidung von Flugplätzen gemäß LuftVG und LuftVZO	160
Abbildung 8.2:	Überblick über Regelungen zur Slotvergabe in der EU	174
Abbildung 8.3:	Anteil der Non-Aviation-Erlöse auf ausgewählten Flughäfen in Europa (2005)	178
Abbildung 8.4:	Wirtschaftliche Bedeutung der unterschiedlichen Geschäftsfelder von Flughäfen am Beispiel der Fraport AG (2007)	179
Abbildung 8.5:	Regelungen der EU-Richtlinie 96/67/EG zur Öffnung der Märkte für Bodenverkehrsdienste	184
Abbildung 8.6:	Einkommens- und Beschäftigungseffekte von Flughäfen im Überblick	196
Abbildung 9.1:	Hub-and-Spoke-System und Point-to-Point-System im Vergleich	205
Abbildung 9.2:	Hourglass-Hub (Prinzipskizze)	208
Abbildung 9.3:	Hinterland-Hub (Prinzipskizze)	209
Abbildung 9.4:	Double-Hub-System (Prinzipskizze)	209
Abbildung 9.5:	Anbieterzahl auf O & D-Märkten in Europa (2007)	211
Abbildung 9.6:	Yield Entwicklung bei US-Airlines auf internationalen Strecken (1970-2007)	214

Abbildung 9.7:	Yield-Entwicklung bei den AEA-Airlines (2002-2006)	215
Abbildung 9.8:	Load factor bei den AEA-Gesellschaften	216
Abbildung 9.9:	Absolute Gewinne/Verluste im weltweiten Luftverkehr (1970-2008)	217
Abbildung 9.10:	Umsatzrendite im weltweiten Luftverkehr (Nettogewinne, 1970-2008)	218
Abbildung 9.11:	Operating ratio für die AEA-Gesellschaften (2003-2006)	218
Abbildung 10.1:	Grundstruktur des strategischen Managementprozesses	222
Abbildung 10.2:	PESTE-Analysis für eine Airline	223
Abbildung 10.3:	Das Modell der Triebkräfte des Wettbewerbs am Beispiel eines Network Carriers	224
Abbildung 10.4:	SWOT-Analyse für einen Low Cost Carrier	226
Abbildung 10.5:	Arten und Ausprägungen von Marketing-Strategien	227
Abbildung 10.6:	Typologie der Geschäftsmodelle von Airlines	231
Abbildung 10.7:	Die dominierenden Geschäftsmodelle im Luftverkehr im Überblick	232
Abbildung 10.8:	Die größten Network Carrier (2007)	233
Abbildung 10.9:	Die 20 größten Regional Carrier der Welt (2007)	236
Abbildung 10.10:	Die 25 größten Low Cost Carrier der Welt (2007)	241
Abbildung 10.11:	Stückkostenvergleich von Network Carriern, Leisure Carriern und Low Cost Carriern (Angabe in €Cent/ASK, Adjustierung auf durchschnittliche Streckenlänge von 2.000 km)	246
Abbildung 10.12:	Aufschlüsselung des Kostenvorteils von Lowest Cost Carriern gegenüber Network Carriern (€Cent/ASK)	247
Abbildung 10.13:	Ausdifferenzierung der Geschäftsmodelle von Low Cost Carriern	248
Abbildung 10.14:	Preiseffekte einer Kerosinpreissteigerung bei Low Cost Carriern und Network Carriern	251
Abbildung 10.15:	Die größten Leisure Carrier (2007)	252
Abbildung 10.16:	Kostenkalkulation einer traditionellen Geschäftsreise und einer Business Aviation Reise	260
Abbildung 10.17:	Betreibermodell der Business Aviation	261
Abbildung 10.18:	Konvergenz der Geschäftsmodelle	264
Abbildung 10.19:	Stückkostenentwicklung europäischer Network Carrier 1997-2004	265
Abbildung 11.1:	Merkmale von Kooperationen	274
Abbildung 11.2:	Kooperationsformen im Luftverkehr im Überblick	276
Abbildung 11.3:	Formen des Codesharing	280
Abbildung 11.4:	Kooperationsbereiche und Vorteile strategischer Allianzen	284
Abbildung 11.5:	Hubs der Star Alliance-Mitglieder (Stand Dezember 2008)	287
Abbildung 11.6:	Strukturierter Prozess des Allianz-Managements	292
Abbildung 11.7:	Geographische Lage von Hubs und Reisewege von Passagieren	294

Abbildung 11.8: Zukünftige Evolutionsstufen strategischer Allianzen 295
Abbildung 11.9: Vorläufige Air France-KLM post-merger Organisationsstruktur 300
Abbildung 12.1: Stellung des Netzmanagements im Unternehmenskontext einer Airline 308
Abbildung 12.2: Phasen und Inhalte des Netzmanagements 308
Abbildung 12.3: Zyklizität des Luftverkehrs 310
Abbildung 12.4: Flugzeugbestellungen, Flugzeugauslieferungen und Umsatzrendite im Weltluftverkehr (1975-2006) 310
Abbildung 12.5: Kapazitätsdimensionierung im Airline-Strategieprozess 311
Abbildung 12.6: Break-even-Auslastungs-Portfolio im Luftverkehr 312
Abbildung 12.7: Produktionstheoretisch bedeutsame Anpassungsformen im Luftverkehr 313
Abbildung 12.8: Nachfrage und Kapazität auf einer einzelnen Strecke 315
Abbildung 12.9: Häufigkeitsverteilung der Nachfrage auf einer Relation 315
Abbildung 12.10: Zusammenhang zwischen absoluter Nachfrage, Nachfragestreuung, Kapazität und Spill 316
Abbildung 12.11: Zusammenhang von Spillanteil und Auslastungsgrad in Abhängigkeit der Varianz 317
Abbildung 12.12: Ergebniseffekte einer mutativen Betriebsgrößenvariation 318
Abbildung 12.13: Kosten- und Gewinnentwicklung bei multipler Betriebsgrößenvariation 319
Abbildung 12.14: Wirtschaftlichkeit des Einsatzes unterschiedlicher Flugzeugtypen 319
Abbildung 12.15: Wichtige Entscheidungskriterien von Low Cost Carriern, Short Haul Network Carriern und Leasinggebern bei der Auswahl von Flugzeugen . 320
Abbildung 12.16: Vor- und Nachteile von Flottenhomogenität und -heterogenität 321
Abbildung 12.17: Phasen und Inhalte des Flugzeugbestellprozesses 322
Abbildung 12.18: Flugplan Frankfurt (FRA) - Paris (CDG) im Sommerflugplan 2008 (erste Hälfte: 30.03.-30.06.2008) 324
Abbildung 12.19: Entscheidungsparameter, Marktpotential, Restriktionen und Ziele der Flugplanung 325
Abbildung 12.20: Beispiele für O & Ds und Itineraries 326
Abbildung 12.21: Passagierstruktur auf einem Lufthansa-Flug im Jahr 2005 327
Abbildung 12.22: Mögliche Itineraries zum O & D MAN - IST 328
Abbildung 12.23: Stufenweises Vorgehen der Lufthansa zur Auswahl relevanter O & Ds 329
Abbildung 12.24: Zusammenhang von Frequenz- und Marktanteil („S-Kurve") 331
Abbildung 12.25: Teilstreckenlängen beim Einsatz unterschiedlicher Flugzeuggrößen 333
Abbildung 12.26: Zeitliche Verteilung der Flugplanungsphasen 333
Abbildung 12.27: Connecting Convenience 335
Abbildung 12.28: Verknüpfung eines Zubringerfluges mit Abbringerflügen 336
Abbildung 12.29: Entstehung von Knoten 336

Abbildung 12.30: Case study: Überführung von Hub-Verkehren in
Point-to-Point-Verkehre 338
Abbildung 12.31: Koexistenz von Nonstop- und Umsteigeverbindungen am Beispiel
MIL – HAM 338
Abbildung 12.32: Beispiel für einen Rotationsplan 340
Abbildung 12.33: Wirkungsmechanismus des Dynamic Fleet Management bei einem
einzigen Flug 341
Abbildung 12.34: Wirkungsmechanismus des Dynamic Fleet Management bei mehreren
Flügen 342
Abbildung 12.35: Grundstruktur eines Simulationsmodells zur Netzwerk-Optimierung 343
Abbildung 12.36: Systematik der Tarife bzw. Preise 345
Abbildung 12.37: Synopse der wichtigsten Einschränkungen bei Sondertarifen 347
Abbildung 12.38: Mathematische Bestimmung der Preiselastizität der Nachfrage 351
Abbildung 12.39: Preiselastizität der Nachfrage und Umsatzveränderung 352
Abbildung 12.40: Zusammenstellung unterschiedlicher Studien zur Preiselastizität der
Nachfrage auf Luftverkehrsmärkten 353
Abbildung 12.41: Klassisches Modell der Preisdifferenzierung 355
Abbildung 12.42: Grundgedanke des Yield Managements 359
Abbildung 12.43: Zusammenhang von Marketing und Yield Management 360
Abbildung 12.44: Alternative Nutzungsoptionen von Kapazitäten 361
Abbildung 12.45: Maßnahmen des Yield Management in Abhängigkeit von der
Kapazitätsauslastung 362
Abbildung 12.46: Zentrale Elemente von Yield Management-Systemen 365
Abbildung 12.47: Unterschied zwischen der herkömmlichen Preisdifferenzierung und dem
Yield Management 366
Abbildung 12.48: Typischer Buchungsverlauf im Geschäfts- und Privatreisesegment 367
Abbildung 12.49: Beispiel eines Buchungsverlaufs für verschiedene Marktsegmente ohne
Nachfragesteuerung 368
Abbildung 12.50: Erlöswirkungen ohne und mit Nachfragesteuerung 368
Abbildung 12.51: Grundsätzliche Alternativen der Nachfragelenkung 369
Abbildung 12.52: Buchungsverläufe bei unterschiedlichen Überbuchungsquoten 370
Abbildung 12.53: Zerlegung physischer Compartments in Buchungsklassen unter
Berücksichtigung der Überbuchung 372
Abbildung 12.54: EMSR in einer Buchungsklasse und in vier Buchungsklassen 373
Abbildung 12.55: Buchungsverlauf und Buchungskorridor am Beispiel eines Fluges 374
Abbildung 12.56: Grundmodell des Nesting 375
Abbildung 12.57: Wertigkeit verschiedener Reisender in Abhängigkeit von deren
O & D-Zugehörigkeit 375

Abbildung 12.58: Leg- und O & D-bezogene Steuerung von Buchungsklassen 376
Abbildung 12.59: Methode der virtuellen Schachtelung 377
Abbildung 12.60: Mechanismus einer verkaufsursprungsbezogenen Buchungsklassensteuerung am Beispiel des Bid Price-Mechanismus der Lufthansa 378
Abbildung 12.61: Verkaufsursprungsbezogene Buchungsklassensteuerung gemäß Netzwertigkeit 379
Abbildung 13.1: Aggregationsstufen von SER und NER 385
Abbildung 13.2: Errechnung der Cockpit-Personalkosten eines Fluges (Beispiel) 386
Abbildung 13.3: Erlösaufteilung nach dem Prinzip der Full Fare-Ratios 387
Abbildung 13.4: Systematisierung der Kostenarten einer Airline 388
Abbildung 13.5: Entwicklung des Kerosinpreises 1986 - 2008 389
Abbildung 13.6: Aufwandspositionen von Lufthansa (2007), Air Berlin (2007) und Ryanair (2006/2007), jeweils in Mrd. € 390
Abbildung 13.7: Crew Complement nach Beförderungsklassen 392
Abbildung 13.8: Kalkulation der Flugzeugabschreibung anhand eines Beispiels 394
Abbildung 13.9: Economies of Scale-Effekte bei Airlines 396
Abbildung 13.10: Zusammenhang von Strecken- und Netzerlösen 397
Abbildung 13.11: Beispiel für Netzerlöse des Itinerary STR - FRA - JFK 397
Abbildung 13.12: Erlösdefinitionen am Beispiel der Strecke STR - FRA 398
Abbildung 13.13: Grobstruktur der SER bei der Deutschen Lufthansa AG 400
Abbildung 13.14: Aussagegehalt der Deckungsbeiträge und des Streckenergebnisses 402
Abbildung 13.15: Deckungsbeitragsorientierte Kostenstruktur internationaler Netzwerk-Carrier 403
Abbildung 13.16: Aufbau einer Netzergebnisrechnung am Beispiel der Lufthansa 404
Abbildung 13.17: Beispielhafte Netzergebnisrechnung 405
Abbildung 13.18: Bedeutung der Kennzahlen der Netzergebnisrechnung 406
Abbildung 14.1: Abgrenzung von Marketingmanagement und Netzmanagement 410
Abbildung 14.2: Entscheidungstatbestände der Produkt- und Servicepolitik und Beispiele aus dem Luftverkehr 412
Abbildung 14.3: Servicekette im Luftverkehr 415
Abbildung 14.4: Ausgewählte Beispiele von Klassenkonzepten im Luftverkehr 419
Abbildung 14.5: First Class-Kabinen einer A380 420
Abbildung 14.6: Kalkulation des Umsatzpotentials alternativer Klassenkonzepte 421
Abbildung 14.7: Differenziertes Klassenkonzept in der gesamten Servicekette – schematische Darstellung 423
Abbildung 14.8: Entscheidungsfelder der Distributionspolitik 427

Abbildungsverzeichnis XXXI

Abbildung 14.9: Systematisierung von Distributionssystemen 428
Abbildung 14.10: Funktionen von Absatzmittlern 429
Abbildung 14.11: Funktionsmechanismen von Push- und Pull-Strategie..........................431
Abbildung 14.12: Typologie der Distributionskanäle im Luftverkehr 433
Abbildung 14.13: Distributionskanäle in der Reisebranche 433
Abbildung 14.14: Typen von Reiseveranstalter-Produkten..436
Abbildung 14.15: Reisebürotypen 437
Abbildung 14.16: Varianten der Vergütung von Absatzmittlern..440
Abbildung 14.17: Die Vergütung von Absatzmittlern im Business und Leisure Travel 441
Abbildung 14.18: Vergütung von Distributionsleistungen im Luftverkehr........................443
Abbildung 14.19: Kommunikationsformen und Beispiele aus dem Luftverkehr 444
Abbildung 14.20: Entscheidungsprobleme im Regelkreis der Marketingkommunikation..445
Abbildung 14.21: Instrumente der Kommunikationspolitik. 445
Abbildung 14.22: Anzeigen von Germanwings in verschiedenen europäischen Ländern (September 2008) 448
Abbildung 14.23: Bereiche der Verkaufsförderung...450
Abbildung 14.24: Aufbau von CRM-Systemen...454
Abbildung 14.25: Berechnungsformel des Customer Lifetime Value................................456
Abbildung 15.1: Systemarchitektur eines GDS Hostsystems 468
Abbildung 15.2: Sortierlogik von Flügen in GDS und im Internet am Beispiel von Opodo 471
Abbildung 15.3: Deregulierungsoptionen des Brattle-Reports..472
Abbildung 15.4: Beispielhafte Buchungsmaske für Flüge VIE - PAR am 20. November 475
Abbildung 15.5: Beispielhafte Abbildung eines Passenger Name Record (PNR) in Amadeus 476
Abbildung 15.6: Ordnungsmuster der Darstellung von Flügen in Amadeus....................476
Abbildung 15.7: Zahlungsströme in der touristischen Wertschöpfungskette 477
Abbildung 15.8: Kosten elektronischer Vertriebskanäle 480
Abbildung 15.9: Zahlungsströme im herkömmlichen Modell...481
Abbildung 15.10: Zahlungsströme im Opt-in Modell 481
Abbildung 15.11: Zahlungsströme im Surcharge Modell..482
Abbildung 15.12: Alternative Distributionswege und Disintermediation 483
Abbildung 15.13: Stärken und Schwächen des Internet 487
Abbildung 15.14: Nutzung von Informationsquellen in den Phasen des Kaufentscheidungsprozesses 490
Abbildung 15.15: Online-Buchungsanteile in der Airline-Branche....................................491

Tabellenverzeichnis

Tabelle 1.1:	Regionale Aufteilung der Verkehrsleistung im Luftverkehr im Jahr 2006 (Angaben in Mio. Pkm)	12
Tabelle 2.1:	Systematisierung der Institutionen im Luftverkehr mit beispielhafter Zuordnung	20
Tabelle 2.2:	Anhänge zum Abkommen von Chicago	24
Tabelle 3.1:	Europäische Airlines mit staatlicher Beteiligung	37
Tabelle 3.2:	Systematik der rechtlichen Grundlagen des Luftverkehrs mit Zuordnung von Beispielen	38
Tabelle 3.3:	Liberalisierungspakete für den EG-Luftverkehr	50
Tabelle 3.4:	Ansprüche von Passagieren gemäß EU-Verordnung 261/2004	63
Tabelle 4.1:	Lärmentgelte am Flughafen Frankfurt/M. (2008) für Flugzeuge mit Zulassung gemäß Kapitel 3 oder 4	79
Tabelle 4.2:	Externe Kosten im Personenverkehr in 17 europäischen Staaten im Jahr 2000 (Durchschnittskosten in Euro / 1.000 Personenkilometer)	86
Tabelle 6.1:	Nachfragesegmente auf dem deutschen Luftverkehrsmarkt	114
Tabelle 6.2:	Preiselastizität der Nachfrage im Luftverkehr gemäß unterschiedlicher Studien	115
Tabelle 6.3:	Vergleich der Airbus- und der Boeing-Prognose für das regionale Wachstum des Luftverkehrs (Personenkilometer)	132
Tabelle 7.1:	Listenpreise für ausgewählte Airbus-Flugzeuge (in Mio. US $, Stand Mai 2008)	144
Tabelle 7.2:	Ursachen für Verspätungen (Abflug) auf drei ausgewählten Flughäfen in Deutschland (2007)	156
Tabelle 8.1:	Abgrenzungsmöglichkeiten für Flugplätze im Überblick	162
Tabelle 8.2:	Minimum Connecting Time (MCT) an ausgewählten Flughäfen in Europa (2006)	164
Tabelle 8.3:	Start- und Landebahnen an ausgewählten deutschen Flughäfen (Stand 2008)	165
Tabelle 8.4:	Strukturmerkmale ausgewählter Verkehrsflughäfen in Deutschland (2007)	168
Tabelle 8.5:	Die größten Frachtflughäfen in Deutschland (2007)	169
Tabelle 8.6:	Die zehn größten Flughäfen der Welt im Überblick (2007)	169
Tabelle 8.7:	Die zehn größten Flughäfen in der EU im Überblick (2006)	170

Tabelle 8.8:	Kapazität ausgewählter Flughäfen in Deutschland (Stand 2008)	172
Tabelle 8.9:	Merkmale von Airport-Slots und Airway-Slots im Vergleich	173
Tabelle 8.10:	Eigentumsstruktur ausgewählter deutscher Verkehrsflughäfen	190
Tabelle 8.11:	Beschäftigungseffekte ausgewählter deutscher Flughäfen	198
Tabelle 9.1:	Vorteile und Nachteile von Hub-and-Spoke-Systemen im Überblick	207
Tabelle 10.1:	Top 200 Passage Airline Statistik 2007	231
Tabelle 10.2:	Wachstumsraten des Low Cost Verkehrs in Deutschland	240
Tabelle 10.3:	Marktvolumen und Wachstum der Low Cost Carrier nach Regionen	240
Tabelle 10.4:	Low Cost Carrier Markt in Europa	242
Tabelle 10.5:	Merkmale der Low Cost Carrier in Europa (Stand Dezember 2007)	243
Tabelle 10.6:	Entwicklung der Business Aviation-Weltflotte bis 2022 nach Segmenten	256
Tabelle 10.7:	Anbieter von Business Aviation in Europa (2006)	257
Tabelle 10.8:	Merkmale der wichtigsten Very Light Jets	263
Tabelle 10.9:	Typische Elemente des Low Cost Geschäftsmodells zur Stückkostensenkung bei Network Airlines	266
Tabelle 11.1:	Unternehmensverbindungen im Luftverkehr im Überblick	273
Tabelle 11.2:	Codeshare-Abkommen von Low Cost Carriern	282
Tabelle 11.3:	Begriffskonstituierende Merkmale „Strategischer Allianzen"	284
Tabelle 11.4:	Globale strategische Allianzen im Überblick - Star Alliance	288
Tabelle 11.5:	Globale strategische Allianzen im Überblick - oneworld	289
Tabelle 11.6:	Globale strategische Allianzen im Überblick - Skyteam	290
Tabelle 11.7:	Netzwerkvergleich der globalen strategischen Allianzen	291
Tabelle 11.8:	Kriterienraster zur Beurteilung potentieller Allianzpartner	293
Tabelle 11.9:	Anteile von Lufthansa und Air Berlin an ausländischen Airlines	296
Tabelle 11.10:	Ausgewählte nationale und grenzüberschreitende Akquisitionen und Fusionen seit 2001	298
Tabelle 11.11:	Vorteile von Fusionen gegenüber Allianzen im Luftverkehr	299
Tabelle 12.1:	Beispiel zur Kalkulation des Marktanteils bei der „S-Kurve"	331
Tabelle 12.2:	Trade-off zwischen Flugzeuggröße und Frequenz	332
Tabelle 12.3:	Case Study: Hub-Optimierung	337
Tabelle 12.4:	Strategiekonzepte der Preispolitik	353
Tabelle 12.5:	Preisspanne auf ausgewählten Relationen des britischen Luftverkehrsmarkts	355
Tabelle 12.6:	Wahrscheinlichkeiten und EMSR in einer Buchungsklasse	372
Tabelle 12.7:	Buchungsbestand 10 Tage vor Abflug (Beispiel)	374
Tabelle 13.1:	Kostenstruktur der AEA-Airlines 2008 (gerundet)	396
Tabelle 13.2:	Erlöse im Streckennetz der Lufthansa	399

Tabelle 13.3:	Kennzahlen der SER am Beispiel einer Strecke der Deutschen Lufthansa AG	404
Tabelle 14.1:	Beförderungsklassen der Deutschen Lufthansa AG	422
Tabelle 14.2:	Geplante Informationstechnologie-Lösungen im Rahmen der Produkt- und Servicepolitik	424
Tabelle 14.3:	Airport-bezogene IT-Innovationen in der Servicekette	425
Tabelle 14.4:	Umsätze der 10 größten Reiseveranstalter mit Flugreisen in Deutschland (Touristikjahr 2007/2008)	435
Tabelle 14.5:	Die Top 10 im deutschen Reisebürovertrieb	438
Tabelle 14.6:	Beispiel für Transaction Fees	442
Tabelle 14.7:	Kriterien für die Werbeträgerselektion (Intermediaselektion) mit Beispielen zum Luftverkehr	448
Tabelle 15.1:	Einsatzbereiche und Outsourcing von IT bei Airlines	465
Tabelle 15.2:	Treiber von IT-Investitionen	466
Tabelle 15.3:	Prioritäten bei IT-Investitionen	466
Tabelle 15.4:	Vergleich von GDS- und Internet-Systemwelt	470
Tabelle 15.5:	Die größten GDS im Überblick	472
Tabelle 15.6:	Vergleich GDS vs. GNE	483
Tabelle 15.7:	Anteile GDS- vs. Non GDS-Buchungen (2005)	484
Tabelle 15.8:	Entwicklung der Vertriebsstruktur in Westeuropa 2004 - 2010	484
Tabelle 15.9:	Anzahl der Internet-Nutzer und Internet-Penetration, Stand Juni 2008	488
Tabelle 15.10:	Online-Marktvolumen Leisure und Unmanaged Business Travel in Europa	491
Tabelle 15.11:	Nutzungsgrade von Online-Distributionskanälen in der Airline Branche 2007	492

Kapitel I Grundlagen

1	Der Luftverkehr als Teil des Gesamtverkehrssystems	2
2	Systematisierung des Luftverkehrs	3
3	Daten zum Luftverkehr	6
4	Besonderheiten von Angebot und Nachfrage im Überblick	13
5	Kommentierte Literatur- und Quellenhinweise	15

1 Der Luftverkehr als Teil des Gesamtverkehrssystems

Der Traum vom Fliegen ist im 21. Jahrhundert für viele Menschen zu einer Selbstverständlichkeit geworden. Zumindest gilt dies für die wohlhabenden Industriestaaten und die gesellschaftlichen Oberschichten in den Schwellen- und Entwicklungsländern. Trotz dieser Alltäglichkeit des Fliegens übt der Luftverkehr auf die meisten Menschen eine hohe Faszination aus. So ziehen Luftfahrtausstellungen Zehntausende von Besuchern an und Flughäfen sind beliebte Ausflugsziele, die häufig über eigene Aussichtsterrassen verfügen sowie spezielle Besichtigungsprogramme anbieten.

Allerdings ist der Luftverkehr heutzutage auch einer mitunter lautstarken Kritik ausgesetzt. Fluglärmbelastungen und die Auswirkungen des Luftverkehrs auf das Weltklima lauten die entsprechenden Stichworte. Zudem wird darauf hingewiesen, dass der durch den Luftverkehr ermöglichte Massentourismus für die Zielländer nicht nur wirtschaftliche Vorteile sondern auch gesellschaftliche und ökologische Probleme mit sich bringen kann.

Aus ökonomischer Perspektive ist der Luftverkehr ein Teil des volkswirtschaftlichen Verkehrssystems. Moderne Volkswirtschaften sind in hohem Maße arbeitsteilig organisiert. Eine unabdingbare Voraussetzung für diese Arbeitsteilung ist ein leistungsfähiges Verkehrssystem, das die Mobilität der Menschen und der Güter sicherstellt. Den einzelnen Verkehrsträgern kommt in diesem Gesamtsystem jeweils eine spezifische Rolle zu. Der Luftverkehr ist aufgrund der hohen Geschwindigkeit der Flugzeuge insbesondere für den Transport auf großen Entfernungen sowie darüber hinaus für die Überwindung von natürlichen Hindernissen wie Gebirgen und Gewässern gut geeignet.

Der Luftverkehr ist, ebenso wie die anderen Verkehrsträger, durch das Zusammenwirken unterschiedlicher Beteiligter gekennzeichnet. Er stellt also für sich genommen wiederum ein Teilsystem innerhalb des Gesamtverkehrssystems dar. Zu den Beteiligten am Luftverkehrssystem gehören die Fluggesellschaften ebenso wie die Flughäfen und die Flugsicherung. Hinzu kommen die Flugzeugproduzenten und andere Lieferanten von Vorleistungen sowie die Partner auf der Absatzseite (z. B. Reisebüros).

Ein Charakteristikum des Luftverkehrsmarktes sind die hohen Wachstumsraten, die in der Vergangenheit zu beobachten waren und für die Zukunft prognostiziert sind. Die Wachstumsbranche Luftverkehr wird jedoch auch immer wieder durch Krisen erschüttert, die teilweise auf konjunkturelle Schwankungen, teilweise auf externe Schocks zurückzuführen sind. Ein deutlicher Beleg hierfür sind die Folgen der Terroranschläge vom 11. September 2001. Auch für Schwankungen des Ölpreises ist der Luftverkehr besonders anfällig.

Trotz des hohen Branchenwachstums geraten immer wieder namhafte Fluggesellschaften in wirtschaftliche Schwierigkeiten, die bis zur Insolvenz führen können. Manchmal konnte die

Luftverkehrsbranche selbst in Jahren starken Wachstums keine oder nur relativ geringe Gewinne erzielen, was den wirtschaftlichen Erfolg einzelner Airlines jedoch nicht ausschließt.

Seit den Anfangstagen der zivilen Luftfahrt hat der staatliche Ordnungsrahmen für die Entwicklung der Branche eine zentrale Rolle gespielt. In den ersten Jahrzehnten nach dem Zweiten Weltkrieg war der Luftverkehr einer umfassenden staatlichen Regulierung unterworfen und nicht selten befanden sich die Luftverkehrsgesellschaften in staatlichem Eigentum. Seit den späten 1970er Jahren ist ein Deregulierungs- und Privatisierungstrend zu beobachten, der in den einzelnen Weltregionen in unterschiedlicher Intensität und Geschwindigkeit voranschreitet. Aktuell werden die staatlichen Vorgaben insbesondere im grenzüberschreitenden Luftverkehr gelockert. Gleichzeitig ergeben sich neue Herausforderungen für die Luftverkehrspolitik, etwa bei grenzüberschreitenden Unternehmenszusammenschlüssen, der Umweltschutzthematik sowie im Bereich der Sicherheit.

Begriffsabgrenzungen: Luftverkehr und Luftfahrt

Der Begriff **Luftverkehr** beschreibt die Gesamtheit aller Vorgänge, die der Ortsveränderung von Personen, Fracht und Post auf dem Luftweg dienen und schließt alle mit der Ortsveränderung unmittelbar und mittelbar verbundenen Dienstleistungen (z. B. Flughäfen, Catering) mit ein.

Der Begriff **Luftfahrt** wird verwendet, wenn zusätzlich zum Luftverkehr auch die Sachleistungen betrachtet werden, die für die Erstellung der Luftverkehrsleistung erforderlich sind. Der Begriff Luftfahrt umfasst also insbesondere auch die Hersteller von Flugzeugen und Flugsicherungsanlagen.

Die Gesamtheit aller Einrichtungen, die der Produktion und Bereitstellung von Luftfahrzeugen, dem Betrieb der Infrastruktur, der Produktion der Transportleistung und den dazu gehörigen Dienstleistungen dienen, wird oftmals auch als **Luftfahrtindustrie** bezeichnet.

---

2 Systematisierung des Luftverkehrs

Der Luftverkehr lässt sich anhand von zahlreichen Kriterien systematisieren, die teilweise nebeneinander stehen, teilweise aufeinander aufbauen. Eine erste Unterscheidung lässt sich gemäß der **Zweckbestimmung** in militärischen und zivilen Luftverkehr vornehmen. Innerhalb des zivilen Luftverkehrs kann weiter zwischen gewerblichem und nicht-gewerblichem Luftverkehr unterschieden werden. Eine ähnliche, jedoch nicht identische Unterscheidung kann zwischen öffentlichem und nicht-öffentlichem (privatem) Luftverkehr getroffen werden.

Zum gewerblichen Luftverkehr gehören alle Leistungen die von Luftfahrtunternehmen im Auftrag Dritter und gegen Bezahlung (Entgelt) angeboten werden. Nicht-gewerbliche Flüge sind insbesondere Flüge von Unternehmen mit eigenem Fluggerät und im eigenen Interesse (Werksverkehr), Überführungsflüge, Sportflüge, Flüge von Staatsluftfahrzeugen (hoheitliche Flüge) sowie alle privaten Flüge. Der öffentliche Luftverkehr ist grundsätzlich für die Öffentlichkeit im Rahmen der allgemein gültigen Beförderungsbedingungen zugänglich (Linienverkehr) und grenzt sich dadurch vom nicht-öffentlichen Verkehr ab (z. B. reiner Charterverkehr sowie privater Luftverkehr). Beim öffentlichen Verkehr handelt es sich somit stets um gewerblichen Verkehr, während der nicht-öffentliche Verkehr sowohl gewerblichen als auch nicht-gewerblichen Verkehr umfasst.

Bedeutsam ist auch die Unterscheidung nach dem **Transportobjekt**, d. h. zwischen Personen-, Fracht- und Postverkehr. Dabei erfolgt die Beförderung von Personen und Fracht bzw. Post in der Praxis nicht selten gemeinsam in einem Flugzeug. Allerdings gibt es auch reine Passagier-, Fracht- und Postflüge.

Nach der **Streckenlänge** kann zwischen Kurz-, Mittel- und Langstrecken unterschieden werden, wobei allerdings keine einheitliche Festlegung für die Entfernungen existiert, ab denen ein Flug zum Mittel- bzw. Langstreckensegment gehört.

Für die rechtliche Rahmensetzung ist insbesondere die Unterscheidung zwischen dem **Inlandsluftverkehr** (domestic air transport – nationaler Luftverkehr) und dem **grenzüberschreitenden Luftverkehr** (international air transport) von Bedeutung. Der grenzüberschreitende Luftverkehr kann wiederum innerhalb eines Kontinents stattfinden oder Kontinente miteinander verbinden (Interkontinentalverkehr). Der Begriff **Regionalluftverkehr** wird zumeist genutzt, um Luftverkehrsverbindungen zu beschreiben, bei denen mindestens ein Flughafen außerhalb der großen Ballungszentren liegt. Der Regionalluftverkehr wird häufig mit kleinerem Fluggerät durchgeführt und kann sowohl Inlandsverkehr als auch Kontinentalverkehr sein. Aufbauend auf der Einteilung in nationalen und internationalen Luftverkehr kann eine weitere Unterscheidung gemäß der jeweils in Anspruch genommenen Freiheiten der Luft vorgenommen werden.[1]

Weitere Einteilungen sind auf der Basis des eingesetzten **Flugzeugtyps**, der **Regelmäßigkeit des Angebots** (Linienverkehr vs. Gelegenheitsverkehr) sowie des **Geschäftsmodells** der anbietenden Fluggesellschaft möglich. Diese Aspekte werden in anderen Teilen dieses Buches ausführlich behandelt. Abbildung 1.1 und Abbildung 1.2 verdeutlichen die Zusammenhänge zwischen den unterschiedlichen Systematisierungen und ordnen entsprechende Beispiele zu.

---

[1] Die Freiheiten der Luft werden in Kapitel III ausführlich erläutert.

Systematisierung des Luftverkehrs
Zweckbestimmung
zivil
militärisch
Transport-objekt
Post
Fracht
Personen
gewerblicher Luftverkehr (durch Luftverkehrsgesellschaften)
nicht-gewerblicher Luftverkehr
öffentlicher Luftverkehr
nicht-öffentlicher Luftverkehr
• Unternehmen (Werkverkehr)
• Private Haushalte
• Staat (hoheitlicher Verkehr)

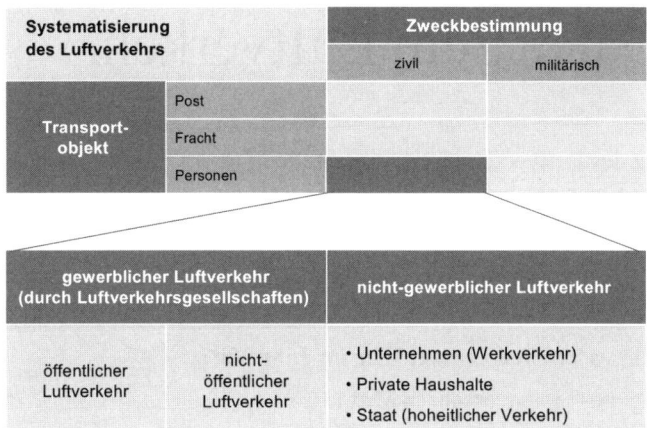

Abbildung 1.1: Systematisierung des Luftverkehrs

Inland
International
Kurzstrecke
Frankfurt - Berlin
(Regionalverkehr: Rostock – Mannheim)
Frankfurt - Brüssel
Mittelstrecke
New York - Chicago
Frankfurt - Madrid
(Kontinentalverkehr)
Langstrecke
New York - Honolulu
Frankfurt - Seattle
(Interkontinentalverkehr)
weitere Systematisierungsmöglichkeiten
Flugzeugart
(z. B. Jets, Turboprop)
Regelmäßigkeit des Angebots
(z. B. Linienverkehr vs. Gelegenheitsverkehr)
Geschäftsmodell der Airline
(z. B. Network Carrier)

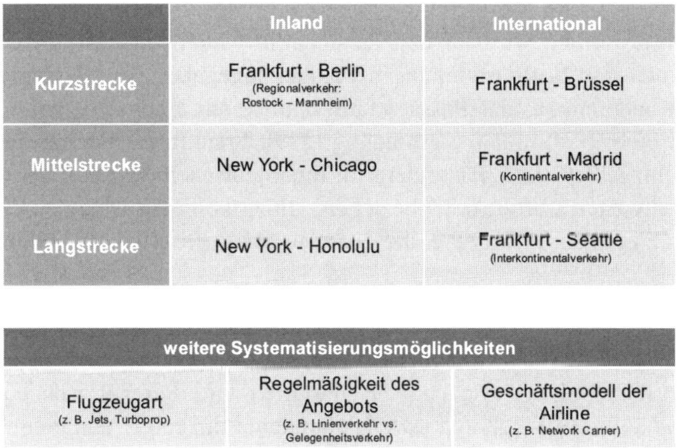

Abbildung 1.2: Systematisierung des Luftverkehrs am Beispiel des gewerblichen Personenverkehrs

3 Daten zum Luftverkehr

Die Entwicklung des Luftverkehrs und seine Stellung in der Volkswirtschaft können anhand unterschiedlicher Kennzahlen dargestellt werden. Dazu lassen sich zum einen nicht-monetäre Größen nutzen, insbesondere das Verkehrsaufkommen sowie die Verkehrsleistung. Zum anderen ist es möglich, den Luftverkehr anhand monetärer Größen zu beschreiben, z. B. anhand der Umsätze von Flughäfen und Fluggesellschaften.

Basisdaten zum weltweiten Luftverkehr im Jahr 2007	
Zahl der Passagiere (Linienverkehr in Mrd.)	2,25
Umsatz aller Fluggesellschaften (in Mrd. US $)	485
Nettogewinn aller Airlines (in Mrd. US $)	5,6
Zahl der Passagierflugzeuge mit über 100 Sitzen (2006)	13.284

Das **Verkehrsaufkommen** wird für den Personenluftverkehr in Passagieren, für den Luftfrachtverkehr sowie den Luftpostverkehr in Tonnen angegeben. Die Passagierzahlen können sich dabei unter anderem auf das Passagieraufkommen auf einem Flughafen, das Passagieraufkommen auf einer bestimmten Verbindung (z. B. Frankfurt – Berlin) oder in einem bestimmten Verkehrsgebiet (z. B. Passagiere im innerdeutschen Verkehr, im Nordatlantikverkehr oder im weltweiten Luftverkehr) beziehen. Hinzu kommen Daten zu einzelnen Gesellschaften, z. B. die Zahl der Passagiere, die von einer Airline befördert werden.

Für die Interpretation der Passagierdaten sind zwei Besonderheiten des Luftverkehrs von Bedeutung. Erstens handelt es sich in aller Regel um paarige Verkehrsströme, d. h. der Passagier, der von A nach B fliegt, tritt meistens innerhalb einiger Stunden, Tage oder Wochen auch wieder den Rückweg von B nach A an.[2] Folglich wird dieser Reisende auf zwei Flügen als Passagier und auf zwei Flughäfen jeweils einmal als Einsteiger und einmal als Aussteiger gezählt.[3]

Zweitens spielen im Luftverkehr Umsteigeverbindungen eine nicht unerhebliche Rolle, d. h. viele Passagiere fliegen nicht direkt von A nach B, sondern sie steigen in C von einem Flugzeug in ein anderes um. Damit besteht eine Flugreise von A nach B aus zwei Flügen des Passagiers (von A nach C und von C nach B). Der Passagier wird folglich auf dem Hinweg

---

[2] Im Gegensatz hierzu werden Güter im Fracht- und Postverkehr meist nur von A nach B befördert.

[3] Selbstverständlich gibt es auch Abweichungen von diesem Muster, insbesondere „echte" one-way-Flüge (z. B. Auswanderer), Kombinationen von Flugreisen und anderen Reisen (z. B. Hinreise mit dem Flugzeug, Rückreise mit der Bahn) sowie Hin- und Rückreisen auf unterschiedlichen Relationen (z. B. Flug von Europa an die Westküste der USA, Fahrt mit dem Pkw zur US-amerikanischen Ostküste und anschließender Rückflug). Die quantitative Bedeutung dieser Reisearten ist jedoch vergleichsweise gering, sodass im Weiteren vom „Normalfall" eines kombinierten Hin- und Rückfluges ausgegangen wird.

3 Daten zum Luftverkehr

in A als Einsteiger, in C als Aus- und Einsteiger sowie in B als Aussteiger gezählt. Die Rückreise lässt sich analog beschreiben.

> Als **Flugreise** wird in der amtlichen Statistik die Beförderung vom Ausgangsflughafen zum Endzielflughafen bezeichnet. Wenn es sich dabei um eine Umsteigebeziehung handelt, so besteht die Reise aus mehreren Flügen bzw. Teilstrecken.

Konkret wurden beispielsweise auf den 25 größten Flughäfen in Deutschland im Jahr 2007 rund 93,7 Mio. Einsteiger und 93,9 Mio. Aussteiger gezählt, d. h. eine Gesamtzahl von 187,6 Mio. Passagieren.[4] Im innerdeutschen Luftverkehr gab es im selben Jahr rund 24,1 Mio. Passagiere, die auf einem Flug jeweils einmal als Einsteiger und einmal als Aussteiger gezählt werden. Unter Berücksichtigung der Doppelzählung der innerdeutschen Passagiere ergibt sich für Deutschland eine Passagierzahl in Höhe von 164,1 Mio. Bei den 139,4 Mio. Auslandspassagieren handelte es sich um 69,7 Mio. Einsteiger und 69,8 Mio. Aussteiger. Hinzu kamen 0,6 Mio. Passagiere im Durchgangsverkehr (d. h. Zwischenlandungen ohne Umsteigen).

Die Gesamtzahl von 93,7 Mio. Einsteigern enthält, wie bereits erläutert, eine Reihe von Doppelzählungen aufgrund von Umsteigeverkehren. 14,5 Mio. Passagiere nutzten einen deutschen Flughafen zum Umsteigen zwischen zwei internationalen Flügen (z. B. ein Passagier, der von Warschau über Frankfurt nach Chicago fliegt) und werden folglich auf dem deutschen Flughafen jeweils einmal als Aussteiger und einmal als Einsteiger gezählt. Weitere 3,2 Mio. Passagiere wechselten von einem Inlands- zu einem Auslandsflug (z. B. ein Passagier, der von Berlin über Frankfurt nach Peking reist), was auf dem Hinflug zum statistischen Ausweis von zwei Einsteigern und einem Aussteiger führt. Analog werden auf dem Rückflug zwei Aussteiger und ein Einsteiger ausgewiesen.

Betrachtet man allein die Flugreisen, die auf einem deutschen Flughafen begonnen werden und rechnet man zudem die Doppelzählungen bei den Inlandsverkehren heraus, so ergibt sich eine Gesamtzahl von 64,2 Mio. Reisenden. Hinzu kommen rund 7,2 Mio. Reisende im internationalen Verkehr, die in Deutschland umsteigen (jeweils einmal auf der Hin- und auf der Rückreise). In Abbildung 1.3 sind diese Zusammenhänge grafisch veranschaulicht.

---

[4] Die Angaben zum Luftverkehr auf deutschen Flughäfen basieren auf Statistisches Bundesamt (2007).

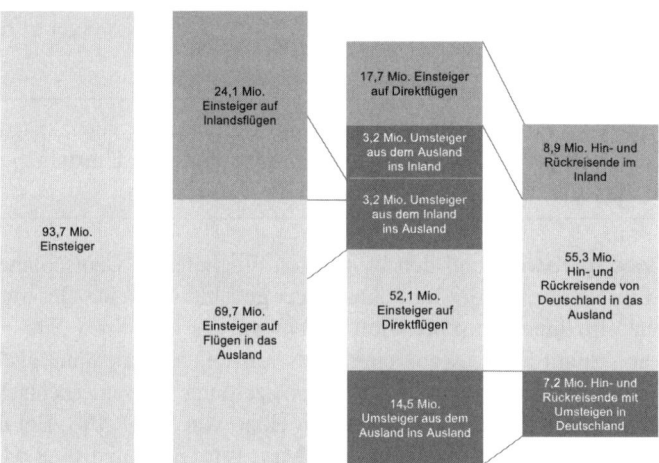

Abbildung 1.3: Einsteiger und Reisende auf deutschen Flughäfen (2007)[5]

Die Zahl der Passagiere in der EU betrug laut Eurostat im Jahr 2007 rund 793 Millionen. Die meisten Luftverkehrsnutzer gab es in Großbritannien (rund 217 Mio.), gefolgt von Deutschland (163,8 Mio.)[6] und Spanien (163,5 Mio.). In Österreich betrug die Passagierzahl 22,9 Millionen, wobei es sich zu rund 97 % um Passagiere im internationalen Verkehr handelte.

Bei weltweiter Betrachtung liegt der Anteil der Passagiere im Inlandsverkehr bei etwas über 60 %, die restlichen fast 40 % der Passagiere sind im grenzüberschreitenden Luftverkehr unterwegs. Der hohe Anteil des Inlandsverkehrs erklärt sich nicht zuletzt durch den aufkommensstarken inneramerikanischen Luftverkehrsmarkt, der rund 50 % des weltweiten Inlandsverkehrs ausmacht.

Die **Verkehrsleistung** ergibt sich, wenn die Zahl der Passagiere mit der zurückgelegten Entfernung multipliziert wird. Je nach Verkehrsgebiet wird die Verkehrsleistung in **Passagierkilometer** (PKM) oder in Passagiermeilen (PM) angegeben, wobei eine Meile 1,852 Kilometer entspricht. Analog ergibt sich die Verkehrsleistung im Fracht- bzw. Postverkehr durch Multiplikation des Fracht- bzw. Postaufkommens mit der jeweiligen Distanz **(Tonnenkilometer)**. Gelegentlich wird mit der Größe Tonnenkilometer auch die gesamte Verkehrsleistung im Passagier- und Frachtverkehr beschrieben, hierfür wird ein Passagier mit 100 kg angesetzt, d. h. der Transport von 10 Passagieren über eine Entfernung von einem Kilometer ergibt einen Tonnenkilometer. Aus der Perspektive der Fluggesellschaften wird die Verkehrsleistung oftmals auch als verkaufte Sitzplatzkilometer (**Revenue Passenger Kilometers** – RPK[7] bzw. Passenger Kilometers Transported – PKT) bezeichnet. Im Jahr

---

[5] Datenquelle: Statistisches Bundesamt (2007), Eigene Berechnungen, Differenzen durch Rundungen.

[6] Diese Zahl ergibt sich durch Addition der Einsteiger und der Aussteiger auf internationalen Flügen sowie der Einsteiger auf Inlandsflügen, d. h. eine Doppelzählung der Passagiere auf Inlandsflügen wird vermieden.

[7] Im internationalen Bereich ist auch die Einheit RPM (Revenue Passengers Miles) gebräuchlich.

3 Daten zum Luftverkehr

2007 betrug die Verkehrsleistung im weltweiten Linienverkehr rund 4,2 Billionen Passagierkilometer. Die Verkehrsleistung auf Linienflügen innerhalb Deutschlands sowie von und nach Deutschland wird vom Statistischen Bundesamt mit rund 59 Mrd. PKM angegeben.

Darüber hinaus lässt sich die Zahl der Flüge als Indikator für die Entwicklung des Luftverkehrs nutzen. Beispielsweise fanden auf den 25 größten Flughäfen in der Bundesrepublik Deutschland im Jahr 2007 rund 2,2 Millionen Starts und Landungen statt, darunter rund 1,8 Millionen gewerbliche Bewegungen. Darüber hinaus wurden von der Deutschen Flugsicherung über eine Million Überflüge über Deutschland registriert.

Multipliziert man die Zahl der Flüge mit der jeweiligen Kapazität der eingesetzten Flugzeuge, so ergeben sich die angebotenen Sitzplätze. Multipliziert man diese Größe wiederum mit der zurückgelegten Entfernung, so ergeben sich die angebotenen Sitzplatzkilometer (**Available Seat Kilometer** – ASK bzw. Seat Kilometers Offered - SKO).

Der Quotient aus dem Verkehrsaufkommen und den angebotenen Sitzplätzen bzw. aus RPK (Revenue Passenger Kilometer) und ASK (Available Seat Kilometer) beschreibt den **Auslastungsgrad (Sitzladefaktor – Seat Load Factor)**. Dieser Seat Load Factor ist eine häufig genutzte Größe, um die Entwicklung auf unterschiedlichen Luftverkehrsmärkten zu analysieren. Beispielsweise betrug der Seat Load Factor im weltweiten Linienverkehr im Jahr 2006 76 %. Im innerdeutschen Linienverkehr lag dieser Wert im selben Jahr bei 68 %. Abbildung 1.4 veranschaulicht die Zusammenhänge.

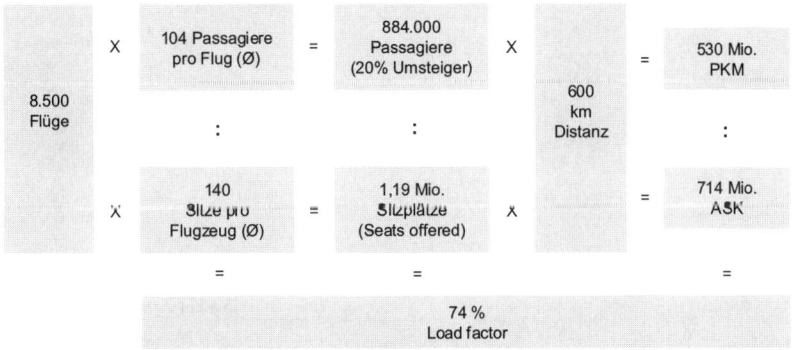

Abbildung 1.4: Zusammenhang zwischen Kenngrößen des Luftverkehrs am Beispiel der Relation Hamburg-München[8]

Der weltweite Luftverkehr hat in den Jahrzehnten seit dem Ende des Zweiten Weltkrieges stark zugenommen. Besonders hoch waren die Wachstumsraten in den 1950er, 1960er und 1970er Jahren. Beispielsweise hat sich die Zahl der Passagiere im weltweiten Linienverkehr zwischen 1960 und 1970 nahezu verdreifacht. Hier zeigt sich ein statistischer Basiseffekt,

---

[8] Die Zahlenangaben orientieren sich an den Ist-Werten des Jahres 2007, sind jedoch gerundet bzw. rechnerisch ermittelt.

der durch das niedrige Ausgangsniveau des Luftverkehrs nach dem Ende des Zweiten Weltkrieges entsteht. In absoluten Zahlen entspricht beispielsweise der Zuwachs der weltweiten Passagierzahl zwischen den Jahren 2006 und 2005 der gesamten Passagierzahl des Jahres 1960 (106 Mio. Passagiere). In Abbildung 1.5 ist die Entwicklung der Passagierzahlen sowie der geleisteten Passagierkilometer dargestellt.

Aus dem Vergleich der Entwicklung des Verkehrsaufkommens und der Verkehrsleistung lässt sich die zunehmende Durchschnittslänge der Flugreisen erkennen, die insbesondere durch die gewachsene Bedeutung des Langstreckenverkehrs hervorgerufen wurde. Der Quotient dieser beiden Größen, die durchschnittliche **Reiseweite** eines Passagiers, beträgt im weltweiten Linienverkehr rund 1.850 km, im Jahr 1980 lag sie noch bei rund 1.450 km. Unterscheidet man zwischen Inlandsluftverkehr und internationalem Luftverkehr, so beträgt die durchschnittliche Reiseweite im Inlandsverkehr rund 1.160 km, im internationalen Verkehr rund 3.070 km (Stand 2007).[9]

Die Bedeutung des Luftverkehrs ist in den einzelnen Weltregionen höchst unterschiedlich. Ein Großteil des Luftverkehrs findet innerhalb und zwischen den drei großen Wirtschaftsregionen Nordamerika, Europa und Asien statt. In Abbildung 1.6 sind die Anteile der Fluggesellschaften aus den unterschiedlichen Weltregionen am gesamten Luftverkehr dargestellt.

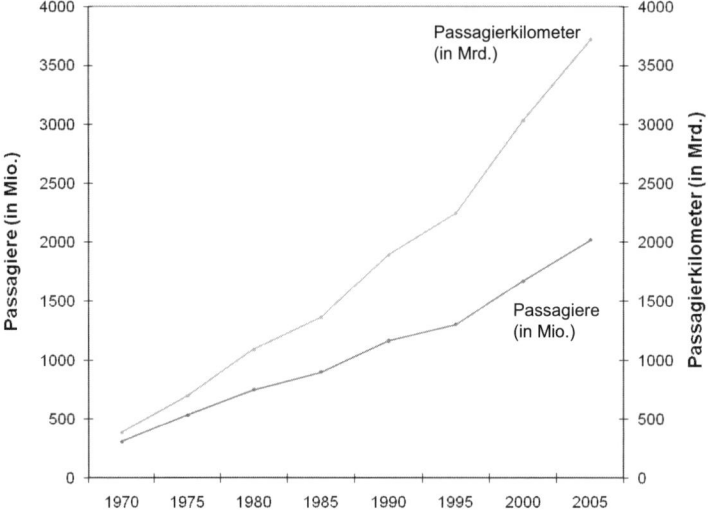

Abbildung 1.5: Entwicklung des weltweiten Linienverkehrs[10]

---

[9] Datenquelle: ICAO. Eigene Berechnungen.

[10] Datenquelle: ICAO.

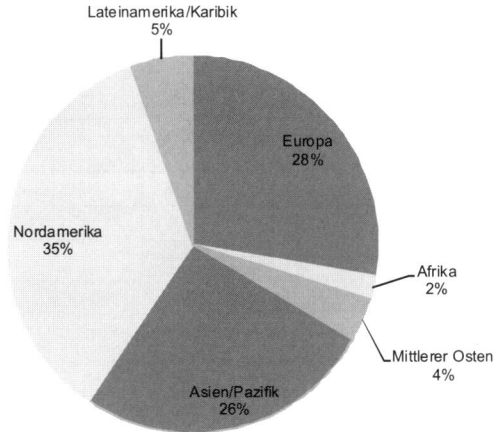

Abbildung 1.6: Weltweite Verteilung des Passagieraufkommens im Jahr 2007[11]

Der aufkommensstärkste Markt im grenzüberschreitenden Luftverkehr ist der innereuropäische Markt mit einem Anteil von rund 37,8 % am gesamten grenzüberschreitenden Luftverkehr (Angaben der IATA für das Jahr 2007). Es folgen der internationale Verkehr innerhalb Asiens (15,0 %), der Nordatlantikverkehr (9,8 %), der Verkehr zwischen Europa und Asien (5,3 %) sowie zwischen Nord- und Mittelamerika (4,9 %).

Für die statistische Darstellung der Verkehrsströme lassen sich die Weltregionen unterschiedlich tief gliedern. Die Angaben in Tabelle 1.1 basieren auf einer Unterscheidung in sechs Weltregionen. Dabei stellen die grau schattierten Felder die Verkehrsleistung innerhalb der jeweiligen Region dar, die anderen Felder zeigen die Verkehrsleistung zwischen den Regionen.

---

[11] Datenquelle: ICAO. Gesamtverkehr mit Zuordnung nach Heimatstaat der Airline.

Tabelle 1.1: Regionale Aufteilung der Verkehrsleistung im Luftverkehr im Jahr 2006 (Angaben in Mio. Pkm)[12]

	Nord-amerika	Asien/Pazifik	Europa	Latein-amerika	Mittlerer Osten	Afrika
Afrika	5	5	120	2	18	30
Mittlerer Osten	20	80	90	0	40	
Lateinamerika	170	2	150	110		
Europa	400	300	590			
Asien/Pazifik	240	730				
Nordamerika	980					

Die Einteilung der Verkehrsregionen in Tabelle 1.1 ist vergleichsweise „grob". Insbesondere die Region „Asien/Pazifik" lässt sich weiter differenzieren (Südostasien, Südwestasien, China/Japan und Ozeanien). Auch bietet es sich an, bei der Region „Lateinamerika" zwischen Mittelamerika und Südamerika zu unterscheiden. Abbildung 1.7 zeigt die zehn größten Luftverkehrsmärkte, wenn eine tiefere regionale Aufteilung gewählt wird.

Die Deutsche Lufthansa AG, die größte deutsche Fluggesellschaft, hat im Jahr 2007 mit 34.000 Mitarbeitern über 56 Millionen Passagiere befördert und einen Umsatz von fast 14 Mrd. Euro erzielt.[13] Hiermit gehört sie zu den fünf größten Dienstleistungsunternehmen in Deutschland. Die größte Airline in der Schweiz ist die Swiss, die seit dem Jahr 2005 zum Lufthansa Konzern gehört (Kennzahlen: 13,5 Mio. Passagiere, 7.000 Mitarbeiter (2008) und eine Betriebsleistung von 4,9 Mrd. Schweizer Franken (2007)). In Österreich hatte die Austrian Airlines (AUA), die im Jahr 2009 von der Lufthansa übernommen wurde, im Jahr 2008 rund 10,7 Mio. Passagiere. Die rund 8.000 Mitarbeiter erzielten im Jahr 2007 einen Umsatz von rund 2,4 Mrd. Euro.

---

[12] Datenquelle: Boeing. Die Werte sind relativ stark gerundet.

[13] Diese Informationen sind den Geschäftsberichten der jeweiligen Unternehmen entnommen.

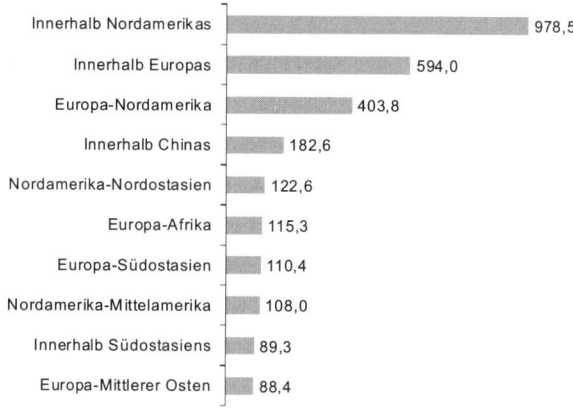

Abbildung 1.7: Die zehn größten Märkte im weltweiten Luftverkehr im Jahr 2006 (Angaben in Mio. Pkm)[14]

Der Anteil des Luftverkehrs an der gesamten Verkehrsleistung (**Modal Split**) liegt in der Bundesrepublik Deutschland bei rund 5 %. Dominiert wird die Verkehrsleistung eindeutig vom privaten Pkw mit einem Modal Split Anteil von rund 80 %. Legt man die Umsätze der Verkehrsunternehmen im Personen- und Güterverkehr zugrunde, so beträgt der Anteil des Luftverkehrs rund 13 %.[15]

4 Besonderheiten von Angebot und Nachfrage im Überblick

Der Luftverkehr ist durch eine Reihe von Besonderheiten gekennzeichnet, die ihn von anderen Verkehrsträgern unterscheiden. An erster Stelle ist, trotz der Marktöffnung der vergangenen Jahrzehnte, die **große Bedeutung staatlicher Rahmensetzungen** zu nennen. In den meisten Ländern ist der inländische Luftverkehr nach wie vor einheimischen Gesellschaften vorbehalten (Kabotageverbot). Der grenzüberschreitende Luftverkehr wird überwiegend durch bilaterale Verträge geregelt, die nicht selten dazu führen, dass auf den jeweiligen Strecken nur zwei Anbieter aktiv sind, jeweils eine Gesellschaft aus einem Land. In Kapitel III

---

[14] Datenquelle: Boeing.
[15] Datenquelle: Verkehr in Zahlen. Eigene Berechnungen.

werden rechtlichen Regelungen und ihre Auswirkungen auf die Marktstruktur ausführlich dargestellt. Hinzu kommt, dass sich viele Fluggesellschaften – speziell, aber nicht nur in Entwicklungsländern – ganz oder teilweise in staatlichem Eigentum befinden.

Ebenso wie alle anderen Verkehrsträger ist der Luftverkehr auf eine **spezielle Infrastruktur** angewiesen, konkret in Form von Flughäfen und der Flugsicherung. Die Dienstleistungen der Flugsicherung weisen die charakteristischen Merkmale eines natürlichen Monopols auf und werden in den meisten Staaten von staatlichen Stellen erbracht. Auch Flughäfen befinden sich nicht selten in staatlichem Eigentum oder werden staatlich reguliert. Die staatliche Rahmensetzung spielt insbesondere bei Neubauten sowie Kapazitätserweiterungen eine wichtige Rolle, da zwischen den wirtschaftlichen Interessen der Luftverkehrswirtschaft und dem Schutz der Anwohner vor Fluglärm und sonstigen Umweltbelastungen abgewogen werden muss (siehe Kapitel IV).

Generell bringt es die Abhängigkeit des Luftverkehrs von der Flughafeninfrastruktur mit sich, dass die **Fähigkeit zur Netzbildung begrenzt** ist. Folglich besitzt die Anbindung von Flughäfen an die bodengebundenen Verkehrsträger eine besondere Bedeutung (Intermodalität) und Flugreisen sind zumeist Teil einer intermodalen Reisekette. Die speziellen betriebswirtschaftlichen Aspekte von Flughäfen sind in Kapitel VIII thematisiert, die Bedeutung der Flugsicherung für den Luftverkehr wird in Kapitel VII aufgegriffen.

Die Luftverkehrsnachfrage hat, ebenso wie die Nachfrage nach nahezu allen anderen Verkehrsdienstleistungen, einen derivativen Charakter, d. h., es handelt sich um eine **abgeleitete Nachfrage**. Mit anderen Worten, die meisten Menschen fragen die Dienstleistungen von Luftverkehrsgesellschaften nicht um ihrer selbst willen nach – eine Ausnahme ist etwa der Flug in einer historischen JU 52 –, sondern sie benötigen die Dienstleistung als Mittel, um einen anderen Zweck zu erfüllen. Dieser Zweck kann in einer ersten Unterscheidung entweder geschäftlicher oder privater Natur sein. Der derivative Charakter der Nachfrage bringt es mit sich, dass sich allgemeine wirtschaftliche Entwicklungen, etwa die Konjunktur sowie das Ausmaß der Handelsbeziehungen, stark auf die Luftverkehrsnachfrage auswirken.

Hinzu kommt, dass die **Nachfrage im Zeitablauf** in vielfältiger Hinsicht **schwankt**. Auf die Anfälligkeit des Luftverkehrs für politische und sonstige Krisen ist bereits oben hingewiesen worden. Die Besonderheiten der Nachfrage im Luftverkehr sind in Kapitel VI ausführlich behandelt.

Wie für jede andere Dienstleistungsbranche, gilt auch für den Luftverkehr das „**uno actu**" Prinzip, d. h., die Leistungserstellung und die Leistungsinanspruchnahme fallen zeitlich zusammen. Auch ist eine „Mitwirkung" des Transportobjektes an der Leistungserstellung erforderlich, sodass der Passagier bzw. das transportierte Gut in der Verkehrsbetriebswirtschaft zu den Produktionsfaktoren gerechnet wird (**externer Produktionsfaktor**). Zu den Charakteristika der Leistungserstellung im Luftverkehr gehören weiterhin die relativ **große Bedeutung fixer Kosten** sowie die (mögliche) **Kuppelproduktion** von Passage-, Fracht- und Postdienstleistungen.

5 Kommentierte Literatur- und Quellenhinweise

Für den Einstieg in die Grundzusammenhänge der Verkehrswirtschaft eignen sich insbesondere die Lehrbücher

- Aberle, G. (2002), Transportwirtschaft. Einzelwirtschaftliche und gesamtwirtschaftliche Grundlagen, 4. Aufl., München / Wien.
- Kummer, S. (2006), Einführung in die Verkehrswirtschaft, Wien.
- Schulz, A. (2009), Verkehrsträger im Tourismus, München.

Als Einstieg in die empirische Analyse von Verkehrsmärkten ist zu empfehlen

- Eckey, H.-F. / Stock, W. (2000), Verkehrsökonomie. Eine empirisch orientierte Einführung in die Verkehrswissenschaften, Wiesbaden.

Umfassende Daten zum Verkehr in Deutschland liefert die jährlich erscheinende Publikation

- Bundesministerium für Verkehr, Bau und Stadtentwicklung (Hrsg.), Verkehr in Zahlen, Hamburg.

Die Besonderheiten des Luftverkehrs werden in zahlreichen Lehrbüchern thematisiert. Als deutschsprachige Werke sind besonders hervorzuheben:

- Maurer, P. (2006), Luftverkehrsmanagement. Basiswissen, 4. Aufl., München / Wien.
- Pompl, W. (2007), Luftverkehr. Eine ökonomische und politische Einführung, 5. Aufl., Berlin u. a. O.
- Schmidt, G. H. E. (2000), Handbuch Airlinemanagement, München / Wien.

Eine stark auf die praktisch-betrieblichen Aspekte des Luftverkehrs ausgerichtete Darstellung findet sich bei

- Rasch-Sabathil, S. (2008), Lehrbuch des Linienluftverkehrs, 5. Aufl., Frankfurt/M.

Unter den zahlreichen englischsprachigen Publikationen sind insbesondere die folgenden Werke empfehlenswert:

- Dempsey, P. S. / Gesell, L. E. (2006), Airline Management: Strategies for the 21st Century, 2. Aufl., Chandler, AZ.
- Doganis, R. (2006), The airline business, 2. Aufl., London / New York.
- Doganis, R. (2002), Flying Off Course, 3. Aufl., London / New York.
- Hanlon, P. (2007), Global Airlines. Competition in a transnational industry, 3. Aufl., Amsterdam et al.
- Holloway, S. (2003), Straight and level. Practical airline economics, 2. Aufl., Aldershot.
- O'Connor, W. E. (2001), An introduction to airline economics, 6. Aufl., Westport.
- Shaw, S. (2007), Airline marketing and management, 6. Aufl., Aldershot.

- Wensveen, J. G. (2007), Air transportation. - A Management Perspective, 6. Aufl., Aldershot.

Als wirtschaftswissenschaftliche Zeitschriften beschäftigen sich das

- Journal of Air Transport Management sowie das
- International Journal of Aviation Management

ausschließlich mit aktuellen und grundsätzlichen Fragen der Luftverkehrswirtschaft.

Als juristische Zeitschriften sind insbesondere die

- Zeitschrift für Luft- und Weltraumrecht (ZLW), das
- Journal of Air Law and Commerce sowie
- Air and Space Law

zu nennen.

Im Internet zugänglich ist die Zeitschrift **aerlines magazine** (www.aerlines.nl). Die Zeitschriften **Airline Business** und **Air Transport World** berichten in leicht aufnehmbarer Form regelmäßig über aktuelle Branchenentwicklungen, portraitieren Airlines, Flughäfen sowie handelnde Personen und enthalten Daten. Das **ICAO Journal** informiert primär über die Arbeit der ICAO, beinhaltet jedoch auch eine Reihe von grundsätzlichen Beiträgen zu aktuellen Fragen des Luftverkehrs. Die Zeitschrift **Airport Business** wird vom europäischen Verband der Flughafenbetreiber (ACI Europe) herausgegeben.

Selbstverständlich finden sich Beiträge zu Themen aus dem Bereich des Luftverkehrs auch in allgemeinen verkehrswissenschaftlichen Zeitschriften, in Deutschland insbesondere in der **Zeitschrift für Verkehrswissenschaft** sowie in der Zeitschrift **Internationales Verkehrswesen**. Als internationale Journals sind etwa **Transport Policy, Journal of Transport Economics and Policy** sowie **Transportation Research** weit verbreitet. Darüber hinaus finden sich Beiträge zum Luftverkehr gelegentlich auch in nahezu allen allgemeinen wirtschafts- und rechtswissenschaftlichen Zeitschriften.

Die Zahl der Monographien zum Luftverkehr ist mittlerweile sehr groß. In den einzelnen Kapiteln dieses Buches ist jeweils zum Ende auf besonders relevante Arbeiten hingewiesen. Generell sind die Schriftenreihen der **Deutschen Verkehrswissenschaftlichen Gesellschaft (DVWG)** zu empfehlen. Hier werden unter anderem die Ergebnisse zahlreicher Tagungen zum Luftverkehr veröffentlicht.

Daten zur Entwicklung des Luftverkehrs sind, in unterschiedlicher Tiefe, auf allen gebietskörperschaftlichen Ebenen verfügbar. Daten zum weltweiten Luftverkehr liefern die Internationale Zivilluftfahrtorganisation **ICAO** (www.icao.int) sowie der Verband der Linienfluggesellschaften **IATA** (www.iata.org), allerdings werden mittlerweile viele Daten nur noch entgeltlich abgegeben. Zahlreiche Informationen lassen sich auch den regelmäßigen Nachfrageprognosen der beiden Flugzeughersteller Airbus und Boeing entnehmen, die jeweils auf einer detaillierten Marktanalyse basieren und insbesondere Informationen zur Zusammensetzung der weltweiten Flugzeugflotte beinhalten.

5 Kommentierte Literatur- und Quellenhinweise

Auf der Ebene der Europäischen Union sind die Veröffentlichungen des Statistischen Amtes der Europäischen Union **(Eurostat)** relevant. Darüber hinaus hat die **Generaldirektion Verkehr** der Europäischen Kommission **(DG TREN)** eine regelmäßige Beobachtung des europäischen Luftverkehrsmarktes in Auftrag gegeben. Die entsprechenden Berichte finden sich auf der Homepage der Generaldirektion (http://ec.europa.eu/transport/air/index_en.htm). Auch der Branchenverband **Association of European Airlines (AEA)** stellt ausgewählte Daten zur Verfügung (www.aea.be), die sich jedoch meist nur auf die Mitgliedsunternehmen dieser Organisation beziehen.

In Deutschland ist das Statistische Bundesamt **(Destatis)** für die Luftverkehrsstatistik verantwortlich. Detaillierte Informationen finden sich insbesondere in der **Fachserie Luftverkehr**. Aktuelle Daten zum Luftverkehr liefert auch der regelmäßige Mobilitätsbericht der Deutschen Flugsicherung GmbH (DFS), der unter dem Titel „Luftverkehr in Deutschland" erscheint.

Besonders empfehlenswert ist der vom **Deutschen Zentrum für Luft- und Raumfahrt (DLR)** regelmäßig erstellte Luftverkehrsbericht, der „Daten und Kommentierungen des deutschen und weltweiten Luftverkehrs" enthält.

Die **Air Transport Research Society (ATRS)** ist der weltweite Zusammenschluss der Luftverkehrsökonomen. Sie veranstaltet regelmäßig wissenschaftliche Fachtagungen. Der deutsche Verband der Luftverkehrsökonomen ist die **German Aviation Research Society (GARS)**. Eine wichtige Fachtagung ist die jährlich stattfindende Hamburg Aviation Conference, zahlreiche Präsentationen finden sich auf der Homepage des Veranstalters.

Kapitel II Organisationen des Luftverkehrs

1	**Überblick**	20
2	**Staatliche Institutionen des Luftverkehrs**	21
	2.1 Staatliche Institutionen auf der nationalen Ebene	21
	2.2 Staatliche Institutionen auf der europäischen Ebene	22
	2.3 Staatliche Institutionen auf der internationalen Ebene	24
3	**Private Organisationen des Luftverkehrs**	25
	3.1 Private Organisationen auf der nationalen Ebene	25
	3.2 Private Organisationen auf der europäischen Ebene	26
	3.3 Private Organisationen auf der internationalen Ebene	27
4	**Zusammenwirken der Institutionen des Luftverkehrs**	28
5	**Kommentierte Literatur- und Quellenhinweise**	29

1 Überblick

Bei den Institutionen des Luftverkehrs kann zunächst zwischen staatlichen und privaten Organisationen unterschieden werden. Die staatlichen Organisationen verfügen über hoheitliche Befugnisse und werden in der allgemeinen Theorie der Wirtschafts- und Verkehrspolitik üblicherweise als Entscheidungsträger bezeichnet. Die privaten Organisationen versuchen, ihre jeweiligen Interessen in den politischen Entscheidungsprozess einzubringen (Einflussträger). Darüber hinaus bieten sie bestimmte Servicefunktionen für ihre Mitglieder an (z. B. Informationen, Beratung). Private Organisationen können insbesondere die Interessen der unterschiedlichen Anbietergruppen, der Beschäftigten, der Verbraucher sowie sonstiger Betroffener (z. B. Flughafenanwohner) vertreten.

Sowohl die staatlichen als auch die privaten Organisationen des Luftverkehrs sind auf allen gebietskörperschaftlichen Ebenen von Bedeutung, d. h. auf der nationalen, der europäischen und der internationalen Ebene. Tabelle 2.1 gibt einen Überblick über die verschiedenen Einteilungsmöglichkeiten und ordnet einzelne Institutionen beispielhaft zu.

Tabelle 2.1: Systematisierung der Institutionen im Luftverkehr mit beispielhafter Zuordnung

	Staatliche Institutionen	Private Institutionen
Nationale Ebene	BMVBS, LBA, usw.	BDF, ADV, VC, usw.
Europäische Ebene	DG TREN, EASA, usw.	AEA, ERAA, ELFAA, usw.
Internationale Ebene	ICAO	IATA, ACI, usw.

Im Folgenden sind die wichtigsten Organisationen des Luftverkehrs kurz vorgestellt. Angesichts der Vielzahl der Organisationen erhebt die Darstellung nicht den Anspruch auf Vollständigkeit. Zudem konzentriert sich die Darstellung auf Deutschland, auf Institutionen in Österreich und der Schweiz ist jeweils kurz hingewiesen.

2 Staatliche Institutionen des Luftverkehrs

2.1 Staatliche Institutionen auf der nationalen Ebene

Das deutsche Grundgesetz weist im Artikel 73, Nr. 6, dem Bund die ausschließliche Gesetzgebungskompetenz für den Luftverkehr zu. Die Luftverkehrsverwaltung wird in bundeseigener Verwaltung geführt (Artikel 87d Grundgesetz). Einen Teil der Aufgaben der Luftverkehrsverwaltung nehmen die Länder im Auftrag des Bundes wahr (§ 31, Abs. 2, Luftverkehrsgesetz (LuftVG)).

Innerhalb der Exekutive ist gemäß § 31, Abs. 1, LuftVG primär das **Bundesverkehrsministerium** (2008: Bundesministerium für Verkehr, Bau und Stadtentwicklung - BMVBS) für den Luftverkehr zuständig. Zudem sind mehrere nachgeordnete Behörden bzw. Institutionen im Bereich des Luftverkehrs tätig. Dabei handelt es sich um

- das Luftfahrt-Bundesamt (LBA),
- die Bundesstelle für Flugunfalluntersuchung (BFU),
- die Deutsche Flugsicherung GmbH (DFS) und den
- Deutschen Wetterdienst (DWD).

Die **Abteilung Luft- und Raumfahrt** des Bundesverkehrsministeriums wirkt im Rahmen der europäischen und der internationalen Organisationen an der Gestaltung der Luftverkehrspolitik mit. Auf der nationalen Ebene bereitet das Ministerium die Gesetzgebung mit vor und verfügt gemäß § 32 Luftverkehrsgesetz (LuftVG) über die Kompetenz zum Erlass von Rechtsverordnungen (teilweise ist die Zustimmung des Bundesrates zu den Verordnungen erforderlich). Spezifische Aufgabenfelder des Bundesverkehrsministeriums sind etwa die Festlegung von Luftsperrgebieten sowie die Entscheidung über betroffene öffentliche Interessen des Bundes bei der Anlage und dem Betrieb eines Flughafens.

Das **Luftfahrt-Bundesamt (LBA)** als obere Bundesbehörde hat seinen Sitz in Braunschweig und verfügt über sechs Außenstellen an den Standorten der größten deutschen Flughäfen. Seine Aufgaben sind im Gesetz über das Luftfahrt-Bundesamt beschrieben und bestehen unter anderem in der Aufsicht über die deutschen Fluggesellschaften sowie der Genehmigung von Flügen und Fluglinienplänen ausländischer Gesellschaften. Auch ist das LBA für die Führung der Luftfahrzeugrolle, in der alle in Deutschland zugelassenen Flugzeuge erfasst sind, sowie weiterer Luftfahrtdateien zuständig. Darüber hinaus überwacht das Luftfahrt-Bundesamt unter anderem die Hersteller von Fluggerät, die Ausbildung des im Luftverkehr eingesetzten Personals sowie die Einhaltung der Sicherheitsnormen. Das LBA fungiert auch als offizielle Beschwerde- und Durchsetzungsstelle für Fluggastrechte (siehe hierzu Kapitel

III). Das LBA ist gemäß § 32, Abs. 3, Satz 3, LuftVG durch das Bundesverkehrsministerium zum Erlass von Rechtsvorschriften ermächtigt und hat zahlreiche Durchführungsverordnungen veröffentlicht.

Der **Deutsche Wetterdienst (DWD)** als Bundesbehörde hat seinen Sitz in Offenbach/Main. Der DWD unterstützt die zivile und militärische Luftfahrt mit meteorologischen Daten und Prognosen.

Die **Deutsche Flugsicherung GmbH (DFS)** mit Sitz in Langen/Hessen ist für das Verkehrsmanagement und die Verkehrssteuerung im deutschen Luftraum zuständig. Die DFS befindet sich zu 100 % im Eigentum des Bundes, eine geplante Privatisierung scheiterte im Jahr 2006 an Verfassungsbedenken des Bundespräsidenten. Die Funktion der Flugsicherung ist in Kapitel VII ausführlich behandelt.

Weitere Institutionen auf der Ebene des Bundes sind der **Flughafenkoordinator** und die Bundesstelle für **Flugunfalluntersuchung (BFU)**. Gemäß § 5 Luftverkehrsverordnung (LuftVO) müssen der BFU sämtliche Unfälle und Störungen im Luftverkehr zur Anzeige gebracht werden. Auf die Rolle des Flughafenkoordinators wird in Kapitel VIII ausführlich eingegangen.

Neben den speziellen (Luft-)Verkehrsinstitutionen haben eine Reihe von weiteren staatlichen Organisationen Teilbefugnisse in luftverkehrsrelevanten Bereichen. Beispielsweise ist das Bundesfinanzministerium federführend in Fragen der Besteuerung des Luftverkehrs und nimmt Eigentümerrechte bei den Flughäfen wahr, an denen der Bund beteiligt ist. Auch das Bundesverteidigungsministerium (militärischer Luftverkehr), das Bundesinnenministerium (Sicherheitsbestimmungen) und das Bundesumweltministerium (z. B. Lärmschutzbestimmungen) sind für den Luftverkehr von Bedeutung.

Die **Landesverkehrsministerien** sind die obersten Luftfahrtbehörden auf der Ebene der Länder. Sie sind insbesondere für die Genehmigung von Flughäfen sowie die Überwachung des Flughafenbetriebes zuständig. Teilweise werden die Befugnisse der Länder durch nachgeordnete Behörden (z. B. Regierungspräsidien) wahrgenommen.

In **Österreich** ist das Bundesministerium für Verkehr die oberste Luftfahrtbehörde. Die hoheitlichen Aufgaben des früheren Bundesamtes für Zivilluftfahrt wurden im Jahr 1994 von Austro Control Österreichische Gesellschaft für Zivilluftfahrt mbH übernommen. In der **Schweiz** ist das Bundesamt für Zivilluftfahrt (BAZL) für die Überwachung des Luftverkehrs zuständig.

2.2 Staatliche Institutionen auf der europäischen Ebene

Gemäß Art. 80 des EG-Vertrages (in der Fassung vom 29.12.2006) kann der **Rat der Europäischen Union** mit qualifizierter Mehrheit darüber entscheiden, „ob, inwieweit und nach welchen Verfahren geeignete Vorschriften für die [...] Luftfahrt zu erlassen sind." Von die-

2 Staatliche Institutionen des Luftverkehrs

ser Möglichkeit hat der Rat mittlerweile in erheblichem Maße Gebrauch gemacht, sodass der europäischen Ebene eine zentrale Bedeutung für den Luftverkehr zukommt. Entscheidungsträger der gemeinsamen Luftverkehrspolitik sind neben dem Rat das Europäische Parlament sowie die Europäische Kommission.

Die Zuständigkeit für den Luftverkehr innerhalb der Europäischen Kommission liegt bei der Generaldirektion Energie und Verkehr **(Directorate-General for Energy and Transport – DG TREN)**. Innerhalb dieser Generaldirektion ist eine Direktion exklusiv für den Luftverkehr zuständig. Hier werden die rechtlichen Regelungen vorbereitet und in den Entscheidungsprozess eingebracht.

Sowohl im ordnungspolitischen als auch im betrieblichen Bereich kommt der europäischen Ebene spätestens seit den 1980er Jahren eine besondere und nach wie vor zunehmende Bedeutung in der Luftverkehrspolitik zu. Die Inhalte der entsprechenden Richtlinien und Verordnungen sind in Kapitel III ausführlich erläutert.

Seit dem Jahr 2003 wirkt die **Europäische Agentur für Flugsicherheit (European Aviation Safety Agency – EASA)** an der Europäischen Luftverkehrspolitik mit. Die Aufgaben dieser Agentur mit Sitz in Köln sind die Beratung der EU-Institutionen, die Umsetzung und Überwachung von Sicherheitsvorschriften, die Musterzulassung von Flugzeugen, die Erteilung von Sicherheitsgenehmigungen für außereuropäische Airlines sowie die Erhebung und Auswertung von Daten zur Flugsicherheit. Die EASA hat damit zahlreiche Aufgaben übernommen, die zuvor auf der nationalen Ebene, beispielsweise beim Luftfahrt-Bundesamt, angesiedelt waren.

Die **European Civil Aviation Conference (ECAC)** wurde im Jahr 1955 gegründet und hat ihren Sitz in Neuilly-sur-Seine bei Paris. In der ECAC arbeiten die Luftfahrtbehörden von insgesamt 44 europäischen Staaten zusammen (Stand 2008). Die Vollversammlung der ECAC tagt im regelmäßigen Abstand von drei Jahren und ist das oberste Beschluss fassende Organ. Darüber hinaus werden auf der Expertenebene Konferenzen und Versammlungen abgehalten. Das Exekutivorgan der ECAC ist der so genannte Koordinierungsausschuss. Die ECAC arbeitet eng mit der Internationalen Zivilluftfahrtorganisation ICAO zusammen. Sie verfügt über keine eigenen Rechtssetzungsbefugnisse, ihre Tätigkeit ist rein beratender Natur.

Die **Joint Aviation Authorities (JAA)** ist eine Arbeitsgemeinschaft europäischer Luftverkehrsbehörden, die ihren Sitz im niederländischen Hoofddorp hat und formal als Stiftung niederländischen Rechts organisiert ist. Ihre Mitglieder stammen aus 42 Staaten, die ebenfalls Mitglieder der ECAC sind. Schwerpunkt der Tätigkeit sind Fragen der Luftsicherheit und des Flugbetriebes. Die JAA verfügt über keine formale Rechtssetzungskompetenz, den von ihr formulierten Regelungen **(Joint Aviation Requirements – JAR)** kommt jedoch in der Praxis eine große Bedeutung zu, da sie im Regelfall von der EU unverändert in das rechtliche Regelwerk übernommen werden. Auch das deutsche Luftverkehrsrecht verweist an mehreren Stellen auf die JAR. Die Aufgaben der JAA werden seit der Gründung der EASA in zunehmendem Maße von dieser neuen europäischen Organisation übernommen.

Eurocontrol ist die europäische Organisation im Bereich der Flugsicherung.

2.3 Staatliche Institutionen auf der internationalen Ebene

Die Internationale Zivilluftfahrtorganisation (**International Civil Aviation Organization – ICAO**) besteht seit dem Jahr 1947 (zuvor hatte seit 1944 die PICAO als Provisional International Civil Aviation Organization entsprechende Aufgaben wahrgenommen) und hat ihren Sitz in Montreal. Hinzu kommen sieben Regionalbüros, unter anderem in Paris. Mittlerweile gehören der ICAO 190 Staaten an. Deutschland ist seit dem Jahr 1956 Mitglied der ICAO. Die ICAO ist eine Sonderorganisation der Vereinten Nationen.

Die Ziele und Aufgaben der ICAO sind im Abkommen von Chicago festgelegt. Die ICAO soll den internationalen Luftverkehr fördern (Artikel 44 des Chicagoer Abkommens). Das oberste Organ der ICAO ist die Generalversammlung (Assembly), die im Abstand von drei Jahren tagt. Dem ständigen Exekutivorgan, dem ICAO-Rat (Council), gehören Vertreter aus 36 Staaten an. Er leitet und überwacht die Tätigkeit der fünf Ausschüsse. Die laufenden Geschäfte werden vom ICAO-Sekretariat geführt, das von einem Generalsekretär geleitet wird.

Tabelle 2.2: Anhänge zum Abkommen von Chicago

1	Erlaubnis für Luftfahrtpersonal
2	Luftverkehrsregeln
3	Flugwetterdienste
4	Luftfahrtkarten
5	Vereinheitlichung der Nachrichtenübermittlung
6	Betrieb des Luftfahrtgeräts
7	Eintragung und Kennzeichnung der Luftfahrzeuge
8	Lufttüchtigkeit
9	Erleichterungen bei Einflug und Abfertigung
10	Fernmeldesystem
11	Luftverkehrskontrolldienste
12	Such- und Rettungsdienste
13	Flugunfalluntersuchung
14	Klassifizierung und Einrichtung von Flughäfen
15	Fluginformationsdienste
16	Umweltschutz
17	Luftsicherheit
18	Transport gefährlicher Güter

Die ICAO hat bislang insgesamt 18 Anhänge (Annexe) zum Chicagoer Abkommen beschlossen (vgl. Tabelle 2.2). Diese besitzen keine unmittelbare Rechtsgültigkeit, sondern sollen von den Mitgliedstaaten in nationales Recht übernommen werden. De facto findet eine solche Übernahme in aller Regel statt. Die von der ICAO beschlossenen Regelungen werden als **Standards and Recommended Practices (SARP)** bezeichnet.

Eine weitere Sonderorganisation der Vereinten Nationen ist die **Weltorganisation für Meteorologie** (World Meteorological Organization - WMO) mit Sitz in Genf, die sich unter anderem mit der Anwendung der Meteorologie auf die Luftfahrt befasst.

3 Private Organisationen des Luftverkehrs

3.1 Private Organisationen auf der nationalen Ebene

Die Unternehmen, die auf den unterschiedlichen Teilsegmenten des Luftverkehrsmarktes tätig sind, verfügen jeweils über spezialisierte Verbände. Des Weiteren existieren Verbände, die sich primär der nicht-gewerblichen Luftfahrt widmen und die im Folgenden nicht weiter behandelt werden.

Im **Bundesverband der Deutschen Fluggesellschaften (BDF)** mit Sitz in Berlin sind die großen deutschen Luftverkehrsgesellschaften organisiert. Der Verband vertritt die Interessen von Gesellschaften mit unterschiedlichen Geschäftsmodellen. Mitglieder sind unter anderem die Deutsche Lufthansa, Air Berlin, Germanwings, Condor und Cirrus Airlines. Vorgängerorganisation des BDF war die Arbeitsgemeinschaft Deutscher Luftfahrtunternehmen (gegründet im Jahr 1976 von den Chartergesellschaften Bavaria/Germanair, HapagLloyd und LTU), die Deutsche Lufthansa ist seit dem Jahr 2005 Vollmitglied des Verbandes.

Das **Board of Airline Representatives in Germany (BARIG)** mit Sitz in Frankfurt/Main vertritt die Interessen von über 100 deutschen und ausländischen Fluggesellschaften, die von, nach sowie innerhalb Deutschlands fliegen. Vergleichbare Zusammenschlüsse existieren auch in zahlreichen anderen Staaten.

Die **Arbeitsgemeinschaft Deutscher Verkehrsflughäfen (ADV)** mit Sitz in Berlin ist der Verband der deutschen Flughafenbetreiber. Die ADV wurde im Jahr 1947 in Stuttgart gegründet. Ordentliche Mitglieder sind 24 internationale Verkehrsflughäfen sowie 27 Regionalflughäfen und Verkehrslandeplätze (Stand 2008). Korrespondierende Mitglieder sind die **Arbeitsgemeinschaft Österreichischer Verkehrsflughäfen (AÖV)** sowie mehrere Schweizer Flughäfen.

Für die Interessen der im Luftverkehr beschäftigten Arbeitnehmer setzen sich mehrere konkurrierende Organisationen ein. In Deutschland vertritt die Dienstleistungsgewerkschaft **ver.di** die Interessen aller Beschäftigten, wobei insbesondere Mitarbeiterinnen und Mitarbeiter des Bodenpersonals bei ver.di organisiert sind. Spezielle Arbeitnehmerorganisationen sind die Pilotengewerkschaft **Vereinigung Cockpit (VC)** mit Sitz in Neu-Isenburg bei Frankfurt/M. sowie die im Jahr 1992 gegründete **Unabhängige Flugbegleiter Organisation (UFO)** als Gewerkschaft des Kabinenpersonals mit Sitz in Mörfelden-Walldorf bei Frankfurt/M.

Der **Bundesverband der Deutschen Luft- und Raumfahrtindustrie (BDLI)** mit Sitz in Berlin vertritt unter anderem die Interessen von Flugzeughersteller und Wartungsbetrieben (z. B. Lufthansa Technik). Mitglieder des **Bundesverbandes der Deutschen Tourismuswirtschaft (BTW)** mit Sitz in Berlin sind unter anderem die Deutsche Lufthansa, große deutsche Flughäfen sowie Reiseveranstalter.

Die Interessen von Flughafenanwohnern vertritt in Deutschland die **Bundesvereinigung gegen Fluglärm e.V. (BVF)**, die im Jahr 1967 gegründet wurde und ihren Sitz in Mörfelden-Walldorf bei Frankfurt/M. hat. In der Schweiz nimmt sich der Schweizerische Schutzverband gegen Flugemissionen diesem Problembereich an.

Die **Deutsche Gesellschaft für Luft- und Raumfahrt e.V. (DGLR)** ist als gemeinnütziger Verein insbesondere im Bereich luftverkehrsbezogener Forschung und Wissenschaft aktiv.

3.2 Private Organisationen auf der europäischen Ebene

Auf der europäischen Ebene gibt es mehrere Verbände von Fluggesellschaften, in denen jeweils Airlines zusammengeschlossen sind, die ein bestimmtes Geschäftsmodell verfolgen.

Die **Association of European Airlines (AEA)** mit Sitz in Brüssel ist der Verband der europäischen Fluggesellschaften, in der insbesondere Liniengesellschaften vertreten sind. Zu den Mitgliedern der AEA gehören die Deutsche Lufthansa, Austrian Airways sowie die Swiss. Gegründet wurde die AEA im Jahr 1973, die Vorgängerorganisation Air Research Bureau (ARB – später European Airlines Research Bureau, EARB) bestand bereits seit dem Jahr 1952.

Die **European Regional Airlines Association (ERAA)** ist der 1980 in Zürich gegründete Zusammenschluss der im Regionalverkehr tätigen Gesellschaften mit Sitz in Chobham (England). Zu ihren Mitgliedern gehören Luftverkehrsgesellschaften (z. B. aus Deutschland Augsburg Airways, Cirrus Airlines, Eurowings und Lufthansa Cityline), Flughäfen sowie Unternehmen der Luftfahrtindustrie mit besonderen Beziehungen zum Regionalluftverkehr.

Ein relativ junger Verband ist die im Jahr 2003 gegründete **European Low Fare Airlines Association (ELFAA)** mit Sitz in Brüssel. Mitglieder sind unter anderem Ryanair und easyJet.

Das **Airport Council Europe (ACI Europe)** ist der europäische Verband der Flughafengesellschaften mit Sitz in Brüssel. Seine Mitglieder betreiben in Europa über 400 Flughäfen.

Umweltschutzinteressen werden unter anderem von der **Europäischen Vereinigung gegen die schädlichen Auswirkungen des Luftverkehrs** (Union Européenne contre les Nuisances des Avions - UECNA) wahrgenommen.

3.3 Private Organisationen auf der internationalen Ebene

Die **International Air Transport Association (IATA)** wurde im Jahr 1945 auf Anregung der ICAO gegründet.[16] Ihre Mitglieder sind Fluggesellschaften, die im internationalen Luftverkehr tätig sind (reine Inlandsgesellschaften können lediglich assoziierte Mitglieder werden). Die IATA hat ihren Sitz in Montreal und in Genf. Als Verband leistet die IATA Lobbyarbeit auf der internationalen Ebene und bietet ihren Mitgliedsunternehmen vielfältige Serviceleistungen an. Die Mitgliederzahl liegt deutlich über 200, zu den Mitgliedern gehören Air Berlin, Cirrus Airlines, die Deutsche Lufthansa, Eurowings, Austrian Airlines und die SWISS. Ein Großteil des weltweiten Luftverkehrs wird von Gesellschaften durchgeführt, die Mitglied der IATA sind.

Im Rahmen der IATA werden wesentliche Koordinationsaufgaben zwischen den Luftverkehrsgesellschaften wahrgenommen, insbesondere die Verrechnung von Leistungen im Rahmen des Interlining durch das **IATA Clearing House** mit Sitz in Genf.[17] Die Abstimmung der Flugpreise bei den IATA-Tarifkonferenzen spielte bis in die 1980er Jahre hinein eine wichtige Rolle für den weltweiten Luftverkehr. Mittlerweile hat die Tarifkoordinierung auf den deregulierten Märkten stark an Bedeutung verloren. Im Rahmen der **Verfahrenskonferenzen** (Procedures Conferences) vereinbaren die Unternehmen gemeinsame Standards, beispielsweise im Bereich der Gepäckabfertigung und der Ausstellung von Flugdokumenten.

Eine weitere Aufgabe der IATA besteht in der Zulassung der **IATA-Agenturen**. Eine IATA-Agentur ist ein Reisebüro, das berechtigt ist, Leistungen aller IATA-Gesellschaften zu vertreiben. Für den Verkauf der Tickets existiert ein spezielles Abrechnungsverfahren (Billings and Settlement Plan – BSP), das für die IATA-Agenturen obligatorisch ist (siehe hierzu ausführlich Kapitel XIV).

Die **International Air Carrier Association (IACA)** mit Sitz in Brüssel ist der 1971 gegründete Verband der Luftverkehrsgesellschaften, die primär als „Ferienflieger" und im Charter-

---

[16] Bereits im Jahr 1919 wurde die International Air Traffic Organisation (IATO) in Den Haag gegründet. Die IATO lässt sich als Vorgängerorganisation der heutigen IATA ansehen.

[17] Als Interlining wird die Nutzung von Leistungen mehrerer Luftverkehrsgesellschaften mit einem einzigen Flugschein bezeichnet. Das Interlining-System wird in Kapitel XI ausführlich erläutert.

verkehr tätig sind. Zu ihren Mitgliedern gehören primär europäische Gesellschaften wie Air Berlin, Condor und Niki, jedoch auch einige außereuropäische Anbieter.

Der **Airports Council International (ACI)** ist der 1991 gegründete Zusammenschluss von über 500 Flughafenbetreibern mit Sitz in Genf. Vorgängerorganisationen waren das Airports Operators Council (später Airports Operators Council International (AOCI)) sowie die International Civil Airports Association (ICAA).

4 Zusammenwirken der Institutionen des Luftverkehrs

Das Zusammenwirken der unterschiedlichen Institutionen des Luftverkehrs auf den jeweiligen Ebenen soll im Folgenden am Beispiel der Lärmschutznormen für Flugzeuge veranschaulicht werden (siehe zu den materiellen Regelungen auch Kapitel IV).

Annex 16 des Chicagoer Abkommens enthält Vorgaben über die maximalen Lärmemissionen von Flugzeugen. Im Jahr 2001 beschloss der ICAO-Rat nach mehrjährigen Diskussionen eine Verschärfung der zuvor bestehenden Grenzwerte. An diesem Diskussionsprozess haben sich die einzelnen Interessenverbände intensiv beteiligt. Die neuen Grenzwerte wurden als Kapitel 4 dem Annex 16 hinzugefügt und gelten für Flugzeugtypen, deren Musterzulassung nach dem 1. Januar 2006 erfolgt.

Die EU-Verordnung 1702/2003 sieht vor, dass bei der Musterzulassung von Flugzeugtypen die Vorgaben des ICAO Annex 16 erfüllt sein müssen. Mit diesem Verweis setzt die Europäische Union die international vereinbarten Regelungen in nationales Recht um. Für die Musterzulassung ist die EASA zuständig, die wiederum in ihren offiziellen Entscheidungen auf die Regelungen in Annex 16 des Chicagoer Abkommens Bezug nimmt.

Für bestimmte Flugzeugtypen, die nahezu ausschließlich im privaten Luftverkehr eingesetzt werden, sind nach wie vor die Mitgliedstaaten zuständig. Hier hat das Luftfahrt-Bundesamt die entsprechenden „Lärmvorschriften für Luftfahrzeuge" festgelegt und veröffentlicht.

5 Kommentierte Literatur- und Quellenhinweise

Allgemeine Informationen zu den Aufgaben staatlicher und privater Organisationen in der (Luft-)Verkehrspolitik finden sich in Werken zum Thema Verkehrspolitik. Exemplarisch sei hingewiesen auf den Sammelband

- Schöller, O. / Canzler, W. / Knie, A. (Hrsg.) (2007), Handbuch Verkehrspolitik, Wiesbaden.

Eine ausführliche Darstellung der Aufgaben und internen Organisationsstrukturen zahlreicher Institutionen findet sich bei

- Schwenk, W. / Giemulla, E. (2005), Handbuch des Luftverkehrsrechts, 3. Aufl., Köln u.a.
- Mensen, H. (2003), Handbuch der Luftfahrt, Berlin.

Speziell mit einzelnen Institutionen des weltweiten Luftverkehrs befassen sich unter anderem

- Milde, M. (2008), International Air Law and ICAO, Utrecht (NL).
- Weber, L. (2007), International Civil Aviation Organization: An Introduction, Leiden.
- Stiehl, U.-M. (2004), Die Europäische Agentur für Flugsicherheit (EASA). Eine moderne Regulierungsagentur und Modell für eine europäische Luftfahrtbehörde, in: ZLW, H. 3, S. 312–333.
- Gran, A. (1998), Die IATA aus der Sicht des deutschen Rechts: Organisation, Agenturverträge und allgemeine Geschäftsbedingungen, Diss., Frankfurt/M.

Einen interessanten Einblick in das Wechselspiel zwischen Einflussträgern und Entscheidungsträgern der europäischen Luftverkehrspolitik bietet

- Kyrou, D. (2000), Lobbying the European Commission. The case of air transport, Aldershot.

Die Deutsche Lufthansa wendet sich regelmäßig mit ihrer Veröffentlichung „Politikbrief" an die Entscheidungsträger der Luftverkehrspolitik. Der Politikbrief ist auch auf der Homepage der Lufthansa abrufbar. Die einzelnen Verbände wenden sich mit zahlreichen Publikationen an die allgemeine sowie die Fachöffentlichkeit. Die jeweiligen Dokumente sind im Internet auf den Seiten der jeweiligen Organisationen verfügbar.

Kapitel III Politische und rechtliche Grundlagen

1	**Luftverkehrspolitik**	**32**
	1.1 Begriffsabgrenzung und Ziele der Luftverkehrspolitik 32	
	1.2 Instrumente der Luftverkehrspolitik 36	
2	**Grundlagen des Luftverkehrsrechts**	**38**
3	**Öffentliches Luftverkehrsrecht**	**39**
	3.1 Multilaterale Regelungen 39	
	3.1.1 Das Chicagoer Abkommen und die Freiheiten der Luft 39	
	3.1.2 Weitere Regelungen des Chicagoer Abkommens 44	
	3.2 Regelungen in bilateralen Luftverkehrsabkommen 44	
	3.2.1 Grundsätzliche Regelungsinhalte bilateraler Luftverkehrsabkommen 44	
	3.2.2 Restriktive Luftverkehrsabkommen vs. Open-Skies-Abkommen 47	
	3.3 Europäisches Luftverkehrsrecht 49	
	3.3.1 Grundlagen der Marktordnungspolitik 49	
	3.3.2 Marktordnung für den innergemeinschaftlichen Luftverkehr 51	
	3.3.3 Weitere Vorschriften in der EU 56	
	3.4 Nationales Luftverkehrsrecht 57	
4	**Privates Luftverkehrsrecht**	**61**
	4.1 Internationales Haftungsrecht (Montrealer Übereinkommen) 61	
	4.2 Europäisches Luftverkehrsprivatrecht 62	
	4.3 Nationales Luftverkehrsprivatrecht 64	
5	**Kommentierte Literatur- und Quellenhinweise**	**64**

1 Luftverkehrspolitik

1.1 Begriffsabgrenzung und Ziele der Luftverkehrspolitik

Der Begriff **Luftverkehrspolitik** lässt sich in Anlehnung an die gängige Definition der allgemeinen Verkehrspolitik definieren als die Gesamtheit der Maßnahmen eines Staates, anderer öffentlicher, halböffentlicher und privater Institutionen und Wirtschaftssubjekte, die aufgrund eines Zielsystems auf das Entstehen und die Durchführung von Luftverkehrsleistungen einwirken.

Die für die Luftverkehrspolitik relevanten **Institutionen** sind in Kapitel II vorgestellt. Im Hinblick auf die **Ziele** ist zwischen den privaten und den öffentlichen Akteuren der Luftverkehrspolitik zu unterscheiden. Die privaten Akteure verfolgen ihre unmittelbaren individuellen Ziele, beispielsweise die Gewinninteressen der Anbieter, die Einkommensinteressen der Beschäftigten oder die Umweltschutzinteressen der Flughafenanwohner.

Die Ziele der Entscheidungsträger der Luftverkehrspolitik sind in internationalen Abkommen, Gesetzen sowie (luftverkehrs-)politischen Programmen formuliert. Die **Ziele der internationalen Luftverkehrspolitik** wurden im Abkommen von Chicago aus dem Jahr 1944 zusammengefasst.

> **Das Chicagoer Abkommen über die internationale Zivilluftfahrt**
>
> Im Jahr 1944 fand in Chicago die Internationale Zivilluftfahrt-Konferenz statt, an der auf Einladung der USA Vertreter aus 54 Staaten teilnahmen. Ziel dieser Konferenz war es, aufbauend auf den Regelungen des Pariser Luftverkehrsabkommens aus dem Jahr 1919, einen rechtlichen Rahmen für den internationalen Luftverkehr zu gestalten.
>
> Das zentrale Ergebnis der Internationalen Zivilluftfahrt-Konferenz war das Abkommen von Chicago, das bis heute die Grundlage für die Gestaltung des internationalen Luftverkehrs bildet und daher oftmals als „Magna Charta des internationalen Luftrechts" bezeichnet wird.
>
> Das Abkommen von Chicago wurde mittlerweile von über 190 Staaten ratifiziert.

Das Abkommen über die internationale Zivilluftfahrt zielt gemäß seiner Präambel auf eine „sichere und geordnete" Entwicklung der internationalen Zivilluftfahrt ab, „damit internationale Luftverkehrsdienste auf der Grundlage gleicher Möglichkeiten eingerichtet und gesund und wirtschaftlich betrieben werden können."

Der Internationalen Zivilluftfahrtorganisation (**International Civil Aviation Organisation – ICAO**) wird in Artikel 44 des Chicagoer Abkommens allgemein die Aufgabe zugewiesen, „die Grundsätze und die Technik der internationalen Luftfahrt zu entwickeln sowie die Planung und Entwicklung des internationalen Luftverkehrs zu fördern". Konkret geht es dabei um

- ein sicheres und geordnetes Wachsen der internationalen Zivilluftfahrt
- die Förderung des Baus und des Betriebs von Luftfahrzeugen zu friedlichen Zwecken
- die Förderung der Entwicklung von Luftstraßen, Flughäfen und Luftfahrteinrichtungen,
- einen sicheren, regelmäßigen, leistungsfähigen und wirtschaftlichen Luftverkehr,
- die Vorbeugung gegenüber wirtschaftlicher Verschwendung durch übermäßigen Wettbewerb,
- die angemessene Möglichkeit für jeden Vertragsstaat, internationale Luftverkehrsunternehmen zu betreiben,
- die Vermeidung einer unterschiedlichen Behandlung von Vertragsstaaten,
- die Förderung der Flugsicherheit sowie
- allgemein die Förderung der Entwicklung der internationalen Zivilluftfahrt in jeder Hinsicht.

Die Gewichtung der luftverkehrspolitischen Ziele hat sich im Zeitablauf teilweise verändert. Beispielsweise sind die Ziele des Chicagoer Abkommens stark durch die Absicht der teilnehmenden Nationen geprägt, nach dem Ende des Zweiten Weltkrieges dem internationalen Luftverkehr ein schnelles Wachstum zu ermöglichen. Der Umweltschutz hingegen spielte zur Zeit der Verabschiedung des Chicagoer Abkommens noch keine Rolle. Auch die Möglichkeiten und Grenzen der wettbewerblichen Selbststeuerung werden mittlerweile anders beurteilt als im Jahr 1944.

Es existieren zahlreiche Möglichkeiten, die vielfältigen Ober- und Unterziele der Luftverkehrspolitik zu systematisieren. Abbildung 3.1 gibt einen Überblick über die einzelnen Ziele, die im Folgenden jeweils genauer erläutert sind.

Generell ist die **Sicherheit** des Luftverkehrs die conditio sine qua non für alle weiteren Funktionen und kann damit als allgemeines Oberziel der Luftverkehrspolitik angesehen werden. Sicherheitsaspekte werden in Kapitel V dieses Buches vertieft behandelt.

Im Folgenden wird in Anlehnung an das Konzept der **Nachhaltigkeit**, dem in der Verkehrspolitik mittlerweile eine zentrale Bedeutung beigemessen wird, zwischen wirtschaftlichen, gesellschaftlichen (sozialen) und ökologischen Zielen der Luftverkehrspolitik unterschieden. Hinzu kommen Ziele, die sich aus den Wechselwirkungen zwischen dem Luftverkehr und anderen Politikbereichen ergeben.

Aus **wirtschaftlicher Perspektive** ist ein leistungsfähiges und effizientes Luftverkehrssystem eine Grundvoraussetzung für die volkswirtschaftlich wohlstandsfördernde Arbeitsteilung. Eine Region mit ungenügender Anbindung an das Luftverkehrsnetz hat folglich einen Nachteil im (internationalen) Standortwettbewerb. Dies gilt insbesondere für touristische Zielgebiete. Hinzu kommt, dass die Luftverkehrsindustrie selbst zahlreiche Arbeitsplätze bietet. Vor diesem Hintergrund sind die Staaten am wirtschaftlichen Erfolg der einheimischen Fluggesellschaften und Flughäfen interessiert. Für bestimmte (Entwicklungs-)Länder können dabei Sonderziele wie die Erwirtschaftung von Devisen eine besondere Rolle spielen.

Abbildung 3.1: Ziele der staatlichen Luftverkehrspolitik im Überblick

Volkswirtschaftlich ist auch das Verhältnis zwischen den einzelnen Verkehrsträgern von Bedeutung. Das Ziel einer „sinnvollen" Arbeitsteilung der einzelnen Verkehrsträger ist in der Verkehrspolitik grundsätzlich unbestritten. Beispielsweise schreibt das Allgemeine Eisenbahngesetz (AEG) in Deutschland vor, dass die Wettbewerbsbedingungen der Verkehrsträger angeglichen werden sollen und durch einen „lauteren Wettbewerb" der Verkehrsträger eine „volkswirtschaftlich sinnvolle Aufgabenteilung ermöglicht wird" (§ 1, Abs. 3, AEG). Im „Flughafenkonzept" aus dem Jahr 2000 sprach sich die damalige Bundesregierung für eine „möglichst weitgehende" Verlagerung des Kurzstreckenluftverkehrs auf die Schiene aus, wobei neben wirtschaftlichen auch ökologische Begründungen für diese Zielsetzung angeführt werden.

Aus **gesellschaftlicher Perspektive** sichert der Luftverkehr die Mobilität der Menschen und ermöglicht beispielsweise den Besuch von Verwandten und Bekannten, das Kennenlernen fremder Kulturen sowie die Erholung auf Urlaubsreisen. Angestrebt wird hier unter anderem eine preiswerte und zugleich qualitativ hochwertige Bereitstellung von Luftverkehrsleistungen. Dem Schutz der Nachfrager wird dabei in jüngster Zeit vermehrt Beachtung geschenkt („Verbraucherpolitik"). Zudem soll das (Luft-)Verkehrssystem so ausgestaltet sein, dass es auch für Menschen mit Mobilitätseinschränkungen gut zugänglich ist. Konkret ist das Ziel der Barrierefreiheit in § 20b des deutschen Luftverkehrsgesetzes festgeschrieben. Seit dem

Jahr 2006 gibt es auch eine Europäische Verordnung über die Rechte von behinderten Flugreisenden und Flugreisenden mit eingeschränkter Mobilität (1107/2006).

Speziell in Staaten mit einem räumlich stark ausgedehnten und/oder durch natürliche Hindernisse gekennzeichneten Staatsgebiet kommt dem Luftverkehr auch eine spezifisch politische Bedeutung zu, da durch regelmäßige Luftverkehrsverbindungen der Zusammenhalt der Bevölkerung gefördert werden kann.

Ebenfalls dem sozialen Bereich zuordnen lässt sich das Ziel, für die Beschäftigten in der Luftverkehrsindustrie gute Arbeitsbedingungen zu schaffen und eine angemessene Entlohnung zu erreichen.

Aus **ökologischer Perspektive** sollen die negativen Umweltauswirkungen des zivilen Luftverkehrs in den Bereichen Lärm, Schadstoffemissionen und Klimawirkungen reduziert werden (vgl. ausführlich Kapitel IV).

Weitere Zielvorgaben für die Luftverkehrspolitik können aus anderen Politikbereichen stammen. Insbesondere Anforderungen der Verteidigungspolitik sowie des Katastrophenschutzes haben Auswirkungen auf den Luftverkehrsbereich. Beispielsweise kann die US-amerikanische Regierung im Rahmen des CRAF Programms (Civil Reserve Air Fleet) in Krisenfällen auf einen Teil der Kapazitäten der zivilen US-amerikanischen Airlines zurückgreifen. Der Wunsch, dieses Programm auch in Zukunft fortzusetzen, ist ein wesentliches Argument für die US-amerikanische Regierung, die Möglichkeiten von Ausländern zum Erwerb von Anteilen US-amerikanischer Fluggesellschaften zu begrenzen. Auch können nationale Prestigeziele die Luftverkehrspolitik beeinflussen, beispielsweise wenn eine nationale Airline das Image ihres Heimatlandes in der Welt fördern soll.

Wettbewerbliche Selbststeuerung auf Luftverkehrsmärkten

Das gesamtwirtschaftliche Wohlstandsziel sowie das wirtschaftliche Freiheitsziel werden generell am besten durch wettbewerblich organisierte Märkte erreicht. Über viele Jahrzehnte herrschte jedoch bei den luftverkehrspolitischen Entscheidungsträgern eine erhebliche Skepsis gegenüber der wettbewerblichen Selbststeuerung.

Auf der Chicagoer Konferenz traten lediglich die USA für einen wettbewerblich organisierten Luftverkehr ein. Allerdings ist dabei auch zu berücksichtigen, dass die US-amerikanische Luftverkehrsbranche im Jahr 1944 über eine wesentlich bessere Ausgangsposition verfügte als insbesondere die vom Zweiten Weltkrieg stark betroffenen Gesellschaften aus anderen Staaten.

Der ICAO wurde im Chicagoer Abkommen unter anderem das Ziel vorgegeben, eine „wirtschaftliche Verschwendung durch übermäßigen Wettbewerb" zu verhindern, was die verbreitete Skepsis gegenüber der wettbewerblichen Selbststeuerung auf Luftverkehrsmärkten deutlich erkennen lässt. Sowohl der internationale als auch der Inlandsluftverkehr waren bis in die 1970er Jahre hinein in aller Regel stark reguliert. In vielen Staaten der Welt befanden sich darüber hinaus zumindest die international tätigen Luftverkehrsgesellschaften in staatlichem Eigentum („national flag carrier"). Während in den meisten

Industriestaaten die Airlines mittlerweile privatisiert wurden, sind in vielen Schwellen- und Entwicklungsländern die Fluggesellschaften nach wie vor in staatlicher Hand.

Seit dem Ende der 1970er Jahre setzte sich immer mehr die Überzeugung durch, dass die wettbewerbliche Selbststeuerung auch auf Luftverkehrsmärkten gute ökonomische Ergebnisse gewährleistet. Der US-amerikanische Inlandsmarkt wurde im Jahr 1978 nahezu vollständig liberalisiert, die Deregulierung der europäischen Luftverkehrsmärkte zog sich über mehrere Jahre und wurde in den 1990er Jahren weitgehend abgeschlossen. Auch der grenzüberschreitende Verkehr wird zunehmend für mehr Wettbewerb geöffnet, worauf in diesem Kapitel in Zusammenhang mit den bilateralen Luftverkehrsabkommen noch genauer eingegangen wird.

1.2 Instrumente der Luftverkehrspolitik

Die **Instrumente** der Luftverkehrspolitik sind vielfältig und werden im Folgenden mithilfe der allgemeinen Möglichkeiten zur Systematisierung verkehrspolitischer Instrumente dargestellt.

An erster Stelle ist die Unterscheidung zwischen **ordnungs- und prozesspolitischen Maßnahmen** zu nennen. Ordnungspolitische Maßnahmen stellen den langfristigen Rahmen für die privaten Wirtschaftssubjekte dar. Hierzu gehören etwa die Regelungen zum Marktzutritt. Demgegenüber zielt die Prozesspolitik auf die kurzfristige Beeinflussung von Preisen und Mengen ab. Zu den prozesspolitischen Maßnahmen gehören beispielsweise staatliche Vorgaben über die Häufigkeit der angebotenen Flüge oder die zulässigen Tarife.

Zweitens kann zwischen **fiskalischen und nicht-fiskalischen Instrumenten** unterschieden werden. Bei fiskalischen Instrumenten ist der öffentliche Haushalt unmittelbar betroffen, d. h. es kommt zu staatlichen Einnahmen und/oder Ausgaben. Konkrete Beispiele sind alle steuerlichen Regelungen sowie die Gewährung von Beihilfen bzw. Subventionen. Ebenfalls den fiskalischen Instrumenten zuzurechnen ist die staatliche Bereitstellung von Infrastruktur. Als eine Sonderform im Bereich der fiskalischen Instrumente lässt sich die Leistungserstellung durch Behörden oder staatliche Unternehmen ansehen, da hier meist die Gewinne an den Staatshaushalt abgeführt bzw. die Verluste vom Staatshaushalt übernommen werden. Zu den nicht-fiskalischen Instrumenten gehören alle Maßnahmen, die nicht unmittelbar zu staatlichen Einnahmen oder Ausgaben führen, beispielsweise technische Standards.

Trotz der in den 1990er Jahren getroffenen Grundsatzentscheidung zugunsten der wettbewerblichen Selbststeuerung auf Luftverkehrsmärkten befinden sich zahlreiche europäische Airlines nach wie vor in staatlichem Besitz, wie Tabelle 3.1 zeigt.

1 Luftverkehrspolitik

Tabelle 3.1: Europäische Airlines mit staatlicher Beteiligung[18]

	Airline	Land
100 % Staatsanteil	JAT Airways	Serbien
	Olympic Airlines	Griechenland
	TAP Portugal	Portugal
Staatsanteil > 90 %	Air Malta	Malta
	Croatia Airlines	Kroatien
	Tarom	Rumänien
Staatsanteil ≥ 50 %	CSA	Tschechien
	Cyprus Airways	Zypern
	Finnair	Finnland
	LOT	Polen
	SAS	Schweden, Dänemark, Norwegen
Staatsanteil < 50 %	Aer Lingus	Irland
	Air France-KLM	Frankreich
	Luxair	Luxemburg
	Turkish Airlines	Türkei

Eine dritte Möglichkeit der Einteilung der Instrumente besteht gemäß der **Eingriffsintensität** in die wettbewerbliche Selbststeuerung. Die geringste Eingriffsintensität haben staatliche **Informationen und Appelle**. Konkret kann durch den Staat eine neutrale Aufklärung über die unterschiedlichen Umweltbelastungen erfolgen, die mit dem Betrieb der jeweiligen Verkehrsmittel verbunden sind. Bei **finanziellen Anreizen** wird ein bestimmtes Verhalten privater Akteure durch den Staat positiv oder negativ sanktioniert. Beispiele sind Abgaben für die Lärmemissionen von Flugzeugen oder Subventionen für den Einsatz moderner Flugzeuge. Schließlich existieren **ordnungsrechtliche Maßnahmen** in Form von Geboten bzw. Verboten. Bei dieser so genannten Regulierung kann weiter zwischen „technischen" Vorgaben, z. B. Grenzwerte für Schadstoffemissionen oder Mindestnormen für die Pilotenausbildung, sowie „ökonomischen" Vorgaben unterschieden werden. Zu der letztgenannten Kategorie gehören beispielsweise Höchst- und Mindestpreise.

---

[18] Stand 2008. Quelle: AEA sowie die einzelnen Airlines.

2 Grundlagen des Luftverkehrsrechts

Das Luftverkehrsrecht (auch als Recht der Luftfahrt bezeichnet) ist ein eigenes Rechtsgebiet, das die Gesamtheit aller rechtlichen Normen bezeichnet, die sich auf den Luftverkehr beziehen. Es lässt sich in öffentliches und privates Luftverkehrsrecht unterscheiden. Das **öffentliche Luftverkehrsrecht** regelt die Beziehungen zwischen den Hoheitsträgern (beispielsweise zwischen der europäischen und der nationalen Ebene) sowie zwischen dem Staat als Hoheitsträger und den Privaten. Demgegenüber enthält das **private Luftverkehrsrecht** (auch als Zivilrecht bezeichnet) Bestimmungen über die Rechte und Pflichten der Privaten untereinander. Konkrete Beispiele sind Vorgaben über Beförderungsbedingungen, Haftungsregeln sowie sonstige Regelungen des Verbraucherschutzes.

Sowohl das öffentliche als auch das private Luftverkehrsrecht kann gemäß der Regelungsebene in nationales, europäisches und internationales Recht unterschieden werden. Dabei ist als weitere Unterscheidung von Bedeutung, dass das Luftverkehrsrecht auf der internationalen Ebene sowohl **multilaterale** als auch **bilaterale Regelungen** enthält. Tabelle 3.2 gibt eine Übersicht über die möglichen Kombinationen und ordnet jeweils beispielhaft einzelne Regelungen zu.

Tabelle 3.2: Systematik der rechtlichen Grundlagen des Luftverkehrs mit Zuordnung von Beispielen

	Öffentliches Luftverkehrsrecht	Privates Luftverkehrsrecht
Nationale Ebene	Regelungen des LuftVG zur Zuständigkeit von Bund und Ländern, Regelungen des LuftVG zur Zulassung von Luftverkehrsgesellschaften	Haftungsregeln des LuftVG
Europäische Ebene	Regelungen im EG-Vertrag zur Zuständigkeit im Luftverkehr, Verordnungen zum Marktzugang in der Gemeinschaft	Verordnungen der EU über Passagierrechte
Internationale Ebene	Regelungen des Chicagoer Abkommens (multilateral), Regelungen in bilateralen Luftverkehrsabkommen	Haftungsregelungen des Montrealer Abkommens (multilateral)

3 Öffentliches Luftverkehrsrecht

3.1 Multilaterale Regelungen

3.1.1 Das Chicagoer Abkommen und die Freiheiten der Luft

Die zentralen Normen im Bereich des internationalen Luftrechts sind im bereits mehrfach angesprochenen Abkommen von Chicago aus dem Jahr 1944 enthalten. Das Chicagoer Abkommen schreibt, wie zuvor bereits das Pariser Abkommen aus dem Jahr 1919, die **Souveränität** der Staaten über ihren Luftraum als zentrales Prinzip fest. Wörtlich heißt es in Artikel 1: „Die Vertragsstaaten erkennen an, dass jeder Staat über seinem Hoheitsgebiet volle und ausschließliche Lufthoheit besitzt."

Das Chicagoer Abkommen unterscheidet zwischen **planmäßigem Fluglinienverkehr** und **nicht planmäßigen Flügen**. Gemäß Artikel 6 des Abkommens darf planmäßiger Fluglinienverkehr über oder in das Hoheitsgebiet eines Vertragsstaates nur durchgeführt werden, wenn dieser Vertragsstaat hierfür eine spezielle Erlaubnis erteilt hat. Im nicht planmäßigen Verkehr ist hingegen nicht nur der Einflug in das Hoheitsgebiet eines anderen Staates sondern sogar die Aufnahme sowie das Absetzen von Passagieren, Fracht und/oder Post grundsätzlich zulässig (Art. 5). Allerdings hat jeder Staat das Recht, hierbei Vorschriften, Bedingungen oder Beschränkungen zu erlassen. In der Praxis haben die meisten Staaten von dieser Ermächtigung Gebrauch gemacht.

Das Recht zum Verbot von **Kabotageverkehren**, also der Beförderung von Passagieren, Fracht oder Post innerhalb eines Landes durch eine Fluggesellschaft aus einem anderen Staat, ist den Unterzeichnerstaaten des Chicagoer Abkommens ausdrücklich eingeräumt. Ein solches Kabotageverbot existiert weltweit in nahezu allen Staaten. Eine Ausnahme ist die Europäische Union, auf die in Unterkapitel 3.3 noch genauer eingegangen wird.

Aufbauend auf den Regelungen des Chicagoer Abkommens lassen sich unterschiedliche **Verkehrsrechte** definieren, die oftmals auch als **Freiheiten der Luft** bezeichnet werden.

- Die 1. Freiheit der Luft gestattet den Überflug über das Territorium eines anderen Staates.
- Die 2. Freiheit der Luft erlaubt es einer Fluggesellschaft, zu „nicht-gewerblichen" Zwecken auf dem Territorium eines anderen Staates zu landen, beispielsweise um aufzutanken oder Reparaturen durchzuführen. Nicht erlaubt sind hierbei die Aufnahme oder das Absetzen von Passagieren, Fracht oder Post.

Die ersten beiden Freiheiten der Luft werden oftmals auch als **technische Freiheiten** bezeichnet. In der **Internationalen Transitvereinbarung** (Vereinbarung über den Durchflug im Internationalen Fluglinienverkehr) haben sich zahlreiche ICAO-Mitgliedstaaten wechselseitig diese beiden Freiheiten eingeräumt. Nicht unterzeichnet wurde die Internationale Transitvereinbarung unter anderem von der damaligen Sowjetunion, China und Indonesien.

> **Praxisbeispiel zu Überflugrechten**
>
> Im Jahr 2007 hat Russland der deutschen Fluggesellschaft Lufthansa Cargo die Überflugrechte über das russische Territorium entzogen. Offiziell waren Streitigkeiten über die Entrichtung von Flugsicherungsgebühren der Grund für den Entzug dieser Rechte. In der Presse wurde jedoch berichtet, dass die russische Regierung die Lufthansa Cargo durch den Entzug der Rechte dazu veranlassen wollte, einen russischen statt eines kasachischen Flughafen als Basis für ihre Dienstleistungen zu nutzen.

Im Jahr 1944 wurde weiterhin versucht, den internationalen Luftverkehr durch die **Internationale Transportvereinbarung** auf multilateraler Ebene zu erleichtern. Die Internationale Transportvereinbarung sah relativ umfassende gewerbliche Rechte im grenzüberschreitenden Linienverkehr vor. Da diese Vereinbarung jedoch nur von wenigen Staaten unterzeichnet wurde, zogen auch die Unterzeichnerstaaten ihre Zustimmung wieder zurück und das Abkommen trat nicht in Kraft.

Der gewerbliche Luftverkehr, also die Beförderung von Passagieren, Fracht oder Post, muss folglich jeweils von zwei Staaten bilateral geregelt werden. Für den gewerblichen Luftverkehr lassen sich die folgenden Verkehrsrechte unterscheiden, die auch als **kommerzielle Freiheiten** bezeichnet werden. Dabei sind die 3., 4. und 5. Freiheit bereits in der Internationalen Transportvereinbarung enthalten. Die sechste und die siebte Freiheit haben sich in der Praxis gebildet. Die achte und die neunte Freiheit basieren wiederum auf den Bestimmungen des Chicagoer Abkommens.

- **3. Freiheit der Luft**
  Recht zur Beförderung von Personen, Fracht oder Post von Staat A nach Staat B durch eine Airline aus Staat A

- **4. Freiheit der Luft**
  Recht zur Beförderung von Personen, Fracht und Post von Staat B nach Staat A durch eine Airline aus Staat A

Die 3. und die 4. Freiheit sind die grundlegenden Verkehrsrechte, die für den internationalen Luftverkehr benötigt werden. Beispielsweise handelt es sich bei einem Lufthansa-Flug von Frankfurt nach Chicago um einen Flug der dritten Freiheit, beim entsprechenden Rückflug um einen Flug der vierten Freiheit. Aus der Perspektive einer US-amerikanischen Gesellschaft ist entsprechend der Flug Chicago-Frankfurt ein Flug der dritten Freiheit und der Flug Frankfurt-Chicago ein Flug der vierten Freiheit.

- **5. Freiheit der Luft**
  Recht zur Beförderung von Passagieren, Fracht und Post von Staat B nach Staat C durch eine Airline aus Staat A. Dabei muss der Flug in Staat A beginnen oder enden.

Flüge der 5. Freiheit spielen heutzutage insbesondere auf Relationen eine Rolle, auf denen große Distanzen überbrückt werden. Beispielsweise bieten mehrere Fluggesellschaften aus asiatischen Staaten Flüge in die USA mit einer Zwischenlandung in Europa an. Wenn auf diesen Flügen in Europa Passagiere aufgenommen und in die USA transportiert werden, handelt es sich um Flüge der 5. Freiheit. Ein konkretes Beispiel sind Flüge der Air India von Mumbai über Frankfurt nach Los Angeles, bei denen Passagiere direkt von Frankfurt nach Los Angeles und wieder zurück fliegen können. Im Jahr 2005 nutzten rund 25.000 Passagiere diese Möglichkeit.

- **6. Freiheit der Luft**
  Recht zur Beförderung von Passagieren, Fracht und Post von Staat B nach Staat C durch eine Airline aus Staat A. Dabei muss in Staat A eine Zwischenlandung erfolgen.

Flüge der sechsten Freiheit stellen eine Kombination aus Flügen der dritten und der vierten Freiheit der Luft dar, wobei die 3. und 4. Freiheit jeweils im Verhältnis zu unterschiedlichen Staaten wahrgenommen wird. Im Rahmen von Hub-and-Spoke-Systemen großer Netzwerkgesellschaften spielen derartige Angebote eine große Rolle. Beispielsweise kann ein Passagier mit der Lufthansa zunächst von Moskau nach Frankfurt und dann weiter von Frankfurt nach Chicago fliegen.

- **7. Freiheit der Luft**
  Recht zur direkten Beförderung von Passagieren, Fracht und Post von Staat B nach Staat C durch eine Airline aus Staat A. Dabei muss der Flug weder in Staat A beginnen noch enden.

Flüge der siebten Freiheit werden im Europäischen Binnenmarkt oftmals von Low Cost Carriern angeboten. Beispielsweise bietet die irische Gesellschaft Ryanair zahlreiche Flüge zwischen Deutschland und Großbritannien, Deutschland und Spanien oder Deutschland und Lettland an.

- **8. Freiheit der Luft**
  Recht zur Beförderung von Passagieren, Fracht und Post innerhalb von Staat B durch eine Airline aus Staat A. Dabei muss der Flug in Staat A beginnen oder enden.

Die achte Freiheit der Luft wird auch als Anschlusskabotage bezeichnet. Sie spielt in der Praxis keine nennenswerte Rolle.

- **9. Freiheit der Luft**
  Recht zur Beförderung von Passagieren, Fracht und Post innerhalb von Staat B durch eine Airline aus Staat A ohne dass der Flug in Staat A beginnen oder enden muss.

Bei der neunten Freiheit der Luft handelt es sich um reine Kabotageverkehre. Sie sind in der Europäischen Union seit dem Jahr 1997 für Gesellschaften aus der EU zulässig (siehe auch Unterkapitel 3.3). Beispielsweise bietet die irische Gesellschaft Ryanair seit dem Jahr 2008 Flüge zwischen den deutschen Flughäfen Frankfurt-Hahn und Berlin-Schönefeld an.

Technische Freiheiten	
1. Freiheit	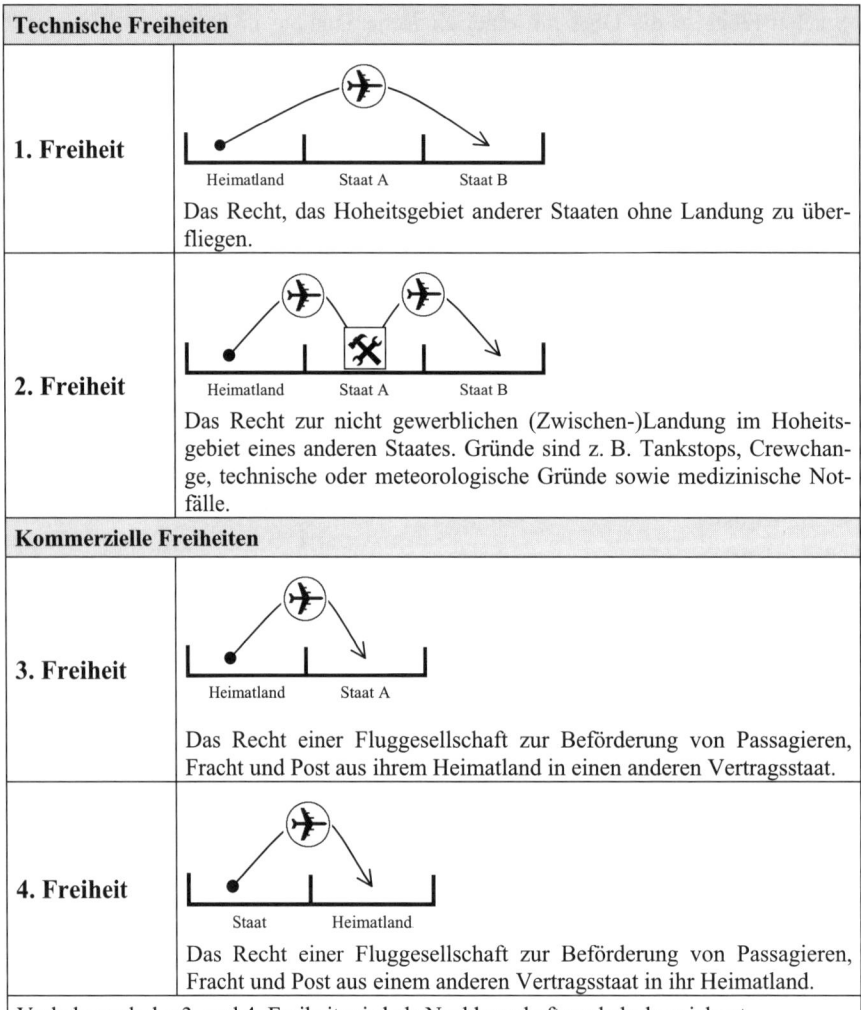 Das Recht, das Hoheitsgebiet anderer Staaten ohne Landung zu überfliegen.
2. Freiheit	Das Recht zur nicht gewerblichen (Zwischen-)Landung im Hoheitsgebiet eines anderen Staates. Gründe sind z. B. Tankstops, Crewchange, technische oder meteorologische Gründe sowie medizinische Notfälle.
Kommerzielle Freiheiten	
3. Freiheit	Das Recht einer Fluggesellschaft zur Beförderung von Passagieren, Fracht und Post aus ihrem Heimatland in einen anderen Vertragsstaat.
4. Freiheit	Das Recht einer Fluggesellschaft zur Beförderung von Passagieren, Fracht und Post aus einem anderen Vertragsstaat in ihr Heimatland.
Verkehr nach der 3. und 4. Freiheit wird als Nachbarschaftsverkehr bezeichnet.	

3 Öffentliches Luftverkehrsrecht

5. Freiheit	Heimatland — Staat A — Staat B
	Das Recht einer Fluggesellschaft zur Beförderung von Passagieren, Fracht und Post zwischen zwei Vertragsstaaten, wobei der Flug im Heimatland zu beginnen oder zu enden hat.
6. Freiheit	Staat A — Heimatland — Staat B
	Das Recht einer Fluggesellschaft zur Beförderung von Passagieren, Fracht und Post aus einem Vertragsstaat in weitere Vertragsstaaten, wobei eine Zwischenlandung im Heimatland notwendig ist (internationale Umsteigeverbindungen).
	Die 6. Freiheit ist eine Kombination der 3. und 4. Freiheit.
7. Freiheit	Heimatland — Staat A — Staat B
	Das Recht einer Fluggesellschaft zur Beförderung von Passagieren, Fracht und Post aus einem Vertragsstaat in einen Drittstaat, ohne dass es einer Verbindung zum Heimatland bedarf.
8. Freiheit	Heimatland — Staat A
	Das Recht einer Fluggesellschaft zur Beförderung von Passagieren, Fracht und Post innerhalb eines anderen Vertragsstaates, wobei der Flug im Heimatland beginnen oder enden muss.
9. Freiheit	Heimatland — Staat A
	Das Recht einer Fluggesellschaft zur Beförderung von Passagieren, Fracht und Post innerhalb eines anderen Vertragsstaates. Dieses Recht wird auch als Stand-Alone Kabotage bezeichnet.

Abbildung 3.2: Freiheiten der Luft

3.1.2 Weitere Regelungen des Chicagoer Abkommens

Das Chicagoer Abkommen enthält eine Reihe von weiteren Bestimmungen, die für den internationalen Luftverkehr von zentraler Bedeutung sind. Einige wesentliche Regelungen werden im Folgenden überblicksartig dargestellt.

- **Staatszugehörigkeit von Luftfahrzeugen**
  Jedes Luftfahrzeug hat die Staatsangehörigkeit des Staates, in dem es eingetragen ist. Dabei kann ein Luftfahrzeug jeweils nur in einem Staat registriert sein. Jedes Luftfahrzug hat die ihm vorgeschriebenen Staatszugehörigkeits- und Eintragungszeichen zu führen. Im deutschen Luftverkehrsgesetz ist diese Vorgabe in § 2 Abs. 5 umgesetzt.

- **Vereinheitlichung von Einrichtungen und Verfahren**
  Die Staaten sind verpflichtet, Einrichtungen (z. B. Flughäfen) und Verfahren (z. B. Fernmeldeverkehr, Betriebsvorschriften) nach Möglichkeit nach den Richtlinien und Empfehlungen zu gestalten, die auf der Basis des Chicagoer Abkommens erlassen wurden (Anhänge zum Chicagoer Abkommen). Eventuelle Abweichungen sind der ICAO zu melden.

- **Luftverkehrsregeln**
  Die Staaten sind verpflichtet, die Einhaltung der Luftverkehrsregeln über ihrem Territorium durchzusetzen.

- **Flughafen- und ähnliche Gebühren**
  Die Gebühren für Flughäfen und andere Leistungen für den Luftverkehr sind zu veröffentlichen und dürfen ausländische Flugzeuge nicht gegenüber inländischen Flugzeugen benachteiligen.

- **Pflicht zur Mitführung von Dokumenten**
  Es ist vorgeschrieben, welche Dokumente im internationalen Luftverkehr mitzuführen sind (z. B. Erlaubnisscheine für die Besatzungsmitglieder, Liste der Fluggäste mit Abflug- und Bestimmungsort). Zudem wird den Staaten vorgegeben, dass sie die entsprechenden Dokumente ausstellen bzw. anerkennen müssen. Hierfür werden wiederum multilaterale Mindestnormen vereinbart.

3.2 Bilaterale Luftverkehrsabkommen

3.2.1 Grundsätzliche Regelungsinhalte bilateraler Luftverkehrsabkommen

Da, wie bereits erwähnt, keine multilaterale Regelung über die gewerblichen Freiheiten existiert, müssen die entsprechenden Verkehrsrechte in zweiseitigen (bilateralen) Abkommen vereinbart werden. Weltweit gibt es über 4.000 solcher Abkommen, die Bundesrepublik Deutschland hat rund 140 bilaterale Luftverkehrsabkommen abgeschlossen. Bei einem bilateralen Luftverkehrsabkommen handelt es sich um einen völkerrechtlichen Vertrag, der in

Deutschland jeweils durch den Bundestag in einem speziellen Gesetz ratifiziert werden muss.

In einem bilateralen Luftverkehrsabkommen (Air Service Agreements – ASA) müssen grundsätzlich die folgenden Fragen geklärt sein:

- Welche Fluggesellschaften dürfen Luftverkehrsleistungen zwischen den beiden Staaten anbieten?
- Welche Flughäfen dürfen im internationalen Verkehr angeflogen werden?
- Wie häufig dürfen die einzelnen Strecken bedient werden und welche Kapazitäten dürfen im internationalen Verkehr angeboten werden?
- Welche Tarife dürfen im internationalen Verkehr zur Anwendung kommen?

Grundsätzlich regeln bilaterale Luftverkehrsabkommen den Verkehr zwischen den beiden Vertragsparteien. Sofern Rechte der fünften Freiheit gewährt werden, ist die Zustimmung des betroffenen Drittstaats erforderlich.

Die Benennung von Fluggesellschaften im Rahmen bilateraler Luftverkehrsabkommen wird als **Designierung** bezeichnet. Dabei kann jeder Vertragsstaat entweder eine Gesellschaft („single designation") oder mehrere Gesellschaften („multiple designation") benennen.

Die Zahl der Flughäfen, die im internationalen Verkehr bedient werden dürfen, kann in bilateralen Luftverkehrsabkommen begrenzt sein. Im Extremfall darf nur ein Flughafen durch Gesellschaften aus dem Vertragsstaat angeflogen werden („single gateway rule"). Diese Vorgabe zielt meist darauf ab, den inländischen Gesellschaften ein Kundenpotenzial für Inlandsflüge zu sichern.

Im Hinblick auf Kapazitäten und Frequenzen werden mehrere Ausgestaltungen unterschieden:

- **Predetermination**
  Die maximal zulässigen Kapazitäten und Frequenzen werden im Vorhinein (ex ante) fest vereinbart. Zumeist geschieht dies auf der Basis strikter Reziprozität.

- **Ex post facto control**
  Es existiert keine Vorab-Festlegung, jedoch die Möglichkeit für die beteiligten Staaten, bei erkennbaren „Ungleichgewichten" einzugreifen.

- **Free determination**
  Die designierten Fluggesellschaften können frei über Kapazitäten und Frequenzen entscheiden.

- **Zulassung von Gerätewechsel (change of gauge)**
  Auf Flügen mit Zwischenlandungen kann es für die Fluggesellschaften wirtschaftlich sinnvoll sein, den Weiterflug mit kleinerem Fluggerät durchzuführen, beispielsweise wenn bei der Zwischenlandung ein Teil der Passagiere aussteigt oder der Verkehr zu zwei Zielen bis zur Zwischenlandung gebündelt werden soll. Ein solcher Gerätewechsel (change of gauge) muss im Rahmen der bilateralen Abkommen explizit genehmigt werden.

Auch für die Regulierung der Tarife existieren unterschiedliche Optionen:

- **Double approval**
  Die Tarife müssen vor ihrer Anwendung von beiden Vertragsstaaten genehmigt werden. Hierfür werden meist bestimmte Fristen vorgegeben.

- **Double disapproval**
  Ein Tarif ist zulässig, wenn nicht von beiden Vertragsstaaten Widerspruch eingelegt wird (auch als mutual disagreement rule bezeichnet).

- **Country of origin rule**
  Der Tarif muss von dem Vertragsstaat genehmigt werden, in dem der Flug seinen Ausgang nimmt (richtungsgebundene Tarife).

- **Free pricing (Automatic approval)**
  Die Luftverkehrsgesellschaften können frei über ihre Tarife entscheiden. Die Tarife sind „automatisch" genehmigt, sobald sie bei den Behörden angezeigt werden. In aller Regel existieren jedoch Möglichkeiten für die Vertragsstaaten „zu hohe" bzw. „zu niedrige" Tarife im Einzelfall zu untersagen.

Die einzelnen Fluglinien werden nicht direkt im Luftverkehrsabkommen, sondern in einem **Fluglinienplan** zwischen den Regierungen vereinbart. Dies hat den Vorteil, dass die Fluglinienpläne vergleichsweise einfach an veränderte Bedingungen angepasst werden können.

In nahezu allen bilateralen Luftverkehrsabkommen findet sich eine **Eigentümerklausel**. Nach dieser Klausel muss die Mehrheit des Eigentums sowie die tatsächliche Kontrolle über das Unternehmen in den Händen von Staatsangehörigen oder Körperschaften aus der jeweiligen Vertragspartei liegen. Bei staatlichen Luftverkehrsgesellschaften ist diese Klausel erfüllt. Bei privaten Luftverkehrsunternehmen haben die einzelnen Staaten Regelungen geschaffen um diese Bestimmung einhalten zu können. Konkret schreibt beispielsweise das deutsche **Luftverkehrsnachweissicherungsgesetz** vor, dass Airlines mit der Rechtsform der Aktiengesellschaft und Sitz im Inland vinkulierte Namensaktien ausgeben müssen und die Nationalität ihrer Anteilseigner regelmäßig zu veröffentlichen ist. Auch hat die AG unter anderem das Recht, eigene Aktien zu erwerben, wenn die Gefahr besteht, dass sie mehrheitlich in den Besitz von Ausländern gelangt. Die Eigentümerklauseln in bilateralen Luftverkehrsabkommen sind ein wesentliches Hemmnis für grenzüberschreitende Unternehmenszusammenschlüsse im Luftverkehr.[19]

Die Durchführung eines Fluges unter mehreren Flugnummern, das so genannte **Codesharing**[20], muss ebenfalls im Rahmen der bilateralen Luftverkehrsabkommen explizit genehmigt werden.

---

[19] Vgl. hierzu ausführlich Kapitel XI.
[20] Das Codesharing ist ausführlich in Kapitel XI erläutert.

3.2.2 Restriktive Luftverkehrsabkommen vs. Open-Skies-Abkommen

Grundsätzlich können bilaterale Luftverkehrsabkommen eher restriktiv oder eher liberal ausgestaltet sein. Als Standard für bilaterale Regelungen galt über viele Jahre das Bermuda-I-Abkommen.

> **Das Bermuda-I-Abkommen**
>
> Im Jahr 1946 wurde in Bermuda das Luftverkehrsabkommen zwischen den USA und Großbritannien abgeschlossen, das in der Folgezeit eine Vorbildwirkung für zahlreiche Luftverkehrsabkommen entfaltete. Für die damaligen Verhältnisse handelte es sich um ein relativ liberales Abkommen. Das Flugangebot wurde im Rahmen einer Ex-post-facto-Kontrolle von beiden Staaten im Rahmen regelmäßiger Konsultationen überprüft. Es erfolgte eine Mehrfachdesignierung und die Festlegung der Tarife sollte im Rahmen der IATA erfolgen. Damit war eine wechselseitige Preisunterbietung ausgeschlossen. Aus ökonomischer Perspektive handelt es sich bei dieser Tariffestlegung im Rahmen der IATA um ein legalisiertes Kartell.
>
> Im Jahr 1977 wurde, nachdem die Luftfahrtindustrie durch die Ölkrise und eine weltweite Rezession in wirtschaftliche Schwierigkeiten gekommen war, das Bermuda-I-Abkommen durch das Bermuda-II-Abkommen ersetzt. Das Bermuda-II-Abkommen war weniger liberal als das Bermuda-I-Abkommen, es sah beispielsweise auf bestimmten Relationen eine Einfachdesignierung vor und begrenzte die Rechte der fünften Freiheit. Es hat keine internationale Vorbildwirkung entfaltet.

Speziell im Verhältnis zwischen Staaten mit unterschiedlichen wirtschaftlichen Ausgangssituationen sind restriktive Luftverkehrsabkommen auch heute noch üblich. Nicht selten wird sogar verlangt, dass die beiden designierten Luftverkehrsgesellschaften ein Abkommen über die Aufteilung der Einnahmen abschließen (so genannte Pooling-Abkommen).

Im Jahr 1992 haben die USA mit den Niederlanden das erste so genannte **Open-Skies-Abkommen** abgeschlossen.[21] Open-Skies-Abkommen sind eine liberale Ausgestaltung bilateraler Luftverkehrsabkommen, die grundsätzlich eine Mehrfachdesignierung, keine Vorgaben hinsichtlich Kapazitäten und Frequenzen sowie eine freie Preisbildung vorsehen.[22] Mittlerweile haben die USA mit über 80 Staaten derartige Abkommen abgeschossen, das Abkommen zwischen den USA und Deutschland stammt aus dem Jahr 1996.

Für den Luftverkehr zwischen Mitgliedstaaten der Europäischen Union und Drittstaaten hat sich in den vergangenen Jahren eine wesentliche Veränderung der rechtlichen Rahmenbedingungen ergeben. In den 1990er Jahren haben die USA mit der Mehrzahl der damaligen EU-

---

[21] Bereits im Jahr 1978 wurde ein vergleichsweise liberales Luftverkehrsabkommen zwischen den USA und den Niederlanden vereinbart.

[22] Allerdings ist die Zahl der US-amerikanischen Flughäfen, die von ausländischen Gesellschaften angeflogen werden dürfen, begrenzt.

Mitgliedstaaten die oben bereits angesprochenen Open-Skies-Abkommen abgeschlossen. Aus der Sicht der Europäischen Kommission verstießen diese Abkommen gegen das Prinzip der Nichtdiskriminierung, da sie jeweils allen inländischen Airlines unbegrenzte Verkehrsrechte gewährten, Anbietern aus anderen EU-Mitgliedstaaten jedoch das Recht auf Direktflüge in die USA verwehrten. Im Jahr 2002 hat sich der Europäische Gerichtshof der Auffassung der Europäischen Kommission angeschlossen. Die EU-Mitgliedstaaten erteilten daraufhin der Kommission den Auftrag, mit den USA sowie anderen Staaten über eine Neuregelung der rechtlichen Rahmenbedingungen für den Luftverkehr zu verhandeln.

Seit März 2008 ist das Abkommen zwischen den USA und der EU über die **Liberalisierung des transatlantischen Luftverkehrs** in Kraft. Grundsätzlich dürfen alle US-amerikanischen Gesellschaften sowie alle Gesellschaften aus EU-Staaten Direktflüge zwischen allen Flughäfen in der EU und den USA anbieten. Beispielsweise dürfte die französische Air France Passagiere auf einem Nonstopflug zwischen Hamburg und New York befördern. Auch verfügen alle Gesellschaften über Rechte der fünften Freiheit. Kabotage ist allerdings nach wie vor untersagt und die Obergrenze für die Beteiligung von Ausländern an US-amerikanischen Fluggesellschaften bleibt bei 24,9 % der Stimmrechte. Bereits vor dem Abkommen mit den USA hat die EU mit einer Reihe anderer Staaten, z. B. Chile, entsprechende marktöffnende Vereinbarungen abgeschlossen. Insgesamt haben Ende des Jahres 2007 über 30 Staaten mit der EU ein Abkommen geschlossen, durch das die diskriminierenden Bestimmungen in den bilateralen Luftverkehrsabkommen aufgehoben werden.

Auswirkungen der Liberalisierung des transatlantischen Luftverkehrsmarktes

Die stärksten Auswirkungen hat die Öffnung des Luftverkehrsmarktes zwischen der EU und den USA auf diejenigen Staaten, die zuvor über kein bilaterales Open-Skies-Abkommen mit den USA verfügten. An erster Stelle ist hier Großbritannien zu nennen. Das bilaterale Luftverkehrsabkommen zwischen den USA und Großbritannien sah vor, dass jeweils lediglich zwei Airlines aus beiden Staaten Flüge zwischen den USA und den Flughäfen London-Heathrow und London-Gatwick anbieten durften. Unmittelbar nach Inkrafttreten des Abkommens zwischen den USA und der EU kam es auf diesem Markt zu neuen Angeboten durch Gesellschaften, die zuvor nicht über die entsprechenden Verkehrsrechte verfügten.

Die Entwicklung bei Flügen zwischen der EU und den USA durch Anbieter aus anderen EU-Staaten kam langsamer in Gang. British Airways hat hierfür eine eigene Tochtergesellschaft mit Namen „Open Skies" gegründet, die von kontinentaleuropäischen Flughäfen Direktflüge in die USA anbieten soll.

3.3 Europäisches Luftverkehrsrecht

3.3.1 Grundlagen der Marktordnungspolitik

Der Luftverkehr zwischen den Staaten der Europäischen Gemeinschaft wurde bis in die 1970er Jahre ausschließlich über bilaterale Luftverkehrsabkommen geregelt. Zwar enthält der EG-Vertrag eine Bestimmung zur gemeinsamen Luftverkehrspolitik,[23] es war jedoch über viele Jahre hinweg kontrovers, wie die entsprechende Regelung zu interpretieren ist.

Im Jahr 1974 entschied der Europäische Gerichtshof, dass die allgemeinen Regelungen des EG-Vertrages auch auf den See- und Luftverkehr anzuwenden sind („Seeleute-Urteil"). Im Jahr 1983 wurde eine erste Europäische Richtlinie zur Öffnung des Luftverkehrsmarktes verabschiedet, die sich jedoch lediglich auf den Luftverkehr zwischen Regionalflughäfen bezog und für die zahlreiche einschränkende Restriktionen galten. Endgültig wurde im Jahr 1986 durch den Europäischen Gerichtshof klargestellt, dass zu den auf den Luftverkehr anzuwendenden allgemeinen Regeln auch die Teile des EG-Vertrages gehören, in denen Wettbewerbsbeschränkungen im gemeinsamen Markt untersagt werden („Nouvelles Frontières-Urteil"). Folglich war es den Unternehmen grundsätzlich nicht mehr gestattet, im Rahmen der IATA die Tarife für den innergemeinschaftlichen Luftverkehr abzustimmen. Auch die restriktiven Bestimmungen der bilateralen Luftverkehrsabkommen zwischen den Mitgliedstaaten wurden von der Kommission als ein Verstoß gegen die Bestimmungen des EG-Vertrages gewertet.

Um die im Luftverkehr erforderliche Einheitlichkeit des Regelwerks zu gewährleisten, arbeitet die Europäische Union im Wesentlichen mit Verordnungen, die in allen Mitgliedstaaten unmittelbar Gültigkeit besitzen. Richtlinien, die einer Umsetzung in nationales Recht bedürfen und dabei den Mitgliedstaaten Umsetzungsspielräume belassen, sind hingegen im Luftverkehrsrechts relativ selten.

Die Öffnung des innergemeinschaftlichen Luftverkehrsmarktes erfolgte schrittweise durch die drei so genannten **Liberalisierungspakete**, die zum 1. Januar 1988, zum 1. November 1990 und zum 1. Januar 1993 in Kraft getreten sind. Die konkreten Regelungen der einzelnen Maßnahmenpakete können Tabelle 3.3 entnommen werden. Die Europäischen Verordnungen haben Vorrang vor den formal weiter bestehenden Regelungen der bilateralen Luftverkehrsabkommen zwischen den Mitgliedstaaten.

---

[23] Artikel 80, Abs. 2 des EG-Vertrages lautet: „Der Rat kann mit qualifizierter Mehrheit darüber entscheiden, ob, inwieweit und nach welchen Verfahren geeignete Vorschriften für die Seeschifffahrt und Luftfahrt zu erlassen sind."

Tabelle 3.3: Liberalisierungspakete für den EG-Luftverkehr

Maßnahme	1. Paket ab 01.01.1988			2. Paket ab 01.11.1990			3. Paket ab 01.01.1993
Tarif-Genehmigung	- Double Approval - Genehmigungsautomatismus in den Flexibilitätszonen			- Double Approval - Genehmigungsautomatismus in den Flexibilitätszonen - Double Disapproval oberhalb der Flexibilitätszonen			- Double Disapproval
Tarifzonen	- 90 - 65 % 65 - 45 %		Economy-Zone Rabattzone Superrabattzone	105 - 95 % 94 - 80 % 79 - 30 %			- Völlige Tariffreiheit
			(Sondertarife in % des Bezugstarifs)				
Kapazität	55 : 45 (bis 30.09.1989) 60 : 40 (bis 30.10.1990)			67,5 : 32,5 (bis 31.10.1991) 75 : 25 (bis 31.10.1992)			- Wegfall der Kapazitätsbeschränkungen
			(zulässige Kapazitätsanteile)				
Marktzugang	- Rechte der 3. und 4. Freiheit zwischen Knotenpunktflughäfen der Kategorie 1 und Regionalflugplätzen - Recht zur Punkteverbindung von Flugliniendiensten der 3. und 4. Freiheit			- Verkehrsrechte der 3. und 4. Freiheit für innergemeinschaftliche Strecken - Gegenseitigkeitsprinzip bei der Einrichtung neuer Strecken und der Frequenzerhöhung - Einschränkungen bei der Ausübung der Verkehrsrechte bei Problemen hinsichtlich der Flughafeninfrastruktur, der Navigationshilfen und der Verfügbarkeit von Slots			- Freie Ausübung der Verkehrsrechte auf Strecken in der Gemeinschaft Ausnahmen: - Mögliche Auferlegung gemeinwirtschaftlicher Verpflichtungen - Schutz inländischer Strecken mit geringem Verkehrsaufkommen - Beschränkung der Ausübung von Verkehrsrechten bei Überlastungs- bzw. Umweltproblemen - Recht zur Aufteilung des Verkehrs innerhalb von Flughafensystemen
5. Freiheit	bis 30 %		Anschlusskabotage	bis 50 %			- Anschlusskabotage bis 31.03.1997 (bis 50 % der Kapazität) - Inlandskabotage ab 01.04.1997
			(Zusteiger in % der gesamten Sitzplatzkapazität)				
Mehrfachdesignierung	Jahr 1988 1989 1990	Fluggäste >250.000 >200.000 >180.000	Flüge >1.200 >1.000	Jahr 1991 1992	Fluggäste >140.000 >100.000	Flüge >800 >600	- Bestandsschutz für monopolistische Inlandsstrecken ohne adäquate Bedienung durch andere Verkehrsarten sowie für Regionalstrecken mit geringem Verkehrsaufkommen
			(Fluggäste bzw. Hin- und Rückflug pro Strecke im Vorjahr)				
Wettbewerbsregeln	- Anwendung von Wettbewerbsregeln zur Sicherstellung wettbewerbsunschädlicher Verhaltensweisen - Gruppenfreistellungen			- Erweiterung der freistellungsfähigen Wettbewerbsbeschränkungen bei gleichzeitiger Verlängerung der zulässigen Geltungsdauer - Einnahmepooling fortan unzulässig			- Wettbewerbsregeln finden nun auch im innerstaatlichen Luftverkehr Anwendung - Modifikation der freistellungsfähigen Vereinbarungen und Verhaltensweisen
sonstige Maßnahmen	-			-			- Harmonisierung der Betriebsgenehmigungen für Airlines

Seit dem 1. Januar 1993 ist der grenzüberschreitende Luftverkehr innerhalb der EU weitestgehend dereguliert. Die entsprechenden Bestimmungen des dritten Liberalisierungspakets sind heute noch in Kraft. Sie werden im folgenden Unterkapitel detailliert vorgestellt. Lediglich der Kabotagevorbehalt blieb noch einige Jahre bestehen. Der Inlandsluftverkehr durch Anbieter aus anderen EU-Staaten ist erst seit dem 1. April 1997 uneingeschränkt zulässig. Seit einigen Jahren beabsichtigt die Kommission eine Reform der Wettbewerbsregeln für den Luftverkehr. Über den aktuellen Stand der Diskussion informiert die Generaldirektion Energie und Transport auf ihrer Homepage.

Durch völkerrechtliche Abkommen gelten die Regelungen des EU-Luftverkehrsmarktes auch in zahlreichen europäischen Staaten, die nicht Mitglied der EU sind. Seit 1993 besteht das Abkommen über den Europäischen Wirtschaftsraum (EWR), das zwischen der EU und den Staaten der Europäischen Freihandelszone (European Free Trade Association – EFTA), d. h. Island, Liechtenstein und Norwegen, unter anderem eine automatische Übernahme des EU-Luftverkehrsrechts vorsieht. Mit der Schweiz, die kein Mitglied des EWR ist, wurde ein bilaterales Abkommen über den Luftverkehr abgeschlossen, das seit dem Jahr 2002 ebenfalls zu einer Übernahme des EU-Luftverkehrsrechts durch die Schweiz führt. Eine zusätzliche Erweiterung erfuhr der gemeinsame europäische Luftverkehrsmarkt als die EU im Jahr 2006 mit 10 Staaten ein Abkommen über den gemeinsamen europäischen Luftverkehrsraum (European Common Aviation Area – ECAA) abschloss. Dieses Abkommen betrifft sowohl die Wettbewerbs- als auch die Luftsicherheitsregeln und soll zudem dem Ausbau der gemeinsamen europäischen Flugsicherung dienen. Vertragspartner sind, neben den zwischenzeitlich der EU beigetretenen Staaten Bulgarien und Rumänien, zahlreiche südosteuropäische Staaten, etwa Kroatien und Albanien, sowie Island und Norwegen.

3.3.2 Marktordnung für den innergemeinschaftlichen Luftverkehr

Die Marktordnung für den Luftverkehr innerhalb der Europäischen Union ist durch vier Grundprinzipien gekennzeichnet:

- Anspruch auf Erteilung einer **Betriebsgenehmigung**
  Jedes Unternehmen, das bestimmte Marktzugangskriterien erfüllt, hat Anspruch auf Erteilung einer Betriebsgenehmigung für die Erbringungen von Flugdiensten innerhalb der Gemeinschaft. Dabei wird nicht zwischen Linienverkehr und Gelegenheitsverkehr unterschieden.

- Anspruch auf Erteilung einer **Streckengenehmigung**
  Jedes Unternehmen, das über eine Betriebsgenehmigung verfügt, hat einen Anspruch auf die Erteilung von innergemeinschaftlichen Verkehrsrechten (einschließlich Kabotage). Einschränkungen bestehen nur bei einer Überlastung der Flughäfen, des Luftraums oder aufgrund von Umweltproblemen. Zudem können von den Mitgliedstaaten unter bestimmten Voraussetzungen im Regionalverkehr gemeinwirtschaftliche Auflagen ausgesprochen sowie befristete Marktzutrittsrestriktionen erlassen werden.

- Freie **Preisbildung**
  Jedes Unternehmen darf seine Preise selbst festlegen. Die Tarife sind automatisch genehmigt wenn sie fristgerecht bei den Luftverkehrsbehörden hinterlegt worden sind. Eine

nachträgliche Untersagung ist lediglich in eng definierten Ausnahmefällen möglich, wenn die Tarife als zu hoch oder zu niedrig eingestuft werden.

- Anwendbarkeit des allgemeinen **Wettbewerbsrechts**
 Die Bestimmungen zum Schutz des Wettbewerbs (Verbot wettbewerbsbeschränkender Verhaltensweisen im EG-Vertrag, Kontrolle staatlicher Beihilfen, Zusammenschlusskontrolle) sind grundsätzlich auch auf den Luftverkehr anzuwenden.

Im Folgenden sind diese vier Grundprinzipien genauer erläutert.

Erteilung von Betriebsgenehmigungen (Verordnung (EWG) 2407/92)

Die Betriebsgenehmigung ist von dem Mitgliedstaat auszustellen, in dem das Unternehmen seinen Sitz hat. Für eine Genehmigung gelten insbesondere die folgenden Voraussetzungen:

- Das Unternehmen muss sich mehrheitlich im Eigentum und unter Kontrolle von Staatsangehörigen aus den Mitgliedstaaten der EU befinden.
- Die Haupttätigkeit des Unternehmens ist der Luftverkehr.
- Das Unternehmen muss finanziell leistungsfähig sein. Bei erstmaliger Erteilung einer Betriebsgenehmigung ist dies durch einen Wirtschaftsplan nachzuweisen.
- Die leitenden Personen des Unternehmens müssen persönlich zuverlässig sein (Nachweis unter anderem durch Vorlage eines Führungszeugnisses).
- Das Unternehmen muss über eine Haftpflichtversicherung verfügen.
- Voraussetzung für die Erteilung einer Betriebsgenehmigung ist der Besitz eines Luftverkehrsbetreiberzeugnisses (Air Operator's Certificate – AOC). Hierin wird dem Betreiber bescheinigt, dass er über die fachliche Eignung und eine geeignete Organisation verfügt, um einen sicheren Betrieb zu gewährleisten.

Erteilung von Streckengenehmigungen (Verordnung (EWG) 2408/92)

Die Mitgliedstaaten erteilen grundsätzlich jedem Unternehmen, das über eine Betriebsgenehmigung gemäß Verordnung (EWG) 2407/92 verfügt, die beantragten Verkehrsrechte für Strecken innerhalb der Gemeinschaft. Von diesem Grundprinzip des freien Marktzugangs kann nur unter den folgenden Voraussetzungen abgewichen werden:

- Bei Liniendienste in Rand- oder Entwicklungsgebiete einzelner Mitgliedstaaten oder auf wenig frequentierten Strecken zu Regionalflughäfen können die Mitgliedstaaten dem Anbieter so genannte **gemeinwirtschaftliche Verpflichtungen** auferlegen. Diese gemeinwirtschaftlichen Verpflichtungen setzen Standards im Hinblick auf die Angebotsqualität oder die Preise die über die wirtschaftlichen Interessen des Anbieters hinausgehen (z. B. häufigere Bedienung, niedrigerer Preis).
- Sofern eine Strecke nicht bereits durch eine Gesellschaft bedient wird, ist es den Mitgliedstaaten erlaubt, für einen Zeitraum von zunächst maximal drei Jahren lediglich einen Anbieter auf dieser Strecke zuzulassen. Das Recht zur Durchführung dieser Verkehre muss dann öffentlich ausgeschrieben werden. In diesen Fällen können die Mitgliedstaaten einen Ausgleich für die Erfüllung der gemeinwirtschaftlichen Verpflichtungen gewähren.

- Auf bestimmten aufkommensschwachen Strecken, die mit kleinem Fluggerät bedient werden und bei denen der Flugdienst neu aufgenommen wird, dürfen die Mitgliedstaaten für eine Dauer von maximal zwei Jahren die Anbieterzahl auf ein Unternehmen begrenzen.

- Innerhalb eines so genannten **Flughafensystems** dürfen die Mitgliedstaaten diskriminierungsfreie Regelungen zur Aufteilung des Verkehrs festlegen. Ein Flughafensystem besteht aus mindestens zwei Flughäfen, die dieselbe Stadt oder dasselbe Ballungsgebiet bedienen.

- Bei ernsthaften Überlastungen oder Umweltproblemen können die Mitgliedstaaten die Ausübung von Verkehrsrechten von bestimmten Bedingungen abhängig machen oder sogar unterbinden. Auch hier darf es nicht zu Diskriminierungen kommen.

- Wenn Überkapazitäten zu einer erheblichen finanziellen Schädigung eines Unternehmens führen, kann die Kommission auf Antrag des Mitgliedsstaats die Kapazität vorübergehend „einfrieren".

Die einzelnen Beschränkungen des Rechts auf freien Marktzugang unterliegen jeweils der Überwachung durch die Europäische Kommission und den Europäischen Rat.

Praxisbeispiel Gemeinwirtschaftliche Verpflichtungen (Public Service Obligations – PSO)

Von den Möglichkeiten zur Auferlegung gemeinwirtschaftlicher Verpflichtungen wird in den Mitgliedstaaten in unterschiedlichem Ausmaß Gebrauch gemacht. Im April 2008 gab es in 10 EU-Mitgliedstaaten Luftverkehrsstrecken mit gemeinwirtschaftlichen Verpflichtungen. Die meisten PSO existierten in Frankreich (über 50 Strecken, darunter zahlreiche Verbindungen zu den französischen Überseegebieten, aber auch eine Reihe von inländischen und innergemeinschaftlichen Flügen, z. B. von und nach Straßburg). In Deutschland gab es drei solche Verbindungen (Erfurt-München, Hof Frankfurt und Rostock München).

Praxisbeispiel Verkehrsaufteilung in Flughafensystemen

Die beiden Mailänder Flughäfen Linate und Malpensa bilden, zusammen mit dem Flughafen Bergamo, ein Flughafensystem (vgl. zu Flughafensystemen auch Kapitel VIII, Unterkapitel 7). Dabei wird der stadtnahe Flughafen Linate von den meisten Passagieren gegenüber dem relativ stadtfernen Flughafen Malpensa bevorzugt. Die italienische Regierung erließ eine Vorschrift, nach der de facto nur noch Flüge auf der Strecke Mailand-Rom von Linate aus durchgeführt werden durften. Alle anderen Verbindungen seien ab Malpensa anzubieten. Die Europäische Kommission sah hierin eine Diskriminierung der anderen europäischen Gesellschaften, da hierdurch Umsteigeverbindungen über den Alitalia Hub Rom gegenüber anderen Umsteigeverbindungen (z. B. über Paris oder Frankfurt, die lediglich von Malpensa aus angeboten werden konnten) einen Vorteil genießen würden. Die italienische Regierung musste folglich ein anderes, nicht diskriminierendes Aufteilungsprinzip finden.

Freie Bildung der Flugpreise (Verordnung (EWG) 2409/92)

Für Flüge innerhalb der Gemeinschaft herrscht grundsätzlich freie Preisbildung. Dabei gelten die folgenden Regelungen:

- Die Flugpreise müssen der Öffentlichkeit auf Anfrage mitgeteilt werden.
- Die Mitgliedstaaten können verlangen, dass die Flugpreise bei ihnen hinterlegt werden. Dabei darf die Frist zwischen Hinterlegung und Anwendung 24 Stunden nicht überschreiten.
- Die Mitgliedstaaten können einen Flugpreis außer Kraft setzen, wenn dieser übermäßig hoch ist. Bei der Beurteilung sind unter anderem die Wettbewerbslage und die Kosten zu berücksichtigen.
- Die Mitgliedstaaten können Preissenkungen untersagen, wenn es zu einem „anhaltenden Verfall der Flugpreise" kommt, der bei alle betroffenen Luftfahrtunternehmen zu Verlusten führt.

Anwendung des allgemeinen Wettbewerbsrechts auf den Luftverkehr

Das allgemeine Recht zum Schutz des Wettbewerbs wird auch auf Luftverkehrsmärkte angewendet. Hierbei handelt es sich im Wesentlichen um vier Bereiche:

- **Verbot wettbewerbsbeschränkender Vereinbarungen**
  Gemäß Artikel 81 EG-Vertrag sind wettbewerbsbeschränkende Vereinbarungen zwischen Unternehmen verboten, sofern sie geeignet sind, den Handel zwischen den Mitgliedstaaten zu beeinträchtigen. Konkret geht es dabei sowohl um horizontale Absprachen (z. B. Kartelle) als auch um vertikale Vereinbarungen, die zwischen Unternehmen abgeschlossen werden, die in einem Abnehmer-Lieferanten-Verhältnis stehen. Beziehen sich die Wettbewerbsbeschränkungen allein auf einen inländischen Markt, so gelten die Bestimmungen des jeweiligen nationalen Wettbewerbsrechts.
  Unter bestimmten Voraussetzungen sind Vereinbarungen vom Verbot freigestellt. Hierfür ist es erforderlich, dass die Vereinbarung zu einer Verbesserung der Warenerzeugung oder zur Förderung des technischen Fortschritts beiträgt, die Verbraucher angemessen an

diesen Vorteilen beteiligt werden und die Beschränkungen zur Erreichung dieser Ziele unerlässlich sind sowie den Wettbewerb auf dem Markt nicht ausschalten.

- **Verbot des missbräuchlichen Ausnutzens einer marktbeherrschenden Stellung**
  Ein Unternehmen, das über eine marktbeherrschende Stellung verfügt, darf diese nicht missbräuchlich ausnutzen (Art. 82 EG-Vertrag). Diese Bestimmung betrifft insbesondere den so genannten „Ausbeutungs"-Missbrauch, d. h. das Setzen zu hoher Preise, die allein aufgrund der marktbeherrschenden Stellung des Unternehmens möglich sind.

- **Zusammenschlusskontrolle**
  Zusammenschlüsse zwischen Unternehmen unterliegen der Europäischen Fusionskontrollverordnung. Zusammenschlüsse müssen bei der Europäischen Kommission angemeldet werden. Wenn der Zusammenschluss zu einer wesentlichen Beeinträchtigung des Wettbewerbs führt, ist er von der Kommission zu untersagen.

- **Beihilfenkontrolle**
  Staatliche Beihilfen, die durch die Begünstigung bestimmter Unternehmen den Wettbewerb verfälschen oder zu verfälschen drohen und den Handel zwischen den Mitgliedstaaten beeinträchtigen sind grundsätzlich verboten. Unter bestimmten Voraussetzungen können regionalpolitisch motivierte Beihilfen sowie sonstige Beihilfen von diesem grundsätzlichen Verbot ausgenommen werden.

Praxisbeispiele zum Verbot wettbewerbsbeschränkender Vereinbarungen

Im Jahr 2001 hat die Europäische Kommission Bußgelder gegen die skandinavische Fluggesellschaft SAS und die dänische Fluggesellschaft Maersk Air verhängt. Die beiden Unternehmen hatten durch Absprachen bestimmte innergemeinschaftliche Märkte aufgeteilt. In der Ausgangslage waren beide Unternehmen auf bestimmten Märkten als Anbieter aktiv, nach der Absprache zog sich jeweils eines der beiden Unternehmen von diesem Markt zurück, sodass die Marktposition des jeweils anderen Unternehmens deutlich gestärkt wurde. Dies ist ein eindeutiger Verstoß gegen die Bestimmungen des Art. 81 EG-Vertrag.

Im Rahmen strategischer Luftverkehrsallianzen vereinbaren die Unternehmen eine intensive Zusammenarbeit, die insbesondere auf den Relationen, auf denen zwei der beteiligten Unternehmen Flugdienste anbieten, zu Wettbewerbsbeschränkungen führt. Damit verstoßen strategische Allianzen in der Regel gegen die Bestimmungen des Art. 81 EG-Vertrag. Allerdings führt eine strategische Allianz auch zu Vorteilen für die Verbraucher, sodass zahlreiche dieser Allianzen von der Europäischen Kommission vom Verbot des Art. 81 freigestellt wurden. Dabei werden in der Regel Auflagen ausgesprochen, um die wettbewerbsbeschränkenden Effekte zu reduzieren. Die Besonderheiten strategischer Luftverkehrsallianzen sind ausführlich in Kapitel XI behandelt.

Praxisbeispiele zur Zusammenschlusskontrolle

Die Zusammenschlüsse von Air France und KLM sowie von Lufthansa und Swiss wurden von der Europäischen Kommission jeweils nur unter Auflagen genehmigt. Der geplante Zusammenschluss der beiden irischen Gesellschaften Ryanair und Aer Lingus wurde im Jahr 2007 von der Kommission untersagt. Zusammenschlüsse von Luftverkehrsgesellschaften sind ausführlich in Kapitel XI behandelt.

Praxisbeispiele zur Beihilfenkontrolle

Beihilfen an Luftverkehrsgesellschaften wurden im europäischen Binnenmarkt toleriert, wenn es sich um eine einmalige Unterstützung, insbesondere im Rahmen der Marktöffnung und/oder Privatisierung, handelte („one time, last time"-Prinzip). Im Jahr 2002 wurde der griechische Staat von der Kommission dazu verpflichtet, Beihilfen, die er der Fluggesellschaft Olympic zukommen ließ, wieder zurückzufordern. Im Jahr 2005 wurden erneut Verstöße Griechenlands gegen die Regelungen des Beihilfenverbots aufgedeckt. Konkret hat Griechenland Vermögensgegenstände der Olympic zu überhöhten Preisen gekauft sowie die Zahlung von Steuern und Sozialabgaben nicht konsequent eingefordert. Auch hier hat die Kommission entschieden, dass der griechische Staat diese Beihilfen zurückfordern muss.

Im Jahr 2002 genehmigte die Europäische Kommission Beihilfezahlungen von vier europäischen Staaten, die als Ausgleich für die speziellen Belastungen der nationalen Fluggesellschaften nach den Anschlägen des 11. September 2001 dienten.

Eine zunehmende Bedeutung besitzt die Beihilfenkontrolle mittlerweile im Bereich der Regionalflughäfen, wenn diese einzelne Low Cost Carrier durch Nachlässe auf die Flughafenentgelte und/oder so genannte Marketingzuschüsse unterstützen. Dieser Aspekt wird in Kapitel VIII genauer erläutert.

3.3.3 Weitere Vorschriften in der EU

Die sicherheitsrelevanten Normen, die im Bereich des zivilen Luftverkehrs bedeutsam sind, werden mittlerweile im Wesentlichen auf der europäischen Ebene festgelegt. In der Verordnung (EG) 1592/2002 werden die Kompetenzen der Europäischen Agentur für Flugsicherheit (EASA) geregelt. Auf der Basis dieser so genannten Grundverordnung wurden von der EU weitere Durchführungsbestimmungen erlassen. In diesen Verordnungen sind insbesondere die Verfahren zur Musterzulassung von Fluggerät und zur Aufrechterhaltung der Lufttüchtigkeit sowie die Anforderungen an die Instandhaltungsbetriebe und das dort arbeitende Personal geregelt. In bestimmten Bereichen haben die Mitgliedstaaten das Recht, die Kompetenzen entweder auf der nationalen Ebene zu belassen oder sie auf die EASA zu übertragen.

> **Beispiel Lufttüchtigkeit**
>
> Jedes in einem Mitgliedstaat eingesetzte Luftfahrzeug muss die Anforderungen für die Lufttüchtigkeit erfüllen. In einem individuellen Lufttüchtigkeitszeugnis wird bescheinigt, dass das jeweilige Luftfahrzeug der genehmigten Musterbauart entspricht. Die Aufrechterhaltung der Lufttüchtigkeit muss durch vorschriftsgemäße Instandhaltung erfolgen, die wiederum von zugelassenem Personal durchgeführt werden muss. Verantwortlich für die Aufrechterhaltung der Lufttüchtigkeit ist der Betreiber, d. h. zum Beispiel die Fluggesellschaft, von der das Flugzeug eingesetzt wird.

Das öffentliche Luftverkehrsrecht der EU umfasst zahlreiche weitere Bereiche, die in diesem Buch zusammen mit den jeweiligen Spezialaspekten behandelt werden. Dabei handelt es sich insbesondere um Bestimmungen zur Vergabe von Start- und Landerechten (slots) auf Flughäfen (vgl. Kapitel VIII, Unterkapitel 3.2), zur Sicherheit (Kapitel V), zum Umweltschutz (Kapitel IV), zu Computerreservierungssystemen (Kapitel XV) sowie zur Flugsicherung (Kapitel VII).

3.4 Nationales Luftverkehrsrecht

Die wesentlichen Regelungen des öffentlichen Luftverkehrsrechts finden sich im deutschen **Luftverkehrsgesetz (LuftVG)** sowie darüber hinaus in der **Luftverkehrs-Ordnung (LuftVO)** und im **Luftsicherheitsgesetz (LuftSiG)**, das in Kapitel V behandelt wird. Weitere relevante Rechtsnormen sind das **Gesetz zum Schutz gegen Fluglärm** (vgl. Kapitel IV) sowie das **Flugunfall-Untersuchungs-Gesetz**.

Das Luftverkehrsgesetz hat an zahlreichen Stellen europäisches Recht übernommen oder füllt es im Rahmen der Kompetenzen der Mitgliedstaaten aus. Das Luftverkehrsgesetz regelt unter anderem die Zulassung von Luftfahrzeugen, wobei zu beachten ist, dass hier die europäische Ebene einen wesentlichen Teil der Kompetenzen der EASA zugewiesen hat. Weitere Regelungsgegenstände sind die Erteilung der Erlaubnis für Luftfahrer sowie die Planung und Genehmigung von Flughäfen.

Eine wesentliche Unterscheidung trifft das Luftverkehrsgesetz zwischen Fluglinienverkehr und Nichtlinienverkehr, wobei es auf den entsprechenden Bestimmungen des Chicagoer Abkommens zum planmäßigen bzw. nicht-planmäßigen Luftverkehr (Art. 6 und 7) aufbaut. **Fluglinienverkehr** gemäß § 21 LuftVG ist dabei durch die folgenden Merkmale gekennzeichnet:

- **Gewerbsmäßigkeit**
  Linienverkehr wird von einem Luftfahrtunternehmen durchgeführt, das eine Gewinnerzielungsabsicht verfolgt.

- **Linienbindung**
  Fluglinienverkehr wird „auf bestimmten Linien" betrieben, d. h. Ausgangs- und Endpunkt sowie eventuelle Zwischenpunkte sind vorab festgelegt.

- **Öffentlichkeit**
  Angebote des Linienverkehrs stehen der Allgemeinheit zur Verfügung.

- **Regelmäßigkeit**
  Fluglinienverkehr findet in periodisch wiederkehrenden Abständen statt, z. B. täglich oder wöchentlich.

- **Kontrahierungszwang**
  Anbieter von Linienverkehrsleistungen unterliegen einem Kontrahierungszwang, d. h. sie müssen grundsätzlich mit jedem Nachfrager einen Vertrag abschließen, sofern die Beförderungsbedingungen eingehalten werden und das entsprechende Beförderungsentgelt entrichtet wird.

- **Tarifzwang und Zwang zur Festlegung von Beförderungsbedingungen**
  Das Unternehmen muss Beförderungsentgelte (Tarife) festlegen und diese der Öffentlichkeit zugänglich machen. Als Tarif wird das eigentliche Beförderungsentgelt zuzüglich der dazugehörigen Bedingungen bezeichnet.

Der Nichtlinienverkehr (**Gelegenheitsverkehr**) ist im Luftverkehrsgesetz nicht positiv definiert (§ 22), sondern es handelt sich um die Verkehre, die keinen Linienverkehr darstellen (Negativdefinition). Beim so genannten Charterverkehr, bei dem beispielsweise Reiseveranstalter ganze Flugzeuge mieten, um Kunden im Rahmen von Pauschalreisen zu befördern, fehlen das Merkmal der Öffentlichkeit sowie oftmals die Merkmale der Linienbindung bzw. Regelmäßigkeit. Da mittlerweile die meisten Chartergesellschaften in Deutschland auch Einzelplätze verkaufen, verschwimmen die Unterschiede zwischen dem Linienverkehr und dem Gelegenheitsverkehr in diesem Marktsegment zunehmend.

§ 22 LuftVG sieht vor, dass für den Gelegenheitsverkehr Bedingungen und Auflagen festgesetzt werden können oder sogar eine Untersagung möglich ist, wenn die öffentlichen Verkehrsinteressen ansonsten nachhaltig beeinträchtigt werden. Insbesondere geht es dabei um Aus- und Einflugerlaubnisse. Generell wird in Deutschland der Kabotageverkehr durch Nicht-EU-Gesellschaften untersagt. Für den grenzüberschreitenden Gelegenheitsverkehr erteilt das Luftfahrt-Bundesamt die entsprechenden Genehmigungen üblicherweise unter der Voraussetzung, dass auch das Heimatland der Fluggesellschaft keine dirigistischen Eingriffe in den Markt vornimmt, sodass auch deutsche Unternehmen gleiche Marktzugangschancen haben. Auch bei Rechten der fünften Freiheit wird auf Reziprozität geachtet.

Aufbauend auf den Regelungen des Luftverkehrsgesetzes existieren zahlreiche Verordnungen, etwa die Luftverkehrszulassungsordnung (LuftVZO) und die Verordnung über Luftfahrtpersonal (LuftPersV). In der Luftverkehrs-Ordnung (LuftVO) sind die wesentlichen Verkehrsregeln für den Betrieb von Luftfahrzeugen festgelegt. Dabei wird zwischen Sichtflugregeln und Instrumentenflugregeln unterschieden. Für Fluggesellschaften ist unter anderem bedeutsam, dass ein verantwortlicher Luftfahrzeugführer bestimmt werden muss, der für die Einhaltung der flugbetrieblichen Vorschriften verantwortlich ist.

Die Bestimmungen des deutschen Gesetzes gegen Wettbewerbsbeschränkungen (GWB) sind auf den Luftverkehr anwendbar, wenn keine EU-weite Bedeutung besteht. Konkret ist das Bundeskartellamt für Unternehmenszusammenschlüsse zuständig, an denen nur deutsche

Unternehmen beteiligt sind und bei denen auch die Auswirkungen weitgehend auf den deutschen Markt begrenzt bleiben. Beispielsweise wurden die Zusammenschlüsse von Lufthansa und Eurowings sowie von Air Berlin und LTU vom Bundeskartellamt geprüft und genehmigt, wobei im Fall Lufthansa-Eurowings einige Auflagen ausgesprochen wurden.

Auch das Verbot wettbewerbsbeschränkender Verhaltensweisen wird von den nationalen Wettbewerbsbehörden angewendet. Ein Verstoß gegen das Kartellverbot wurde beispielsweise von den britischen Wettbewerbsbehörden im Jahr 2007 festgestellt. Die beiden Unternehmen British Airways und Virgin Atlantic hatten die Einführung von Treibstoffzuschlägen auf Interkontinentalverbindungen abgesprochen und wurden dafür mit einem Bußgeld belegt.

In Deutschland hat das Bundeskartellamt unter anderem zweimal die Preispolitik der Deutschen Lufthansa beanstandet. In beiden Fällen wurde ein Verstoß gegen das Verbot der missbräuchlichen Ausnutzung einer marktbeherrschenden Stellung festgestellt. Dabei kann es sich bei diesem Missbrauch einerseits um das Fordern „zu hoher" Preise („Ausbeutungs"-Missbrauch), andererseits um die gezielte Behinderung von Konkurrenten mit dem Ziel der Wettbewerbsbeschränkung („Behinderungs"-Missbrauch) handeln.

> **Praxisbeispiel „Zu hohe" Preise („Ausbeutungs"-Missbrauch)**
>
> Im Jahr 1996 war die Deutsche Lufthansa AG der einzige Anbieter von Linienverkehrsdiensten auf der Relation Frankfurt-Berlin. Das Bundeskartellamt stellte fest, dass die Tarife der Lufthansa auf der Strecke Frankfurt-Berlin deutlich höher waren als auf der Strecke München-Berlin, auf der sich die Lufthansa seit dem Jahr 1993 im Wettbewerb zu einem anderen Anbieter (Deutsche BA) befand. Da zwischen diesen beiden Strecken keine nennenswerten Kostenunterschiede festgestellt werden konnten (Vergleichsmarktkonzept), kam das Bundeskartellamt zu der Auffassung, dass die Lufthansa ihre marktbeherrschende Stellung missbrauchte, indem sie überhöhte Preise forderte. Die Lufthansa widersprach dieser Entscheidung unter anderem mit dem Argument, dass sie auch auf der Strecke Frankfurt-Berlin Verluste erwirtschaften würde.
>
> **Praxisbeispiel „Zu niedrige" Preise (Kampfpreisunterbietung)**
>
> Im Jahr 2001 trat die Fluggesellschaft Germania als neuer Wettbewerber in den Markt Frankfurt-Berlin ein. Germania verfolgte ein Einheitspreiskonzept und bot alle Sitze zu einem relativ niedrigen Preis an (99 €/one way). Lufthansa reagierte auf den Markteintritt und bot ebenfalls Flüge zu einem ähnlich günstigen Tarif an. Insbesondere da Lufthansa eine deutlich höhere Frequenz als Germania anbot, war dieser Tarif für die Nachfrager attraktiver als das Angebot von Germania, die mit einem deutlichen Nachfragerückgang konfrontiert war.
>
> Das Bundeskartellamt sah in dieser Preisstrategie der Lufthansa den Versuch, den neuen Wettbewerber wieder aus dem Markt zu drängen. Es entschied, dass Lufthansa für einen begrenzten Zeitraum einen festgelegten Preisabstand zu Germania einhalten müsse, damit der neue Anbieter die Chance bekomme, sich einen eigenen Kundenstamm aufzubauen. Angesichts der erheblichen Veränderungen auf dem Luftverkehrsmarkt (Aufkommen der Low Cost Carrier), kommt dieser Form der Missbrauchsaufsicht derzeit keine Bedeutung mehr zu.

Die grundsätzliche Frage, inwieweit Kampfpreisunterbietungen (predatory pricing) auf Luftverkehrsmärkten eine aus Unternehmenssicht sinnvolle Strategie darstellen, die von der Wettbewerbspolitik bekämpft werden sollte, wird nach wie vor kontrovers diskutiert. Generell ist davon auszugehen, dass derartige Strategien nur vor dem Hintergrund hoher Markteintrittsbarrieren, wie sie auf überlasteten Hub-Flughäfen im Allgemeinen bestehen, wirtschaftlich rational sind. Zudem kann die Strategie nur erfolgreich sein, wenn zwischen den beiden Unternehmen ein Ungleichgewicht bezüglich der (finanziellen) Ressourcen besteht.

4 Privates Luftverkehrsrecht

4.1 Internationales Haftungsrecht (Montrealer Übereinkommen)

Im Jahr 1929 wurden durch das **Warschauer Abkommen** die privatrechtlichen Regelungen über die Beförderung im internationalen Luftverkehr auf multilateraler Ebene festgelegt. Das Warschauer Abkommen wurde mehrfach geändert und ergänzt, dies geschah durch die Abkommen bzw. Protokolle von Den Haag (1955), Guadalajara (1961), Montreal (1966), Guatemala (1971) und Montreal (1975).

Im Jahr 1999 tagte in Montreal eine Konferenz der ICAO, auf der ein neues, einheitliches Abkommen verabschiedet wurde, das im Jahr 2003 in Kraft trat und für die Bundesrepublik Deutschland seit dem Jahr 2004 anzuwenden ist. Die folgenden Darstellungen beziehen sich allein auf das Montrealer Übereinkommen. Das Warschauer Abkommen ist nach wie vor maßgeblich, wenn entweder der Abflug- oder der Ankunftsflughafen nicht in einem Staat liegen, der bereits das Montrealer Übereinkommen ratifiziert hat.

Das **Montrealer Übereinkommen** gilt generell nur für die internationale Beförderung von Personen, Fracht und Post. Es enthält umfangreiche Haftungsbestimmungen für den Fall, dass ein Reisender während des Fluges oder beim Ein- bzw. Aussteigen durch einen Unfall getötet oder verletzt wird. Das Montrealer Übereinkommen formuliert Haftungsregeln: Grundsätzlich ist die Haftung für Personenschäden unbegrenzt. Kann der Luftfrachtführer[24] nachweisen, dass der Schaden nicht durch eine unrechtmäßige oder fahrlässige Handlung seines Personals oder ausschließlich durch eine unrechtmäßige Handlung Dritter verursacht wurde, beträgt die Haftungsobergrenze 100.000 Sonderziehungsrechte (SZR), dies entspricht derzeit rund 105.000 Euro. Wenn der Schaden durch eine unrechtmäßige Handlung des Geschädigten verursacht wurde, kann die Haftung des Luftfrachtführers weiter begrenzt werden oder sogar entfallen.

Weitere Haftungsregeln des Montrealer Übereinkommens betreffen verlorenes oder beschädigtes Gepäck. In Fällen von Verspätungen gibt es ebenfalls eine Haftungsregel, die jedoch nicht anzuwenden ist, wenn der Luftfrachtführer alle zumutbaren Maßnahmen zur Vermeidung dieses Schadens getroffen hat oder ihm das Ergreifen solcher Maßnahmen nicht möglich war.

---

[24] Als Luftfrachtführer wird bezeichnet, wer sich in eigenem Namen durch einen Vertrag verpflichtet, Personen oder Sachen auf dem Luftweg zu befördern. Der Begriff Luftfrachtführer wird also auch auf den Passagierverkehr angewendet.

Das Montrealer Übereinkommen enthält des Weiteren eine Reihe von Pflichten des Luftfrachtführers gegenüber den Passagieren. Beispielsweise ist der Luftfrachtführer verpflichtet, den Reisenden einen Beförderungsschein sowie für jedes aufgegebene Gepäckstück einen Beleg auszuhändigen.

4.2 Europäisches Luftverkehrsprivatrecht

Die Europäische Gemeinschaft ist Vertragspartei des Montrealer Übereinkommens und hat dessen Anwendungsbereich auf Inlandsflüge erweitert (Verordnung (EG) 889/2002). Die entsprechende EU-Verordnung gilt allerdings nur für Luftfahrtunternehmen der Gemeinschaft. Generell müssen die Passagiere bei der Buchung über die Haftungsregelungen informiert werden.

Weitere Bestimmungen des privaten Luftverkehrsrechts betreffen die Rechte der Passagiere in Fällen von Nichtbeförderung aufgrund von Überbuchungen, Annullierungen und starken Verspätungen (Verordnung (EG) 261/2004). Hier stehen den Passagieren Sachleistungen (z. B. Mahlzeiten, Erfrischungen) bzw. Entschädigungszahlungen zu, über die sie von den Fluggesellschaften informiert werden müssen. Generell ist die Verordnung anzuwenden für alle Flüge, die in der EU beginnen, sowie auf Flügen in die EU, sofern diese von einer EU-Gesellschaft durchgeführt werden. Tabelle 3.4 stellt die Ansprüche der Passagiere im Überblick dar.

Seit dem Jahr 2006 ist eine Verordnung über die Rechte von behinderten Flugreisenden und Flugreisenden mit eingeschränkter Mobilität in Kraft (VO (EG) 1107/2006). Die betreffenden Flugreisen haben einen Anspruch auf Beförderung und ihnen müssen geeignete Unterstützungsleistungen angeboten werden, für die von ihnen kein spezielles Entgelt verlangt werden darf. Die Hilfebedürftigkeit soll dabei von dem Flugreisenden mindestens 48 Stunden vor der planmäßigen Abflugzeit gemeldet werden. Hauptadressat der Verordnung sind die Flughäfen. Während des Fluges ist die Fluggesellschaft für die Bereitstellung der Hilfen verantwortlich.

4 Privates Luftverkehrsrecht

Tabelle 3.4: Ansprüche von Passagieren gemäß EU-Verordnung 261/2004

Fallgruppe	Ansprüche des Passagiers
Nichtbeförderung	a) Das Unternehmen ist verpflichtet, andere Fluggäste zu einem freiwilligen Verzicht auf die Beförderung zu bewegen (**„voluntary denied boarding"**). Die Bedingungen des freiwilligen Verzichts können frei vereinbart werden. b) In Fällen unfreiwilliger Nichtbeförderung hat der Passagier einen Anspruch auf Erstattung des Ticketpreises oder eine anderweitige Beförderung zum Zielflughafen. Darüber hinaus besteht ein zusätzlicher Anspruch auf einen Augleich in Geld, der in Abhängigkeit von der Flugentfernung gestaffelt ist (bis 1.500 km: 250 € / 1.500-3.500 km sowie alle innergemeinschaftlichen Flüge über 1.500 km: 400 € / über 3.500 km: 600 €), sowie auf Unterstützungsleistungen in angemessenem Verhältnis zur Wartezeit (Mahlzeiten, Telefonate, Hotelunterkunft).
Annullierung	Keine Ansprüche auf Ausgleichsleistungen bei „außergewöhnlichen Umständen" (z. B. politische Instabilität, Witterungsbedingungen, Streiks, unerwartete Flugsicherheitsmängel). Bei „frühzeitiger Information" (zwei Wochen vor planmäßigem Abflug) besteht nur ein Anspruch auf anderweitige Beförderung. Bei Information zwischen zwei Wochen und sieben Tagen vor dem Abflug besteht ein Anspruch auf anderweitige Beförderung, mit der der Passagier mit einer maximalen Verspätung von vier Stunden am Zielort eintrifft. Bei einer noch kurzfristigeren Information (weniger als sieben Tage vor dem Abflug) reduziert sich die maximal zulässige Verspätung gegenüber dem ursprünglich gebuchten Flug auf zwei Stunden. Wird der Fluggast erst bei der Abfertigung über die Annullierung informiert, entstehen dieselben Ansprüche wie bei der Nichtbeförderung.
Verspätung	Bei einer Verspätung des Abfluges um mehr als zwei Stunden bestehen Ansprüche auf Unterstützungsleistungen (Telefonate, Mahlzeiten), bei einer Verspätung von mehr als fünf Stunden kann der Passagier die Erstattung des Ticketpreises verlangen. Bei einer Verspätung, die zu einem Abflug am Folgetag führt, besteht ein Anspruch auf Hotelunterbringung.
Höherstufungen und Herabstufungen (Beförderungsklasse)	Bei Höherstufungen hat keine der beiden Vertragsparteien einen zusätzlichen Anspruch. Bei Herabstufungen muss der Flugpreis teilweise erstattet werden. Die Höhe der Erstattung richtet sich nach der Flugentfernung (bis 1.500 km: 30 % Reduzierung, 1.500-3.500 km sowie innergemeinschaftliche Flüge über 1.500 km: 50 %, Flüge über 3.500 km zu Zielen außerhalb der Gemeinschaft: 75 %).

4.3 Nationales Luftverkehrsprivatrecht

Gemäß § 631 BGB handelt es sich bei einem Vertrag, der ausschließlich die Luftbeförderung beinhaltet, um einen Werkvertrag auf den die Bestimmungen des Luftverkehrsgesetzes anzuwenden sind. Werden Flugleistungen mit anderen Leistungen kombiniert, insbesondere bei Pauschalreisen, so handelt es sich um einen Reisevertrag, für den die entsprechenden Bestimmungen des BGB (§§ 651a ff.) gelten.

Das Luftverkehrsgesetz enthält in den §§ 44ff. eine Reihe von Haftungsregeln, die jedoch subsidiären Charakter haben, d. h. nur dann zur Anwendung kommen, wenn die Bestimmungen des Montrealer Übereinkommens oder der entsprechenden EU-Verordnung nicht greifen (Schließung von Regelungslücken).

Die Regelungen des Montrealer Übereinkommens und die vergleichbaren Bestimmungen im europäischen und deutschen Recht regeln vertragliche Haftungstatbestände, d. h. zwischen den Beteiligten besteht ein Vertragsverhältnis, in aller Regel ein Beförderungsvertrag. Darüber hinaus ist bei Unfällen die Dritthaftung von Bedeutung. Gemäß § 33 LuftVG haftet hier grundsätzlich der Luftfahrzeughalter und zwar unabhängig vom Verschulden (so genannte Erfolgshaftung). Allerdings bestehen Haftungsobergrenzen (§ 37 LuftVG).

5 Kommentierte Literatur- und Quellenhinweise

Als kompakte Sammlung von Rechtstexten mit zahlreichen Literaturhinweisen ist zu empfehlen

- Giemulla, E. / van Schyndel, H. (Hrsg.) (2007), Recht der Luftfahrt, 5. Aufl., Köln.

Unter www.luftrecht-online.de sind zahlreiche rechtliche Regelungen im Volltext zu finden.

Eine umfangreiche Darstellung der rechtlichen Bestimmungen findet sich in

- Schwenk, W. / Giemulla, E. (2005), Handbuch des Luftverkehrsrechts, 3. Aufl., Köln u. a. O.

Zudem existieren zu den einzelnen Gesetzeswerken jeweils juristische Kommentare, beispielsweise:

5 Kommentierte Literatur- und Quellenhinweise

- Giemulla, E. / Schmid, R., Frankfurter Kommentar zum Luftverkehrsrecht, 3 Bände, Loseblattsammlung, Bd. 1: LuftVG, Bd. 2: Luftverkehrsordnungen, Bd. 3: Warschauer Abkommen.
- Giemulla, E. / Schmid, R., Europäisches Luftverkehrsrecht, Loseblattsammlung.
- Reuschle, F. (2005), Montrealer Übereinkommen, Kommentar.

Einen kompakten Überblick über das Luftverkehrsrecht liefert

- Schladebach, M. (2007), Luftrecht, Tübingen.

Als englischsprachige Quelle zum Luftrecht siehe

- Gesell, L. E. / Dempsey, P. S. (2005), Aviation and the Law, 4. Aufl., Chandler, AZ.

Eine Würdigung des Chicagoer Abkommens enthält

- Weber, L. (2004), Convention on International Civil Aviation – 60 Years, in: ZLW, H. 3, S. 289–311.

Eine umfassende und detaillierte Darstellung der Europäischen Regelungen zum Luftverkehr findet sich in

- Frerich, J. / Müller, G. (2006), Europäische Verkehrspolitik, Band 3, München / Wien.
- DG TREN (2007), Guide to European Community legislation in the field of civil aviation, Brüssel.

Speziell zur Marktordnung in Deutschland siehe

- Fichert, F. (2004), Wettbewerb im innerdeutschen Luftverkehr – Empirische Analyse eines deregulierten Marktes, in: Institut für Wirtschaftsforschung Halle (Hrsg.): Deregulierung in Deutschland – theoretische und empirische Analysen, Halle, S. 83–116.
- Ehmer, H., et al (2000), Liberalisierung im Luftverkehr Deutschlands – Analyse und wettbewerbspolitische Empfehlungen, DLR Forschungsbericht 2000 17, Köln.

Die Öffnung des europäischen Luftverkehrsmarktes wurde zu Beginn der 1990er Jahre in zahlreichen Studien sowohl aus juristischer als auch aus ökonomischer Perspektive analysiert. Beispielhaft seien genannt

- Teuscher, W. (1994), Zur Liberalisierung des Luftverkehrs in Europa, Göttingen.
- Höfer, B. J. (1994), Strukturwandel im europäischen Luftverkehr. Marktstrukturelle Konsequenzen der Deregulierung, Frankfurt/M. u. a. O.
- Wittmann, M. (1994), Die Liberalisierung des Luftverkehrs in der Europäischen Gemeinschaft, Konstanz.
- Wenglorz, G. (1992), Die Deregulierung des Linienluftverkehrs im Europäischen Binnenmarkt, Heidelberg.
- Stoetzer, M.-W. (1991), Regulierung oder Liberalisierung des Luftverkehrs in Europa, Baden-Baden.
- Beyen, R. K., Herbert, J. (1991), Deregulierung des amerikanischen und EG-europäischen Luftverkehrs, Hamburg.

Neuere Arbeiten zur Ordnung des europäischen Luftverkehrsmarktes sind

- ECAD (2006), Die Liberalisierung des Luftverkehrs: Ein branchenübergreifender Vergleich, Darmstadt.
- Arndt, A. (2004), Die Liberalisierung des grenzüberschreitenden Luftverkehrs in der EU, Frankfurt/M.
- Stanovsky, R. K. (2003), Deregulierung im europäischen Luftverkehr. Notwendigkeiten, Möglichkeiten und Grenzen, Bayreuth.
- Grundmann, S. (1999), Marktöffnung im Luftverkehr, Baden-Baden.

Speziell zu gemeinwirtschaftlichen Verpflichtungen auf europäischen Luftverkehrsmärkten siehe

- Williams, G. / Pagliari, R. (2004), A Comparative Analysis of the Application and Use of Public Service Obligations in Air Transport within the EU, in: Transport Policy, Vol. 11, S. 55–66.

Zahlreiche Veröffentlichungen befassen sich mit der Deregulierung des US-amerikanischen Inlandsmarkts. Beispielhaft seien genannt

- Williams, G. (2002), Airline Competition. Deregulation's Mixed Legacy, Aldershot.
- Hüschelrath, K. (1998), Liberalisierung im Luftverkehr, Marburg.
- Knorr, A. (1998), Zwanzig Jahre Deregulierung im US-Luftverkehr – eine Zwischenbilanz, in: ORDO – Jahrbuch für die Ordnung von Wirtschaft und Gesellschaft, Bd. 49, S. 419–464.
- Morrison, S.A. / Winston, C. (1995), The Evolution of the Airline Industry, Washington D.C.

Das Urteil des Europäischen Gerichtshofes zur Zulässigkeit bilateraler Open-Skies-Abkommen ist ausführlich kommentiert bei

- Abeyratne, R. (2003), The Decision of the European Court of Justice on Open Skies and Competition Cases, in: World Competition, Vol. 26, No. 3, S. 335–362.

Die ökonomischen Auswirkungen einer wettbewerblichen Öffnung des transatlantischen Marktes sind unter anderem diskutiert in

- Brattle Group (2002), The Economic Impact of an EU-US Open Aviation Area, London, Washington D.C.
- InterVISTAS (2006), The Economic Impact of Air Service Liberalization, o. E.
- Fichert, F. / Hüschelrath, K. (2008), Air transport: Economic Effects of a further Transatlantic Liberalisation, in: Bazart, C. / Böheim, M. (Hrsg.), Network Industries between Competition and Regulation, Berlin, S. 155–172.

Die Regelungen des Open-Skies-Abkommens zwischen der EU und den USA sind dargestellt und kommentiert in

- Bentzien, J. (2007), Das Luftverkehrsabkommen zwischen der EG und ihren Mitgliedstaaten und den USA vom 30. April 2007, in: ZLW, H. 4, S. 587–609.

- Fritzsche, S. (2007), Das europäische Luftverkehrsrecht und die Liberalisierung des transatlantischen Luftverkehrsmarkts, Berlin.

Zahlreiche Fragen der speziellen Wettbewerbspolitik auf Luftverkehrsmärkten sind behandelt in:

- Lee, D. (Hrsg.) (2006), Competition Policy and Antitrust, Advances in Airline Economics, Vol. 1, Amsterdam et al.

Zu den wettbewerbspolitischen Aspekten des Codesharing siehe:

- European Competition Authorities (o. J.), Code-sharing agreements in scheduled passenger air transport, o. E.
- Brueckner, J. K. (2001), The economics of international codesharing: an analysis of airline alliances, in: International Journal of Industrial Organization, Vol. 19, S. 1475–1498.

Die speziellen Aspekte von Kampfpreisunterbietungen im Luftverkehr thematisieren:

- Forsyth, P., et al. (Hrsg.) (2005), Competition versus Predation in Aviation Markets, Aldershot.
- Fichert, F. (2002), Predatory Behaviour in Air Transport Markets: A Perpetual Challenge to Competition Policy?, in: Esser, C. / Stierle, M. H. (Hrsg.), Current Issues in Competition Theory and Policy, Berlin, S. 261–275.

Kapitel IV Luftverkehr und Umweltschutz

1	**Grundlagen**	70
2	**Fluglärm**	72
	2.1 Lärmdefinition, Ausmaß der Belastung und Lärmursachen	72
	2.2 Passiver Schallschutz	75
	2.3 Aktiver Schallschutz	75
	2.3.1 Ordnungsrechtliche Instrumente	75
	2.3.2 Finanzielle Anreize	78
3	**Lokale Schadstoffbelastungen**	80
4	**Globale Klimawirkungen**	82
	4.1 Beitrag des Luftverkehrs zur globalen Klimaveränderung	82
	4.2 Umweltbelastungen der Verkehrsträger im Vergleich	84
	4.3 Kerosinbesteuerung und andere Steuern auf den Luftverkehr	86
	4.4 Emissionsrechtehandel im Luftverkehr	88
5	**Betriebliches Umweltmanagement**	90
	5.1 Ziele des betrieblichen Umweltmanagements	90
	5.2 Instrumente des betrieblichen Umweltmanagements	91
6	**Kommentierte Literatur- und Quellenhinweise**	92

1 Grundlagen

Mit dem (zivilen) Luftverkehr sind vielfältige Belastungen der Umwelt verbunden. Dabei lassen sich die Umweltbelastungen zum einen anhand der jeweils betroffenen **Umweltmedien** (Luft, Boden, Wasser) unterscheiden. Zum anderen ist von Bedeutung, ob die Umweltbelastungen bei der Herstellung, beim Betrieb oder bei der Entsorgung von Flugzeugen, Infrastruktur oder Betriebsmitteln auftreten (so genannte **Lebenszyklusbetrachtung**).

Generell spielen bei der Analyse von Umweltproblemen Emissionen, Immissionen und Schäden eine Rolle. Als **Emission** wird die von einer bestimmten Quelle ausgehende Menge an Stoffen, Strahlen oder Schallwellen bezeichnet. Wirken diese Emissionen auf Menschen, die belebte oder unbelebte Natur und/oder Gebäude ein, so spricht man von **Immissionen**. Diese Immissionen wiederum können bei Lebewesen, Gebäuden oder der unbelebten Natur zu **Schäden** führen.

In diesem Kapitel liegt der Schwerpunkt der Darstellung auf den Umweltbelastungen, die während des Flugbetriebes entstehen. Dabei kann weiter zwischen regulär auftretenden Belastungen sowie Belastungen in Ausnahmesituationen unterschieden werden. Als reguläre Belastungen sind insbesondere der Fluglärm sowie die gasförmigen Emissionen bedeutsam. Bei den gasförmigen Emissionen spielen einerseits Schadstoffe und andererseits Klimagase eine Rolle. Schadstoffe können in der unmittelbaren Umgebung von Flughäfen zu Umweltschäden führen, Klimagase tragen zur Erwärmung der Erdatmosphäre bei (anthropogener Treibhauseffekt). Als (potenzielle) Umweltbelastung in Ausnahmefällen wird in der Öffentlichkeit immer wieder über das so genannte fuel dumping, d. h. das Ablassen von Treibstoff bei bestimmten außerplanmäßigen Landungen diskutiert.

Des Weiteren sind die Umweltbelastungen von Bedeutung, die mit der Bereitstellung der Infrastruktur verbunden sind. Insbesondere führt der Bau von Flughäfen und der verbundenen Einrichtungen zu einer erheblichen Versiegelung von Flächen. Allerdings ist auch darauf hinzuweisen, dass der Flächenverbrauch des Luftverkehrs relativ gering ist, wenn man ihn ins Verhältnis zur Verkehrsleistung setzt und mit dem Flächenverbrauch anderer Verkehrsträger vergleicht. Beim Betrieb von Flughäfen wird unter anderem Energie verbraucht und es entstehen Abfälle sowie große Mengen Abwasser.

Als **induzierte Umweltbelastungen** können diejenigen Emissionen bezeichnet werden, die im Zusammenhang mit dem Angebot und der Nutzung von Luftverkehrsleistungen entstehen. Von besonderer Bedeutung sind hierbei die Emissionen, die auf den Wegen entstehen, die von Passagieren und Mitarbeitern von und zum Flughafen zurückgelegt werden (induzierter bodengebundener Verkehr). Abbildung 4.1 zeigt die luftverkehrsbedingten Umweltbelastungen im Überblick.

1 Grundlagen

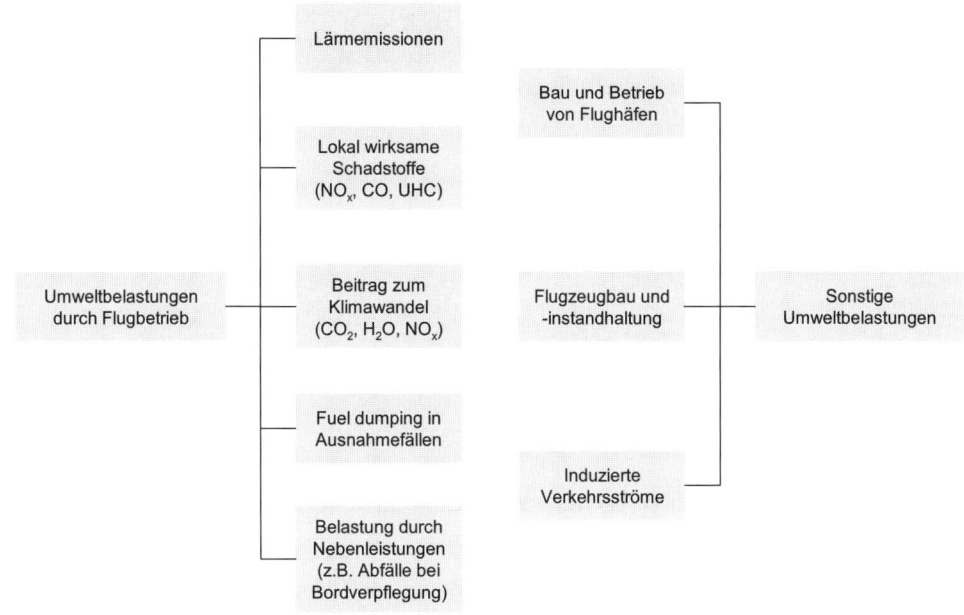

Abbildung 4.1: Wesentliche luftverkehrsbedingte Umweltbelastungen im Überblick

Aus ökonomischer Perspektive kann das Auftreten (luft-)verkehrsbedingter Umweltbelastungen geeignet mithilfe des Konzepts der **externen Effekte** beschrieben werden. Als externer Effekt werden die unmittelbaren Auswirkungen der Aktivität einer Wirtschaftseinheit auf eine andere Wirtschaftseinheit bezeichnet, die nicht über den Markt gehen und daher nicht in die Wirtschaftsrechnungen der jeweiligen (technischen) Verursacher eingehen. Externe Effekte können grundsätzlich sowohl positiver als auch negativer Art sein. Bei positiven externen Effekten spricht man von externem Nutzen, bei negativen externen Effekten von **externen Kosten**. Beispiele für Aktivitäten mit externem Nutzen sind generell selten, ein häufig genutztes Beispiel ist die Grundlagenforschung. Im Luftverkehr kann allenfalls der Betrieb historischer Flugzeuge, z. B. der JU 52, hierzu gezählt werden.

Die luftverkehrsbedingten Umweltbelastungen gehören zur Gruppe der **externen Kosten**. Externe Kosten führen letztlich dazu, dass der Anbieter Preise fordert, die nicht zu einer Deckung der volkswirtschaftlichen Gesamtkosten ausreichen. Das Gut, bei dessen Herstellung externe Kosten entstehen, wird folglich aus gesamtwirtschaftlicher Perspektive „zu billig" angeboten und deshalb in zu großer Menge produziert (Fehlallokation volkswirtschaftlicher Ressourcen). Dabei ist mit externen Effekten stets auch ein Verteilungsproblem verbunden, da eine Verringerung der externen Effekte zwar die Position der Geschädigten verbessert, die der Emittenten (und ggf. der Nachfrager der von ihnen angebotenen Güter) hingegen verschlechtert.

Die **staatliche Umweltpolitik** setzt eine Reihe von Instrumenten ein, mit denen das Ausmaß externer Kosten reduziert werden soll. Grundsätzlich kann dabei zwischen Auflagen, finanziellen Anreizen und umweltpolitischen Mengenlösungen unterschieden werden. Für die Umweltschutzpolitik im zivilen Luftverkehr sind mittlerweile alle Instrumentengruppen relevant. Sie werden im Folgenden jeweils im Zusammenhang mit den einzelnen Umweltbelastungen am konkreten Beispiel erläutert.

2 Fluglärm

2.1 Lärmdefinition, Ausmaß der Belastung und Lärmursachen

Lärm kann allgemein als „unerwünschter Schall" bezeichnet werden. DIN 1320 definiert Lärm als „Hörschall ..., der die Stille oder eine gewollte Schallaufnahme stört oder zu Belästigungen oder Gesundheitsstörungen führt".

Die Gesamtimmission resultiert bei den von Fluglärm betroffenen Menschen aus der Aufnahme einer Vielzahl von Einzelschallereignissen unterschiedlicher Lautstärke und Dauer. Zur Beschreibung der Lärmbelastung wird üblicherweise der Schalldruckpegel genutzt, der in der Einheit **Dezibel** (db) angegeben wird. Dabei ist die Größe Dezibel logarithmisch definiert, was dazu führt, dass beispielsweise ein Geräusch von 73 db als doppelt so laut empfunden wird wie ein Geräusch von 70 db. Um unterschiedliche Frequenzen, die das Lautstärkeempfinden der Menschen beeinflussen, vergleichbar zu machen, wird dem Schallpegel ein so genannter Frequenzfilter vorgeschaltet. Am gebräuchlichsten ist der A-Frequenzfilter, der zu der Größe db(A) führt. In anderen Staaten sind die für den Fluglärm relevanten Lärmmaße teilweise unterschiedlich definiert, beispielsweise wird international oftmals die Einheit EPNdb (Effective perceived noise level) verwendet.

Zur Aggregation von Einzelschallereignissen, die innerhalb eines bestimmten Zeitraums auftreten, existiert eine Vielzahl von Aggregationsmaßen. Beispielsweise definiert das deutsche Fluglärmgesetz einen **äquivalenten Dauerschallpegel** L_{Aeq}. Generell ist zu beachten, dass der Zeitpunkt des Lärmereignisses für die betroffenen Menschen von erheblicher Bedeutung ist. Insbesondere nächtlicher Lärm wird von Flughafenanwohnern als besonders störend empfunden, sodass beispielsweise für die Zwecke des deutschen Fluglärmgesetzes getrennte Dauerschallpegel für den Tag und für die Nacht berechnet werden.

2 Fluglärm

Die **Belastung** der Menschen durch Fluglärm lässt sich auf vielfältige Weise darstellen. Einerseits kann angegeben werden, wie viele Menschen in Gebieten wohnen, in denen der Dauerschallpegel einen bestimmten Mindestwert erreicht oder in denen eine festgelegte Zahl von Einzelschallereignissen eine bestimmte Lautstärke überschreiten („Lärmzonen"). Generell ist bei der Analyse von Lärmdaten zu beachten, dass die dominierende Start- und Landerichtung unter anderem witterungsbedingt wechseln kann, sodass sich bei einer monats- oder gar wochenbezogenen Darstellung erhebliche Schwankungen der Lärmwerte ergeben können.

Andererseits kann durch Befragungen erhoben werden, wie viele Menschen sich durch Fluglärm gestört fühlen. Abbildung 4.2, die auf einer repräsentativen Befragung im Auftrag des Umweltbundesamtes basiert, zeigt, dass immerhin 5 % der deutschen Bevölkerung sich stark oder sogar äußerst stark durch Fluglärm gestört bzw. belästigt fühlen, wobei der militärische Fluglärm hierbei mit enthalten ist.

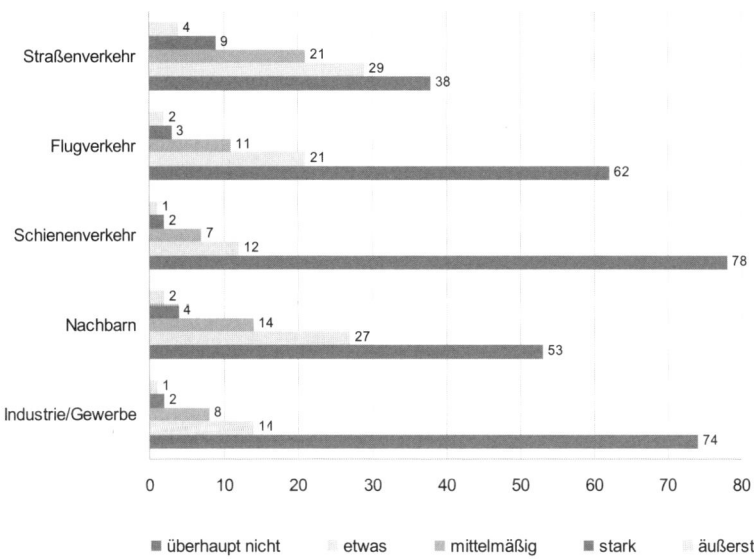

Abbildung 4.2: Ausmaß der Störung bzw. Belästigung durch Lärm in Deutschland (2006)[25]

Die Fluglärmproblematik ist ein häufig genutztes Anwendungsgebiet für die **monetäre Bewertung** von Umweltschäden. Zu den häufig genutzten Methoden gehören zum einen Befragungen, in denen die Anwohner ihre (hypothetische) Zahlungsbereitschaft für eine Lärmminderung („willingness to pay") oder ihre Ausgleichsforderung für die Akzeptanz einer weiteren Lärmzunahme („willingness to sell") angeben sollen (direkte Schadensmessung). Zum anderen werden bei so genannten hedonischen Ansätzen die Miet- oder Immobilienpreise in

---

[25] Datenquelle: Umweltbundesamt, Umweltbewusstsein in Deutschland 2006.

Gebieten mit unterschiedlich hoher Lärmbelastung verglichen, um so das Gesamtausmaß des lärmbedingten Schadens zu bestimmen (indirekte Schadensmessung). Allerdings weisen alle genannten Methoden charakteristische Nachteile auf und die Studien zur Schadenshöhe kommen nicht selten zu stark divergierenden Ergebnissen.

Die Hauptursache der Fluglärmproblematik sind die Schallemissionen, die von Flugzeugen während Start, Landung und Überflug ausgehen. Für bestimmte Anwohner kommen Lärmemissionen hinzu, die durch Rollbewegungen, Triebwerksproberäufe oder den bodengebundenen Verkehr auf dem Flughafen entstehen. Im Folgenden geht es allein um die während des Fluges entstehenden Schallemissionen.

An erster Stelle zu nennen ist der eigentliche **Triebwerkslärm**, der seit der ersten Generation der Düsenmaschinen durch technische Entwicklungen erheblich reduziert werden konnte. Auch das Gebläse im Triebwerk (fan) trägt zum Triebwerkslärm bei. Eine zweite Lärmquelle ist der **aerodynamische Lärm**, der z. B. durch Luftwirbel an Tragflächen und Fahrwerk hervorgerufen wird.

Die Lärmemissionen, die von Verkehrsflugzeugen beim Start oder bei der Landung ausgehen, lassen sich anschaulich mithilfe so genannter Lärmteppiche oder **noise footprints** darstellen. Ein noise footprint beschreibt die Fläche, innerhalb derer ein bestimmter Lärmpegel erreicht oder überschritten wird. Anhand der noise footprints lässt sich der technische Fortschritt bei der Lärmminderung veranschaulichen. So beträgt die Fläche, innerhalb derer beim Start einer Maschine mindestens eine Lautstärke von 85 db(A) erreicht wird, bei einer Boeing 727-200 rund 14,25 km², bei einem Airbus A 320, der eine ähnliche Passagierkapazität aufweist, hingegen nur rund 1,5 km².

Aus der Sicht vieler Flughafenanwohner hat die im Durchschnitt geringere Lautstärke der Einzelschallereignisse jedoch nicht zu einem Rückgang der Lärmbelastung geführt, wenn sie durch eine zunehmende Zahl der Einzelschallereignisse, d. h. der Zahl der Flugbewegungen, „überkompensiert" wurde. Bei einer Abschätzung der zukünftigen Fluglärmbelastung ist zu berücksichtigen, dass speziell in den 1990er Jahren die durchschnittlichen Lärmemissionen pro Flugbewegung aufgrund der hohen Unterschiede zwischen den Emissionswerten „alter" und „neuer" Maschinen besonders deutlich reduziert werden konnten. Zwar verursachen auch aktuell die jeweils modernsten Maschinen geringere Lärmemissionen als ältere Baumuster, die absoluten Unterschiede sind jedoch weniger stark ausgeprägt als in der Vergangenheit, sodass zu befürchten ist, dass bei weiterhin steigender Bewegungszahl die Lärmproblematik an zahlreichen Flughäfen in den kommenden Jahren eher zu- als abnehmen wird.

Lärmbelastungen lassen sich entweder durch aktiven oder durch passiven Schallschutz reduzieren. Als aktiver Lärmschutz wird die Verringerung der Lärmemissionen bezeichnet, passiver Schallschutz bedeutet eine Verringerung der Immissionen bei unveränderten Emissionen.

2.2 Passiver Schallschutz

Für passiven Schallschutz existieren zwei grundsätzliche Optionen. Einerseits können aktuelle oder zukünftige Fluglärmbelastungsgebiete von Besiedlung freigehalten werden (vorausschauende Siedlungsplanung). Das deutsche Gesetz zum Schutz gegen Fluglärm (Fluglärmgesetz) sieht innerhalb der so genannten **Lärmschutzbereiche** solche Baubeschränkungen vor. Konkret dürfen innerhalb der Tag-Schutzzone 1 und der Nacht-Schutzzone keine Wohnungen gebaut werden. Innerhalb des gesamten Lärmschutzbereichs, d. h. einschließlich der Tag-Schutzzone 2, ist die Errichtung schutzbedürftiger Einrichtungen (z. B. Krankenhäuser, Altenheime) untersagt.

Andererseits ist es möglich, die Menschen, die in der Umgebung von Flughäfen wohnen durch bauliche Maßnahmen vor Fluglärm zu schützen. Konkrete Beispiele sind Schallschutzfenster, die mittlerweile mit besonderen Lüftungssystemen versehen werden können. Dennoch sind die Einsatzbereiche baulicher Schallschutzmaßnahmen limitiert, da sie lediglich die Lärmbelastung in Innenräumen reduzieren.

Das Fluglärmgesetz sieht vor, dass die Eigentümer von Grundstücken in den Schutzzonen Anspruch auf eine Erstattung von Aufwendungen für bauliche Schallschutzmaßnahmen haben. Zusätzlich können die Grundstückseigentümer unter bestimmten Voraussetzungen eine Entschädigung für die Beeinträchtigung des Außenwohnbereichs verlangen. Geleistet werden müssen diese Erstattungen und Entschädigungen vom Flugplatzhalter.

Generell sind die Grenzwerte des Fluglärmgesetzes differenziert zwischen einerseits zivilen und militärischen Flughäfen und andererseits zwischen bestehenden und neuen bzw. wesentlich baulich erweiterten Flughäfen. Dabei sind die Grenzwerte für neue Flughäfen strenger als für bestehende und für zivile Flughäfen strenger als für militärische.

2.3 Aktiver Schallschutz

2.3.1 Ordnungsrechtliche Instrumente

In der Praxis kommen vielfältige ordnungsrechtliche Instrumente zur Lärmreduzierung zum Einsatz. Zu unterscheiden sind dabei insbesondere Vorgaben für die Flugzeugproduzenten, Vorgaben für die Flottenpolitik von Luftverkehrsgesellschaften sowie flugbetriebliche Vorgaben.

Die maximal zulässigen **Lärmemissionen für Flugzeugbaumuster** sind in Band I des Anhangs (Annex) 16 zum Chicagoer Abkommen festgeschrieben. Die einzelnen Grenzwerte für Maschinen, die im gewerblichen Luftverkehr eingesetzt werden, sind in den Kapiteln (Chapter) 2, 3 und 4 enthalten.[26] Sie gelten jeweils für neu zuzulassende Flugzeugbaumuster. Die Lärmemissionen werden im Rahmen eines standardisierten Verfahrens für zwei Messpunkte für den Startlärm und einen Messpunkt für den Landelärm ermittelt.

Generell gilt für die Lärmemissionsnormen, dass die zulässigen Lärmemissionen umso höher sind, je größer das maximal zulässige Startgewicht (Maximum Take-Off Weight – MTOW) eines Flugzeuges ist.[27] Allerdings existiert ein Maximalwert, sodass beispielsweise der Airbus A 380 dieselben Lärmnormen einhalten muss wie eine leichtere Boeing 747. Abbildung 4.3 zeigt exemplarisch die maximal zulässigen Lärmemissionen für den Landelärm gemäß Annex 16, Chapter 3.

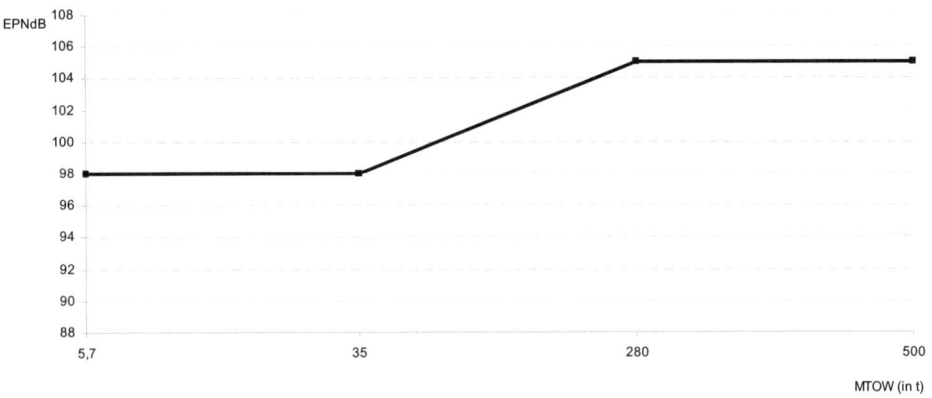

Abbildung 4.3 Zulässige Lärmemissionen bei der Landung gemäß Annex 16, Chapter 3

Die Lärmschutznormen des Chapter 2 gelten für Flugzeugbaumuster, deren Musterzulassung in den frühen 1970er Jahren erfolgte.[28] Beispiele für Chapter 2 Flugzeuge sind die Boeing 727 und die Douglas DC 8. Mittlerweile sind nur noch sehr wenige Flugzeuge dieser Baumuster im Einsatz, nahezu ausschließlich in Entwicklungs- und Schwellenländern.

Die strengeren Normen des Kapitels 3 galten für alle Flugzeuge mit einer Musterzulassung nach dem 6. Oktober 1977. Seit dem 1. Januar 2006 sind die wiederum verschärften Normen des Kapitels 4 in Kraft. Da mit der Festlegung der Kapitel 4 Normen lediglich die technische Entwicklung (teilweise) nachvollzogen wurde, erfüllen zahlreiche der heute im Einsatz befindlichen Flugzeuge bereits die Kapitel 4 Normen, obwohl sie ursprünglich nach Kapitel 3 zugelassen wurden. Kapitel 4 schreibt vor, dass die Summe der Lärmemissionen an den drei Messpunkten mindestens um 10 db unter den zulässigen Grenzwerten gemäß Kapitel 3 lie-

---

[26] In den anderen Kapiteln sind unter anderem Lärmnormen für kleinere Flugzeuge und Helikopter enthalten.

[27] Teilweise erfolgt darüber hinaus eine Differenzierung gemäß der Triebwerkszahl.

[28] Flugzeugbaumuster, die in den 1960er Jahren musterzugelassen wurden und nicht einmal die Chapter 2 Normen erfüllen, werden als Non Annex 16-Maschinen bezeichnet. Hierzu gehört beispielsweise die Boeing 707.

gen muss. Damit beinhalten die Kapitel 4 Normen eine höhere Flexibilität als die Normen gemäß Kapitel 3.

Der Vorteil international vereinbarter Zulassungsnormen besteht darin, dass sie einheitliche Grundlagen für den weltweiten Luftverkehr darstellen. Allerdings bringt es der Prozess der multilateralen Regelsetzung mit sich, dass die Staaten ihre individuellen Interessen in den Entscheidungsfindungsprozess mit einbringen. Beispielsweise wurde die Verschärfung der Kapitel 3 Normen mehrere Jahre lang von Staaten gehemmt, deren Fluggesellschaften Maschinen mit relativ hohem Durchschnittsalter betrieben und die befürchteten, dass nach der Festlegung der Kapitel 4 Normen Restriktionen für älteres Kapitel 3 Gerät in Kraft gesetzt werden.

Auf der Basis der Zulassungsgrenzwerte wurden in zahlreichen Wirtschaftsregionen Vorschriften für die Flottenpolitik von Fluggesellschaften erlassen. So hat die Europäische Gemeinschaft für die einheimischen Fluggesellschaften zunächst eine so genannte „**Non-addition-rule**" formuliert, nach der es ab einem bestimmten Stichtag nicht mehr zulässig war, Flugzeuge die lediglich die Kapitel 2 Normen erfüllten, neu in die Flotte aufzunehmen. Einige Jahre später folgte eine „**Phase-out-rule**", d. h. den Unternehmen war es nicht mehr gestattet, die entsprechenden Flugzeuge zu betreiben.

Während sich Non-addition- und Phase-out-Vorschriften allein auf die Flotten der inländischen Gesellschaften beziehen, gelten **Betriebsbeschränkungen** auf Flughäfen für alle Airlines, die ein bestimmtes Land bzw. einen bestimmten Flughafen anfliegen. Konkret besteht in der EU für Maschinen mit Kapitel 2 Zulassung ein generelles Betriebsverbot, für das jedoch einige Ausnahmen gelten (z. B. Maschinen aus bestimmten Entwicklungsländern).

Flughafenspezifische Betriebsbeschränkungen sind insbesondere für Nachtzeiten festgelegt. Konkret kann der Flughafen während der Nachtstunden entweder komplett geschlossen werden, lediglich eine bestimmte Zahl von Bewegungen zulassen[29] oder für bestimmte, besonders laute Baumuster ein Start- bzw. Landeverbot erlassen. Für die Airlines bedeuten diese Regelungen eine zusätzliche Restriktion für ihre Flotteneinsatzplanung. Teilweise existieren dabei Sonderregelungen für Gesellschaften, die auf einem Flughafen ihre Basis haben (so genannte Home Carrier Regelungen) und die deshalb auch zu Zeiten starten und/oder landen dürfen, zu denen dies für andere Gesellschaften nicht zulässig ist.

Ebenfalls flughafenspezifisch werden betriebliche Vorgaben festgelegt, beispielsweise bestimmte lärmmindernde Anflug- und Startverfahren sowie so genannte Minimum Noise Routings, also eine Streckenführung, die mit dem Ziel einer Minimierung der Lärmbelastungen vorgenommen wird.

---

[29] Eine Sondersituation gab es über viele Jahre am Flughafen Düsseldorf, wo aus Lärmschutzgründen die Gesamtzahl der Bewegungen begrenzt war (so genanntes Bewegungskontingent).

> **Die Hushkit Kontroverse**
>
> Mitunter führt die Lärmschutzpolitik zu internationalen Konflikten. Durch eine Nachrüstung mit Schalldämpfern (so genannten Hushkits) können bestimmte Kapitel 2 Maschinen die Zulassungsgrenzwerte gemäß Kapitel 3 knapp erfüllen. Insbesondere US-amerikanische Fluggesellschaften haben von dieser vergleichsweise kostengünstigen Möglichkeit zur Erfüllung der verschärften Lärmschutznormen Gebrauch gemacht.
>
> Im Jahr 1999 wurde eine Europäische Verordnung (925/1999) erlassen, die unter anderem den Einsatz von nachgerüsteten Maschinen aus Drittstaaten auf europäischen Flughäfen einschränkte und für europäische Airlines eine Non-addition-rule vorsah. Dies führte zu einem längeren Konflikt mit der US-amerikanischen Regierung, die hierin eine ungerechtfertigte Benachteiligung der US-amerikanischen Luftverkehrsgesellschaften sowie der Hersteller von Hushkits sah. Schließlich hat die EU die Verordnung zurückgezogen.

2.3.2 Finanzielle Anreize

Die Fluglärmbekämpfung gehört zu den Bereichen, in denen bereits sehr frühzeitig finanzielle Anreize in den Dienst des Umweltschutzes gestellt wurden. Bereits im Jahr 1976 hat der Flughafen Düsseldorf entsprechende Instrumente eingesetzt.

Die „klassische" Form des finanziellen Anreizes ist die Differenzierung der **Start- bzw. Landeentgelte** gemäß der jeweiligen Lärmzertifizierung. Beispielsweise kann für den Start bzw. die Landung eines Flugzeuges mit einer Zertifizierung gemäß Kapitel 3 ein geringerer Betrag je Tonne Maximum Take-Off Weight (MTOW)[30] verlangt werden als für ein Flugzeug mit einer Zertifizierung gemäß Kapitel 2. Dieser Form der finanziellen Anreize ist weltweit nach wie vor weit verbreitet und kommt auch noch auf einigen deutschen Flughäfen zum Einsatz. Da seit Mitte der 1990er Jahre die meisten der auf deutschen Flughäfen eingesetzten Flugzeuge die Kapitel 3 Normen erfüllen, hat das Bundesverkehrsministerium eine so genannte **Bonusliste** erstellt, auf der die relativ lärmarmen Kapitel 3 Maschinen aufgeführt sind. Viele Flughäfen haben daraufhin in ihren Entgeltordnungen zwischen Bonuslisten- und Nicht-Bonuslisten-Flugzeugen unterschieden.

Die Differenzierung der gewichtsbezogenen Flughafenentgelte ist eine vergleichsweise grobe Form der Setzung ökonomischer Anreize. Zudem stimmen die unter Musterbedingungen gemessenen Lärmemissionen gemäß ICAO-Zertifizierungsverfahren nicht immer mit den konkreten Gegebenheiten vor Ort überein. Einige Flughäfen sind daher dazu übergegangen, ein **Lärmentgelt** auf der Basis der tatsächlichen Lärmemissionen zu erheben. Dabei kann es sich entweder um ein Entgelt für Flugzeuge einer bestimmten Lärmklasse oder sogar um einen durchgehenden Tarif handeln. Bei der Festlegung der Entgeltsätze ist die logarithmische Definition der Größe Dezibel zu berücksichtigen, d. h. es sollte kein linearer, sondern ein progressiver Tarif gewählt werden. Tabelle 4.1 zeigt die Höhe der Lärmentgelte am Bei-

---

[30] Das so genannte fixe Entgelt, das auf der Basis des MTOW erhoben wird, ist ein Bestandteil der Entgeltordnungen auf fast allen Flughäfen. Vgl. hierzu ausführlich Kapitel VIII.

spiel des Flughafens Frankfurt/Main (Stand 2008). Dort werden die Flugzeugtypen auf der Basis flughafenspezifischer Messwerte in acht Lärmkategorien eingeteilt. Zusätzlich werden lärmbezogene Entgelte für Bewegungen während der Nacht erhoben.

Tabelle 4.1: Lärmentgelte am Flughafen Frankfurt/M. (2008) für Flugzeuge mit Zulassung gemäß Kapitel 3 oder 4

Kategorie	Lärmwert	Beispiel	Lärmentgelt / Bewegung (€)	Zusätzliches Lärmentgelt Nachtrandzeit (22.00-22.59 & 5.00-5.59) (€/Bewegung)	Zusätzliches Lärmentgelt Nachtkernzeit (€/Bewegung)
0	68,9 db(A)	B 737-600, CRJ9, Avro RJ	0,00	35,00	43,75
1	69,0 – 71,9 db(A)	A318, A319, A 320, B 757-300	12,00	35,00	43,75
2	72,0 – 74,9 db(A)	A300, B737-300, B767	31,00	90,00	112,50
3	75,0 – 77,9 db(A)	A340-600, B777, L1011 Tristar, IL96	75,00	170,00	212,50
4	78,0 – 80,9 db(A)	B747-400, DC 10, TU 154 M	270,00	310,00	387,50
5	81,0 – 83,9 db(A)	B747-200, B727 Hushkit	610,00	1.250,00	1.562,50
6	84,0 – 86,9 db(A)		6.750,00	13.500,00	16.875,00
7	über 87 db(A)	AN 124, IL 76	14.250,00	28.500,00	35.625,00

Generell ist bei der Analyse von Lärmentgelten zu berücksichtigen, dass die Flughäfen einer Entgeltregulierung unterliegen, die de facto zu einer „Deckelung" der Gesamteinnahmen führt (vgl. hierzu Kapitel VIII). Unter sonst gleichen Umständen hat somit eine Erhöhung der Lärmentgelte zur Folge, dass andere Entgeltbestandteile gesenkt werden (müssen) (**Aufkommensneutralität**). Allerdings führen zusätzliche Ausgaben des Flughafens, z. B. für die oben angesprochenen Ausgleichs- und Erstattungsleistungen, zu zusätzlichen Kosten und damit zu einer Erhöhung der Durchschnittsentgelte. Teilweise werden hierfür spezielle **Finanzierungsabgaben** eingeführt. Beispielsweise wurde in Frankfurt vorübergehend ein spezielles Schallschutzentgelt erhoben, das 0,50 €/Passagier und zwischen 5,00 und 1.000 € pro Bewegung betrug und der Finanzierung von Lärmschutzmaßnahmen diente.

Aus der Sicht der Airlines bestehen zwei **Reaktionsmöglichkeiten** auf die finanziellen Anreize durch die Flughafenentgelte. Kurzfristig bietet es sich an, bei der Flotteneinsatzplanung die unterschiedlichen Anreizsysteme auf den einzelnen Flughäfen zu berücksichtigen. Innerhalb der bestehenden Flotte würden die besonders lärmarmen Maschinen auf den Flughäfen eingesetzt, auf denen die finanziellen Anreize besonders ausgeprägt sind. Je mehr Flughäfen finanzielle Anreize zum Einsatz lärmarmer Flugzeuge setzen, umso größer sind die monetären Vorteile einer Flottenmodernisierung, sodass auch die Flugzeugproduzenten veranlasst werden, gezielt nach Möglichkeiten der weiteren Lärmreduktion zu forschen.

3 Lokale Schadstoffbelastungen

Bei der Verbrennung des Flugzeugtreibstoffs Kerosin entstehen neben den beiden Hauptverbrennungsprodukten Kohlendioxid (CO_2) und Wasser (H_2O) eine Reihe von Nebenprodukten, die in der Umgebung von Flughäfen schädliche Wirkungen haben können. Konkret geht es hierbei insbesondere um Stickoxide (NO_x), Kohlenmonoxid (CO), Ruß (reiner Kohlenstoff) und unverbrannte Kohlenwasserstoffe (Unburned Hydrocarbons - UHC). Diese Stoffe sind teilweise unmittelbar schädlich, teilweise tragen sie zur Bildung anderer schädlicher Stoffe bei. Beispielsweise gelten Stickoxide und unverbrannte Kohlenwasserstoffe als Vorläufersubstanzen für den so genannten Sommersmog.

Die Emissionen der unterschiedlichen Schadstoffe sind von vielfältigen Faktoren abhängig, insbesondere der jeweiligem Triebwerkstechnik und dem Belastungszustand. Als Mittelwerte für die einzelnen Schadstoffemissionen werden pro Tonne verbrannten Kerosins die folgenden Werte angegeben: NO_x: 6 – 20 kg, CO: 0,7 – 2,5 kg, UHC: 0,1 – 0,7 kg, Ruß: 0,01 – 0,5 kg. Darüber hinaus treten Schwefeldioxidemissionen (SO_2) auf, diese sind abhängig vom jeweiligen Schwefelgehalt des Treibstoffes und betragen im Durchschnitt 1 kg je Tonne verbrannten Treibstoffs.

> **Fuel dumping – ein oftmals überschätztes Problem**
>
> Als „fuel dumping" wird das Ablassen von Treibstoffen zum Erreichen des höchstzulässigen Landegewichts in Notfällen bezeichnet („Treibstoffschnellablass"). Ein solcher Treibstoffschnellablass ist nur bei bestimmten Flugzeugtypen (Langstreckenmaschinen) erforderlich, wenn ein Flug aufgrund von technischen Problemen oder der Erkrankung eines Passagiers frühzeitig abgebrochen werden muss. Fuel dumping erfolgt nach Möglichkeit in relativ großen Höhen und über Gebieten mit geringer Besiedelungsdichte. Umweltbelastungen am Boden konnten bislang nicht nachgewiesen werden, da der Treibstoff auf dem Weg zur Erdoberfläche weiträumig verteilt wird und verdunstet.
>
> Entgegen eines weit verbreiteten Vorurteils ist fuel dumping sehr selten. Im Jahr 2007 gab es beispielsweise bei der Deutschen Lufthansa auf den rund 745.000 Flügen nur 27 fuel dumps, bei denen insgesamt 1.010 Tonnen Kerosin abgelassen wurden.

3 Lokale Schadstoffbelastungen

Die Emissionen der genannten Schadstoffe sind von den jeweiligen Belastungszuständen der Triebwerke abhängig. Dabei lässt sich ein Flug idealisiert in mehrere Betriebszustände zerlegen, in denen die jeweiligen Schadstoffe in unterschiedlicher Menge emittiert werden. Für die Belastung des Flughafengeländes und der unmittelbaren Flughafenumgebung sind dabei primär die bodennahen Emissionen von Bedeutung. Für den so genannten Start-/Lande-Zyklus (Landing and Take-Off – LTO-Zyklus) hat die ICAO **Grenzwerte** für neue Flugzeugbaumuster festgelegt, die in Band II des Annex 16 zum Chicagoer Abkommen enthalten sind. Die ersten Grenzwerte wurden im Jahr 1981 erlassen, seitdem wurden die Grenzwerte zweimal verschärft.

Betriebszustände während des LTO-Zyklus
- „Taxi-Out" (Rollen von der Flugzeugabstellposition zum Startablaufpunkt)
- „Take-Off" (Beschleunigen auf der Startbahn bis zum Abheben)
- „Climb-out" (Flug bis zu einer Höhe von ca. 1.500 ft/457 m)
- „Approach" (Landeanflug ab einer Höhe von 2.500 ft/762 m bis zum Aufsetzen auf der Landebahn)
- „Landing" (Aufsetzen und Ausrollen auf der Landebahn)
- „Taxi-In" (Rollen vom Ende der Landebahn bis zur Abstellposition)

Im Unterschied zur Bekämpfung der Lärmemissionen sind finanzielle Anreizinstrumente zur Begrenzung der lokal wirksamen Schadstoffbelastung noch wenig verbreitet. Ein „Pionier" ist der Flughafen Zürich, wo eine entsprechende **Emissionsabgabe** bereits im Jahr 1997 eingeführt wurde. Seit dem Jahr 2008 werden versuchsweise auf drei deutschen Flughäfen (Frankfurt, München und Köln/Bonn) emissionsabhängige Entgelte erhoben. In Frankfurt beträgt der Abgabensatz im Jahr 2008 3,00 Euro je kg Stickoxidemissionen.

Die Luftqualität auf dem Flughafengelände und in der Flughafenumgebung wird nicht allein durch die Emissionen der Flugzeuge belastet. Hinzu kommen Emissionen stationärer und mobiler Quellen auf dem Flughafengelände. Darüber hinaus liegen Flughäfen in der Regel in Ballungsregionen, in denen Verkehr, Haushalte und Industrie mit ihren jeweiligen Emissionen zur Gesamtbelastung beitragen. Ein besonders anschauliches Beispiel ist der Frankfurter Rhein-Main Flughafen, der in unmittelbarer Nähe eines der am stärksten frequentierten Autobahnkreuze Deutschlands liegt. Die Emissionen auf den angrenzenden Autobahnen sind tendenziell höher als die auf dem Flughafengelände.

4 Globale Klimawirkungen

4.1 Beitrag des Luftverkehrs zur globalen Klimaveränderung

Der globale Klimawandel wird seit Mitte der 1990er Jahre zunehmend als Umweltproblem von erheblichem Ausmaß wahrgenommen. Durch die Emission bestimmter Spurengase trägt die Menschheit dazu bei, dass die Durchschnittstemperatur der Erde tendenziell steigt. Hiermit sind vielfältige Gefahren verbunden, insbesondere der Anstieg des Meeresspiegels aufgrund des Abschmelzens der Pole sowie generell eine erhöhte Wahrscheinlichkeit von extremen Wetterereignissen und Naturkatastrophen.

Die Hauptverursachersubstanz des Klimawandels ist Kohlendioxid (CO_2), das ebenso wie Wasserdampf (H_2O) als Hauptprodukt bei der Verbrennung fossiler Energieträger entsteht. Darüber hinaus tragen weitere Gase wie Methan (CH_4) und Fluorchlorkohlenwasserstoffe (FCKW) zur Erderwärmung bei. Zahlreiche Staaten haben sich in internationalen Abkommen verpflichtet, ihre Kohlendioxidemissionen zu reduzieren oder zumindest den Emissionsanstieg zu begrenzen. Die Europäische Union hat sich dabei besonders ehrgeizige Ziele gesetzt.

Die Emissionen von CO_2 und H_2O stehen in einem festen Verhältnis zum Treibstoffverbrauch. Bei der Verbrennung einer Tonne Kerosin entstehen 3,15 Tonnen Kohlendioxid und 1,24 Tonnen Wasserdampf.

Da es sich bei Kohlendioxid um ein langlebiges und ungiftiges Gas handelt, treten die Umweltauswirkungen unabhängig vom Ort der Emission auf. Bei weltweiter Betrachtung hat der Luftverkehr einen Anteil von rund 2 % an allen anthropogenen (vom Menschen verursachten) CO_2-Emissionen. Weitere 13 % stammen von den anderen Verkehrsträgern, die restlichen 85 % aus allen sonstigen Quellen. Wenn, wie allgemein erwartet, der Luftverkehr auch weiterhin schneller wächst als die Weltwirtschaft, ist davon auszugehen, dass sich der Beitrag des Luftverkehrs zu den globalen CO_2-Emissionen tendenziell erhöht.

Die Erdatmosphäre ist in mehreren Schichten aufgebaut. Der Luftverkehr ist der einzige direkte Emittent von Schadstoffen in der Stratosphäre, die in einer Höhe von ca. 8 – 15 Kilometern[31] über der Erdoberfläche beginnt. Den Emissionen des Luftverkehrs in dieser Atmosphärenschicht wird eine besondere Klimawirksamkeit zugeschrieben, wobei darauf hinzuweisen ist, dass die Klimaforschung hier noch zahlreiche Forschungslücken aufweist. Als besonders klimawirksam gelten zum einen die Stickoxide, die in der Stratosphäre zur Bildung von Ozon[32] führen[33], das wiederum in dieser Höhe einen deutlichen Beitrag zur Erder-

---

[31] Die Höhe der Stratosphäre ist abhängig vom Breitengrad und der Jahreszeit. Über den Polen beginnt sie in ca. 8 km Höhe, über dem Äquator in ca. 15 km.

[32] Ozon ist dreiatomiger Sauerstoff.

4 Globale Klimawirkungen

wärmung leistet[34]. Zum anderen sind die aus Wasserdampf bestehenden Kondensstreifen der Flugzeuge (contrails) von Bedeutung, denen ebenfalls eine nicht unerhebliche Klimawirkung zugeschrieben wird.

> **Möglichkeiten zur Reduzierung der Klimaauswirkungen des Luftverkehrs**
>
> Da die CO_2-Emissionen proportional mit der Menge des verbrannten Kerosins verbunden sind, führt jede Verringerung des Treibstoffverbrauchs gleichzeitig zu einer Reduktion der Klimagasemissionen. Insbesondere kommen dabei die folgenden Maßnahmen in Betracht:
>
> - Moderne, treibstoffeffiziente Triebwerke sowie sonstige technische Maßnahmen zur Treibstoffeinsparung (z. B. aerodynamische Verbesserungen).
> - Gewichtsverringerung (bei neuen Flugzeugen durch Verwendung neuer, leichter Materialien, bei der bestehenden Flotte beispielsweise durch genauere Planung der auf einem Flug benötigten Treibstoffmengen).
> - Bessere Abstimmung der angebotenen Kapazitäten auf die Nachfrage (Erhöhung des Sitzladefaktors).
> - Weniger Umwege und Warteschleifen durch Verbesserungen im Bereich der Flugsicherung.
>
> Das Advisory Council für Aeronautics Research (**ACARE**) wurde 2001 in Paris als ein Zusammenschluss von Vertretern europäischer Mitgliedsstaaten, der Flugzeugindustrie, Flughäfen, Fluglinien und Forschungsorganisationen mit dem Ziel gegründet, das europäische und weltweite Flugtransportsystem zu verbessern. Die Strategische Research Agenda (SRA) von ACARE hat sich zum Ziel gesetzt, Treibstoffverbrauch und CO_2-Emissionen des Luftverkehrs bis zum Jahr 2020 um 50 % zu reduzieren. Des Weiteren sollen die NO_x-Emissionen (um 80 %) und der Umgebungslärm (um 50 %) reduziert werden.
>
> Die IATA hat im Jahr 2007 ihre Vision formuliert, bis zum Jahr 2050 eine Situation mit „Null-Emissionen" zu erreichen, was sich letztlich nur durch alternative Antriebe erreichen lässt.

Angesichts der besonderen Klimawirkungen der Luftverkehrsemissionen in großen Höhen ist der Anteil des Luftverkehrs an der Erderwärmung größer als es die alleinige Betrachtung des Anteils an den CO_2-Emissionen nahe legt. Allerdings ist umstritten, mit welchem „Faktor" die Emissionen des Luftverkehrs multipliziert werden müssten, um die erhöhte Klimawirksamkeit der Emissionen in großen Höhen geeignet abzubilden. In der öffentlichen Diskussion reichen die verwendeten Werte von 2 bis 4, eine wissenschaftlich exakte Aussage kann nach derzeitigem Kenntnisstand der Klimaforschung nicht getroffen werden. Je nachdem,

---

[33] Um Missverständnissen vorzubeugen, sei darauf hingewiesen, dass dieses Ozon nicht zum „Ausgleich" des so genannten Ozonlochs, eines weiteren globalen Klimaproblems, dienen kann. Die Ozonschicht, die die Erde vor schädlichen UV-Strahlen schützt, befindet sich in noch größerer Höhe.

[34] Es gibt sogar einen gegenläufigen Effekt, da die Stickoxide auch zum Abbau des Klimagases Methan beitragen.

welcher „Faktor" angewendet wird, erhöht sich der ausgewiesene Beitrag des Luftverkehrs zur Erderwärmung, was manche Umweltschutzorganisationen sogar dazu veranlasst, den Luftverkehr als „Klimakiller" zu bezeichnen. Das internationale Expertengremium IPCC (Intergovernmental Panel on Climate Change) weist dem Luftverkehr demgegenüber einen Anteil von lediglich 3 % am gesamten anthropogenen Treibhauseffekt zu.

4.2 Umweltbelastungen der Verkehrsträger im Vergleich

Um die Umweltbelastungen des Luftverkehrs darzustellen und mit denen anderer Verkehrsträger zu vergleichen, existieren zahlreiche Möglichkeiten. Speziell die Airlines argumentieren oftmals mit dem Treibstoffverbrauch pro 100 Passagierkilometer. Dieser ergibt sich, wenn der gesamte Treibstoffverbrauch auf einem Flug durch die Zahl der Passagiere sowie die Flugentfernung dividiert wird. Folglich ist der Treibstoffverbrauch pro 100 Passagierkilometer stark vom Auslastungsgrad der Flugzeuge abhängig.

Für das Jahr 2007 weist beispielsweise die Deutsche Lufthansa einen konzernweiten Durchschnittsverbrauch von rund 4,3 Litern Treibstoff pro 100 Passagierkilometer (Pkm) aus. Dabei beträgt der Durchschnittsverbrauch im Interkontinentalverkehr 3,6 Liter/100 Pkm, im Kontinentalverkehr 4,8 Liter/100 Pkm und im Regionalverkehr rund 8,1 Liter/100 Pkm. Die Unterschiede ergeben sich unter anderem durch die differierenden Auslastungsgrade, die im Interkontinentalverkehr überdurchschnittlich hoch und im Regionalverkehr relativ niedrig sind. Besonders niedrige Verbrauchswerte pro 100 Pkm weisen beispielsweise auch die so genannten Ferienflieger auf, die auf ihren Flügen eine hohe Sitzplatzkapazität mit hohen Auslastungsgraden verbinden.

Ein erheblicher Teil des Flugzeugtreibstoffs wird während des Starts verbraucht, sodass der Durchschnittsverbrauch ceteris paribus mit zunehmender Streckenlänge tendenziell sinkt. Bei der Interpretation der Verbrauchswerte ist allerdings auch zu berücksichtigen, dass der absolute Verbrauch pro Passagier auf der Langstrecke durchaus beachtlich ist. Bei einer Flugdistanz von 8.000 Kilometer entfällt auf einen Lufthansa-Passagier immerhin ein durchschnittlicher Treibstoffverbrauch von rund 575 Litern (Hin- und Rückflug).

Ein Vergleich der Umweltauswirkungen des Luftverkehrs mit den Umweltauswirkungen anderer Verkehrsträger erfordert eine Reihe von Annahmen. Hierzu gehören insbesondere die betrachtete Reiselänge und der Auslastungsgrad der jeweiligen Verkehrsmittel. Bei einem Vergleich des Luftverkehrs mit der Bahn ist zudem von Bedeutung, welche Energieträger zur Produktion des von der Bahn benötigten Stroms genutzt werden. So sinken insbesondere die Kohlendioxidemissionen des Schienenverkehrs ceteris paribus mit zunehmendem Anteil regenerativer Energien, aber auch mit zunehmendem Anteil der Kernenergie.

Ungeachtet der vielfältigen methodischen Probleme beim Vergleich der unterschiedlichen Verkehrsträger sind die Ergebnisse für die CO_2-Emissionen auf kurzen Strecken relativ eindeutig. Der Luftverkehr schneidet hier wesentlich schlechter ab als die beiden besonders um-

4 Globale Klimawirkungen

weltfreundlichen Verkehrsträger Bahn und Reisebus. Beim Pkw sind die Ergebnisse besonders stark von der unterstellten Zahl der Insassen abhängig. Abbildung 4.4 zeigt beispielhaft die CO_2-Emissionen unterschiedlicher Verkehrsträger für eine gegebene innereuropäische Relation im Vergleich.

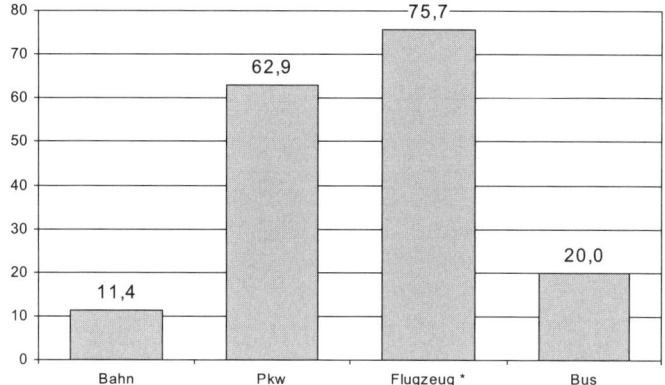

*Die höhere Klimawirksamkeit von Emissionen des Luftverkehrs in großen Höhen ist nicht berücksichtigt

Abbildung 4.4: Vergleich der CO_2-Emissionen unterschiedlicher Verkehrsträger auf der Strecke Frankfurt/Main – Paris (Angaben in kg pro Person) [35]

Noch größere methodische Probleme treten auf, wenn alle externen Effekte der unterschiedlichen Verkehrsträger in Geldeinheiten ausgedrückt und miteinander verglichen werden. Hierfür ist es nicht nur erforderlich, die unterschiedlichen Beiträge der einzelnen Verkehrsträger zu den vielfältigen Umweltproblemen zu bestimmen, sondern diesen Umweltgütern darüber hinaus noch einen monetären Wert zuzuweisen.

Beispielsweise wurden in einer Studie der Institute INFRAS und IWW für 17 westeuropäische Staaten (EU 15 zzgl. Schweiz und Norwegen) die in Tabelle 4.2 dargestellten externen Kosten pro 1.000 Personenkilometer berechnet, wobei der Nah- und der Fernverkehr gemeinsam betrachtet wurden. Für die Bundesrepublik Deutschland sind die externen Gesamtkosten des Pkw-Verkehrs deutlich höher als im Durchschnitt der 17 betrachteten europäischen Staaten (92,5 Euro/1.000 Pkm). Noch größer ist der prozentuale Unterschied bei den externen Gesamtkosten des Schienenverkehrs, die für Deutschland mit 31 Euro/1.000 Pkm angegeben werden, d. h. rund ein Drittel höher sind als im westeuropäischen Durchschnitt.

---

[35] Datenquelle: Klimaschutzbericht der Deutschen Bahn.

Tabelle 4.2: Externe Kosten im Personenverkehr in 17 europäischen Staaten im Jahr 2000 (Durchschnittskosten in Euro / 1.000 Personenkilometer)[36]

Kostenart	Pkw	Bus	Bahn	Flugzeug
Klimawandel	17,6	8,3	6,2	46,2
Lokale Umweltwirkungen (insbes. Lärm, Schadstoffe, Natur und Landschaft)	22,4	23,1	12,7	5,0
Vorgelagerte Prozesse (z. B. Energiesektor, Fahrzeugproduktion)	5,2	3,9	3,4	1,0
Gesamte externe Umweltkosten	**45,2**	**35,3**	**22,3**	**52,2**
Zusätzliche externe Unfallkosten	30,9	2,4	0,8	0,4
Gesamte externe Kosten	**76,1**	**37,7**	**23,1**	**52,6**

4.3 Kerosinbesteuerung und andere Steuern auf den Luftverkehr

In Industriestaaten wird der Verbrauch von Mineralöl durch spezielle Verbrauchsteuern belastet. Konkret betragen beispielsweise in Deutschland die Steuersätze auf einen Liter Vergaserkraftstoff 65,5 Cent, auf einen Liter Dieselkraftstoff rund 47 Cent (Stand 2008). Darüber hinaus unterliegt der Verkauf von Mineralöl der allgemeinen Umsatzbesteuerung (derzeitiger Steuersatz 19 %), wobei die Umsatzsteuer auch auf die spezielle Verbrauchsteuer erhoben wird.

Flugzeugtreibstoff, der im gewerblichen Luftverkehr eingesetzt wird,[37] ist in den meisten Staaten komplett von der Mineralölbesteuerung befreit. Diese Steuerbefreiung basiert auf einer ganzen Reihe von rechtlichen Regelungen:

- Das Chicagoer Abkommen (Art. 24a) schreibt vor, dass im internationalen Luftverkehr keine Abgaben auf Treibstoffe erhoben werden dürfen, die sich bei der Landung an Bord befinden.

- In bilateralen Luftverkehrsabkommen ist die Standardklausel enthalten, dass der von Flugzeugen der jeweils anderen Vertragspartei getankte Treibstoff nicht besteuert werden darf.

- In der Europäischen Union galt über viele Jahre ein absolutes Verbot der Kerosinbesteuerung gemäß Richtlinie (EWG) 92/81. Seit dem Jahr 2003 (Richtlinie 2003/96) ist eine Besteuerung im Inlandsverkehr zulässig, gleiches gilt für den internationalen Ver-

---

[36] Vgl. INFRAS/IWW (2004), S. 12. Eigene Zusammenstellung und ergänzende Berechnungen. Die CO_2-Emissionen des Luftverkehrs wurden in dieser Studie mit dem Faktor 2,5 multipliziert, um die besonderen Klimawirkungen der Emissionen in Reiseflughöhe zu berücksichtigen.

[37] Flugzeugtreibstoff, der im nicht gewerblichen Verkehr verbraucht wird, unterliegt in Deutschland der Mineralölbesteuerung.

4 Globale Klimawirkungen

kehr, wenn die Besteuerung in bilateralen Abkommen geregelt ist. Dabei darf der in der EU vorgeschriebene Mindestsatz für die Mineralölbesteuerung unterschritten werden. Als erster Staat haben sich die Niederlande für eine Besteuerung des im Inlandsverkehr verbrauchten Kerosins entschieden.[38]

Die Steuerbefreiung des im gewerblichen Luftverkehr eingesetzten Kerosins wird oftmals als eine Verzerrung des intermodalen Wettbewerbs bezeichnet. Da Kfz-Verkehr, Reisebusverkehr sowie Schienenverkehr mit der Mineralöl- bzw. Energiesteuer belastet seien, genieße der Luftverkehr hier einen ungerechtfertigten Wettbewerbsvorteil. Von der Einführung einer Kerosinbesteuerung erhoffen sich deren Befürworter eine Verteuerung des Luftverkehrs und damit einhergehend einen entsprechenden Nachfragerückgang. Von Seiten der Luftverkehrsgesellschaften wird eingewendet, dass der Luftverkehr seine Infrastrukturkosten (nahezu) zu 100 % decke, sodass ein Vergleich mit dem Schienenverkehr auch die erheblichen staatlichen Mittel berücksichtigen müsse, die jedes Jahr in den Ausbau der Schienenverkehrsinfrastruktur fließen.

Die Einführung einer Kerosinbesteuerung im Inlandsverkehr ist mittlerweile EU-rechtlich möglich. Allerdings ist dabei zu berücksichtigen, dass ein erheblicher Teil des Inlandsluftverkehrs aus Umsteigepassagieren besteht. Würde Deutschland eine Kerosinbesteuerung im Inlandsverkehr einführen, wäre dies eine Benachteiligung der (in der Regel inländischen) Anbieter von Umsteigeverbindungen über deutsche Flughäfen gegenüber den (in der Regel ausländischen) Anbietern von Umsteigeverbindungen über ausländische Flughäfen.

Die stärksten Nachfragerückgänge infolge einer Kerosinbesteuerung sind im touristischen Verkehr zu erwarten. Eine Besteuerung im Rahmen bilateraler Abkommen dürfte daher in aller Regel an den Interessen der jeweiligen Reiseziel-Länder scheitern. Zudem ist auch hier die Wettbewerbsposition Deutschlands im Bereich der internationalen Umsteiger zu berücksichtigen.

Angesichts der Einführung des Emissionsrechtehandels für die CO_2-Emissionen des Luftverkehrs ab dem Jahr 2012 (vgl. das folgende Unterkapitel 4.4) sind die Forderungen nach der Einführung einer Kerosinsteuer etwas in den Hintergrund getreten, da ein Nebeneinander der beiden Instrumente kaum sinnvoll erscheint.

Neben der Mineralölbesteuerung ist auch die allgemeine **Umsatzsteuer** (Mehrwertsteuer) für den intermodalen Wettbewerb von Bedeutung. Im Inlandsverkehr herrschen in Deutschland in diesem Bereich diskriminierungsfreie Rahmenbedingungen, da alle Verkehrsleistungen im Fernverkehr mit dem Normalsatz von (derzeit) 19 % belastet werden. Im grenzüberschreitenden Verkehr ist der Luftverkehr von der Mehrwertsteuer befreit, im Schienenverkehr fallen die jeweiligen Steuersätze der Länder an, in denen die Leistung in Anspruch genommen wird. Hier ist eine eindeutige Begünstigung des Luftverkehrs gegeben.

In den vergangenen Jahren haben mehrere Staaten **Abgaben auf Flugtickets** eingeführt. Beispielsweise erhebt Frankreich seit Juli 2006 eine „Solidaritätsabgabe" auf Tickets, deren Be-

---

[38] Das Ausmaß des niederländischen Inlandsluftverkehrs ist jedoch aufgrund der geringen Fläche des Landes zu vernachlässigen.

trag bei innereuropäischen Flügen von einem Euro (Economy Class) bis zu 10 Euro und bei Langstreckenflügen von 4 Euro bis zu 40 Euro (First Class) reicht. Hierbei geht es weniger um eine Beeinflussung des intermodalen Wettbewerbs, vielmehr werden primär fiskalische Ziele verfolgt. Dabei sind in Frankreich die Einnahmen der Ticketabgabe für Zwecke der Entwicklungshilfe zweckgebunden. Im Juli 2008 haben die Niederlande eine „Ticket tax" eingeführt, die 11,25 Euro auf Flüge innerhalb der EU und 45 Euro auf allen sonstigen Flügen beträgt. Erste Erfahrungen deuten darauf hin, dass ein Teil der Nachfrager dieser Zusatzbelastung ausweicht und grenznahe Flughäfen außerhalb der Niederlande nutzt.

4.4 Emissionsrechtehandel im Luftverkehr

Ein vergleichsweise neues Instrument der Umweltschutzpolitik ist der Handel mit Emissionsrechten (auch Umweltzertifikate genannt). Die Grundidee ist vergleichsweise einfach: Für jede Emission eines bestimmten Schadstoffs wird ein entsprechendes Emissionsrecht benötigt. Diese Emissionsrechte werden vom Staat, oder einer von ihm beauftragten Stelle, in begrenzter Zahl ausgegeben. Damit ist die maximale Emissionsmenge eindeutig festgelegt (sichere Erreichung des umweltpolitischen Ziels – ökologische Effektivität).

Die Emissionsrechte können frei zwischen den Emittenten gehandelt werden, sodass sich ein Marktpreis für die Emissionsrechte bildet. Wenn die Kosten zur Emissionsvermeidung in einem Unternehmen unterhalb des Preises der Emissionsrechte liegen, wird dieses Unternehmen die entsprechenden Vermeidungsmaßnahmen ergreifen und die nicht benötigten Emissionsrechte am Markt verkaufen. Umgekehrt werden die Unternehmen mit hohen Vermeidungskosten Emissionsrechte nachfragen. Aus volkswirtschaftlicher Perspektive werden die Vermeidungsanstrengungen folglich dort ergriffen, wo die Vermeidungskosten am geringsten sind (ökonomische Effizienz im statischen Sinn). Zudem besteht ein Anreiz für die Unternehmen, nach Möglichkeiten zur weiteren Emissionsverringerung zu suchen (ökonomische Effizienz im dynamischen Sinn).

Für die Vergabe der Emissionsrechte an die (potenziellen) Emittenten bestehen mehrere Möglichkeiten. Insbesondere ist zwischen einer unentgeltlichen Vergabe (z. B. Zuteilung auf der Grundlage von Emissionen in der Vergangenheit – so genanntes Grandfathering) und einer entgeltlichen Vergabe (z. B. durch eine Versteigerung der Emissionsrechte) zu unterscheiden.

In der EU existiert schon seit dem Jahr 2005 ein Emissionsrechtehandel (Emissions Trading Scheme – ETS) für die CO_2-Emissionen bestimmter energieintensiver Industriezweige (z. B. Stromproduktion, Stahlwerke, Papierindustrie). Im Jahr 2008 haben Rat und Parlament beschlossen, ab dem Jahr 2012 auch den zivilen Luftverkehr in den Emissionsrechtehandel einzubeziehen.

4 Globale Klimawirkungen

Das System des Emissionsrechtehandels ist durch die folgenden Merkmale gekennzeichnet:

- Einbezogen werden alle Flüge, die in der EU starten oder landen. Damit sind auch ausländische Fluggesellschaften in den EU-Emissionsrechtehandel einbezogen, sofern sie Flüge in die EU anbieten.

- Die zulässigen Gesamtemissionen des Luftverkehrs betragen im Jahr 2012 97 % der Gesamtemissionen im Durchschnitt der Jahre 2004-2006, ab dem Jahr 2013 sinkt dieser Wert auf 95 %.

- 15 % der Emissionsrechte werden versteigert, 85 % auf der Basis eines Benchmarking unentgeltlich zugeteilt (spezifische Emissionen je Tonnenkilometer). Im Vergleich zum Grandfathering hat die Zuteilung auf der Basis von Benchmarks den Vorteil, Wettbewerbsverzerrungen zwischen Alt- und Neuanbietern zu vermeiden und zudem keine „Bestrafung" von vergangenen Emissionsminderungsanstrengungen mit sich zu bringen.

- Die Einnahmen aus der Versteigerung sollen zur Bekämpfung des Treibhauseffekts eingesetzt werden. Dies schließt auch die Förderung umweltfreundlicher Verkehrsträger (Bus und Bahn) mit ein.

- Die EU setzt sich für eine weltweite Einführung des Emissionsrechtehandels im zivilen Luftverkehr ein.

- Es ist für die Airlines möglich, Emissionsrechte aus anderen Sektoren zu kaufen. Ein Verkauf der Emissionsrechte für den Luftverkehr an Unternehmen in anderen Wirtschaftsbereichen ist hingegen nicht möglich (asymmetrische Handelbarkeit zwischen den Sektoren).

Auf Quelle-Ziel-Flügen, die in der EU beginnen und/oder enden ist die Einführung des Emissionsrechtehandels grundsätzlich wettbewerbsneutral und führt lediglich zu einem Wettbewerbsvorteil für relativ treibstoffeffiziente Airlines. Zwar ist es möglich, durch eine Substitution von Direktverbindungen durch Umsteigeverbindungen über Nicht-EU-Länder die Zahl der benötigten Emissionsrechte zu reduzieren, da beispielsweise für eine Umsteigebeziehung Frankfurt-Dubai-Singapur eine geringere Zahl an Emissionsrechten benötigt wird als für den Direktflug Frankfurt-Singapur. Jedoch dürfte dieser Form von unerwünschten Ausweichreaktionen in der Praxis eine vergleichsweise geringe Bedeutung zukommen.

Problematisch ist der europäische Alleingang für die Wettbewerbsposition der europäischen Flughäfen und Fluggesellschaften insbesondere im Bereich der Interkont-Interkont-Umsteiger, beispielsweise auf dem Markt für Passagiere, die von Indien aus in die USA reisen. Steigt ein solcher Passagier in der EU um, etwa in Frankfurt oder London, so muss die Airline für beide Strecken über Emissionsrechte verfügen. Eine Umsteigeverbindung über einen Nicht-EU-Flughafen, beispielsweise Istanbul oder Dubai, ist hingegen vom Emissionsrechtehandel nicht betroffen, sodass die entsprechenden Anbieter über einen Wettbewerbsvorteil verfügen.

5 Betriebliches Umweltmanagement

5.1 Ziele des betrieblichen Umweltmanagements

Immer mehr Unternehmen streben eine nachhaltige Unternehmensentwicklung an und räumen daher dem Umweltschutzziel einen besonderen Stellenwert im Rahmen ihrer Unternehmenspolitik ein. Für Luftverkehrsgesellschaften bringt dies auch aus betriebswirtschaftlicher Sicht eine Reihe von Vorteilen:

- In vielen Bereichen führt eine Verbesserung des Umweltschutzes auch zu Kosteneinsparungen. Dies gilt insbesondere für die Verringerung des Energieverbrauchs, aber auch für die Einsparung sonstiger Ressourcen, z. B. die Vermeidung von Abfällen. Durch die staatliche Umweltpolitik, etwa die oben erläuterten Lärm- und Schadstoffentgelte sowie den CO_2-Emissionsrechtehandel, werden die entsprechenden Anreize weiter verstärkt.

- Zahlreiche Verbraucher achten bei ihren Konsumentscheidungen darauf, dass die Anbieter sich ökologisch verantwortungsbewusst verhalten. Durch eine umweltbewusste Unternehmenspolitik können so neue Nachfragergruppen gewonnen bzw. bestehende gehalten werden.

- Das Image eines Unternehmens, das auch von dessen Berücksichtigung von Umweltaspekten geprägt wird, kann für aktuelle und potenzielle Mitarbeiter von Bedeutung sein. Insbesondere im Wettbewerb um besonders qualifizierte Mitarbeiter kann sich ein positives Umweltimage eines Unternehmens vorteilhaft auswirken.

- Auch auf den Kapitalmärkten spielt das Umweltimage eine wichtige Rolle. Beispielsweise wurde die Aktie der Deutschen Lufthansa mehrmals in den jährlich erstellten Dow-Jones-Nachhaltigkeitsindex aufgenommen.

- Die Akteure im Luftverkehrssystem sind von zahlreichen politischen Entscheidungen abhängig. Insofern ist es wichtig, das Image des Unternehmens in der Öffentlichkeit sowie speziell bei den politischen Entscheidungsträgern durch eine verantwortungsbewusste Unternehmensstrategie positiv zu beeinflussen.

Die meisten Airlines aus Industriestaaten haben mittlerweile das Umweltschutzziel fest in ihren Unternehmensleitlinien verankert. Aus derartigen allgemeinen Oberzielen lassen sich konkrete und damit überprüfbare Unterziele ableiten, beispielsweise die Reduzierung des Treibstoffverbrauchs um einen bestimmten Prozentsatz, die Verringerung der Abfallmengen oder die Erhöhung des Anteils von Recycling-Papier. Da Unternehmen in aller Regel auch Wachstumsziele verfolgen, werden die meisten Umweltziele nicht absolut, sondern relativ festgelegt, beispielsweise als Reduzierung des spezifischen Treibstoffverbrauchs je 100 Personenkilometer.

5.2 Instrumente des betrieblichen Umweltmanagements

Von besonderer Bedeutung für das betriebliche Umweltmanagement ist dessen feste organisatorische Verankerung im Unternehmen. Beispielsweise hat die Deutsche Lufthansa die Position eines Leiters Umweltkonzepte Konzern geschaffen, der direkt dem Vorstand zuarbeitet und mit den Umweltansprechpartnern in den einzelnen Konzerngesellschaften zusammenarbeitet. Darüber hinaus existieren bei der Lufthansa mit dem Umweltforum und dem Nachhaltigkeits-Board zwei spezielle Gremien, die sich intensiv mit Umweltfragen befassen.

Eine wesentliche Voraussetzung für ein erfolgreiches Umweltmanagement sind zuverlässige und aussagekräftige Informationen, wofür eine interne Umweltberichterstattung bzw. eine Umweltdatenbank geeignete Instrumente darstellen. Generell bietet es sich an, die Umweltmanagementsysteme durch unabhängige Organisationen zertifizieren zu lassen, beispielsweise gemäß der entsprechenden ISO-Normen oder der Öko-Audit-Verordnung der EU.

Immer mehr Fluggesellschaften weisen auch ohne gesetzliche Verpflichtung die CO_2-Emissionen aus, die mit dem von einem Kunden gebuchten Flug verbunden sind. Zudem wird häufig auf die Möglichkeit verwiesen, dass bei speziellen gemeinnützigen Organisationen freiwillige Kompensationen geleistet werden können, um den jeweiligen Klimaeffekt „auszugleichen". Mit den so eingeworbenen Spendenmitteln werden etwa Maßnahmen zur (Wieder-) Aufforstung von Wäldern oder zur Energieeinsparung in Entwicklungsländern finanziert. Entsprechende Organisationen sind beispielsweise atmosfair (www.atmosfair.com) sowie myclimate (www.myclimate.org).

Eine Möglichkeit zur Verbindung ökonomischer und ökologischer Ziele ist auch die Kooperation mit Anbietern von Schienenverkehrsleistungen (Intermodalität). Beispielsweise hat die Deutsche Lufthansa ihre defizitären Zubringerflüge auf der Strecke Frankfurt-Köln/Bonn im Jahr 2007 eingestellt und setzt jetzt auf dieser Relation ausschließlich auf eine Kooperation mit der Deutschen Bahn AG (AIRail). Die Deutsche Lufthansa kann so die frei gewordenen Ressourcen (Flugzeuge, Personal, Start- und Landerechte in Frankfurt) effizienter nutzen und gleichzeitig auf die Verringerung der CO_2-Emissionen verweisen.

6 Kommentierte Literatur- und Quellenhinweise

Eine umfassende Darstellung der Zusammenhänge zwischen Luftverkehr und Umwelt findet sich unter anderem in

- Armbruster, J. (1996), Flugverkehr und Umwelt, Berlin / Heidelberg.
- Fichert, F. (1999), Umweltschutz im zivilen Luftverkehr. Ökonomische Analyse von Zielen und Instrumenten, Berlin.
- Schmidt, A. (1994), Die Anwendbarkeit der umweltökonomischen Lizenzlösung auf die Umweltbelastungen durch den zivilen Luftverkehr, Frankfurt/M.

Eine nach wie vor geeignete Einführung in die unterschiedlichen Aspekte der Fluglärmproblematik liefert

- Smith, M. J. T. (1989), Aircraft noise, Cambridge.

Zahlreiche Publikation befassen sich aus juristischer Perspektive mit dem Themenbereich Fluglärm. Exemplarisch sei hingewiesen auf

- Gruber, G. (2007), Neuere Entwicklungen im Fluglärmrecht – Materiellrechtliche Vorgaben und Rechtsschutz, in: Scholz, R. / Moench, C. (Hrsg.), Flughäfen in Wachstum und Wettbewerb. Aktuelle Rechtsfragen bei Bau und Betrieb, Baden-Baden, S. 185–219.
- Koch, H. J. (Hrsg.) (2003), Umweltprobleme des Luftverkehrs, Baden-Baden.

Eine Darstellung und kritische Würdigung unterschiedlicher Instrumente der Lärmschutzpolitik findet sich bei

- Girvin, R. (2009), Aircraft noise-abatement and mitigation strategies, in: Journal of Air Transport Management, Vol. 15, S. 14–22.
- Fichert, F. (2006), Economic Instruments for Reducing Aircraft Noise: Theoretical Framework and Recent Experience, in: Pickhardt, M. / Pons, J. S. (Hrsg.), Perspectives on Competition in Transportation, Münster, S. 59–75.
- Beyhoff, S., et al. (1992), Verkehrspolitische Optionen zur Lärmreduktion an Flughäfen dargestellt am Beispiel des Flughafens Hamburg, Köln.

Das deutsche Umweltbundesamt hat eine Reihe von Studien zu unterschiedlichen Aspekten des Umweltschutzes im zivilen Luftverkehr in Auftrag gegeben. Beispielhaft seien angeführt:

- Brosthaus, J., et al. (TÜV Rheinland, DIW, Wuppertal Institut) (2001): Maßnahmen zur verursacherbezogenen Schadstoffreduzierung des zivilen Flugverkehrs, Umweltbundesamt Texte 17/01, Berlin.

6 Kommentierte Literatur- und Quellenhinweise

- Hochfeld, C., et al. (2004), Ökonomische Maßnahmen zur Reduzierung der Umweltauswirkungen des Flugverkehrs: Lärmabhängige Landegebühren, Studie von DIW und Öko-Institut für das Umweltbundesamt, Berlin.

Speziell im Zusammenhang mit dem geplanten Ausbau des Frankfurter Rhein-Main-Flughafens wurden im Rahmen des Mediationsverfahrens zahlreiche Gutachten in Auftrag gegeben, von denen sich einige mit Umweltaspekten befassen. Die Studien sind im Internet unter www.mediation-flughafen.de verfügbar. Neuere Studien und Informationen speziell zum Flughafen Frankfurt finden sich auf den Seiten des Regionalen Dialogforums (www.dialogforum-flughafen.de).

Eine Darstellung der unterschiedlichen Umweltaspekte aus der Sicht der Airlines findet sich in dem regelmäßig erscheinenden Bericht der IATA, Environmental Review. Zudem sei hingewiesen auf

- ADV (2007), Luftfahrt und Umwelt, Berlin.

Auch die ICAO hat einen Environmental Report veröffentlicht, in dem insbesondere die Initiativen der Weltzivilluftfahrtorganisation zur Verbesserung der Umwelteigenschaften des Luftverkehrs dargestellt sind.

Darüber hinaus veröffentlichen zahlreiche Airlines und Flughäfen Umweltschutzbericht. Exemplarisch sei der jährlich erscheinende Nachhaltigkeitsbericht der Lufthansa, Balance, genannt.

Mit den speziellen Auswirkungen des Luftverkehrs auf das Klima befasst sich das Expertengremium Intergovernmental Panel on Climate Change (IPCC). Neben den regelmäßigen Gesamtberichten ist besonders hervorzuheben:

- IPCC (1999), Special Report on Aviation and the Global Atmosphere, Cambridge.

Zur Kerosinbesteuerung existieren mehrere aktuelle Studien, beispielsweise:

- Pache, E. (2005), Möglichkeiten der Einführung einer Kerosinsteuer auf innerdeutschen Flügen, Rechtsgutachten im Auftrag des Umweltbundesamtes, Würzburg.
- Badura, F. (2006): Auswirkungen einer EU-weiten Besteuerung von Kerosin auf Luftverkehrsgesellschaften aus betriebswirtschaftlicher Sicht, Wien.

Speziell zum Emissionsrechtehandel in der EU siehe etwa

- Scheelhaase, J. D. / Grimme, W. G. (2007), Emissions trading for international aviation – an estimation of the economic impact on selected European airlines, in: Journal of Air Transport Management, Vol. 13, S. 253–263.
- Hamann, C. (2007), Klimaschutz und Luftverkehr – Zur geplanten Ausdehnung des europäischen Emissionszertifikatehandels, in: Scholz, R. / Moench, C. (Hrsg.), Flughäfen in Wachstum und Wettbewerb. Aktuelle Rechtsfragen bei Bau und Betrieb, Baden-Baden, S. 220–232.

Kapitel V Sicherheit

1	Überblick	96
2	Betriebssicherheit (Safety)	97
3	Sicherheit vor äußeren Eingriffen (Security)	100
4	Kommentierte Literatur- und Quellenhinweise	102

1 Überblick

Sicherheit ist, wie bereits in Kapitel III erläutert, das zentrale Ziel im zivilen Luftverkehr. Ein hohes Sicherheitsniveau erfordert das Zusammenwirken aller Beteiligten im Luftverkehrssystem, d. h. insbesondere der Luftverkehrsgesellschaften, der Flughäfen, der Flugsicherung, der Flugzeughersteller und -wartungsbetriebe sowie der Luftverkehrsbehörden.

Grundsätzlich haben alle Beteiligten im Luftverkehrssystem ein Interesse an einem hohen Sicherheitsstandard, das sowohl ethisch als auch wirtschaftlich motiviert ist. Eine Airline, an deren Sicherheit in der Öffentlichkeit Zweifel aufkommen, dürfte auf dem Markt kaum dauerhaft erfolgreich sein.

> **Praxisbeispiel**
>
> Die US-amerikanische Billigfluglinie ValuJet geriet nach einem Flugzeugabsturz im Jahr 1996 in die Schlagzeilen. Ihr wurden ungenügende Instandhaltungsmaßnahmen vorgeworfen und dem Unternehmen wurde von den US-amerikanischen Behörden die Lizenz entzogen. Nach der Wiedererteilung der Lizenz blieben die Kunden weitgehend aus. ValuJet übernahm kurz darauf die Gesellschaft AirTran und ist seitdem unter dem Namen der übernommenen Gesellschaft am Markt aktiv.

Vor der Deregulierung der Luftverkehrsmärkte in den USA und in Europa wurde gelegentlich die Befürchtung geäußert, der steigende Wettbewerbsdruck könnte zu einer Gefährdung des Sicherheitsziels führen, da bei sinkenden Preisen ein starker Kostensenkungsdruck entstünde, der sich auch auf sicherheitsrelevante Bereiche auswirken würde. Die Erfahrungen mit wettbewerblichen Luftverkehrsmärkten haben diese Befürchtungen nicht bestätigt; im Gegenteil, das Sicherheitsniveau im Luftverkehr war im Jahr 2007 höher als je zuvor. Dazu haben jedoch auch strenge staatliche Standards und eine hohe Kontrolldichte beigetragen.

Zur quantitativen Beschreibung der Luftverkehrssicherheit existieren zahlreiche Kenngrößen. Nahe liegend ist es zunächst, absolute Größen zu nutzen, insbesondere die Zahl der Unfälle sowie die Zahl der Getöteten und/oder schwer Verletzten. Angesichts des anhaltenden Wachstums des Luftverkehrs bietet es sich zudem an, diese Angaben in Relation zur Zahl der Flüge, der Flugkilometer und/oder der Passagierkilometer zu setzen. Dabei ist auch eine regionale Differenzierung möglich, die entweder anhand der Gebiete, in denen die Unfälle stattgefunden haben, oder gemäß den Heimatländern der beteiligten Fluggesellschaften vorgenommen werden kann. Angesichts der absolut geringen Zahl an Unglücken sollte jedoch die Interpretation der jeweiligen Daten stets mit einer gewissen Zurückhaltung erfolgen. So hat sich die Sicherheit in den vergangenen Jahren zwar tendenziell erhöht, einzelne Unglücksfälle mit einer hohen Zahl an Todesopfern können dennoch nie ausgeschlossen werden.

Im Folgenden sind einige Daten zur Sicherheit des zivilen Luftverkehrs für das Jahr 2008 zusammengestellt[39]:

- Zahl der Unfälle im gewerblichen Luftverkehr: 109 (davon 23 Unfälle mit Todesopfern).
- Zahl der schweren Unfälle pro 1 Million Flüge: 0,81 (dabei: europäische Airlines: 0,42; US-amerikanische Airlines 0,58; afrikanische Airlines: 2,12; Airlines aus der Gemeinschaft unabhängiger Staaten: 6,43)[40].
- Zahl der Todesfälle durch Unfälle im Linienverkehr: 502.
- Zahl der Todesfälle pro eine Million Passagiere: 0,13.
- Wesentliche Unfallursachen sind Witterungsbedingungen, Kommunikationsprobleme und eine ungenügende Ausbildung des Personals, wobei bei vielen Unfällen mehrere Ursachen zusammen auftreten.

Im Luftverkehr werden zwei Sicherheitsbegriffe unterschieden. Zum einen geht es um die Betriebssicherheit, die üblicherweise als Safety bezeichnet wird. Zum anderen geht es um den Schutz vor äußeren Eingriffen in den Luftverkehr, die so genannte Security.

2 Betriebssicherheit (Safety)

Um ein hohes Maß an Betriebssicherheit zu gewährleisten, wurden zahlreiche Normen geschaffen, insbesondere

- Umfangreiche Sicherheitsnormen bei der Musterzulassung von Flugzeugen.
- Umfangreiche Überprüfung jedes neu produzierten Flugzeuges.
- Vorgaben zur regelmäßigen Überprüfung der sicherheitsrelevanten Merkmale von Flugzeugen.
- Besondere Qualifikationsanforderungen an die Beschäftigten in den Herstellungs- und Wartungsbetrieben.
- Besondere Qualifikations- und Tauglichkeitsanforderungen an das fliegende Personal, insbesondere die Piloten.
- Sicherheitsnormen für den eigentlichen Flugbetrieb und die Flugsicherung.
- Vorgaben für die sicherheitsrelevanten Merkmale von Flughäfen (z. B. Zustand des Start-/Landebahnsystems).

---

[39] Quelle: IATA Fact Sheet, Aviation safety performance, 2008.

[40] Bei diesen Daten sind jedoch Schwankungen zu beachten. Beispielsweise lag der Wert in der GUS in den Jahren 2005 und 2007 bei Null.

Generell sind primär die Staaten, in denen ein Flugzeug registriert ist, für die Sicherheitsüberprüfungen zuständig. Darüber hinaus können jedoch auch die Staaten, in denen ausländische Flugzeuge eingesetzt werden, d. h. auf deren Flughäfen Maschinen im internationalen Verkehr landen und starten, entsprechende Kontrollen (so genannte Vorfeldinspektionen bzw. ramp checks) durchführen.

Im Jahr 1996 haben die ECAC-Staaten das so genannte SAFA Programm (Safety Assessment of Foreign Aircraft) gestartet, das eine regelmäßige und diskriminierungsfreie Überprüfung ausländischer Flugzeuge vorsieht. Bei diesen ramp checks werden unter anderem sicherheitsrelevante äußere Merkmale der Flugzeuge (z. B. Korrosions- oder Leckstellen, Zustand der Bereifung), der Zustand der Sicherheitsausrüstung (z. B. Vorhandensein und Funktionsfähigkeit von Feuerlöschern) sowie das Vorhandensein der vorgeschriebenen Unterlagen geprüft. Die Kontrollen sollen sowohl auf der Basis eines begründeten Verdachts auf Sicherheitsmängel als auch stichprobenhaft durchgeführt werden. Bei festgestellten Mängeln können Maßnahmen zur Mängelbeseitigung oder sogar ein Flugverbot bis zu deren Beseitigung verhängt werden.

Seit dem Jahr 2004 sind die EU-Mitgliedstaaten verpflichtet, Kontrollen bei ausländischen Gesellschaften durchzuführen (Verordnung 2004/36). Seit dem Jahr 2007 ist die EU für das SAFA Programm zuständig, die Koordination übernimmt die EASA. Auch die Staaten, die nicht der EU angehören, nehmen weiter an dem Programm teil.

> Das Unfallrisiko in den einzelnen Flugphasen unterscheidet sich deutlich. Beispielsweise fanden in den Jahren 1997-2006 43 % aller Unfälle mit Todesfolge im europäischen Luftverkehr während Anflug und Landung statt. Es folgen Unfälle während des Starts (23 %) und während des Reisefluges (17 %). Die restlichen 17 % entfielen auf die übrigen Flugphasen.

Seit dem Jahr 2006 erstellt die Europäische Union eine so genannte „Schwarze Liste" (blacklist) mit Fluggesellschaften, gegen die Sicherheitsbedenken bestehen (Verordnungen 2111/2005 und 474/2006). Dabei wird zum einen gegen bestimmte Fluggesellschaften ein Einflugverbot in die EU ausgesprochen. Zum anderen erhalten einzelne Fluggesellschaften Auflagen, beispielsweise dürfen sie nur mit bestimmten, explizit aufgeführten Flugzeugen in die EU einfliegen. Die Liste wird regelmäßig aktualisiert und ist im Internet veröffentlicht.

Auf die Schwarze Liste aufgenommen werden zum einen Fluggesellschaften, bei denen bei Kontrollen auf europäischen Flughäfen erhebliche Sicherheitsmängel festgestellt wurden. Zum anderen führt die EU-blacklist Fluggesellschaften aus Ländern auf, in denen keine funktionsfähige Kontrollinfrastruktur besteht. Konkret standen im Juli 2008 alle Airlines auf der Schwarzen Liste, die in der Demokratischen Republik Kongo, Äquatorialguinea, Indonesien, der Kirgisischen Republik, Liberia, Sierra Leone und Swasiland registriert sind. Außerdem alle Airlines aus der Gabunischen Republik, wobei jedoch zwei Gesellschaften von diesem Verbot ausgenommen sind.[41] Hinzu kommen einzelne Luftverkehrsgesellschaften aus dem Sudan, Afghanistan, Ruanda, Angola und der Ukraine.

Die Schwarze Liste gilt einheitlich für alle EU-Staaten. Bevor die Liste zum ersten Mal erschien, ist es mitunter vorgekommen, dass einzelne Airlines aus Sicherheitsgründen in einigen EU-Mitgliedstaaten nicht landen und starten durften und deshalb auf Flughäfen in anderen EU-Staaten ausgewichen sind. Dies hat bei der Bevölkerung verständlicherweise zu Unverständnis geführt.[42]

In den Verordnungen über die Schwarze Liste ist auch geregelt, dass Fluggäste grundsätzlich über die Identität des Luftfahrtunternehmens informiert werden müssen, das ihren Flug durchführt.

Unfälle und Betriebsstörungen im Luftverkehr werden umfassend dokumentiert und ausgewertet. Ziel ist es, Mängel zu identifizieren und geeignete Maßnahmen einzuleiten, um eine Wiederholung ähnlicher Unfälle bzw. Betriebsstörungen zu verhindern. In Deutschland fällt diese Aufgabe in den Zuständigkeitsbereich der Bundesstelle für Flugunfalluntersuchung.

Das starke Eigeninteresse der Luftverkehrsgesellschaften an einem hohen Sicherheitsstandard wird unter anderen daran ersichtlich, dass die IATA alle Mitglieder verpflichtet hat, an einem Audit-Verfahren zur Flugsicherheit (IOSA – IATA operational safety audit) teilzunehmen. Bei diesem Programm geht es insbesondere darum, geeignete Sicherheitsmanagementsysteme fest in der Unternehmensorganisation zu installieren.

Eine zentrale Rolle für die Flugsicherheit spielen die jeweiligen Flugsicherungsorganisationen. Um die Sicherheit zu gewährleisten, sind für den Flugbetrieb unter anderem sowohl horizontale als auch vertikale Mindestabstände vorgeschrieben. Werden diese unterschritten, handelt es sich um eine so genannte Luftfahrzeugannäherung, wobei weiter zwischen zwei Kategorien (A: unmittelbare Gefährdung, B: Sicherheit nicht gewährleistet) unterschieden wird. Im Jahr 2007 gab es im deutschen Luftraum jeweils drei Ereignisse der Kategorien A und B.[43] Bezogen auf die Gesamtzahl der kontrollierten Flüge bedeutet dies rund 1,9 Annäherungen pro eine Million Flüge. In den Jahren 2000 (1990/1980) betrug dieser Wert noch 4,6 (25,8/53,2). Auch hieran ist die deutliche Verbesserung des Sicherheitsniveaus im Bereich der Flugsicherung erkennbar.

---

[41] Gegen diese beiden Gesellschaften wurden jedoch Auflagen verhängt.

[42] Unter bestimmten Voraussetzungen sind nach wie vor Betriebsverbote in einzelnen EU-Mitgliedstaaten möglich.

[43] Quelle: DFS.

3 Sicherheit vor äußeren Eingriffen (Security)

Die Bedrohung des Luftverkehrs durch äußere Eingriffe hat sich in den vergangenen Jahrzehnten gewandelt. Flugzeugentführungen gab es bereits in den 1950er und 1960er Jahren. Seit den 1960er Jahren wurden Flugzeuge (und auch Flughäfen) vermehrt zum Ziel von Bombenanschlägen. Eine neue Dimension erreichte die Gefährdung des Luftverkehrs am 11. September 2001 als erstmals entführte Flugzeuge gezielt für terroristische Anschläge genutzt wurden.

Auf internationaler Ebene wurde im Jahr 1970 im Rahmen des Haager Abkommens die widerrechtliche Inbesitznahme von Flugzeugen (Flugzeugentführung) als Straftatbestand festgelegt. Die Unterzeichnerstaaten sind verpflichtet, entsprechende Strafen vorzusehen, in Deutschland ist dies in § 316c, Abs. 1, Strafgesetzbuch (StGB) erfolgt. Das international koordinierte Vorgehen gegen Gewalt- und Sabotageakte im Luftverkehr wurde im Montrealer Übereinkommen zur Bekämpfung widerrechtlicher Handlungen gegen die Sicherheit der Zivilluftfahrt vereinbart. Auch hier gelten entsprechende Strafandrohungen (in Deutschland die §§ 315 und 316c StGB).

Grundsätze für Sicherheitsmaßnahmen finden sich in Anhang 17 des Chicagoer Abkommens. Um die Sicherheit vor äußeren Angriffen zu gewährleisten, bestehen im Wesentlichen zwei Ansatzpunkte. Erstens muss verhindert werden, dass Waffen, Sprengstoff oder sonstige gefährliche Gegenstände an Bord eines Flugzeuges gelangen oder dass Sabotageakte an Flugzeugen vorgenommen werden. Neben der Kontrolle von Passagieren und deren Gepäck kommt es hierfür darauf an, dass auch sonstige Personen nur nach einer speziellen Überprüfung in die Nähe der Flugzeuge gelangen dürfen. Zweitens sind Vorkehrungen für den Fall zu treffen, dass Personen mit kriminellen Absichten an Bord gelangt sind.

In der EU bildet die Verordnung 300/2008 die Grundlage für Sicherheitsvorkehrungen auf Flughäfen.[44] Alle Mitgliedstaaten sind verpflichtet, nationale Sicherheitsprogramme sowie nationale Qualitätskontrollprogramme zur Überprüfung der Sicherheit aufzustellen.

Flughäfen werden in verschiedene Bereiche unterteilt. Die europäische Verordnung unterscheidet zwischen der „Landseite" und der „Luftseite" eines Flughafens, wobei innerhalb der Luftseite weiter zwischen Sicherheitsbereichen und darüber hinaus sensiblen Teilen von Sicherheitsbereichen differenziert wird. Zu den Sicherheitsbereichen gehören u. a. die Abflugbereiche zwischen den Sicherheitskontrollpunkten und dem Flugzeug, die Gepäckabfertigungsbereiche und die Einrichtungen der Reinigungs- und Bodenverkehrsdienste. Der Zugang zu einem Sicherheitsbereich darf erst nach einer entsprechenden Kontrolle möglich sein. Auch Fahrzeuge müssen kontrolliert werden, bevor sie in den Sicherheitsbereich ein-

---

[44] Die Verordnung 300/2008 ersetzt die zuvor gültige Verordnung 2320/2002.

3 Sicherheit vor äußeren Eingriffen (Security)

fahren. Zudem besteht ein so genanntes Vermischungsverbot für abfliegende Passagiere die am jeweiligen Flughafen bereits kontrolliert worden sind und ankommenden Passagieren aus solchen Nicht-EU-Staaten, in denen möglicherweise weniger strenge Kontrollen stattfinden.

In Deutschland wurden die Bestimmungen der europäischen Verordnungen durch das Luftsicherheitsgesetz übernommen und konkretisiert. Die Regelungen zum Schutz des Flughafenbetriebs finden sich dort in § 8. Die Kosten für die Sicherheitsmaßnahmen sind vom Flughafenbetreiber zu tragen und werden von diesem in die Kalkulation der Flughafenentgelte einbezogen. Beispielsweise erhob der Flughafen Frankfurt/Main im Jahr 2008 ein spezielles Sicherheitsentgelt von 1,20 Euro je Passagier (bei Starts) bzw. 0,24 Euro je angefangene 100 kg Fracht und Post.

Generell müssen alle abfliegenden Passagiere, deren Handgepäck sowie das aufgegebene Gepäck kontrolliert werden.[45] Verbotene Gegenstände gemäß EG-Verordnung 68/2004 bzw. § 11 Luftsicherheitsgesetz müssen abgegeben werden. Hierzu gehören seit November 2006 auch Flüssigkeiten, wenn sie ein bestimmtes Volumen überschreiten. Generell ist es auf deutschen Flughäfen möglich, dass die Kontrollen durch Private durchgeführt werden, die von der Luftsicherheitsbehörde mit den entsprechenden Rechten beliehen wurden. Für die Kontrolle werden von der Bundespolizei bzw. den jeweiligen Landesbehören spezielle Gebühren erhoben (Luftsicherheitsgebühr), die im Jahr 2008 auf deutschen Flughäfen zwischen rund drei Euro (z. B. Dresden, Hamburg) und zehn Euro (Mönchengladbach, Neubrandenburg) betragen. In Frankfurt belief sich die Gebührenhöhe auf 6,55 Euro, in München auf 4,85 Euro.

Gepäck, Fracht und Post sowie alle Bordvorräte (einschließlich der Bordverpflegung) sind zu kontrollieren, bevor sie an Bord gebracht werden. Es ist sicherzustellen, dass aufgegebenes Gepäck wieder aus dem Frachtraum ausgeladen wird, wenn sich der Fluggast, der dieses Gepäck aufgegeben hat, nicht an Bord befindet. Diese Vorgabe kann in der Praxis zu Verzögerungen der Abfertigungsprozesse und damit zu Verspätungen führen.

Personen, die die Möglichkeit haben, in sicherheitssensible Flughafenbereiche zu gelangen, müssen gemäß § 7 Luftsicherheitsgesetz auf ihre Zuverlässigkeit überprüft werden. Dabei werden an die Zuverlässigkeit hohe Anforderungen gestellt.

Auch Luftverkehrsgesellschaften müssen zahlreiche Normen zur Gewährleistung der Sicherheit erfüllen (§ 9 Luftsicherheitsgesetz). Diese beziehen sich beispielsweise auf die Schulung des Sicherheitspersonals und die Sicherung von Flugzeugen, sodass unberechtigte Personen keinen Zugang haben. Ebenso wie Flughafengesellschaften müssen auch Fluggesellschaften einen Sicherheitsplan aufstellen und diesen von der Luftsicherheitsbehörde genehmigen lassen. Vor dem Start eines Flugzeuges muss eine Luftfahrzeug-Sicherheitskontrolle bzw. eine Luftfahrzeug-Sicherheitsdurchsuchung stattfinden.

Der Sicherheit während des Fluges dient beispielsweise die Vorgabe, dass Cockpittüren eine bestimmte Stärke aufweisen müssen und nur von innen zu öffnen sein dürfen. Einzelne Staa-

---

[45] Diese Vorgabe war bereits in § 29c LuftVG enthalten und findet sich jetzt im Luftsicherheitsgesetz.

ten setzen darüber hinaus auf bestimmten Flügen Sicherheitspersonal ein (so genannte Sky Marshalls).

Als weitere Maßnahme zum Schutz des Luftverkehrs vor terroristischen Angriffen wurden in den USA Regelungen erlassen, die einen Zugriff der Behörden auf Passagierdaten ermöglichen. Auch europäische Gesellschaften sind bei transatlantischen Flügen verpflichtet, den US-amerikanischen Behörden die entsprechenden Daten zu übermitteln. Dies ist in einem speziellen Abkommen zwischen der EU und den USA geregelt.

4 Kommentierte Literatur- und Quellenhinweise

Eine Darstellung der unterschiedlichen Unfallursachen sowie ausgewählter Unfälle findet sich bei

- Schuberdt, C.-H. (2008), Flugunfälle: Flugunfalluntersuchung in Deutschland, Stuttgart.

Zur betrieblichen Perspektive siehe insbesondere

- Stolzer, A. J. / Halford, C. D. / Goglia, J. J. (2008), Safety Management Systems in Aviation, Aldershot.

Rechtliche Aspekte der Flugsicherheit sind unter anderem dargestellt in

- Giemulla, E. / Rothe, B. (2008), Recht der Luftsicherheit, Berlin / Heidelberg.
- Schäffer, H. (2007), Der Schutz des zivilen Luftverkehrs vor Terrorismus: der Beitrag der International Civil Aviation Organization (ICAO), Baden-Baden.

Speziell zur europäischen „Schwarzen Liste"

- Knorr, A. (2006), „Schwarze Listen" – mehr Sicherheit im Luftverkehr?, in: Internationales Verkehrswesen, 58. Jg., S. 79–85.
- Kohlhase, C. (2006), Die Verordnung (EG) Nr. 2111/2005 – die „Schwarze Liste" in der EU und transparentere Informationen für Fluggäste, in: Zeitschrift für Luft- und Weltraumrecht, H. 1, S. 22–33.

Grundlegend über die Zusammenhänge zwischen Wettbewerb und Sicherheit

- Knorr, A. (1997), Wettbewerb und Flugsicherheit - ein Widerspruch?, in: Zeitschrift für Verkehrswissenschaft, 68. Jg., S. 94–122.

4 Kommentierte Literatur- und Quellenhinweise

Einen ausführlichen Überblick über die Tätigkeit der Bundesstelle für Flugunfalluntersuchung vermittelt der BFU-Jahresbericht. Dort finden sich jeweils auch kurze Zusammenfassungen von Unfällen und Störungen im Luftverkehr sowie der daraufhin ergriffenen Maßnahmen um derartige Vorfälle zukünftig zu vermeiden. Darüber hinaus informiert die Deutsche Flugsicherung (DFS) über die Sicherheit im deutschen Luftraum.

Auf der europäischen Ebene liefert der Jahressicherheitsbericht der EASA (Annual Safety Review) wichtige Informationen.

Für die internationale Dimension der Flugsicherheit sei insbesondere auf das Safety Management Manual (SMM) der ICAO aus dem Jahr 2006 hingewiesen. Die IATA veröffentlicht regelmäßig Daten zur Sicherheit im Weltluftverkehr sowie Informationen zu Maßnahmen, die der Erhöhung der Sicherheit dienen.

Kapitel VI Luftverkehrsnachfrage

1	**Grundlagen zur Luftverkehrsnachfrage**	**106**
	1.1 Determinanten der Nachfrage im Überblick	106
	1.2 Unterschiedliche Nachfragergruppen und ihre Anforderungen an Flugreisen	109
	1.3 Preiselastizität der Nachfrage	114
2	**Intermodaler Wettbewerb und Substitutionswettbewerb**	**117**
3	**Schwankungen der Nachfrage im Zeitablauf**	**121**
4	**Krisenbedingte Nachfrageeinbrüche**	**128**
5	**Nachfrageprognosen**	**130**
	5.1 Grundlagen zu Prognosegrößen und Prognosemethodik	130
	5.2 Ausgewählte Luftverkehrsprognosen im Überblick	132
6	**Kommentierte Literatur- und Quellenhinweise**	**134**

1 Grundlagen zur Luftverkehrsnachfrage

1.1 Determinanten der Nachfrage im Überblick

Die Nachfrage nach Luftverkehrsleistungen ist von zahlreichen Faktoren abhängig. Im Folgenden sind wesentliche Nachfragedeterminanten zunächst überblicksartig dargestellt:

- **Preis und Qualität von Luftverkehrsleistungen**
  Wie bei jedem Gut und bei jeder Dienstleistung ist der Preis auch auf Luftverkehrsmärkten die entscheidende Determinante der Nachfrage. Die quantitativen Zusammenhänge sind im Unterkapitel 1.3 ausführlich dargestellt. In Unterkapitel 1.2 ist auf die qualitativen Merkmale von Luftverkehrsleistungen eingegangen, die für die unterschiedlichen Nachfragergruppen von Bedeutung sind und damit ebenfalls die Nachfrage beeinflussen.

- **Preise sowie sonstige Merkmale von Substitutions- und Komplementärgütern**
  Auf kurzen Strecken steht der Luftverkehr in einer Substitutionsbeziehung zu den Angeboten bodengebundener Verkehrsträger, sodass Veränderungen des Preises sowie der qualitativen Merkmale der jeweiligen Verkehrsträger die Aufteilung der Verkehrsnachfrage (modal split) beeinflussen. Diese Zusammenhänge sind in Unterkapitel 2 genauer behandelt.
  Komplementärgüter für Luftverkehrsreisen sind in bestimmten Nachfragesegmenten beispielsweise Hotelaufenthalte in den Zielregionen. Ceteris paribus führen Preissenkungen bei Komplementärgütern zu einem Anstieg der Luftverkehrsnachfrage.

- **Verfügbares Einkommen der Haushalte**
  Die Nachfrage nach privaten Luftverkehrsreisen ist positiv vom Einkommen der Haushalte abhängig. Quantitativ lässt sich diese Beziehung mithilfe der Einkommenselastizität der Nachfrage beschreiben, bei der die relative Nachfrageänderung ins Verhältnis zur relativen Einkommensänderung gesetzt wird. Die Einkommenselastizität der Nachfrage gibt an, wie stark der Anstieg der Luftverkehrsnachfrage infolge einer einprozentigen Einkommenserhöhung ausfällt. Für zahlreiche Märkte wurde in empirischen Studien eine Einkommenselastizität größer eins ermittelt, d. h., es handelt sich bei Luftverkehrsleistungen um ein superiores Gut. Dies gilt sowohl für den intertemporalen als auch für den internationalen Vergleich.
  Bei intertemporaler Betrachtung führt ein Anstieg des verfügbaren Einkommens in einem Land zu einer steigenden Luftverkehrsnachfrage. Insbesondere in Schwellenländern, in denen die Einkommen stark ungleich verteilt sind, ist dabei nicht das Durchschnittseinkommen die zentrale Größe, sondern die Zahl der Haushalte, die ein bestimmtes Einkommensniveau überschreiten, sodass sie sich eine Flugreise leisten können. Dies gilt insbesondere für die aufstrebenden Luftverkehrsmärkte in China und in Indien. Im inter-

1 Grundlagen zur Luftverkehrsnachfrage

nationalen Vergleich lässt sich zeigen, dass die Reiseintensität (Zahl der Flugreisen pro Einwohner) positiv mit dem Durchschnittseinkommen korreliert ist.

Generell handelt es sich bei dem Zusammenhang zwischen Luftverkehrsnachfrage und Einkommen nicht um eine lineare Beziehung, sondern es sind mit zunehmendem Einkommen gewisse „Sättigungstendenzen" zu erwarten.

- **Gesamtwirtschaftliche Entwicklung und internationale Handelsverflechtungen**
  Für geschäftlich motivierte Flugreisen ist die gesamtwirtschaftliche Entwicklung (Wirtschaftswachstum) eine wesentliche Determinante der Nachfrage. Dabei ist die regionale Verteilung der Geschäftsreisendenströme eng mit der Entwicklung der internationalen Handelsbeziehungen verbunden. Beispielsweise hat in den vergangenen Jahren der Warenaustausch zwischen Deutschland und China sowie zwischen Deutschland und Indien erheblich zugenommen, was zu einem stark erhöhten Luftverkehrsvolumen auf diesen Märkten beigetragen hat. So ist die Passagierzahl zwischen Deutschland und China (ohne Hongkong) in den zwei Jahren von 2005 bis 2007 um rund 27 % gewachsen. Die Passagierzahl im Verkehr zwischen Deutschland und Indien wuchs im selben Zweijahreszeitraum ebenfalls deutlich um rund 18 %[46].

- **Geographische Faktoren**
  Der Luftverkehr hat seine spezifischen Vorteile als Verkehrsträger zum einen auf langen Distanzen, zum anderen auf kurzen Strecken, bei denen geographische Faktoren den Einsatz bodengebundener Verkehrsträger erschweren. Insbesondere Staaten in Insellage (z. B. Großbritannien, Irland, Malta) sind im internationalen Vergleich durch eine relativ hohe Flugreiseintensität gekennzeichnet.

- **Demographische Aspekte**
  Dass die absolute Zahl an Flugreisen wesentlich von der Einwohnerzahl eines Landes bzw. einer Region beeinflusst wird, ist unmittelbar ersichtlich.[47] Aber auch weitere demographische Faktoren beeinflussen das Reiseverhalten. Eine unterdurchschnittliche Flugreiseintensität ist bislang bei älteren Menschen zu beobachten. Zudem spielt die durchschnittliche Familiengröße eine Rolle für die Luftverkehrsnachfrage, wobei Familien mit mehreren Kindern tendenziell eher seltener fliegen. Abbildung 6.1 zeigt beispielhaft die Altersstruktur der Privatreisenden auf dem Flughafen London-Heathrow im Jahr 2006.

---

[46] Datenquelle: Statistisches Bundesamt, eigene Berechnungen.
[47] Eine Ausnahme sind stark frequentierte touristische Zielregionen.

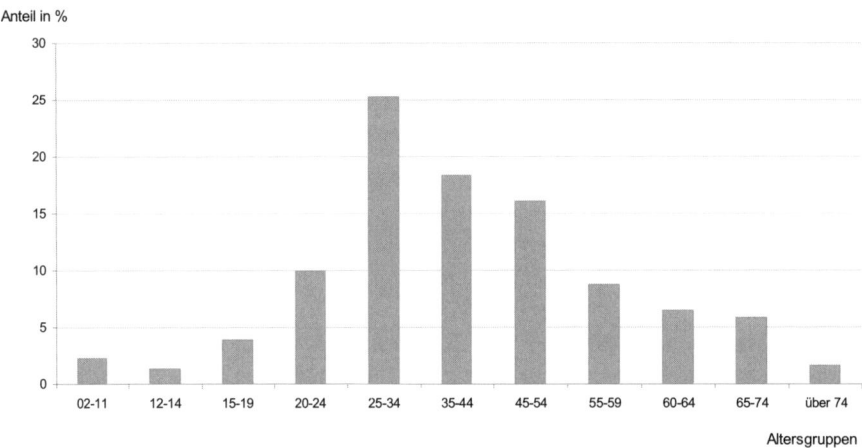

Abbildung 6.1: Altersstruktur von Flugreisenden (Privatreisende) am Beispiel des Flughafens London-Heathrow (2006)[48]

Ebenfalls zu den demographischen Faktoren der Luftverkehrsnachfrage können verwandtschaftliche Beziehungen gezählt werden, die sich aufgrund von Wanderungsbewegungen herausgebildet haben. Ein konkretes Beispiel sind ausländische Arbeitnehmer, die regelmäßig ihre Heimatländer aufsuchen oder von dort Besuch bekommen.

- **Trends im Urlaubsverhalten**
  Bei privaten Reisen spielt das allgemeine Urlaubsverhalten eine Rolle für die Luftverkehrsnachfrage. Dies gilt sowohl im Hinblick auf die Reiseintensität (eine „lange" Urlaubsreise und/oder mehrere Kurzreisen) als auch bezüglich der bevorzugten Urlaubsziele, die gewissen „Moden" unterliegen können. Hinzu kommen Reiseströme aufgrund von Großveranstaltungen (z. B. Olympische Spiele, Fußball-Weltmeisterschaften).

- **Individuelle Einstellung zu Flugreisen**
  Die Einstellung zu Flugreisen kann durch vielfältige Einflüsse geprägt sein. Als „klassisches" Beispiel ist die Flugangst zu nennen. In jüngster Zeit spielen ökologische Motivationen eine Rolle, so meiden manche umweltbewusste Nachfrager bewusst den Luftverkehr.

---

[48] Datenquelle: CAA Passenger Survey.

1.2 Unterschiedliche Nachfragergruppen und ihre Anforderungen an Flugreisen

Als wesentliche Nachfragergruppen im Luftverkehr werden gemäß dem Reisezweck üblicherweise Geschäftsreisende und Privatreisende unterschieden. Dabei lassen sich beide Gruppen weiter aufgliedern.

Für die Gruppe der **Geschäftsreisenden** ist charakteristisch, dass die Kosten für die Flugreise nicht aus ihrem persönlichen Einkommen finanziert, sondern vom Arbeitgeber übernommen werden. Die Preisreagibilität der Geschäftsreisenden wird daher im Allgemeinen als relativ gering eingestuft, wobei jedoch weiter zwischen unterschiedlichen Arten von Reisenden zu unterscheiden ist:

- Dienstreisen von Angestellten vs. dienstliche Reisen von Selbstständigen
  Da Reisekosten bei Selbstständigen unmittelbar den Gewinn und damit das persönliche Einkommen (vor Steuern) mindern, verhalten sich Selbstständige in aller Regel preisreagibler als Angestellte. Die IATA unterscheidet daher innerhalb der Gruppe der Geschäftsreisenden unter anderem zwischen so genannten hard money travellern (Selbstständige) und soft money travellern (Angestellte).

- Reiserichtlinien des Unternehmens sowie Stellung des Reisenden innerhalb der Unternehmenshierarchie
  Unternehmen sowie sonstige Arbeitgeber (z. B. öffentliche Institutionen) haben unterschiedlich „rigide" bzw. „großzügige" Dienstreiserichtlinien. Darüber hinaus sind die Reisebudgets sowie die Dienstreisevorschriften in aller Regel gemäß der Stellung des Reisenden innerhalb der Unternehmenshierarchie differenziert. Dies gilt beispielsweise für die Frage, welche Beförderungsklasse genutzt werden darf.

- Reisezweck
  Auch der Reisezweck kann das Reiseverhalten beeinflussen. Zu unterscheiden ist insbesondere zwischen Reisen die lange im Voraus geplant werden können (z. B. regelmäßige Besprechungen) und solchen, bei denen sich die Reisenotwendigkeit kurzfristig ergibt (z. B. Reisen von Technikern, um eine defekte Maschine instand zu setzen).

Zusätzlich zu den angeführten Unterscheidungen können Sonderfälle von Geschäftsreisen vorliegen, beispielsweise

- Dienstliche Gruppenreisen, z. B. bei Messebesuchen, aber auch im Rahmen so genannter Incentive-Reisen.[49]

- Kombinierte Dienst- und Privatreisen, bei denen dienstliche Termine mit privaten Reisezwecken verbunden werden.

---

[49] Incentive-Reisen sind dienstliche Reisen, die beispielsweise einen „Belohnungscharakter" haben (z. B. für besonders hohe Umsätze) oder Teambildungszwecken dienen (ähnlich wie „Betriebsausflüge").

Für die Gruppe der **Privatreisenden** werden üblicherweise die folgenden Unterscheidungen getroffen

- Touristen
  Innerhalb der Gruppe der Touristen kann weiter gemäß dem Reisezweck (z. B. Badeurlaub, Bildungsurlaub, etc.) sowie gemäß der Reisedauer unterschieden werden. Touristische Reisen können in Form von Einzelreisen, Paar- und Familienreisen sowie Gruppenreisen stattfinden.
- Besuch von Freunden und Bekannten (Visting Friends and Relatives – VFR-Reisende)
- Sonstige Privatreisende
  In diese Kategorie fallen alle privaten Reisezwecke, die nicht unter die beiden zuvor genannten Reisearten passen, beispielsweise Auswanderer, Studierende auf dem Weg in ein Auslandssemester, Pilgerreisen, Reisen aus medizinischen Gründen (zur Kur oder zu einer Operation) und sogar Wochenendpendler zwischen Wohnort und Arbeitsort.

Es ist offensichtlich, dass die verschiedenen Reisezwecke im Einzelfall miteinander verbunden sein können.

Für die Luftverkehrsgesellschaften ist von Bedeutung, dass die Reisenden nicht nur eine unterschiedliche Zahlungsbereitschaft aufweisen, sondern sich auch hinsichtlich weiterer Merkmale unterscheiden, beispielsweise der Anforderungen an das Produkt Flugreise, der saisonalen Verteilung der Reisen sowie der Verteilung von Quell- und Zielregionen. Diese Aspekte sind im Folgenden exemplarisch erläutert.

Als Merkmale des Produkts Flugreise können insbesondere die folgenden Aspekte genannt werden (siehe hierzu ausführlich Kapitel XIV). Abbildung 6.2 zeigt die unterschiedlichen Anforderungen „typischer" Reisendengruppen graphisch.

- Reisekomfort im engen Sinn (z. B. Sitzabstand und Sitzbreite, Verpflegung, Service und Unterhaltungsmöglichkeiten während des Fluges).

  Insbesondere Geschäftsreisende legen Wert auf eine komfortable Reise. Dies kann zum einen in Verbindung mit ihrer geringeren Preisempfindlichkeit gesehen werden, da der Komfort ihnen unmittelbar persönlich zugute kommt, die Kosten jedoch vom Arbeitgeber getragen werden. Zum anderen spielen dienstlich motivierte Anforderungen wie „ausgeruht zu den Terminen am Zielort ankommen" sowie „Nutzung der Reisezeit für dienstliche Zwecke" eine Rolle, d. h. die Ausgaben für einen höheren Komfort können sich aus Sicht des Unternehmens lohnen, wenn dieser Komfort zu einer höheren Produktivität des Mitarbeiters auf der Reise beiträgt.

  Darüber hinaus ist nicht außer Acht zu lassen, dass auch eine (kleine) Gruppe vermögender Privatreisender Wert auf hohen Reisekomfort legt und bereit ist, hierfür einen entsprechenden Preis zu bezahlen. Generell spielen die Komfortaspekte auf Langstreckenflügen eine wesentlich größere Rolle als auf Kurzstreckenflügen.

1 Grundlagen zur Luftverkehrsnachfrage 111

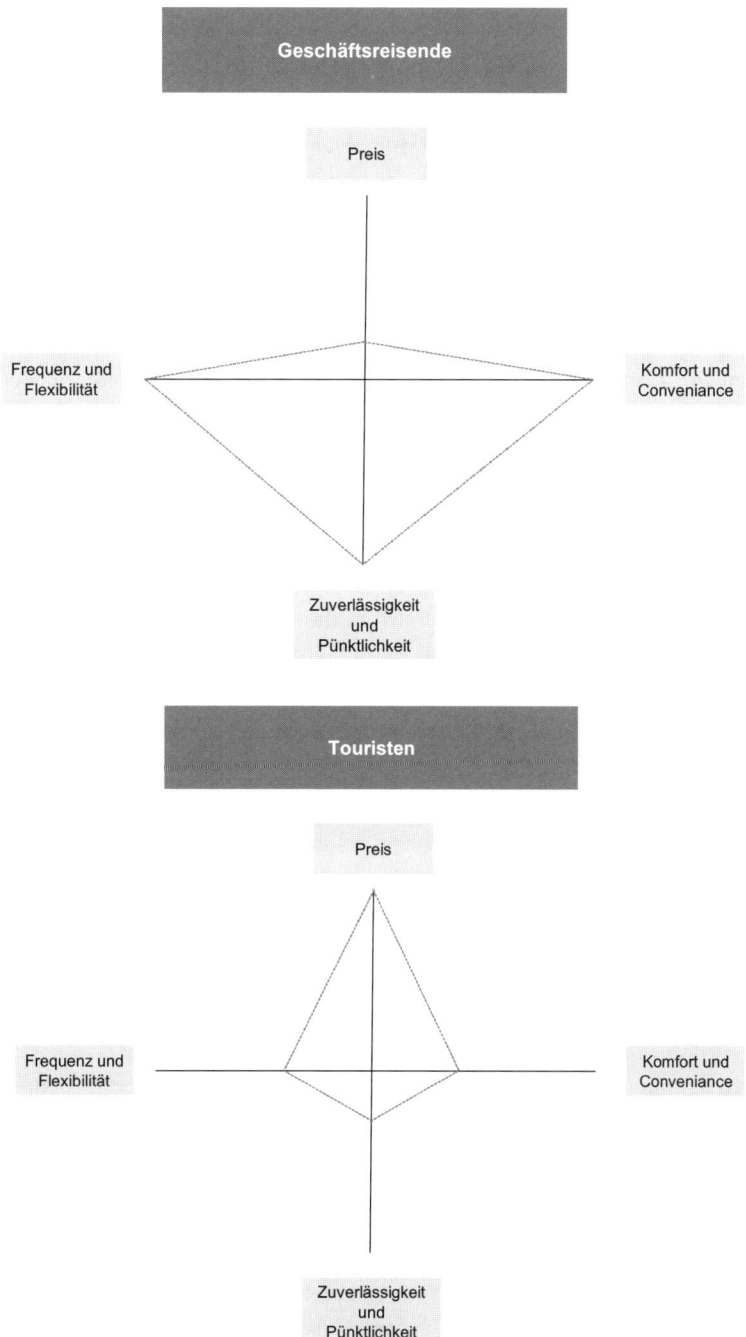

Abbildung 6.2: Typische Anforderungsprofile von Nachfragern im Luftverkehr

- Geschwindigkeit und Annehmlichkeit von Bodenprozessen (Convenience)
  In enger Verbindung mit dem Reisekomfort im engen Sinn ist der Wunsch der Reisenden nach schnellen und möglichst unkomplizierten Prozessen, insbesondere bei der Sicherheitskontrolle, beim Einchecken und beim Boarding, zu sehen. Grundsätzlich haben alle Reisenden eine Präferenz für unkomplizierte Prozesse, bei bestimmten Reisenden ist hierfür jedoch eine hohe Zahlungsbereitschaft gegeben.

- Auswahlmöglichkeiten (Flugfrequenz)
  Für die Reisenden bedeutet eine hohe Flugfrequenz Auswahlmöglichkeiten bei der Wahl von Hin- und Rückflugzeitpunkt. Generell steigt mit zunehmender Zahl an angebotenen Flügen die Wahrscheinlichkeit, dass ein Flug genau zu dem vom Reisenden gewünschten Zeitpunkt stattfindet. Speziell bei kurzfristig geplanten Reisen sowie bei Restriktionen durch andere Termine besitzt die Angebotsfrequenz eine besondere Bedeutung (siehe hierzu auch die Ausführungen zur „S-Kurve" im Kapitel XII).

- Flexibilität
  Flexibilität bezeichnet die Möglichkeit, den Reisezeitpunkt und/oder den Reiseverlauf kurzfristig ändern zu können. Diese Option wird insbesondere von Geschäftsreisenden geschätzt, beispielsweise wenn die Dauer dienstlicher Termine im Vorhinein nicht absehbar ist. Dabei setzt diese Flexibilität ein entsprechendes Angebot hinsichtlich Flugfrequenz und Netzgröße voraus. Zudem müssen die Kapazitäten hinreichend groß sein, um eine kurzfristige Sitzplatzverfügbarkeit zu ermöglichen.

- Zuverlässigkeit und Pünktlichkeit
  Zuverlässigkeit und Pünktlichkeit werden grundsätzlich von allen Reisenden geschätzt, ihre Bedeutung ist jedoch besonders groß, wenn auf dienstlichen Reisen beispielsweise bestimmte Termine eingehalten werden müssen.

Die zeitliche Verteilung ist bei den einzelnen Reisezwecken unterschiedlich, was zu den vielfältigen zeitlichen Nachfrageschwankungen im Luftverkehr wesentlich beiträgt. Zumindest auf Kurz- und Mittelstrecken finden Geschäftsreisen primär an den Werktagen Montag-Freitag statt. Dabei ist insbesondere auf Kurzstrecken eine starke Präferenz der Geschäftsreisenden für Tagesrandzeiten gegeben, um so Eintagesreisen ohne Übernachtungen am Zielort zu ermöglichen.

Touristische Reisen finden insbesondere in den Ferienmonaten statt, wobei der demographische Wandel, d. h. in diesem Zusammenhang die zunehmende Zahl älterer Menschen, hier zu einer gewissen Entzerrung beiträgt, da diese Reisenden nicht an Schul- oder Werksferien gebunden sind. Bei Reisen, die dem Besuch von Freunden und Bekannten dienen, sind wiederum andere saisonale Muster zu beobachten, viele dieser Reisen finden anlässlich von Feiertagen wie Weihnachten oder (in den USA) Thanksgiving statt.

Die Anteile der unterschiedlichen Nachfragergruppen variieren auf den einzelnen Relationen. Insbesondere der innerdeutsche und innereuropäische Kurzstreckenverkehr wurden über viele Jahre hinweg nahezu ausschließlich von Geschäftsreisenden nachgefragt. Durch das Aufkommen des Low Cost Carrier ist der Anteil der Privatreisenden auf diesen Relationen mittlerweile wesentlich höher. Das Ausmaß des „Visiting Friends and Relatives" Verkehre ist unter anderem durch demographische Entwicklungen geprägt. Beispielsweise ist der Anteil der VFR-Reisenden im US-amerikanischen Inlandsverkehr relativ hoch. Für Europa spielen in zunehmendem Maße Reisen von Menschen mit Migrationshintergrund in ihrer Heimatländer eine Rolle, beispielsweise im Verkehr zwischen Deutschland und der Türkei.

Zwar handelt es sich bei Flugreisen auf einer bestimmten Relation in aller Regel um paarige Verkehrsströme, d. h. die Zahl der Reisenden von A nach B entspricht weitgehend der Zahl der Reisenden von B nach A, die Herkunft der Passagiere hängt jedoch auf den einzelnen Relationen stark von den dominierenden Reisezwecken ab. Besonders offensichtlich ist dies bei touristischen Verkehren. Konkret handelt es sich beispielsweise bei den Reisenden zwischen Deutschland und den Kanarischen Inseln in aller Regel um Menschen mit Wohnsitz in Deutschland. Auch bei den VFR-Verkehren lässt sich eine derart ungleiche Verteilung der Herkunftsgebiete erkennen, während Geschäftsreisendenströme meist etwas „ausgeglichener" sind.

Die Airlines können derartige Verteilungen der Herkunftsgebiete von Reisenden sowohl bei der Produktgestaltung (z. B. Anforderungen an die Sprachkenntnisse des Kabinenpersonals) als auch beim Marketing (z. B. regionale Schwerpunkte von Werbeaktivitäten) berücksichtigen. Beispielsweise handelt es sich im Jahr 2005 bei den Ryanair-Passagieren auf dem Flughafen Frankfurt-Hahn zu rund zwei Dritteln um „ausreisende" Passagiere, d. h. Passagiere mit Wohnsitz im Einzugsgebiet des Flughafens, und bei rund einem Drittel um „einreisende" Passagiere.

Die unterschiedlichen Reisezwecke bringen es auch mit sich, dass die Zahl der Flugreisen pro Person eine starke Streuung aufweist, d. h. einzelne „Vielflieger" kommen auf eine hohe Zahl von Flügen pro Jahr, während für viele andere Menschen ein Flug in den Jahresurlaub die einzige Flugreise in einem Jahr darstellen kann. Für die Airlines ergibt sich hieraus, dass die einzelnen Kunden eine unterschiedliche „Wertigkeit" haben, was im Rahmen von Kundenbindungsprogrammen berücksichtigt wird (siehe hierzu auch Kapitel XIV).

Während im Rahmen der offiziellen Statistik die Zahl der Passagiere detailliert erhoben wird, basieren die verfügbaren Informationen über Reisezwecke auf Marktforschungsdaten der Luftverkehrsgesellschaften sowie anderen Befragungsergebnissen. Diese Informationen sind nur in begrenztem Maße öffentlich zugänglich.

Für den deutschen Luftverkehr liegen unter anderem Befragungsdaten vor, die im Auftrag der Deutschen Lufthansa an den wichtigsten deutschen Flughäfen erhoben wurden.[50] Als Bezugsgrundlage dienen Flugreisen, d. h. der Quelle-Ziel-Verkehr unabhängig davon, ob es sich um einen Direktflug oder um eine Umsteigebeziehung handelt. Tabelle 6.1 zeigt die Anteile der Reisearten auf dem deutschen Markt für das Jahr 2006. Dominant sind nach wie vor grenzüberschreitende Urlaubsreisen und grenzüberschreitende Geschäftsreisen. Bei den innerdeutschen Reisen ist nicht weiter zwischen Dienst- und Privatreisen unterschieden. Im Zeitraum zwischen den Jahren 1996 und 2006 sind die grenzüberschreitenden privaten Kurzreisen besonders stark gewachsen, die verkehrsgenerierende Wirkung der Angebote von Low Cost Carriern ist hier gut erkennbar. Ebenfalls eine hohe Wachstumsrate weist der internatio-

---

[50] Hier zitiert nach DLR, Luftverkehrsbericht 2007, und ergänzt durch eigene Berechnungen.

nale Geschäftsreisendenverkehr auf, was unter anderem durch die zunehmende weltwirtschaftliche Integration der deutschen Unternehmen erklärbar ist.

Tabelle 6.1: Nachfragesegmente auf dem deutschen Luftverkehrsmarkt[51]

Reiseart	Anteil im Jahr 2006 (1996)	Durchschnittliche jährliche Wachstumsrate 1996-2006
Grenzüberschreitende Urlaubsreisen	51 % (59 %)	3,0 %
Grenzüberschreitende Geschäftsreisen	26 % (22 %)	6,3 %
Innerdeutsche Reisen	14 % (15 %)	3,3 %
Grenzüberschreitende private Kurzreisen	9 % (4 %)	13,3 %

Ebenfalls auf der Basis von Fluggastbefragungen lassen sich die Anteile der Geschäfts- und der Privatreisenden auf ausgewählten deutschen Flughäfen angeben. Der Anteil der Geschäftsreisenden betrug beispielsweise in München 48 % (Basis 2007), in Hamburg 40 % (Basis 2008) und in Hannover 25 % (Basis 2005). Für den Low Cost Flughafen Frankfurt-Hahn wird für das Jahr 2005 ein Geschäftsreisendenanteil von 18 % angegeben.

In Großbritannien führt die Civil Aviation Authority regelmäßig Passagierbefragungen an ausgewählten Flughäfen durch. Im Jahr 2006 handelte es sich bei rund 74 % der Passagiere auf den ausgewählten britischen Flughäfen um Privatreisende und bei rund 26 % um Geschäftsreisende. Betrachtet man nur den Linienverkehr, erhöht sich der Geschäftsreisendenanteil auf rund 30 %.

1.3 Preiselastizität der Nachfrage

Auf Luftverkehrsmärkten ist generell eine normale Reaktion der Nachfrage auf den Preis zu beobachten, d. h. bei sinkenden Preisen steigt die Nachfrage und vice versa. Dabei kann weiter zwischen zwei Effekten unterschieden werden:

- Preis als Nachfragedeterminante im intermodalen Wettbewerb
  Auf Kurzstrecken steht der Luftverkehr im intermodalen Wettbewerb zu den bodengebundenen Verkehrsträgern (in bestimmten Fällen auch im Wettbewerb zu Fährverbindungen), sodass bei sinkenden Preisen für Flugtickets ein Substitutionsprozess stattfindet. Diese Zusammenhänge werden im folgenden Unterkapitel 2 genauer analysiert.

- Verkehrsgenerierung durch Preissenkungen
  Bei sinkenden Preisen für Luftverkehrsleistungen kommt es zu einer Verkehrsgenerierung, d. h. es entsteht eine zusätzliche Reisenachfrage. Besonders gut ließ sich dieser Effekt in den vergangenen Jahren am Beispiel der Low Cost Carrier beobachten. Auf be-

---

[51] Datenquelle: DLR, Luftverkehrsbericht 2007, eigene Berechnungen.

1 Grundlagen zur Luftverkehrsnachfrage

stimmten Relationen hat sich die Zahl der Flugreisenden nach dem Markteintritt eines Low Cost Carriers vervielfacht. Genauer sind diese Effekte in Kapitel X erläutert.

Um die Reaktionen von Nachfragern auf Preisveränderungen zu beschreiben, wird oftmals die Preiselastizität der Nachfrage genutzt (siehe hierzu auch Kapitel XII). Allgemein ist die Preiselastizität der Nachfrage definiert als die relative Mengenänderung dividiert durch die relative Preisänderung. Bei normal verlaufender Nachfrage führt eine Preiserhöhung zu einem Nachfragerückgang, sodass die Preiselastizität der Nachfrage einen negativen Wert aufweist. Oftmals wird sie jedoch als Betrag definiert, dieser Gepflogenheit soll auch im Weiteren gefolgt werden. Allgemein gibt die Preiselastizität der Nachfrage die prozentuale Veränderung der Luftverkehrsnachfrage infolge einer einprozentigen Veränderung des Preises an.

Wenn die Preiselastizität der Nachfrage kleiner als eins ist, spricht man von einer unelastischen Nachfrage. Der Extremfall ist die vollkommen preisunelastische Nachfrage, d. h. die Preiselastizität nimmt den Wert Null an und bei einer Preiserhöhung bleibt die abgesetzte Menge konstant. Bei einer unelastischen Nachfrage führt eine Preiserhöhung stets zu einer Umsatzsteigerung. Ist die Preiselastizität der Nachfrage größer als 1, so handelt es sich um eine elastische Nachfrage. Unter diesen Bedingungen führen Preiserhöhungen zu einem Umsatzrückgang.

Über die Preiselastizität der Nachfrage auf Luftverkehrsmärkten liegen zahlreiche Untersuchungen vor. Im Allgemeinen wird die Nachfrage der Geschäftsreisenden als eher unelastisch, die Nachfrage der Privatreisenden als eher elastisch eingestuft. Dabei ist jedoch weiter zwischen den einzelnen Marktsegmenten zu unterscheiden. Beispielsweise hängt die Preiselastizität der Nachfrage von den Substitutionsmöglichkeiten durch Bahnverkehre ab, so dass auf Kurzstrecken oftmals eine höhere Preiselastizität der Nachfrage vorliegt als auf Mittelstrecken oder Langstrecken.

Tabelle 6.2: Preiselastizität der Nachfrage im Luftverkehr gemäß unterschiedlicher Studien[52]

	Geschäftsreisende	Privatreisende
Kurzstrecke	0,6 – 0,8	1,3 – 1,75
Langstrecke	0,2 – 0,5	0,6 – 1,7

Einen Überblick über die in verschiedenen Studien ermittelten Werte für die Preiselastizität der Nachfrage gibt Tabelle 6.2. Eine besonders große Spannbreite zwischen den verschiedenen Untersuchungen ist für Privatreisende auf Langstrecken gegeben. Der Medianwert verschiedener Studie liegt ziemlich genau bei 1, d. h. an der Grenze zwischen der elastischen und der unelastischen Nachfrage.

---

[52] Vgl. Gillen / Morrison / Stewart (2002).

Bei der Interpretation von Preiselastizitäten auf Luftverkehrsmärkten sind einige methodische Aspekte zu beachten:

- Im Unterschied zu vielen Gütermärkten existiert auf Luftverkehrsmärkten kein einheitlicher Preis, sondern im Rahmen des Yield Managements werden vielfältige Preisdifferenzierungen eingesetzt (siehe hierzu ausführlich Kapitel XII).

- Die Preiselastizität der Nachfrage wird im theoretischen Modell unter ceteris paribus Bedingungen ermittelt, d. h. unter sonst gleichen Umständen. Technisch gesprochen beschreibt die Preiselastizität der Nachfrage Bewegungen auf einer gegebenen Nachfragekurve bei Veränderungen des Preises. In der Realität kommt es jedoch oftmals zu Verschiebungen der Nachfragefunktion, beispielsweise kann eine politische Krise in einem bestimmten Land zu Nachfragerückgängen führen, sodass gleichzeitig der Preis und die nachgefragte Menge sinken. Bei empirischen Analysen müssen diese beiden Effekte getrennt voneinander betrachtet werden.

- Da es sich bei der Luftverkehrsnachfrage um eine derivative Nachfrage handelt, führen auch Preisänderungen bei anderen Gütern zu Veränderungen der Luftverkehrsnachfrage. Von Bedeutung sind hier beispielsweise die Hotelpreise in einem Urlaubsland und darüber hinaus das Preisniveau in diesem Land, das aus der Perspektive des Reisenden ggf. auch durch die Entwicklung des Wechselkurses beeinflusst wird. Besonders deutlich wird dieser Zusammenhang bei Pauschalreisen, bei denen zwar ebenfalls eine Preiselastizität der Nachfrage berechnet werden kann, der Flugpreis jedoch für den Kunden „unsichtbar" in den Gesamtreisepreis eingeht.

- Auf wettbewerblichen Märkten ist zu unterscheiden zwischen der Nachfrage auf dem Gesamtmarkt und der Nachfrage, die auf ein einzelnes Unternehmen entfällt. Dies sei am Beispiel eines Duopol-Marktes verdeutlicht, auf dem zwei Anbieter in der Ausgangslage ein ähnliches Produkt zu einem identischen Preis anbieten. Wenn auf diesem Markt überwiegend Geschäftsreisende das Gut Flugreise nachfragen und die Substitutionsmöglichkeiten begrenzt sind, so ist von einer geringen Preiselastizität der Nachfrage auf dem Gesamtmarkt auszugehen. Eine parallele Preiserhöhung der beiden Anbieter um denselben Prozentsatz würde nur zu einem geringen Nachfragerückgang führen.

Anders sieht es bei der isolierten Preiserhöhung eines Anbieters aus, als deren Folge ein großer Teil der Nachfrager zu dem anderen Anbieter wechseln kann, d. h. aus der Sicht des einzelnen Anbieters eine elastische Nachfrage vorliegt. Die Ursache hierfür ist, dass die Nachfrager im ersten Fall zu entscheiden haben, ob sie einen Flug nachfragen, im zweiten Fall hingegen, mit welcher Airline sie diesen Flug antreten.

- Analog lässt sich auch für unterschiedliche Relationen argumentieren. Unterstellt man beispielsweise eine Preiserhöhung auf dem Markt für Flugreisen zwischen Deutschland und Spanien, so dürfte das Ausmaß der Reaktion auch davon abhängen, ob es sich um eine isolierte Preiserhöhung handelt, die nur diesen Markt betrifft, oder ob Flüge auf allen anderen Relationen ebenfalls teurer geworden sind. Bei einer isolierten Preiserhöhung ist von einer elastischeren Reaktion der Nachfrage auszugehen, da ein Teil der Nachfrager auf andere Destination ausweisen wird (z. B. Substitution der Urlaubsreise nach Spanien durch eine Urlaubsreise in die Türkei).

2 Intermodaler Wettbewerb und Substitutionswettbewerb

Wie bereits oben angesprochen, steht der Luftverkehr auf kurzen Strecken im Wettbewerb zu den bodengebundenen Verkehrsträgern Straße und Schiene.[53] Der Luftverkehr ist dabei durch eine deutlich höhere Reisegeschwindigkeit gekennzeichnet, jedoch auch durch einen relativ hohen Zeitbedarf für die Bodenprozesse vor dem Abflug (Check-in, Sicherheitskontrollen, Boarding – siehe hierzu ausführlich Kapitel XIV). Folglich sind Luftverkehrsangebote für besonders kurze Flugdistanzen in aller Regel keine wettbewerbsfähige Option. Mit zunehmender Entfernung nimmt die Attraktivität des Luftverkehrs zu.

Als Obergrenze für eine Wettbewerbsfähigkeit bodengebundener Verkehrsträger wird in der Literatur eine Entfernung von ca. 800 – 1.000 km genannt. Allerdings ist darauf hinzuweisen, dass auch auf Entfernungen über 1.000 Kilometer zahlreiche Reisende den privaten Pkw, den Reisebus oder die Bahn (z. B. spezielle Nachtzüge) nutzen. Beispielsweise gab es im Jahr 2006 rund 4 Millionen Flugreisen zwischen Deutschland und Italien, die Bahn hatte im Italienverkehr in diesem Jahr rund 300.000 Fahrgäste, dies entspricht einem Marktanteil von rund 7 %.[54]

Als derzeit kürzeste Verbindung, die im innerdeutschen Luftverkehr mit größerem Fluggerät bedient wird, kann die Strecke Frankfurt-Stuttgart mit einer Flugdistanz von rund 160 km gelten. Allerdings gibt es auf dieser Strecke nur sehr wenige Quelle-Ziel-Passagiere, rund 90 % der Passagiere auf dieser Relation sind Umsteiger.[55]

In der Abbildung 6.3 ist für ausgewählte innerdeutsche Streckenverbindungen der Zusammenhang zwischen dem Marktanteil des Luftverkehrs[56] und der Reisezeit der Bahn (kürzest mögliche Verbindung) gezeigt.

Allgemein lässt sich der Marktanteil des Luftverkehrs in Abhängigkeit von der Entfernung als eine S-förmige Funktion beschreiben (siehe hierzu die Prinzipskizze in Abbildung 6.4). Die konkrete Form der Funktion ist unter anderem von der Qualität des Angebots der bodengebundenen Verkehrsträger sowie vom Preisverhältnis abhängig.

---

[53] Auf bestimmten Relationen spielt auch der intermodale Wettbewerb mit Fähren eine Rolle. Hiervon soll im Folgenden abstrahiert werden.

[54] Quelle: www.destatis.de, STAT Magazin, Verkehr.

[55] Datenquelle: Statistisches Bundesamt, eigene Berechnungen.

[56] Hierbei sind nur die beiden Verkehrsträger Bahn und Flugzeug berücksichtigt. Daten über die Reisenden mit dem Pkw sind nicht verfügbar.

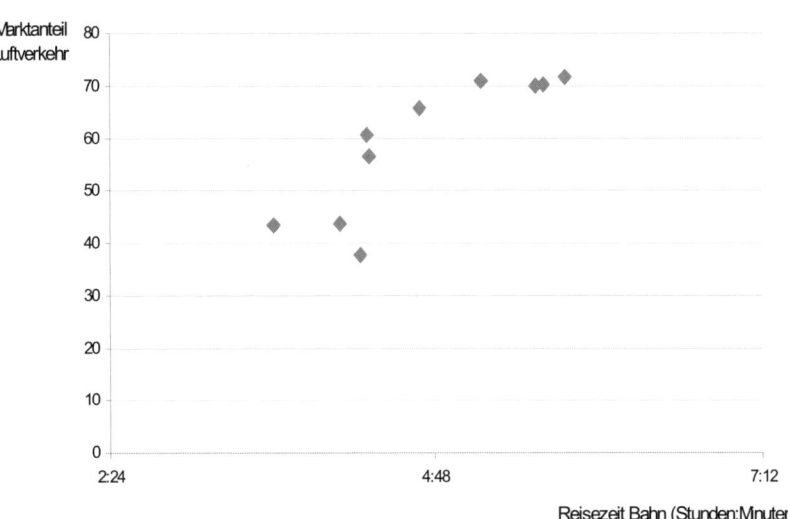

Abbildung 6.3: Zusammenhang zwischen der Reisezeit mit der Bahn und dem Marktanteil des Luftverkehrs im innerdeutschen Verkehr (2005)[57]

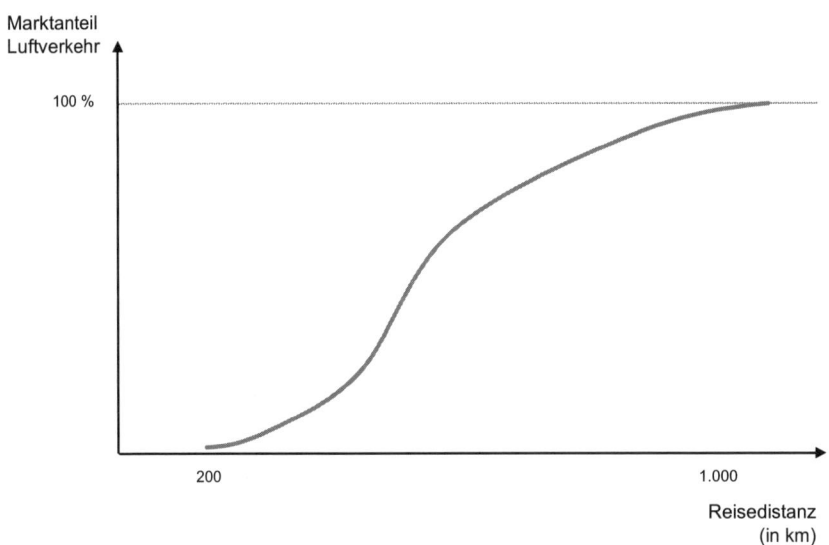

Abbildung 6.4: Allgemeiner Zusammenhang zwischen der Reisedistanz und dem Marktanteil des Luftverkehrs (Prinzipskizze)

---

[57] Datenquelle: Statistisches Bundesamt (Marktanteile), Deutsche Bahn (Reisezeit).

In den vergangenen Jahren sind auf Kurzstreckenmärkten zwei wesentliche Trends zu beobachten:

- **Ausbau des Hochgeschwindigkeitsnetzes im Schienenverkehr**
  Durch Investitionen in die Schienenverkehrsinfrastruktur konnten auf zahlreichen Relationen die Reisezeiten im Bahnverkehr erheblich verkürzt werden. In der ersten Hälfte der 1990er Jahre wurden insbesondere die innerdeutschen Ost-West-Verbindungen verbessert. Beispielsweise betrug unmittelbar nach der deutschen Wiedervereinigung die Reisezeit auf der Relation Berlin-Hamburg im Schienenverkehr rund dreieinhalb Stunden, auf der Relation Berlin-Frankfurt sogar über sieben Stunden. Mittlerweile konnten die Reisezeiten auf unter zwei Stunden (Berlin-Hamburg) bzw. rund dreieinhalb Stunden (ICE „Sprinter" auf der Strecke Berlin-Frankfurt) gesenkt werden. Die Luftverkehrsverbindung zwischen Berlin und Hamburg wurde daher im Jahr 2002 aufgegeben. Im Jahr 2008 hat die Lufthansa die Bedienung der Strecke Frankfurt-Köln/Bonn eingestellt, auf der bereits zuvor nur wenige Quelle-Ziel-Passagiere unterwegs waren.
  In den kommenden Jahren ist mit einer deutlichen Beschleunigung des grenzüberschreitenden Schienenverkehrs zu rechnen. So soll die Reisezeit zwischen Frankfurt und Paris von sieben Stunden (1995) auf rund vier Stunden (2010) gesenkt werden, auf der Relation Frankfurt-Brüssel ist eine Verringerung von fünf Stunden (1995) auf drei Stunden (2010) geplant.

- **Zunehmende Bedeutung von Low Cost Carriern im innerdeutschen Luftverkehr**
  Seit einigen Jahren haben die Low Cost Carrier im innerdeutschen Luftverkehr neue Marktsegmente erschlossen. Dabei ist zum einen die Passagierzahl auf bestehenden Strecken gestiegen, zum anderen wurden neue Strecken angeboten. Ein Beispiel für einen Passagierzuwachs auf einer bestehenden Strecke ist die Relation zwischen Stuttgart und Berlin (Tegel sowie Schönefeld); die Zahl der Passagiere stieg hier von rund 491.000 im Jahr 2005 auf rund 573.000 im Jahr 2007 (+ 16,7 % in zwei Jahren). Als Beispiel für ein neues Angebot sei die Relation zwischen Karlsruhe/Baden-Baden und Hamburg angeführt, die im Jahr 2007 von rund 33.000 Passagieren genutzt wurde.[58]

Generell ist für den Wettbewerb zwischen dem Luftverkehr und bodengebundenen Verkehrsträgern die Gesamtreisezeit von Bedeutung, die auch als Haustür-zu-Haustür-Reisezeit bezeichnet wird. Zusätzlich zu den allein beim Luftverkehr zu berücksichtigenden Zeiten für Check-in, Sicherheitskontrollen und Boarding sind hier die Wege von und zum Flughafen bzw. Bahnhof von Bedeutung. Während Flughäfen oftmals an den Rändern großer Städte angesiedelt sind, befinden sich Bahnhöfe zumeist im Stadtzentrum. Speziell für Geschäftsreisende können sich hier Reisezeitvorteile des Bahnverkehrs ergeben.

Darüber hinaus ist auf die generell deutlich größere Zahl an Zugangspunkten für den Schienenverkehr hinzuweisen. Auf Kurzstrecken ist der Luftverkehr folglich nur auf solchen Relationen eine Option, auf denen sowohl der Ausgangs- als auch der Zielort der Reise über einen Flughafen verfügen (z. B. Köln-München oder Frankfurt-Berlin). Für eine Reise zwi-

---

[58] Datenquelle: Statistisches Bundesamt.

schen beispielsweise Lübeck und Magdeburg existiert keine sinnvolle Reisemöglichkeit mit dem Flugzeug.

Weitere Determinanten der Verkehrsmittelwahl sind im Folgenden überblicksartig dargestellt:

- **Nutzung der Reisezeit und Komfort**
  Sieht man von eventuell erforderlichen Umsteigevorgängen ab, so besitzt die Bahn im Vergleich zum Luftverkehr den Vorteil, dass die Reisezeit ununterbrochen in einem Abteil oder Waggon verbracht werden kann, sodass längere Arbeits- oder Rekreationsphasen eingeplant werden können. Demgegenüber ist die Flugreise mehrfach unterbrochen und der Passagier muss zahlreiche Wege zurücklegen.

- **Bedienungshäufigkeit (Frequenz) und Bedienungszeiten**
  Speziell für Geschäftsreisende ist die Flexibilität, die durch eine hohe Frequenz des Flug- bzw. Bahnangebots ermöglicht wird, eine wesentliche Entscheidungsdeterminante. Darüber hinaus kann es in bestimmten Fällen von Bedeutung sein, zu welcher Zeit der Zielort frühestens erreicht bzw. spätestens verlassen werden kann.

Als **Substitutionswettbewerb** lässt sich mit Blick auf den Luftverkehrsmarkt die Möglichkeit beschreiben, dienstliche Aufgaben auch ohne Reiseaktivität zu erledigen. Die so genannte **Substitutionsthese** besagt, dass der technische Fortschritt im Bereich Videokonferenzen in zunehmendem Maße persönliche Kontakte und damit (Flug-)Reisen überflüssig macht. Demgegenüber steht die **Komplementaritätsthese**, nach der die neuen technischen Möglichkeiten zu einer Intensivierung der weltweiten Arbeitsteilung führen, bei der sich ein gewisses Ausmaß an persönlichen Kontakten nicht vermeiden lässt bzw. sich sogar als vorteilhaft erweist. Zwar ist nicht auszuschließen, dass die Häufigkeit von Reisen für eine gegebene Geschäftsbeziehung aufgrund der neuen technischen Möglichkeiten abnimmt, gleichzeitig kommt es jedoch bedingt durch die verbesserten Möglichkeiten der Zusammenarbeit zu einer erhöhten Zahl von Geschäftsbeziehungen mit weit entfernten Partnern.

In den vergangenen Jahren ist sowohl eine zunehmende Verbreitung von Videokonferenzen als auch ein anhaltendes Wachstum des Geschäftsreiseverkehrs zu beobachten. Dies spricht tendenziell eher für die Komplementaritäts- denn für die Substitutionsthese.

3 Schwankungen der Nachfrage im Zeitablauf

Die Nachfrage im Luftverkehr ist vielfältigen Schwankungen unterworfen, die für die Luftverkehrsgesellschaften spezifische Herausforderungen bei der Flugplanung und dem Yield-Management mit sich bringen. Als regelmäßige Schwankungen sind tageszeitliche Schwankungen, Schwankungen im Wochenverlauf, saisonale Schwankungen sowie konjunkturelle Schwankungen zu unterscheiden. Darüber hinaus können Sonderfaktoren (z. B. Großveranstaltungen, Messen) zu Nachfrageschwankungen führen. Im Folgenden werden diese Schwankungen und ihre Ursachen genauer dargestellt.

Tageszeitliche Nachfrageschwankungen treten insbesondere auf Kurzstrecken mit einem hohen Anteil an Geschäftsreisenden auf, die Flüge zu den Tagesrandzeiten bevorzugen. Abbildung 6.5 zeigt einen idealisierten Verlauf der Reisezeitwünsche auf einer überwiegend von Geschäftsreisenden nachgefragten Relation.

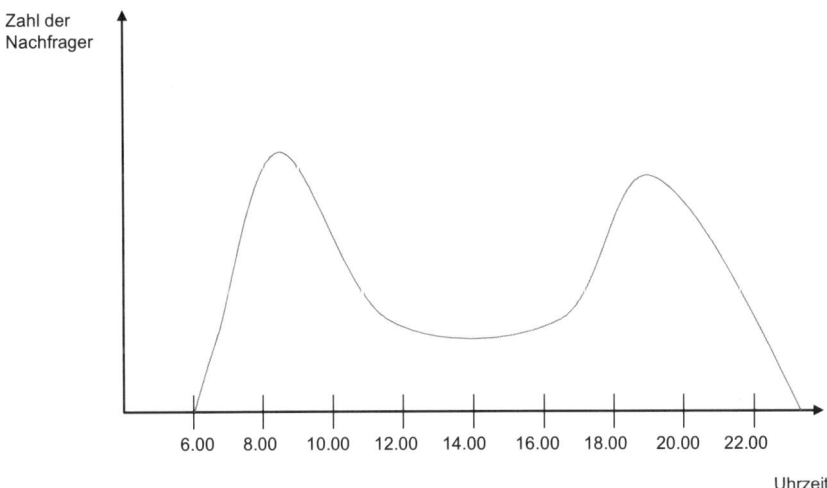

Abbildung 6.5: Tageszeitliche Nachfrageschwankungen im Luftverkehr (Prinzipskizze für einen Kurzstreckenmarkt)

Die Luftverkehrsgesellschaften versuchen, ihr Flugangebot möglichst gut an die Reisezeitwünsche der Nachfrager anzupassen. Aktionsparameter der Airlines sind zum einen die Zeitpunkte, zu denen die Flüge angeboten werden sowie zum anderen die Kapazität des jeweils eingesetzten Fluggeräts. Allerdings existieren auch zahlreiche Restriktionen, insbesondere die Verfügbarkeit von Start- und Landerechten (slots), die Abstimmung auf Umsteigeverbindungen sowie die insgesamt begrenzte Verfügbarkeit von Fluggerät. Auf die Herausforderungen bei der Netzplanung ist in Kapitel XII genauer eingegangen. Abbildung 6.6 zeigt beispielhaft die im Rahmen des Flugplans angebotene Kapazität, wobei sich die Abbildung an den Gegebenheiten auf der Strecke Frankfurt/Main – Brüssel orientiert, auf der im Sommer 2008 zwei Anbieter präsent waren.[59]

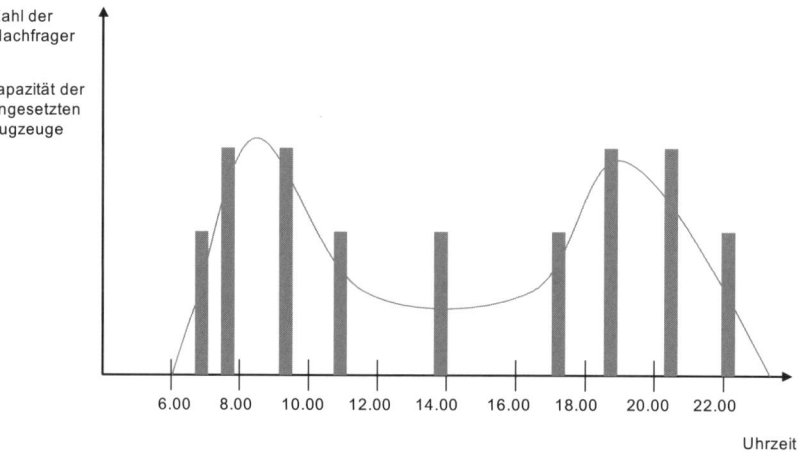

Abbildung 6.6: Gegenüberstellung von tageszeitlichen Nachfrageschwankungen und Flugplan

Im **Wochenverlauf** ist offensichtlich, dass der Geschäftsreisendenverkehr überwiegend an den Werktagen Montag bis Freitag stattfindet. Dies hat zum einen zur Folge, dass diese Tage insgesamt ein höheres Passagieraufkommen aufweisen. Zum anderen ist auch der Anteil der Passagiere in den höheren Beförderungsklassen an den Werktagen höher als am Wochenende. Abbildung 6.7 zeigt beispielhaft die Verteilung der Passagiere auf die einzelnen Wochentage am Beispiel von Relationen, auf denen Geschäftsreisende einen hohen Anteil haben.

---

[59] Allerdings waren die Marktanteile sehr ungleich verteilt, der größere Anbieter (Lufthansa) bot über 80 % der Gesamtkapazität an, sodass für den zweiten Anbieter (SN Brussels) nur ein geringer Marktanteil verblieb.

3 Schwankungen der Nachfrage im Zeitablauf

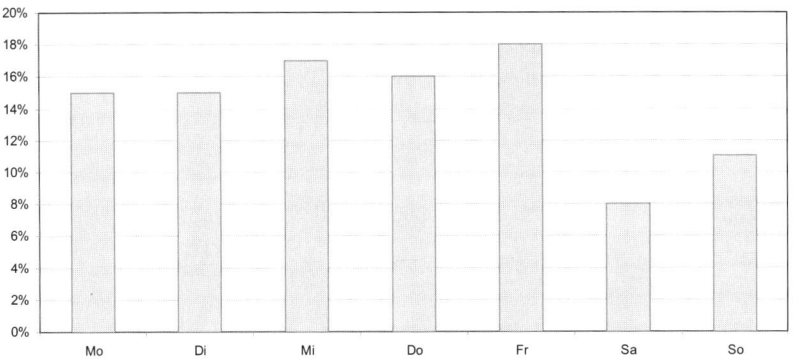

Abbildung 6.7: Passagiere auf Kurzstreckenverbindungen (Linienverkehr) in Nordwesteuropa (1999)[60]

Abbildung 6.8 zeigt die **saisonalen Schwankungen** am Beispiel der Einsteiger auf deutschen Flughäfen im Jahr 2007. Deutlich erkennbar sind der Anstieg der Luftverkehrsnachfrage in den Sommermonaten sowie die geringe Nachfrage in den Monaten Dezember und Januar.

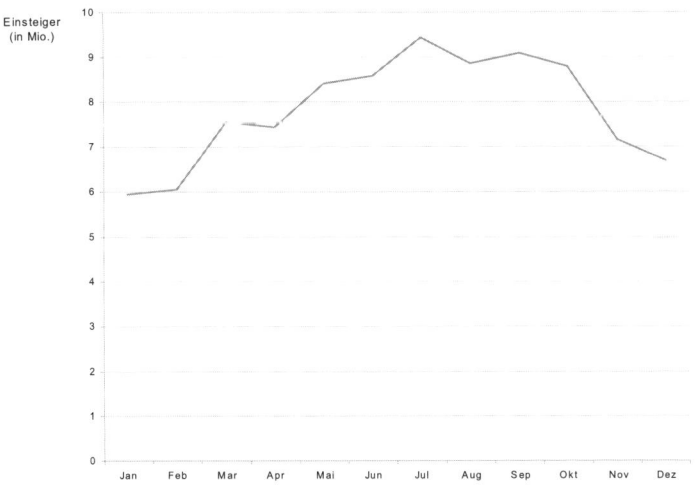

Abbildung 6.8: Saisonale Schwankungen im Luftverkehr am Beispiel des deutschen Marktes (2007)[61]

---

[60] Datenquelle: Stanovsky (2003), S. 58.
[61] Datenquelle: Statistisches Bundesamt.

Die beiden Nachfragegruppen Geschäftsreisende und Privatreisende tragen in unterschiedlichem Ausmaß zu den Nachfrageschwankungen bei. Abbildung 6.9 zeigt die monatlichen Schwankungen in der Zahl der Geschäfts- und der Privatreisenden am Beispiel des Flughafens London-Heathrow.

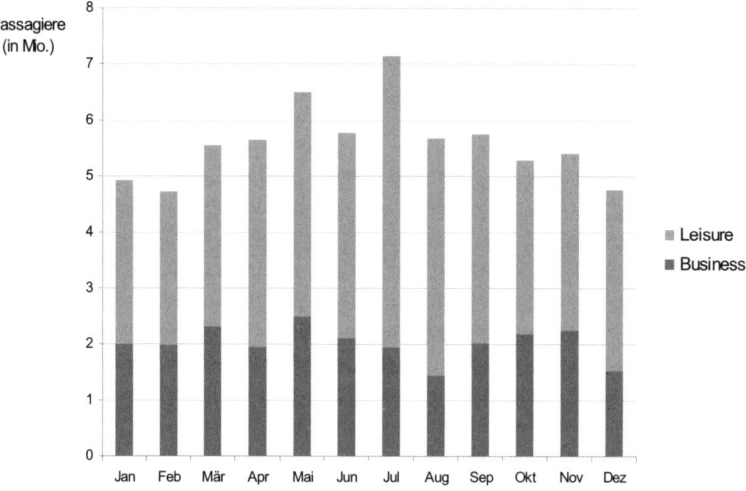

Abbildung 6.9: Zahl der Geschäfts- und der Privatreisenden auf dem Flughafen London-Heathrow im Jahr 2006 (Monatswerte)[62]

Besonders offensichtlich wird der saisonale Effekt beim Vergleich unterschiedlicher Relationen. In Abbildung 6.10 sind die monatlichen Passagierdaten auf den Relationen Frankfurt-Brüssel (als Beispiel für eine überwiegend von Geschäftsreisenden genutzten Strecke) und Frankfurt-Palma de Mallorca gegenübergestellt (Datenbasis 2007).

---

[62] Datenquelle: CAA Passenger Survey, eigene Berechnungen.

3 Schwankungen der Nachfrage im Zeitablauf

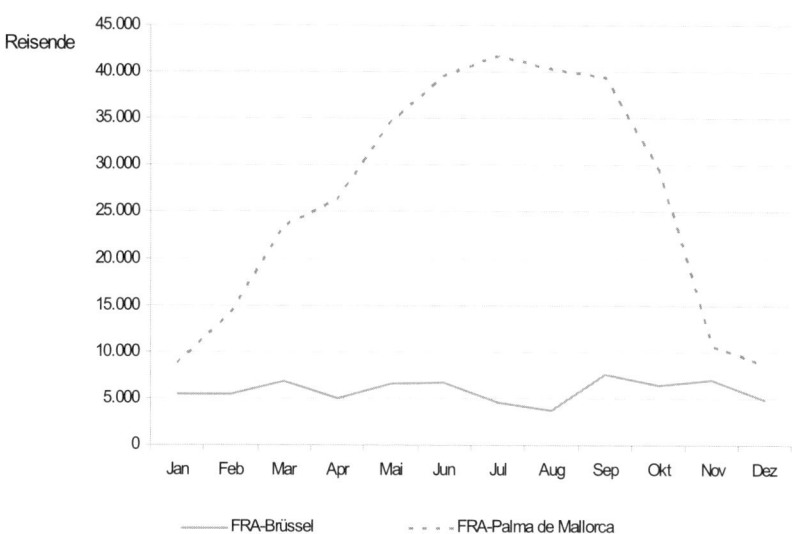

Abbildung 6.10: Monatliche Verteilung der Reisenden am Beispiel typischer Geschäftsreise- bzw. Tourismusrelationen[63]

Die saisonale Verteilung der Reisenderströme hängt wesentlich von der Zielregion ab. Während insbesondere im innereuropäischen Verkehr die Sommermonate die aufkommensstärkste Reisezeit darstellen, kann das Muster bei außereuropäischen Relationen wesentlich abweichen, wie Abbildung 6.11 am Beispiel des Luftverkehrsmarktes zwischen Deutschland und Thailand zeigt.

---

[63] Datenquelle: Statistisches Bundesamt.

Abbildung 6.11: Monatliche Verteilung der Reisenden auf dem Markt Deutschland-Thailand (2007)[64]

Konjunkturelle Schwankungen der Nachfrage folgen dem Zyklus der gesamtwirtschaftlichen Entwicklung. Dabei tragen sowohl Geschäftsreisende als auch Privatreisende zur Konjunkturabhängigkeit des Luftverkehrs bei. Abbildung 6.12 zeigt die Wachstumsraten des weltweiten Bruttoinlandsprodukts (BIP) sowie die Wachstumsrate des Weltluftverkehrs.

---

[64] Datenquelle: Statistisches Bundesamt.

3 Schwankungen der Nachfrage im Zeitablauf

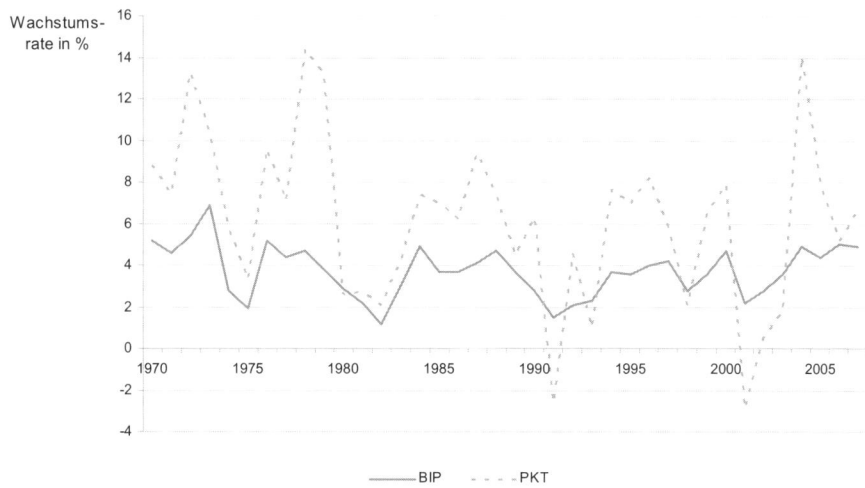

Abbildung 6.12: Wachstumsraten des weltweiten Bruttoinlandsprodukts und der Verkehrsleistung (Passagierkilometer) zwischen 1970 und 2007[65]

Über den Zusammenhang zwischen der Entwicklung der Weltkonjunktur und der Luftverkehrsnachfrage lassen sich die folgenden Aussagen treffen:

- Generell besteht ein enger Zusammenhang zwischen der wirtschaftlichen Entwicklung und der Luftverkehrsnachfrage. Dabei ist die Luftverkehrsentwicklung generell volatiler, d. h. durch vergleichsweise stärkere „Ausschläge" gekennzeichnet.
- Die Wachstumsraten des Luftverkehrs lagen, von einigen wenigen Jahren abgesehen, stets oberhalb der Wachstumsraten der Weltwirtschaft.
- Bislang gab es erst zwei Jahre, in denen die Luftverkehrsnachfrage absolut zurückgegangen ist. Dabei handelt es sich um die Jahre 1991 (erster „Golfkrieg" der USA zur Befreiung Kuwait) sowie 2001 (Terroranschläge des 11. September).
- Starke Einbrüche der Luftverkehrsnachfrage gab es darüber hinaus während der beiden „Ölkrisen" 1973 und 1979. Der Luftverkehr war hier gleich zweifach betroffen, da zum einen der Produktionsfaktor Öl deutlich teurer wurde, zum anderen die steigenden Ölpreise zu einer weltweiten Rezession und damit zu Nachfragerückgängen führten.

Besondere Ereignisse tragen ebenfalls zu Schwankungen der Luftverkehrsnachfrage im Zeitablauf bei. Dabei kann zwischen einmaligen Ereignissen und regelmäßigen Ereignissen unterschieden werden. Zu den Ereignissen, die regelmäßige Schwankungen der Luftverkehrsnachfrage hervorrufen, gehören große Messen. Beispielsweise führt die Hannover-

---

[65] Datenquelle: ICAO (PKT) und IMF (BIP).

Messe regelmäßig zu einem überdurchschnittlichen Passagieraufkommen auf innerdeutschen sowie innereuropäischen Quelle-Ziel-Flügen von und nach Hannover.

Bei einmaligen Ereignissen kann zwischen solchen Ereignissen, die für Passagiere und Airlines lange im Voraus planbar sind und solchen, die vergleichsweise kurzfristig eintreten unterschieden werden. Als Beispiel für planbare Verkehrsspitzen infolge von Großereignissen können Olympische Spiele oder Fußball-Weltmeisterschaften angeführt werden. Ein konkretes Beispiel für nicht vorhersehbare Nachfragespitzen sind die Trauerfeierlichkeiten anlässlich des Todes von Papst Johannes Paul II. in Rom, die zu einem starken Anstieg der Reisenachfrage führten.

4 Krisenbedingte Nachfrageeinbrüche

Die Luftverkehrsnachfrage reagiert besonders stark auf Krisenereignisse. An erster Stelle sind hier terroristische Anschläge zu nennen; aber auch sonstige Ereignisse können einen Einfluss auf die Luftverkehrsnachfrage haben. Im Folgenden sind einige Beispiele für krisenbedingte Nachfragerückgänge aufgeführt:

- Im Jahr 1991 fand, wie bereits im vorherigen Unterkapitel erwähnt, der erste „Golfkrieg" statt. Für die Luftverkehrsnachfrage erwiesen sich in diesem Jahr sowohl die weltweite Rezession als auch die Angst vor Terroranschlägen im Zusammenhang mit dem Krieg im Nahen Osten als maßgebliche Ursachen für den Nachfragerückgang.

- Die Anschläge des 11. September 2001 sind ein besonders gravierendes Beispiel, wie der Luftverkehr (und darüber hinaus die Zivilbevölkerung) durch terroristische Anschläge gefährdet sind. Im Jahr 2001 ging der Luftverkehr weltweit um 2,9 % gegenüber dem Vorjahr zurück, wobei der Verkehr innerhalb der USA sowie von und nach den Vereinigten Staaten am stärksten betroffen war. Im Oktober 2001 gab es im Nordatlantikverkehr rund ein Drittel weniger Passagiere als im Oktober 2000. Auf den innereuropäischen Märkten betrug der Nachfrageeinbruch immerhin rund 10 – 15 %.

  Bei der Interpretation der Daten des Jahres 2001 ist auch zu berücksichtigen, dass unmittelbar nach den Anschlägen des 11. September in den USA ein mehrtägiges Flugverbot ausgesprochen wurde, sodass die gesunkene Passagierzahl nicht allein durch Nachfragerückgänge verursacht wurde.

- Die SARS-Epidemie, die im April 2003 in China und einigen anderen asiatischen Staaten ausgebrochen ist, hat zu einem starken Rückgang der Passagiere in dieser Region geführt

4 Krisenbedingte Nachfrageeinbrüche

(Furcht vor Ansteckung). Auf dem Flughafen Hongkong wurden im April 2003 rund 70 % weniger Passagiere als im selben Monat des Vorjahres gezählt. In Taipei, Jakarta und Singapur lag der Rückgang des Passagieraufkommens ebenfalls über 50 %. Gegenüber dem Jahr 2002 ging der Linienverkehr zwischen Europa und Asien im Jahr 2003 um rund 5 % zurück.

- Im Jahr 2003 hat der Beginn des zweiten „Golfkriegs" zu einem Nachfragerückgang geführt, da zahlreiche Passagiere Terroranschläge befürchteten.

Generell stellt sich die Frage, inwieweit Nachfragerückgänge aufgrund von Krisenereignissen temporären oder dauerhaften Charakter haben. Um diese Frage zu beantworten, kann die tatsächliche Luftverkehrsentwicklung mit dem prognostizierten Trend verglichen werden, der ohne das Krisenereignis zu erwarten gewesen wäre.

Liegt ein lediglich temporärer Effekt vor, so wird der krisenbedingte Nachfragerückgang zu einem späteren Zeitpunkt durch höhere Wachstumsraten wieder „aufgeholt" und die alte Trendlinie wieder erreicht. Ein solches Muster lässt sich beispielsweise für die SARS Epidemie beobachten.

Die Anschläge des 11. September 2001 hingegen haben die Entwicklung des Luftverkehrs dauerhaft beeinträchtigt. In den Jahren 2002 und 2003 hat der weltweite Luftverkehr weitgehend stagniert. Im Jahr 2004 kam es zwar zu einem sehr starken Wachstum, es ist jedoch nicht davon auszugehen, dass die Nachfrageausfälle in den kommenden Jahren vollständig kompensiert werden. Abbildung 6.13 und Abbildung 6.14 zeigen schematisch die beiden Extremfälle eines lediglich temporären sowie eines dauerhaften Kriseneffekts.

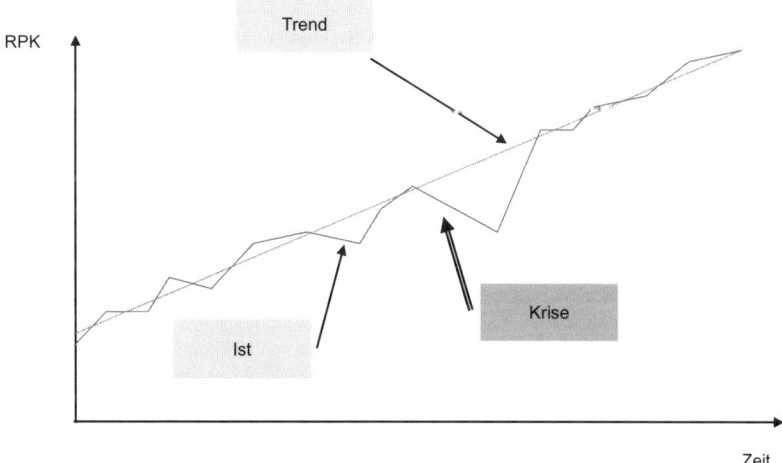

Abbildung 6.13 Krise mit temporärem Nachfragerückgang (kurzfristige Trendabweichung)

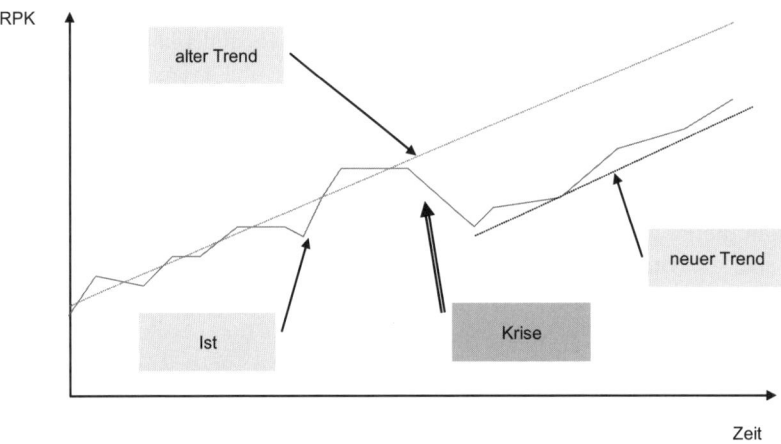

Abbildung 6.14: Krise mit dauerhaftem Nachfragerückgang (Trendverschiebung)

5 Nachfrageprognosen

5.1 Grundlagen zu Prognosegrößen und Prognosemethodik

Wie in jeder Branche, in der langfristige Investitionsentscheidungen getroffen werden müssen, sind auch im Luftverkehr Prognosen von zentraler Bedeutung. Dabei stehen für die einzelnen Beteiligten im Luftverkehrssystem jeweils unterschiedliche Aspekte im Mittelpunkt des Interesses.

- Für die Airlines sind insbesondere die Passagierzahlen auf ihren jeweiligen Märkten die wesentliche Prognosegröße. Hieraus lässt sich der zukünftige Bedarf an Produktionsfaktoren (Flugzeuge, Personal) ableiten. Allerdings erfordert eine solche strategische Planung auch Annahmen über die Verteilung der Marktanteile und damit über das Verhalten der Wettbewerber (siehe hier auch Kapitel XII).

- Für die Flughäfen spielt zum einen die Zahl der Passagiere, zum anderen die Zahl der Flugbewegungen eine wesentliche Rolle.

- Für die Dienstleister im Bereich der Flugsicherung sind wiederum die Zahl der Starts und Landungen sowie darüber hinaus die Zahl der Überflüge von besonderer Bedeutung.
- Für die Flugzeugproduzenten geht es letztlich darum, wie viele Flugzeuge einer bestimmten Größenklasse zukünftig benötigt werden. Um hierüber Aussagen treffen zu können, müssen unter anderem die zukünftigen Passagierströme innerhalb und zwischen den einzelnen Verkehrsgebieten prognostiziert werden. Darüber hinaus müssen Erwartungen über die durchschnittliche Einsatzdauer der bereits im Einsatz befindlichen Flugzeuge gebildet werden.

Bei den Prognosemethoden kann in einem ersten Schritt zwischen qualitativen und quantitativen Verfahren unterschieden werden. Quantitative Verfahren bauen auf Vergangenheitswerten auf und schreiben diese in die Zukunft fort. Für vollkommen neue Problemstellungen können daher lediglich **qualitative Verfahren** zum Einsatz kommen. Dabei unterscheidet man allgemein zwischen den folgenden Methoden:

- Expertenurteile (als Befragung von Branchenexperten)
- Marktforschung (als Befragung von Konsumenten)
- Delphi-Studien (als mehrstufiges Verfahren, das Zwischenergebnisse an die Befragten rückkoppelt und auf einen möglichst großen Konsens zwischen den Befragten abzielt)

Bei den **quantitativen Verfahren** kann weiter zwischen einer Trendfortschreibung und ökonometrischen Methoden unterschieden werden.

- Bei einer **Trendfortschreibung** wird die (Verkehrs-)Entwicklung der Vergangenheit in die Zukunft fortgeschrieben. Dabei wird die Zeit als unabhängige Variable betrachtet. Bei den Trends wird insbesondere zwischen einem linearen Trend und einem exponentiellen Trend unterschieden.
  Ein exponentieller Trend unterstellt eine konstante Wachstumsrate, sodass der absolute Zuwachs der Prognosegröße immer weiter zunimmt. Ein exponentieller Trend kann folglich nur für einen vergleichsweise kurzen Zeitraum als geeigneter Ansatz unterstellt werden. Bei einem linearen Trend wird davon ausgegangen, dass der Trend durch eine konstante absolute Veränderung gekennzeichnet ist, die in die Zukunft fortgeschrieben wird. Es kommt folglich zu abnehmenden Wachstumsraten.
  Generell ist der Vorteil der Trendfortschreibung, dass sie vergleichsweise einfach zu handhaben ist. Sie setzt lediglich voraus, dass eine bestimmte Zahl von Vergangenheitsbeobachtungen vorliegt und diese eine gewisse Regelmäßigkeit (z. B. linearer oder exponentieller Verlauf) aufweisen. Dabei ist darauf zu achten, dass möglichst keine Sonderfaktoren vorliegen. Der Nachteil jeder Trendfortschreibung besteht darin, dass keinerlei Aussagen über kausale Zusammenhänge getroffen werden.
- Bei **ökonometrischen Methoden** wird anhand von Vergangenheitsdaten analysiert, ob ein statistisch signifikanter Zusammenhang zwischen der Prognosegröße und einer oder mehrerer exogener Variablen vorliegt. Beispielsweise kann das Luftverkehrsaufkommen in einer Region von den Preisen der Luftverkehrsleistungen und dem Bruttoinlandsprodukt in der Region abhängen. Mithilfe ökonometrischer Methoden wird der quantitative Zusammenhang zwischen diesen beiden exogenen Größen und der endogenen Größe bestimmt. Ein wesentlicher Vorteil ökonometrischer Prognoseverfahren liegt darin, dass

für die exogenen Variablen unterschiedliche Annahmen getroffen werden können, beispielsweise lässt sich berechnen, welches zukünftige Luftverkehrsaufkommen bei einem durchschnittlichen Wachstum des Bruttoinlandsprodukts von einem, zwei oder drei Prozent zu erwarten ist.

5.2 Ausgewählte Luftverkehrsprognosen im Überblick

Die beiden großen Hersteller von Verkehrsflugzeugen, Airbus und Boeing, erstellen Prognosen über die zukünftige Entwicklung des weltweiten Luftverkehrs. Dabei beträgt der Prognosehorizont in der Regel 20 Jahre. Die Prognosen werden jeweils im Abstand von mehreren Jahren überarbeitet. Sowohl bei der Airbus- als auch bei der Boeing-Prognose kommen ökonometrische Verfahren zum Einsatz. Im Folgenden sind ausgewählte Ergebnisse der aktuellen Prognosen zusammengestellt (Airbus Global Market Forecast 2007-2026 sowie Boeing Current Market Outlook 2007). Zuvor ist darauf hinzuweisen, dass es sich bei den beiden Flugzeugproduzenten nicht um neutrale Institutionen handelt, sondern dass mit den Prognosen jeweils auch die eigenen Produkte und Entscheidungen in einem günstigen Licht dargestellt werden sollen. Ein wesentlicher Unterschied zwischen den beiden Prognosen sind folglich die Aussagen zu den Marktchancen besonders großer Flugzeugbaumuster, die von Airbus (als dem Hersteller des A 380) wesentlich größer eingeschätzt werden als vom Konkurrenten Boeing.

Beide Unternehmen erwarten insbesondere, dass sich das Wachstum des Weltluftverkehrs zukünftig fortsetzen wird, der asiatische Markt sowie der Markt im Nahen Osten besonders stark wachsen werden und in den bereits hoch entwickelten Luftverkehrsmärkten in Nordamerika und Europa die Wachstumsdynamik etwas nachlassen wird. Tabelle 6.3 zeigt wesentliche Ergebnisse im Vergleich.

Tabelle 6.3: Vergleich der Airbus- und der Boeing-Prognose für das regionale Wachstum des Luftverkehrs (Personenkilometer)

Verkehrsgebiet	Durchschnittliche jährliche Wachstumsrate gemäß Airbus	Durchschnittliche jährliche Wachstumsrate gemäß Boeing
Welt	4,9 % (5,4 % von 2007 bis 2016, 4,4 % von 2017 bis 2026)	5,0 %
Asien	6,1 %	6,5 %
Ozeanien		5,0 %
Mittlerer Osten	6,8 %	5,7 %
Afrika	5,3 %	5,4 %
Lateinamerika	5,7 %	6,2 %
Nordamerika	3,5 %	4,0 %
Europa	4,5 %	4,2 %
GUS	5,6 %	5,4 %

5 Nachfrageprognosen   133

Aufgrund des überdurchschnittlichen Wachstums des Luftverkehrs innerhalb Asiens sowie von und nach Asien werden sich die Gewichte zwischen den einzelnen Luftverkehrsmärkten in den kommenden zwanzig Jahren verschieben. Zwar gehen Airbus und Boeing übereinstimmend davon aus, dass auf der Basis der geleisteten Personenkilometer der nordamerikanische Markt auch im Jahr 2026 noch die weltweite Nummer eins sein wird. Der innereuropäische Luftverkehrsmarkt wird mit einigem Abstand den zweiten Rang einnehmen. Was die Plätze drei und vier angeht, so unterscheiden sich jedoch die Prognosen. Während Boeing den Nordatlantikverkehr als drittgrößten Markt und den innerchinesischen als den viertgrößten Markt ansieht, wird gemäß der Airbus-Prognose der chinesische Inlandsmarkt im Jahr 2026 bereits größer sein als der Transatlantikverkehr. Abbildung 6.15 zeigt die zehn größten Märkte im Jahr 2026 gemäß der Boeing-Prognose[66].

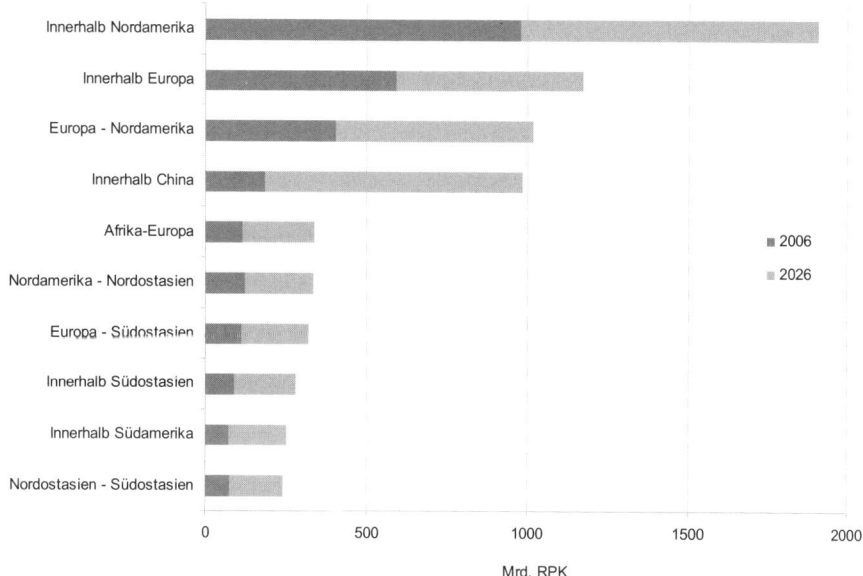

Abbildung 6.15: Verkehrsleistung in den zehn größten Passagiermärkten im Jahr 2026 sowie Vergleich mit dem Jahr 2006[67]

---

[66] Die Angaben in der Airbus- und in der Boeing-Prognose sind teilweise schwer miteinander zu vergleichen, wenn unterschiedliche Abgrenzungen gewählt werden. Beispielsweise wird in der Boeing-Prognose die Region Asien in fünf Subregionen unterschieden. Dabei handelt es sich um China, Ozeanien, Südwestasien (incl. Indien), Nordostasien (Japan und Süd-Korea) sowie Südostasien (Brunei, Indonesien, Kambotscha, Laos, Malaysia, Myanmar, Philippinen, Singapur, Thailand und Vietnam).

[67] Datenquelle: Boeing.

Mit Blick auf die Größe der Flotte stimmen Airbus und Boeing überein, dass auch im Jahr 2026 die nordamerikanischen Gesellschaften die größte Gesamtflotte haben werden, gefolgt von den asiatischen und den europäischen Airlines. Da die asiatischen Luftverkehrsgesellschaften jedoch längere Strecken als die nordamerikanischen und europäischen Airlines bedienen, werden gemäß der Airbus-Prognose die asiatischen Gesellschaften im Jahr 2026 die meisten Personenkilometer erbringen (31 % der weltweiten Verkehrsleistung), gefolgt von den europäischen (27 %) und nordamerikanischen (24 %) Airlines.

Für die deutschen Flughäfen existiert eine Prognose von Intraplan Consult, die im Auftrag der Initiative Luftverkehr erstellt wurde. Gemäß dieser Prognose stiegt die Zahl der Ein- und Aussteiger auf deutschen Flughäfen von 169 Mio. im Jahr 2005 auf 307 Mio. im Jahr 2020. Dies entspricht einem durchschnittlichen jährlichen Wachstum von 4,1 %. Bei diesem Wert handelt es sich um das so genannte Basisszenario, das einen Ausbau großer Flughäfen mit Kapazitätsengpässen unterstellt. Unter Zugrundelegung der bestehenden Kapazitätsrestriktionen (so genanntes Status quo Szenario) beträgt die prognostizierte Passagierzahl für das Jahr 2020 lediglich 286 Mio. Ein- und Aussteiger (Wachstum rund 3,6 % pro Jahr). Dabei wären die beiden Hub-Flughäfen Frankfurt und München am stärksten von diesen Wachstumsbeschränkungen betroffen.

6 Kommentierte Literatur- und Quellenhinweise

Die Besonderheiten der Nachfrage sind in allen gängigen Lehrbüchern zum Luftverkehr behandelt. Insofern kann auf die Literaturquellen zu Kapitel I verwiesen werden.

Aktuelle Überblicksstudien zur Preiselastizität der Nachfrage auf Luftverkehrsmärkten sind

- InterVISTAS (2007), Estimating Air Travel Demand Elasticities, Final Report, Prepared for IATA.
- Gillen, D. / Morrison, W.G. / Stewart, C. (2002), Air Travel Demand Elasticities: Concepts, Issues and Measurement.

Detaillierte Prognosen über die Entwicklung des Luftverkehrs werden jeweils von Airbus und Boeing erstellt:

- Airbus (2006), Global Market Forecast – The Future of Flying 2006 – 2025, Blagnac Cedex.
- Boeing (2008), Current Market Outlook, Seattle.

6 Kommentierte Literatur- und Quellenhinweise

Auch ICAO und IATA veröffentlichen Prognosen, die jedoch einen kürzeren Prognosehorizont haben. Zudem werden für zahlreiche Flughäfen unterschiedlicher Größenklassen Prognosen erstellt, wobei es sich oftmals um Studien handelt, die im Zusammenhang mit Ausbauplanungen erforderlich sind. Exemplarisch seien genannt:

- Intraplan Consult GmbH (2006a), Luftverkehrsprognose 2020 für den Flughafen München, München.
- Intraplan Consult GmbH (2006b), Luftverkehrsprognose 2020 für den Flughafen Frankfurt Main und Prognose zum landseitigen Aufkommen am Flughafen Frankfurt Main, München.
- Airport Research Center / Desel Consulting (2007), Fluggast- und Flugbewegungsprognose für den Flughafen Lübeck bis zum Jahr 2020, Aachen / Niedernhausen.

Speziell für den deutschen Luftverkehrsmarkt sei auf eine Studie hingewiesen, die im Auftrag der Initiative Luftverkehr verfasst wurde:

- Intraplan (2006), Luftverkehrsprognose Deutschland 2020 als Grundlage für den „Masterplan zur Entwicklung der Flughafeninfrastruktur zur Stärkung des Luftverkehrsstandortes Deutschland im internationalen Wettbewerb", München.

Die Anwendung von Prognosemethoden auf den Luftverkehr ist in zwei allerdings schon etwas älteren Werken dargestellt:

- Odenthal, F.W. (1983), Determinanten der Nachfrage nach Personenlinienluftverkehr in Europa – Erfassung, Schätzung und Prognose, Frankfurt/M.
- Taneja, N. (1978), Airline Traffic Forecasting, Lexington, Toronto.

Kapitel VII Produktionsfaktoren

1	**System der Produktionsfaktoren**	**138**
2	**Flugzeuge als Betriebsmittel**	**139**
	2.1 Betriebswirtschaftlich relevante Merkmale von Flugzeugen	139
	2.2 Beschaffung von Flugzeugen (Kauf und Leasing)	144
	2.3 Instandhaltung und Wartung	147
3	**Fliegendes und stationäres Personal**	**148**
4	**Kerosin als Werkstoff**	**151**
5	**Flugsicherungsinfrastruktur**	**152**
6	**Kommentierte Literatur- und Quellenhinweise**	**156**

1 System der Produktionsfaktoren

Produktionsfaktoren sind Güter und Leistungen, die in einem Betrieb für den Prozess der Leistungserstellung und -verwertung eingesetzt werden. Produktionsfaktoren lassen sich in einem ersten Schritt in menschliche Arbeit, Betriebsmittel und Werkstoffe (materielle Produktionsfaktoren) sowie immaterielle Produktionsfaktoren unterteilen. Bei Dienstleistungsunternehmen kommen die Leistungsobjekte als weiterer Produktionsfaktor hinzu.

Der Produktionsfaktor **menschliche Arbeit** umfasst die Gesamtheit der im Betrieb arbeitenden Menschen. Die Arbeitsleistung wird in der betriebswirtschaftlichen Literatur unterschieden in die ausführende (vollziehende) Arbeit und die dispositive (leitende) Arbeit.

In Luftverkehrsunternehmen gehören zur ausführenden Arbeit einerseits das fliegende Personal (Bordpersonal) und andererseits das stationäre Personal (Bodenpersonal). Die Kombination der Produktionsfaktoren stellt eine dispositive Arbeitsleistung dar. Ohne leitende Tätigkeit gelangen die übrigen Faktoren nicht zu sinnvollem wirtschaftlichen Einsatz. Es ist zweckmäßig, aus dem Faktor menschliche Arbeitskraft die dispositive Arbeit als selbstständigen Produktionsfaktor auszugliedern.

Betriebsmittel sind Sachgüter, die nicht beliebig teilbar sind und ein längerfristiges Nutzungspotential verkörpern, z. B. Maschinen, Grundstücke, Gebäude. Zu den Betriebsmitteln zählen im Luftverkehr insbesondere Flugzeuge. Auch die Flughafeninfrastruktur, insbesondere das Start- und Landebahnsystem sowie die Terminals, gehören zu diesem Produktionsfaktor.

Werkstoffe sind beliebig teilbar und werden im Produktionsprozess verbraucht oder verändert, z. B. Kerosin und Schmierstoffe sowie Wasser und Strom.

Um Luftverkehrsdienstleistungen erstellen zu können, benötigen die Fluggesellschaften auch bestimmte Rechte. Hierzu gehören etwa die Linienverkehrsrechte, die auf der Basis bilateraler Luftverkehrsabkommen erteilt werden, sowie die Start- und Landerechte (slots) auf Flughäfen. In der Literatur werden diese Rechte den so genannten **immateriellen Produktionsfaktoren** zugeordnet. Ähnlich wie die Betriebsmittel verkörpern sie ein längerfristiges Nutzungspotential.

Unter **Leistungsobjekten** sind diejenigen Produktionsfaktoren zu verstehen, auf die sich die unmittelbar leistungserstellende Tätigkeit bezieht. Beim Flug sind es Fluggäste, Fracht und Post, an denen die Ortsveränderung vollzogen wird.

Abbildung 7.1 verdeutlicht das System der Produktionsfaktoren im Luftverkehr.

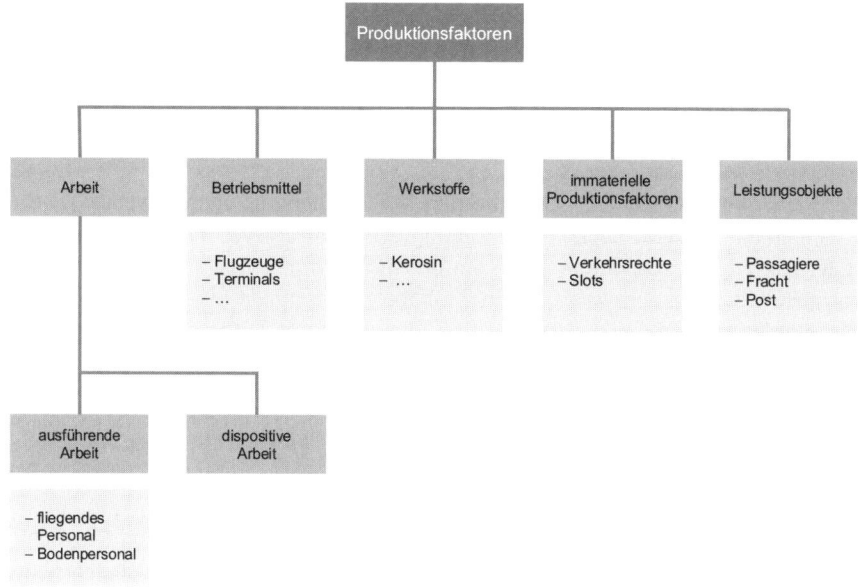

Abbildung 7.1: Systematisierung der Produktionsfaktoren im Luftverkehr

2 Flugzeuge als Betriebsmittel

2.1 Betriebswirtschaftlich relevante Merkmale von Flugzeugen

Flugzeuge[68] können anhand ihrer technischen Merkmale klassifiziert werden. Dabei werden im Folgenden nur solche technischen Merkmale genauer dargestellt, die auch aus betriebswirtschaftlicher Perspektive relevant sind. Zu den üblichen Unterscheidungsmerkmalen gehören:

---

[68] Flugzeuge gehören zur Gruppe der Luftfahrzeuge. Auf weitere Arten von Luftfahrzeugen (z. B. Drehflügler, Motorsegler und Luftschiffe) soll an dieser Stelle nicht eingegangen werden.

- **Antriebsart**
  Bei der Antriebsart wird zwischen dem Jet-Antrieb und dem Turboprop-Antrieb unterschieden. Dabei kommt der Turboprop-Antrieb lediglich bei Regionalflugzeugen zum Einsatz, etwa bei den Modellen ATR42 und ATR72. Airbus und Boeing produzieren ausschließlich Flugzeuge mit Jet-Antrieb.
  Aus betriebswirtschaftlicher Sicht sind zum einen die Betriebskostenunterschiede zwischen den unterschiedlichen Antriebsarten von Bedeutung. Dabei weisen Turboprop-Maschinen auf kurzen Strecken einen geringeren Treibstoffverbrauch auf als Maschinen mit Jet-Antrieb. Zum anderen sind Komfortaspekte von Bedeutung, so empfinden viele Passagiere die vergleichsweise lauten Turboprop-Maschinen als weniger angenehm als Flugzeuge mit Jet-Triebwerk. Zudem sind Flugzeuge mit Turboprop-Antrieb langsamer, sodass die Flugzeit tendenziell länger ist als bei Jets.[69]

- **Zahl der Triebwerke**
  Flugzeuge mit Jet-Antrieb existieren als zwei-, drei- oder vierstrahlige Modelle. Dabei handelt es sich bei den dreistrahligen Flugzeugen um ältere Baumuster (Boeing 727, MD 11, Lockheed L 1011), die nicht mehr produziert werden.
  Die Zahl der Triebwerke ist unter anderem aufgrund der internationalen Regelungen für die maximal zulässige Flugzeit zum jeweils nächstgelegenen (Ausweich-)Flughafen bedeutsam. Für ältere Flugzeuge mit zwei Triebwerken gelten Restriktionen, z. B. im Transatlantikverkehr. Seitdem für moderne zweistrahlige Maschinen eine maximale Entfernung zu möglichen Ausweichflughäfen von drei Stunden (und teilweise mehr) festgelegt wurde (so genannter Extended-range Twin-engine Operation Performance Standard – ETOPS), können die meisten Flüge über die Weltmeere auch mit zweistrahligen Maschinen ohne Umwege durchgeführt werden (z. B. B 777, A 330).
  Bei Flugzeugen mit vier Triebwerken handelt es sich im Wesentlichen um große Langstreckenmaschinen (Boeing 747, Airbus A 380). Eine Ausnahme ist der vierstrahlige Regionaljet Avro RJ (zuvor BAe 146).

- **Gewicht**
  Das maximale Startgewicht eines Flugzeuges (Maximum Take-Off-Weight - MTOW) dient Flughäfen sowie der Flugsicherung als Bemessungsgrundlage für die jeweiligen Entgelte. Die Boeing 737-800 als typisches Kurzstreckenflugzeug hat ein maximales Startgewicht von rund 78 Tonnen. Der Airbus A380-800 kommt auf rund 560 Tonnen.

- **Rumpfform**
  Als Rumpfformen werden üblicherweise Narrowbody und Widebody unterschieden. Bei den Narrowbodies (Standardrumpfflugzeug) beträgt der Rumpfdurchmesser drei bis vier Meter, sodass die Flugzeuge über eine Gangreihe verfügen (single aisle).[70] Bei einem Rumpfdurchmesser von mehr als fünf Metern wird von Widebodies gesprochen (Groß-

---

[69] Generell fliegen alle im gewerblichen Luftverkehr eingesetzten Flugzeuge mit Unterschallgeschwindigkeit. Das einzige (westliche) Überschallflugzeug, die Concorde, ist mittlerweile außer Dienst gestellt.

[70] Bei Regionalflugzeugen kann der Rumpfdurchmesser auch kleiner als 3 Meter sein (z. B. 2,69 m bei den Canadair RegionalJets). Dies wird von den Passagieren oftmals als unkomfortabel empfunden (geringe Kabinenhöhe und begrenzte Möglichkeiten zur Mitnahme von Gepäck in der Kabine).

raumflugzeuge). Hier ist die Rumpfbreite für zwei Gangreihen ausreichend (twin aisle). Für den Airbus A 380, der über zwei durchgehende Passagierdecks verfügt, wird mitunter der Begriff Makrobody verwendet.

- **Einsatzmöglichkeiten**
  Mit Blick auf die Einsatzmöglichkeiten kann unterschieden werden zwischen
  - **Standardflugzeugen**
    Standardflugzeuge dienen primär dem Passagiertransport. Fracht kann im Unterflurladeraum unter der Passagierkabine (Belly) transportiert werden.
  - **Quickchange-Flugzeuge**
    Bei diesen Typen kann die Passagierkabine vergleichsweise schnell in einen Frachtraum umgebaut werden.
  - **Combi-Flugzeuge**
    Diese Flugzeuge verfügen zusätzlich zum Unterflurladeraum über einen weiteren Frachtraum auf dem Hauptdeck hinter der Passagierkabine.
  - **Reine Frachtflugzeuge (Freighter)**

- **Passagierkapazität (Payload)**
  Die Kapazität ist von entscheidender Bedeutung für die wirtschaftlichen Einsatzmöglichkeiten eines Flugzeuges. Dabei verfügen die Airlines über Spielräume bei der Gestaltung der Kabine (Klasseneinteilung und Sitzabstand). Beispielsweise beträgt die Sitzplatzkapazität einer Boeing 737-800 bei American Airlines 148 Plätze (Zwei-Klassen-System), bei Air Berlin hingegen 186 Plätze (Ein-Klassen-System). Insbesondere bei Langstreckenmaschinen wie der Boeing 747 sind die Kapazitätsunterschiede zwischen unterschiedlichen Varianten noch größer.

- **Reichweite (Range)**
  Die Reichweite eines Flugzeuges bestimmt, welche Relationen mit einem bestimmten Baumuster als Direktflüge bedient werden können.

Reichweite und Kapazität eines Flugzeuges sind voneinander abhängig. So kann die Reichweite eines Flugzeuges erhöht werden, indem die Kapazität nicht voll ausgenutzt wird. Dieser Zusammenhang wird üblicherweise in einem Nutzlast-Reichweiten-Diagramm (Payload-Range-Diagramm) dargestellt (siehe Abbildung 7.2).

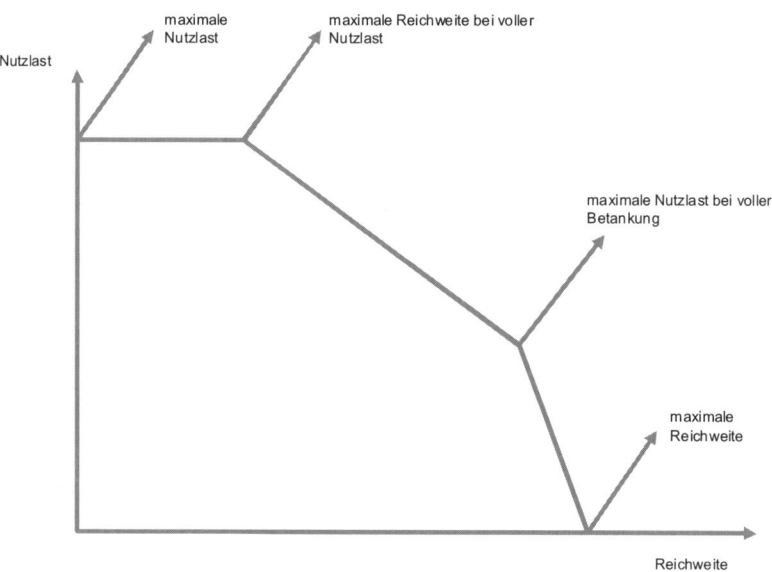

Abbildung 7.2: Nutzlast-Reichweiten-Diagramm (Prinzipskizze)

Generell lassen sich „typische" Kombinationen von Kapazität und Reichweite identifizieren. Flugzeuge mit weniger als 100 Sitzplätzen werden meist als Regionalflugzeuge bezeichnet. Ihre Reichweite beträgt maximal 2.500 km (manche Modelle haben lediglich eine Reichweite von rund 1.000 km). Bei den Flugzeugen mit größerer Kapazität wird zwischen Kurz-, Mittel- und Langstreckenflugzeugen unterschieden, wobei die Unterschiede zwischen den einzelnen Gruppen fließend sind. Typische Langstreckenflugzeuge verfügen über mehr als 200 Sitzplätze, der Airbus A 380 hat eine Standardkapazität von 555 Passagieren bei einer Reichweite von fast 15.000 km. Abbildung 7.3 zeigt übliche Kombinationen von Reichweite und Kapazität am Beispiel der Flotte der Deutschen Lufthansa (ohne Swiss, einschließlich Lufthansa Regional) im Jahr 2008.

Für bestimmte Einsatzzwecke wurden Flugzeuge mit besonderen Kombinationen von Reichweite und Passagierkapazität entwickelt. Auf aufkommensstarken Kurzstreckenrelationen wird in Europa beispielsweise oftmals der Airbus A300-600 eingesetzt, der etwa bei der Deutschen Lufthansa 280 Passagiere befördern kann, dabei jedoch eine relativ geringe Reichweite aufweist (3.400 km). Im japanischen Inlandsverkehr werden teilweise sogar spezielle Versionen der Boeing 747 (Short Range bzw. Domestic) mit einer Kapazität von über 550 Passagieren und einer stark verkürzten Reichweite eingesetzt. Ein anderer Sonderfall sind die so genannten Business Jets, die von der Deutschen Lufthansa[71] beispielsweise im Verkehr zwischen Deutschland und bestimmten US-amerikanischen Flughäfen eingesetzt

---

[71] Die Flugzeuge werden von der Schweizer Gesellschaft PrivatAir im Auftrag der Lufthansa betrieben.

2 Flugzeuge als Betriebsmittel   143

werden.[72] Es handelt sich hier um modifizierte Kurzstreckenflugzeuge (A 319 bzw. Boeing 737), die über eine reine Business-Class Bestuhlung verfügen (Kapazität 44 bzw. 48 Passagiere); die Reichweite liegt bei 8.000 bis 10.000 km.

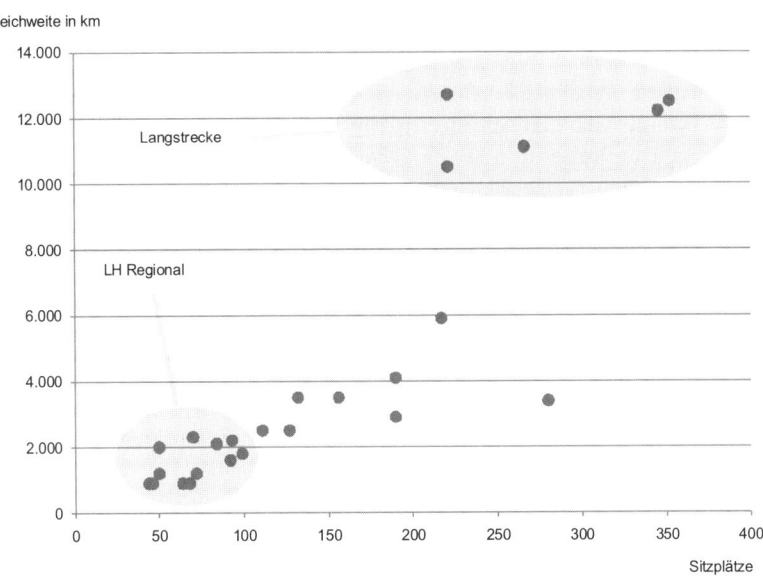

Abbildung 7.3: Flotte der Deutschen Lufthansa gemäß Reichweite und Kapazität (Stand 2008)[73]

Um ein Flugzeug fliegen zu dürfen, benötigen Piloten eine so genannte Musterberechtigung (Type rating). Dabei ist eine parallele Berechtigung für mehrere Flugzeugtypen nicht zulässig. Durch diese Vorschriften wird die Personaleinsatzplanung tendenziell erschwert (siehe das folgende Unterkapitel 3). Um die Flexibilität der Airlines beim Personaleinsatz zu erhöhen, haben zunächst Airbus und später auch Boeing die so genannte Familienkonzeption (auch Kommunalität, Commonality) entwickelt. Die Flugzeugtypen, die zu einer solchen „Familie" gehören, sind hinsichtlich ihrer Bedienung so ähnlich, dass die Piloten nur über eine Musterberechtigung verfügen müssen. Beispiele für Flugzeugfamilien sind die A 320-Familie (A 318, A 319, A 320 und A 321) sowie die Boeing 757 und 767-Familie. Darüber hinaus führen beispielsweise die Ähnlichkeiten zwischen den unterschiedlichen Airbus-Familien dazu, dass Piloten vergleichsweise einfach „umgeschult" werden können („differential training"), d. h. kein komplett neues Type rating erwerben müssen. Auch bei den Wartungskosten wirkt sich die Commonality positiv aus.

---

[72] Auch andere Airlines, etwa KLM, bieten ähnliche Produkte an.
[73] Datenquelle: Lufthansa.

2.2 Beschaffung von Flugzeugen (Kauf und Leasing)

Bei der Beschaffung von Flugzeugen existieren die zwei grundsätzlichen Optionen Kauf und Leasing. Weiter kann unterschieden werden, ob die Flugzeuge neu oder gebraucht beschafft werden.

Der Kauf von neuen Flugzeugen ist für die Airlines mit einem hohen Kapitalbedarf verbunden. Tabelle 7.1 zeigt exemplarisch die Listenpreise ausgewählter Flugzeugbaumuster des Herstellers Airbus. Die Preise für neue Flugzeuge werden grundsätzlich in US $ angegeben. Die tatsächlich gezahlten Preise weichen mitunter deutlich von den Listenpreisen ab. Wesentliche Einflussfaktoren sind dabei unter anderem die Zahl der bestellten Flugzeuge sowie die generelle wirtschaftliche Lage der Luftfahrtindustrie. Der Prozess der Flugzeugbeschaffung ist ausführlich in Kapitel XII dargestellt.

Tabelle 7.1: Listenpreise für ausgewählte Airbus-Flugzeuge (in Mio. US $, Stand Mai 2008)[74]

Modell	Listenpreis (Durchschnitt)
A 318	59,1
A 321	90,3
A 330-300	200,8
A 340-600	249,4
A 380	327,4

Die Marktstruktur ist auf den einzelnen Teilbereichen des Flugzeugmarktes unterschiedlich. Der Markt für Großraumflugzeuge war über lange Jahre das klassische Beispiel für einen Monopolmarkt (Boeing 747). Durch den neu entwickelten Airbus A 380 hat sich hier die Marktstruktur erheblich gewandelt. Im Bereich der Kurz- und Mittelstreckenjets bilden Airbus und Boeing ein Duopol, bei den Regionaljets ist die Anbieterzahl sogar noch größer (Oligopol).

Die einzelnen Flugzeughersteller bieten bestimmte Grundmuster an, die gemäß den Kundenwünschen modifiziert werden können (Customization). Insbesondere können die Flugzeuge mit Triebwerken unterschiedlicher Hersteller ausgestattet werden.[75] Oftmals nehmen einzelne Airlines gezielt Einfluss auf Neuentwicklungen und setzen diese Flugzeuge dann auch als erste ein, man spricht hier von den so genannten launching customern. Allerdings besteht hier ein besonders hohes Risiko von Verzögerung, die jüngsten Beispiele hierfür sind der Airbus A 380 und die Boeing 787.

---

[74] Datenquelle: Airbus.

[75] Bedeutende Triebwerkshersteller für Verkehrsflugzeuge sind CFM, General Electric, International Aero Engines, Pratt&Whitney und Rolls-Royce.

Generell bestehen für neue Flugzeuge Lieferzeiten, die je nach Lage der Airlinebranche mehrere Jahre betragen können. Beim Kauf von Flugzeugen wird zwischen festen Bestellungen und Optionen unterschieden. Durch Kaufoptionen versuchen die Airlines, sich entsprechende Produktionskapazitäten für zukünftig wachsende Märkte zu sichern, ohne eine definitive Kaufverpflichtung einzugehen. Bei Nichtausübung der Option wird allerdings eine vertraglich festgelegte Kompensationszahlung fällig.

Mit zunehmendem Alter eines Flugzeuges steigen die Wartungskosten. Auch haben ältere Flugzeugbaumuster einen höheren Treibstoffverbrauch sowie höhere Lärmemissionen als neuere Modelle. Die Passagiere verbinden eine junge Flotte zudem mit einem hohen Sicherheitsstandard. Für die Airlines ist es demzufolge betriebswirtschaftlich sinnvoll, Flugzeuge ab einem bestimmten Alter durch neuere Modelle zu ersetzen.

Die Flotte der Deutschen Lufthansa Passage (264 Flugzeuge) hatte Ende des Jahres 2007 ein Durchschnittsalter von 12,7 Jahren. Abbildung 7.4 zeigt den Flottenbestand im Sommer 2008, geordnet nach Auslieferungsdatum des Flugzeugs. In den Jahren 2008 bis 2016 ist bei der Lufthansa ein umfangreiches Flottenerneuerungsprogramm geplant.

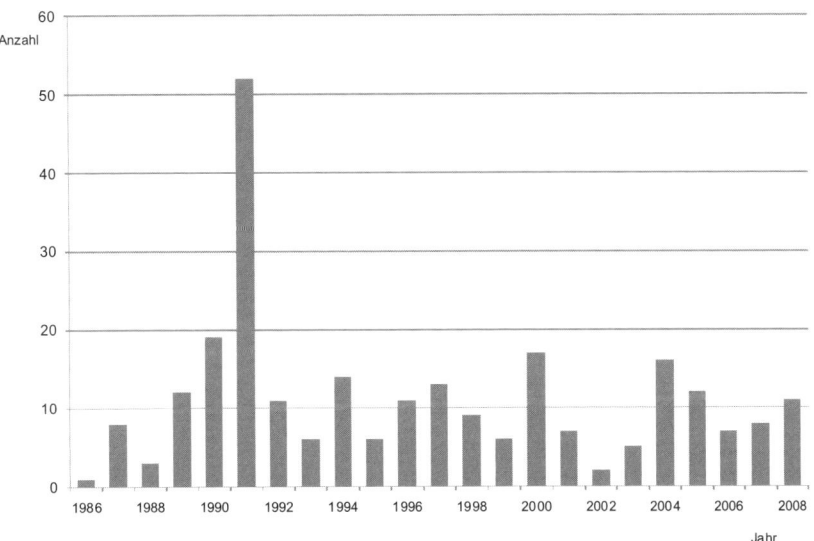

Abbildung 7.4: Altersstruktur der Flotte der Deutschen Lufthansa Passage im Jahr 2008[76]

Der Gebrauchtmarkt ist wesentlich flexibler als der Markt für neue Flugzeuge. Oftmals werden Flugzeuge nach einer bestimmten Nutzungsdauer von etablierten Airlines aus den Industriestaaten an kapitalschwache Gesellschaften in Schwellen- oder Entwicklungsländern verkauft. Aber auch zwischen den Gesellschaften aus den Industriestaaten findet ein Handel

---

[76] Datenquelle: www.planespotters.net.

statt. Mittlerweile sind auch die großen Leasinggesellschaften, die im Folgenden noch genauer dargestellt werden, bedeutende Anbieter gebrauchter Flugzeuge.[77]

Neben dem Flugzeugkauf besitzt das **Flugzeugleasing** eine große Bedeutung. Dabei ist zunächst zwischen dem Finanzierungsleasing und dem so genannten Operating Leasing zu unterscheiden.

Beim **Finanzierungsleasing** handelt es sich um langfristige Leasingverträge (z. B. mit einer Laufzeit bis zu zwölf Jahren), bei denen der Leasingnehmer nahezu alle Eigentümerrechte wahrnimmt und auch faktisch das Investitionsrisiko trägt. Die Flugzeuge werden gemäß IAS 17 vom Leasingnehmer in seiner Bilanz aktiviert. Für das Finanzierungsleasing sprechen insbesondere steuerliche Vorteile[78]. Dabei existieren zahlreiche unterschiedliche Ausgestaltungen, etwa der Japanische Leveraged Leasingvertrag oder das US-Steuer-Leasing.

Eine zweite Form des Leasing im Luftverkehr ist das **Operating Leasing**. Hier ist das Flugzeug wirtschaftlich dem Leasinggeber zuzurechnen, da dieser einen Teil des Investitionsrisikos trägt. Die Laufzeit dieser Leasingverträge ist tendenziell kürzer als beim Finanzierungsleasing.

Die weltweit größten Leasinggesellschaften sind GE Commercial Aviation Service (GECAS) mit über 1.700 Flugzeugen und International Lease Finance Corporation (ILFC) mit rund 900 Flugzeugen. Der Anteil der geleasten Flugzeuge an der weltweiten Gesamtflotte liegt bei über 40 %.

Oftmals können Airlines durch Verträge mit Leasinggesellschaften schneller an neue Flugzeuge gelangen als über den Hersteller, wobei sich die Leasinggesellschaften zur Risikominderung auf „gängige" Flugzeugtypen konzentrieren. Zu den Kunden von Leasinggesellschaften gehören nahezu alle Airlines, wenngleich der Anteil der geleasten Flugzeuge unterschiedlich ist. Beispielsweise besteht die Konzernflotte der Deutschen Lufthansa aus 513 Flugzeugen[79], darunter sind neun Flugzeuge über die eine Finanzierungsleasing-Vereinbarung besteht und 108 die im Rahmen eines Operating Lease eingesetzt werden.

Beim Operating Lease ist zwischen dem **Dry Leasing** und dem **Wet Leasing** zu unterscheiden. Als Dry Leasing wird die alleinige Vermietung des Flugzeuges bezeichnet, das Flugzeug wird unter dem Luftverkehrsbetreiberzeugnis des Mieters betrieben. Beim Wet Leasing wird zusätzlich das Personal ausgeliehen und das Flugzeug unter dem Luftverkehrsbetreiberzeugnis des Vermieters betrieben (vgl. JAR-OPS 1.165).

Die Beteiligten an Leasinggeschäften können in unterschiedlicher Beziehung zueinander stehen:

---

[77] Aufgrund der unterschiedlichen Anforderungen im Passagiermarkt und im Frachtmarkt (z. B. geringere Zahl von Flugstunden im Frachtverkehr) ist es unter bestimmten Voraussetzungen betriebswirtschaftlich sinnvoll, ausgemusterte Passagierflugzeuge zu Frachtmaschinen umzubauen (Konversion). In Deutschland hat sich beispielsweise die Elbe Flugzeugwerke GmbH auf die Konversion von Airbus-Flugzeugen spezialisiert.

[78] Teilweise wurden Flugzeuge über spezielle Flugzeugfonds erworben und dann von den Airlines geleast. Hierbei stehen steuerliche Vorteile eindeutig im Vordergrund.

[79] Stand 31.12.2007. Quelle: Geschäftsbericht.

- Leasingverträge innerhalb eines Konzerns
  Mitunter werden Leasingverträge zwischen Unternehmen abgeschlossen, die demselben Konzern angehören. Beispielsweise hat die Deutsche Lufthansa Passage fünf Regionalflugzeuge an die Lufthansa-Tochtergesellschaft Air Dolomiti vermietet (Stand 31.12.2007).

- Leasingverträge zwischen voneinander unabhängigen Fluggesellschaften
  Hierbei handelt es sich teilweise um kurzfristige Verträge, etwa für eine Flugplanperiode. Andere Verträge haben eine längere Laufzeit. Beispielsweise hat die deutsche Gesellschaft Germania einen großen Teil ihrer Flotte im Rahmen von langfristigen Wet-Lease Verträgen an andere Gesellschaften verleast.

- Spezialisierte Leasinggesellschaften
  Zahlreiche Unternehmen haben sich auf das Leasinggeschäft spezialisiert. Dazu zählen reine Finanzierungsgesellschaften wie GECAS und ILFC (Dry Leasing). Darüber hinaus gibt es Airlines, die keine Flüge unter ihrem eigenen Namen anbieten, sondern ihre Flugzeuge mitsamt Crew ausschließlich an andere Gesellschaften vermieten (Wet Leasing). Ein Beispiel ist die isländische Air Atlanta Icelandic, die über 10 Boeing 747 und zwei Airbus A 300-600 verfügt (Stand 2008). Dieses Geschäftsmodell wird als ACMI (Aircraft, Crew, Maintenance, Insurance) bezeichnet, da sich die Leasingverträge auf alle diese Bestandteile beziehen.

2.3 Instandhaltung und Wartung

Für die Kontrolle, Wartung und Instandhaltung von Flugzeugen existieren feste Vorgaben. Dabei wird zwischen der laufenden Wartung (line maintenance), die parallel zum normalen Einsatz des Flugzeuges erfolgt, und der regelmäßigen umfangreichen Überholung (heavy maintenance) unterschieden.

Die Kontroll- und Wartungsintervalle können für die einzelnen Flugzeugtypen unterschiedlich festgesetzt sein und sich dabei auf die Zahl der absolvierten Flugstunden, die Zahl der Flugzyklen (bestehend aus Start, Flug und Landung) oder die Zeit seit der letzten Wartung beziehen. Vorgeschrieben sind Checks vor jedem Flug („Preflight-Check"), tägliche Checks („Ramp-Check") und wöchentliche Überprüfungen („Service-Checks"). Darüber hinaus finden regelmäßig umfangreichere Kontroll- und Wartungsarbeiten statt, die als so genannte Letter-Checks vom A- bis zum D-Check reichen. Dabei beträgt die Dauer des besonders aufwändigen D-Checks, der etwa alle sechs bis zehn Jahre anfällt, im Normalfall rund vier Wochen. Die planmäßigen Wartungsarbeiten müssen bei der Flugzeugeinsatzplanung entsprechend berücksichtigt werden.

Viele große Luftverkehrsgesellschaften führen die Wartung mit eigenem Personal durch. Beispielsweise werden die Flugzeuge der Deutschen Lufthansa von der konzernangehörigen Lufthansa Technik gewartet, die auch als Dienstleister für andere Airlines tätig ist. Im Jahr 2007 erzielte die Lufthansa Technik über 60 % ihres Umsatzes durch Dienstleistungen für Fremdfirmen. Insbesondere kleinere Airlines entscheiden sich in aller Regel für einen

Fremdbezug der Wartungsdienstleistungen. Neben den größeren Airlines (z. B. Air France/ KLM) sind unabhängige Wartungsbetriebe als Anbieter am Markt aktiv. Zudem bieten die Flugzeug- und Triebwerkshersteller Wartungsleistungen an. Die Wartungsverträge werden auf mittlere bis längere Frist abgeschlossen, z. B. für einen Zeitraum von fünf Jahren. Jeder Instandhaltungsbetrieb benötigt eine Zulassung, die in Deutschland durch das Luftfahrtbundesamt erteilt wird.

3 Fliegendes und stationäres Personal

In einem Dienstleistungsunternehmen wie einer Fluggesellschaft besitzt der Produktionsfaktor Arbeit eine wesentliche Bedeutung. Die Aufgaben des dispositiven Faktors werden insbesondere in Kapitel XII beschrieben. Im Folgenden geht es primär um die ausführende Arbeit.

Für das fliegende Personal existieren vielfältige gesetzliche Regulierungen, die primär aus Sicherheitserwägungen resultieren. Die entsprechenden Vorgaben finden sich in den JAR-FCL-Bestimmungen (Joint Aviation Requirements – Flight Crew Licensing), im Luftverkehrsgesetz (LuftVG), der Luftverkehrszulassungsordnung (LuftVZO) und der Verordnung über Luftfahrtpersonal (LuftPersV). Im Folgenden sind zunächst wesentliche Bestimmungen für das Flugpersonal, d. h. Piloten und Co-Piloten, genannt:

- Grundsätzliche Anforderungen
  Piloten und Co-Piloten müssen im Besitz einer JAR-FCL-Lizenz sein. Voraussetzungen für die Erteilung einer Lizenz sind Altersvorgaben (21 bis 65 Jahre[80]), körperliche und geistige Tauglichkeit, Zuverlässigkeit sowie das Bestehen einer theoretischen und praktischen Prüfung. Die Lizenz ist befristet, die Erfüllung der Voraussetzungen muss in regelmäßigen Abständen erneut nachgewiesen werden.

- Besitz von Berechtigungen
  Piloten müssen im Besitz einer Musterberechtigung für ein bestimmtes Flugzeugbaumuster sein. Für welche Flugzeugbaumuster welche Berechtigung erforderlich ist, ist in Deutschland in der Durchführungsverordnung zur Verordnung über Luftfahrtpersonal (Anlage 1 N) geregelt. Die Berechtigungen sind jeweils ein Jahr gültig, eine Verlängerung setzt voraus, dass entsprechende Flüge mit dem jeweiligen Baumuster durchgeführt wurden. Die meisten Piloten verfügen daher nur über eine oder zwei Musterberechtigungen.

---

[80] Bereits ab einem Alter von 60 Jahren gelten bestimmte Restriktionen.

- Streckenkenntnisse
  Für Piloten ist darüber hinaus vorgeschrieben, dass sie über Kenntnisse der jeweiligen Strecke sowie der anzufliegenden Flughäfen verfügen.

Das Kabinenpersonal besteht aus Flugbegleitern (Stewardessen, Stewards) und dem verantwortlichen Flugbegleiter (Purserette, Purser). Sie sind für die Sicherheit der Passagiere verantwortlich und nehmen darüber hinaus vielfältige Serviceaufgaben wahr. Auch für die Tätigkeit als Flugbegleiter gelten bestimmte Voraussetzungen:

- Grundsätzliche Anforderungen
  Das Mindestalter für Flugbegleiter beträgt 18 Jahre. Durch eine Erstuntersuchung ist die medizinische Flugdiensttauglichkeit festzustellen und es ist durch regelmäßige Schulungen sicherzustellen, dass die Flugbegleiter ihre Aufgaben erfüllen können.
- Einsatzrestriktionen
  Ein Flugbegleiter darf im Regelfall maximal auf drei verschiedenen Flugzeugtypen eingesetzt werden, unter bestimmten Voraussetzungen kann diese Zahl auf vier erhöht werden. Eine Umschulung auf andere Flugzeugtypen ist dabei grundsätzlich jederzeit möglich.

Die Mindestzahl des Kabinenpersonals ist von der Passagierkapazität abhängig (JAR-OPS 1.990). Grundsätzlich muss pro angefangene 50 Sitzplätze jeweils ein Flugbegleiter eingesetzt werden. Dabei muss mindestens die Zahl an Flugbegleitern an Bord sein, mit der im Rahmen der Musterzulassung eine Evakuierung der Passagiere im Notfall nachgewiesen wurde.

Für die Arbeits- und Ruhezeiten des fliegenden Personals existieren exakte rechtliche Regelungen (2. Durchführungsverordnung zur Betriebsordnung für Luftfahrtgerät[81]). Dabei wird zwischen den folgenden Begriffen unterschieden:

- Arbeitszeit ist die Zeit, in der ein Beschäftigter dem Arbeitgeber zur Verfügung steht und seine Aufgaben wahrnimmt. Zur Arbeitszeit zählt auch die so genannte Neutralzeit, in der z. B. theoretische Schulungen stattfinden.
- Blockzeit ist die Zeit zwischen dem Abrollen eines Flugzeuges von seiner Parkposition bis zum Erreichen der Parkposition am Zielflughafen.
- Die Positionierungszeit (Dead-Head-Zeit) ist die Zeit, die ein inaktives Besatzungsmitglied an Bord eines Flugzeuges verbringt, um zum nächsten Dienstort befördert zu werden.
- Bereitschaftszeit ist die Zeit, in der sich das Personal auf Anordnung des Arbeitgebers bereithält.
- Die Flugdienstzeit umfasst die Blockzeit, vorbereitende Arbeiten vor der Blockzeit (mindestens 30 Minuten), Zeit für Abschlussarbeiten nach der Blockzeit (mindestens 15 Minuten) sowie Zeiten in einem Flugübungsgerät. Unter bestimmten Voraussetzungen werden Positionierungszeiten (ganz oder teilweise) sowie Bereitschaftszeiten als Flugdienstzeit angerechnet.

---

[81] Diese Durchführungsverordnung basiert auf europäischen Richtlinien.

- Ruhezeit ist eine zusammenhängende Zeit von mindestens zehn Stunden, während der das Besatzungsmitglied von jeglichen Tätigkeiten befreit ist.
- Für die einzelnen Zeiten gelten unter anderem die folgenden Mindestvorgaben:
- Die maximale jährliche Arbeitszeit (einschließlich Bereitschaftszeit) beträgt 2.000 Stunden. Diese Arbeitszeit soll möglichst gleichmäßig über das Kalenderjahr verteilt werden.
- Die maximale Blockzeit pro Jahr beträgt 900 Stunden.
- Pro Kalendermonat sind mindestens sieben, pro Kalenderjahr mindestens 96 so genannte Ortstage am Wohnsitz des Beschäftigten zu gewähren. Der Ortstag, der von 0.00 bis 24.00 Uhr dauert, ist arbeits- und bereitschaftsfrei.
- Die maximale Flugdienstzeit beträgt 1.800 Stunden pro Kalenderjahr und maximal 210 Stunden innerhalb 30 aufeinander folgender Tage.
- Die Flugdienstzeit zwischen zwei Ruhezeiten darf grundsätzlich höchstens zehn Stunden betragen. Sie kann um bis zu vier Stunden verlängert werden, wobei bestimmte Voraussetzungen erfüllt sein müssen. Darüber hinaus reduziert sich die maximal zulässige Verlängerung, wenn es sich um Flugdienstzeiten während der Nacht handelt oder eine bestimmte Zahl von Starts und Landungen während der Flugdienstzeit überschritten wird.
- Innerhalb einer Periode von 24 Stunden ist mindestens eine Ruhezeit von zehn Stunden zu gewähren. Innerhalb einer Periode von sieben aufeinander folgenden Tagen muss mindestens eine Ruhezeit von 36 Stunden beginnen. Sonderregelungen bestehen, wenn eine bestimmte Zahl von Zeitzonen überschritten wurde.

Die rechtlichen Regelungen stellen Mindestnormen dar, von denen beispielsweise durch tarifvertragliche Bestimmungen zugunsten der Beschäftigten abgewichen werden kann.

Angesichts der detaillierten Regelungen, die oben nur in ihren Grundzügen dargestellt sind, ist offensichtlich, dass es sich bei der Personaleinsatzplanung (Airline Crew Scheduling) um eine außerordentliche komplexe Aufgabe handelt. Hinzu kommt, dass Wünsche der Mitarbeiterinnen und Mitarbeiter (z. B. Gewährung bestimmter freier Tage anlässlich von Familienfesten) nach Möglichkeit berücksichtigt werden sollten. In der Praxis kommen daher spezielle EDV-Programme zum Einsatz, um die entsprechenden Dienstpläne zu generieren. Die Dienstpläne sind dabei bei Unternehmen mit Langstreckenverkehren deutlich komplexer als bei Gesellschaften, die lediglich Kurz- und Mittelstreckenverkehre anbieten.

Piloten und Co-Piloten können sich aufgrund der langen Ausbildungszeiten (die Ausbildung eines Piloten dauert rund zwei Jahre) und der starken Spezialisierung als Engpassfaktor erweisen. Hinzu kommt, dass ein Großteil der Beschäftigten in spezialisierten Gewerkschaften organisiert ist, die ihre Position bereits mehrfach für deutliche Lohnerhöhungen und/oder sonstige Verbesserungen der Arbeitsbedingungen (z. B. zusätzliche Einschränkungen der zulässigen Arbeitszeit) genutzt haben.

Für den Einsatz des Bodenpersonals bringen die im Luftverkehr üblichen zeitlichen Schwankungen ebenfalls Herausforderungen für die Personaleinsatzplanung mit sich. Ein flexibler Personaleinsatz (z. B. Arbeitszeitkorridore) kann dazu beitragen, übermäßige Wartezeiten für die Passagiere während der Verkehrsspitzen ebenso zu vermeiden wie unproduktive Zeiten während der Nachfragetäler. Zudem ist die Teilzeitquote im Bereich des Bodenpersonals, ebenso wie beim fliegenden Personal, vergleichsweise hoch.

Während im Bereich des Kabinenpersonals aufgrund der gesetzlichen Mindestvorgaben nur geringe Spielräume zur Substitution des Faktors Arbeit durch den Faktor Kapital bestehen, haben die Airlines in den vergangenen Jahren umfangreich in automatisierte Bodenprozesse investiert. Beispiele sind Check-in-Automaten sowie das Self-Boarding durch spezielle Boarding-Gates (siehe auch Kapitel XIV).

Abbildung 7.5 zeigt die Personalstruktur einer Airline am Beispiel der Air Berlin, die Ende des Jahres 2007 8.360 Mitarbeiter hatte.

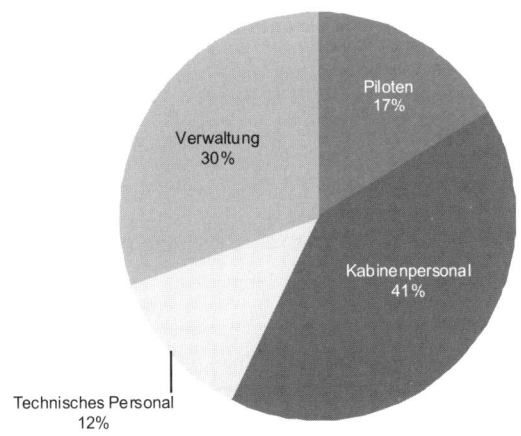

Abbildung 7.5: Personalstruktur einer Airline am Beispiel Air Berlin (Stand 31.12.2007, incl. LTU)[82]

4 Kerosin als Werkstoff

Innerhalb der Gruppe der Werkstoffe ist der Flugzeugtreibstoff Kerosin (die genaue Bezeichnung der Treibstoffspezifikation lautet Jet A-1) von besonderer Bedeutung. Der absolute Kerosinverbrauch ist insbesondere von der Länge der geflogenen Strecke, dem eingesetzten Flugzeugtyp, der Beladung und den Witterungsbedingungen abhängig. Als „repräsentative" Verbrauchswerte für einen Flug von Frankfurt nach London mit einem Airbus A 321-100 können rund 3,3 Tonnen Kerosin, für einen Flug von Frankfurt nach Singapur mit einem Airbus A 340-300 rund 86 Tonnen Kerosin angesetzt werden. Im Jahr 2007 haben beispielsweise die Gesellschaften des Lufthansa-Konzerns rund 8,3 Millionen Tonnen Kerosin ver-

---

[82] Datenquelle: Air Berlin Geschäftsbericht.

braucht. Die Bedeutung des Kerosins für die Kosten von Airlines ist in Kapitel XIII ausführlich analysiert.

Der steigende Kerosinpreis verstärkt die Anreize der Airlines, Möglichkeiten der Treibstoffeinsparung zu nutzen. Die entsprechenden Maßnahmen sind in Kapitel IV im Zusammenhang mit den CO_2-Emissionen bereits dargestellt. Zudem werden Möglichkeiten zur Einnahmensteigerung genutzt, insbesondere in Form von so genannten Kerosinzuschlägen.

Im Unterschied zu den bodengebundenen Verkehrsträgern existieren im Luftverkehr noch keine praktikablen Ansätze, die Abhängigkeit vom fossilen Energieträger Erdöl zu überwinden. Im Jahr 2008 wurde erstmalig der Einsatz von Biotreibstoffen erprobt.

5 Flugsicherungsinfrastruktur

Für die Erbringung von Verkehrsleistungen sind Airlines auf Dienstleistungen der Flughäfen und der Flugsicherung angewiesen. Den Flughäfen ist in diesem Buch das eigene Kapitel VIII gewidmet. Im Folgenden geht es daher allein um die Flugsicherung.

Gemäß § 27c LuftVG dient die Flugsicherung der sicheren, geordneten und flüssigen Abwicklung des Luftverkehrs. Die Flugsicherungsdienstleistungen sind getrennt in den An- und Abflugbereich der Flughäfen sowie die Streckenkontrolle. Bei der Streckenkontrolle wiederum wird zwischen dem unteren Luftraum (bis ca. 7.500 Meter) und dem oberen Luftraum unterschieden.

Für die Streckenkontrolle ist in Deutschland die Deutsche Flugsicherung GmbH zuständig, die sich zu 100 % im Eigentum des Bundes befindet. Aus ökonomischer Perspektive handelt es sich hierbei um ein natürliches Monopol. Die An- und Abflugkontrolle an den jeweiligen Flughäfen ist aus der Perspektive der Airlines als Nutzer ebenfalls eine Monopoldienstleistung. Die DFS führt die An- und Abflugkontrolle an den 17 deutschen Verkehrsflughäfen durch.[83]

---

[83] Die Tower Company, eine Tochtergesellschaft der DFS, ist an neun Regionalflughäfen in Deutschland mit der An- und Abflugkontrolle betraut. An anderen Regionalflughäfen wird diese Aufgabe von den Flughafen-Betreibergesellschaften selbst (z. B. Mannheim) oder von anderen Flugsicherungsgesellschaften, z. B. der österreichischen Austro-Control, wahrgenommen.

> Die Deutsche Flugsicherung GmbH ist im Jahr 1993 aus der Bundesanstalt für Flugsicherung hervorgegangen (Organisationsprivatisierung). Eine geplante Kapitalprivatisierung (mit Sperrminorität des Bundes) scheiterte im Jahr 2006 an Verfassungsbedenken des Bundespräsidenten. Die DFS hat ihren Sitz in Langen/Hessen.

Die Flugsicherung in Europa befindet sich bereits seit mehreren Jahren in einem Umstrukturierungsprozess. Traditionell sind die einzelnen Nationalstaaten für die Flugsicherung über ihrem jeweiligen Territorium zuständig. Dies hat zu einem stark fragmentierten und damit sowohl vergleichsweise teuren als auch begrenzt leistungsfähigen Gesamtsystem geführt. In manchen Ländern erschwert zudem das Nebeneinander von ziviler und militärischer Flugsicherung eine effiziente Organisation der Luftraumnutzung.

Die europäische Flugsicherungsorganisation EUROCONTROL (European Organisation for the Safety of Air Navigation), mit Sitz in Brüssel, wurde im Jahr 1960 gegründet und hat aktuell (2008) 38 Mitglieder. Ziel von EUROCONTROL ist es, ein einheitliches europäisches Flugsicherungssystem aufzubauen. In vielen Bereichen nimmt EUROCONTROL derzeit primär Koordinationsaufgaben wahr. Lediglich im oberen Luftraum über den Benelux-Staaten sowie Norddeutschlands ist EUROCONTROL mit der niederländischen Kontrollzentrale Maastricht auch operativ tätig (Upper Area Control Centre – UAC).

Schon seit vielen Jahren wird das Ziel eines einheitlichen europäischen Luftraums („Single European Sky" - SES) verfolgt. Insbesondere die Airlines drängen auf entsprechende Reformen, damit das Wachstum des Luftverkehrs nicht durch Engpässe im Bereich der Flugsicherung behindert wird. Im Jahr 2004 wurden vier Europäische Verordnungen erlassen, um den einheitlichen europäischen Luftraum voran zu bringen. Es handelt sich dabei um die so genannte Rahmenverordnung (Verordnung (EG) 549/2004) sowie die Flugsicherungsdienste-Verordnung (550/2004), die Luftraum-Verordnung (551/2004) und die Interoperabilitäts-Verordnung (552/2004). Wichtige Bestimmungen sind unter anderem die gegenseitige Anerkennung der Zulassungen von Fluglotsen, die Einrichtung funktionaler Luftraumblöcke (Functional Airspace Blocks – FAB) sowie die Vereinheitlichung der technischen Normen im Bereich der Flugsicherung (Interoperabiliät). Im Jahr 2008 hat die Kommission einen Vorschlag für ein zweites Verordnungspaket zur Weiterentwicklung des einheitlichen europäischen Luftraums vorgelegt.

> Ein Functional Airspace Block (FAB) ist ein Bereich im oberen Luftraum, der unabhängig von nationalen Grenzen einem einheitlichen Luftverkehrsmanagement unterworfen ist. Die Mitgliedstaaten sind durch die europäischen Verordnungen zur Einrichtung von FAB verpflichtet.
>
> Im Rahmen des europäischen Forschungsprogramms zum Flugverkehrsmanagement im einheitlichen europäischen Luftraum (Single European Sky ATM Research Programme = SESAR) soll die Flugsicherung in Europa bis zum Jahr 2020 den ständig steigenden Anforderungen angepasst werden. Dabei sollen die Kapazität verdreifacht, die Sicherheit um den Faktor 10 erhöht, die Umweltverträglichkeit um 10 % pro Flug verbessert und die Kosten für das Flugverkehrsmanagement um 50 % gesenkt werden. Das Unternehmen SESAR ist eine öffentlich-private Partnerschaft im europäischen Flugverkehrsmanagement, das für die Entwicklungsphase von SESAR zuständig ist. Die Errichtungsphase soll im Jahr 2014 beginnen und bis 2020 abgeschlossen sein.

5 Flugsicherungsinfrastruktur

Pünktlichkeit im Luftverkehr

Im Zusammenhang mit den Dienstleistungen der Flugsicherung wird häufig über die (Un-)Pünktlichkeit im Luftverkehr und deren Ursachen diskutiert. Dabei ist zwischen Verspätungen beim Abflug und bei der Ankunft zu unterscheiden, wobei insbesondere die Ankunftsverzögerungen von den Passagieren als negativ empfunden werden. Für die Airlines bedeuten Verspätungen nicht nur unzufriedene Kunden, sondern generell eine Störung der betrieblichen Abläufe. Dies gilt im Grundsatz auch für Flughafenbetreiber.

Für die Frage, ab wann ein Flug als unpünktlich gilt, lassen sich unterschiedliche Grenzwerte festlegen. Als internationale Konvention gilt ein Wert von 15 Minuten. Die meisten Airlines haben in ihre Flugpläne „Zeitpuffer" eingebaut, die sich an den Verzögerungswerten der Vergangenheit orientieren.

Die Ursachen für Verspätungen können vielfältiger Natur sein. Als „natürliche" Ursache sind Witterungsbedingungen zu nennen. Gemäß den Verursachern der Verspätungen kann für einen einzelnen Flug weiter unterschieden werden in Verspätungen aufgrund einer Überlastung des Luftraums (flugsicherungsbedingte Verspätungen), Verspätungen aufgrund von Überlastungen eines Flughafens (flughafenbedingte Verspätungen), Verspätungen aufgrund von Verzögerungen bei den Bodenverkehrsdiensten, Verspätungen aufgrund von technischen Mängeln beim Flugzeug (airlinebedingte Verspätungen) sowie passagierbedingte Verspätungen (z. B. nicht rechtzeitiges Erscheinen am Gate, Notwendigkeit zum Ausladen des Gepäcks bei Nichterscheinen von Passagieren, etc.).

Generell führen Verspätungen bei einem Flug in der Regel zu Folgeverspätungen. Zum einen kann ein Flugzeug, das zu spät an einem Flughafen ankommt diesen in aller Regel nicht zur vorgesehenen Zeit wieder verlassen. Zum anderen wird bei Anschlussverbindungen mitunter die Abflugzeit bewusst verzögert, um verspätete Umsteigepassagiere mitnehmen zu können.

Im Jahr 2007 waren 22,7 % der innereuropäischen Flüge, die von Mitgliedsgesellschaften der AEA durchgeführt wurden, um mehr als 15 Minuten verspätet (Abflugverspätung). Dabei sind die aufkommensstarken Sommermonate durch besonders hohe Verspätungsraten gekennzeichnet, in den Wintermonaten kann es ebenfalls (witterungsbedingt) zu überdurchschnittlichen Verspätungsraten kommen.

Das Ausmaß der Verspätungen ist auf den einzelnen europäischen Flughäfen höchst unterschiedlich. Im Jahr 2007 nahm London-Heathrow mit 35,5 % Verspätungen den Spitzenplatz ein, gefolgt von London-Gatwick, Rom und Dublin. Die geringste Verspätungsquote der von der AEA ausgewiesenen Flughäfen hatte Brüssel mit 16,9 %. Bei den deutschen Flughäfen liegen die beiden Hub-Flughäfen Frankfurt (24,3 %) und München (22,6 %) im europäischen Mittelfeld, Düsseldorf kann mit 17,6 % einen (relativ) sehr guten Verspätungswert aufweisen. Die Dauer der durchschnittlichen Verspätungen reicht von 31,5 Minuten (London-Gatwick) bis 55 Minuten (Larnaca), wobei hier nur die verspäteten Flüge betrachtet sind.

Tabelle 7.2 zeigt die von der AEA ausgewiesenen Gründe für die Verspätungen auf den drei angeführten deutschen Flughäfen.

Tabelle 7.2: Ursachen für Verspätungen (Abflug) auf drei ausgewählten Flughäfen in Deutschland (2007)[84]

	Frankfurt	München	Düsseldorf
Load & Aircraft Handling, Flight Ops.	2,7	1,9	0,9
Maintenance / Equipment failure	2,5	2,0	1,6
Airport & Air Traffic Control	7,9	7,7	6,4
Weather	1,5	1,2	0,7
Reactionary (late arrival)	10,5	10,1	8,3
Gesamt	25,1	22,9	17,9

6 Kommentierte Literatur- und Quellenhinweise

Die Rolle der Produktionsfaktoren im Bereich (Verkehrs-)Dienstleistungen ist allgemein diskutiert bei

- Maleri, R. / Frietzsche, U. (2008), Grundlagen der Dienstleistungsproduktion, 5. Aufl., Berlin u.a.O.
- Diederich, H. (1977), Verkehrsbetriebslehre, Wiesbaden, 4. Kapitel (S. 69–96).

Detaillierte Informationen zu Flugzeugtypen erhält man unter anderem auf den Webseiten der Hersteller sowie in zahlreichen gedruckten Quellen. Besonders weit verbreitet ist

- Jane's all the World's Aircraft (regelmäßig neu erscheinende Zusammenstellung aller Flugzeugtypen).

Speziell zum Thema Flugzeugbeschaffung und Flugzeugleasing
- Clark, P. (2007), Buying the Big Jets, 2. Aufl., Aldershot.
- Wolf, D. (1996), Flugzeugleasing, Erlangen / Nürnberg.

---

[84] Datenquelle: AEA.

6 Kommentierte Literatur- und Quellenhinweise

Die Absicherungsstrategien der Fluggesellschaften gegenüber Kerosinpreissteigerungen sind in den jeweiligen Geschäftsberichten meist ausführlich dokumentiert.

Speziell zur Flugsicherung vergleiche die Jahresberichte der DFS sowie von Eurocontrol.

Weitere empfehlenswerte Publikationen sind:

- Mensen, H. (2004), Moderne Flugsicherung, 3. Aufl., Berlin.
- Cook, A. (Hrsg.) (2007), European Air Traffic Management. Principles, Practice and Research, Aldershot.
- Oster, C. V. / Strong, J. S. (2007), Managing the Skies: Public Policy, Organization and Financing of Air Traffic Management, Aldershot.
- Bachmann, P. (2005), Flugsicherung in Deutschland, Stuttgart.
- Eurocontrol – Performance Review Commission (2006), Evaluation of the Impact of the Single European Sky Initiative on ATM Performance, Brüssel.
- Saß, U. (2005), Die Privatisierung der Flugsicherung: Eine ökonomische Analyse, Göttingen.

Eine ausführliche Darstellung von Ursachen und Ausmaß von Verspätungen im europäischen Luftverkehr findet sich im DLR Luftverkehrsbericht 2006.

Kapitel VIII Flughäfen

1	**Grundlagen**	**160**
	1.1 Arten von Flugplätzen und Flughäfen 160	
	1.2 Funktionen und Aufgaben von Flughäfen 163	
	1.3 Flughafenanlagen und -einrichtungen 164	
	1.4 Voraussetzungen für Anlage und Betrieb 166	
2	**Strukturmerkmale von Flughäfen**	**167**
3	**Flughafenkapazität und Slotvergabe**	**170**
	3.1 Determinanten der Flughafenkapazität 170	
	3.2 Slotvergabe 172	
4	**Intermodalität**	**176**
5	**Geschäftsfelder und Einnahmen von Flughäfen**	**177**
	5.1 Überblick 177	
	5.2 Bereitstellung der Infrastruktur und Flughafenentgelte 179	
	5.3 Bodenverkehrsdienste 183	
	5.4 Non-Aviation-Einnahmen 185	
6	**Wettbewerb, Eigentümerstruktur und Regulierung von Flughäfen**	**186**
	6.1 Wettbewerb zwischen Flughäfen 186	
	6.2 Eigentümerstruktur 188	
	6.3 Flughafenregulierung 192	
7	**Kooperation und Konzentration**	**194**
8	**Volkswirtschaftliche Bedeutung von Flughäfen**	**195**
9	**Kommentierte Literatur- und Quellenhinweise**	**199**

1 Grundlagen

1.1 Arten von Flugplätzen und Flughäfen

Ein Flugplatz ist gemäß ICAO (Annex 14 zum Chicagoer Abkommen) ein festgelegtes Gebiet auf dem Land oder Wasser, einschließlich aller Gebäude, Anlagen und Ausrüstungen, das ganz oder teilweise für Abflug, Ankunft und Bodenbewegungen von Luftfahrzeugen bestimmt ist. Das deutsche Luftverkehrsgesetz unterscheidet in § 6 zwischen Flughäfen, Landeplätzen und Segelfluggeländen, die unter dem Oberbegriff „Flugplatz" zusammengefasst werden (vgl. Abbildung 8.1).

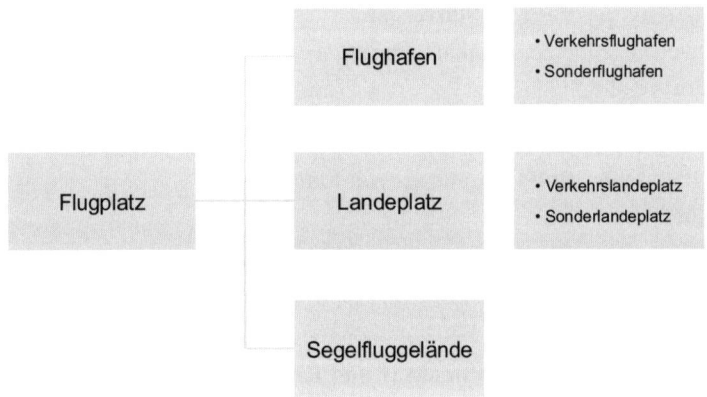

Abbildung 8.1: Unterscheidung von Flugplätzen gemäß LuftVG und LuftVZO

Ein **Flughafen** gemäß LuftVG ist ein Flugplatz, für den ein Bauschutzbereich festzulegen ist, d. h., innerhalb einer bestimmten Entfernung vom Flughafen müssen neue Bauvorhaben unter Luftverkehrssicherheitsaspekten überprüft werden. Flughäfen werden gemäß Luftverkehrszulassungsordnung (LuftVZO) weiter in Verkehrsflughäfen und Sonderflughäfen unterschieden.

Verkehrsflughäfen sind Flughäfen des allgemeinen Verkehrs, d. h. für die Allgemeinheit zugänglich. Für Verkehrsflughäfen besteht eine Betriebspflicht. **Sonderflughäfen** dienen nicht dem allgemeinen Luftverkehr. Der Sonderzweck des Flughafens kann öffentlicher, halböffentlicher oder privater Natur sein. Beispiele für private Sonderflughäfen sind Werksflughäfen von Unternehmen sowie der Flugplatz des Deutschen Zentrums für Luft- und

1 Grundlagen

Raumfahrt (DLR) in Oberpfaffenhofen. Über Art und Umfang der Nutzung sowie die Betriebszeiten von Sonderflughäfen kann der Flughafenbetreiber im Rahmen der Betriebsgenehmigung selbst entscheiden.

Für **Landeplätze** ist die Einrichtung eines Bauschutzbereiches nicht obligatorisch. Landeplätze können als **Verkehrslandeplätze** oder **Sonderlandeplätze** zugelassen werden. Dabei gilt für einen Verkehrslandeplatz ebenfalls eine Betriebspflicht. Beispiele für Verkehrslandeplätze in Deutschland sind Egelsbach, Kiel, Magdeburg, Mannheim und Zweibrücken. Ein Beispiel für einen Sonderlandeplatz ist der Flugplatz des Flugzeugproduzenten Airbus in Hamburg-Finkenwerder.

Als **Segelfluggelände** werden Flugplätze bezeichnet, die ausschließlich durch Segelflugzeuge und nicht selbststartende Motorsegler genutzt werden dürfen.

Neben den Legaldefinitionen des Luftverkehrsgesetzes existieren weitere Unterscheidungsmöglichkeiten. Zum einen wird zwischen **internationalen Verkehrsflughäfen** und **Regionalflughäfen** differenziert. Nach einer Festlegung der Arbeitsgemeinschaft Deutscher Verkehrsflughäfen (ADV) gibt es in Deutschland im Jahr 2008 24 internationale Verkehrsflughäfen, die dadurch gekennzeichnet sind, dass sowohl innerdeutscher Linienverkehr als auch Linien- und Charterverkehr mit dem Ausland angeboten wird sowie eine Mindestzahl an Passagieren pro Jahr diesen Flughafen nutzen. Das Bundesverkehrsministerium und die Deutsche Flugsicherung GmbH hingegen bezeichnen 17 Flughäfen als „internationale Verkehrsflughäfen", da der Bund an diesen Flughäfen ein „verkehrspolitisches Interesse des Bundes" gemäß § 27d LuftVG anerkannt hat. Als Regionalflughäfen werden Verkehrsflughäfen bezeichnet, die nicht den Kriterien für einen internationalen Verkehrsflughafen genügen.

Die Europäische Kommission unterscheidet auf der Grundlage der „Leitlinien für die Finanzierung von Flughäfen" zwischen vier Kategorien:

- Kategorie A: „große Gemeinschaftsflughäfen" mit über 10 Mio. Passagieren jährlich
- Kategorie B: „nationale Flughäfen" mit 5 bis 10 Mio. Passagieren jährlich
- Kategorie C: „große Regionalflughäfen" mit 1 bis 5 Mio. Passagieren jährlich
- Kategorie D: „kleine Regionalflughäfen" mit weniger als 1 Mio. Passagieren jährlich

In der wissenschaftlichen Literatur wird mitunter zwischen **Primär-, Sekundär-, Tertiär- und Quartiärflughäfen** unterschieden. Dabei werden als Primärflughäfen diejenigen Airports bezeichnet, auf denen in erheblichem Maße Umsteigeverkehre angeboten werden. Konkret handelt es sich in Deutschland um die auch als **Hubs** (Drehscheiben) bezeichneten Flughäfen in Frankfurt und München. Sekundärflughäfen dienen zur Luftverkehrsanbindung von Ballungsregionen und verfügen über eine nennenswerte Zahl von Linienverbindungen. Beispiele in Deutschland sind unter anderem die Flughäfen Hamburg und Stuttgart. Als Tertiärflughäfen werden Flughäfen bezeichnet, die im Linienverkehr primär Zubringerfunktionen zu den Hubs erfüllen, beispielsweise Dresden und Münster-Osnabrück. Quartiärflughäfen sind Airports, die überwiegend von Low Cost Carriern angeflogen werden und bei denen es sich in der Regel um ehemalige Militärflughäfen oder Regionalflughäfen handelt (z. B. Frankfurt-Hahn).

Flughäfen, die sich an den besonderen Anforderungen von Low Cost Gesellschaften orientieren, werden oftmals auch als **Low Cost Airports** bezeichnet. Durch Verzicht auf aufwändige Bauten und besondere Serviceleistungen wird hier versucht, die Kernleistungen eines Flughafens mit minimalen Kosten zu erstellen und so niedrige Entgelte für die Kunden zu ermöglichen. Auch Mischformen sind möglich, etwa die Errichtung eines speziellen **Low Cost Terminals** an einem bestehenden Flughafen. Ein Beispiel ist der Flughafen Bremen, wo die irische Low Cost Gesellschaft Ryanair eine ehemalige Lagerhalle kaufte und zum Low Cost Terminal umbaute.

Tabelle 8.1: Abgrenzungsmöglichkeiten für Flugplätze im Überblick

Bezeichnung	Abgrenzungskriterium	Grundlage für Abgrenzung
Flughafen (Verkehrs-/Sonderf.)	Bauschutzbereich zwingend	
Landeplatz (Verkehrs-/Sonderl.)	Bauschutzbereich nicht zwingend	LuftVG, LuftVZO
Segelfluggelände	Nutzung nur durch Segelflugzeuge	
Internationaler Verkehrsflughafen Regionalflughafen	Verkehrswirtschaftliche und verkehrspolitische Bedeutung	Festlegungen der ADV bzw. des BMVBS
Großer Gemeinschaftsflughafen Nationaler Flughafen Großer Regionalflughafen Kleiner Regionalflughafen	Passagierzahl	EU Leitlinien für die Finanzierung von Flughäfen
Primärflughafen Sekundärflughafen Tertiärflughafen Quartiärflughafen	Verkehrswirtschaftliche und verkehrspolitische Bedeutung	
Hub Flughafen	Anteil Umsteigepassagiere, Ausrichtung auf Netzwerkcarrier	
Low Cost Flughafen	Anteil Low Cost Gesellschaften	

1 Grundlagen

1.2 Funktionen und Aufgaben von Flughäfen

Aus verkehrsbetriebswirtschaftlicher Perspektive sind Flughäfen **Knotenpunkte**, an denen eine zeitliche und räumliche Verknüpfung intermodaler sowie intramodaler Verkehrsströme stattfindet.

Die **Kernfunktion** eines Flughafens besteht in der Bereitstellung von Flächen und Anlagen, die den Luftfahrzeugen Starts und Landungen ermöglichen. Man spricht von der **Wegesicherungsfunktion**, wenn die Kernfunktion auf die Bereitstellung von Flugbetriebsflächen, wie Rollwege, Vorfeld und Sicherheitszonen erweitert und durch Befeuerungs- und Bodennavigationsanlagen sowie die Verkehrskontrolle ergänzt wird.

Die **Abfertigungsfunktion** umfasst die Leistungen, die zur Erbringung von Luftverkehrsdienstleistungen erforderlich sind. Dabei kann zwischen der Abfertigung des Fluggeräts („**betriebliche Abfertigung**", „ramp handling") und der Abfertigung von Passagieren, Fracht und Post („**verkehrliche Abfertigung**") unterschieden werden. Zur betrieblichen Abfertigung gehören unter anderem das Betanken und ggf. das Enteisen von Flugzeugen sowie ggf. der Vorfeldtransport von Passagieren, Fracht und Post zum Flugzeug. Tätigkeiten im Rahmen der verkehrlichen Abfertigung sind unter anderem die Durchführung von Check-in-Prozessen sowie der Umschlag von Fracht.

Die Anforderungen im Rahmen der Abfertigung unterscheiden sich zwischen Primärflughäfen (Hubs) und sonstigen Flughäfen. Während Flughäfen ohne Hub-Funktion überwiegend Passagiere abfertigen, für die der Flughafen einer intermodale Verknüpfung zwischen bodengebundenen Verkehrsträgern und dem Luftverkehr ermöglicht (Originäraufkommen bzw. Einsteiger und Aussteiger), kommt bei den Hubs ein erheblicher Anteil von Umsteigepassagieren hinzu. Hier muss der Flughafen eine intramodale Verknüpfung ermöglichen, wobei die Passagiere großen Wert auf zuverlässige, kurze und komfortable Umsteigevorgänge legen. Dabei bezeichnet die **Minimum Connecting Time** (MCT) die kürzest mögliche Umsteigezeit zwischen zwei Flügen. Die MCT ist unter anderem davon abhängig zwischen welchen Relationen ein Passagier umsteigt. Beispielsweise ist ein Umstieg zwischen zwei Inlandsflügen meist innerhalb einer kürzeren Zeitspanne möglich als ein Umsteigevorgang zwischen zwei Interkontinentalflügen. Tabelle 8.2 gibt einen Überblick über die MCT an ausgewählten europäischen Flughäfen.

Die Flughäfen erfüllen zudem zahlreiche **Hilfsfunktionen**, die sich auf die mit dem Luftverkehr verbundenen Nebenaufgaben richten. Beispielsweise stellen sie Flächen für Wartungsbetriebe zur Verfügung. Flughäfen bieten darüber hinaus für Passagiere und sonstige Besucher umfangreiche **Serviceleistungen** wie Parkplätze, Autovermietungen, Handel und Gastronomie an, wobei das Angebot meist durch Dritte erfolgt und der Flughafenbetreiber lediglich die entsprechenden Flächen (gegen Entgelt) zur Verfügung stellt (siehe Unterkapitel 5.4).

Tabelle 8.2: Minimum Connecting Time (MCT) an ausgewählten Flughäfen in Europa (2006)[85]

Flughafen	MCT (in Minuten)
Wien (VIE)	25 – 30
München (MUC)	35
Zürich (ZRH)	40
Kopenhagen (CPH)	45
Frankfurt (FRA)	
Amsterdam (AMS)	50
Brüssel (BRU)	
London-Heathrow (LHR)	75
Paris (CDG)	90

1.3 Flughafenanlagen und -einrichtungen

Zu den charakteristischen Flughafenanlagen gehören die **Start-** und/oder **Landebahnen**. Die ICAO hat sieben Klassen (A bis G) definiert, wobei die Flugplätze nach der Länge, der Breite und der Tragfähigkeit (pro Einzelrad eines Flugzeugfahrwerks) der Start- und Landebahn unterschieden werden. Die (oberste) Klasse A bezeichnet Bahnen mit einer Mindestgrundlänge von 2.550 Metern und einer Mindestbreite von 60 Metern; die (unterste) Klasse G Bahnen mit einer Grundlänge zwischen 900 bis 1.080 Metern und einer Mindestbreite von 30 Metern.

Flugzeuge im Kurz- und Mittelstreckenverkehr benötigen im Allgemeinen Startbahnen bis zu 2.400 Meter Länge, Flugzeuge im Interkontinentalverkehr bis zu 4.000 Meter Länge. Die Länge und Breite der Runways bestimmen die Einsatzmöglichkeiten von Flugzeugtypen und ihre mögliche Beladung. Tabelle 8.3 gibt einen Überblick über die Start- und Landebahnen an ausgewählten deutschen Flughäfen.

Rollwege (Taxiways) stellen die physische Verbindung zwischen den Start- und Landebahnen und dem Vorfeld her. Unter **Vorfeld** (Apron) werden alle für das Abstellen und die Abfertigung von Luftfahrzeugen bestimmten Flächen, einschließlich der vor Hallen und sonstigen Flugbetriebsbereichen verstanden. „Positionsbereiche" des Vorfeldes sind Abstellpositionen (Ramps), auf denen die Flugzeuge be- und entladen werden. „Hallenvorfelder" sind Flächen vor den Fracht- und Wartungshallen.

---

[85] Datenquelle: Flughafen Wien, Geschäftsbericht 2006.

1 Grundlagen

Tabelle 8.3: Start- und Landebahnen an ausgewählten deutschen Flughäfen (Stand 2008)[86]

Flughafen	Zahl der Bahnen	Länge der Bahnen (in Meter)
Dortmund	1	2.000
Saarbrücken		2.000
Dresden		2.508
Nürnberg		2.700
Stuttgart		3.045
Frankfurt-Hahn		3.800
Berlin-Tegel	2	2.424/3.023
Hamburg		3.250/3.666
Hannover		2.340/3.800
Leipzig-Halle		2 x 3.600
München		2 x 4.000
Düsseldorf	3	1.630/2.700/3.000
Frankfurt		3 x 4.000[a)]
Köln/Bonn		1.863/2.459/3.815

[a)] Der Planfeststellungsbeschluss für eine vierte Bahn (als reine Landebahn) wurde im Jahr 2007 erlassen.

Rollwege, Vorfelder und Positionsbereiche sind markiert, beleuchtet und können mit Rollleitsystemen und automatischen Positionierungssystemen ausgestattet sein. Auf allen **nichtöffentlichen Betriebsflächen** eines Flughafens gelten eigene Verkehrsregeln und besondere Sicherheitsvorschriften.

Zu den **Fluggastanlagen** zählen insbesondere Terminals und Flugsteige (Gates). Dabei sind die Terminals mit der bodengebundenen Verkehrsinfrastruktur verbunden, um die intermodale Verknüpfung der Verkehrsströme zu ermöglichen (**Zu- und Abfahrtswege**). Zu den Flughafeneinrichtungen zählen daher auch Bahnhöfe, Vorfahrtsflächen für den Individualverkehr sowie Bushaltestellen und Taxistandplätze. Innerhalb des Flughafengeländes können Shuttle-Busse, Passagier-Transfer-Systeme (PTS) und so genannte „People-Mover-Bahnen" die Verbindung zwischen verschiedenen weiter entfernten Gebäuden bzw. Gebäudeteilen herstellen.

Zur Erfüllung der Abfertigungsfunktion beherbergen die Terminals die zur Ticketausstellung, Dokumentation, Verwaltung und Kontrolle von Passagieren und Gepäck notwendigen Kapazitäten. Büroflächen, Ticket- und Abfertigungsschalter (**Check-in-Counter**) sowie Informations- und Sicherheitsinfrastruktur werden vom Flughafenbetreiber verwaltet und Unternehmen sowie Behörden gegen Entgelt zur Verfügung gestellt. Um Passagieren und Besu-

---

[86] Datenquelle: ADV. Teilweise bestehen Nutzungseinschränkungen, beispielsweise ist eine der drei Frankfurter Bahnen eine reine Startbahn.

chern ein umfangreiches Serviceangebot bieten zu können, verfügen die Terminals über zahlreiche Handels- und Dienstleistungseinrichtungen.

In der **Gepäckabfertigung** werden die Koffer ankommender, umsteigender und abfliegender Passagiere sortiert und zwischen den Terminals sowie den ankommenden und abfliegenden Verkehrsmaschinen hin und her transportiert. Für einen zügigen und rationellen Gepäckumschlag ist eine komplexe Infrastruktur mit Transportbändern, Sortieranlagen und Bändern erforderlich.

Frachtterminals und Luftpostzentren sind hochspezialisierte Logistikanlagen für jegliche Art von Fracht und Post. Automatisierte Hochregallager, EDV-Systeme und verschiedenste Abfertigungsgeräte stehen für die Abfertigung zur Verfügung.

Zur Gewährleistung der öffentlichen Sicherheit und zur Durchsetzung sowohl wirtschaftlicher als auch gesundheitlicher Bestimmungen ist die Präsenz von staatlichen Behörden auf Flughäfen zwingend erforderlich. Das für deutsche Verkehrsflughäfen geltende Sicherheitskonzept zur Abwehr von Gefahren gegenüber dem zivilen Luftverkehr schreibt ein Bündel von behördlichen Maßnahmen sowie Eigensicherungspflichten der Flughafenbetreiber vor. Private und gewinnorientierte Unternehmen können in das präventive Gefahrenabwehrsystem mit einbezogen werden.

Zur Ausübung der Luftaufsicht und Sicherungsdienste sind das Luftfahrt-Bundesamt (LBA), die Deutsche Flugsicherung GmbH (DFS) und der Deutsche Wetterdienst (DWD) auf Flughäfen vertreten. Zoll und Bundespolizei übernehmen die Kontrolle, Überwachung und Abfertigung des grenzüberschreitenden Personen- und Warenverkehrs. Weitere hoheitliche Aufgaben werden insbesondere von Polizei und Gesundheitsamt wahrgenommen.

1.4 Voraussetzungen für Anlage und Betrieb

Flugplätze dürfen in Deutschland nur mit **Genehmigung** der zuständigen Luftfahrtbehörde angelegt und betrieben werden. Zuständig für das Genehmigungsverfahren sind die Länder. Bei der Genehmigung geht es zum einen um die Sicherheit des Flugbetriebs, zum anderen um die Abwägung zwischen den Interessen der Betreiber und der Flughafenanwohner.

Bei Flughäfen sowie Landeplätzen mit beschränktem Bauschutzbereich ist vor Einrichtung bzw. Erweiterung des Flugplatzes ein **Planfeststellungsverfahren** durchzuführen. Zu prüfen ist dabei auch die Umweltverträglichkeit. Planfeststellungsverfahren sind komplexe Verwaltungsvorgänge, bei denen die Öffentlichkeit und die Träger öffentlicher Belange die Möglichkeit zur Einflussnahme haben. Ihre Durchführung benötigt daher einen längeren Zeitraum. Hinzu kommen die Möglichkeiten der gerichtlichen Überprüfung. Die Luftverkehrsindustrie kritisiert daher des Öfteren die lange Verfahrensdauer, die in Deutschland zwischen dem Antrag eines Betreibers zum Ausbau eines Flughafens und der Realisierung dieser Maßnahme vergeht.

Meist werden die Genehmigungen mit **Auflagen** versehen, die auch aus betriebswirtschaftlicher Perspektive bedeutsam sind. Oftmals werden Obergrenzen für die Zahl der nächtlichen Flugbewegungen oder sonstige Nachtflugbeschränkungen festgelegt. Generell muss der Betreiber eine Flugplatzbenutzungsordnung sowie eine Entgeltordnung erlassen, die der zuständigen Behörde zur Genehmigung vorzulegen ist.

2 Strukturmerkmale von Flughäfen

Die Aufteilung des Luftverkehrs auf die verschiedenen Flughäfen in einem Land ist wesentlich von geographischen und siedlungsstrukturellen Merkmalen abhängig. So ist es für vergleichsweise kleine Staaten typisch, dass der Großteil des Luftverkehrs über einen Flughafen abgewickelt wird. Beispielsweise beträgt der Anteil des Flughafens Wien am österreichischen Passagieraufkommen im Jahr 2007 fast 80 %. In der Schweiz lag im selben Jahr der Anteil des Flughafens Zürich am landesweiten Passagieraufkommen bei rund 57 %, der Anteil des zweitgrößten Flughafens Basel bei rund 30 %.

In Deutschland gibt es neben den internationalen Verkehrsflughäfen eine Vielzahl von Regionalflughäfen und Verkehrslandeplätzen, die teilweise auch im regelmäßigen Linien- und Charterflugverkehr angeflogen werden. Die polyzentrische Wirtschafts- und Siedlungsstruktur Deutschlands und die daraus resultierende flachenmäßige Verteilung der Luftverkehrsnachfrage haben die dezentrale Netzstruktur mit Schwerpunkten in den Ballungszentren begründet. Das Luftverkehrsangebot ist regional breit gestreut. Dennoch entfällt nahezu die Hälfte des gesamten Passagieraufkommens auf die beiden Primärflughäfen Frankfurt und München (vgl. Tabelle 8.4).

Tabelle 8.4: Strukturmerkmale ausgewählter Verkehrsflughäfen in Deutschland (2007)[87]

Flughafen	Passagiere (Mio.)	Anteil an Summe der Passagiere	Gewerbliche Flugbewegungen	Umsteigeranteil (in v. H.)	Wachstum gegenüber 2006 (PAX)
Frankfurt (FRA)	53,893	29,4	485.915	50,2	2,7
München (MUC)	33,893	18,5	419.977	34,5	10,5
Düsseldorf (DUS)	17,805	9,7	220.162	5,6	7,6
Berlin-Tegel (TXL)	13,345	7,3	145.423	1,9	13,2
Hamburg (HAM)	12,706	6,9	151.377	2,2	6,8
Köln/Bonn (CGN)	10,415	5,7	138.837	0,3	6,0
Stuttgart (STR)	10,293	5,6	146.022	2,9	2,5
Berlin-Schönefeld (SXF)	6,313	3,4	58.198	0,0	4,8
Hannover (HAJ)	5,609	3,1	76.263	0,4	-0,6
Nürnberg (NUE)[a]	4,212	2,3	63.554	20,5	7,4
Frankfurt-Hahn (HHN)	3,956	2,2	38.902	0,0	12,2
Leipzig/Halle (LEJ)	2,385	1,3	41.648	0,0	10,6
Bremen (BRE)	2,226	1,2	36.366	0,4	32,0
Dortmund (DTM)	2,155	1,2	32.223	0,0	6,7
Dresden (DRS)	1,810	1,0	28.789	0,1	0,8
Münster/Osnabrück (FMO)	1,581	0,9	30.072	0,0	3,1
Berlin-Tempelhof (THF)[b]	0,350	0,2	24.042	0,1	-44,7
Erfurt (ERF)	0,316	0,2	8.308	0,0	-11,4
Saarbrücken (SCN)	0,311	0,2	11.051	0,0	-18,3
Gesamt	183, 6		2.157.129		6,2

a) Der Flughafen Nürnberg dient der Fluggesellschaft Air Berlin als Drehscheibe, wodurch sich der hohe Umsteigeranteil erklärt.
b) Schließung in 2008 aufgrund politischer Entscheidung.

Tabelle 8.5 zeigt die acht größten deutschen Frachtflughäfen, wobei erkennbar ist, dass die Konzentration auf dem Cargo-Markt wesentlich höher ist als auf dem Passagiermarkt. Dabei beziehen sich die Angaben in Tabelle 8.5 auf die so genannte geflogene Fracht, d. h. Fracht die auch tatsächlich in Flugzeugen transportiert wird. Hinzu kommt der Luftfrachtersatzverkehr, das so genannte Trucking. Beispielsweise war die „getruckte" Luftfrachtmenge auf dem Flughafen Frankfurt-Hahn im Jahr 2007 größer als die geflogene Luftfrachtmenge. Der Anteil der Fracht, die in reinen Frachtflugzeugen transportiert wurde, ist auf den einzelnen Flughäfen sehr unterschiedlich. So ist Köln/Bonn der Heimatflughafen eines großen „Integrators", andere Flughäfen wie Düsseldorf und München fertigen Fracht überwiegend als

---

[87] Datenquelle: ADV, Statistisches Bundesamt, eigene Berechnungen. Umsteigeranteil berechnet auf der Basis der Einsteiger.

2 Strukturmerkmale von Flughäfen 169

Beiladung in Passagiermaschinen ab. In Frankfurt spielen beide Marktsegmente eine wesentliche Rolle.

Tabelle 8.5: Die größten Frachtflughäfen in Deutschland (2007)[88]

	Frachtmenge in 1000 Tonnen (Einladung, Ausladung und Transit)	Anteil der Fracht, die in reinen Frachtern transportiert wurde
Frankfurt	2.095	58 %
Köln/Bonn	719	97 %
München	258	20 %
Frankfurt-Hahn	125	81 %
Leipzig/Halle	101	85 %
Düsseldorf	58	16 %
Hamburg	37	24 %
Stuttgart	20	60 %

Bei weltweiter Betrachtung finden sich vier europäische Airports unter den zehn größten Flughäfen der Welt (London-Heathrow, Paris, Frankfurt und Madrid). Tabelle 8.6 zeigt die zehn größten Flughäfen der Welt, bezogen auf die Passagierzahl. Der Flughafen Peking gehört erst seit kurzem zu den „Top Ten".

Tabelle 8.6: Die zehn größten Flughäfen der Welt im Überblick (2007)[89]

	Flughafen	Passagiere (in Mio.)
1	Atlanta (ATL)	89,4
2	Chicago (ORD)	76,2
3	London-Heathrow (LHR)	68,1
4	Tokio (HND)	66,8
5	Los Angeles (LAX)	61,9
6	Paris (CDG)	59,9
7	Dallas – Fort Worth (DFW)	59,8
8	Frankfurt (FRA)	54,2
9	Peking (PEK)	53,6
10	Madrid (MAD)	52,1

In Europa liegt der Flughafen Frankfurt an dritter, der Flughafen München an siebter Stelle, jeweils bezogen auf die Passagierzahl. Einen Überblick über die zehn größten Flughäfen in der EU gibt die folgende Tabelle 8.7. Beim Vergleich von Tabelle 8.6 und Tabelle 8.7 ist das

---

[88] Datenquelle: Statistisches Bundesamt. Eigene Berechnungen.
[89] Datenquelle: ACI International.

hohe Wachstum des Flughafens Madrid zwischen den Jahren 2006 und 2007 auffällig (+ 14,5 %), der dadurch den Flughafen Amsterdam-Schiphol in der Rangliste „überholen" konnte.

Tabelle 8.7: Die zehn größten Flughäfen in der EU im Überblick (2006)[90]

	Flughafen	Passagiere (in Mio.)	Anteil internationaler Verkehr (Passagiere) in v.H.
1	London-Heathrow (LHR)	67,3	91,1
2	Paris-Charles de Gaulle (CDG)	56,4	91,0
3	Frankfurt (FRA)	52,4	87,2
4	Amsterdam (AMS)	46,0	99,9
5	Madrid (MAD)	45,1	54,8
6	London-Gatwick	34,1	88,1
7	München (MUC)	30,6	69,7
8	Barcelona (BCN)	29,9	52,7
9	Rom-Fiumicino (FCO)	29,0	57,4
10	Paris-Orly	25,6	39,0

Da auf Flughäfen sowohl Fracht als auch Passagiere abgefertigt werden, wird zum Vergleich von Flughäfen oftmals auf so genannte **Work-load-Units** (WLU) zurückgegriffen. Dabei entsprechen ein Passagier sowie 100 kg Fracht jeweils einer WLU.

3 Flughafenkapazität und Slotvergabe

3.1 Determinanten der Flughafenkapazität

Als Flughafenkapazität wird das maximale Leistungspotenzial eines Flughafens pro Zeitintervall bezeichnet. Dabei ist weiter zwischen der Passagierkapazität und der Bewegungszahl zu unterscheiden. Wesentliche Infrastrukturkomponenten eines Flughafens sind, wie bereits

---

[90] Datenquelle: Eurostat, eigene Berechnungen.

3 Flughafenkapazität und Slotvergabe

dargestellt, das Start- und Landebahnsystem mit den Rollwegen, das Vorfeld, die Terminals und Frachtanlagen sowie die landseitigen Verkehrsanbindungen. Grundsätzlich kann sich jede dieser Komponenten als Engpassfaktor für die Flughafenkapazität erweisen. Im Folgenden sind ausgewählte Komponenten genauer dargestellt.

Die Zahl und die Länge der **Start- und Landebahnen** ist ein wesentlicher Bestimmungsfaktor der Flughafenkapazität. Dabei ist zu berücksichtigen, dass unterschiedliche Start- und Landebahnsysteme existieren. Bei Mehrbahnsystemen kann dabei insbesondere zwischen Parallelbahnsystemen, Systemen mit kreuzenden Start- und Landebahnen sowie offenen V-Bahnsystemen unterschieden werden. Beispielsweise beträgt die Kapazität eines Einbahnsystems rund 180 – 230 Tausend Flugbewegungen pro Jahr. Bei einem Parallelbahnsystem mit zwei Bahnen, das über einen hinreichend großen Abstand zwischen den beiden Bahnen verfügt, liegt die jährliche Kapazität bei rund 310 – 380 Tausend Flugbewegungen pro Jahr.

Die Start- und Landebahnkapazität wird in der Regel als wichtigste Teilkapazität – als Flaschenhals – eines Flughafens aufgefasst. Die Bemühungen der Flughafenbetreiber um eine Erhöhung der Kapazität konzentrieren sich vielerorts auf die Steigerung der Effizienz vorhandener Systeme. Die Aktivitäten reichen von der Errichtung zusätzlicher Schnellabrollwege über die Optimierung der Anflugplanung und die Einrichtung von Wirbelschleppenmess- und -warnsystemen bis hin zu neuen, innovativen Anflugverfahren.

Für die Passagierkapazität ist insbesondere die Größe der Terminals von Bedeutung. Eine Erhöhung des Fassungsvermögens bestehender **Terminals** ist nur in eingeschränktem Maße möglich. Die räumliche Aufteilung der Anlagen steht im Wesentlichen bei Planung und Bau fest und kann nachträglich nicht oder nur mit hohem Aufwand verändert werden. Gezielte Einzelmaßnahmen wie etwa die Schaffung zusätzlicher Check-in-Schalter sowie die Optimierung einzelner Abläufe in der Passagierabfertigung können eine kurzfristige Entlastung schaffen, stellen aber langfristig keine Perspektive dar. Der Neubau von Terminals ist in der Regel von geringerer politischer Brisanz als bei Start- und Landebahnen.

Die baulichen Gegebenheiten eines Flughafens bestimmen dessen Maximalkapazität unter idealen Bedingungen (so genannte technische Kapazität). Inwieweit diese Maximalkapazität unter realen Bedingungen genutzt werden kann, ist von zahlreichen Faktoren abhängig. Hierzu zählen insbesondere die Witterungsbedingungen und der Verkehrsmix, d. h. die Abfolge von Starts und Landungen sowie die Homogenität bzw. Heterogenität der Flugzeuggröße.[91] Darüber hinaus kann die Kapazität durch rechtliche Vorgaben, insbesondere im Rahmen des Planfeststellungsverfahrens, unterhalb der technisch möglichen Kapazität begrenzt sein.

Aufgrund der tageszeitlichen und saisonalen Schwankungen der Luftverkehrsnachfrage ist die Kapazität von Flughäfen oftmals nur während der Nachfragespitzen ausgelastet, während beispielsweise zu den Tagesrandzeiten noch freie Kapazitäten bestehen. An besonders hoch belasteten Flughäfen, etwa dem Frankfurter Rhein-Main Flughafen, liegt die Nachfrage nach

---

[91] Nutzen abwechselnd große und kleine Maschinen einen Flughafen, so sind die vorgeschriebenen Sicherheitsabstände zwischen den einzelnen Flugbewegungen größer als bei einer ausschließlichen Nutzung durch Flugzeuge einer einheitlichen Größenklasse.

Starts und Landungen zu nahezu allen Tageszeiten über der Kapazität. Tabelle 8.8 stellt Kapazitätswerte für ausgewählte Flughäfen in Deutschland dar.

Tabelle 8.8: Kapazität ausgewählter Flughäfen in Deutschland (Stand 2008)[92]

Flughafen	Bewegungen pro Stunde	Passagiere pro Jahr (in Mio.)
München	90	50
Frankfurt*	75-83	56
Hamburg	53	15
Köln/Bonn*	36-52	14,5
Berlin-Tegel	48	12
Stuttgart	42	14
Leipzig-Halle	20	4,5
Dresden	18	3,5

* Bewegungszahl tageszeitabhängig

An zahlreichen deutschen Flughäfen gibt es Pläne zur **Kapazitätserweiterung**. So ist für den Frankfurter Rhein-Main-Flughafen der Bau einer vierten Bahn (als reine Landebahn) sowie eines dritten Terminals geplant. Der Flughafen München beabsichtigt die Errichtung einer dritten Bahn. An anderen Flughäfen ist vorgesehen, die Kapazität durch eine Verlängerung der Start-/Landebahn zu erhöhen. Hinzu kommen an mehreren Flughäfen Erweiterungsmaßnahmen im Bereich der Terminalinfrastruktur.

3.2 Slotvergabe

Da auf vielen Flughäfen die Zahl der von den Luftverkehrsgesellschaften gewünschten Starts und Landungen zumindest zu den Spitzenzeiten größer ist als die Flughafenkapazität, müssen Regelungen zur Zuteilung dieser knappen Ressourcen getroffen werden. Die Zeitspanne („Zeitnische") innerhalb derer eine Fluggesellschaft das Recht zum Start oder zur Landung auf einem Flughafen hat, wird als **Slot** bezeichnet.

Grundsätzlich ist zwischen zwei Arten von Slots zu unterscheiden. Die Airport-Slots, mit denen sich die weiteren Ausführungen in diesem Kapitel befassen, werden den Airlines für einen längeren Zeitraum im Vorhinein zugeteilt. Es handelt sich dabei grundsätzlich um Planwerte. Am jeweiligen Flugtag muss bei der Flugsicherung ein Airway-Slot beantragt werden, der unter Berücksichtigung der konkreten Verkehrssituation (z. B. Witterungsver-

---

[92] Datenquellen: Flughafenkoordinator (Bewegungen), Initiative Luftverkehr (Passagierkapazität), Angaben der Flughäfen.

hältnisse) zugeteilt wird. In Tabelle 8.9 sind die Merkmale von Airport-Slots und Airway-Slots vergleichend dargestellt.

Tabelle 8.9: Merkmale von Airport-Slots und Airway-Slots im Vergleich[93]

	Airport-Slot	Airway-Slot
Zuständigkeit für Vergabe	Flughafenkoordinator	Eurocontrol (Central flow management unit – CFMU)
Zweck	Planungswert für zukünftige Flugplanperiode	Am Flugtag zugeteiltes Zeitfenster für Start, Landung und/oder Überflug
Engpassfaktor	Bodenkapazität	Luftraumkapazität
Zuständigkeit innerhalb Airline	Flugplanung / Netzmanagement	Dispatchabteilung / Flightoperations

Den rechtlichen Rahmen für die Slotvergabe bilden Vorgaben der EU sowie das deutsche Luftverkehrsgesetz. Auf der europäischen Ebene ist die (mehrfach veränderte) Verordnung (EWG) Nr. 95/93 über „gemeinsame Regeln für die Zuweisung von Zeitnischen auf Flughäfen der Gemeinschaft" die Grundlage der Slotvergabe. Gemäß dieser Verordnung ist von jedem Mitgliedstaat ein neutraler und unabhängiger Flugplanvermittler bzw. **Flughafenkoordinator** einzusetzen.

Auf der Grundlage der Verordnung (EWG) 95/93 wird zwischen koordinierten und flugplanvermittelten Flughäfen unterschieden.

- Auf einem **koordinierten** Flughafen benötigen die Fluggesellschaften einen vom Koordinator zugewiesenen Slot, um den Flughafen benutzen zu können. In Deutschland sind derzeit (2008) die Flughäfen Düsseldorf, Frankfurt, München, Stuttgart sowie die Berliner Flughäfen koordiniert.

- Ein **flugplanvermittelter** Flughafen ist nur zu bestimmten Tageszeiten oder an bestimmten Wochentagen überlastet. Hier werden die Flugplanwünsche der Fluggesellschaften durch vermittelnde Tätigkeit des Flugplanvermittlers auf freiwilliger Basis abgestimmt. In Deutschland sind die Flughäfen Bremen, Dresden, Erfurt, Hamburg, Hannover, Köln/Bonn, Leipzig/Halle, Münster/Osnabrück, Nürnberg und Saarbrücken flugplanvermittelt (Stand 2008).

Die Vergabe von Start- und Landerechten auf koordinierten Flughäfen erfolgt nach einer Prioritätenregel, die in der Verordnung (EWG) 95/93 festgelegt ist, die sich wiederum an Empfehlungen der IATA orientiert (siehe auch Abbildung 8.2).

- Oberste Priorität genießen Bewerber, die einen Slot bereits in der vorangegangenen Flugplanperiode genutzt haben („historische Priorität", oftmals als **„Großvaterrecht"** bezeichnet). Dabei müssen die Airlines nachweisen, dass sie diesen Slot während der Flug-

---

[93] Vgl. Maurer (2006), S. 328.

planperiode auch tatsächlich zu mindestens 80 % genutzt haben („**Use it or lose it-Regel**").[94]

- Alle Slots, die nicht bereits durch die Großvaterrechte vergeben sind[95], bilden den so genannten **Zeitnischenpool**. Für die Vergabe der Slots aus diesem Pool gelten die folgenden Grundregeln:
  - 50 % der Slots werden bevorzugt an **Neubewerber** vergeben. Als Neubewerber gelten (i) Airlines, die insgesamt über weniger als fünf tägliche Slots auf einem Flughafen verfügen, (ii) Airlines, die eine innergemeinschaftliche Direktverbindung mit maximal fünf täglichen Frequenzen anbieten wollen, die bislang von maximal zwei anderen Airlines bedient wird sowie (iii) Airlines, die neue Verbindungen zu Regionalflughäfen mit maximal fünf täglichen Frequenzen anbieten wollen. Dabei zählen Fluggesellschaften, die bereits mehr als 5 % aller an dem Flughafen an dem betreffenden Tag verfügbaren Zeitnischen nutzen können, generell nicht als Neubewerber.
  - Der gewerbliche Luftverkehr genießt Vorrang vor dem nicht gewerblichen Luftverkehr.
  - Innerhalb des gewerblichen Luftverkehrs genießen der Linienverkehr und der programmierte Gelegenheitsverkehr Vorrang vor dem nicht programmierten Gelegenheitsverkehr.
  - Innerhalb des Linien- sowie des Gelegenheitsverkehrs genießt der ganzjährige Flugbetrieb Vorrang vor dem nicht ganzjährigen Flugbetrieb.
  - Für Strecken mit gemeinwirtschaftlichen Verpflichtungen (PSO) können Slots durch den jeweiligen Mitgliedstaat vorab reserviert werden.

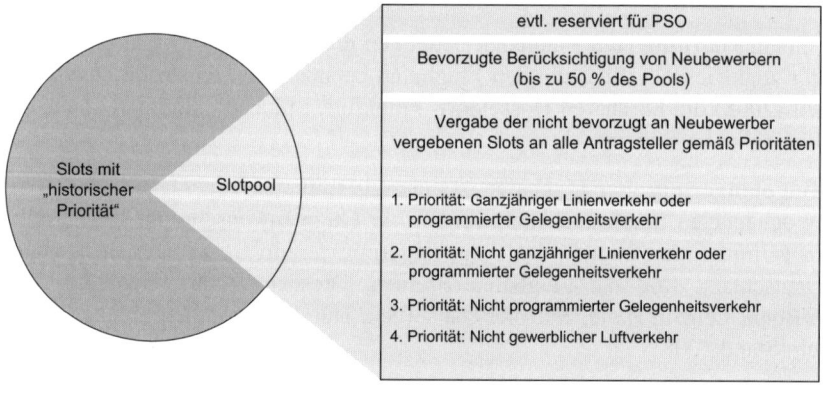

Abbildung 8.2: Überblick über Regelungen zur Slotvergabe in der EU

---

[94] Eine Ausnahme besteht, wenn die Fluggesellschaft aufgrund unvorhersehbarer und unvermeidbarer Umstände die Slots nicht nutzen konnte, beispielsweise infolge eines Startverbots für ihre Flugzeuge oder aufgrund von Streiks.

[95] Dabei handelt es sich um Slots, die bislang nicht vergeben waren, neu geschaffene Slots sowie Slots, die von einzelnen Airlines zurückgegeben wurden.

Fluggesellschaften können zugeteilte Slots von einer Strecke oder einer Verkehrsart auf eine andere Strecke oder Verkehrsart **übertragen**. Auch eine Übertragung zwischen verschiedenen Gesellschaften innerhalb eines Konzerns ist zulässig. Wird eine Fluggesellschaft durch eine andere Gesellschaft übernommen, so ist eine Übertragung auch auf die übernehmende Airline möglich.

Darüber hinaus ist auch der **Tausch** von einzelnen Slots zwischen verschiedenen Gesellschaften erlaubt. Für Neubewerber existieren Restriktionen bei der Übertragung. Alle Übertragungen und Tauschvorhaben müssen dem Flughafenkoordinator gemeldet und von diesem bestätigt werden. Gemäß einer Mitteilung der Kommission aus dem Jahr 2008 (KOM (2008) 227) hat sie keine grundsätzlichen Einwände, wenn im Rahmen des Tauschvorgangs ein Entgelt entrichtet oder eine sonstige Kompensationsleistung gewährt wird.

Das deutsche Luftverkehrsgesetz bestimmt in § 27a, dass die Flughafenkoordinierung nach Maßgabe des europäischen Rechts vorgenommen wird. Detailregelungen enthält die Verordnung über die Durchführung der Flughafenkoordinierung.

Auf der internationalen Ebene finden im Rahmen der IATA regelmäßige **Flugplankonferenzen** zur Koordinierung der Start- und Landerechte statt (siehe hierzu auch Kapitel XII).

Aus der Sicht der (etablierten) Airlines besteht der Vorteil der administrativen Slotvergabe in der relativ hohen Kontinuität und Planungssicherheit. Von Seiten der Wettbewerbspolitik stehen die Regelungen der Slotvergabe schon seit vielen Jahren in der Kritik. Die Großvaterrechte stellen an stark frequentierten Flughäfen eine erhebliche Marktzutrittsbarriere dar und führen zu einer ineffizienten Nutzung der knappen Ressourcen.

Als Alternativen bzw. Ergänzungen zum derzeitigen System der Slotvergabe werden in der wissenschaftlichen und verkehrspolitischen Diskussion unterschiedliche Ausgestaltungen vorgeschlagen, die im Folgenden überblicksartig dargestellt sind.

- **Slothandel**
  Eine Handelbarkeit von Slots, d. h. die Möglichkeit zum Kauf und Verkauf von Slots, würde zu einer höheren Effizienz bei der Nutzung der knappen Flughafenressourcen führen. Allerdings bleiben die wettbewerbsbeschränkenden Effekte der Großvaterrechte weiter bestehen. Airlines werden nur wenig geneigt sein, Slots an unmittelbare Konkurrenten zu veräußern.

- **Slotauktionen**
  Slots ließen sich, ähnlich wie andere knappe Ressourcen, versteigern, sodass diejenigen Gesellschaften die Slots erhielten, die ihnen den größten wirtschaftlichen Wert beimessen. Es käme so zu einer effizienten Zuteilung und die Wettbewerbsbeschränkungen aufgrund der Großvaterrechte würden beseitigt[96]. Allerdings sind die praktischen Probleme einer Slotauktion erheblich, da für die Durchführung eines Fluges stets zwei Slots benötigt werden. Bei Hub-and Spoke-Systemen kommt hinzu, dass der Wert eines Slots auch

---

[96] Die Gefahr einer wettbewerbsbeschränkenden Slothortung durch finanzstarke Airlines ist jedoch nicht vollständig auszuschließen.

von der Zahl und der zeitlichen Lage anderer Slots abhängig ist, da hiervon die Attraktivität der Umsteigeverbindungen bestimmt wird. Die Komplexität des Versteigerungsverfahrens wäre demnach außerordentlich hoch. Zudem müsste eine weltweite Koordinierung erfolgen, was derzeit kaum realisierbar sein dürfte.

- **Einführung von Knappheitspreisen**
  Eine entgeltliche Vergabe von Slots in Verbindung mit einer zeitlichen Preisdifferenzierung (**peak load pricing**) würde zu einer höheren Effizienz bei der Nutzung der Slots beitragen. Allerdings käme es zu einer deutlichen Umverteilung zwischen den Fluggesellschaften und den Flughäfen, da die Slots während der Nachfragespitzen einen erheblichen wirtschaftlichen Wert haben. Zudem ist zu berücksichtigen, dass Flughäfen einer Entgeltregulierung unterliegen (siehe das folgende Unterkapitel 6).

4 Intermodalität

An Flughäfen werden, wie bereits erwähnt, die **Verkehrssysteme** Straße, Luft und Schiene intermodal verknüpft. Alle Flughäfen in Deutschland sind an das Straßennetz angebunden und liegen oftmals in der Nähe von Bundesautobahnen. Bei der Anbindung an das Schienennetz ist weiter zwischen dem Schienenfernverkehr und dem Regionalverkehr zu unterscheiden. Eine Anbindung an den **Schienenfernverkehr** erweitert zum einen den Einzugsbereich des Flughafens und bietet zum anderen die Möglichkeit einer verbesserten Kooperation zwischen Fluggesellschaften und Bahnunternehmen sowie zu einer Verlagerung von Kurzstreckenverkehren auf die Schiene. Fernbahnhöfe befinden sich an den Flughäfen Düsseldorf, Frankfurt, Köln/Bonn und Leipzig/Halle. Geplant sind sie an den Flughäfen Berlin-Brandenburg-International (BBI) sowie Stuttgart (im Rahmen des Projekts Baden-Württemberg 21).

Ein Anschluss an das Netz des **Schienenpersonennahverkehrs** besteht bei den meisten deutschen Verkehrsflughäfen, teilweise erfolgt die Anbindung auch über die Straßenbahn (Bremen) oder die U-Bahn (Nürnberg). Ausnahmen sind unter anderem die Flughäfen Berlin-Tegel und Münster-Osnabrück, die ausschließlich über den Busverkehr mit der jeweiligen Innenstadt verbunden sind. Eine Besonderheit stellen die von Low Cost Airlines präferierten Quartiärflughäfen dar, die oftmals nicht an das schienengebundene ÖPNV-Netz angeschlossen sind, dafür aber mitunter gut durch den Buslinienverkehr erreicht werden können.

Der größte Teil des **Zubringerverkehrs** zu Flughäfen wird nach wie vor über die Straße abgewickelt. Terminalnahe Parkhäuser, flughafennahe Parkplätze, Terminalvorfahrten mit Haltebuchten für Taxis, Kurzzeitparkplätze für Pkw, Bushaltestellen und -bahnhöfe sowie Lieferzonen nehmen den landseitigen Verkehrsstrom der Straßen auf. Aus Umweltschutzgründen wird versucht, den Anteil des öffentlichen Verkehrs am Zubringerverkehr zu erhöhen.

Bei der Verbesserung der landseitigen Verkehrsanbindung haben Flughäfen kaum direkte Möglichkeiten der Einflussnahme. Die Verantwortung für die bodengebundene Infrastruktur liegt in der Regel bei den verkehrspolitischen Entscheidungsträgern. Die Mitwirkung der Flughäfen muss sich vielfach auf Lobbyarbeit beschränken. Eine indirekte Möglichkeit der Einflussnahme besteht in der Kooperation mit Bodenverkehrsträgern, insbesondere der Bahn, und in der Beteiligung und Finanzierung entsprechender Projekte. In Großbritannien hat der Flughafenbetreiber BAA mit ca. 620 Millionen Pfund zur Finanzierung einer Schnellbahnverbindung („Heathrow Express") zwischen dem Flughafen London Heathrow und dem Bahnhof Paddington beigetragen.

5 Geschäftsfelder und Einnahmen von Flughäfen

5.1 Überblick

Flughäfen verfügen über mehrere Geschäftsfelder, die sich in einem ersten Schritt in unmittelbar luftverkehrsbezogene Geschäftsfelder (so genannter **Aviation-Bereich**) und mittelbar luftverkehrsbezogene Geschäftsfelder (**Non-Aviation-Bereich**) unterteilen lassen.

Der **Aviation-Bereich** umfasst alle Aktivitäten, die mit der Wegesicherungsfunktion sowie der Abfertigungsfunktion eines Flughafens zusammenhängen. Dabei ist weiter zwischen der Bereitstellung der Infrastruktur und der Erbringung von Bodenverkehrsdienstleistungen zu unterscheiden.

Zum **Non-Aviation-Bereich** werden alle Aktivitäten außerhalb des zuvor beschriebenen Aviation-Bereichs gerechnet. Im Wesentlichen geht es dabei um Dienstleistungen für Reisende und Besucher (z. B. Einkaufs- und Verpflegungsmöglichkeiten, Bereitstellung von Parkplätzen, Tagungs- und Übernachtungseinrichtungen). Hinzu können weitere Aktivitäten der Flughafengesellschaft kommen, beispielsweise Consulting-Geschäfte oder Beteiligungen an anderen Unternehmen.

Die Anteile der einzelnen Geschäftsfelder an den Gesamteinnahmen und dem Gesamtergebnis der Flughäfen weisen eine relativ große Bandbreite auf. Abbildung 8.3 zeigt das Verhältnis von Non-Aviation- und Aviation-Erlösen an ausgewählten europäischen Flughäfen. Während beispielsweise in Brüssel, Amsterdam und Frankfurt rund ein Drittel der Erlöse mit dem

Non-Aviation-Geschäft generiert werden, ist es auf dem Flughafen London-Heathrow rund die Hälfte, in London-Stansted werden sogar deutlich mehr Erlöse im Non-Aviation-Bereich als im Aviation-Bereich erzielt.

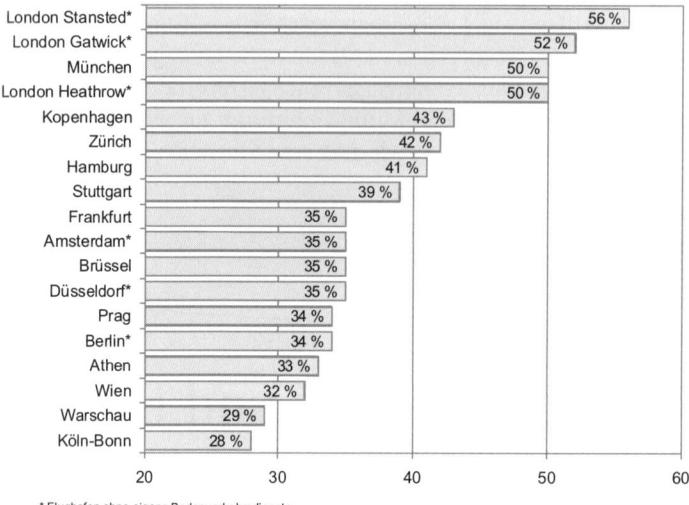

Abbildung 8.3: Anteil der Non-Aviation-Erlöse auf ausgewählten Flughäfen in Europa (2005)[97]

In den vergangenen Jahren hat der Anteil des Non-Aviation-Geschäfts an den Gesamterlösen der Flughäfen tendenziell zugenommen. Als Ursachen hierfür lassen sich unter anderen die Regulierung der eigentlichen Flughafenentgelte (vgl. Unterkapitel 6) sowie der gestiegene Wettbewerbsdruck im Bereich der Bodenverkehrsdienste (vgl. das folgende Unterkapitel 5.3) anführen.

Am Beispiel der Fraport AG, der Betreibergesellschaft des Frankfurter Rhein-Main-Flughafens, lässt sich die ökonomische Bedeutung der einzelnen Geschäftsbereiche veranschaulichen. Die Fraport AG verfügt über die vier Geschäftsfelder Aviation (Flug- und Terminalbetrieb), Ground Handling (Bodenverkehrsdienste), Retail & Properties (Vermietung von Läden und Büros, Parkraummanagement sowie Vermarktung von Immobilien) und External Activities (Beteiligung außerhalb Frankfurts). Abbildung 8.4 zeigt die Anteile dieser vier Geschäftsfelder am Umsatz und am Ergebnis (EBITDA) für das Jahr 2007. Es ist deutlich erkennbar, dass in diesem Jahr der Non-Aviation-Bereich stark überdurchschnittlich, der Bereich Bodenverkehrsdienste hingegen stark unterdurchschnittlich zum Erfolg des Unternehmens beitrug.

---

[97] Datenquelle: A.T. Kearney.

5 Geschäftsfelder und Einnahmen von Flughäfen

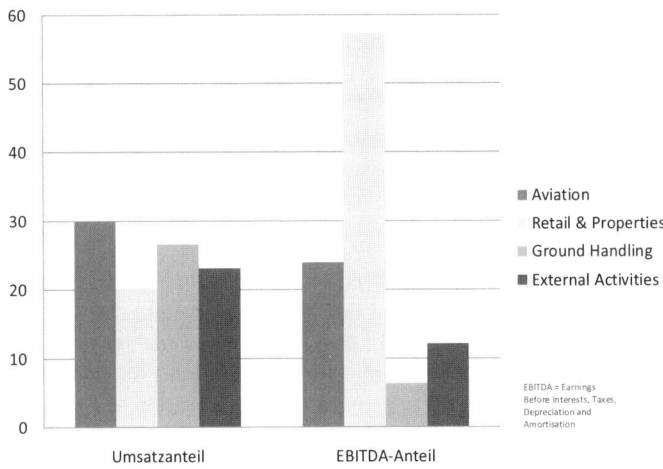

Abbildung 8.4: Wirtschaftliche Bedeutung der unterschiedlichen Geschäftsfelder von Flughäfen am Beispiel der Fraport AG (2007)[98]

5.2 Bereitstellung der Infrastruktur und Flughafenentgelte

Für die Bereitstellung der Infrastruktur erheben die Flughäfen spezifische Entgelte[99]. Weltweit nutzen nach wie vor viele Flughäfen ein vergleichsweise einfaches Entgeltsystem, das aus einem Bewegungsentgelt, einem Passagierentgelt und Abstellentgelten besteht. Hinzu kommen Entgelte für die Benutzung spezieller Flughafeneinrichtungen. In Deutschland ist die Entgeltstruktur mitunter relativ komplex. Im Folgenden werden mögliche Entgeltbestandteile am Beispiel der Entgeltordnung des Flughafens Frankfurt/Main dargestellt (Stand 2008), der eine besonders große Vielfalt unterschiedlicher Entgeltarten aufweist.

- Bewegungsentgelt
  Ein Bewegungsentgelt wird von nahezu allen Flughäfen auf der Welt erhoben. Es kann sich auf den Start und/oder die Landung beziehen. Die Bemessungsgrundlage bildet in aller Regel das maximale Startgewicht eines Flugzeugs (Maximum Take off Weight – MTOW). Üblicherweise handelt es sich um einen linearen Tarif, d. h. pro Start und/oder Landung werden x Geldeinheiten pro angefangene Tonne MTOW berechnet, wobei mit-

---

[98] Eigene Abbildung. Datenquelle: Fraport AG, Geschäftsbericht 2007.

[99] Mitunter werden diese Entgelte auch als Gebühren bezeichnet. Allerdings handelt es sich bei Flughäfen um Betriebe mit privater Rechtsform, die streng genommen keine Gebühren erheben dürfen, sondern lediglich Entgelte fordern können.

unter Mindestbeträge festgelegt sind.

Das Bewegungsentgelt wird oftmals auch als fixer Entgeltbestandteil bezeichnet, da es unabhängig von der Zahl der an Bord befindlichen Passagiere ist.

Auf dem Flughafen Frankfurt beträgt das Bewegungsentgelt 0,88 €/1.000 kg MTOW. Hinzu kommen 0,73 € pro Passagier bzw. 0,12 € pro 100 kg Fracht. Dies ist eine Besonderheit der Entgeltstruktur des Frankfurter Flughafens, da das ansonsten fixe Bewegungsentgelt hierdurch teilweise variabilisiert ist.

- Passagierentgelt
  Das Passagierentgelt wird pro Passagier erhoben, der beim Start und/oder der Landung an Bord ist. Es stellt das variable Element der Flughafenentgelte dar. In Frankfurt wird ein Passagierentgelt für jeden Einsteiger erhoben, wobei der Tarif zwischen dem Flugziel des Passagiers differenziert. Das Passagierentgelt reicht von 13,65 € für Passagiere auf Inlandsflügen bis zu 18,80 € für Passagiere im Interkontinentalverkehr. Für Transfer- bzw. Transitpassagiere wird ein Betrag von 9,80 € erhoben.

  Als weitere Frankfurter Besonderheit hat der Flughafen ein Rückerstattungssystem für besonders gut ausgelastete Flüge eingeführt. Liegt der load factor auf einem Flug über 80 %, so erhält die Airline eine Rückerstattung von 9,25 € pro Passagier.

- PRM-Entgelt
  Für Fluggäste mit Behinderungen sowie mit eingeschränkter Mobilität (Persons with reduced mobility – PRM) müssen Flughäfen gemäß der EU-Verordnung 1107/2006 bestimmte Serviceleistungen unentgeltlich bereitstellen. Die hierfür entstehenden Kosten werden von den Flughäfen auf alle Passagiere über das so genannte PRM-Entgelt umgelegt. Es beträgt beispielsweise in Hamburg 0,12 €, in Bremen 0,17 € und in Frankfurt 1,03 €.

- Lärmbezogene Entgelte
  Lärmbezogene Entgelte werden seit den 1970er Jahren auf deutschen Flughäfen erhoben und kommen mittlerweile in allen Industriestaaten zum Einsatz. Zunächst wurden die Bewegungsentgelte zwischen Maschinen unterschiedlicher Lärmemissionsklassen differenziert. Teilweise kommt dieses Modell auf deutschen sowie ausländischen Flughäfen noch zum Einsatz. Für ein Flugzeug mit einer Musterzulassung gemäß ICAO Annex 16 Kapitel 2 ist dann ein höheres Entgelt pro Tonne MTOW zu zahlen als für ein Flugzeug mit einer Kapitel 3 Zulassung.

  In Frankfurt und auf zahlreichen anderen Flughäfen wird ein spezielles Lärmentgelt erhoben, das unmittelbar an den Lärmemissionen der Maschine anknüpft und zusätzlich zum Bewegungsentgelt erhoben wird. In Frankfurt reicht die Höhe des Lärmentgelts von 0 € bis 14.250 €, während der Nachtstunden wird ein Zusatzentgelt erhoben.

  Die lärm- und emissionsbezogenen Entgelte sind ausführlich in Kapitel IV thematisiert.

- Emissionsbezogene Entgelte
  Auf den Flughäfen Frankfurt und München wird im Rahmen eines Modellversuchs seit dem Jahr 2008 ein emissionsbezogenes Entgelt erhoben. Es beträgt in Frankfurt 3,00 € je emittiertem Kilogramm Stickoxide.

5 Geschäftsfelder und Einnahmen von Flughäfen

- Sicherheitsentgelte
  Sicherheitsentgelte werden ähnlich wie die Passagierentgelte als Euro-Betrag je Passagier bzw. je Gewichtseinheit Fracht erhoben. Sie betragen in Frankfurt 1,20 € je Passagier bzw. 0,24 € je 100 kg Fracht.

- Abstellentgelte
  Abstellentgelte sind von der Größe des Fluggeräts und der Dauer des Abstellens abhängig. Sie betragen in Frankfurt zwischen 6,00 und 48,00 € je angefangene Stunde. Hinzu kommt ggf. ein Gebäudezuschlag, wenn das Flugzeug an einem Gate abgestellt wird (zwischen 22,50 und 125,00 €).

> Die **Luftsicherheitsgebühr** ist kein Bestandteil der Flughafenentgelte, sondern sie wird von staatlichen Stellen (entweder Bundespolizei oder Landesbehörden) auf der Basis einer gesetzlichen Grundlage erhoben und von den Airlines in der Regel den Passagieren gesondert in Rechnung gestellt (siehe auch Kapitel III).

Die Flughäfen verfolgen mit ihren Entgeltordnungen in erster Linie Einnahmeziele. Dabei unterliegen sie in Deutschland und den meisten anderen Ländern einer Regulierung, die auf eine diskriminierungsfreie, transparente und grundsätzlich kostenbezogene Entgeltpolitik abzielt (mehr hierzu in Unterkapitel 6 in diesem Kapitel). Allerdings streben die Flughäfen neben dem eigentlichen Einnahmeziel eine Reihe weiterer Ziele an, die zu einer zunehmenden Komplexität der Entgeltstrukturen sowie teilweise zu Ausnahmeregelungen geführt haben. Im Folgenden sind einige wesentliche Zielsetzungen und ihre Konsequenzen für die Entgeltpolitik dargestellt.

- Umweltziele
  Dem Ziel, die Lärmbelastung für die Flughafenanlieger zu reduzieren und damit auch die Akzeptanz eines Flughafens in einer Region zu erhöhen, dienen die oben dargestellten Lärmentgelte.

- Kapazitätsziele
  Speziell Flughäfen mit Kapazitätsprobleme haben ein Interesse an einer möglich hohen Auslastung der Flugzeuge, da so bei gegebener Kapazität des Start- und Landebahnsystems ein Maximum an Passagieren abgefertigt werden kann. In diesem Zusammenhang ist auf das oben dargestellte Rückerstattungssystem des Frankfurter Flughafens bei hohem load factor zu verweisen.

- Expansionsziele
  Um zusätzliche Airlines als Kunden zu gewinnen und/oder die am Flughafen bereits präsenten Airlines zu einer Ausweitung ihres Angebots zu bewegen, bieten Flughäfen gelegentlich finanzielle Anreize für die Aufnahme neuer Flugverbindungen, beispielsweise in Form von Rabatten auf die Flughafenentgelten oder Marketingzuschüssen. Um hier einen „Subventionswettlauf" zu verhindern existieren für derartige Aktionsparameter mittlerweile Vorgaben der Europäischen Union.

- Wettbewerbsziele
  In den Marktsegmenten, in denen Flughäfen einem vergleichsweise starken Wettbewerb ausgesetzt sind (vgl. hierzu das folgende Unterkapitel 6), können die Flughafenentgelte als Wettbewerbsparameter genutzt werden. Als Beispiel lassen sich die vergleichsweise geringen Entgelte des Frankfurter Flughafens für Transfer- und Transitpassagiere anführen.

- Generell ist als Trend in den vergangenen Jahren zu beobachten gewesen, dass der Anteil der fixen Entgeltbestandteile auf den deutschen Verkehrsflughäfen tendenziell gesunken, der Anteil der variablen, d. h. passagierbezogenen, Entgeltbestandteile demgegenüber gestiegen ist. Hiermit beteiligen sich die Flughäfen de facto am Auslastungsrisiko der Airlines.

Im internationalen Vergleich werden die Flughafenentgelte auf den deutschen Verkehrsflughäfen von den Airlines oftmals als relativ hoch kritisiert. Aufgrund der Komplexität der Entgeltstrukturen lassen sich die **Gesamtkosten**, die von einer Airline für einen Umlauf an den Flughafen zu zahlen sind, nur für konkrete Einzelfälle berechnen. Konkret sind beispielsweise im Jahr 2008 für eine Landung und einen Start mit einer Boeing 737-800 mit jeweils 150 Passagieren auf einem Inlandsflug tagsüber auf dem Flughafen Berlin-Schönefeld insgesamt rund 2.200 Euro Entgelte zu entrichten, wobei die Passagierentgelte den größten Anteil ausmachen. Auf dem Flughafen Frankfurt beträgt die Summe der Entgelte für dieselbe Konstellation rund 3.400 € (Vorfeldabfertigung) bzw. 3.500 € (Abfertigung am Gebäude). Für eine Boeing 747-400 mit 350 Einsteigern im Interkontinentalverkehr betragen die Entgelte für einen Umlauf in Frankfurt rund 13.000 €.

Die Entgelte auf den von Low Cost Carriern genutzten **Quartiärflughäfen** sind generell niedriger als auf den Primär- und Sekundärflughäfen. Zudem ist die Struktur der Entgeltordnungen meist wesentlich einfacher. Beispielsweise werden auf dem Flughafen Frankfurt-Hahn lediglich ein Bewegungsentgelt, ein Passagierentgelt sowie Abstellentgelte erhoben. Für Flugzeuge mit einer Lärmzertifizierung gemäß Annex 16 Kapitel 3 oder 4 wird kein Bewegungsentgelt berechnet, wenn die so genannte Turnaround-Zeit, d. h. die Zeit zwischen dem Erreichen und dem Verlassen der Parkposition des Flugzeuges weniger als 30 Minuten beträgt. Der Hauptkunde dieses Flughafens, der Low Cost Carrier Ryanair, entrichtet demnach de facto lediglich die passagierbezogenen Entgelte. Die Passagierentgelte sind auf dem Flughafen Frankfurt-Hahn degressiv in Abhängigkeit von der Gesamtpassagierzahl einer Airline auf diesem Flughafen gestaffelt, wovon wiederum de facto alleine Ryanair profitiert. Von den Abstellentgelten sind so genannte Home-Carrier befreit, was ebenfalls Ryanair zugute kommt.

5.3 Bodenverkehrsdienste

Als **Bodenverkehrsdienste** („Ground handling") werden alle Dienstleistungen auf einem Flughafen bezeichnet, die erforderlich sind, damit Luftverkehrsgesellschaften ihre Leistungen erbringen können. Hierunter fallen insbesondere die folgenden Leistungsbereiche[100]:

- Administrative Abfertigung am Boden (einschließlich Überwachung)
- Fluggastabfertigung (insbesondere Kontrolle von Tickets und Gepäckaufgabe)
- Gepäckabfertigung
- Fracht- und Postabfertigung (einschließlich Zollabfertigung)
- Vorfelddienste (insbesondere Lotsentätigkeit, Be- und Entladen des Flugzeugs, Unterstützung beim Anlassen der Flugzeugtriebwerke, Bewegen des Flugzeuges, Ein- und Ausladen von Bordverpflegung)
- Reinigungsdienste und Flugzeugservice (z. B. Enteisung)
- Betankungsdienste
- Stationswartungsdienste
- Flugbetriebs- und Besatzungsdienste
- Transportdienste am Boden
- Bordverpflegungsdienste (Catering)

Für die Erbringung der Bodenverkehrsdienste bestehen vier grundsätzliche Möglichkeiten:

- Selbstabfertigung, d. h. die Luftverkehrsgesellschaft erbringt die entsprechenden Dienstleistungen für ihre eigenen Flüge
- Abfertigung durch eine andere Luftverkehrsgesellschaft, oftmals durch den so genannten Home Carrier
- Abfertigung durch die Flughafengesellschaft
- Abfertigung durch spezialisierte Dritte (unabhängige Dienstleister)

Dabei bieten manche Dienstleister die komplette Palette an Bodenverkehrsdiensten an, andere hingegen haben sich auf einzelne Teilleistungen spezialisiert („specialized service provider"). Sofern die Airlines die entsprechenden Dienstleistungen nicht selbst erbringen, haben sie in aller Regel langfristige Verträge mit Anbieter von Bodenverkehrsdiensten abgeschlossen. Die IATA hat als Empfehlung für die vertraglichen Beziehungen zwischen Airlines und Bodenverkehrsdienstleistern das Airport Handling Manual Sektion 810 (AHM 810) erstellt.

Jeder Anbieter von Bodenverkehrsdiensten benötigt eine Lizenz oder eine Betriebsgenehmigung, die beim Flughafenbetreiber zu beantragen ist. Bis Mitte der 1990er Jahre haben zahlreiche Flughäfen insbesondere die Gepäck- und die Flugzeugabfertigung als Monopolleistung erbracht. Seit dem Jahr 1996 legt die EU-Richtline 96/67/EG Mindeststandards für die Öffnung des Marktes für Bodenverkehrsdienste fest. In Deutschland erfolgte die Umsetzung der Richtlinie insbesondere durch die Bodenabfertigungsdienstverordnung (BADV).

---

[100] Die folgende Aufstellung orientiert sich am Verzeichnis der Bodenabfertigungsdienste, wie sie von der EU in der einschlägigen Richtlinie definiert sind.

Grundsätzlich muss gemäß der Richtlinie ein Flughafenbetreiber, sofern der Flughafen eine bestimmte Mindestgröße überschreitet, sowohl Selbstabfertigung als auch Fremdabfertigung ermöglichen. Im Bereich der luftseitigen Abfertigung kann allerdings sowohl die Zahl der Selbstabfertiger als auch die Zahl der Fremdabfertiger beschränkt werden, wobei die Selbstabfertigung sogar komplett untersagt werden kann. Allerdings müssen derartige Beschränkungen von den Flughafenbetreibern bei der Europäischen Kommission beantragt und geeignet begründet werden, etwa durch Kapazitätsengpässe. Wenn die Anzahl der Abfertiger beschränkt wird, müssen diese nach sachgerechten, objektiven, transparenten und nicht diskriminierenden Kriterien ausgewählt werden. Für Drittabfertiger ist dabei eine regelmäßige öffentliche Ausschreibung vorgeschrieben. Die konkreten Bestimmungen sind in Abbildung 8.5 im Überblick dargestellt.

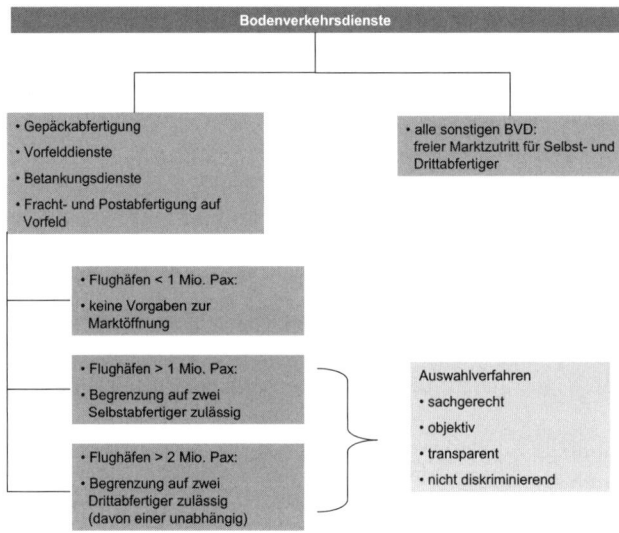

Abbildung 8.5: Regelungen der EU-Richtlinie 96/67/EG zur Öffnung der Märkte für Bodenverkehrsdienste[101]

Auf den Teilmärkten für die Passagier- und die Frachtabfertigung (auch als landseitige Bodenverkehrsdienste bezeichnet) werden die entsprechenden Leistungen von zahlreichen Unternehmen im Wettbewerb angeboten. Im Bereich Gepäck- und Flugzeugabfertigung hingegen entspricht die Anbieterzahl auf deutschen Flughäfen der Mindestvorgabe gemäß EU-Richtlinie. Dabei haben die etablierten Anbieter, d. h. die Flughäfen bzw. deren Tochtergesellschaften, in aller Regel eine dominierende Marktstellung mit Marktanteilen bis zu 90 %. In anderen europäischen Staaten, etwa in Großbritannien und den Niederlanden, ist der Markt komplett geöffnet. Die Marktstruktur auf diesen Flughäfen kann als oligopolistisch

---

[101] Ausnahmen sind unter bestimmten Voraussetzungen zulässig. Alternativ zu 1 Mio. PAX (2 Mio. PAX) auch 25.000 t (50.000 t) Fracht.

bezeichnet werden. Generell gilt, dass zur Vermeidung einer Quersubventionierung zwischen Monopol- und Wettbewerbsbereich eine zumindest buchmäßige Trennung zwischen den Bodenverkehrsdiensten und den sonstigen ökonomischen Aktivitäten der Flughafengesellschaften erfolgen muss.

Einige Anbieter von Bodenverkehrsdiensten agieren weltweit, beispielsweise das Schweizer Unternehmen Swissport, das an nahezu 180 Flughäfen präsent ist (Stand 2008), und die britische Gesellschaft Servisair (Präsenz auf über 140 Flughäfen). Ein großer Anbieter mit europaweiter Bedeutung ist Aviapartner mit 37 Stationen in fünf europäischen Ländern (Stand 2008).

Alle Anbieter von Bodenverkehrsdiensten sind auf bestimmte zentrale Infrastruktureinrichtungen angewiesen (essential facilities), ein Beispiel ist eine zentrale Gepäckförderanlage, eine Enteisungsanlage oder eine Betankungsanlage. Diese zentralen Infrastruktureinrichtungen befinden sich in Deutschland im Eigentum der Flughafenbetreiber, den unabhängigen Anbietern muss hierbei ein diskriminierungsfreier Zugang gewährleistet werden.

Bodenabfertigungsdienste sind besonders personalintensiv, der Anteil der Personalkosten an den Gesamtkosten kann bis zu 80 % betragen. Durch die Marktöffnung konnte an den europäischen Flughäfen eine deutliche Reduzierung der Preise für Bodenverkehrsdienste erreicht werden. Um eine ausreichende Servicequalität zu gewährleisten, schließen zahlreiche Airlines mit den Bodenverkehrsdienstleistern Qualitätsvereinbarungen (service level agreements), die auch Bonus-/Malus-Regelungen enthalten können.

5.4 Non-Aviation-Einnahmen

Wie bereits dargestellt, ist der Anteil der Non-Aviation-Einnahmen an den Umsätzen der Flughäfen in den vergangenen Jahren deutlich gestiegen. Auch für die Zukunft wird in diesem Bereich ein überdurchschnittliches Wachstumspotential gesehen. Mitunter werden die Non-Aviation-Umsätze auch als **kommerzielle Einnahmen** bezeichnet, was jedoch etwas missverständlich ist, da es sich bei den anderen Geschäftsbereichen der Flughäfen ebenfalls um kommerzielle Aktivitäten handelt.

Non-Aviation-Umsätze werden überwiegend von Passagieren sowie von Begleitpersonen oder Abholern („meeters and greeters") dieser Passagiere getätigt. Insofern handelt es sich um Flughafeneinnahmen, die mittelbar den Verkehrsaktivitäten zuzurechnen sind. Darüber hinaus entwickeln sich Flughäfen verstärkt zu touristischen Anziehungspunkten und **„Erlebniswelten"**. Shopping Center, Shows, Verkaufs- und Produktpräsentationsmessen sowie Modeveranstaltungen sollen nicht nur Passagiere sondern auch das Nachfragepotential aus dem Umland anlocken. Flughäfen profitieren als Geschäftszentren von längeren Öffnungszeiten und dem außergewöhnlichen Flair der Verkehrsanlagen.

Grundsätzlich kann der Flughafen die Dienstleistungen im Non-Aviation-Segment selbst anbieten oder geeignete Flächen an Dritte vermieten. Bei den meisten Dienstleistungen erfolgt die Leistungserstellung durch spezialisierte Dienstleister, sodass den Flughafenbetreibern Einnahmen in Form von Mieten, Pachten oder Konzessionen zufließen.

Größere Flughäfen stellen in zunehmendem Maße ihr Know-how im Rahmen eigener Consulting-Aktivitäten beim Bau beziehungsweise Betrieb von Flughäfen im In- und Ausland zur Verfügung. Darüber hinaus entwickeln manche Flughäfen Aktivitäten in angrenzenden Geschäftsfeldern, beispielsweise hat die Fraport AG, die Betreibergesellschaft des Frankfurter Rhein-Main-Flughafen, im Jahr 2008 ihren Unternehmensgegenstand um die Tätigkeitsfelder Infrastruktureinrichtungen und Immobilien erweitert (Diversifikation).

Die Vermarktung von Flughäfen als Immobilienstandorte bietet interessante Erlöspotentiale. Beispielsweise vermarktet der Flughafen München sein so genanntes „Munich Airport Center" (MAC) als multifunktionales Dienstleistungszentrum. Die Entwicklung von Gewerbeparks in unmittelbarer Flughafennähe stellt eine weitere Möglichkeit zur Erlössteigerung dar.

6 Wettbewerb, Eigentümerstruktur und Regulierung von Flughäfen

6.1 Wettbewerb zwischen Flughäfen

Wie die meisten Infrastruktureinrichtungen sind Flughäfen durch eine hohe Kapitalintensität sowie technisch bedingte Unteilbarkeiten gekennzeichnet. Bei kurz- und mittelfristig gegebener Kapazität weisen Flughäfen aufgrund des hohen Fixkostenanteils mit zunehmender Kapazitätsauslastung sinkende Durchschnittskosten auf. Bei Kapazitätserweiterungen (z. B. zusätzliches Terminal oder zusätzliche Start-/Landebahn) treten in erheblichem Maße sprungfixe Kosten auf.

Die Nachfrage nach Flughafenleistungen für den Quelle-Ziel-Verkehr (Originäraufkommen) ist wesentlich vom Einzugsgebiet (**„catchment area"**) des Flughafens abhängig. In den meisten Regionen kann diese Luftverkehrsnachfrage durch einen Flughafen befriedigt werden, sodass Tendenzen zum so genannten **„natürlichen Monopol"** vorliegen.[102] Lediglich in dicht besiedelten Ballungsregionen ist das Nachfragepotential hinreichend groß, um einen wirtschaftlich sinnvollen Betrieb mehrerer Flughäfen zu ermöglichen (z. B. Großraum London, New York). Zu Wettbewerb zwischen diesen Flughäfen kommt es jedoch nur unter der

---

[102] Siehe zum Begriff „natürliches Monopol" auch Kapitel IX.

Voraussetzung, dass die einzelnen Flughäfen voneinander unabhängig sind, sodass sie einen Anreiz zum wettbewerblichen Aktionsparametereinsatz haben.

> **Flughafenentflechtung – Das Beispiel BAA**
>
> Die private britische Flughafenbetreibergesellschaft BAA verfügt nach Einschätzung der britischen Wettbewerbskommission unter anderem über eine marktbeherrschende Stellung auf dem Markt für Flughafenleistungen im Südosten Englands. Um Wettbewerb zwischen Flughäfen in dieser Region zu ermöglichen, soll BAA gezwungen werden, sich von bestimmten Flughäfen zu trennen. Seit September 2008 sucht BAA einen Käufer für den Flughafen London-Gatwick.

Der Markt für Flughafendienstleistungen ist generell durch hohe **Marktzutrittsschranken** gekennzeichnet. Hierzu zählen die umfangreichen Genehmigungserfordernisse (institutionelle Marktzutrittsschranken) ebenso wie der hohe Anteil irreversibler Investitionen. Folglich sind die etablierten Flughafenbetreiber vor Markteintritten potenzieller Konkurrenten weitestgehend geschützt (fehlende „Bestreitbarkeit" des Marktes). Eine Ausnahme stellen lediglich ehemalige Militärflughäfen dar, die in eine zivile Nutzung überführt werden (Flughafenkonversion) und so in Konkurrenz zu bestehenden Zivilflughäfen treten können. Als Beispiele für **Konversionsflughäfen**, die meist in eher peripheren Regionen liegen, sind die Flughäfen Frankfurt-Hahn, Zweibrücken und Altenburg-Nobitz zu nennen.

Intensiver Wettbewerb zwischen Flughäfen um ein gegebenes Originäraufkommen ist demzufolge lediglich zwischen mehreren Flughäfen in dicht besiedelten Ballungsregionen (in Deutschland ist hier insbesondere das Ruhrgebiet zu nennen) sowie in den Überlappungsbereichen der jeweiligen catchment areas markstrukturell möglich. Zwar können die Nachfrager zumindest teilweise auf bodengebundene Verkehrsträger ausweichen (intermodaler Wettbewerb), die Flughafenbetreiber haben dennoch eine relativ starke Marktstellung, die in zahlreichen Staaten als Begründung für eine ökonomische Regulierung der Flughäfen dient. Die konkreten Regelungen in Deutschland werden im folgenden Unterkapitel 6.3 erläutert.

Anders ist die Situation im Bereich der **Umsteigepassagiere**. Hier ist ein starker Wettbewerb zwischen den Hub-Flughäfen gegeben, wobei sich die Nachfrager in aller Regel für eine bestimmte Airline (bzw. Allianz)-Airport-Kombination entscheiden. Beispielsweise kann ein Passagier, der von Berlin nach Atlanta reisen möchte, sein Ziel unter anderem mit Lufthansa (Star Alliance) via Frankfurt, mit British Airways (oneworld) via London oder mit Air France (Sky Team) via Paris erreichen (vgl. ausführlich zum Wettbewerb zwischen Hubs und Allianzen Kapitel XII). Folglich haben die Flughäfen einen starken Anreiz, gemeinsam mit ihren jeweiligen Hauptkunden ein für Umsteigepassagiere attraktives Angebot zu bieten.

Das Aufkommen der **Low Cost Carrier** hat die Wettbewerbsverhältnisse auf dem Luftverkehrsmarkt erheblich verändert. Oftmals fliegen die Low Cost Carrier bevorzugt **Regionalflughäfen** an, die durch kurze Bodenzeiten und niedrige Entgelte gekennzeichnet sind (vgl. hierzu ausführlich Kapitel X). Allerdings erhalten diese Regionalflughäfen oftmals staatliche Mittel (Subventionen). Zahlreiche etablierte Airlines kritisieren, dass der Wettbewerb auf dem Luftverkehrsmarkt durch diese Subventionen verfälscht werde.

Eine Grundsatzentscheidung im Hinblick auf die Zulässigkeit von Beihilfen für Regionalflughäfen hat der Europäische Gerichtshof im Jahr 2004 im Fall **Charleroi** getroffen. Der belgische Flughafen Charleroi gewährte der Airline Ryanair eine umfangreiche Unterstützung, insbesondere Marketingzuschüsse und die Bereitstellung von Büroflächen. Darüber hinaus erhielt Ryanair eine Ermäßigung bei den Entgelten für Bodenverkehrsdienste sowie eine 50 %ige Ermäßigung auf die in der Entgeltordnung ausgewiesenen Flughafenentgelte. Die Kommission entschied, dass ein wesentlicher Teil dieser Regelungen unzulässige Beihilfen darstellten, insbesondere die selektive Reduzierung der Flughafenentgelte sowie die Ermäßigungen auf die Entgelte der Bodenverkehrsdienste, die bei dem Flughafen zu Verlusten führten, die wiederum aus öffentlichen Mitteln ausgeglichen wurden.

In ihren **Leitlinien** für die Finanzierung von Flughäfen und die Gewährung staatlicher Anlaufbeihilfen für Luftfahrtunternehmen auf Regionalflughäfen hat die Europäische Kommission im Dezember 2005 unter anderem festgelegt, dass befristete Anlaufbeihilfen für die Aufnahme von Flugverbindungen zu Regionalflughäfen oder die Erhöhung der Bedienungsfrequenz unter bestimmten Voraussetzungen für einen Zeitraum von maximal drei Jahren zulässig sind. Zu den Zulässigkeitsvoraussetzungen gehört, dass das geförderte Flugangebot langfristig rentabel ist, die Beihilfe im Zeitablauf abgebaut wird (degressive Staffelung) und lediglich Zusatzkosten für die neue Verbindung (insbesondere Marketingkosten), nicht jedoch regelmäßige Betriebskosten der Airline durch den Flughafen ausgeglichen werden.

Trotz der neuen Leitlinien der Europäischen Union besteht derzeit eine nicht unerhebliche Rechtsunsicherheit bezüglich der öffentlichen Förderung von Flughäfen. Zahlreiche größere Airlines und Flughäfen haben gegen die Finanzierung von Low Cost Flughäfen aus öffentlichen Mitteln und/oder eine bevorzugte Behandlung von Low Cost Carriern auf bestimmten Flughäfen geklagt. Laufende Verfahren (Stand 2008) betreffen unter anderem den langfristigen Vertrag zwischen dem Flughafen Berlin-Schönefeld und easyJet über die exklusive Nutzung des Terminals 2 sowie den Bau eines Low Cost Terminals am Flughafen Marseille. Nach Angaben des Bundesverkehrsministeriums waren im Jahr 2007 nahezu 20 Beihilfeverfahren gegen deutsche Flughäfen bei der Europäischen Kommission anhängig.

6.2 Eigentümerstruktur

Die Finanzierung, Bereitstellung und der Betrieb von Flughäfen wurde in der Vergangenheit überwiegend zu den Aufgaben des Staates gezählt. Die Gebietskörperschaften sehen sich jedoch zunehmend weniger in der Lage, den verkehrswachstumsbedingten Investitionsbedarf von Verkehrsflughäfen zu finanzieren. Zudem erhofft man sich von der verstärkten Einbindung Privater eine höhere Effizienz in der Bereitstellung der Flughafenleistungen.

Im Ausland liegen bereits seit einiger Zeit Erfahrungen mit teilweise oder vollständig privatisierten Flughäfen vor. Beispielsweise wurde der britische Flughafenbetreiber BAA im Jahr 1987 vollständig in privates Eigentum überführt. Der Flughafen Wien-Schwechat ist als AG börsennotiert, die öffentliche Hand hält noch einen Anteil von 40 %. Die Aktien der Betreibergesellschaft des Flughafens Zürich AG (Unique) werden ebenfalls an der Börse gehandelt, wobei Kanton und Stadt Zürich die Mehrheit besitzen.

Andere Staaten halten am staatlichen Eigentum an Flughäfen fest. Ein Beispiel ist Spanien, wo die staatseigene Gesellschaft AENA (Aeropuertos Españoles y Navegación Aérae) alle spanischen Flughäfen betreibt und darüber hinaus Anteile an zahlreichen ausländischen Flughäfen besitzt.

Die deutschen Verkehrsflughäfen befinden sich nach wie vor mehrheitlich im Besitz der öffentlichen Hand (siehe Tabelle 8.10), sind jedoch ausnahmslos in privater Rechtsform (AG oder GmbH) organisiert. Dabei orientiert sich die Gesellschafterstruktur an der verkehrlichen Bedeutung. Der Bund ist traditionell an den beiden internationalen Hub-Flughäfen sowie den Flughäfen der beiden Regierungssitzstädte beteiligt. Er strebt mittelfristig an, sich zumindest von den Anteilen an den Flughäfen Frankfurt, Köln-Bonn und München zu trennen, in Frankfurt hat er seinen Anteil bereits abgegeben.

An den größeren internationalen Verkehrsflughäfen sind zumeist die jeweiligen Länder und Kommunen beteiligt, auf deren Territorium der Flughafen liegt. Ein Musterbeispiel ist der Flughafen Stuttgart, der über viele Jahre je zur Hälfte dem Land Baden-Württemberg und der Stadt Stuttgart gehörte.[103] Bei kleineren Flughäfen ohne überregionale Bedeutung kann auch eine Kommune der alleinige Eigentümer sein (z. B. Flughafen Dortmund).

Insbesondere bei kleineren Flughäfen entstehen oftmals Defizite, die von der öffentlichen Hand als Eigentümer übernommen werden. Allerdings profitieren teilweise auch große Flughäfen von staatlicher Unterstützung. Ein oftmals zitiertes Beispiel ist ein zinsloses Gesellschafterdarlehen, das der Freistaat Bayern dem Flughafen München gewährt hat. Der Flughafen Amsterdam-Schiphol war von der niederländischen Unternehmensbesteuerung ausgenommen, bis die Europäische Kommission im Jahr 2001 diese wettbewerbsverzerrende Beihilfe untersagte.

Die hohe Wachstumsdynamik der Luftverkehrswirtschaft sowie strategische Perspektiven einer sich im Entstehen befindlichen globalen Flughafenbranche stellen eine hohe Attraktivität von Flughäfen als Investitionsobjekte sicher. Als potenzielle **Investoren** können Finanzinvestoren, strategische Investoren sowie Manager und Mitarbeiter (per „Management-Buy-Out", MBO) unterschieden werden. Unter **Finanzinvestoren** sind Personen oder Institutionen zu verstehen, deren Geschäftszweck in der zeitlich begrenzten Überlassung von Kapital unter Antizipation entsprechender Renditen besteht. **Strategische Investoren** versuchen ihre Beteiligungen an Unternehmen für eigene Betätigungsfelder zu instrumentalisieren. Die Gruppe der strategischen Investoren lässt sich unterteilen in:

- private Betreibergesellschaften (z.B. BAA plc, Fraport AG)
- öffentlich-rechtliche Betreibergesellschaften (z. B. SEA Aeroporti di Milano)
- Flughafenbetreiber ohne eigene „Homebase" (TBI plc) sowie
- Projektentwickler (z. B. Bauunternehmen und Immobiliengesellschaften wie Hochtief AG oder IVG).

---

[103] Seit dem Jahr 2008 hält das Land Baden-Württemberg 65 %, die Stadt Stuttgart nur noch 35 %.

Tabelle 8.10: Eigentumsstruktur ausgewählter deutscher Verkehrsflughäfen[104]

Flughafen	Betreiber	Gesellschafter
Berlin	Flughafen Berlin-Schönfeld GmbH / Berliner Flughafen GmbH	Land Berlin (37,0 %) Land Brandenburg (37,0 %) Bundesrepublik Deutschland (26,0 %)
Bremen	Flughafen Bremen GmbH	Hansestadt Bremen (100,0 %)
Dortmund	Flughafen Dortmund GmbH	Dortmunder Stadtwerke AG (74,0 %) Stadt Dortmund (26 %)
Dresden	Flughafen Dresden GmbH	MDF AG (94,0 %)[a] Freistaat Sachsen (4,3 %) Landkreis Meißen (0,8 %) Landkreis Kamenz (0,8 %)
Düsseldorf	Flughafen Düsseldorf GmbH	Airport Partners GmbH (50,0 %)[b] Stadtwerke Düsseldorf (50,0 %)
Erfurt	Flughafen Erfurt GmbH	Land Thüringen (95,0 %) Stadt Erfurt (5,0 %)
Frankfurt	Fraport AG	Land Hessen (31,62 %) Stadt Frankfurt am Main (20,19 %) Deutsche Lufthansa AG (9,96 %) Julius Bär Gruppe (5,1 %) Streubesitz (24,55 %) Capital Group (4,7 %) Artisan Partners (3,88 %)
Hahn	Flughafen Frankfurt-Hahn GmbH	Land Rheinland-Pfalz (17,5 %) Land Hessen (17,5 %) Fraport AG (65 %)[e]
Hamburg	Flughafen Hamburg GmbH	Freie und Hansestadt Hamburg (51,0 %) Airport Partners GmbH (49,0 %)[c]
Hannover	Flughafen Hannover-Langenhagen GmbH	Hannoversche BeteiligungsGmbH (35,0 %)[d] Stadt Hannover (35,0 %) Fraport AG und NordLB (30,0 %)
Köln/Bonn	Flughafen Köln/Bonn GmbH	Bundesrepublik Deutschland (30,9 %) Land Nordrhein-Westfalen (30,9 %) Stadt Köln (31,1 %) Stadt Bonn (6,1 %) Rhein-Sieg-Kreis (0,6 %) Rheinisch Bergischer Kreis (0,4 %)

---

[104] Datenquelle: ADV, Angaben der Flughafengesellschaften (Stand 2008).

6 Wettbewerb, Eigentümerstruktur und Regulierung von Flughäfen

Leipzig/ Halle	Flughafen Leipzig/Halle GmbH	MDF AG (94 %)[a] Freistaat Sachsen (4,6 %) Landkreis Delitzsch (0,5 %) Landkreis Leipziger Land (0,5 %) Stadt Schkeuditz (0,4 %)
München	Flughafen München GmbH	Freistaat Bayern (51,0 %) Bundesrepublik Deutschland (26,0 %) Stadt München (23,0 %)
Münster/ Osnabrück	Flughafen Münster/ Osnabrück GmbH	Stadtwerke Münster (35,2 %) Kreis Steinfurt (30,4 %) Stadtwerke Osnabrück (17,3 %) Verkehrsges. Stadt Greven (5,9 %) Verkehrsgesellschaft Landkreis Osnabrück (7,2 %) sonstige (4,0 %)
Nürnberg	Flughafen Nürnberg GmbH	Freistaat Bayern (50,0 %) Stadt Nürnberg (50,0 %)
Saarbrücken	Flughafen Saarbrücken Betriebsgesellschaft mbH	Flughafen Saarbrücken Besitzgesellschaft mbH (99,0 %) Stadt Saarbrücken (1,0 %)
Stuttgart	Flughafen Stuttgart GmbH	Land Baden-Württemberg (65,0 %) Stadt Stuttgart (35,0 %)

[a] MDF AG Aktionäre: Freistaat Sachsen (67,1 %), Land Sachsen-Anhalt (13,6 %), Städte Leipzig, Dresden und Halle.

[b] Airport Partners GmbH Gesellschafter: Hochtief AirPort GmbH / Hochtief Airport Capital GmbH, Aer Rianta plc.

[c] Airport Partners GmbH Gesellschafter: Hochtief AirPort GmbH und Hochtief Airport Capital GmbH.

[d] Hannoversche Beteiligungs GmbH Gesellschafter: Land Niedersachsen.

[e] Die Fraport AG hat ihren Anteil im Jahr 2009 an das Land Rheinland-Pfalz verkauft.

Bislang wurde in Deutschland noch kein Flughafen mehrheitlich privatisiert. Eine Besonderheit in Deutschland stellt die Betreibergesellschaft des Frankfurter Flughafens (Fraport AG) dar, deren Aktien an der Börse gehandelt werden. Bei anderen teilprivatisierten Flughäfen wurden Minderheitsbeteiligungen an einen Großinvestor vergeben (Düsseldorf, Hamburg). Die teilweise privatisierte Fraport AG ist an anderen deutschen Flughäfen beteiligt (Hannover, Frankfurt-Hahn[105]), sodass hier eine indirekte Teilprivatisierung vorliegt.

---

[105] Diese Beteiligung wurde im Jahr 2009 an das Land Rheinland-Pfalz abgegeben.

6.3 Flughafenregulierung

Die Regulierung natürlicher Monopole verfolgt zum einen das Ziel, eine „Ausbeutung" der Nachfrager durch ein unangemessenes Preis-Leistungs-Verhältnis zu verhindern. Zum anderen soll eine Diskriminierung einzelner Nachfrager unterbunden werden (Gefahr der „Marktmachtübertragung").

In der Praxis beschränkt sich die Regulierung auf die Höhe der Entgelte für die Nutzung der Infrastruktur (insbesondere Bewegungsentgelte, Passagierentgelte). Dabei ist im Bereich der Flughäfen als Besonderheit zu beachten, dass ein Teil der Erlöse auf Märkten erzielt wird, für die keine strukturellen Tendenzen zum natürlichen Monopol bestehen. Dabei geht es insbesondere um die Non-Aviation-Entgelte, da hier die Flughafenbetreiber einer Konkurrenz durch Anbieter außerhalb des Flughafenareals ausgesetzt sind. Für die Regulierung von Flughafenentgelten bestehen darauf aufbauend zwei grundsätzliche Möglichkeiten:

- Single-till Regulierung (Gesamtkostendeckungsprinzip)
  Bei der Single-till Regulierung werden alle Einnahmen und Ausgaben des Flughafens gemeinsam betrachtet. Die Regulierung der Entgelte für die Nutzung der Infrastruktur zielt darauf ab, dass ein festgelegter Wert für die Rentabilität des Flughafens (z. B. die Eigenkapitalrentabilität) nicht überschritten wird. Die Single-till Regulierung ist die international am weitesten verbreitete Form der Flughafenregulierung. Allerdings sind ihre ökonomischen Wirkungen nicht unproblematisch. So kann ein Anstieg der Non-Aviation-Einnahmen, bedingt beispielsweise durch gestiegene Einzelhandelsumsätze auf dem Flughafen, dazu führen, dass die Entgelte für die Infrastrukturnutzung gesenkt werden müssen, selbst wenn diese Entgelte für sich genommen nicht kostendeckend sind. Folglich käme es zu einer Verzerrung der volkswirtschaftlichen Preisrelationen.

- Dual-till Regulierung
  Die Dual-till Regulierung unterscheidet zwischen den Wettbewerbsbereichen und den Nicht-Wettbewerbsbereichen eines Flughafens. Die Regulierung erfolgt lediglich im Nicht-Wettbewerbsbereich, d. h. dem eigentlichen Infrastrukturbereich, etwa durch Festlegung einer Obergrenze für die Kapitalverzinsung. Die Dual-till Regulierung führt dazu, dass die Bereitstellung der Infrastruktur stets zu kostendeckenden Entgelten erfolgt. Als problematisch kann sich der Anreiz der Flughafenbetreiber erweisen, entstehende Kosten nach Möglichkeit dem Nicht-Wettbewerbsbereich zuzuordnen, um so im Wettbewerbsbereich Vorteile gegenüber anderen Anbietern zu erlangen. Zudem ist darauf hinzuweisen, dass für einen großen Teil der Non-Aviation-Erlöse eine enge Verbindung zum Luftverkehr besteht, da diese Ausgaben von Passagieren getätigt werden, die wiederum auf die Nutzung eines bestimmten Flughafens angewiesen sein können.

Generell kann die Regulierung von Infrastrukturmonopolisten nach kostenbezogenen oder nach anreizorientierten Verfahren ausgestaltet werden. Im Folgenden sind diese beiden Formen in ihren Grundzügen erläutert:

6 Wettbewerb, Eigentümerstruktur und Regulierung von Flughäfen

- Kostenbezogene Regulierung
  Bei der kostenbezogenen Regulierung kann einem Unternehmen beispielsweise eine bestimmte Kapitalverzinsung zugebilligt werden. Die Gesamteinnahmen dürfen maximal die Höhe der Gesamtkosten zuzüglich der genehmigten Kapitalverzinsung erreichen. Ein zentrales Problem der kostenbezogenen Regulierung sind die nur sehr schwach ausgeprägten Anreize zum effizienten Ressourceneinsatz. Unter bestimmten Voraussetzungen kann das Unternehmen sogar einen Anreiz haben, gezielt Kosten zu verursachen, etwa durch besonders aufwändige Investitionsprojekte.

- Anreizregulierung
  Die Anreizregulierung löst die Regulierung partiell von der Höhe der Kosten und setzt somit Anreize zu einem sparsamen Ressourceneinsatz. Eine besondere Form der Anreizreduzierung ist die so genannte Price-Cap-Regulierung (Preisobergrenzenregulierung). Die zukünftig zulässigen Preise werden für einen längeren Zeitraum (in der Regel vier bis fünf Jahre) durch eine spezielle Formel festgelegt. Üblicherweise gehen in diese Formel die jeweilige Inflationsrate sowie ein von der Regulierungsbehörde festgelegter Faktor für den als möglich erachteten Produktivitätsfortschritt ein. Beträgt dieser Faktor für den Produktivitätsfortschritt beispielsweise ein Prozent, so dürfen die Preise jedes Jahr maximal um die allgemeine Preissteigerungsrate minus eins steigen. Für Flughäfen kommt hinzu, dass die durchschnittlichen Kosten aufgrund des hohen Fixkostenanteils stark vom Auslastungsgrad abhängig sind, was durch eine entsprechende Modifikation der Price-Cap-Formel berücksichtigt werden kann.
  Die Price-Cap-Formel kommt in Deutschland unter anderem seit dem Jahr 2000 bei der Regulierung des Hamburger Flughafens zum Einsatz. Da die maximal zulässigen Preise des regulierten Unternehmens unabhängig von den jeweiligen Kosten festgelegt werden, hat das Unternehmen einen starken Anreiz zur Kosteneinsparung. Allerdings ist nicht auszuschließen, dass auch die Leistungsqualität unter diesen Sparanstrengungen leidet. Folglich muss eine Price-Cap-Regulierung geeignet mit einer Qualitätsregulierung verbunden werden. Konkret wurden für den Flughafen Hamburg gleichzeitig mit der Einführung der Price-Cap-Regulierung zahlreiche Qualitätsparameter definiert, die vom Flughafen einzuhalten sind.

Die rechtlichen Grundlagen der Flughafenregulierung finden sich im deutschen Luftverkehrsgesetz (LuftVG). Gemäß § 31, Abs. 2, Nr. 4 LuftVG müssen Flughafenentgelte von den Luftverkehrsbehörden der Länder genehmigt werden, die sich letztlich am Grundsatz kostendeckender Entgelte orientieren. Dabei ist es nicht ganz unproblematisch, dass Regulierungsbehörde und Eigentümer oftmals zusammenfallen, d. h. die Flughäfen von ihren Eigentümern reguliert werden. Insbesondere von Seiten der Airlines wird daher mitunter die Einrichtung einer unabhängigen Regulierungsbehörde gefordert.

7 Kooperation und Konzentration

Die Strukturen des Flughafenmarktes zeigen in einem grenzüberschreitenden Vergleich deutliche Unterschiede. In manchen Staaten, beispielsweise Spanien, befinden sich (nahezu) alle Flughäfen im Eigentum einer nationalen Betreibergesellschaft. Demgegenüber weist Deutschland eine dezentrale Struktur des Flughafenmarktes auf, sodass vielfältige Möglichkeiten der Kooperation und Konzentration bestehen.

Bei einer **horizontalen** Kooperation (Zusammenarbeit zwischen Flughäfen) kann sich die Zusammenarbeit der Flughäfen auf unterschiedliche Geschäftsfelder erstrecken. Möglich ist sowohl eine Kooperation in bestimmten Teilbereichen (z. B. Planung, Einkauf, Personalentwicklung, IT, Gemeinschaftsunternehmen im Ausland) als auch eine umfassende Kooperation mehrerer unabhängiger Flughäfen. Im Jahr 2009 haben die Flughäfen Paris und Amsterdam eine umfangreiche Kooperation vereinbart.

Eine besonders intensive Kooperation lässt sich meist durch eine **Kapitalbeteiligung** erreichen. In Deutschland war die Fraport AG bis zum Jahr 2009 Mehrheitseigentümer des Flughafens Frankfurt-Hahn (Anteil 65 %, den Rest teilten sich die Länder Rheinland-Pfalz und Hessen) sowie durch eine Minderheitsbeteiligung mit dem Flughafen Hannover verbunden. Eine frühere Beteiligung am Flughafen Saarbrücken wurde mittlerweile aufgegeben. Darüber hinaus nehmen grenzüberschreitende Kooperationen und Beteiligungen an Bedeutung zu. Insbesondere die Fraport AG ist an zahlreichen Flughäfen engagiert, etwa im türkischen Antalya sowie bei den beiden bulgarischen Flughäfen Bourgas und Varna. Dass ein solches Engagement auch erhebliche Risiken birgt, zeigt die letztlich gescheiterte Beteiligung der Fraport AG am Flughafen in Manila, die dem Unternehmen erhebliche Verluste bescherte.

Eine weitere Kooperationsform ist die Beteiligung von Primär- oder Sekundärflughäfen an Low Cost Airports (siehe das obige Beispiel Frankfurt-Hahn). Der Flughafen Wien wollte sich am Flughafen Bratislava beteiligen, was jedoch unter anderem aufgrund von Wettbewerbsbedenken scheiterte.

Vertikale Kooperationen beschreiben die Zusammenarbeit von Unternehmen aufeinanderfolgender Produktionsstufen. Es ist zu unterscheiden zwischen vorwärtsgerichteten vertikalen Verbindungen (Zusammenarbeit mit Unternehmen nachgelagerter Produktionsstufen, z. B. mit einer Luftverkehrsgesellschaft) sowie rückwärtsgerichteten vertikalen Verbindungen (Zusammenarbeit mit Unternehmen vorgelagerter Produktionsstufen, z. B. mit einem Bodenverkehrsdienstleister). Ein Beispiel für eine vorwärtsgerichtete vertikale Kooperation ist der gemeinsame Bau und Betrieb des Münchener Terminals 2 durch die Flughafen München GmbH und die Deutsche Lufthansa AG. Als Beispiel für eine rückwärtsgerichtete vertikale Kooperation kann die Gründung der AGS Airport Ground Services GmbH als Jointventure der Flughafen Stuttgart GmbH und dem Bodenverkehrsdienstleister Losch Airport Service GmbH angeführt werden (Gründung im Jahr 2000, Anteil der Flughafengesellschaft 50 %).

Die vertikale Kooperation zwischen Flughäfen und Airlines wird in der wettbewerbsökonomischen Diskussion nicht selten als problematisch angesehen, da die Gefahr gesehen wird, dass der Flughafen seine starke Marktstellung dazu ausnutzt, die verbundene Airline zu bevorzugen, sodass sich Wettbewerbsbeschränkungen auf dem Luftverkehrsmarkt ergeben.

Als **diagonale** Kooperation wird die Zusammenarbeit zwischen Unternehmen verschiedener Branchen bezeichnet. Beispielsweise ist die debis IT Services GmbH ein gemeinsames Tochterunternehmen der Fraport AG und T-Systems debis Systemhaus GmbH.

Ein **Flughafensystem** besteht gemäß EU-Verordnung 2408/92 aus zwei oder mehr Flughäfen, die als Einheit dieselbe Stadt oder dasselbe Ballungsgebiet bedienen. Innerhalb eines Flughafensystems ist eine nicht diskriminierende Verkehrsaufteilung zulässig. In Deutschland sind die Berliner Flughäfen als Flughafensystem anerkannt, die von Fraport gewünschte Anerkennung eines Flughafensystems zwischen Frankfurt Rhein-Main und Frankfurt-Hahn ist aufgrund der großen Distanz zwischen den beiden Flughäfen umstritten. Weitere Beispiele für Flughafensysteme finden sich in Mailand, London und Paris.

8 Volkswirtschaftliche Bedeutung von Flughäfen

Flughäfen haben eine nicht unerhebliche Bedeutung für die wirtschaftliche Entwicklung einer Region und darüber hinaus einer ganzen Volkswirtschaft. Dabei kann zwischen direkten, indirekten, induzierten und katalytischen Effekten unterschieden werden. Diese Effekte lassen sich sowohl für die (regionale) Beschäftigung als auch für das (regionale) Einkommen berechnen. Die folgende Darstellung beschränkt sich auf die Arbeitsplatzeffekte, die in der öffentlichen Diskussion meist eine besondere Aufmerksamkeit genießen.

Die **direkten Effekte** ergeben sich unmittelbar aus der wirtschaftlichen Tätigkeit eines Flughafens. Auf dem Flughafengelände befinden sich zahlreiche Arbeitsplätze, wobei nur ein Teil der Beschäftigten für die Flughafengesellschaft arbeitet, die anderen Beschäftigten sind unter anderem bei Airlines, Wartungsbetrieben, öffentlichen Einrichtungen sowie sonstigen Dienstleistern angestellt. Der Frankfurter Rhein-Main Flughafen ist die größte Arbeitsstätte in Deutschland mit einer Beschäftigtenzahl von über 65.000. Davon sind rund 37.000 Arbeitnehmer bei der Deutschen Lufthansa und rund 19.000 Arbeitnehmer beim Flughafenbetreiber Fraport beschäftigt (Stand 2007).

Indirekte Effekte ergeben sich durch die Aufträge, die die auf dem Flughafen angesiedelten Unternehmen an Unternehmen außerhalb des Flughafens vergeben. Hierdurch entstehen in diesen Unternehmen Arbeitsplätze und Einkommen. Für den Frankfurter Rhein-Main-

Flughafen wurden beispielsweise für das Jahr 2001 insgesamt rund 38.000 indirekt Beschäftigte berechnet, wovon rund 32.000 Arbeitsplätze in der Flughafenregion (Regierungsbezirk Darmstadt) angesiedelt waren. Ein Großteil dieser Beschäftigung entstand im Wirtschaftsbereich Verkehr und Nachrichtenübermittlung (rund 20.000 Beschäftigte).

Die **induzierten Effekte** ergeben sich durch die Konsumausgaben der direkt und indirekt Beschäftigten. Für den Flughafen Frankfurt wurden für das Jahr 2001 rund 44.000 induziert Beschäftigte ermittelt, wobei etwas mehr als die Hälfte dieser Beschäftigten auf die Rhein-Main-Region entfallen. Diese Beschäftigungseffekte ergeben sich in erster Linie in den konsumnahen Wirtschaftsbereichen Einzelhandel, Gastgewerbe und den sonstigen haushaltsnahen Dienstleistungen.

Die **katalytischen Effekte** eines Flughafens ergeben sich durch die verbesserte Standortgunst der Flughafenregion. Die dort ansässigen Unternehmen sind für ihre Kunden und Lieferanten leicht erreichbar, können ihre Waren schnell auf dem Luftweg versenden und den Mitarbeitern steht ein breites Flugangebot mit kurzen Anreisezeiten zum Flughafen zur Verfügung. Eine besondere Bedeutung haben Flughäfen für die Tourismuswirtschaft, insbesondere in Destination, die nahezu ausschließlich auf dem Luftweg erreichbar sind (z. B. Inseln wie Malta, die Balearen oder die Seychellen). Konkret wurde beispielsweise für den Flughafen Frankfurt-Hahn ermittelt, dass im Jahr 2005 im Land Rheinland-Pfalz rund 2.600 Beschäftigte ihren Arbeitsplatz den über Hahn einreisenden Incoming-Touristen verdanken.

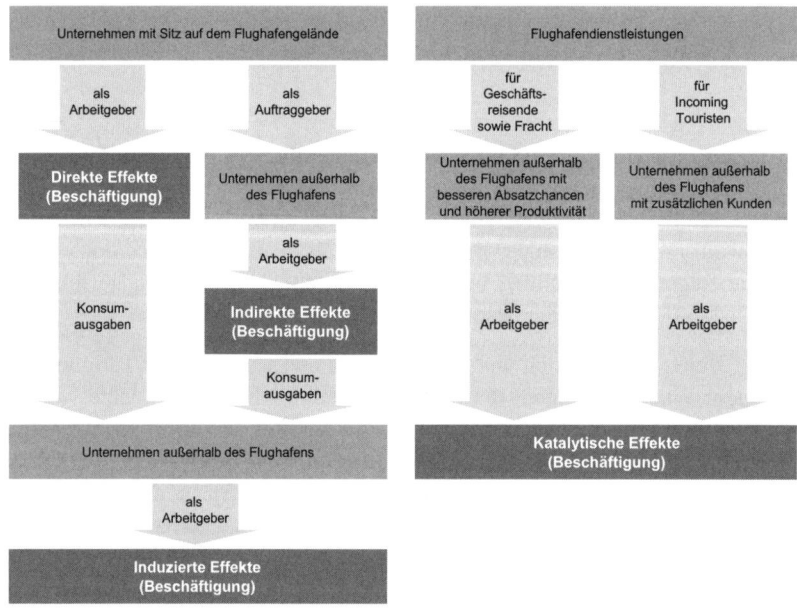

Abbildung 8.6: Einkommens- und Beschäftigungseffekte von Flughäfen im Überblick

8 Volkswirtschaftliche Bedeutung von Flughäfen   197

Aus fiskalischer Perspektive ist bedeutsam, dass mit den jeweiligen wirtschaftlichen Aktivitäten jeweils steuerrelevante Tatbestände verbunden sind (Erzielung von Umsätzen oder Einkommen), sodass den Flughäfen auch vor diesem Hintergrund eine nicht unerhebliche Bedeutung zukommt.

Abbildung 8.6 stellt die regionalökonomischen Effekte eines Flughafens überblicksartig dar. Die regionalökonomischen Effekte von Flughäfen sind in zahlreichen Studien untersucht worden. Dabei lassen sich Multiplikatoren berechnen, die angeben, wie viele indirekte und induzierte Arbeitsplätze mit einem Arbeitsplatz auf dem Flughafen verbunden sind. Der Wert des Multiplikators ist insbesondere von den konkreten Strukturmerkmalen des Flughafens sowie der Wirtschaftsstruktur der Flughafenregion abhängig. Generell ist der Multiplikator umso größer, je weiter die betrachtete Region abgegrenzt wird. Die Angaben in unterschiedlichen Studien, die sich zudem auf verschiedene Zeiträume beziehen, sind daher nur begrenzt vergleichbar. In Tabelle 8.11 sind ausgewählte Werte aufgeführt.

Tabelle 8.11: Beschäftigungseffekte ausgewählter deutscher Flughäfen

Flughafen (Bezugsjahr)	Passagiere (Mio.)	Direkt Beschäftigte	Indirekt Beschäftigte	Induziert Beschäftigte	Multiplikator (Indirekt + induziert Beschäftigte) / Direkt Beschäftigte
Frankfurt (1999)[a]	46	61.252 (davon 45.223 mit Wohnsitz in der Region)	35.662 (Reg.bez. DA)	18.891 (Reg.bez. DA)	1,21
			52.872 (Deutschland)	55.407 (Deutschland)	1,77
Frankfurt-Hahn (2005)[b]	3,1	2.431	1.718 (Region)		0,71
			2.579 (Deutschland)	1.008 (Deutschland)	1,48
Köln-Bonn (2006)[c]	9,8	12.460	10.100 (Region Köln)	1.679 (Region Köln)	0,95
			21.412 (Deutschland)	3.220 (Deutschland)	1,98
Dortmund (2005)[d]	1,7	1.531	1.248	371	1,06
			2.070	628	1,76

[a] Quelle: Hujer et al. (2004).
[b] Quelle: Heuer / Klophaus (2007).
[c] Quelle: Prognos / Booz|Allen|Hamilton / Airport Research Center (2008)
[d] Quelle: Malina et al. (o. J.).

9 Kommentierte Literatur- und Quellenhinweise

Die spezielle Betriebswirtschaftslehre von Flughäfen sowie aktuelle betriebswirtschaftliche Themenfelder sind dargestellt in

- Wells, A. T. / Young, S. B. (2007), Airport Planning and Management, 5. Aufl., New York.
- Graham, A. (2008), Managing Airports: An international perspective, 3. Aufl., Oxford.
- Jarach, D. (2004), Airport Marketing: strategies to cope with the new millenium environment, Aldershot.
- Booz|Allen|Hamilton (o. J.), „Aero"-Dynamik im europäischen Flughafensektor, Düsseldorf.
- Doganis, R. (1992), The Airport Business, London / New York.

Eine umfassende Darstellung insbesondere der planerischen und betrieblichen Aspekte findet sich in

- Mensen, H. (2007), Planung, Anlage und Betrieb von Flugplätzen, Berlin / Heidelberg.

Die rechtlichen Grundlagen für die Errichtung und den Betrieb von Flughäfen sind ausführlich dargestellt in

- Schwenk, W. / Giemulla, E. (2005), Handbuch des Luftverkehrsrechts, 3. Aufl., Köln u. a. O., sechster Abschnitt.

Eine Auseinandersetzung mit den Kapazitätsproblemen von Flughäfen liefert

- Initiative Luftverkehr für Deutschland (2006), Masterplan zur Entwicklung der Flughafeninfrastruktur, Frankfurt/M.

Fragen der Privatisierung und des Wettbewerbs zwischen Flughäfen sind ausführlich behandelt in:

- Malina, R. (2006), Potenziale des Wettbewerbs und staatlicher Regulierungsbedarf von Flughäfen in Deutschland, Göttingen.
- Wolf, H. (2003), Privatisierung im Flughafensektor. Eine ordnungspolitische Analyse, Berlin / Heidelberg.
- Fichert, F. (1999), Flughafenmärkte in Europa: Potentiale wettbewerblicher Selbststeuerung und Anforderungen an einen geeigneten staatlichen Ordnungsrahmen, in: Zeitschrift für Verkehrswissenschaft, 70. Jg., H. 4, S. 233–256.
- Competition Commission (2008), BAA Airports Market Investigation, London.

Speziell zur Regulierung von Flughäfen siehe

- Neuscheler, T. (2008), Flughäfen zwischen Regulierung und Wettbewerb. Eine netzökonomische Analyse, Baden-Baden.
- Forsyth, P. (Hrsg.) (2004), The economic regulation of airports, Aldershot.

Speziell zu Low Cost Airports siehe

- Klophaus, R. / Schaper, T. (2004), Was ist ein Low Cost Airport?, in: Internationales Verkehrswesen, 56. Jg., H. 5, S. 191–196.

Mehrere Flughäfen, z. B. Frankfurt und Berlin, bieten im Internet so genannte Entgeltrechner an, mit deren Hilfe die Flughafenentgelte für einen bestimmten Flug berechnet werden können.

Aus der umfangreichen Literatur zur Slotvergabe seien die folgenden Studien genannt

- Czerny, A. I. / Forsyth, P. / Gillen, D. / Niemeier, H.-M. (Hrsg.) (2008), Airport Slots: International experiences and options for reform, Aldershot.
- Boyfield, K. (Hrsg.) (2003), A Market in Airport Slots, The Institute of Economic Affairs, London.
- Mott McDonald (2006), Study on the Impact of the Introduction of Secondary Trading at Community Airports, Study commissioned by the European Commission, London-Croydon.

Ausführlich zu Bodenverkehrsdiensten siehe

- SH&E (2002), Study on the quality and efficiency of ground handling services at EU airports as a result of the implementation of Council Directive 96/67/EC, London.
- Templin, C. (2007), Bodenabfertigungsdienste an Flughäfen in Europa. Deregulierung und ihre Konsequenzen, Köln.

Speziell zu den Non-Aviation-Revenues siehe

- A.T. Kearney (2007), Verkehrsknotenpunkte – Handelsstandorte der Zukunft.

Die juristischen Aspekte der Marktöffnung im Bereich der Bodenverkehrsdienste sind ausführlich diskutiert bei

- von Einem, A. (2000), Die Liberalisierung des Marktes für Bodenabfertigungsdienste auf den Flughäfen in Europa, Frankfurt/M. u. a. O.
- Giesberts, L. / Geisler, M. (1999), Bodenabfertigungsdienste auf deutschen Flughäfen: Kommentar zur Verordnung über Bodenabfertigungsdienste auf Flughäfen – BADV, Berlin.

Zur Intermodalität siehe etwa

- Dressler, F. (2007), Wettbewerbsfähigkeit von Luft-Schiene-Kooperationen zur Substitution von Zubringerflügen. Eine empirische Analyse des Passagierwahlverhaltens, Lohmar/Köln.

- Fakiner, H. (2005), The Role of Intermodal Transportation in Airport Management – The Perspective of Frankfurt Airport, in: Delfmann, W., et al. (Hrsg.), Strategic Management in the Aviation Industry, Aldershot, S. 427–449.

Eine umfassende Analyse der verschiedenen Optionen einer Flughafenkooperation findet sich bei

- Meincke, P. (2005), Kooperation der deutschen Flughäfen in Europa, DLR-Forschungsbericht 2005-08, Köln.

Speziell zu den vielfältigen Aspekten einer vertikalen Integration zwischen Airports und Airlines am Beispiel des Münchner Terminal 2 siehe

- Trautmann, P. (2007), Aviation Alliance Airport-Airline am Flughafen München, in: Wald, A. / Fay, C. / Gleich, R. (Hrsg.), Aviation Management. Aktuelle Herausforderungen und Trends, Berlin, S. 61–75.
- Kuchinke, B. A. / Sickmann, J. (2007), The Joint Venture Terminal 2 at Munich Airport and its Consequences: An Analysis of Competition Economics, in: Fichert, F. / Haucap, J. / Rommel, K. (Hrsg.), Competition Policy in Network Industries, Berlin, S. 107–133.

Zur Subventionierung von Regionalflughäfen findet sich eine kritische Betrachtung in

- Heymann, E. / Vollenkemper, J. (2005), Ausbau von Regionalflughäfen – Fehlallokation von Ressourcen, Deutsche Bank Research, Aktuelle Themen Nr. 337, Frankfurt/Main.

Speziell zum Fall Charleroi siehe etwa

- Gröteke, F. / Kerber, W. (2004), The case of Ryanair – EU State Aid Policy on the Wrong Runway, in: ORDO – Jahrbuch für Wirtschaft und Gesellschaft, 54. Jg., S. 313–332.
- Soltész, U. / Seidl, S. (2006), Regionalflughäfen im Visier der Brüsseler Beihilfenkontrolle – Die Ryanair-Praxis der Kommission und die neuen Leitlinien, in: Europäisches Wirtschafts- und Steuerrecht, Vol. 17, H. 5, S. 211–218.

Die Einkommens- und Beschäftigungseffekte sind in zahlreichen Studien für unterschiedliche Flughäfen untersucht worden, beispielhaft seien genannt:

- Prognos / Booz|Allen|Hamilton/ Airport Research Center (2008), Der Köln Bonn Airport als Wirtschafts- und Standortfaktor, Düsseldorf / Aachen.
- Heuer, K. / Klophaus, R. (2007), Regionalökonomische Bedeutung und Perspektiven des Flughafens Frankfurt-Hahn, Birkenfeld.
- Hujer, R., et al. (2004), Einkommens- und Beschäftigungseffekte des Flughafens Frankfurt Main, Frankfurt/M., Darmstadt.
- Malina, R., et al. (o. J.), Die regionalwirtschaftliche Bedeutung des Dortmund Airport, Münster.

Kapitel IX Marktstruktur

1	**Streckennetztypen**	**204**
	1.1 Grundlagen von Point-to-Point- und Hub-and-Spoke-Systemen	204
	1.2 Unterschiedliche Arten von Hub-and-Spoke-Systemen	207
2	**Determinanten der Marktstruktur**	**210**
	2.1 Marktstruktur auf isolierten Direktverbindungen	210
	2.2 Marktstruktur bei Hub-and-Spoke-Systemen	212
3	**Entwicklung von Erlösen, Kosten und Gewinnen**	**214**
4	**Kommentierte Literatur- und Quellenhinweise**	**219**

1 Streckennetztypen

1.1 Grundlagen von Point-to-Point- und Hub-and-Spoke-Systemen

Für die Befriedigung der Nachfrage auf Luftverkehrsmärkten sind im Wesentlichen zwei unterschiedliche Streckennetztypen von Bedeutung, das System der Direktverbindungen (**Point-to-Point**) und das System der Umsteigeverbindungen über eine zentrale Drehscheibe (**Hub-and-Spoke**).

Im **Point-to-Point-System** werden die einzelnen Flughäfen durch Direktflüge miteinander verbunden. Für die Fluggäste bedeutet dies ein Maximum an Komfort sowie ein Minimum an Gesamtreisezeit. Allerdings ist zu berücksichtigen, dass ein regelmäßiger Luftverkehr zwischen zwei Orten eine gewisse Mindestnachfrage voraussetzt. Dabei ist nicht allein die Zahl der potenziellen Nachfrager entscheidend, denn bei hinreichend großer Zahlungsbereitschaft kann es durchaus rentabel sein, für wenige Passagiere Direktflüge anzubieten.

Das Point-to-Point-System erfordert mit zunehmender Zahl von Flughäfen eine überproportional wachsende Zahl an Ressourcen. Dies sei im Folgenden zunächst an einem einfachen Zahlenbeispiel erläutert. Um fünf Flughäfen in einem Point-to-Point-System miteinander zu verbinden, müssen insgesamt 20 Flüge durchgeführt werden.[106] Wird ein sechster Flughafen zum System hinzu genommen, erhöht sich die Zahl der Direktflüge auf 30. Allgemein lautet die Formel zur Berechnung der Zahl der Flüge innerhalb eines Point-to-Point-Systems $F = n*(n-1)$, wobei F für die Zahl der Flüge und n für die Zahl der Flughäfen steht.

In einem **Hub-and-Spoke-System** wird der Luftverkehr über einen zentralen Umsteigeflughafen (Hub) organisiert.[107] Von jedem Flughafen aus werden bei konsequenter Umsetzung lediglich Flüge von und zum Hub angeboten. Im oben bereits genutzten Beispiel eines Systems aus fünf Flughäfen, bei dem jetzt einer dieser fünf Flughäfen die Funktion eines Hubs einnimmt, sind insgesamt nur acht Flüge erforderlich, um alle Punkte miteinander zu verbinden. Bei Hinzunahme eines sechsten Flughafens erhöht sich die Zahl der Flüge von acht auf zehn. Allgemein lautet die Formel zur Berechnung der Zahl der Flüge in einem Hub-and-Spoke-System $F = (n-1)*2$.

---

[106] Dabei ist die Richtungsgebundenheit der Flüge berücksichtigt, d. h. die Flüge von A nach B und von B nach A sind getrennt betrachtet.

[107] Am Rande sei vermerkt, dass auch in anderen Verkehrsmärkten das Hub-and-Spoke-Konzept eine Rolle spielt, beispielsweise im Schienenverkehr oder bei der Brief- und Paketbeförderung.

1 Streckennetztypen

Die Vorteile eines Hub-and-Spoke-Systems bestehen insbesondere in der großen Zahl der potenziellen Verbindungen über den Hub. Die Zahl der möglichen Verbindungen (V) in einem Hub-and-Spoke-System berechnet sich nach derselben Formal, die oben genutzt wurde, um die Zahl der erforderlichen Flüge in einem Point-to-Point-System darzustellen, nämlich V=n*(n-1), d. h., wenn sechs Flughäfen in einem Hub-and-Spoke-System miteinander verbunden sind, bestehen für die Nachfrager insgesamt 30 Reisemöglichkeiten auf unterschiedlichen Origin-and-Destination-Märkten (O & D-Märkte). Berücksichtigt man die im Personenverkehr übliche Paarigkeit der Verkehrsströme, so beträgt die Zahl der möglichen City-pairs V/2.

Abbildung 9.1 stellt die Grundstrukturen von Hub-and-Spoke- sowie Point-to-Point-Systemen graphisch dar.

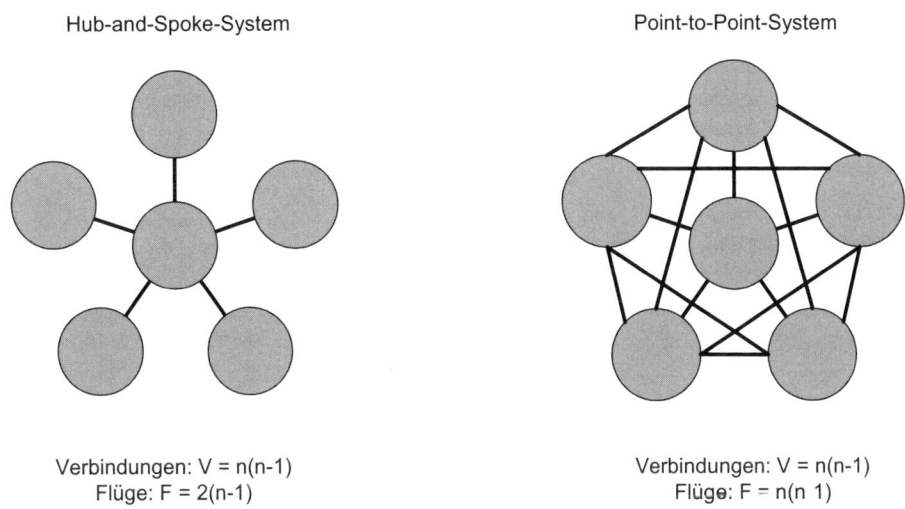

Abbildung 9.1: Hub-and-Spoke-System und Point-to-Point-System im Vergleich

Aus der Perspektive der Nachfrager bedeutet das Hub-and-Spoke-System im Vergleich zum Point-to-Point-System auf den Strecken eine Verschlechterung, die nicht vom oder zum Hub führen. Der Umsteigeprozess verlängert die Flugzeit erheblich und ist zudem mit „Unannehmlichkeiten" verbunden. Die Zahlungsbereitschaft der Nachfrager für eine Direktverbindung zwischen zwei Flughäfen dürfte damit in aller Regel höher sein als die Zahlungsbereitschaft für eine Umsteigeverbindung.

Große Netzwerkgesellschaften wie die Lufthansa bieten eine sehr große Zahl an Verbindungen zu ihren jeweiligen Hubs an. Bei beispielsweise 150 Zielen, die von einem Hub-Flughafen aus angeflogen werden, ergibt sich eine Zahl von 11.175 O & D-Märkten. Allerdings handelt es sich dabei nur um einen theoretischen Wert, da zahlreiche dieser prinzipiell möglichen Umsteigeverbindungen praktisch nicht sinnvoll sind. Konkret wird beispielsweise kein Passagier eine Umsteigeverbindung von New York nach Chicago über Frankfurt wählen.

Zur Identifikation sinnvoller Umsteigeverbindungen wird üblicherweise der so genannte **Detour-Faktor** genutzt. Der Detour-Faktor ergibt sich, indem die gesamte Streckenlänge einer Umsteigeverbindung durch die Streckenlänge der Direktverbindung dividiert wird. In der Praxis wird eine Umsteigeverbindung ab einem Detour-Faktor von 1,5 nicht mehr als sinnvoll angesehen, wobei der Grenzwert bei verschiedenen Streckentypen (Kurz-, Mittel-, Langstrecke) unterschiedliche Werte annehmen kann.

Während die Zahl der Flüge in einem Hub-and-Spoke-System kleiner als in einem Point-to-Point-System ist, wird durch die Bündelung des Verkehrs der Einsatz größerer Flugzeuge erforderlich. Dieser Zusammenhang soll wiederum anhand eines stark vereinfachten Zahlenbeispiels erläutert werden. Unter der Annahme, dass in einem System mit insgesamt sechs Flughäfen auf jedem O & D-Markt eine Nachfrage von 50 Passagieren pro Tag besteht, ist es in einem Point-to-Point-System ausreichend, Flugzeuge mit eben dieser Kapazität von 50 Sitzplätzen einzusetzen. Demgegenüber werden im Hub-and-Spoke-System für jeden Flug Maschinen mit einer Kapazität von 250 Plätzen benötigt, da auf jedem Flug neben den 50 Quelle-Ziel-Passagieren auch 200 Umsteiger befördert werden müssen. Bei aufkommensschwachen Märkten ermöglicht die Bündelung der Nachfrager in einem Hub-and-Spoke-System überhaupt erst die Anbindung dieser Flughäfen an das Luftverkehrsnetz.

In der Praxis orientieren sich insbesondere die Low Cost Carrier und die reinen Regionalfluggesellschaften am Point-to-Point-System. Große Netzwerkcarrier, beispielsweise die Deutsche Lufthansa, betreiben zum einen in erheblichem Maße Umsteigerverkehre über einen oder mehrere Hubs. Darüber hinaus werden aber auch Direktverbindungen auf aufkommensstarken Kurz- und Mittelstreckenmärkten angeboten, im Fall der Lufthansa beispielsweise Direktflüge von Stuttgart nach Berlin oder von Hamburg nach Nürnberg. Darüber hinaus können sich Direktflüge außerhalb des Hub-and-Spoke-Systems auch auf bestimmten Interkont-Verbindungen rechnen, etwa die reinen Business-Flüge, die von der Schweizer PrivatAir im Auftrag der Lufthansa durchgeführt werden. Die Zusammenhänge zwischen dem Geschäftsmodell einer Airline und der Dominanz des Hub-and-Spoke- bzw. des Point-to-Point-Konzepts sind in Kapitel X ausführlich dargestellt.

Generell sind die Nachfrager an kurzen Gesamtreisezeiten und damit an kurzen Umsteigezeiten interessiert. Für die Organisation eines Hub-Flughafens bedeutet dies, dass die ankommenden Flüge (Inbounds) und die abgehenden Flüge (Outbounds) zeitlich jeweils möglichst nah beieinander liegen sollten. Dies hat zur Herausbildung so genannter Knotenmodelle an den großen Hub-Flughäfen geführt. Diese sind in Kapitel XII genauer erläutert. Gerade diese Knotenbildung bringt es jedoch auch mit sich, dass Hub-and-Spoke-Systeme vergleichsweise störanfällig sind, d. h. Verzögerungen bei einzelnen Flügen können leicht zu einem „Domino-Effekt" führen. Darüber hinaus gehen mit der zeitlichen Ballung der Flugbewegungen erhöhte Anforderungen an die Leistungsfähigkeit der Infrastruktur einher.

Aus ökonomischer Perspektive ist es für den Betreiber eines Hub-and-Spoke-Systems vorteilhaft, dass die Vorhaltung von Flugzeugen, Personal und Ersatzteilen zentral am Hub erfolgen kann. Somit ergeben sich, verglichen mit einem Point-to-Point-System, geringere Kosten sowie eine höhere Flexibilität, sowohl bei ungeplanten als auch bei planmäßigen Ausfällen von Produktionsfaktoren.

Bedeutsam ist aus Sicht einer Hub-Airline auch, dass das Hub-and-Spoke-System zahlreiche Marktzutrittsschranken beinhaltet. Auf diesen Aspekt ist im folgenden Unterkapitel 2.2 genauer eingegangen. In Tabelle 9.1 sind die Vor- und Nachteile von Hub-and-Spoke-Systemen überblicksartig zusammengefasst.

Tabelle 9.1: Vorteile und Nachteile von Hub-and-Spoke-Systemen im Überblick

Vorteile von Hub-and-Spoke-Systemen	Nachteile von Hub-and-Spoke-Systemen
• Kostensenkungen durch Einsatz größeren Fluggeräts • Anbindung von Orten mit geringem Originäraufkommen an das Luftverkehrsnetz • Vereinfachte Planung und Vorhaltung von Flugzeugen, Personal und Ersatzteilen (höhere Flexibilität, geringere Kosten) • Vereinfachte Planung der regelmäßigen Wartung • Aufbau von Marktzutrittsschranken für andere Airlines (Vorteil aus der Sicht der jeweiligen Hub-Airline)	• Geringere Attraktivität von Umsteigeverbindungen für Passagiere • Hohe Anforderungen an die Leistungsfähigkeit der Infrastruktur (Peak-Zeiten) • Hohe Komplexität des Systems • Störungsanfälligkeit (Gefahr von Domino-Effekten)

1.2 Unterschiedliche Arten von Hub-and-Spoke-Systemen

In der Realität sind unterschiedliche Arten von Hub-and-Spoke-Systemen zu beobachten. Dabei kann insbesondere zwischen den Erscheinungsformen Hourglass-Hub, Hinterland-Hub, Double-Hub sowie Sekundär-Hub unterschieden werden.

Manche Flughäfen eignen sich aufgrund ihrer geographischen Lage besonders für Umsteigeverbindungen auf langen O & D-Märkten. Ein klassisches Beispiel ist Singapur, das vielen Passagieren als Umsteigeflughafen auf Reisen zwischen Europa und Australien/Neuseeland dient. Aufgrund der Ausrichtung der jeweiligen Inbound- und Outbound-Flüge auf eine bestimmte Region, hat sich für derartige Hub-Flughäfen die Bezeichnung **Hourglass-Hub** (Sanduhr-Hub) eingebürgert. Abbildung 9.2 zeigt einen Hourglass-Hub als Prinzipskizze.

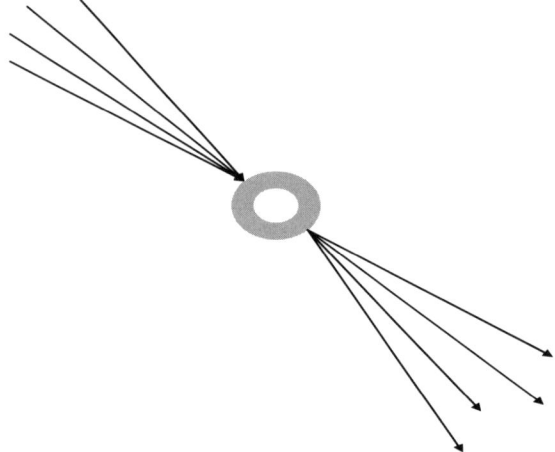

Abbildung 9.2: Hourglass-Hub (Prinzipskizze)

Wenn auf einem Hub eine Verknüpfung zwischen Kurzstreckenflügen und Langstreckenflügen stattfindet, so wird oftmals – auch in englischsprachigen Ländern – von einem **Hinterland-Hub** gesprochen. Die meisten europäischen Hubs können nach wie vor als Hinterland-Hubs bezeichnet werden. Ihre Struktur ist in der Zeit der intensiven Regulierung des Luftverkehrs gewachsen, d. h. sie stellen die Verbindung zwischen den Inlandsflügen, die meist den national flag carriern vorbehalten waren, und den internationalen Flügen her. Sie liegen daher nicht selten in den Hauptstädten der jeweiligen Staaten (Deutschland ist hier – historisch bedingt – eine Ausnahme). Auch in den USA existieren zahlreiche Hinterland-Hubs, wobei hervorzuheben ist, dass sich dieses Modell unter den Bedingungen des freien Wettbewerbs ab dem Jahr 1978 herausgebildet hat. Die europäische Regulierung und die US-amerikanische Deregulierung haben demnach zumindest in diesem Bereich zu ähnlichen Strukturen geführt. Abbildung 9.3 zeigt einen Hinterland-Hub als Prinzipskizze.

1 Streckennetztypen

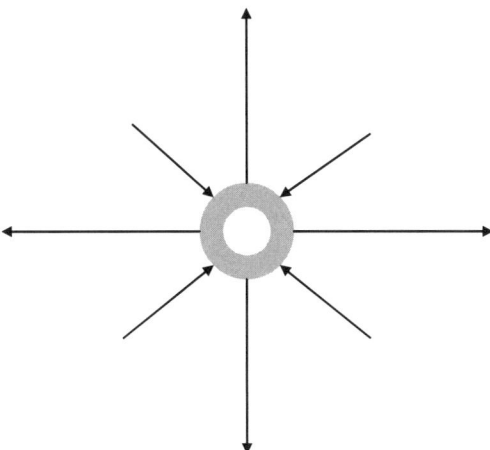

Abbildung 9.3: Hinterland-Hub (Prinzipskizze)

Im Zuge der Etablierung Strategischer Luftverkehrsallianzen (vgl. hierzu Kapitel XI) haben sich **Multi-Hub-Systeme** herausgebildet, die im Folgenden am einfachsten Beispiel, dem **Double-Hub**, erläutert werden. Ein Double-Hub-System stellt die Verbindung zwischen zwei Hinterland-Hubs der beteiligten Fluggesellschaften her. Dadurch ergibt sich für die Allianzpartner die Chance, eine hohe Zahl von Städteverbindungen mit maximal zwei Umsteigevorgängen anzubieten. Unter der Annahme, dass beide Hubs über jeweils 50 Kurzstreckenverbindungen verfügen, bedient das Double-Hub-System insgesamt 2.500 interkontinentale O & D-Märkte mit jeweils zwei Umsteigevorgängen.[108] Ein Beispiel für eine solche Umsteigeverbindung wäre der Markt zwischen den Flughäfen Hannover und Memphis/Tennessee. Abbildung 9.4 zeigt ein Double-Hub-System als Prinzipskizze.

Abbildung 9.4: Double-Hub-System (Prinzipskizze)

---

[108] Hinzu kommen zwei Direktverbindungen (zwischen den Hubs) sowie 100 Verbindungen mit einem Umsteigevorgang.

Manche Airlines betreiben zwei Hubs in unmittelbarer räumlicher Nähe. Ein solches Hub-and-Spoke-Modell mit einem **Sekundär-Hub** ist zunächst einmal ein Widerspruch zum Grundprinzip, eine möglichst hohe Zahl von Umsteigeverbindungen an einem Flughafen zu bündeln. Sekundär-Hubs werden von Airlines insbesondere dann eingerichtet, wenn der primäre Hub aufgrund von Kapazitätsengpässen wachstumsbeschränkt ist. Ein Beispiel ist der Hub in München, den die Deutsche Lufthansa parallel zum primären Hub in Frankfurt betreibt. Auch können politische oder absatzmarktbezogene Überlegungen dazu führen, zwei Hubs weiter zu betreiben, beispielsweise nach einem Unternehmenszusammenschluss. Im Folgenden sind zwei weitere Hub-Typen kurz erläutert:

- **Mega-Hub**
  Als Mega-Hub werden mitunter besonders bedeutende Hubs bezeichnet, die das Kernstück einer Strategischen Allianz auf einem Kontinent darstellen. Konkret können in Europa die Flughäfen London-Heathrow, Paris-Charles de Gaulle und Frankfurt-Rhein-Main als Mega-Hubs bezeichnet werden.
- **Shared Hub**
  In den USA gibt es Beispiele für Flughäfen die von mehreren, in aller Regel zwei Airlines als Hub genutzt werden. Es handelt sich hier um geteilte (shared) Hubs.

2 Determinanten der Marktstruktur

2.1 Marktstruktur auf isolierten Direktverbindungen

Für die Beschreibung der Marktstruktur im Luftverkehr existieren mehrere Möglichkeiten. Beispielsweise lässt sich der deutsche, der westeuropäische oder der US-amerikanische Luftverkehrsmarkt abgrenzen. Aus der Sicht der Nachfrager werden Märkte üblicherweise streckenbezogen definiert, d. h. beispielsweise der O & D-Markt (Origin and Destination) zwischen Berlin und Stuttgart oder zwischen Frankfurt und New York. Dabei kann weiter zwischen Direktflügen und Umsteigeverbindungen unterschieden werden, wobei für zeitsensible Nachfrager Umsteigeverbindungen kein Substitut für Direktflüge darstellen.

Die Zahl der **Anbieter von Direktflügen** ist auf den meisten Luftverkehrsmärkten vergleichsweise gering. Oftmals finden sich sogar Monopolmärkte, d. h. Märkte mit nur einem

2 Determinanten der Marktstruktur

Anbieter von Direktflügen.[109] Wenn Wettbewerb zwischen mehreren Anbietern herrscht, so handelt es sich meist um Duopole; es gibt nur sehr wenige Beispiele für Luftverkehrsmärkte, auf denen im Linienverkehr mehr als vier Anbieter präsent sind.[110] Abbildung 9.5 zeigt deutlich, dass die meisten O & D-Märkte im europäischen Luftverkehr lediglich von einem Anbieter bedient werden. Allerdings ist dabei auch zu berücksichtigen, dass es sich dabei meist um aufkommensschwache Märkte handelt, d. h. die meisten Passagiere haben die Wahl zwischen zwei oder mehr Airlines.

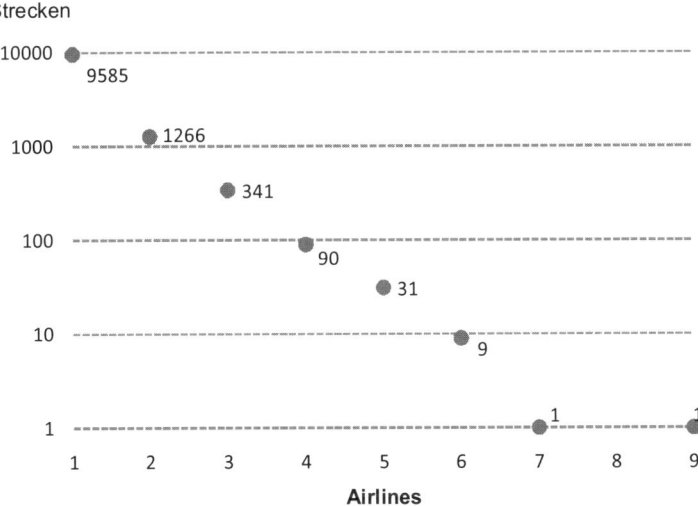

Abbildung 9.5: Anbieterzahl auf O & D-Märkten in Europa (2007)[111]

Der hohe Anteil der Monopolmärkte lässt sich mithilfe von Besonderheiten der Leistungserstellung und des Nachfragerverhaltens im Luftverkehr plausibel erklären. Bei aufkommensschwachen Märkten können vier Effekte als Begründung für marktstrukturelle Monopolisierungstendenzen unterschieden werden:

---

[109] Im Rahmen der Marktabgrenzung ist unter anderem zu entscheiden, inwieweit Flugangebote von benachbarten Flughäfen zum selben Markt gezählt werden (Unterschied zwischen City-Pair-Markets und Airport-Pair-Markets). Es stellt sich beispielsweise die Frage, ob ein Flug von Frankfurt/Rhein-Main nach London-Heathrow für den Nachfrager durch einen Flug von Frankfurt-Hahn nach London-Stansted substituierbar ist.

[110] Zählt man Ferienflieger mit zu den Anbietern hinzu, so gibt es im innereuropäischen Verkehr einige Strecken mit fünf oder sechs Anbietern, beispielsweise von Köln-Bonn oder Düsseldorf nach Palma de Mallorca sowie von Frankfurt/Main nach Thessaloniki (jeweils Sommerflugplan).

[111] Datenquelle: Europäische Kommission / DLR (2008), S. 87.

1. **Kapazitätsauslastungseffekt**
   Bei gegebener Flugzeugkapazität sinken die Kosten pro Passagier mit zunehmender Auslastung des Flugzeuges (Fixkosteneffekt – bezogen auf den einzelnen Flug).

2. **Flugzeuggrößeneffekt**
   Bei gegebenem Auslastungsgrad sinken die Kosten pro Passagier mit zunehmender Flugzeuggröße. Folglich verursacht die Beförderung einer gegebenen Zahl von Passagieren mit einem Flugzeug geringere Kosten als die Beförderung derselben Passagiere mit zwei oder mehreren Flugzeugen.

3. **Stationskosteneffekt**
   Wenn mehrere Flüge zwischen zwei Flughäfen von einer Airline statt von mehreren Airlines durchgeführt werden, fallen insgesamt geringere Fixkosten an (z. B. Stationsfixkosten). Dieser Kostenvorteil verliert mit zunehmender Zahl der Flüge jedoch an Bedeutung.

4. **Frequenzeffekt**
   Bei einer absolut geringen Zahl an täglichen Flügen bevorzugen Nachfrager ein Angebot „aus einer Hand", da sie so über eine größere Flexibilität verfügen (z. B. kurzfristige Umbuchungen).

Obwohl auf Luftverkehrsmärkten mit relativ geringem Passagieraufkommen marktstrukturelle Monopolisierungstendenzen unverkennbar sind, können die Airlines diese zumindest auf isolierten Direktverbindungen nur sehr begrenzt ausnutzen. Die Marktzutrittsschranken auf diesen Märkten sind zumeist eher niedrig, sodass ein Monopolist, wenn er seine Marktstellung missbrauchen würde, stets befürchten muss, durch einen potenziellen Wettbewerber vom Markt verdrängt zu werden. Dies ist die Kernaussage der Theorie bestreitbarer Märkte („contestable markets theory"), die für die Deregulierung des US-amerikanischen Luftverkehrs im Jahr 1978 als theoretische Fundierung herangezogen wurde. Für Hub-and-Spoke-Systeme, die einen Großteil des weltweiten Luftverkehrs abdecken, besitzt diese Theorie jedoch keine oder zumindest eine nur stark eingeschränkte Gültigkeit. Dies ist im folgenden Unterkapitel erläutert.

2.2 Marktstruktur bei Hub-and-Spoke-Systemen

Hub-and-Spoke-Systeme sind, wie oben dargestellt, durch die gemeinsame Beförderung von Direktpassagieren und Umsteigepassagieren in einem Flugzeug gekennzeichnet. Dies führt auf Direktverbindungen zu Vorteilen der Hub-Airlines gegenüber anderen Anbietern, wie im Folgenden zunächst anhand eines einfachen Beispiels erläutert werden soll. Wenn auf einer Strecke zwischen den Flughäfen A und B zwei Airlines im Wettbewerb stehen und eine der beiden Airlines in A oder B ihren Hub betreibt, so befördert sie zwischen A und B nicht nur Quelle-Ziel-Passagiere, sondern auch eine Reihe von Umsteigern. Die beiden Airlines konkurrieren dabei nur um die Direktpassagiere, da die Umsteiger stets mit der Netzwerkairline fliegen werden. Die Netzwerkairline hat folglich im Wettbewerb mit dem reinen Point-to-Point-Anbieter den Vorteil, dass sie entweder größeres – und damit kostengünstigeres –

2 Determinanten der Marktstruktur

Fluggerät einsetzen oder eine höhere Frequenz – und damit für die Passagiere eine größere Flexibilität – anbieten kann. Aufgrund dieser Vorteile wird der Netzwerkcarrier bei den O & D-Passagieren einen höheren Marktanteil gewinnen können als der reine Point-to-Point-Anbieter.

Darüber hinaus wird die Marktstellung eines etablierten Anbieters auf Flügen von und zum Hub durch die folgenden Faktoren gestärkt:

- **Slotknappheit in Verbindung mit „Großvaterrechten"**
  Hubs sind in aller Regel durch Kapazitätsengpässe gekennzeichnet. Die knappen Start- und Landerechte werden dabei nach dem so genannten „Großvaterprinzip" vergeben, was dazu führt, dass Newcomer kaum eine Chance haben, die Zahl von Frequenzen anzubieten, die das Angebot für die Nachfrager attraktiv machen. Das europäische Slotvergabeverfahren ist in Kapitel VIII ausführlich erläutert.

- **Vielfliegerprogramme**
  Für eine gegebene Verkehrsregion bietet der Netzwerkcarrier an seinem Hub das bei weitem umfangreichste Angebot. Dies führt dazu, dass das von ihm angebotene Vielfliegerprogramm für die Kunden besonders attraktiv ist, was wiederum die Marktchancen anderer Gesellschaften reduziert. Die Besonderheiten von Vielfliegerprogrammen sind in Kapitel XIV thematisiert.

In der Summe führen die genannten Aspekte dazu, dass die jeweilige Netzwerkairline auf ihrem Hub eine dominierende Stellung einnimmt. Beispielsweise handelt es sich bei allen innerdeutschen Verbindungen zum Frankfurter Rhein-Main-Flughafen - mit Ausnahme der besonders aufkommensstarken Strecke nach Berlin - um Monopolstrecken der Deutschen Lufthansa.

Innereuropäische Verbindungen zwischen zwei Hubs bieten meist nur die jeweiligen Netzwerkgesellschaften an, beispielsweise werden Flüge zwischen Frankfurt und Paris-Charles de Gaulle nur von Lufthansa und Air France, Flüge zwischen Frankfurt und London-Heathrow nur von Lufthansa und British Airways durchgeführt.

Für den US-amerikanischen Luftverkehr lässt sich eine ähnliche Dominanz der Netzwerkgesellschaften auf den Strecken von und zum Hub erkennen. In ökonometrischen Studien wurde gezeigt, dass die Flugpreise auf diesen Hub-Verbindungen deutlich höher sind als auf vergleichbaren Strecken zwischen zwei dezentralen Flughäfen (so genannte Hub-Premiums).

Während der Wettbewerb auf Direktverbindungen meist durch eine geringe Zahl von Anbietern gekennzeichnet ist, sind die Airlines (bzw. die strategischen Luftverkehrsallianzen) bei **Umsteigeverkehren** einem deutlich stärkeren Wettbewerb ausgesetzt.[112] Konkret kann beispielsweise ein Nachfrager, der von Stuttgart nach New York fliegen möchte, unter zahlreichen Umsteigeverbindungen über unterschiedliche Hubs wählen. Diese Zusammenhänge sind in Kapitel XII ausführlich behandelt.

---

[112] Für wenig zeitsensible Reisende besteht die Option, einen Direktflug durch eine Umsteigeverbindung zu substituieren.

3 Entwicklung von Erlösen, Kosten und Gewinnen

Die durchschnittlichen Erlöse pro Passagierkilometer bzw. pro Passagiermeile werden im Luftverkehr üblicherweise als Yields bezeichnet. Bei einer längerfristigen Analyse bietet es sich an, neben den Yields in jeweiligen Preisen (nominale Yields) auch die realen Yields zu betrachten, die in konstanten Preisen eines bestimmten Basisjahres ausgedrückt sind und somit die allgemeine Inflationsrate „herausrechnen". Darüber hinaus können bei der Analyse der Yield-Entwicklung im internationalen Verkehr auch Wechselkurseffekte von Bedeutung sein.

Abbildung 9.6 zeigt am Beispiel des internationalen Verkehrs der US-amerikanischen Luftverkehrsgesellschaften, dass die realen Yields im Trend der vergangenen Jahrzehnte deutlich gesunken sind. Allerdings ist nach dem Jahr 2005 eine (leichte) Aufwärtsentwicklung zu verzeichnen.

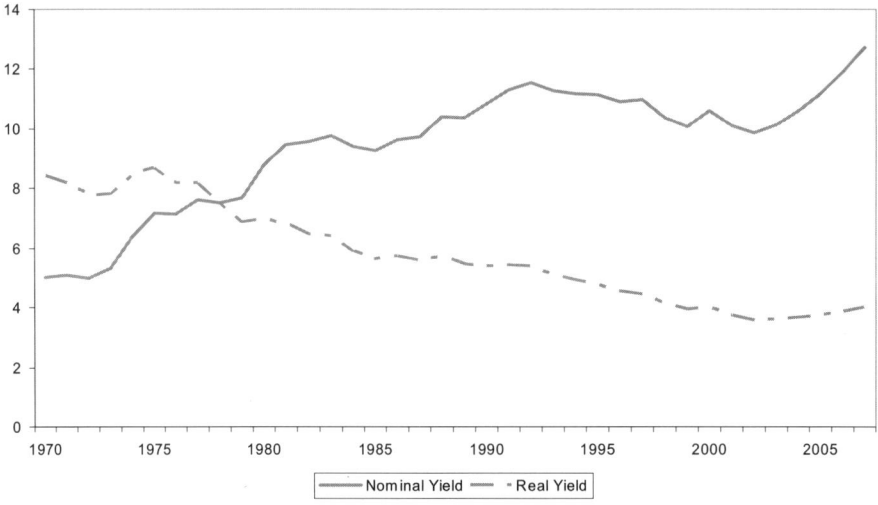

Abbildung 9.6: Yield Entwicklung bei US-Airlines auf internationalen Strecken (1970-2007)[113]

---

[113] Datenquelle: Air Transport Association. Angaben in US-Cent/Passagiermeile in jeweiligen Preisen (Nominal Yield) sowie zu konstanten Preisen des Jahres 1978 (Real Yield).

3 Entwicklung von Erlösen, Kosten und Gewinnen   215

Abbildung 9.7 zeigt die nominalen Yields der Mitgliedsgesellschaften der Association of European Airlines (AEA) für unterschiedliche Streckentypen. Es ist deutlich erkennbar, dass die durchschnittlichen Erträge pro Passagierkilometer auf Kurz- und Mittelstrecken rund doppelt so hoch sind wie auf Langstrecken. Im Jahr 2007 sind die durchschnittlichen Yields gegenüber dem Jahr 2006 wieder etwas gesunken.

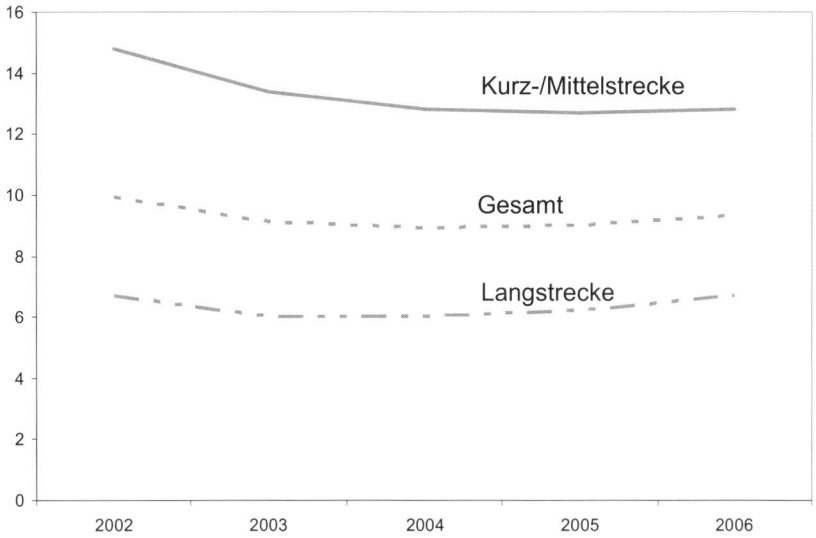

Abbildung 9.7: Yield-Entwicklung bei den AEA-Airlines (2002-2006)[114]

Ein Rückgang der durchschnittlichen Erlöse pro Passagierkilometer kann mehrere Ursachen haben, insbesondere:

- Intensiver Wettbewerb zwischen den Airlines mit der Folge real (und ggf. auch nominal) sinkender Preise.
- Ein Rückgang des Anteils von Passagieren im so genannten Premium-Segment, d. h. First- und Business-Class Tickets sowie flexible Economy-Tickets.
- Eine zunehmende durchschnittliche Flugstrecke pro Passagier. Da die Yields auf längeren Strecken geringer sind als auf kürzeren Strecken, ergibt sich hierdurch ein Rückgang der durchschnittlichen Yields.

Neben den durchschnittlichen Erlösen sind die durchschnittlichen Kosten pro Passagierkilometer bzw. Passagiermeile für die wirtschaftliche Situation von Luftverkehrsgesellschaften entscheidend. Mit anderen Worten, der Effekt sinkender Yields kann durch einen entspre-

---

[114] Datenquelle: AEA. Nominale Yields in Eurocent/Passagierkilometer.

chenden Rückgang der durchschnittlichen Kosten gemindert, ausgeglichen oder sogar überkompensiert werden. Ein solcher Rückgang der durchschnittlichen Kosten ist im mittel- und langfristigen Trend eindeutig zu erkennen.

Als Ursachen für sinkende Kosten pro Passagierkilometer lassen sich insbesondere die folgenden Aspekte nennen:

- Größere Flugzeuge mit niedrigeren Personal- und Treibstoffkosten pro Sitzplatz.
- Kostensenkender technischer Fortschritt, z. B. Verwendung leichter Werkstoffe mit daraus resultierenden Treibstoffeinsparungen.
- Bessere Auslastung von Personal und Kapital, z. B. eine größere Zahl von Flugstunden pro Tag oder Woche (erhöhte „utilization").
- Höherer Load-factor, der angesichts des hohen Fixkostenanteils zu sinkenden Kosten pro Passagier(-kilometer) führt. Abbildung 9.8 zeigt den Load-factor der AEA-Airlines auf ausgewählten Streckentypen.

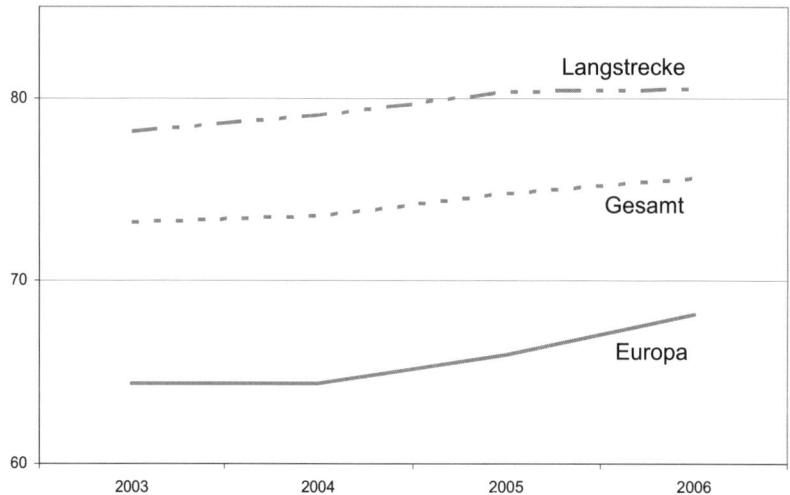

Abbildung 9.8: Load factor bei den AEA-Gesellschaften[115]

Bei einem intersektoralen Vergleich werden die wirtschaftlichen Ergebnisse von Airlines meist als unterdurchschnittlich eingestuft. Zur Beschreibung der wirtschaftlichen Lage der Airline-Branche lassen sich insbesondere zwei Formen der Darstellung nutzen.

---

[115] Datenquelle: AEA.

3 Entwicklung von Erlösen, Kosten und Gewinnen   217

Erstens ist es möglich, die absoluten Gewinne bzw. Verluste von Airlines im Zeitablauf darzustellen. Dabei kann zwischen „operating profits" und „net profits" unterschieden werden. Als „operating profit" wird das Ergebnis aus der regulären Geschäftstätigkeit bezeichnet, der „net profit" ergibt sich, wenn vom operating profit Fremdkapitalzinsen, außerordentliche Aufwendungen bzw. Erträge, Steuern bzw. Subventionen sowie eventuelle Umstrukturierungsaufwendungen abgezogen werden. In Abbildung 9.9 sind die nominalen „operating profits" für den weltweiten Luftverkehr angegeben. Deutlich erkennbar ist die zyklische Entwicklung. Zudem liegen teilweise erhebliche interregionale Unterschiede vor. Beispielsweise erklären im Jahr 2001 die Verluste der US-amerikanischen Gesellschaften fast 90 % der weltweiten Gesamtverluste, in den Jahren 2002 und 2003 erzielten die Airlines außerhalb der USA sogar jeweils insgesamt Gewinne, während die US-amerikanischen Gesellschaften erhebliche Verluste zu verzeichnen hatten.

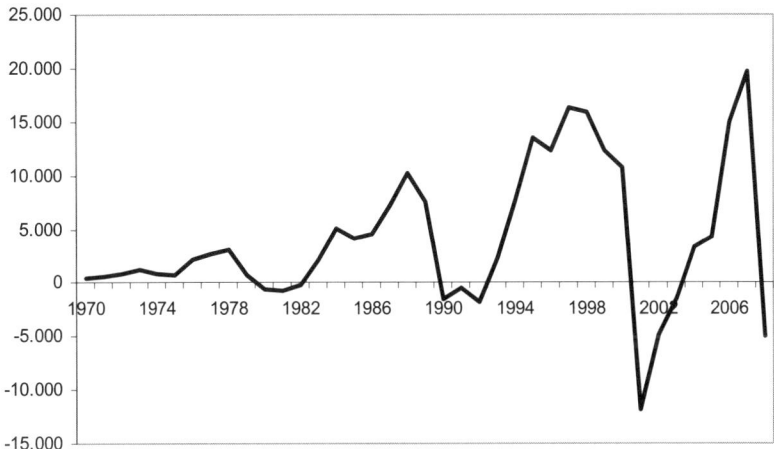

Abbildung 9.9: Absolute Gewinne/Verluste im weltweiten Luftverkehr (1970-2008)[116]

Zweitens können unterschiedliche Finanzkennziffern zur Beschreibung der wirtschaftlichen Situation von Airlines genutzt werden, beispielsweise die Umsatzrentabilität (Gewinne als Prozentsatz des Umsatzes) oder die Kapitalrentabilität (Verzinsung des Eigen- oder des Gesamtkapitals). Abbildung 9.10 zeigt die Umsatzrentabilität bezogen auf die net profits im weltweiten Luftverkehr.

Abbildung 9.11 zeigt für die AEA-Gesellschaften die so genannte „operating ratio", definiert als Verhältnis zwischen Erlösen und Kosten, multipliziert mit 100. Deutlich erkennbar ist, dass die Langstrecken für die Airlines profitabel sind, während auf den europäischen Strecken negative Ergebnisse erzielt werden.

---

[116] Datenquelle: Air Transport Association of America, IATA. Angaben in Mio. US-$, Daten für 2008 geschätzt.

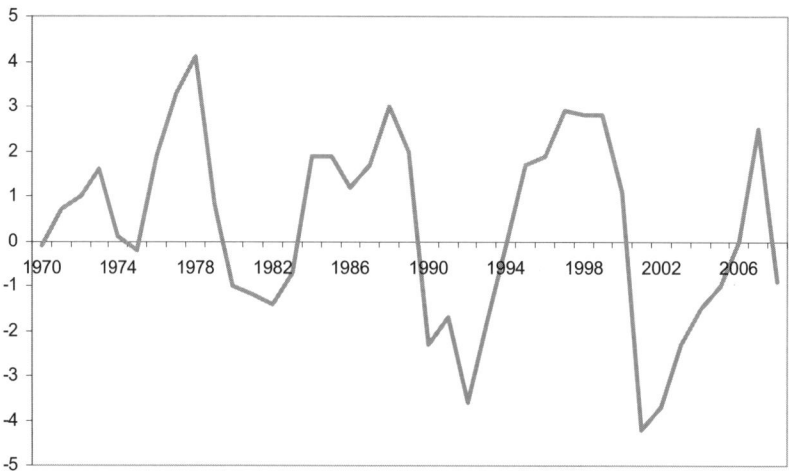

Abbildung 9.10: Umsatzrendite im weltweiten Luftverkehr (Nettogewinne, 1970-2008)[117]

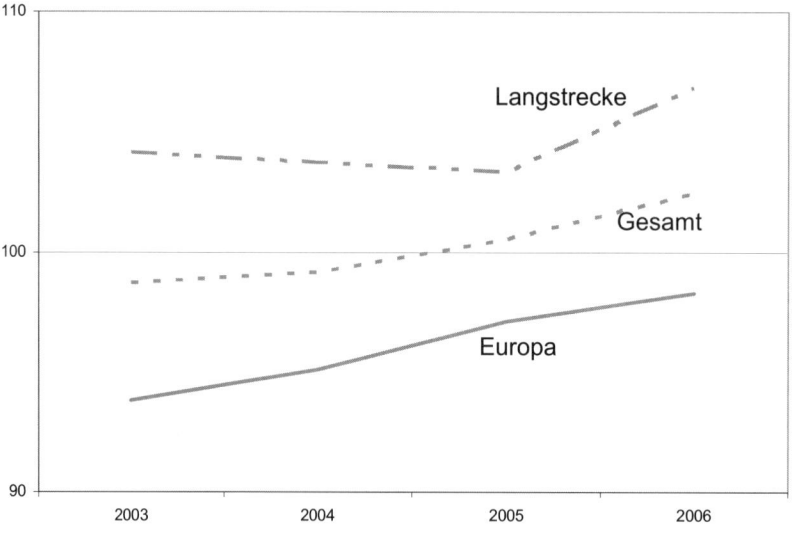

Abbildung 9.11: Operating ratio für die AEA-Gesellschaften (2003-2006)[118]

---

[117] Datenquelle: Air Transport Association of America, IATA. Angaben in %: Net profits dividiert durch operating revenues, Daten für 2008 geschätzt.

[118] Datenquelle: AEA. Operation ratio nach Abzug der Zinsen.

4 Kommentierte Literatur- und Quellenhinweise

Die Grundlagen des Hub-and-Spoke- sowie des Point-to-Point-Systems sind in jedem Lehrbuch zum Luftverkehr mehr oder weniger ausführlich dargestellt. Insoweit kann auf die Literaturempfehlungen zu Kapitel I verwiesen werden. Besonders ausführlich sind die unterschiedlichen Streckennetztypen behandelt bei

- Hanlon, P. (2007), Global Airlines. Competition in a transnational industry, 3. Aufl., Amsterdam et al.

Eine grundlegende Analyse der Marktstruktur auf Luftverkehrsmärkten findet sich unter anderem bei

- Beyhoff, S. (1995), Die Determinanten der Marktstruktur von Luftverkehrsmärkten, Diss., Köln.
- Schmitt, S. (2003), Wettbewerb und Effizienz im Luftverkehr, Baden-Baden.

Speziell zu Markteintrittsbarrieren im Luftverkehr siehe

- Kummer, S. / Schnell, M. (2001), Strategien und Markteintrittsbarrieren in europäischen Luftverkehrsmärkten: Theorie und neue empirische Befunde, Bergisch Gladbach.
- Weimann, L. C. (1998), Markteintrittsbarrieren im europäischen Luftverkehr, Hamburg.
- Krahn, H. (1994), Markteintrittsbarrieren auf dem deregulierten US-amerikanischen Luftverkehrsmarkt: Schlußfolgerungen für die Luftverkehrspolitik der Europäischen Gemeinschaft, Frankfurt/M. u. a. O.

Mit der finanziellen Situation von Luftverkehrsgesellschaften sowie möglichen Ursachen für die zu beobachtenden Entwicklungen befassen sich unter anderem

- Morrell, P. S. (2007), Airline Finance, 3. Aufl., Aldershot, Burlington.
- Pilarski, A. M. (2007), Why Can't We Make Money in Aviation?, Aldershot.

Aktuelle Daten finden sich im Internet unter anderem bei der IATA, der ATA, der AEA und der DG TREN.

Kapitel X Strategien und Geschäftsmodelle

1	**Strategien im Luftverkehr**	**222**
	1.1 Der Prozess des strategischen Management	222
	1.2 Methoden und Konzepte des strategischen Management	223
2	**Geschäftsmodelle im Luftverkehr**	**230**
	2.1 Überblick	230
	2.2 Network Carrier	232
	2.2.1 Network Carrier im Überblick	232
	2.2.2 Merkmale des Network Carrier-Geschäftsmodells	232
	2.3 Regional Carrier	236
	2.3.1 Regional Carrier im Überblick	236
	2.3.2 Merkmale des Regional Carrier-Geschäftsmodells	237
	2.4 Low Cost Carrier	239
	2.4.1 Entwicklung der Low Cost Carrier	239
	2.4.2 Low Cost Carrier im Überblick	241
	2.4.3 Merkmale des Low Cost-Geschäftsmodells	242
	2.4.4 Low Cost auf der Langstrecke	248
	2.4.5 Zukunftsperspektiven der Low Cost Carrier	250
	2.5 Leisure Carrier	252
	2.5.1 Leisure Carrier im Überblick	252
	2.5.2 Merkmale des Leisure Carrier-Geschäftsmodells	253
	2.6 Business Aviation	254
	2.6.1 Einordnung des Business Aviation-Geschäftsmodells	254
	2.6.2 Marktüberblick	255
	2.6.3 Merkmale des Business Aviation-Geschäftsmodells	257
	2.6.4 Betreibermodelle	260
	2.7 Lufttaxi	262
	2.8 Konvergenz der Geschäftsmodelle	264
3	**Kommentierte Literatur- und Quellenhinweise**	**268**

imp
1 Strategien im Luftverkehr

1.1 Der Prozess des strategischen Management

Hauptanliegen jeder Unternehmensstrategie ist ganz grundsätzlich die Erschließung und Sicherung von Erfolgspotentialen. Die Analyse der Erfolgsquellen und die Entwicklung langfristig angelegter Konzepte zur Zukunftssicherung der Unternehmung bilden den Kern der Strategie. Unternehmensstrategien geben in erster Linie Antwort auf die Frage, in welchen Bereichen (Produkt-Markt-Kombinationen) ein Unternehmen tätig werden soll.

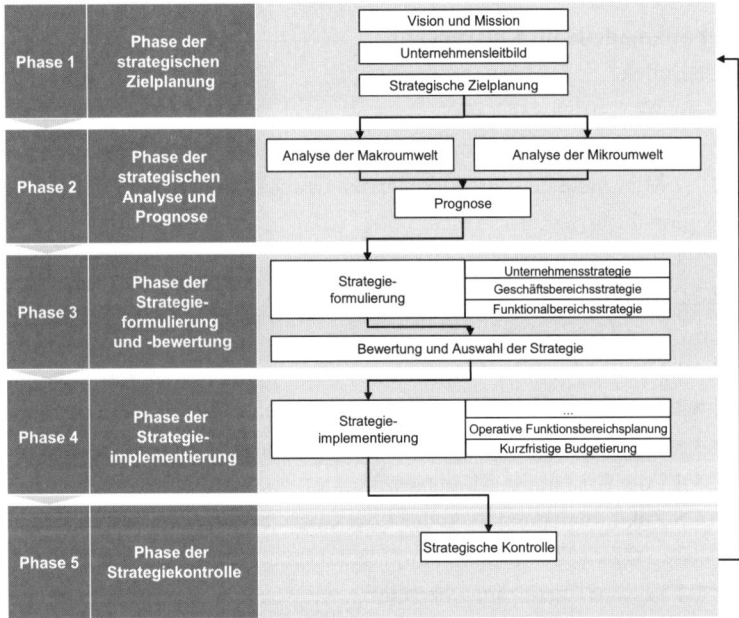

Abbildung 10.1: Grundstruktur des strategischen Managementprozesses

Strategisches Management beinhaltet mehrere Prozessstufen. Die einschlägige Literatur zum strategischen Management hat diverse Stufenmodelle mit unterschiedlich akzentuierter Benennung der Prozessstufen und unterschiedlicher Stufenzahl entwickelt. Im Kern geht es jedoch stets um die in Abbildung 10.1 darstellte Grundstruktur des strategischen Managementprozesses.

1.2 Methoden und Konzepte des strategischen Management

Im Folgenden werden ausgewählte Methoden zu den einzelnen Phasen des strategischen Managementprozesses vorgestellt und für Fragestellungen des Airline-Management beispielhaft verdeutlicht.

Für Phase 1 (Phase der strategischen Zielplanung) ist u. a. die Gap-Analyse verbreitet. Hierbei wird die Lücke zwischen der angestrebten Entwicklung einer Kenngröße und der erwarteten Entwicklung dieser Kenngröße, die eintreten würde, sofern die strategischen Pläne nicht verändert werden, visualisiert.

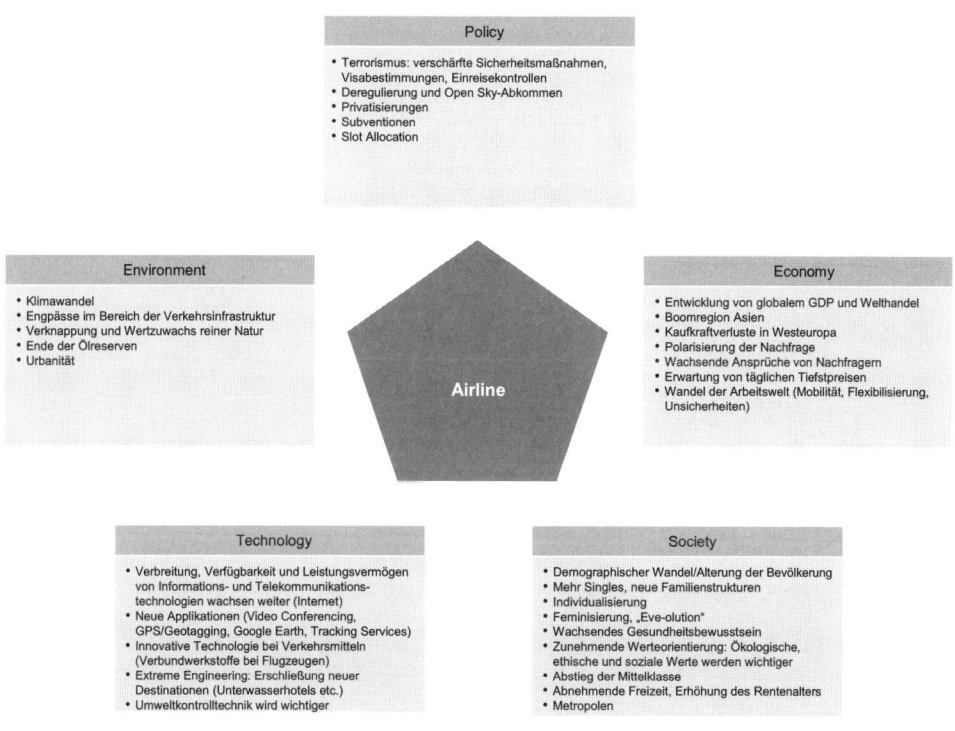

Abbildung 10.2: PESTE-Analysis für eine Airline

In Phase 2 (Phase der strategischen Analyse und Prognose) wird die Analyse der Makroumwelt häufig mit Hilfe der sog. „**PESTE-Analysis**" durchgeführt. PESTE steht als Akronym für Policy – Economy – Society – Technology – Environment und bezeichnet damit die Analysebereiche der externen Umwelt (siehe Abbildung 10.2).

Eine gründliche Analyse der Makroumwelt ist für die Entwicklung einer Airline-Unternehmensstrategie von hoher Bedeutung. Daneben ist die Mikroanalyse der Unternehmensumwelt bedeutsam. Analyseobjekte sind hier Kunden, Wettbewerber, das eigene Unternehmen und die Marktstruktur.

Zur Analyse der Marktstruktur hat sich das Modell der **Triebkräfte des Wettbewerbs** („**Five Forces-Modell**") von Michael Porter bewährt. Als Systematisierungshilfe richtet es die Aufmerksamkeit auf die relevanten Triebkräfte des Wettbewerbs, damit gelingt die Einschätzung der Stärke des Wettbewerbs, die wiederum die Attraktivität von Märkten beeinflusst. Abbildung 10.3 zeigt ein vereinfachtes Modell für einen klassischen Network Carrier (z. B. Lufthansa, Air France-KLM oder British Airways).

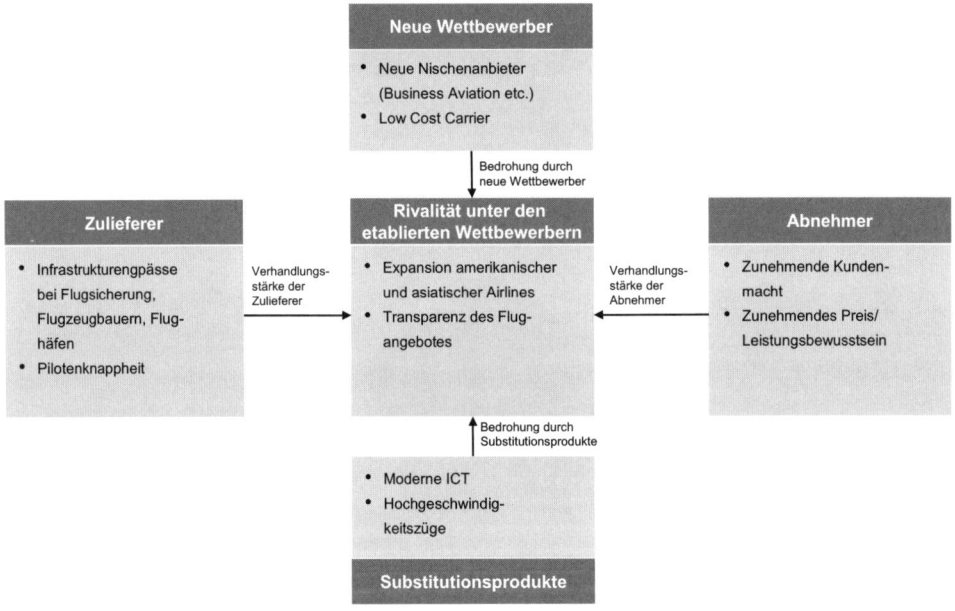

Abbildung 10.3: Das Modell der Triebkräfte des Wettbewerbs am Beispiel eines Network Carriers

Im Folgenden werden die einzelnen Triebkräfte ausführlicher dargestellt.

Die **Bedrohung durch neue Wettbewerber** ist im Luftverkehr gestiegen. Verkehrsrechtliche Markteintrittsbarrieren wurden im Zuge der Liberalisierung abgebaut. Ein Liberalisierungsziel war es, neue Anbieter zum Markteintritt zu ermutigen. So trat eine größere Zahl von Low Cost Carriern in den Markt ein.

Der Grad der **Rivalität unter den etablierten Wettbewerbern** ist auf hohem Niveau weiter gestiegen. Hohe Marktaustrittsbarrieren durch beträchtliche „sunk costs", hohe Fixkostenanteile im Luftverkehr, weit verbreitetes expansives Geschäftsgebaren, hohe Markttransparenz durch moderne Informations- und Kommunikationstechnologien (insbesondere das Internet) und last but not least auch hier die Liberalisierung der Märkte sind Ursachen ausgeprägter Rivalität unter den etablierten Wettbewerbern.

Eine **Bedrohung durch Substitutionsprodukte** ist nur teilweise zu beobachten. Mögliche Substitute als Verkehrsmittel sind unter anderem PKWs, Busse und Bahnen. Durch das Vordringen von Hochgeschwindigkeitszügen ist mit einer Verschärfung des Wettbewerbs auf mittellangen Strecken (von ca. 300 bis ca. 800 km) zu rechnen (siehe hierzu auch Kapitel VI). Häufig werden moderne Informations- und Telekommunikationstechnologien (ICT) wie Video Conferencing als Substitutionsprodukte angesehen. Bei näherer Betrachtung zeigt sich jedoch eher ein komplementärer Effekt. Moderne ICT führen zur Ausweitung internationaler Arbeitsteilung, die wiederum steigenden Reisebedarf nach sich zieht.

Zur **Verhandlungsstärke der Abnehmer** existieren gegenläufige Entwicklungen. Ein „Customer Empowerment" erfolgt durch moderne ICT mit der Schaffung von Transparenz und Multioptionalität sowie insbesondere durch die Möglichkeiten von Web 2.0. Im Geschäftsreisebereich führt die Professionalisierung und Ausbreitung von Business Travel Management zur Erhöhung der Verhandlungsstärke der Abnehmer. Zur Reduktion der Verhandlungsstärke führen Kundenbindungsprogramme der Airlines sowie der Aufbau einer starken Marktposition der Hubs. Auch strategische Allianzen sowie Fusionen und Übernahmen (mergers and acquisitions) führen zu einer Stärkung der Airlines.

Als Lieferanten werden im Folgenden alle Akteure bezeichnet, von denen eine Airline Produktionsfaktoren erwirbt. Die **Verhandlungsstärke der Lieferanten** nimmt auf hohem Niveau eher zu. Lieferanten einer Fluggesellschaft sind Mineralölkonzerne, Flughäfen und Bodenabfertigungsunternehmen (handling agents), Flugsicherung, Flugzeughersteller, Finanzdienstleister, Piloten und Behörden, die Genehmigungen oder Lizenzen vergeben. Der Preissetzung von Mineralölkonzernen sind auch Airlines trotz ihres Einkaufsvolumens fast machtlos ausgeliefert. Allenfalls haben sie durch das sogenannte „Fuel Hedging" eine geringe Möglichkeit der Preisbeeinflussung. Flughäfen kommt häufig eine Monopolstellung aufgrund ihrer geographischen Lage zu. In besonderem Maße trifft das für den Lokalverkehr zu. Im Bereich des Umsteigeverkehrs stehen Flughäfen aus Passagiersicht im Wettbewerb zu anderen Hubs.[119] Aus Airlinesicht ist eine komplette Hubverlagerung eher eine theoretische Option. Praktisch relevant sind jedoch partielle Hub-Verlagerungen innerhalb des eigenen Streckennetzes (siehe das Beispiel der Lufthansa, die zunehmend Umsteigeverbindungen über München statt über Frankfurt anbietet) und innerhalb des Allianz-Streckennetzes (siehe die gezielte Steuerung der Umsteigeverkehre über Frankfurt, München, Zürich, Wien, Kopenhagen etc. innerhalb der Star Alliance). Den Bodenabfertigungsgesellschaften kommt trotz der Liberalisierung von Bodenverkehrsdiensten (in der EU) häufig noch eine quasi monopolartige Stellung zu. Die Verhandlungsstärke von Flughäfen und Bodenabfertigungsunternehmen führt zu hohen Entgelten und aus Sicht der Airlines zu einer unzureichenden Leistung. Zur Gegensteuerung streben manche Airlines an, Anteile an Flughäfen zu erwerben. Der Flugsicherung kommt eine Monopolstellung zu. Auch hier werden Gebührenhöhe bzw. -steigerungen und unzureichende Leistungen von Airlines beklagt. Die Verhandlungs-

---

[119] Zur Wettbewerbsposition von Flughäfen siehe insbesondere Kapitel VIII.

position der Flugzeughersteller unterliegt einer zyklischen Entwicklung. In Zeiten geringer Nachfrage können Airlines hohe Rabatte aushandeln et vice versa. Finanzdienstleister wie Banken gewinnen an Macht. Die schwache Rendite in der Airlinebranche macht Airlines zu risikoreichen und daher unattraktiven Kunden, um die sich Finanzdienstleistungsunternehmen kaum bemühen. Der Kapitalbedarf von Airlines ist durch Flottenexpansionen und -erneuerungen hingegen hoch. In Zeiten dynamischen Luftverkehrswachstums entsteht auch Pilotenmangel. Wenig Einfluss haben Airlines schließlich auf Behörden, da Gebühren für Lizenzen und Genehmigungen vom Staat festgesetzt sind und für alle Unternehmen gleichermaßen gelten.

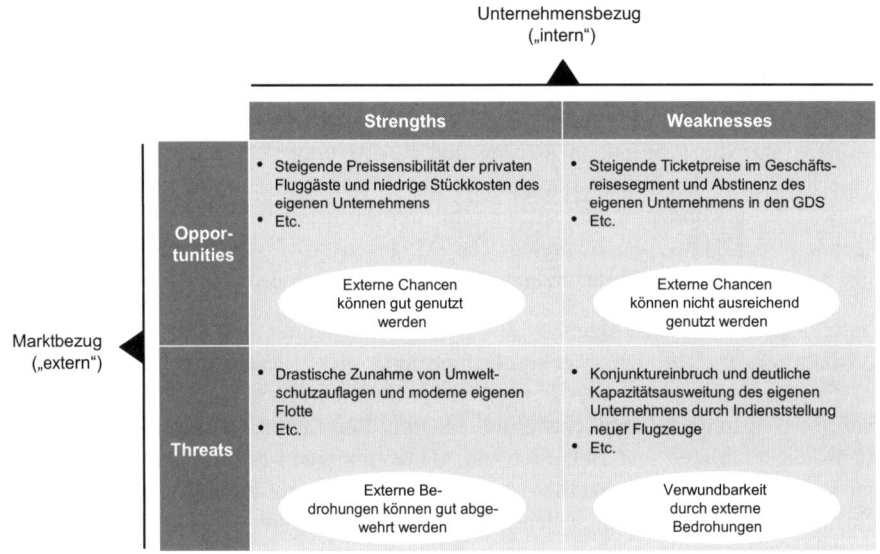

Abbildung 10.4: SWOT-Analyse für einen Low Cost Carrier

Vielfach verwendet wird auch die **SWOT-Analyse**, die Strengths (Stärken) – Weakesses (Schwächen) – Opportunities (Chancen) und Threats (Risiken) analysiert. Die SWOT-Analyse kombiniert die Unternehmensanalyse (als Stärken- und Schwächen-Analyse des eigenen Unternehmens im Vergleich zu relevanten Wettbewerbern) mit der Marktanalyse (als Chancen- und Risiken-Analyse). Es findet somit die Verknüpfung einer externen (marktbezogenen) Betrachtungsperspektive mit einer internen (unternehmensbezogenen) Betrachtungsperspektive statt. Letztendlich gibt die SWOT-Analyse somit Auskunft, inwiefern das eigene Unternehmen mit seinen spezifischen Stärken richtig aufgestellt ist, um sich bietende Marktchancen ergreifen zu können bzw. Bedrohungen erfolgreich abwehren zu können. Es sei explizit darauf hingewiesen, dass die SWOT-Analyse in den einzelnen Matrixfeldern jeweils eine sachlogisch sinnvolle Verknüpfung der externen mit der internen Perspektive vorsieht. Nur in diesem Fall wird ein Erkenntnismehrwert generiert. Es reicht also keineswegs aus, Stärken, Schwächen, Chancen und Risiken lediglich nacheinander aufzulisten. Eine sachlogisch sinnvolle Verknüpfung liegt bspw. gemäß Abbildung 10.4 dann

1 Strategien im Luftverkehr

vor, wenn die Chance steigender Preissensibilität privater Fluggäste identifiziert worden wäre und die Stärke des eigenen Unternehmens auch in niedrigen Stückkosten besteht. So entsteht die Möglichkeit, Preise auf ein im Wettbewerbervergleich niedriges Niveau abzusenken (ohne dass Verluste erwirtschaftet werden) und dadurch überproportional Kunden zu gewinnen.

Abbildung 10.4 zeigt das Beispiel einer SWOT-Analyse für einen Low Cost Carrier.

Zu Phase 3 (Phase der Strategieformulierung und – bewertung) ist eine Vielzahl von **Strategiekonzepten** erarbeitet worden. Von zentraler Bedeutung im Rahmen der Unternehmensstrategie sind hier die Marketingstrategien. Dabei lassen sich vier Dimensionen von Marketingstrategien unterscheiden (siehe dazu Abbildung 10.5).

Strategie-Dimensionen	Art der strategischen Festlegung	Strategie-Alternativen				
Marktfeld-Strategien	Angebots-/Markt-Kombinationen	Penetration	Marktentwicklung	Produktentwicklung	Diversifikation	
Wettbewerbsvorteils-Strategien	Art und Weise der Marktbeeinflussung	Qualitätsführerschaft		Kosten- bzw. Preisführerschaft		
Marktabdeckungs-Strategien	Art bzw. Grad der Differenzierung der Marktbearbeitung	Massenmarkt-Strategie		Segmentierungs-Strategie (totale)	Segmentierungs-Strategie (partiale)	
Marktraum-Strategien	Geographische Ausdehnung des Absatzraums	Lokale Marktabdeckung	Regionale Marktabdeckung	Überregionale Marktabdeckung	Nationale Marktabdeckung	Multinationale Marktabdeckung	Weltmarktabdeckung

Abbildung 10.5: Arten und Ausprägungen von Marketing-Strategien

Die Systematik der **Marktfeldstrategien** geht zurück auf Ansoff (1966), der vier sog. „Normstrategien" formulierte („Ansoff-Matrix"). Die Strategie der Penetration (Marktdurchdringung) wird üblicherweise von allen Unternehmen betrieben. Die Strategie der Marktentwicklung, bei der neue Märkte bzw. Zielgruppen für bestehende Produkte erschlossen werden, findet sich im Luftverkehr selten, da bereits alle relevanten Zielgruppen angesprochen wurden. Die Strategie der Produktentwicklung, bei der neue Produkte für bestehende Zielgruppen bzw. Märkte entwickelt werden, wird in Form neuer Strecken bzw. Destinationen betrieben.

Im Hinblick auf die Diversifikationsstrategie werden die horizontale, vertikale und laterale Diversifikation unterschieden. Horizontale Diversifikation liegt vor, wenn das bestehende Produktprogramm um sachlich oder nachfrageseitig verwandte Produkte erweitert wird. Im Luftverkehrsmarkt betreibt bspw. Lufthansa eine starke horizontale Diversifikation, da der Konzern eine Fülle verschiedener Geschäftsfelder, die einen sachlichen Zusammenhang zur Fliegerei aufweisen, abdeckt. Als „Aviation Group" ist Lufthansa in den Geschäftsfeldern

Passagiertransport, Frachttransport, Flugzeug-Technik, IT-Systeme, Catering etc. aktiv.[120] Demgegenüber ist bspw. British Airways stark auf das Geschäftsfeld Passagiertransport fokussiert. Je nachdem wie das Kerngeschäft definiert wird, liegt eine „Konzentration auf das Kerngeschäft" vor. Vertikale Diversifikation liegt vor, wenn das bestehende Produktprogramm um vor- oder nachgelagerte Wertschöpfungsstufen erweitert wird. Vertikale Diversifikation wird intensiv durch integrierte Tourismuskonzerne wie TUI oder Thomas Cook betrieben. Hier wird aus Sicht der Reiseveranstalter Rückwärtsintegration betrieben, indem Touristen mit einer eigenen Konzernairline in die Zielgebiete transportiert werden. Vorwärtsintegration bezeichnet den Vertrieb der Reiseveranstalterprodukte über eigene Reisevertriebsunternehmen (bspw. Reisebüros). Die Strategie der vertikalen Integration ist in der Tourismusbranche heftig diskutiert worden. Derzeit dominiert die Einschätzung, dass vertikale Integration mehr Risiken als Chancen beinhaltet. Laterale Diversifikation liegt vor, wenn das Produktprogramm um sachlich und nachfrageseitig unabhängige Produkte erweitert wird. Laterale Diversifikation findet sich im Luftverkehr kaum.

Die Systematik der **Wettbewerbsvorteilsstrategien** wurde stark von Michael Porter geprägt. Porter sieht zwei grundsätzliche Möglichkeiten, Nachfrage zu stimulieren. Zum einen können Präferenzen gegenüber dem eigenen Produkt aufgebaut werden, indem eine herausragende Qualität (Qualitätsführerschaft) angeboten wird. Zum anderen können Kunden gewonnen werden, indem auf Basis einer niedrigen Kostenposition sehr günstige Preise (Kostenführerschaft bzw. Preisführerschaft) realisiert werden. Porter weist nach, dass Unternehmen mit einer Strategie der Qualitätsführerschaft einerseits und Unternehmen mit der Strategie der Kosten- bzw. Preisführerschaft andererseits überdurchschnittliche Renditen erwirtschaften. Unternehmen mit unklarer strategischer Ausrichtung sind „stuck in the middle" und erwirtschaften eine unterdurchschnittliche Rendite.

Im Luftverkehr wird die Strategie der Kosten- bzw. Preisführerschaft von den Low Cost Carriern verfolgt. Die Strategie der Qualitätsführerschaft wird im Segment Business Aviation konsequent umgesetzt. Network Carrier lassen sich nicht eindeutig zuordnen. Viele Airlines sind „stuck in the middle", indem sie gleichzeitig jeweils halbherzig Qualitätsführerschaft und Preisführerschaft anstreben. Konsequenter in der Befolgung der Qualitätsführerschaftsstrategie sind bspw. Lufthansa mit dem Topkunden-Terminal und mit Business Jet-Zu- und Abbringerflügen, sowie Emirates und Singapore Airlines mit herausragendem Bordservice-Niveau.

Marktabdeckungsstrategien lassen sich auf der ersten Entscheidungsstufe nach Massenmarkt- und Segmentierungs-Strategie unterscheiden. Eine Massenmarkt-Strategie liegt vor, wenn ein Gesamtmarkt undifferenziert mit einem standardisierten Angebot bearbeitet wird. Bei der Segmentierungsstrategie wird einzelnen Marktsegmenten ein differenziertes Angebot unterbreitet. In einer zweiten Entscheidungsstufe wird zwischen totaler und partieller Marktabdeckung unterschieden, letztere bezeichnet Michael Porter als die dritte Wettbewerbsstrategische Option („Nische") neben der Qualitäts- und der Kosten-/Preisführerschaft. Im Luftverkehr ist die Marktsegmentierungsstrategie mit totaler Marktabdeckung geläufig. Network

---

[120] Aus Sicht der Lufthansa Passage handelt es sich bei der LH Technik oder LSG Skychef um vertikale Diversifikation.

Carrier realisieren mit ihren üblichen Drei-Klassen-Konzepten differenzierte Angebote für den gesamten Heimatmarkt. Auch die Marktsegmentierungsstrategie mit partieller Marktabdeckung ist im Luftverkehr verbreitet. Low Cost Carrier, Leisure Carrier und Regional Carrier konzentrieren sich auf bestimmte Marktsegmente (siehe dazu auch Abbildung 10.6).

Marktraumstrategien beziehen sich auf die geographische Ausdehnung des Absatzraumes. Airlines sind je nach Geschäftsmodell national, multinational oder auf dem Weltmarkt aktiv. Kleine Regionalfluggesellschaften bedienen häufig nur den eigenen Heimatmarkt (nationale Marktabdeckung). Low Cost Carrier, Leisure Carrier und Network Carrier bedienen multinationale Märkte. Je nach Größe der Airline wird eine unterschiedliche Zahl von Ländern angeflogen. TAP Air Portugal fliegt bspw. weniger Länder an als British Airways. Weltmarktabdeckung erfolgt nur mit Hilfe globaler, strategischer Allianzen. Dabei ist darauf hinzuweisen, dass Flugreisen in aller Regel über Global Distribution Systems vertrieben werden. Der Absatz ist damit weltweit möglich, wenngleich bspw. Buchungen kleiner Regional Carrier in weit entfernt liegenden Absatzmärkten selten vorkommen. Bei den Marktraumstrategien existiert ebenfalls das von Porter beschriebene „stuck in the middle"-Problem. Viele Network Carrier haben einerseits eine zu geringe Größe, als dass ihnen eine relevante Rolle im Weltluftverkehr zukäme. Andererseits sind sie für eine Position in einer regionalen Nische zu groß. Als Beispiel sind traditionelle Flag Carrier kleiner und mittelgroßer Staaten zu nennen, die jahrzehntelang globale Ambitionen auf Kosten der Wirtschaftlichkeit gepflegt haben. Es sind eben diese Airlines, die vielfach als „Übernahmekandidaten" gelten.

Neben den bisher behandelten Marketingstrategien sind Entscheidungen zu **Unternehmensverbindungen** und zur **Fertigungstiefe** einer Airline zu fällen. Derartige **organisationale Entscheidungen** sind strategischer Natur, sie betreffen die Grundstruktur des Unternehmens. Bzgl. der Unternehmensverbindungen ist zu entscheiden, ob eine Airline im „Alleingang" am Markt aktiv ist oder ob sie Partnerschaften mit anderen Airlines eingeht. Die Bandbreite der Unternehmensverbindungen kann im Hinblick auf die Bindungsintensität sehr unterschiedlich sein. Die Optionen reichen von losen Kooperationsformen über die seit Anfang der 1990er Jahre realisierten „strategischen Allianzen" bis zu Fusionen, die die Aufgabe der rechtlichen und wirtschaftlichen Selbständigkeit nach sich ziehen.[121] Bzgl. der Fertigungstiefe reichen die Optionen von hoher Fertigungstiefe bzw. geringem Outsourcinggrad, bei dem alle Unternehmensaktivitäten vom eigenen Unternehmen erbracht werden, in gradueller Abstufung bis zu geringer Fertigungstiefe bzw. hohem Outsourcinggrad. Geringe Fertigungstiefe führt im Grenzfall zur Entstehung „virtueller Airlines". Bei virtuellen Airlines werden nur wettbewerbskritische Funktionen wie das Netzmanagement und die Markenführung selbst wahrgenommen, weniger relevante Funktionen werden durch Dienstleister, die eng geführt werden, erbracht. Geringe Fertigungstiefe erweist sich in mehrerer Hinsicht als vorteilhaft. Insbesondere gelingt eine stärkere Flexibilisierung auf der Kostenseite. Der Abbau fixer Kosten bzw. die Variabilisierung der Kosten führt zur Vermeidung von Kostenremanenzen. In der Airline-Branche reduziert dies die Anfälligkeit gegenüber Nachfrageschwankungen.

---

[121] Siehe hierzu ausführlich Kapitel XI.

Ergebnisse der Phase 3 sind die Bewertung der formulierten Strategieoptionen und die anschließende Auswahl der besten strategischen Option. Phase 4 bezeichnet die Implementierung in den operativen Funktionsbereichen des Unternehmens. Hier ist insbesondere die Methode der Balanced Scorecard zu nennen. Phase 5 schließt den strategischen Managementprozess mit der strategischen Kontrolle und einer Feedbackschleife zur Phase 1.

Im Luftverkehr münden die Strategiekonzepte in sechs mehr oder weniger gängigen Geschäftsmodellen, die in den folgenden Unterkapiteln ausführlich dargestellt sind.

2 Geschäftsmodelle im Luftverkehr

2.1 Überblick

Ein **Geschäftsmodell** bildet das System und den Prozess der betrieblichen Leistungserstellung ab. In erster Näherung lassen sich im Luftverkehr sechs Geschäftsmodelle nach der Dimension Kapazitätsbereitstellung und der Dimension Flugplan unterscheiden (siehe Abbildung 10.6). Die erste Gruppe der Geschäftsmodelle, bei denen einzelne Sitzplätze in Flugzeugen verkauft werden, die nach festgelegten Flugplänen operieren, dominiert den Luftverkehrsmarkt. Hier sind die Geschäftsmodelle **Network Carrier**, **Regional Carrier**, **Leisure Carrier** und **Low Cost Carrier** angesiedelt. Sie unterscheiden sich hinsichtlich ihres Aktionsraumes und der Zielgruppen (siehe den rechten Teil der Abbildung 10.6). In eine zweite Gruppe fallen die Geschäftsmodelle **Business Aviation** und **Aircraft-Charter**, bei denen die gesamte Flugzeugkapazität durch den Kunden abgenommen wird und die Flugzeuge nach einem durch gewerbliche oder private Kunden vorgegebenen Flugplan fliegen. Die Nachfrage nach Business Aviation weist in den letzten Jahren ein überproportionales Wachstum auf. Die dritte Gruppe von Geschäftsmodellen steckt noch in den Kinderschuhen. Hier werden einzelne Sitzplätze auf Flügen verkauft, die nach Bedarf des Kunden durchgeführt werden. Pionier dieser Geschäftsmodelle ist die in den USA beheimatete Airline DayJet, die quasi als „**Lufttaxi**" operiert. In Europa ist die Firma JetBird aus der Schweiz zu nennen. Die zweite und dritte Gruppe wird auch als „**General Aviation**" bezeichnet.

2 Geschäftsmodelle im Luftverkehr

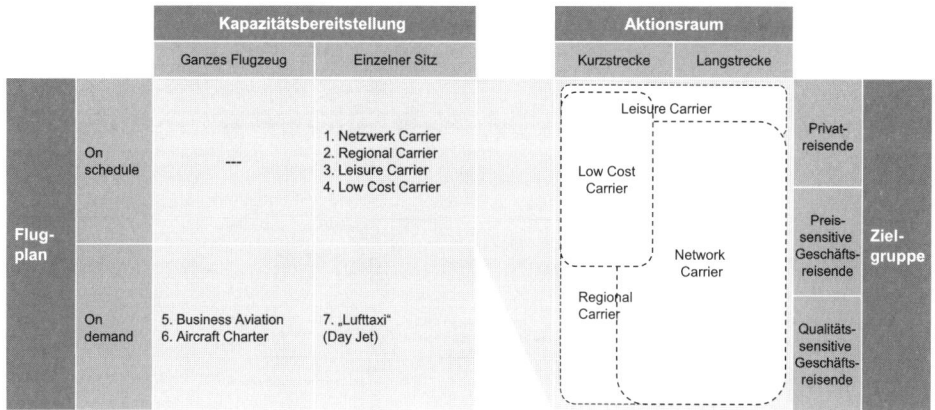

Abbildung 10.6: Typologie der Geschäftsmodelle von Airlines

Die erste Gruppe der Geschäftsmodelle lässt sich mit Hilfe der in Tabelle 10.1 dargestellten Kennzahlen charakterisieren.

Tabelle 10.1: Top 200 Passage Airline Statistik 2007[122]

Airline type	Pax traffic (RPK)		Load factors		Passenger numbers		Nominal yield (US $)		Share of top 200 rank by	
	Mrd.	Change (%)	Percent	Change (%)	Mio.	Change (%)	c/RPK	Change (%)	RPK (%)	Carrier
Leisure airline	235,4	7,5	91,3	5,9	81	4,3	Na	Na	5,3	25
Low Cost airline	576,9	20,3	77,2	0,0	451	20,2	6,16	15,0	12,9	37
Mainline airline	3.490,8	5,6	77,3	1,2	1.607	4,3	7,79	7,1	78,0	113
Regional airline	174,8	5,2	73,5	-0,1	207	6,9	8,12	-0,5	3,9	25
Grand total	4.478,0	7,4	77,8	1,1	2.347	6,9	7,26	7,1	100	200

Im Folgenden werden die einzelnen Geschäftsmodelle detailliert beschrieben (siehe dazu den Überblick zu den dominierenden Geschäftsmodellen in Abbildung 10.7).

---

[122] Datenquelle: Airline Business, August 2008. Die von der Airline Business verwendete Bezeichnung „Mainline Airline" bezeichnet im Grunde Network Carrier. Die Wachstumsraten beziehen sich auf das Vorjahr (2006).

	Network Carrier	Regional Carrier	Leisure Carrier	Low Cost Carrier
Hauptmerkmale	Linienverkehr im Hub and Spoke-System zu zentralen Orten	Linienverkehr im Point-to-Point-System zwischen dezentralen Orten und als Hub-Zu- und Abbringer	Gelegenheitsverkehr zu Feriendestinationen	Preisgünstiger Linienverkehr auf aufkommensstärkeren Strecken im Point-to-Point-System
Aktionsraum	Domestic, Kontinental, Interkontinental	Domestic, Kontinental	Primär Kontinental, gelegentlich auch Interkontinental	Kontinental, gelegentlich auch Domestic
Flotte	Heterogen, Airbus- und Boeing-Jets, 130 bis etwa 800 Sitzplätze	Eher heterogen, Embraer- und Bombardier-Jets und -Turboprops, 19 bis etwa 120 Sitzplätze	Heterogen, kleine bis mittelgroße Jets, selten Großraumflugzeuge, 150 bis etwa 250 Sitzplätze	Homogen, meist Airbus 320 bzw. Boeing 737, 150 bis etwa 250 Sitzplätze
Streckennetztyp	Hub-and-Spoke	Point-to-Point, Zu- und Abbringer in Hub-and-Spoke-Systemen	Point-to-Point	Point-to-Point
Flughäfen	Überwiegend internationale Großflughäfen, sowie mittelgroße Flughäfen	Mittelgroße und kleine Flughäfen, Hubs im Zu- und Abbringerdienst	Mittelgroße und kleine Flughäfen in Ferienregionen, gelegentlich auch Großflughäfen	Mittelgroße und kleine Flughäfen in der Nähe von Metropolregionen
Zielgruppe	Geschäfts- und Privatreisende	Überwiegend Geschäftsreisende	Privatreisende	Überwiegend Privatreisende, gelegentlich auch Geschäftsreisende
Marketingkonzept				
Produkt- und Serviceangebot	Gehobenes Niveau und differenziert (Beförderungsklassen Interkontinental: First, Business, Economy)	Eher gehoben, meist eine Beförderungsklasse	Mittleres Niveau, meist eine Beförderungsklasse (Kontinental) bzw. zwei Klassen (Interkontinental)	Sehr eingeschränkt, auf Kernleistung Beförderung reduziert, eine Beförderungsklasse
Preis	Gehobene Preispositionierung, extensive Preisdifferenzierung/ Yield Management-Systeme	Gehobene Preispositionierung	Kontingentverchartung an Reiseveranstalter, niedrige Preispositionierung im Einzelplatzverkauf	Niedrige Preispositionierung, Preisfragmentierung, einfache Yield Management-Systeme mit zeitlicher Preisdifferenzierung
Distribution	Ubiquität über Multi-Channel-Management, GDS-Präsenz	Call Center, Internet, Consolidator, ggfls. über Vertriebskanäle der Network Carrier	Kontingente über Vertriebsorganisation der Reiseveranstalter, Einzelplätze über Internet und Call Center	Wenige, kostengünstige Vertriebskanäle, insbes. Internet und Call Center
Kommunikation	Umfangreiche Marketingkommunikation, Verkaufsförderung und Imagewerbung, Kundenbindungsprogramme	Geringe Marketingkommunikation	Für Einzelplatzverkauf nach Vorbild der Low Cost Carrier	Konzentration auf Kommunikation von Niedrigpreisen, Verzicht auf aufwendige Marketingkommunikation

Abbildung 10.7: Die dominierenden Geschäftsmodelle im Luftverkehr im Überblick

2.2 Network Carrier

2.2.1 Network Carrier im Überblick

Abbildung 10.8 zeigt die 20 größten Airlines der Welt, die fast ausschließlich Network Carrier sind.

2.2.2 Merkmale des Network Carrier-Geschäftsmodells

Der Grundtypus einer Airline ist der klassische Network Carrier, zu denen die ältesten und bekanntesten Flag Carrier der Welt gehören. Network Carrier lassen sich wie folgt beschreiben.

Hauptmerkmal ist der zwischen zentralen Orten im Hub-and-Spoke-System stattfindende Linienverkehr.

Der **Aktionsraum** ist global. Network Carrier bieten inländische Flugverbindungen (Domestic-Verkehr), kontinentale und interkontinentale Flugverbindungen an.

2 Geschäftsmodelle im Luftverkehr

Nr.	Flag Carrier Major	Flag Carrier Non Major	Non Flag Carrier Major	Non Flag Carrier Non Major	Land	RPK (in Mrd.)	ASK (in Mrd.)	Passagiere (in Mio.)	Mitarbeiter (in Tsd.)	Flotte
1			American Airlines		USA	222,7	273,3	98,2	82,0	654
2	Air France/ KLM				Frankreich	207,2	256,3	74,8	104,7	367
3			Delta Air Lines		USA	196,4	244,2	109,2	55,0	446
4			United Airlines		USA	188,9	228,2	68,4	55,0	400
5			Continental Airlines		USA	135,7	166,0	51,0	42,4	373
6	Lufthansa				Deutschland	117,7	152,9	56,4	47,2	254
7			Northwest Airlines		USA	117,3	138,6	53,7	34,0	339
8				Southwest Airlines	USA	116,4	160,3	88,7	34,4	530
9	British Airways				Großbritannien	112,9	149,5	33,1	42,4	236
10			US Airways		USA	98,6	122,0	57,9	39,6	360
11	Qantas				Australien	97,6	122,1	36,4	32,8	127
12	Emirates				VAE	94,3	118,3	21,2	21,8	109
13	Singapore Airlines				Singapur	91,5	114,0	19,1	14,1	100
14	Japan Airlines				Japan	85,9	124,4	47,2	16,7	199
15	Cathay Pacific				China	81,8	102,5	23,3	19,9	115
16	China Southern Airlines				China	81,2	109,7	56,9	45,0	290
17	Air Canada				Kanada	74,6	91,8	33,0	23,9	206
18	Air China				China	67,0	85,3	34,8	19,3	200
19	All Nippon Airways				Japan	61,2	91,0	50,4	13,5	149
20	Thai Airways				Thailand	60,3	76,8	19,6	26,4	83
...										
56	Etihad Airways				VAE	17,7	25,8	4,6	5,6	34
60				Jet Airways	Indien	16,9	24,4	11,4	11,1	81
85				Shanghai Airlines	China	11,6	16,1	8,7	5,6	49
94		Iran Air			Iran	10,2	13,1	9,3	5,9	38

Abbildung 10.8: Die größten Network Carrier (2007)[123]

Die **Flotte** von Network Carriern ist häufig sehr heterogen. Sehr unterschiedlichen Streckenlängen und unterschiedlichem Verkehrsaufkommen auf den beflogenen Strecken wird durch den Einsatz verschiedener Flugzeugmuster mit Jetantrieb Rechnung getragen. Aus verhandlungsstrategischen Gründen werden zumeist Flugzeuge der beiden in diesem Segment dominierenden Flugzeugbauer Airbus und Boeing eingesetzt. Die Kapazität der eingesetzten Flugzeugmuster liegt zwischen 130 und etwa 800 Sitzplätzen.

Charakteristisch ist der **Streckennetztyp** „Hub-and-Spoke"[124]. Vom Heimatflughafen, der meist an einem Ort mit herausragender Bedeutung liegt (häufig ist dies die Landeshauptstadt), werden Flugverbindungen zu den wichtigsten Flughäfen im In- und Ausland angeboten. Die Heimatflughäfen dienen einerseits den hier ein- und aussteigenden „Lokalpassagieren". Andererseits nutzen ihn „Umsteiger", um von einem Zu- auf einen Abbringerflug umzusteigen. Network Carrier besitzen eine dominante Stellung mit überragendem Marktanteil in den Hubs. Ergänzend werden im Inland häufig Point-to-Point-Verbindungen zwischen Orten mit höherem Verkehrsaufkommen angeboten. Dominante Network Carrier bieten in

---

[123] Quelle: Airline Business August 2008. Anmerkung: Bei Southwest Airlines handelt es sich nicht um einen Network Carrier.

[124] Siehe hierzu auch Kapitel IX.

liberalisierten Luftverkehrsmärkten zunehmend Point-to-Point-Verbindungen im Ausland (Verkehre der 7. und 8. Freiheit) an.

Unter den **Flughäfen** werden zumeist internationale Großflughäfen (Primary Airports) angeflogen. Sie liegen in Orten, die eine hohe wirtschaftliche Bedeutung für ein Land aufweisen und die als Brückenkopf ins Ausland dienen. Internationale Großflughäfen sind meist auch intermodal gut vernetzt. Daneben werden auch internationale Flughäfen der zweiten Ordnung (Secondary Airports) angeflogen.

Zielgruppen von Network Carriern sind sowohl Geschäfts- als auch Privatreisende. Kernzielgruppe sind meist die Geschäftsreisenden, deren Bedürfnisse seit jeher prägend für das Geschäftsmodell sind. Geschäftsreisende weisen eine höhere Preisbereitschaft auf, sie sind daher für einen wirtschaftlich erfolgreichen Flugbetrieb zumeist unerlässlich. Privatreisende dienen primär der Erwirtschaftung von Deckungsbeiträgen.

Das **Produkt- und Serviceangebot** ist differenziert und umfassend. Aus diesem Grund wird gelegentlich auch von Full Service Network Carriern gesprochen. Das Angebot ist in erster Linie auf die Kernzielgruppe der Geschäftsreisenden ausgelegt, die Zielgruppe der Privatreisenden wird mit Hilfe eines angepassten Produkt- und Serviceangebotes angesprochen. Die Differenzierung des Angebotes erfolgt im kontinentalen Verkehr häufig in Form zweier Beförderungsklassen: der Business und der Economy Class, wobei sich die Bestuhlung nicht unterscheidet. Im Interkontinentalverkehr sind drei Beförderungsklassen (First, Business und Economy Class) mit deutlich unterschiedlichen Bestuhlungskonzepten üblich. Es finden sich auch Zwei- und Vier-Klassen-Konzepte.[125]

Das **Preiskonzept** beinhaltet stark unterschiedliche Normaltarife der Beförderungsklassen und eine extensive Preisdifferenzierung in Form hoch entwickelter Yield Management-Systeme.[126] Die Preise unterschieden sich stark nach den Tarifbedingungen. Preisdifferenzierung erfolgt in zeitlicher Hinsicht (nach Buchungs- und Abflugzeitpunkt), personeller Hinsicht (nach Zielgruppenmerkmalen wie Schülerstatus) und in räumlicher Hinsicht (nach Verkaufsursprungsorten und O & D-Zugehörigkeit). Die meisten Bestandteile des Produkt- und Serviceangebotes sind im Endpreis inkludiert, eine Angleichung an die Preiskonzepte der Low Cost Carrier, die nennenswerte sogenannte Ancillary Revenues erwirtschaften, zeichnet sich jedoch ab. Die Preispositionierung ist dem umfassenden Serviceangebot entsprechend im gehobenen Bereich.

Die **Distribution** erfolgt über eine Vielzahl von Kanälen, Ubiquität, d. h. eine umfassende Angebotsverfügbarkeit, wird angestrebt. Die Präsenz in allen gängigen Global Distribution Systems ist selbstverständlich. Die wichtigsten Buchungswege sind stationäre Reisebüros bzw. Travel Management Companies (TMCs) sowie das Internet und Call Center.

Network Carrier betreiben umfangreiche **Marketingkommunikation** in Offline und Online Medien. Neben verkaufsfördernden Kommunikationsmaßnahmen sind auch Imagekampag-

---

[125] Siehe hierzu auch Kapitel XIV.
[126] Siehe hierzu auch Kapitel XII.

nen bedeutsam. Intensive Endverbraucherkommunikation erfolgt auch im Rahmen der durchgängig etablierten Kundenbindungsprogramme (bspw. Miles & More bei der Deutschen Lufthansa).[127]

Bei näherer Betrachtung lassen sich innerhalb der Gruppe der Network Carrier wiederum **unterschiedliche Typen** identifizieren. Die Typenbildung erfolgt häufig anhand zweier Kriterien. Zum einen unterscheiden sich Network Carrier nach dem „politischen Status" in Flag Carrier und Non Flag Carrier. Zum anderen unterscheiden sie sich nach ihrer Marktposition in Majors, die globale Allianzen führen, und Second Tier Carrier (Carrier „in der zweiten Reihe"). Letztere fliegen nur ausgewählte interkontinentale Regionen an oder sind nur kontinental aktiv. Diese Airlines nehmen häufig eine untergeordnete Rolle in globalen Allianzen ein.

Network Carrier weisen eine Reihe von **Stärken** auf. Sie verfügen über jahrzehntelange Marktpräsenz, dichte Streckennetze und starke Marken. Wichtige Kunden werden auch über Vielfliegerprogramme an Network Carrier gebunden. Network Carrier dominieren ihre Hubs, in denen sie häufig monopolähnliche Marktpositionen aufgebaut haben. Sie verfügen über attraktive Slots auch an Großflughäfen mit Slotengpässen. Durch internationale Kooperationen sichern sie ihre Marktpositionen ab. Im Domestic-Verkehr dominieren sie ohnehin viele Strecken. Eine leistungsfähige Lobbyarbeit übt Einfluss auf die Verkehrs- und Steuerpolitik des Heimatlandes aus.

Die **Schwächen** sind jedoch ebenfalls signifikant. Network Carrier sind als Linienluftverkehrsgesellschaften verkehrsrechtlich dazu gezwungen den veröffentlichten Flugplan einzuhalten. Bei rückläufiger Nachfrage können im Gegensatz zu den Leisure Carriern keine Flüge zusammengelegt werden. Flag Carrier haben oft mit den Problemen „alter" Unternehmensstrukturen zu kämpfen. Bürokratische Strukturen und Unternehmensprozesse, überzogenes Anspruchsdenken, überdurchschnittliche Bezahlung und „komfortable" Arbeitszeit- und Krankheitsregelungen wirken wie Mühlsteine. Probleme bereiten auch die umfassende Produktdifferenzierung und das aufwändige Produkt- und Serviceangebot. Aufgrund zunehmender Preissensibilität sind immer weniger Kunden bereit den Normalpreis zu zahlen. Komplexe Unternehmensstrukturen der Network Carrier führen zu hohen Komplexitätskosten. Diese resultieren aus der Produktkomplexität (Differenzierungskosten), der Prozesskomplexität (Kosten für Streckennetz, Kundenbindungsprogramme, Vertrieb, Flugbetrieb und heterogene Flotte) und der Strukturkomplexität (Kosten für Verwaltung und Koordination). Insgesamt weisen Network Carrier einen signifikanten Kostennachteil gegenüber Leisure Carriern und insbesondere gegenüber Low Cost Carriern auf.

Folgende **Trends** zum Geschäftsmodell der Network Carrier lassen sich identifizieren: Network Carrier werden sich zunehmend auf Langstreckenverkehre konzentrieren. Große europäische Network Carrier werden verstärkt Franchisenehmer oder kleinere Allianzpartner als Zubringer zu ihren Langstreckenflügen nutzen. Eigene Zubringerflüge werden kaum noch durchgeführt. Die Intention einiger US-Carrier im Langstreckenbereich weiter zu wachsen, könnte zu Überkapazitäten und geringeren Yields im Nordatlantikmarkt führen. Die Expan-

---

[127] Siehe hierzu ausführlich Kapitel XIV.

sion der Golf-Carrier wird die Dienste europäischer Gesellschaften in die Golfregion und weiter nach Asien unter Druck setzen. Der Konsolidierungsprozess mit Liquidationen sowie mergers and acquisitions wird an Dynamik gewinnen. Mittelgroße und kleinere Network Carrier werden sich vermutlich nicht nur auf Zubringerverkehre zu den großen Carriern konzentrieren. Die Konsolidierung unter den Network Carriern wird weitergehen. Es werden vermutlich ca. fünf große europäische Gesellschaften übrig bleiben. Low Cost Tochtergesellschaften dürften eher nicht erfolgreich sein. Mittelgroße und kleine Network Carrier werden vermutlich immer mehr Aspekte des Low Cost Geschäftsmodells übernehmen, im Kern aber Network Carrier bleiben.

2.3 Regional Carrier

2.3.1 Regional Carrier im Überblick

Abbildung 10.9 zeigt die größten 20 Regional Carrier. Es ist auffällig, dass die größten Regional Carrier in den USA beheimatet sind. Der nordamerikanische Markt steht für rund 60 % der weltweiten Passagiere im Regionalverkehr, Europa folgt mit rund 25 % der weltweiten Passagiere auf Rang zwei.

Nr.	Carrier	Land	Passagiere (in Tsd.)	RPK (in Mio.)	SLF (in %)	Flotte
1	SkyWest Airlines	USA	22.047	18.607	77,5	269
2	American Eagle Airlines	USA	18.519	13.422	74,4	259
3	ExpressJet	USA	17.426	16.204	74,2	274
4	Mesa Airlines	USA	16.061	10.944	75,7	124
5	Atlantic Southeast Airlines	USA	12.018	9.949	76,6	172
6	Pinnacle Airlines	USA	11.494	7.883	74,2	138
7	Air Canada Jazz	Kanada	9.700	6.861	74,3	137
8	Comair	USA	9.320	7.414	75,1	129
9	Chautauqua Airlines	USA	7.799	5.516	75,2	115
10	Horizon Air	USA	7.552	4.695	73,4	66
11	Lufthansa CityLine	Deutschland	6.848	4.538	68,2	72
12	Air Nostrum (Iberia Regional)	Spanien	5.711	3.038	61,7	58
13	Air Wisconsin	USA	5.710	3.462	71,3	70
14	KLM cityhopper	Niederlande	5.638	3.447	73,5	57
15	Shandong Airlines	China	5.359	5.831	76,8	35
16	PSA Airlines	USA	4.994	2.720	73,7	49
17	Aegean Airlines	Griechenland	4.734	2.841	69,3	28
18	Austrian Arrows	Österreich	4.696	3.401	66,4	58
19	Republic Airlines	USA	4.508	3.973	76,4	68
20	QantasLink	Australien	4.204	2.904	71,3	N.A.
...						
56	Aer Arann	Irland	1.073	423	64,9	12
76	Air Central	Japan	576	284	56,5	3
90	Air Greenland	Grönland	403	469	73,1	11
92	Skywest Airlines	Australien	347	281	57,5	12

Abbildung 10.9: Die 20 größten Regional Carrier der Welt (2007)[128]

---

[128] Quelle: Airline Industry Guide 2008/2009.

2 Geschäftsmodelle im Luftverkehr 237

> **Beispiel Lufthansa Regional**
>
> Eine relativ stabile Stellung haben in Deutschland die Regionalflieger, die als Partner im Auftrag der Lufthansa fliegen. Seit 2004 sind unter dem Namen „Lufthansa Regional" fünf Fluggesellschaften auf ca. 150 Strecken unterwegs: Contact Air, Lufthansa City Line, Augsburg Airways, Eurowings und Air Dolomiti.[129] Die sichere Auftragslage ist für die Partner sehr vorteilhaft, allerdings können sie nicht selbstständig agieren. Cirrus Airlines dagegen hat sich die Selbstständigkeit bewahrt und fliegt lediglich unter Lufthansa oder Swiss Codeshare-Nummern.
>
> Vollständig unabhängig von der Lufthansa operieren beispielsweise:
>
> - Ostfriesische Lufttransport (OLT) mit siebzehn Maschinen (Stand November 2008), insbesondere ab Bremen.
> - InterSky mit vier Maschinen (Dash) insbesondere ab Friedrichshafen.
> - Luftfahrtgesellschaft Walter (LGW), insbesondere ab Dortmund. LGW kooperiert mit Air Berlin.
>
> Seit Mai 2007 gibt es mit der Cirrus Group zudem eine neue Airline-Gruppe in Deutschland, die aus der Fusion von Cirrus Airlines, Augsburg Airways und Daimler Chrysler Aviation entstand und insbesondere den Regional- und Geschäftsreisemarkt bedient.

Die Zukunftsperspektiven der Regional Carrier sind weiterhin recht positiv. In den vergangenen Jahren wiesen die Passagierzahlen fast immer zweistellige Wachstumsraten auf. Von überdurchschnittlichen Wachstumsraten ist auch in Zukunft auszugehen. Viele Regional Carrier werden auch künftig Partnerschaften mit Network Carriern eingehen und als Zu- und Abbringer auf Spoke-Strecken mit geringerem Verkehrsaufkommen agieren.

Gelegentlich trennen sich auch etablierte Airlines von ihren Regionaltöchtern, da regionale Point-to-Point-Verbindungen kein strategischer Teil des Kerngeschäfts sind. So hat British Airways im November 2006 seine Regionaltochter BA Connect an den LCC flybe verkauft.

2.3.2 Merkmale des Regional Carrier-Geschäftsmodells

Zwei **Hauptmerkmale** kennzeichnen Regional Carrier. Zum einen findet Linienverkehr zwischen dezentralen Orten mit geringem Verkehrsaufkommen im Point-to-Point-System statt. Hier werden teilweise auch Streckenlängen geflogen, die der Begriff „regional" nicht angemessen beschreibt. Zum anderen fungieren Regional Carrier als Zu- und Abbringer zwischen dezentralen Orten mit geringem Verkehrsaufkommen und den Hubs der Network Carrier.

Der **Aktionsraum** ist inländisch und kontinental.

---

[129] Air Dolomiti ist mittlerweile eine 100 %ige Tochter der Deutschen Lufthansa. An Eurowings hält die Lufthansa seit mehreren Jahren eine 49 %ige Beteiligung, die vollständige Übernahme ist angestrebt. Augsburg Airways wurde von Cirrus Airlines übernommen.

Die **Flotte** von Regional Carriern besteht aus wenigen, kleineren Flugzeugtypen. Es werden sowohl Jetantriebe als auch Turbopropantriebe eingesetzt. Die beiden dominanten Flugzeughersteller in diesem Segment sind Embraer (Brasilien) und Bombardier (Kanada). Die Kapazität der eingesetzten Flugzeugmuster liegt zwischen 19 und etwa 120 Sitzplätzen. Durch den Einsatz vergleichsweise kleiner Flugzeuge können Regional Carrier auch Strecken mit geringerem Verkehrsaufkommen wirtschaftlich sinnvoll bedienen.

Charakteristisch ist der **Streckennetztyp** „Point-to-Point". Insbesondere in den USA fungieren Regional Carrier auch als Zu- und Abbringer in den Hub-and-Spoke-Netzen der Network Carrier.

Es werden mittelgroße und kleine **Flughäfen** angeflogen. Sofern Regional Carrier mit Network Carriern kooperieren, fliegen sie zudem im Zu- und Abbringerdienst in die Hubs der Network Carrier.

Zielgruppe von Network Carriern sind die Geschäftsreisenden. Privatreisende werden nicht aktiv umworben.

Das **Produkt- und Serviceangebot** ist auf Geschäftsreisende ausgerichtet und eher gehoben. Die Flugzeuggröße setzt dem Bordservice allerdings enge Grenzen, was aufgrund der kurzen Flugzeiten meist akzeptiert wird. In kleineren und mittleren Regionalflugzeugen existiert nur eine Beförderungsklasse, in moderneren, größeren Regionaljets werden meist zwei Beförderungsklassen installiert.

Das Preisniveau ist der Zielgruppe der Geschäftsreisenden entsprechend gehoben und auch aus Kostengründen geboten. Regional Carrier realisieren eine kurze Utilization des Fluggeräts und sie zahlen relativ hohe Flughafenentgelte. Die Stückkosten sind somit höher als bei den anderen Geschäftsmodellen.

Sofern Regional Carrier mit Network Carriern kooperieren, übernehmen diese auch Distributionsfunktionen. Andernfalls erfolgt die **Distribution** primär über Call Center und Websites der Regional Carrier sowie über Consolidator. Eine Präsenz in den Global Distribution Systems ist nicht immer gegeben.

Regional Carrier betreiben kaum aktive **Marketingkommunikation**. Ihr Flugplan ist der Kernzielgruppe der Geschäftsreisenden (bzw. den Reisemittlern) meist soweit bekannt, dass sich Marketingkommunikation erübrigt. Auch kommt ihnen auf den beflogenen Strecken häufig eine monopolartige Stellung zu, da das Verkehrsaufkommen für zwei Anbieter unzureichend ist.

2.4 Low Cost Carrier

2.4.1 Entwicklung der Low Cost Carrier

Das Geschäftsmodell der Low Cost Carrier gilt als eine herausragende Innovation in der Aviation-Branche. Low Cost Carrier haben die Marktstrukturen in den letzten Jahren grundlegend verändert.

Das Geschäftsmodell der Low Cost Carrier wurde Anfang der 1970er Jahre entwickelt. Hier hat die britische Airline Gesellschaft Laker Airways zum ersten Mal versucht, die etablierten Liniengesellschaften mit niedrigen Tarifen unter Druck zu setzen. Laker erhielt 1972 die Betriebsgenehmigung für Flüge von London nach New York und nahm den Flugbetrieb 1977 auf. Als weitere Niedrigpreisanbieter folgten Braniff (1979), Virgin Atlantic und People Express (beide 1983). Die anfänglichen Versuche waren wenig erfolgreich, so dass sich Virgin Atlantic zum Qualitätscarrier wandelte und Laker, Braniff und People Express 1986 aus dem Markt ausschieden. Das Niedrigpreiskonzept hat den Markt dennoch deutlich verändert, indem schon damals etablierte Liniencarrier mit Sondertarifen auf die Newcomer reagierten.

Ende der 1970er Jahre erfolgten in den USA nach der Deregulierung viele Neugründungen von Low Cost Carriern, von denen sich Southwest Airlines als besonders erfolgreich erwies.

In Europa begann das Low Cost Zeitalter im Zuge der Liberalisierung Mitte der neunziger Jahre mit Ryanair, easyJet und Virgin Express. Deren Erfolg stimulierte eine Reihe von Neugründungen durch Neueinsteiger und als Low Cost Tochterunternehmen etablierter Airlines (beispielsweise gründete British Airways Go, KLM Buzz und Lufthansa Germanwings[130]). Zwischen 2002 und 2004 wurden allein in Europa mehr als 20 neue Low Cost Carrier gegründet, von denen einige nach kurzer Zeit wieder vom Markt verschwanden.

Die Low Cost Entwicklung nahm in den USA ihren Anfang, es folgten zunächst Europa und in dichterer Folge Südamerika und Asien/Pazifik sowie zuletzt Afrika und der Mittlere Osten. Die Entwicklung des Verkehrsaufkommens im Low Cost Geschäftsmodell folgte dem bekannten Lebenszykluskonzept mit zunehmenden Wachstumsraten am Anfang und nach einem Wendepunkt nachlassenden Wachstumsraten. So haben sich die Wachstumsraten des Low Cost Verkehrsaufkommens in Deutschland seit Anfang des neuen Jahrtausends abgeschwächt (siehe Tabelle 10.2).

---

[130] Germanwings ist eine 100%ige Tochtergesellschaft von Eurowings, die wiederum zum Lufthansa Konzern gehört.

Tabelle 10.2: Wachstumsraten des Low Cost Verkehrs in Deutschland[131]

Jahr	2002	2003	2004	2005	2006	2007	1. Hj. 2008
Wachstumsraten gegenüber Vorjahr (Passagiere)	360,0 %	83,0 %	45,0 %	32,0 %	24,0 %	20,5 %	12,8 %

Das Wachstum der Low Cost Carrier begründet sich etwa zur Hälfte aus der Erschließung neuer Kundengruppen. Die niedrigen Preise lässt Menschen zu Kunden von Airlines werden, die ansonsten keine Reise angetreten hätten (Verkehrsgenerierung) oder andere Verkehrsmittel wie die Bahn oder den PKW genutzt hätten (intermodaler Wettbewerb). Low Cost Carrier vergrößern damit das Marktvolumen im Luftverkehr. Die andere Hälfte der Low Cost Kunden wurde im intramodalen Wettbewerb von anderen Airlines gewonnen.

Die Pioniermärkte Nordamerika und Europa haben sich zu den volumenmäßig größten Low Cost Märkten entwickelt, sie zeigen aber auch bereits Anzeichen reifer Märkte. Tabelle 10.3 zeigt für Nordamerika und Europa Wachstumsraten von 14,7 % bzw. 26,5 %. Dagegen befinden sich Asien/Pazifik mit 35,3 % sowie der Mittlere Osten mit 77,5 % in einer früheren Lebenszyklusphase.

Tabelle 10.3: Marktvolumen und Wachstum der Low Cost Carrier nach Regionen[132]

Region	Passagiere 2007 (in Mio.)	Passagiere 2006 (in Mio.)	Wachstumsrate (2007 vs. 2006)
Afrika	6,9	4,1	66,7 %
Asien/Pazifik	104,8	77,5	35,3 %
Europa	219,8	173,7	26,5 %
Mittlerer Osten	4,9	2,8	77,5 %
Nordamerika	194,1	169,2	14,7 %
Südamerika	25,6	19,8	28,9 %
Total	556,1	447,0	24,4 %

---

[131] Quelle: DLR/ADV (2008).

[132] Quelle: Airline Business, Mai 2008, S. 52.

2.4.2 Low Cost Carrier im Überblick

Das Geschäftsmodell der Low Cost Carrier hat sich in den Luftverkehrsmärkten mittlerweile etabliert. In Europa stellen sich die Marktanteile in den einzelnen Ländern jedoch sehr unterschiedlich dar.

Der auffällig hohe Marktanteil der Low Cost Carrier in Irland und Großbritannien begründet sich durch die Heimatbasis der beiden größten Gesellschaften Ryanair und easyJet. Die hohen Marktanteile in der Slowakei, in Polen und in Ungarn erklären sich durch die Gewährung von Rechten der 7. Freiheit im Zuge der Erweiterung der Europäischen Union 2004. Low Cost Carrier haben die sich ergebenden Möglichkeiten rasch ergriffen und Flüge zwischen den neuen EU-Ländern und den EU-15 Staaten angeboten.

Die 25 größten Low Cost Carrier der Welt stellt Abbildung 10.10 dar, Tabelle 10.4 zeigt die 25 größten Low Cost Carrier in Europa.

Nr.	Carrier	Land	Markteintritt	Passagiere (in Mio.)	RPK (in Mrd.)	Flotte Bestand	Flotte Bestellt
1	Southwest Airlines	USA	1971	88,7	116.361	523	96
2	Ryanair	Irland	1991	48,4	N.A.	153	138
3	easyJet	UK	1995	38,2	N.A.	125	115
4	Air Berlin	Deutschland	2002	27,9	N.A.	83	147
5	Airtran Airways	USA	1993	23,8	27.832	137	60
6	Gol Transportes Aéreos	Brasilien	2001	22,4	19.966	78	104
7	JetBlue Airways	USA	2000	21,4	41.411	137	67
8	Virgin Blue	Australien	2000	15,6	17.959	54	47
9	WestJet Airlines	Kanada	1996	13,0	18.888	72	24
10	Frontier Airlines	USA	1994	10,4	15.806	60	8
11	Lion Air	Indonesien	2000	10,0	N.A.	29	169
12	Ted	USA	2002	10,0	N.A.	47	N.A.
13	AirAsia	Malaysia	2001	9,7	N.A.	43	136
14	Aer Lingus	Irland	1936	9,3	14.807	41	5
15	Jetstar	Australien	2003	8,4	13.663	32	88
16	germanwings	Deutschland	2002	7,9	7.075	26	8
17	Deccan	Indien	2003	7,3	N.A.	41	52
18	Spirit Airlines	USA	1990	6,9	11.032	36	37
19	Norwegian	Norwegen	2002	6,4	5.586	27	49
20	Vueling	Spanien	2004	6,2	5.501	23	N.A.
21	Flybe	UK	2002	6,1	3.040	76	27
22	Adam Air	Indonesien	2003	6,0	N.A.	N.A.	N.A.
23	Cebu Pacific Air	Philippinen	1996	5,4	4.603	16	10
24	Transavia	Niederlande	1966	5,4	N.A.	25	7
25	TUIfly	Deutschland	1973	5,0	N.A.	45	N.A.

Abbildung 10.10: Die 25 größten Low Cost Carrier der Welt (2007)[133]

Die 10 in der ELFAA (European Low Fares Airline Association) zusammengeschlossenen Low Cost Carrier weisen die in Tabelle 10.5 angeführten Merkmale auf.

---

[133] Quelle: Airline Industry Guide 2008/2009.

Tabelle 10.4: Low Cost Carrier Markt in Europa[134]

Rang	Low Cost Carrier	Flüge	Sitze	Marktanteil (nach Sitzen)	Strecken
1	Ryanair	6.419	1.213.191	24,56 %	1.032
2	easyJet	5.052	779.908	15,79 %	514
3	Air Berlin	2.869	460.919	9,33 %	260
4	Flybe	2.214	170.680	3,46 %	190
5	Aer Lingus	1.260	233.182	4,72 %	126
6	Norwegian	1.058	156.690	3,17 %	153
7	Clickair	1.043	187.740	3,80 %	103
8	Germanwings	1.032	148.608	3,01 %	142
9	Vueling	932	167.760	3,40 %	108
10	Meridiana	820	108.580	2,20 %	78
11	Air Baltic	745	64.723	1,31 %	109
12	TUIfly	734	113.536	2,30 %	184
13	Bmibaby	716	102.840	2,08 %	102
14	Sky Europe	648	96.552	1,96 %	84
15	Sterling	641	94.788	1,92 %	132
16	Wizz	618	111.240	2,25 %	144
17	easyJet Switzerland	580	90.480	1,83 %	70
18	Blue1	474	50.510	1,02 %	44
19	Transavia	396	60.780	1,23 %	75
20	Jet 2	392	63.338	1,28 %	106

Anmerkung: Angaben jeweils für eine Januar Woche 2008, beide Richtungen einer Strecke.

2.4.3 Merkmale des Low Cost-Geschäftsmodells

Hauptmerkmal der Low Cost Carrier ist ein auffällig preisgünstig angebotener Linienverkehr im Point-to-Point-System auf Strecken, die ein höheres Verkehrsaufkommen aufweisen.

Der **Aktionsraum** ist überwiegend kontinental, gelegentlich auch inländisch. Interkontinentale Strecken werden fast nie beflogen, da das Low Cost-Geschäftsmodell hierfür ungeeignet ist (siehe hierzu auch die Ausführungen weiter unten).

---

[134] Quelle: In Anlehnung an DLR/ADV, 1/2008, S. 16.

Tabelle 10.5: Merkmale der Low Cost Carrier in Europa (Stand Dezember 2007)[135]

	easyJet	Flybe	Myair.com	Norwegian	Ryanair	Sky-europa	Sterling	Sverige-fly	Transavia.com	Wizzair
Land	UK	UK	I	N	IRE	SK	DK	S	NL	HU
Paxe (in Mio., Jan. 07–Dez. 07)	38,2	7,0	1,5	6,8	49,0	3,6	4,5	0,5	5,4	4,2
SLF (in %, Jan. 07–Dez. 07)	84	-	67	80	82	80	75	74	85	84
Tägliche Flüge (Dez. 07)	808	470	41	220	900	94	137	46	80	90
Angeflogene Länder (Dez. 07)	23	12	10	28	27	19	26	6	20	16
Anzahl Destinationen (Dez. 07)	89	53	28	74	139	39	60	17	98	36
Strecken (Dez. 07)	360	162	42	132	606	92	124	17	107	70
Feste Mitarbeiter (Dez. 07)	6.000	2.898	320	1.300	5.000	724	967	102	1.570	630
Flotte (Dez. 07)	137	76	12	33	148	14	25	9	28	13
Durchschnittliches Flottenalter (in Jahren, Dez. 07)	2,7	4,7	7,2	15,3	2,7	1,1	8,1	16	6,1	3
Flugzeugtypen (Dez. 07)	30 x B 737-700, 107 x A 319	8 x Embraer 195, 24 x Embraer 145, 35 x Bombardier Q400, 9 x BAe 146-300	8 x A 320, 4 x Bombardier CL600	25 x B 737-800, 8 x MD 80	148 x B 737-800	14 x B 737-700	7 x B 737-800, 12 x B 737-700, 4 x B 737-500, 2 x B 737-300	4 x Saab 340, 3 x Saab 2000, 2 x Fokker 50	18 x B 737-800, 10 x B 737-700	13 x A 320

Die **Flotte** von Low Cost Carriern ist häufig homogen, es wird bevorzugt ein einziger Flugzeugtyp eingesetzt. Standardtypen sind der Airbus 320 (sowie die Familienmitglieder A319 und A321) und die Boeing 737. Homogene Flotten weisen geringere Personal- und Technikkosten auf. Low Cost Carrier nehmen in ihrem Streben nach günstigen Kostenstrukturen bewusst in Kauf, dass sie sich in Folge einheitlicher Flugzeuggrößen kaum an unterschiedliche Verkehrsaufkommen auf verschiedenen Strecken anpassen können. Die Flugzeuge sind meist mit 150 bis 250 Sitzplätzen bestuhlt.

Charakteristisch ist der **Streckennetztyp** „Point-to-Point". Das Geschäftsmodell ist nicht auf Umsteigerverkehre, die die Komplexität treiben würden, ausgelegt. Oberflächlich betrachtet sehen die Basen von Low Cost Carriern wie Hubs aus, da eine Vielzahl von Flügen wie Spokes mit den Basen verbunden ist. Bei näherer Betrachtung wird offenkundig, dass die Merkmale eines Hubs nicht realisiert sind: Flüge sind nicht zeitlich aufeinander abgestimmt, es werden keine Durchgangstarife angeboten und es erfolgt keine Durchabfertigung von Gepäck und Passagieren. Die Passagiere steigen somit an den Basen der Low Cost Carrier

---

[135] Entnommen aus www.elfaa.com.

ein und aus, damit wird lediglich der Lokalverkehr bedient. Beispielsweise kommen rund 80 % der abfliegenden Passagiere des im Hunsrück gelegenen Low Cost Flughafens Frankfurt-Hahn aus Rheinland-Pfalz und dem Rhein-Main-Gebiet. Bei der Auswahl der bedienten Strecken fällt auf, dass Low Cost Carrier Strecken ohne Wettbewerb anderer Low Cost Carrier präferieren. Eine Konkurrenzierung innerhalb des Low Cost Segments soll vermieden werden, vielmehr betrachten Low Cost Carrier Network Carrier, Regional Carrier, Leisure Carrier, Eisenbahnanbieter und den motorisierten Individualverkehr als Wettbewerber. Allerdings hat die zunehmende Zahl an Low Cost Carriern dazu geführt, dass die Kunden auf einigen aufkommensstarken Strecken zwischen mehreren (meist zwei) Anbietern wählen können.

Angeflogen werden mittelgroße und kleine **Flughäfen** in der Nähe von Metropolregionen. Ryanair fliegt bspw. Hahn in der Nähe der Rhein-Main-Region, Bergamo in der Nähe von Mailand oder Girona in der Nähe von Barcelona an. Derartige Flughäfen sind wenig ausgelastet und deutlich kostengünstiger als Großflughäfen. Sie ermöglichen schnelle Prozesse im Bereich der Passagier- und Flugzeugabfertigung und damit kurze Turnaround-Zeiten. Warteschleifen, Verzögerungen bei der Starterlaubnis usw. sind hier unbekannt, so dass die Aircraft Utilization maximiert werden kann. Die in etwas abgelegenen Regionen liegenden Flughäfen haben zumeist regionalwirtschaftliche Bedeutung, daher sind Landes- bzw. Regionalregierungen geneigt, eine finanzielle Unterstützung zu gewähren, die letztlich den Low Cost Carriern zugute kommt. Dies hat jedoch auch zu Beihilfeverfahren der Europäischen Union sowie zu Konkurrentenklagen geführt. Aus Sicht der Passagiere weisen die Flughäfen den Nachteil der weiten Anreise und der mangelhaften intermodalen Vernetzung auf, als vorteilhaft werden die niedrigen Parkgebühren empfunden. Generell sind diese Flughäfen auf niedrige Kosten ausgelegt, so sind die Bauten deutlich weniger aufwendig als Bauten internationaler Großflughäfen, die häufig einen repräsentativen Charakter aufweisen.

Zielgruppen von Low Cost Carriern sind in erster Linie Privatreisende. Zunehmend werden auch preissensible Geschäftsreisende als Zielgruppe erschlossen. Das Marktvolumen des Privatreisesegments begrenzt die Expansionspläne der Low Cost Carrier, so dass eine Erschließung des Geschäftsreisesegments angestrebt bzw. intensiviert wird. Charakteristisch für die Zielgruppenerweiterung der Low Cost Carrier ist die Integration von easyJet in die Global Distribution Systems, die zur Erreichung der Zielgruppe der Geschäftsreisenden unerlässlich ist, die Kosten aber auch deutlich erhöht. Der Flughafen Frankfurt-Hahn, der im Passagiersegment nur von dem Low Cost Carrier Ryanair genutzt wird, weist im Jahre 2007 einen Geschäftsreisendenanteil von rund einem Viertel auf.

Das **Produkt- und Serviceangebot** ist meist auf die Kernleistung der verspätungsfreien Beförderung von A nach B reduziert. Über die Kernleistung hinausgehende Produkt- und Serviceangebote sind nicht im Preis inkludiert, sie werden etwas despektierlich als „Frills" („Kinkerlitzchen", „Firlefanz") bezeichnet. Wenn sie angeboten werden, müssen sie gesondert bezahlt werden. Low Cost Carrier gehen davon aus, dass Reisende in erster Linie kostengünstig fliegen wollen und gerne bereit sind, auf Bordverpflegung, Unterhaltungslektüre, Lounges oder Kinderbetreuung etc. zu Gunsten eines günstigen Preises zu verzichten. Aus Kostengründen wird nur eine Beförderungsklasse mit sehr dichter Bestuhlung angeboten. Die dichte Bestuhlung erhöht die sogenannte „earning capacity" des Low Cost Carriers.

Preispolitik ist das zentrale Marketinginstrument der Low Cost Carrier. Das **Preiskonzept** beinhaltet eine Preispositionierung im Niedrigpreisbereich, es wird Promotionspreispolitik betrieben. Des Öfteren werden kleinere Kontingente zu extrem niedrigen Sonderpreisen angeboten und aggressiv beworben (z. B. 0,99 € für einen oneway Flug). Zu einem bestimmten Zeitpunkt wird nur ein Preis oder sehr wenige Preise im Markt angeboten. Im Zeitablauf ändern sich die Preise i.d.R. deutlich und steigen mit Annäherung an den Abflugzeitpunkt erheblich. So wird die höhere Preisbereitschaft der Kurzfristbucher ausgenutzt. Diese im Zeitverlauf ansteigende Preiskurve ist typisch für Low Cost Carrier und steht im Gegensatz zur üblichen Preiskurve in der Reise- und Tourismusbranche, die traditionell sinkende Preise in Form von Last-Minute-Angeboten kurz vor Abflug realisiert. Low Cost Carrier erheben Preiszuschläge für bislang übliche, im Endpreis inkludierte Leistungen wie Buchungen über Call Center, Kreditkartenzahlungen, Aufgabe von Gepäck, Sitzplatzreservierungen und selbstverständlich Speisen und Getränke an Bord. Diese sogenannten Ancillary Revenues machen bereits einen signifikanten Anteil am Umsatz aus. Die Aufspaltung des Endpreises in verschiedene leistungsabhängige Preisbestandteile veranlasst Konsumenten zu einem kostensparenden Verhalten und beschert den Low Cost Carriern Zusatzerlöse, ohne die Niedrigpreispolitik zu verwässern.

Die **Distribution** erfolgt über nur wenige Kanäle. Bevorzugt wird über den kostengünstigsten Vertriebskanal Internet in Form der unternehmenseigenen Website vertrieben. Auch Call Center werden von den meisten Low Cost Carriern genutzt. Low Cost Carrier sind meist nicht in den Global Distribution Systems gelistet, so dass die GDS Booking Fees vermieden werden können. Gänzlich unüblich ist seit jeher der Vertrieb über Reisebüros, der bis vor wenigen Jahren mit Provisionszahlungen in Höhe von etwa 10 % verbunden war. Diese Kosten wollten Low Cost Carrier nicht tragen. Obwohl Flugreisende mittlerweile Reisebüroleistungen vorwiegend in Form von Servicegebühren entlohnen, sind wenig Ansätze erkennbar, Low Cost Carrier auch über Reisebüros zu vertreiben. Meist stehen dem Systemhürden entgegen.

Low Cost Carrier betreiben eine auffallend anspruchslose **Marketingkommunikation**, die als einzige Werbebotschaft niedrige Sonderpreise herausstellt. Dabei werden kostengünstige Kommunikationskanäle gewählt. Kundenbindungsprogramme existieren nur sehr selten. Low Cost Carrier folgen der Überzeugung, dass niedrige Preise ausreichende Bindungswirkung entfalten. Werden doch Kundenbindungssysteme eingesetzt, so zeichnen sie sich durch eine simple, kostengünstige Struktur aus.

Im Bereich der **Unternehmensführung und Verwaltung** ist die geringe Fertigungstiefe bzw. der hohe Outsourcinggrad bemerkenswert. Der hohe Outsourcinggrad ermöglicht eine weitgehende Variabilisierung fixer Kosten. Bei der Bedienung neuer Strecken betreiben Low Cost Carrier kaum Marktforschung zur Potentialabschätzung. Ihr Vorgehen folgt eher dem Prinzip „trial and error". Wenn einzelne Strecken nicht vom Markt angenommen werden, muss ein Abbau der Strecken ohne Kostenremanenzen möglich sein. Die Vermeidung von Kostenremanenzen wird durch die Gestaltung von Verträgen mit Lieferanten beim Outsourcing der Leistungen möglich. So werden bspw. Passagier- und Flugzeugabfertigung komplett von Dritten übernommen. Generell lässt sich feststellen, dass das Konzept des Lean Management realisiert wurde.

Kernelement des Geschäftsmodells der Low Cost Carrier ist die niedrige **Kostenstruktur**. Low Cost Carrier verfolgen meist sehr aggressiv die wettbewerbsstrategische Option der Kostenführerschaft. Grob kalkuliert liegt der **Stückkostenvorteil** der Low Cost Carrier gegenüber Network Carriern bei etwa 50 %, wobei anzumerken ist, dass auch bei Network Carriern intensive Kostensenkungsbestrebungen existieren. Besonders aggressive Low Cost Carrier (sog. Lowest Cost Carrier, bspw. Ryanair) erreichen sogar Stückkostenvorteile von etwa 60 % (siehe Abbildung 10.11). Selbst gegenüber Leisure Carriern weisen Low Cost Carrier noch einen Stückkostenvorteil von mehr als 10 % auf.

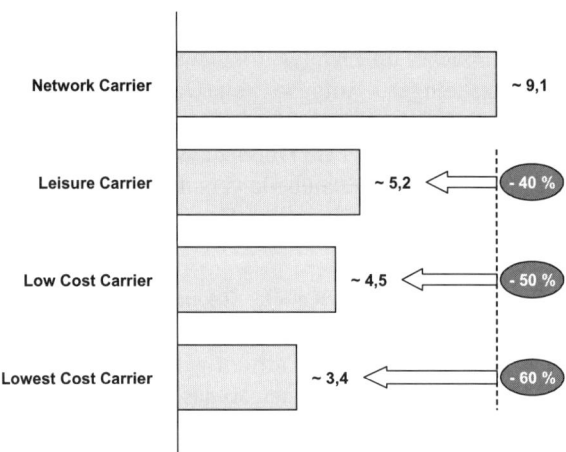

Abbildung 10.11: Stückkostenvergleich von Network Carriern, Leisure Carriern und Low Cost Carriern (Angabe in €Cent/ASK, Adjustierung auf durchschnittliche Streckenlänge von 2.000 km)[136]

Der Kostenvorteil von etwa 60 % zwischen Lowest Cost Carriern und Network Carriern setzt sich aus fünf Komponenten zusammen (siehe Abbildung 10.12). Der größte Kostensenkungseffekt resultiert aus dem effizienteren Einsatz des Produktionsfaktors Flugzeug. Eine dichtere Bestuhlung und eine höhere Utilization führen zu einer deutlich höheren „earning capacity" pro Zeiteinheit. Die homogene Flotte reduziert Technik- und Ausbildungskosten bei der Cockpit Crew. Der zweitgrößte Kostensenkungseffekt entsteht aus der Nutzung kleinerer, kostengünstiger Flughäfen. Hier sind die Entgelte niedriger als auf den internationalen Großflughäfen der Network Carrier. Auch trägt die geringere Auslastung der Flughäfen durch geringere Wartezeiten zu einer höheren Utilization bei. Kosten senkend wirken auch reduzierte Bodenprozesse. Diese führen auch zu höherer Geschwindigkeit von Boarding und Deboarding, so dass die Turnaround-Zeiten gesenkt und die Utilization erhöht werden kann. Der drittgrößte Kostensenkungseffekt entsteht durch Umgehung von GDS-Systemen und Reisebüros. Auch verursachen reduzierte Aktivitäten im Bereich von Marketingkommunikation und eigener Website weniger Kosten. Geringere Personalkosten für Cabin Crew und

---

[136] Vgl. AEA, CAA, Geschäftsberichte, BCG, Condor, zit. in Teckentrup (2006), S. 126.

Administration stellen den viertgrößten Bereich der Kostensenkungseffekte dar. An letzter Stelle folgt der aus dem reduzierten Bordservice (Entfall von Bordverpflegung und Unterhaltungslektüre etc.) resultierende Kostensenkungseffekt.

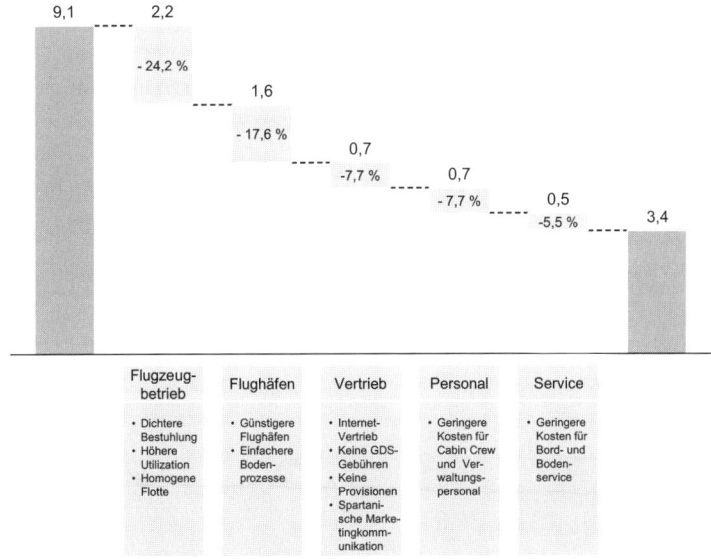

Abbildung 10.12: Aufschlüsselung des Kostenvorteils von Lowest Cost Carriern gegenüber Network Carriern[137] (€Cent/ASK)

Es existieren unterschiedliche Konzepte von Low Cost Carriern. Vorab sei angemerkt, dass die Zuordnung von Airlines zum Low Cost Geschäftsmodell manchmal zu pauschalierend erscheint. Die Grenzen bei der Kostenstruktur der Airlines verlaufen eher fließend, so dass eine eindeutige Zuordnung kaum möglich ist.

Die unterschiedlichen Konzepte sind auch anhand der **Entwicklungsgeschichte** der einzelnen Carrier erklärbar. Typus 1 ist eine echte Neugründung durch ein rechtlich und wirtschaftlich vollkommen unabhängiges Unternehmen (Beispiele: Ryanair und easyJet). Typus 2 ist eine Weiterentwicklung des Geschäftsmodells aus einem Charter Carrier heraus (Beispiele: Air Berlin und TUIfly). Typus 3 ist eine Unternehmensgründung durch Network Carrier (Beispiele: Germanwings durch Lufthansa (bzw. Eurowings) und bmibaby durch bmi. Die ursprünglichen Gründungen von Go durch British Airways und Buzz durch KLM sind hier ebenfalls zu nennen, wenngleich beide Network Carrier ihre Low Cost-Töchter mittlerweile verkauft haben). Eigentlich müsste noch ein Typus 4 gebildet werden. Gelegent-

---

[137] In Anlehnung an AEA, CAA, Geschäftsberichte, McKinsey, A.T. Kearney (zit. in Teckentrup (2004) und Doganis (2006), S. 171).

lich entstehen Low Cost Carrier aus einer „Metamorphose" von Network Carriern. So wurde bspw. Aer Lingus in Irland so heftig durch Ryanair konkurrenziert, dass Aer Lingus aus Gründen der Existenzsicherung als Low Cost Carrier umgestaltet wurde. Auch bei Air Canada ist dieser Prozess zu beobachten.

Die Konzepte der Low Cost Carrier unterscheiden sich hinsichtlich der **Produktgestaltung** deutlich. So bietet Ryanair ein echtes No Frills Produkt an, wohingegen sich bspw. Air Berlin für ein „Some Frills"-Produkt entschieden hat. Auch die angeflogenen Flughäfen unterscheiden sich. Ryanair fliegt grundsätzlich nur Airports mit extrem niedrigen Entgelten an, demgegenüber ist Air Berlin auch an Großflughäfen wie Frankfurt Rhein-Main präsent. Abbildung 10.13 zeigt die Konzepte der fünf größten Low Cost Carrier in Deutschland (nach angebotenen Flügen bzw. Sitzen im deutschen Markt 2008). Es wird deutlich, dass Low Cost Carrier eine stärkere Differenzierung gegenüber Wettbewerbern anstreben.

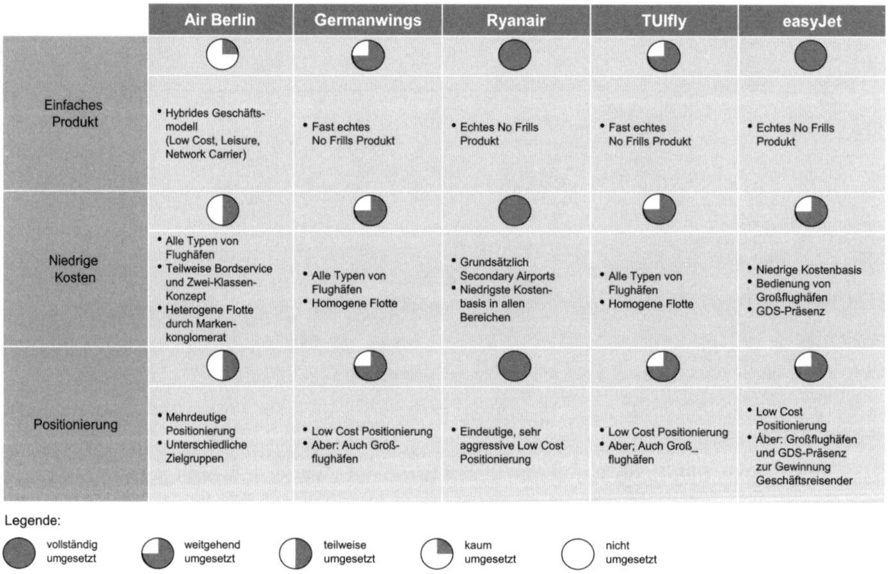

	Air Berlin	Germanwings	Ryanair	TUIfly	easyJet
Einfaches Produkt	• Hybrides Geschäftsmodell (Low Cost, Leisure, Network Carrier)	• Fast echtes No Frills Produkt	• Echtes No Frills Produkt	• Fast echtes No Frills Produkt	• Echtes No Frills Produkt
Niedrige Kosten	• Alle Typen von Flughäfen • Teilweise Bordservice und Zwei-Klassen-Konzept • Heterogene Flotte durch Markenkonglomerat	• Alle Typen von Flughäfen • Homogene Flotte	• Grundsätzlich Secondary Airports • Niedrigste Kostenbasis in allen Bereichen	• Alle Typen von Flughäfen • Homogene Flotte	• Niedrige Kostenbasis • Bedienung von Großflughäfen • GDS-Präsenz
Positionierung	• Mehrdeutige Positionierung • Unterschiedliche Zielgruppen	• Low Cost Positionierung • Aber: Auch Großflughäfen	• Eindeutig, sehr aggressive Low Cost Positionierung	• Low Cost Positionierung • Aber; Auch Groß_ flughäfen	• Low Cost Positionierung • Aber: Großflughäfen und GDS-Präsenz zur Gewinnung Geschäftsreisender

Legende: vollständig umgesetzt / weitgehend umgesetzt / teilweise umgesetzt / kaum umgesetzt / nicht umgesetzt

Abbildung 10.13: Ausdifferenzierung der Geschäftsmodelle von Low Cost Carriern

2.4.4 Low Cost auf der Langstrecke

In jüngster Zeit wurden Versuche unternommen, das Low Cost Geschäftsmodell auf die Langstrecke zu übertragen. Nach dem Scheitern etlicher Pioniere wird vielfach bezweifelt, dass das Low Cost Geschäftsmodell langstreckentauglich ist. Hierfür sind folgende Gründe anzuführen (siehe als Analyseraster auch Abbildung 10.12).

Flugzeugbetrieb: Eine dichtere Bestuhlung ist nicht realisierbar. Die heute schon enge Bestuhlung in der Economy Class der Network Carrier lässt keine weitere Verdichtung zu, die

Kunden als Überschreitung der Grenze des Zumutbaren empfinden würden. Eine höhere Utilization ist auch kaum möglich. Bereits heute weist die Langstreckenflotte von Network Carriern eine Utilization von etwa 16 Stunden/Tag auf. Auch könnten verkürzte Turnaround-Zeiten im Langstreckenverkehr aus flugplantechnischen Gründen nicht produktiv genutzt werden. Was nützt es bspw., wenn das Flugzeug statt um 07:50 Uhr bereits um 07:20 Uhr aus Hongkong in Deutschland landet? Die gewonnene halbe Stunde ist „Verschnitt". Das Flugzeug kann während dieser Zeit nicht genutzt werden, es sei denn die Airline verzichtet auf Flugpläne mit gleichen täglichen Abflugzeiten. Vorteile einer homogenen Flotte lassen sich auch nicht realisieren. Die Langstreckenflotte von Network Carriern ist bereits recht homogen. Falls Inhomogenität vorliegt, ist sie aus Kapazitätsgründen sinnvoll.

Flughäfen: Die kostengünstigen Secondary Airports sind häufig nicht auf dem Betrieb von Langstreckenflugzeugen ausgelegt. Start- und Landebahnen sind häufig zu kurz und Terminalgebäude für Großraumflugzeuge zu klein. Die abgelegene Lage von Secondary Airports wird von Langstreckenpassagieren häufig nicht akzeptiert. Problematisch ist insbesondere auch der Charakter der Secondary Airports als Point-to-Point-Flughäfen, die nicht auf Umsteigerverkehr ausgelegt sind. Langstreckenflüge lassen sich häufig nur durch Bündelung vieler Zubringerflüge auslasten. Der Lokalverkehr reicht in den allermeisten Fällen nicht, um den Break Even-Sitzladefaktor eines Langstreckenflugzeuges zu erreichen.

Vertrieb: Langstreckenreisen sind beratungsintensivere Produkte als Kurzstreckenreisen. Infolge dessen ist der Anteil der Reisebürobuchungen signifikant höher als der bei Kurzstreckenreisen, die häufig über das Internet gebucht werden. Im Vertriebsbereich verringert sich dadurch der Kostenvorteil der Low Cost Carrier.

Personal: Hier ist anzunehmen, dass Kostenvorteile realisiert werden können. Auch auf Langstreckenflügen kann jüngeres Personal mit geringerer Entlohnung in der Kabine eingesetzt werden. Gleiches gilt für den Verwaltungsbereich.

Service: Hier sind Einspareffekte kaum denkbar. Auf Langstreckenflügen werden Passagiere Getränke, Speisen und Bordunterhaltung als unerlässlich einschätzen.

Der Kostenvorteil der Low Cost Carrier von etwa 60 % wird daher auf etwa 10 % schrumpfen. Dies dürfte kaum ausreichen, um Passagier von etablierten Carriern auf Low Cost Carrier abzuziehen.

Des Weiteren profitieren Low Cost Carrier im Kontinentalverkehr auch davon, dass sie einen höheren Sitzladefaktor erreichen als Network Carrier. Auf der Langstrecke ist der SLF der Network Carrier zumindest in der Economy Class so hoch, dass eine weitere Steigerung kaum möglich erscheint. Auch ist zu berücksichtigen, dass Low Cost Carrier im Kontinentalverkehr einen nennenswerten Teil ihrer Umsätze mit Passagieren machen, die sich erst kurz vor Abflug zum Ticketkauf entscheiden und dann relativ hohe Preise zahlen. Dies ist im Langstreckenverkehr kaum zu erwarten. Hier sind die Buchungsfristen deutlich länger. Erschwerend kommt hinzu, dass etablierte Network Carrier auf den Markteintritt von Low Cost Carrier reagieren werden. Mit Hilfe der Yield Management Systeme werden sie gezielt Preisaktionen gegen die New Entrants fahren und dadurch den Markteintritt erheblich erschweren.

Neben der Kostenseite ist also auch auf der Leistungsseite eine weniger attraktive Ausgangslage für Low Cost auf der Langstrecke auszumachen. Es ist nicht zu erwarten, dass sich das Geschäftsmodell der Low Cost Langstrecke in vergleichbarem Maße wie das auf der Kurz- und Mittelstrecke am Markt etablieren wird.

2.4.5 Zukunftsperspektiven der Low Cost Carrier

Die **Zukunftsperspektiven** der Low Cost Carrier sind ambivalent. Obschon sich das Low Cost Geschäftsmodell im Interkontinentalverkehr aller Voraussicht nach nicht etablieren wird, ist von einem weiteren überdurchschnittlichen Wachstum im Kontinentalverkehr auszugehen. **Marktanteilsgewinne** zu Lasten von Network Carriern, Regional Carriern und Leisure Carriern sind zu erwarten, allerdings ist fraglich, ob die teilweise in Prognosen genannten Wachstumsraten realisiert werden können.

Eine Reihe externer und interner Faktoren verursacht eine deutliche **Zunahme des Wettbewerbsdrucks**. Eine hohe Anzahl von Flugzeugbestellungen in den Boomjahren 2004 – 2007 kommt mit etwa drei Jahren Verzögerung zur Auslieferung. Der Kapazitätsschub wird die Nachfrageentwicklung übertreffen, so dass Überkapazitäten entstehen. Low Cost Carrier werden zunehmend Strecken bedienen, auf denen bereits Low Cost Wettbewerber und andere Wettbewerber aktiv sind.

Bei einer Reihe von Kostenarten sind **Kostensteigerungen** zu erwarten. Von Flughäfen wurden vielfach „Markteinführungspreise" für die Gewinnung von Low Cost Carriern angeboten. In der EU werden Flughafenentgelte zunehmend kritisch unter beihilferechtlichen Gesichtspunkten geprüft. Insbesondere der Kerosinpreisanstieg trifft Low Cost Carrier härter als Network Carrier. Kerosinpreise sind durch einzelne Nachfrager nicht beeinflussbar. Low Cost Carrier und Network Carrier haben die gleichen Preise für Kerosin zu zahlen und im Falle vergleichbarer Treibstoffverbräuche ihrer Flotten gleich hohe Kerosinkosten. Ein Kerosinpreisanstieg führt dazu, dass sich der Preisabstand zwischen Network Carrier und Low Cost Carrier verringert. Low Cost Carrier verlieren dadurch an Attraktivität. Kundenverluste zu Network Carriern sind folglich zu erwarten. Desweiteren führt der Preisanstieg bei Low Cost Carriern in stärkerem Maße als bei Network Carriern dazu, dass sich Kunden aus dem Luftverkehrsmarkt zurückziehen und zu Hause bleiben oder alternative Verkehrsmittel wählen. Die Kunden von Low Cost Carriern sind schließlich besonders preissensibel und werden entsprechend auf Preiserhöhungen reagieren. Abbildung 10.14 stellt den Zusammenhang in vereinfachter Form dar.

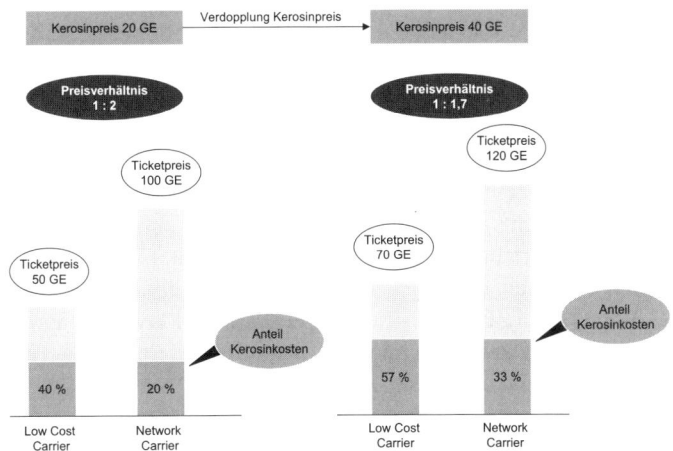

Abbildung 10.14: Preiseffekte einer Kerosinpreissteigerung bei Low Cost Carriern und Network Carriern

Die Deregulierung des Luftverkehrsmarktes und die stürmische Low Cost Nachfrage stimulierte eine Vielzahl von Neugründungen, so dass sich heute viele, z. T. sehr kleine Low Cost Carrier am Markt bewegen. Die Verschärfung des Wettbewerbsumfeldes und die Wirksamkeit von Economies of Scale-Effekten werden zu einer **Konsolidierung** auf der Anbieterseite führen. Kleinere Low Cost Carrier werden übernommen werden oder aus dem Markt ausscheiden. Oftmals wird prognostiziert, dass pro Kontinent zwei bis drei große Anbieter überleben und den Markt beherrschen werden, ergänzt durch einige regionale Nischenanbieter. Für Europa kann angenommen werden, dass Ryanair und easyJet als paneuropäische Marktführer ihre Marktpositionen noch weiter ausbauen können.

Die heute vorherrschende wirtschaftliche Eigenständigkeit der Low Cost Carrier wird sich reduzieren. **Kooperationen und strategische Allianzen** nach dem Vorbild der Network Carrier sind zu erwarten. Nicht anzunehmen sind hingegen Zu- und Abbringerdienste von Low Cost Carriern für Network Carrier.

Das reine Point-to-Point-System der Low Cost Carrier wird durch Hub-and-Spoke-Elemente ergänzt. **Umsteigemöglichkeiten** werden allerdings nicht von Low Cost Carriern, sondern von Low Cost Airports geschaffen. Der Flughafen Köln-Bonn bspw. bietet Umsteigemöglichkeiten für Germanwings.

2.5 Leisure Carrier

2.5.1 Leisure Carrier im Überblick

Bislang ist der hier verwendete Begriff Leisure Carrier noch etwas unüblich. Der geläufigere Begriff **Charter Carrier** entspricht jedoch nicht mehr den aktuellen Gegebenheiten. Heute werden nur noch deutlich kleinere Teile der Flugzeugkapazität an Reiseveranstalter verchartert. Ein nennenswerter Teil der Kapazität wird im Einzelplatzverkauf Endverbrauchern angeboten. Des Weiteren greifen auch Reiseveranstalter bei Dynamic Packaging–Lösungen fallweise auf einzelne Flugsitze zu. Üblich ist es mittlerweile auch, dass nach festem Flugplan geflogen wird. Es wird also eine Art Linienverkehr betrieben, wenngleich sich der Flugplan stark an dem von Reiseveranstaltern artikulierten Bedarf, also quasi an Vermarktungsgelegenheiten, orientiert.

Ursprünglich wurden Charter Carrier eigens für den Ferienflugverkehr und das Pauschalreisegeschäft gegründet. In der EU herrschte bis zur Deregulierung auch eine verkehrsrechtliche Trennung von Charter- und Linien-Flugverkehr mit einer Besserstellung des Charter-Flugverkehrs vor.

Nr.	Carrier	Land	Charter Traffic (in Mio. RPK)	Passagiere (in Mio.)	SLF (in %)
1	TUI Group	Europa	N.A.	23,96	N.A.
2	Thomas Cook Airli	Europa	36.421	11,27	89,2
3	Futura Int. Airways	Spanien	7.080	3,49	78,8
4	Transavia Airlines	Niederlande	N.A.	3,10	N.A.
5	XL Airways UK	UK	10.885	3,00	88,6
6	Air Berlin Group	Deutschland	6.728	2,90	79,8
7	Air Transat	Kanada	12.632	2,89	89,2
8	Onur Air	Türkei	N.A.	2,70	N.A.
9	Monarch Airlines	UK	8.135	2,52	N.A.
10	Eurofly	Italien	N.A.	1,87	N.A.
11	Tunisair	Tunesien	N.A.	1,53	N.A.
12	AtlasJet Airlines	Türkei	N.A.	1,50	N.A.
13	SunExpress	Türkei	3.391	1,41	81,8
14	Air Méditerranée	Frankreich	2.996	1,37	N.A.
15	Austrian Airlines	Österreich	2.618	1,35	78,6
16	Lauda Air	Österreich	2.620	1,35	78,6
17	VIM Airlines	Russland	3.835	1,34	83,1
18	Spanair	Spanien	2.737	1,23	89,3
19	Travel Service Airlines	Tschechien	2.346	1,19	N.A.
20	Finnair	Finnland	4.615	1,19	86,0
...					
27	Novair	Schweden	3.753	0,86	98,7
34	Champion Air	USA	1.421	0,73	83,0
43	Asiana Airlines	Südkorea	1.174	0,59	71,4
48	Edelweiss Air	Schweiz	3.589	0,54	84,2

Abbildung 10.15: Die größten Leisure Carrier (2007)[138]

---

[138] Quelle: Airline Business Okt. 2008. Anmerkung: Die Abbildung beinhaltet Charter- und Linienfluggesellschaften. Bei Charter-Fluggesellschaften beziehen sich die Zahlenwerte auf alle Passagiere bzw. die gesamte Ver-

Leisure Carrier sind häufig Bestandteil der großen integrierten Touristikkonzerne (siehe Abbildung 10.15). Zur TUI Group gehörten Anfang 2009 die Leisure Carrier TUIfly, Thomsonfly, TUIfly Nordic, Jetairfly, Jet4you, Corsairfly und Arcefly. Zu Thomas Cook gehörten die Condor, Thomas Cook Airlines UK und Thomas Cook Airlines Belgium. MyTravel Airways gliederte sich in MyTravel Airways UK und MyTravel Airways A/S Denmark.

2.5.2 Merkmale des Leisure Carrier-Geschäftsmodells

Hauptmerkmal von Leisure Carriern ist der Gelegenheitsverkehr zu Feriendestinationen.

Der **Aktionsraum** ist primär kontinental. Ein Großteil der Urlauber sucht näher gelegene Urlaubsregionen auf. Nur ein kleiner Teil macht Fernreisen. Für dieses Nachfragersegment werden gelegentlich auch interkontinentale Flüge angeboten. Domestic Verkehr wird allenfalls in großen Ländern betrieben.

Die **Flotte** von Leisure Carriern ist häufig heterogen. Es werden kleine bis mittelgroße Jets eingesetzt. Die Kapazität der eingesetzten Flugzeugmuster liegt meist zwischen 150 und etwa 250 Sitzplätzen.

Charakteristisch ist der **Streckennetztyp** „Point-to-Point". Touristisch relevante Quellmärkte werden in Form von Nonstop- oder Direktflügen mit den Ferienregionen verbunden. Im Falle unzureichender Nachfrage aus einer Quellmarktregion wird Nachfrage gebündelt, indem unterwegs andere Flughäfen angeflogen werden. Hier steigen Passagiere allerdings nicht um, es steigen nur neue Passagiere zu. Leisure Carrier können durch diesen Streckennetztyp geeignete Anpassungen an die sich verändernde Nachfrage vornehmen. Sind bspw. zwei Point-to-Point-Flüge wie Münster/Osnabrück – Antalya und Nürnberg – Antalya nur zu jeweils 50 % ausgelastet, kann ein Flug gestrichen werden und die Passagiere des anderen Fluges auf einem Zwischenstopp „eingeladen" werden. Der neue Reiseweg wäre bspw. Münster/Osnabrück – Nürnberg – Antalya und zurück. Anders als bei Network, Regional oder Low Cost Carriern ist bei derartigen Flugstreichungen kaum von reduzierter Nachfrage auszugehen.

Es werden kleine bis mittelgroße **Flughäfen** und gelegentlich auch Großflughäfen angeflogen, letztere nicht selten in den frühen Morgen- und späten Abendstunden.

Zielgruppen von Leisure Carriern sind primär Privatreisende, die ihre Haupturlaubsreise oder auch eine Kurzurlaubsreise in Form einer Zweit- oder Drittreise antreten. Zunehmend werden auch Privatpersonen, die eine Wochenendreise zu Besuchszwecken machen, angesprochen. Geschäftsreisende stellen kein Zielgruppensegment dar. Auf bestimmten Relationen spielt auch der ethnische Verkehr eine Rolle.

Das **Produkt- und Serviceangebot** liegt auf mittlerem Niveau. Leisure Carrier bieten im Europaverkehr meist nur eine Beförderungsklasse mit hoher Bestuhlungsdichte an. Auf

---

kehrsleistung, bei Linien-Fluggesellschaften beziehen sich die Zahlenwerte nur auf Passagiere bzw. Verkehrsleistung im Chartermodus.

Langstrecken wird zudem häufig eine höherwertige Klasse mit großzügigerer Bestuhlung angeboten. Das Bordserviceniveau ist annähernd mit dem der Network Carrier vergleichbar. Serviceleistungen am Boden werden meist auf das Notwendigste beschränkt und ähneln dem Konzept der Low Cost Carrier.

Das **Preiskonzept** der Leisure Carrier sieht vor, dass zum einen Kontingente an Reiseveranstalter und zum anderen einzelne Sitzplätze an Endverbraucher verkauft werden. Der Einzelplatzverkauf wird seit einigen Jahren forciert, bei Condor betrug der Einzelplatzverkauf im Jahre 2005 bereits 32%. Die Preise im Einzelplatzverkauf liegen auf dem Preisniveau der Low Cost Carrier.

Die **Distribution** erfolgt im Falle des Charter-Modus über Reiseveranstalter. Die Transportleistung ist integraler Bestandteil des Leistungsbündels (Pauschal-)Reise und wird damit über die Vertriebsorganisation der Reiseveranstalter vertrieben. Für diesen Teil des Kontingents ist keine eigene Vertriebsstruktur vorzuhalten. Der Einzelplatzverkauf erfolgt meist als Direktvertrieb über das Internet und über Call Center des Leisure Carriers.

Leisure Carrier betreiben kaum **Marketingkommunikation** für Kontingentverkäufe an Reiseveranstalter. Einzelplatzverkäufe werden demgegenüber aktiv beworben. Hier hatten die Marketingkommunikationsmaßnahmen der Low Cost Carrier Vorbildcharakter. Leisure Carrier nutzen mittlerweile ähnliche Kommunikationskanäle und formulieren preisaggressive Werbebotschaften.

Management- und Verwaltungsstrukturen sind durch geringe Komplexität und flache Hierarchien geprägt.

Der traditionelle Chartermarkt wird als rückläufig eingeschätzt, die beiden bisher getrennten Geschäftsmodelle der Charter- und Low Cost Carrier werden sich weiter annähern. Low Cost Airlines positionieren sich verstärkt auf den etablierten Charterstrecken, während Charter Carrier immer mehr Merkmale des Low Cost Konzepts übernehmen, um im Wettbewerb mit diesen zu bestehen.

2.6 Business Aviation

2.6.1 Einordnung des Business Aviation-Geschäftsmodells

Business Aviation ist dadurch gekennzeichnet dass die gesamte Kapazität eines Flugzeugs für einen Kunden bereitgestellt und on demand geflogen wird. Zudem ist Business Aviation wie folgt einzuordnen:

- Business Aviation ist vom Segment Aerial Work (z.B. Landvermessung) abzugrenzen.
- Business Aviation gehört zur Commercial Aviation. Es ist hierbei zunächst unerheblich, ob Flüge von einem Verkehrsdienstleister (der Erlöse mit dem Flugbetrieb erwirtschaftet)

oder von einer „Konzernabteilung" (die als Cost Center organisiert ist[139]) durchgeführt werden. Entscheidend ist der gewerbliche Zweck des Fluges, nicht die Systematik der Kosten- und Erlösverrechnung.

- Die Frage, wer das Flugzeug fliegt, ist unerheblich. Hier wird zwischen „employee-flown" und „corporate operations" (mit Einsatz professioneller Piloten) unterschieden.
- Beförderungsobjekte bei Business Aviation können Fracht und Personen sein.
- Flüge zu Erholungszwecken („Recreation") sind von der Business Aviation abzugrenzen. Uneindeutig ist die Grenzziehung zwischen Business Aviation und Personal Aviation, da sich die Reisemotive der Fluggäste gelegentlich vermischen.

Business Aviation kann daher geeignet wie folgt definiert werden: Business Aviation bezeichnet die geschäftlich motivierte Beförderung von Personen und Fracht im zivilen Bedarfsflugverkehr unter Bereitstellung der gesamten Beförderungskapazität meist eigener Geschäftsreiseflugzeuge.

Das Segment Business Aviation wächst deutlich überproportional. Verschiedene Faktoren begünstigen eine dynamische Marktentwicklung: fortschreitende Globalisierung, steigende Unternehmensgewinne, Engpässe an großen Flughäfen und steigender Reichtum der wohlhabenden Bevölkerungskreise.

2.6.2 Marktüberblick

Der Business Aviation Markt ist wie folgt gekennzeichnet:[140]

- Nutzer von Business Aviation sind insbesondere Großunternehmen (60%), Regierungen (20%) und Privatpersonen (<3%).
- Wachstum der Weltflotte: 3,3 % p.a.
- Flugzeugflotte in Europa: 2.551, European Fleet Annual Growth: 5%
- Im Jahr 2005 entfielen auf Business Aviation 6,9 % aller IFR-Flüge in Europa, dies entspricht einer Steigerung von 22 % gegenüber 2004.
- Die wichtigsten europäischen Märkte sind in der Rangfolge ihrer Business Aviation-Abflüge 2007: Frankreich, Großbritannien, Deutschland, Italien, Spanien und die Schweiz.
- In Deutschland gab es 2007 knapp 600 Geschäftsflugbewegungen (Starts, Landungen, Überflüge) pro Tag.

Geschäftsreiseflugzeuge werden von Cessna, Bombardier, Dassault, Raytheon und Gulfstream produziert. Nach dem Flugzeuggewicht werden folgende Kategorien von Business Jets unterschieden: Microjet, Entry, Light, Light Medium, Medium, Long Range, Very Long Range, Bizliner. Am Rande sei angemerkt, dass neben Jet-Antrieben auch Turboprop-

---

[139] Die EBAA bezeichnet dies nicht als „commercial", sondern als „Business Aviation / Corporate".
[140] Vgl. European Business Aviation Association EBAA, www.ebaa.org und Eurocontrol.

Antriebe (Propellerturbinen) und Piston-Antriebe (Kolbenmotorantriebe) bei Geschäftsreiseflugzeugen eingesetzt werden.

Die weltweite Flugzeugflotte im Segment Business Aviation wird sich Prognosen zufolge von 11.510 Flugzeugen im Jahr 2002 auf 20.875 Flugzeuge im Jahr 2022 vergrößern. Dies entspricht einer jährlichen Wachstumsrate der Flotte von 3,0 % (siehe Tabelle 10.6). Ein besonders hohes Wachstum wird dem Segment der Microjets prognostiziert.

Tabelle 10.6: Entwicklung der Business Aviation-Weltflotte bis 2022 nach Segmenten[141]

	Flotte 2002	Lieferungen 2003 – 2022	Jet-Abgänge bis 2022	Flotte 2022	Wachstum p.a.
Entry	1.222	2.001	530	2.693	4,0 %
Light	4.550	1.976	1.901	4.625	0,1 %
Light Medium	2.744	3.759	1.261	5.242	3,3 %
Medium	1.152	3.109	330	3.931	6,3 %
Long Range	1.397	1.849	528	2.718	3,4 %
Very Long Range	241	1.052	19	1.274	8,7 %
Bizliner	204	202	14	392	3,3 %
Total	11.510	13.948	4.583	20.875	3,0 %

Der größte Anbieter im europäischen Business Aviation ist NetJets (siehe Tabelle 10.7), der Fractional Ownership- und Jet Membership Card-Programme anbietet (zu den Betreibermodellen siehe unten). Jahrelang hatte NetJets auch eine Kooperation mit der Deutschen Lufthansa, mit Hilfe derer Top-Kunden Zu- und Abbringerflüge mit „Private Jets" in Anspruch nehmen konnten. Der Markt ist anbieterseitig jedoch stark fragmentiert, 639 Operators haben eine Flotte von weniger als 10 Flugzeugen.

---

[141] Vgl. Rolls-Royce (2004), HSH Nordbank (2005).

Tabelle 10.7: Anbieter von Business Aviation in Europa (2006) [142]

Unternehmen	Land	Anzahl Flugzeuge	Betreibermodelle
NetJets	Portugal	91	Fractional Ownership, Jet Membership Cards
Grupo Gestair	Spanien	31	Charter, Management-Firma
Jetalliance	Österreich	28	Charter, Management-Firma
London Executive Aviation	Großbritannien	22	Charter, Management-Firma
TAG Aviation	Großbritannien, Schweiz	20	Charter, Management-Firma
Zimex Aviation	Schweiz	20	Charter
Aero Services Executive	Frankreich	16	Charter, Management-Firma
Daimler Chrysler Aviation	Deutschland	14	Full Ownership, Charter, Management-Firma
17 Operators		10 – 13	All Charter, Management-Firma
639 Operators		1 – 9	Verschiedene

2.6.3 Merkmale des Business Aviation-Geschäftsmodells

Das Geschäftsmodell Business Aviation weist folgende Charakteristika auf.

Leistungsangebot: Business-Jets bieten jeden denkbaren Komfort. Am Boden gibt es keine oder kaum Wartezeiten. Die Abfertigung erfolgt in General Aviation-Terminals meist schneller, unkomplizierter und persönlicher als im Bereich des Linienluftverkehrs. Gepäckrestriktionen existieren kaum. Die Begrüßung erfolgt durch den Flugkapitän selbst. An Bord erwartet den Kunden meist eine geräumige Kabine mit vier bis zwölf Sesseln. Das Menü und die Getränke sind individuell abgestimmt. Auf Wunsch fliegt eine Hostess mit.

Flugrouten: Die Maschinen können in Europa auf ca. 1.000 Flughäfen mehr landen, als Flugzeuge des Linienluftverkehrs es können. Die Abflugzeiten und Flugrouten werden vom Kunden bestimmt. Routenänderungen sind bei vielen Flugzeugtypen aufgrund von größeren Tanks möglich. Flüge erfolgen im Punkt-zu-Punkt-Verkehr.

Flughäfen: Business-Jets landen sowohl auf primären Hub-Flughäfen, wie auch auf den kleinsten Regionalflugplätzen. Allerdings kann es auf einzelnen Flughäfen auch Restriktionen geben (z. B. Frankfurt), in diesen Fällen werden nahe gelegene Flugplätze angesteuert (im Fall Frankfurt beispielsweise der Flugplatz in Egelsbach).

---

[142] Vgl. Eurocontrol (2006), S. 64.

Flotte: Betreiber von Geschäftsflugzeugen haben meist eine sehr heterogene Flotte, um die unterschiedlichsten Bedürfnisse der Kunden befriedigen zu können. So verfügt bspw. Netjets über ein Portfolio von kleinen, kostengünstigen Maschinen für bis zu sieben Personen (Citation Bravo, Hawker 400XP) bis hin zu luxuriösen Langstreckenmaschinen für bis zu 14 Passagiere (Gulfstream V/550).

Personal: Der Personaleinsatz ist sehr begrenzt. In kleineren Business-Jets fliegen keine Hostessen mit, so dass dieser Kostenfaktor entfällt. Die Abfertigung am Boden wird durch den jeweiligen Flughafenbetreiber durchgeführt, so dass kein eigenes Personal nötig ist. Lediglich für die Verwaltung ist entsprechendes Personal erforderlich. Bei Flugzeugen in Privat- oder Firmenbesitz sind auch in der Verwaltung weniger Angestellte nötig, da diese Aufgaben meist von den eigenen Reiseabteilungen oder Agenten übernommen werden.

Preispolitik: Vorherrschendes Kriterium für die Bepreisung von Business Aviation-Leistungen ist die Anzahl der Flugstunden.

Vertrieb: Vertriebsaktivitäten sind bei Flugzeugen in Privat- oder Firmenbesitz nicht notwendig. Bei Firmen die Business-Jets verchartern findet der Vertrieb direkt über persönliche Gespräche oder durch Online-Anfragen statt.

Verwaltung: Gesellschaften, die Business-Jets verchartern haben aufgrund der geringen Größen der Gesellschaften überschaubare Verwaltungsstrukturen.

Business Aviation weist eine Reihe von **Vorteilen** gegenüber dem Linienluftverkehr auf:

Flexibilität:
Flüge können sehr kurzfristig angesetzt und verschoben werden.

Zeitersparnis:
Der Flugplan wird an die Bedürfnisse der Reisenden angepasst. Dadurch lassen sich Wartezeiten minimieren und Reisewege optimieren. Aufgrund ihres geringeren Gewichts können Business Jets auch kleinere Flughäfen mit kürzeren Start- und Landebahnen anfliegen, so dass häufig Flughäfen genutzt werden können, die deutlich näher an der eigentlichen Destination gelegen sind.

Produktivitätssteigerung während des Fluges:
Die Einrichtung von Geschäftsreiseflugzeugen ermöglicht ungestörtes, ununterbrochenes Arbeiten an Bord.

Vertraulichkeit und Sicherheit:
Reisende in Business Jets stehen nicht unter Beobachtung und können nicht absichtlich oder unabsichtlich belauscht werden. Auch die mit den besten Network Carriern vergleichbaren „Safety Records" in der Business Aviation geben Sicherheit.

Komfort:
‚Flugzeugausstattung und Reiseprozesse am Boden ermöglichen bequemes Reisen ohne „hazzle" wie Sicherheitskontrollen, Einchecken usw.

Die **Nachteile** von Business Aviation sind folgende:

Image:
Kulturelle Gegebenheiten prägen den Imageeffekt. So wird bspw. der Einsatz von Geschäftsflugzeugen für das Top Management in den USA als Ausdruck von Leistungsfähigkeit und Wertschätzung interpretiert. In Deutschland stößt Business Aviation eher auf Unverständnis, so dass Flüge des Top Managements mit Business Jets eher verheimlicht werden.

Umweltschutz:
Der Treibstoffverbrauch von Business Jets ist in Zeiten von Klimawandel und sich erschöpfender Ölvorräte kritisch zu hinterfragen.

Kosten:
Der Betrieb von Geschäftsflugzeugen verursacht hohe Kosten. Bei 400 Flugstunden pro Jahr fallen Kosten zwischen 550 Tsd. US $ und 1.125 Tsd. US $ p.a. (ohne Abschreibung) an.

Ob der Einsatz von Business Jets wirtschaftlich sinnvoll ist, ist im Einzelfall zu prüfen. Häufig sind die Kosten höher als bei Inanspruchnahme von Linienflügen. Es kann aber auch deutlich kostengünstiger sein, Business Aviation zu nutzen, wie das Beispiel in Abbildung 10.16 zeigt.

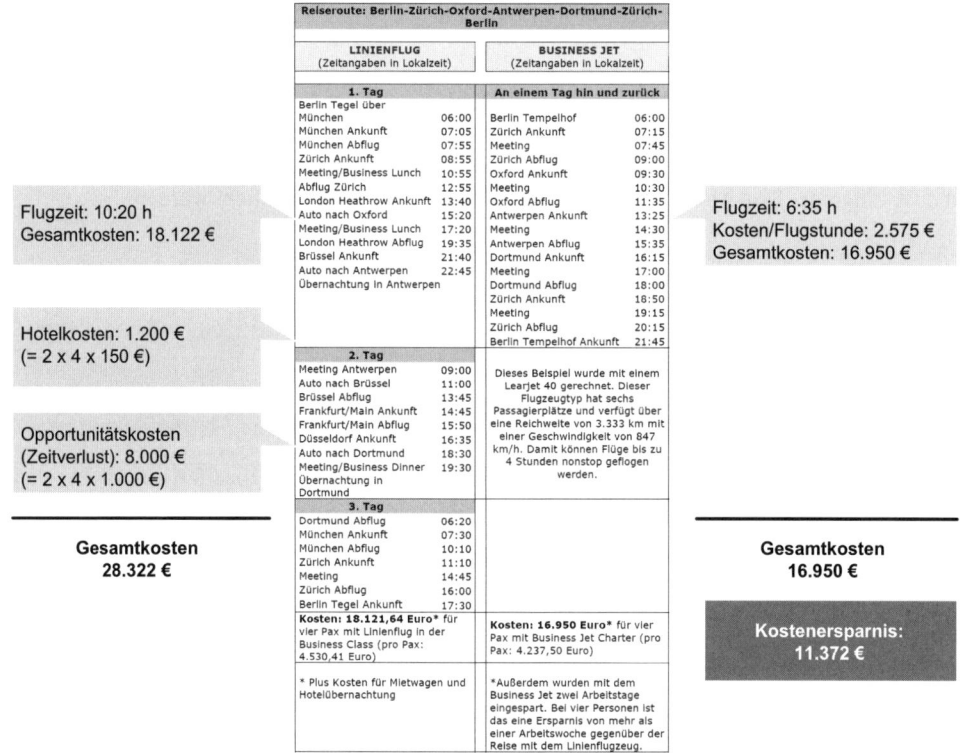

Abbildung 10.16: Kostenkalkulation einer traditionellen Geschäftsreise und einer Business Aviation Reise[143]

Unter folgenden Bedingungen ist davon auszugehen, dass Business Aviation wirtschaftlich sinnvoller wird: Mehrere Reisende nutzen den gleichen Flug, es werden mehrere Legs geflogen, die An- und Abfahrtwege zu den Flughäfen der Liniencarrier sind lang, Hotelübernachtungen entstehen aufgrund langer Reisezeiten, die Opportunitätskosten entfallener Arbeitszeiten sind hoch.[144]

2.6.4 Betreibermodelle

Die sechs vorherrschenden Betreibermodelle unterscheiden sich insbesondere nach der Flexibilität, die sie bieten und nach der Nutzungsintensität, für die sie entwickelt wurden (siehe Abbildung 10.17).

---

[143] Entnommen von der German Business Aviation Association GBAA, siehe www.gbaa.de.

[144] Entscheidungsunterstützungssysteme, bspw. Travel$ense, erleichtern Entscheidungen bei der Nutzung von Business Aviation.

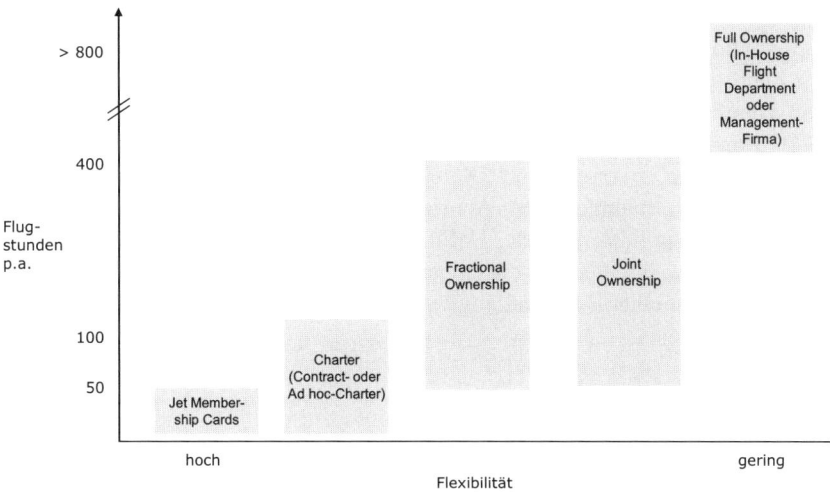

Abbildung 10.17: Betreibermodell der Business Aviation[145]

Full Ownership mit In-House Flight Department: Ein Unternehmen besitzt eigene oder geleaste Flugzeuge, die Piloten sind fest angestellt. Die Flugzeuge sind an regionalen Flughäfen oder Flugplätzen in der Nähe des Unternehmenssitzes stationiert. Die Einsatzplanung der Flugzeuge erfolgt unternehmensintern. Dieses Betreibermodell ermöglicht ein hohes Maß an Kontrolle von Einsatzplanung, Qualität des Personals und Wartung der Flugzeuge. Nachteile sind die geringe Flexibilität aufgrund weniger Flugzeugtypen und die hohe Fixkostenbelastung.

Full Ownership mit Management-Firma: Das Unternehmen gliedert den kompletten Flugzeugbetrieb aus und zahlt dafür eine Management Fee. Die monatlichen Gebühren für Management, Personal, Personalweiterbildung, Unterhaltung einer Basis, Wartung und Einsatzplanung liegen zwischen $ 3.000 bis $ 7.000 (je nach Flugzeuggröße und Komplexität). Zudem fallen variable, flugereignisabhängige Kosten an (Kerosin, Flughafenentgelte etc.). Zur Erwirtschaftung von Deckungsbeiträgen verchartern Management-Unternehmen Flugzeuge gelegentlich auf dem Drittmarkt. Die Flexibilität in der Flugplanung wird hierdurch allerdings eingeschränkt.

Joint Ownership: Im Joint Ownership-Modell werden zwei oder mehrere Beteiligte Besitzer eines Flugzeugs. Jeder Besitzer bezahlt einen Teil der Kosten, die für Fluggerät, Personal, Verwaltung etc. anfallen. Dieses Modell ist insbesondere dann von Vorteil, wenn die verschiedenen Besitzer das Fluggerät zu unterschiedlichen Zeiten benötigen und so die Auslastung entsprechend hoch ist.

---

[145] In Anlehnung an HSH Nordbank (2005), S. 15.

Fractional Ownership: Das Konzept des Fractional Ownership wurde von NetJets im Jahr 1986 eingeführt. Es füllt die Lücke zwischen dem Chartern und dem Besitzen eines Flugzeuges. Beim Fractional Ownership kaufen die Kunden kein ganzes Flugzeug, sondern nur Anteile. Der kleinste Anteil beträgt ein Sechzehntel, was ungefähr 50 Flugstunden pro Jahr entspricht. Durchschnittliche Anteile liegen bei einem Viertel (200 Stunden) oder einem Achtel (100 Stunden). Die Anbieter dieses Konzeptes bieten eine Vielzahl an Flugzeugen an, an denen man Anteile erwerben kann. Die Bandbreite reicht von kleinen Turboprops bis zu interkontinentalen Großraumjets. Der Anbieter übernimmt außerdem die Flugplanung, Personalplanung, Wartung, Catering, etc. Dafür ist eine fixe monatliche Gebühr zu entrichten, zudem fallen variable, flugereignisabhängige Kosten an. Den Anteilseignern wird garantiert, dass das Flugzeug mit einer Bereitstellungszeit von vier Stunden ständig verfügbar ist.

Charter: Das Chartern von Flugzeugen ist für Unternehmen sinnvoll, die weniger als 100 Flugstunden pro Jahr in Anspruch nehmen. Es erfordert lediglich die Bestellung eines Fluges bei einem Charteranbieter, die Klärung der Zahlungsformalitäten und das Erscheinen zum Abflug. Charter lässt sich nach On-Demand Chartering und Contract Chartering unterscheiden. Das Contract-Chartering (Block Charter) basiert auf einem längerfristigen Vertrag, der ein vorab definiertes Flugvolumen (in Stunden) innerhalb der Vertragslaufzeit definiert. Charterkunden tragen Positionierungskosten und Leerflüge werden in Rechnung gestellt. On-Demand (ad hoc-) Charter beinhaltet keine garantierte Verfügbarkeit der Jets. Die Preise pro Flugstunde sind etwas höher als beim Contract Chartering.

Jet Membership Cards: Jet Card-Modelle sind von Fractional Ownership und Ad hoc Charter Programmen abgeleitet. Es wird vertraglich vereinbart, dass eine vorab definierte Anzahl von Flugstunden in einem bestimmten Jet-Typ innerhalb eines festgelegten Zeitraumes genutzt werden darf. Nicht in Anspruch genommene Stunden verfallen gewöhnlich nach Ablauf der vereinbarten Nutzungsdauer. Sollte der mittels Jet Card „gebuchte" Jet nicht verfügbar sein, wird ein anderer bereitgestellt. Außerdem kann bei Bedarf ein größerer Jet oder ein Jet mit höherer Reichweite gewählt werden. Die Kosten werden stundengenau berechnet und bei höherwertigeren Modellen werden die Stunden auf der Jet Card schneller verbraucht als bei Jetmodellen einer niederen Klasse. Mit Jet Membership Cards können auch mehrere Jets zur gleichen Zeit genutzt werden. Daher sind solche Systeme gut für Unternehmen geeignet, die mehrere Flugziele gleichzeitig bzw. überschneidende Flugpläne haben. Ab einem Flugvolumen von 50 Stunden sind aus Kostengründen andere Betreibermodelle zu präferieren.

2.7 Lufttaxi

Eine neue, kostengünstige Generation von **Very Light Jets** (synomym: **Microjets**) leistet einem sechsten Geschäftsmodell, bei dem einzelne Sitzplätze on demand verkauft werden, Vorschub.

Very Light Jets (VLJ) sind wie folgt definiert: Flugzeuge mit einem Maximum Take Off Weight (MTOW) von 4.540 kg (10.000lbs) mit Turbo-Jet-Antrieb. VLJ können von einem einzigen Piloten geflogen werden (Single Pilot Operations) und benötigen Start- und Lande-

2 Geschäftsmodelle im Luftverkehr

bahnen von nicht mehr als 900 m (3.000 ft) Länge. VLJ befördern meist zwischen drei und sieben Passagieren. Tabelle 10.8 zeigt die Merkmale der wichtigsten VLJ.

Tabelle 10.8: Merkmale der wichtigsten Very Light Jets[146]

Manufacturer	Model	Expected Certification	Price (Mio US$)	Seats	Max. Speed (kts)	Range (nm)	Runway Equipment (m)	Orders
Eclipse Aviation	Eclipse 500	Mid 2006	1,4	1+5	375	1.280	657	2.350
Adam Aircraft	A700	Mid 2006	2,25	1+6	340	1.100	900	358
Cessna	Citation Mustang	Late 2006	2,4	6	340	1.000	951	240
Excel-Jet	Sport-Jet	Late 2006	1,0	1+4	375	1.000	700	n/a
Grob	PPn Utility	Early 2007	5,8	8	407	1.670	914	400
Embraer	Phenom 100	Mid 2008	2,75	6-8	380	1.160	1.036	n/a

Das Geschäftsmodell der Betreiber von Lufttaxis weist folgende **Vorteile** auf:

Flüge richten sich nach dem Bedarf der Fluggäste und nicht nach einem vorab festgelegten Flugplan, gleichzeitig werden nur in Anspruch genommene Sitzplätze bezahlt. Das Geschäftsmodell kombiniert die Stärken der bisher behandelten Geschäftsmodelle.

Die Flugzeuge sind vergleichsweise günstig in Anschaffung, Unterhaltung und Betrieb. Die Beförderungskosten sind daher vergleichsweise gering.

Es kann eine große Anzahl kleiner Flughäfen mit kurzen Start- und Landebahnen angeflogen werden. Reisende kommen daher auf dem Luftwege sehr nah an ihr eigentliches Reiseziel.

Nachteile:

Die Flugzeuge haben eine geringe Reisegeschwindigkeit.

Die Reichweite ist eingeschränkt.

Der Bordkomfort ist eingeschränkt. Der Innenraum ist niedrig, ein Gepäckabteil existiert nicht. Bordservice ist nicht möglich.

---

[146] Vgl. www.verylightjetmagazine.com, Herstellerangaben, zit. in Eurocontrol (2006).

Beispiel JetBird in Europa

Ab 2009 will JetBird einen Point-to-Point On Demand Private Jet Service in Europa anbieten. JetBird lehnt sein Geschäftsmodell an jenes der Low Cost Carrier an. Es soll eine einheitliche Flotte von bis zu 100 Embraer Phenom 100-Flugzeuge betrieben werden. Inflight Catering findet nicht statt, es werden kleine, kostengünstige Flughäfen angeflogen. Buchung via Internet wird bevorzugt. Als Kostenziel wird 50 % der Kosten von Business Aviation vorgegeben, „true low fare private airline travel" wird angestrebt. Im Südwesten der USA verfolgt die Fa. Dayjet ein vergleichbares Geschäftsmodell.

2.8 Konvergenz der Geschäftsmodelle

Die Geschäftsmodelle der Network Carrier, Regional Carrier, Leisure Carrier und Low Cost Carrier überschneiden sich zunehmend. Konvergenzen sind in dreierlei Hinsicht zu beobachten. Erstens gleichen sich Kostenstrukturen an. Der Wettbewerbsdruck der Low Cost Carrier

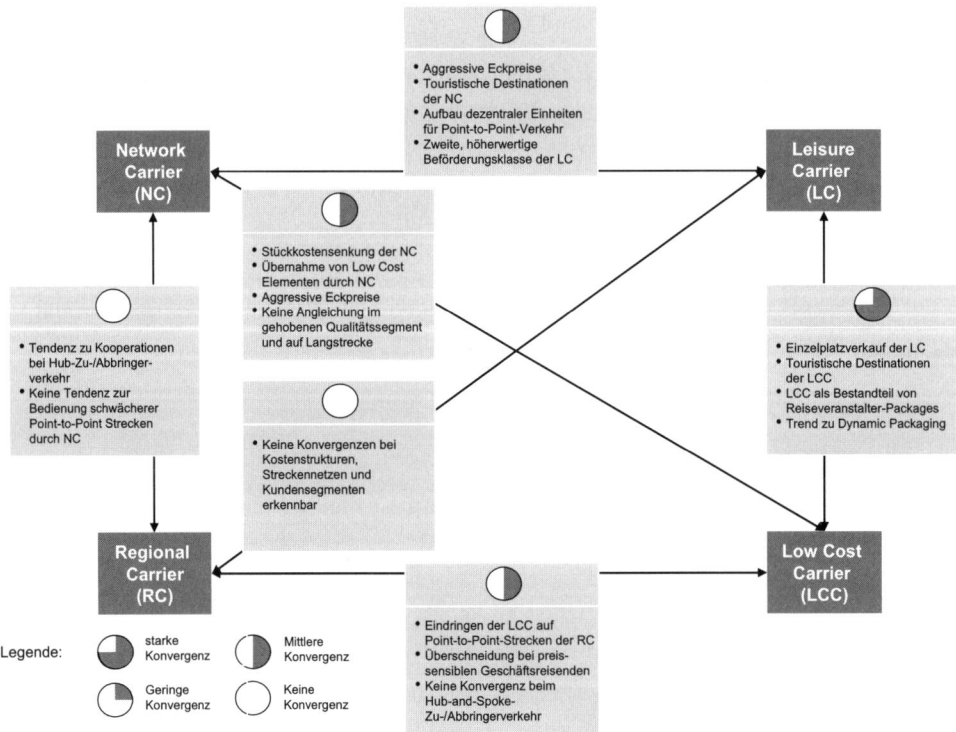

Abbildung 10.18: Konvergenz der Geschäftsmodelle

zwingt auch Airlines mit anderen Geschäftsmodellen zu Kostensenkungsmaßnahmen, um wettbewerbsfähige Preise anbieten zu können. Zweitens gleichen sich Netzstrukturen an. Da auf der Nachfrageseite kaum neue Verkehrsströme aufkommen, ist in Anbetracht der Angebotsausweitung zunehmender Wettbewerb auf den gleichen Strecken unausweichlich. Drittens wird ein zunehmender Wettbewerb um die gleichen Kundensegmente geführt.

Im Folgenden werden Konvergenzen zwischen den Geschäftsmodellen im Einzelnen betrachtet. Abbildung 10.18 gibt einen Überblick über Ausmaß der Konvergenz der Geschäftsmodelle.

Network Carrier vs. Low Cost Carrier: In den vergangenen Jahren gerieten etablierte Network Carrier durch den Markteintritt von Low Cost Carriern zunehmend unter Druck, wobei der Wettbewerbsdruck der Low Cost Carrier je nach Markt sehr verschieden ausfällt.

Deutliches Konvergenzsymptom ist das erfolgreiche Bemühen der Network Carrier um Kostensenkung. Abbildung 10.19 zeigt die Stückkostenentwicklung europäischer Network Carrier in den Jahren 1997 bis 2004. In den Jahren 2005 und 2006 waren jedoch wieder Kostenanstiege zu verzeichnen.

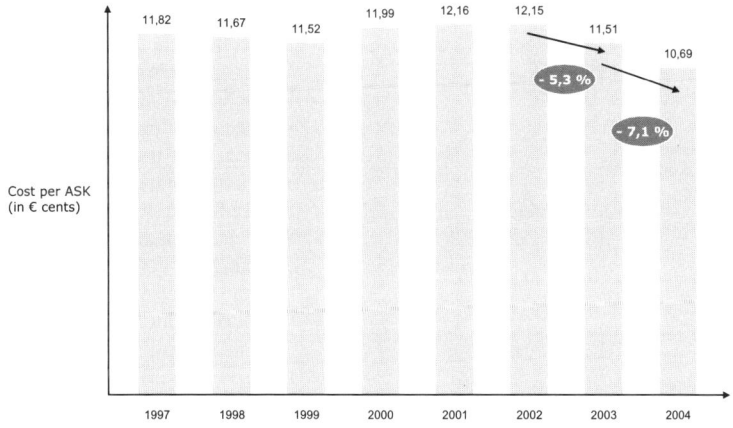

Abbildung 10.19: Stückkostenentwicklung europäischer Network Carrier 1997-2004[147]

Zur Erreichung deutlicher Kostensenkungseffekte übernehmen Network Carrier Merkmale des Low Cost Geschäftsmodells. Einer Analyse der IATA und McKinsey zu Folge wurden Kostensenkungsmaßnahmen mit folgenden „Typicall LCC Levers for Reducing Unit Costs" durchgeführt (siehe Tabelle 10.9).

---

[147] Vgl. IATA (2006), S. 26 (die Kosten wurden nach Streckenlängen adjustiert).

Tabelle 10.9: Typische Elemente des Low Cost Geschäftsmodells zur Stückkostensenkung bei Network Airlines[148]

Cost Category	Cost Item	Levers for Reducing Costs
Aircraft Ownership Costs	• Ownership Structure • Fleet Structure • Aircraft Utilisation	• Anti-cyclical purchasing • Optimise owned / leased mix • Fleet harmonisation • Optimise mix of older and new aircraft • Reduce turnaround times • Reduce maintenance downtime
Fuel Costs	• Route Efficiency • Purchasing Costs • Weight Reduction	• Shorter en-route and approach times • Reduce delays, use smaller airports • Reduction in service fees • Use of fuel hedging strategy • Calculation of "no show" passengers • Through product innovation e.g. seats
Maintenance Costs	• Fleet • Service Costs	• Fleet harmonisation • Reduce average fleet age • Optimise maintenance activities • Joint purchasing of some work
Crew Costs	• Productivity • Wage-related Costs • Crew Costs	• Improved planning of crew logistics • Lower block hour restrictions • Fewer and/or less senior cabin crew • Reduction of extra-wage allowances • Reduce need for overnight stays • Reduce allowances for overnight stays
Handling Costs	• Service Level • Insourcing • Reduce Handling Fees	• Standardisation of SLAs • Revise SLA components • Pre-cleaning activities by cabin crew • Loading/unloading support from crew • Global contracts with key suppliers • Off-peak pricing
Catering Costs	• Reduce unit costs • Reduce volumes	• Simplification of meal choice • Reduce logistics costs for delivery • Monitor passengers vs available meals • Improve waste management
Distribution	• Ticketing • Sales Channels • Sales Commissions	• Development of E-ticketing • Self-service check-ins • Divert customers to on-line channels • Efficient customer service call centre • Target-driven contracts with agents • Reduce commissions

Zudem ergänzen Network Carrier ihr Hub-and-Spoke-Netzwerk durch Point-to-Point-Verbindungen. Auch ähneln sich die preispolitischen Maßnahmen zunehmend. Aggressiv vermarktet werden sehr günstige Eckpreise der Network Carrier. Kurzstreckenflüge werden

---

[148] Vgl. IATA (2006), S. 35.

häufig zu One-Way-Preisen angeboten und bei günstigen Tarifen wurde die Minimum-Stay-Regel aufgehoben (erstmals im Jahr 2002 durch British Airways).

Keine Angleichung ist auf der Langstrecke festzustellen, gleiches gilt im gehobenen Qualitätssegment. Insgesamt ist somit eine mittlere Konvergenzstärke festzustellen.

Leisure Carrier vs. Low Cost Carrier: Leisure Carrier werden zunehmend durch Low Cost Carrier konkurrenziert. Der Druck auf die Leisure Carrier, ihr Geschäftsmodell anzupassen, wird größer. Der vermehrte Einzelplatzverkauf der Leisure Carrier stellt eine offensichtliche Anpassung des Geschäftsmodells dar. Darüber hinaus überschneiden sich die Streckennetze in zunehmendem Maße, da Low Cost Carrier vermehrt touristische Destinationen anfliegen. Auch im Bereich der Kundensegmente sind Konvergenzen festzustellen, indem Low Cost Carrier Bestandteil von Reiseveranstalter-Packages werden bzw. Dynamic Packaging-Lösungen die Integration von Low Cost Carriern vorsehen.

Zusammenfassend lässt sich feststellen, dass sich die seit jeher starke Ähnlichkeit der beiden Geschäftsmodelle noch verstärkt hat. Im Endeffekt werden Leisure Carrier dadurch zu Hybrid Carriern (Leisure und Low Cost Carrier).

Regional Carrier vs. Low Cost Carrier: Low Cost Airlines werden verstärkt Strecken bedienen, die heute im Point-to-Point-System von Regional Carriern beflogen werden und auf denen das Verkehrsaufkommen den Einsatz größeren Fluggeräts ermöglicht. Insbesondere preissensible Geschäftsreisende werden zu Low Cost Carriern wechseln. Geringe Konvergenz hingegen ist bei dem Segment der Hub-and-Spoke-Zu-/Abbringerflüge von Regional Carriern festzustellen. Es ist nicht zu erwarten, dass Low Cost Carrier derartige Dienste übernehmen werden. In dieser Hinsicht ist die Funktion von JetBlue (als Beteiligung der Deutschen Lufthansa AG) in New York sicher eine Ausnahme. Im Durchschnitt ist von einer mittleren Konvergenz der beiden Geschäftsmodelle auszugehen.

Network Carrier vs. Leisure Carrier: Hier ist ebenfalls eine Tendenz der Konvergenz auszumachen. Indem Network Carrier Eckpreise aggressiv bewerben, zielen sie auf die traditionellen Kundensegmente der Leisure Carrier ab. Auch fliegen sie klassische Urlaubsdestinationen an und bauen eigenständige, dezentrale Unternehmenseinheiten für den Point-to-Point-Verkehr auf. Demgegenüber dringen Leisure Carrier in das höhere Qualitätssegment ein, indem sie eine zweite, höherwertige Beförderungsklasse anbieten.

Network Carrier vs. Regional Carrier: Statt Konvergenz ist hier eher Kooperationsbemühen zum beiderseitigen Vorteil festzustellen. Regional Carrier suchen zur Existenzsicherung Kooperationen, bei denen sie als Zu- bzw. Abbringer auf Hub-Strecken dienen und damit in das Hub-and-Spoke-Network eingebunden sind. Es ist nicht erkennbar, dass Network Carrier aufkommensschwächere Point-to-Point-Strecken von Regional Carriern bedienen werden. Hierzu fehlt ihnen das geeignete, kleine Fluggerät.

Leisure Carrier und Regional Carrier: Hier sind keine Konvergenzen erkennbar. Es werden verschiedene Märkte (Urlaubsgebiete vs. Geschäftreisedestinationen) und Zielgruppen (Privat- vs. Geschäftsreisende) bedient. Auch der Hub-and-Spoke-Zu-/Abbringerverkehr der Regional Carrier ist für Leisure Carrier uninteressant.

3 Kommentierte Literatur- und Quellenhinweise

Grundlegende Werke zu Strategien und Geschäftsmodellen im Luftverkehr:

- Arthur D. Little (2005), Aviation Insight: Demystifying the Aviation Industry, Wiesbaden.
- Butler, G. F. / Keller, M. R. (2001) (Hrsg.), Handbook of Airline Strategy. Public Policy, Regulatory Issues, Challenges, and Solutions, New York.
- Clark, P. (2007), Buying the Big Jets – Fleet planning for airlines, 2. Aufl., Aldershot.
- Doganis, R. (2006), The Airline Business, 2. Aufl., London / New York.
- Droege & Comp. (2008), Aviation 2007/2008: Zwischen Wachstum, Konsolidierung und Kostenführerschaft, Düsseldorf.
- Flight International (2008), World Airline Directory 2008, Surrey.
- Flouris, T.G. / Oswald, S.L. (2006), Designing and Executing Strategy in Aviation Management, Aldershot.
- Heymann, E. (2006), Zukunft der Drehkreuzstrategie im Luftverkehr, DB Research, Frankfurt am Main.
- Holloway, S. (2003), Straight and Level: Practical Airline Economics, 2. Aufl., Aldershot.
- Jenkins, D. (Hrsg.) (2002), Handbook of Airline Economics, 2. Aufl., New York.
- Joppien, M. G. (2006), Strategisches Airline-Management, 2. Aufl., Bern / Stuttgart / Wien.
- Mason, K. / Alamdari, F. (2007), EU network carriers, low cost carriers and consumer behaviour: A Delphi study of future trends, in: Journal of Air Transport Management, Vol. 13, S. 299–310.
- Pompl, W. (2007), Luftverkehr, 5. Aufl., Berlin u.a.O.
- Taneja, N. K. (2004), Simpli-Flying. Optimizing the Airline Business Model, Aldershot.
- Taneja, N. K. (2002), Driving airline business strategies through emerging technology, Aldershot.
- Vasigh, B. / Fleming, K. / Tacker, T. (2008), Introduction to Air Transport Economics, Aldershot.
- Wald, A. / Fay, C. / Gleich, R. (Hrsg.) (2007), Aviation Management: Aktuelle Herausforderungen und Trends, Berlin.
- Wensveen, J. G. (2007), Air Transportation – A Management Perspective, 6. Aufl., Aldershot.

Zusammenstellung verschiedener Beiträge zu strategischen Fragen des Aviation Management aus den Jahren 2000–2005, meist aus sehr renommierten Zeitschriften:

- Lawton, T. C. (Hrsg.) (2007), Strategic Management in Aviation – Critical Essays, Aldershot.

Zum Marktsegment der Low Cost Carrier:

- Cook, A. (Hrsg.) (2007), European Air Traffic Management, Aldershot.
- Dennis, N. (2007), End of free lunch? The responses of traditional European airlines to the low-cost carrier threat, in: Journal of Air Transport Management, Vol. 13, S. 311–321.
- Groß, S. / Schröder, A. (Hrsg.) (2006), Handbook of Low Cost Airlines - Strategies, Business Processes and Market Environment, Berlin.
- Teckentrup, R. (2006), Low Cost Airlines from a Charter Perspective – Analysis of Strategic Options for Charter Airlines und Positioning of Condor, in: Groß, S. / Schröder, A. (Hrsg.) (2006), Handbook of Low Cost Airlines - Strategies, Business Processes and Market Environment, Berlin, S. 123 – 129.
- www.elfaa.com.

Aktualisierte Basisdaten zum Marktsegment der Low Cost Carrier:

- DLR/ADV: Low Cost Monitor, verfügbar unter www.adv-net.org.

Zum Geschäftsmodell Business Aviation:

- Eurocontrol (2006), Getting to the Point:, Business Aviation in Europe, in: www.eurocontrol.int.
- HSH Nordbank (2005), Business Jets Branchenstudie, März 2005.
- Netjets (2007), Netjets Fast Facts, August 2007.
- Sheehan, J.J. (2003), Business and Corporate Aviation Management – On Demand Air Transportation, New York.
- NBAA (2004), NBAA Business Aviation Fact Book 2004, Washington, in: www.nbaa.org.

Aktuelle Informationen zum Geschäftsmodell Business Aviation finden sich auch auf den Webseiten der Verbände GBAA (German Business Aviation Association e.V.) und EBAA (European Business Aviation Association).

Umfangreiches Lexikon zu den Begriffen des Airline Management:

- Nasr, A.Y. (o. J.), The Management Guide to Airline Indicators – Terms, Definitions and Methodology.

Bedeutsam für das Verständnis der Marktstrukturen im Luftverkehr:

- Airbus (2006), Global Market Forecast – The Future of Flying 2006–2025, Blagnac Cedex.
- Boeing (2008), Current Market Outlook, Seattle.
- IATA (2006), Airline Cost Performance, IATA Economics Briefing No. 5, in: www.iata.org.
- Rolls-Royce (2004), The Outlook 2003/4.
- Rolls-Royce (2006), Rolls-Royce Market Outlook 2006.
- Rolls-Royce (2007), Rolls-Royce Market Outlook 2007.

In der Zeitschrift **Airline Business** finden sich zahlreiche aktuelle Daten und Informationen zu Fluggesellschaften mit unterschiedlichen Geschäftsmodellen sowie deren Strategien.

Der **Airline Industry Guide** wird jährlich herausgegeben und beinhaltet eine Zusammenstellung der wichtigsten Luftverkehrsgesellschaften.

Kapitel XI Unternehmens-verbindungen

1	**Bedeutung von Unternehmensverbindungen im Luftverkehr**	**272**
2	**Formen von Unternehmensverbindungen**	**272**
	2.1 Unternehmensverbindungen im Überblick	272
	2.2 Kooperationen	274
	2.2.1 Begriff und Ausprägungen von Kooperationen	274
	2.2.2 Kooperationsmotive	274
	2.2.3 Allgemeine und luftverkehrsspezifische Kooperationsformen	275
	2.2.4 Codesharing	279
	2.3 Strategische Allianzen	283
	2.3.1 Historische Entwicklung und Begriffsbestimmung strategischer Allianzen im Luftverkehr	283
	2.3.2 Kooperationsbereiche und Vorteile strategischer Allianzen	284
	2.3.3 Globale Allianzsysteme im Überblick	286
	2.3.4 Management des Allianzprozesses	291
	2.3.5 Weiterentwicklung strategischer Allianzen	294
	2.4 Beteiligungen und Joint Ventures	295
	2.5 Übernahmen und Fusionen	297
3	**Kommentierte Literatur- und Quellenhinweise**	**302**

1 Bedeutung von Unternehmensverbindungen im Luftverkehr

Die Globalisierung von Märkten führt auch zu einer Globalisierung von Verkehrsströmen. Für Airlines leitet sich daraus die Anforderung ab, eine Vielzahl von Destinationen für den Passagier möglichst komfortabel und „nahtlos" („seamless travel") erreichbar zu machen.

Rechtliche Restriktionen, bspw. die Begrenzung von Verkehrsrechten oder Vorschriften zur Eigentümerstruktur von Fluggesellschaften, erschweren ein freies Agieren der Airlines auf dem Markt. Zudem machen es wirtschaftliche Gegebenheiten, beispielsweise Finanzierungsrestriktionen, selbst den größten Airlines unmöglich, eigenständig Flüge zu allen bedeutenden Flughäfen anzubieten. An einer (grenzüberschreitenden) Zusammenarbeit von Fluggesellschaften führt daher kein Weg vorbei.

Im Luftverkehr sind seit langem Unternehmensverbindungen verbreitet, die den Passagieren ein „nahtloses Reisen" und den Airlines eine höhere Profitabilität ermöglichen sollen. Es finden sich Unternehmensverbindungen auf gleicher Wertschöpfungsstufe (z. B. zwischen Airlines) und Verbindungen mit Unternehmen vor- bzw. nachgelagerter Wertschöpfungsstufen (z. B. Airlines als Anteilseigner von GDS oder Catering-Gesellschaften).

Die Formen der Unternehmensverbindungen befinden sich jedoch im Wandel. Zum einen werden branchenweite Kooperationen zunehmend durch eine Zusammenarbeit einer begrenzten Zahl von Airlines abgelöst, insbesondere innerhalb der strategischen Allianzen. Zum anderen nimmt die Intensität der Unternehmensverbindungen zu, wie die zahlreichen Beteiligungen und Fusionen der vergangenen Jahre belegen.

2 Formen von Unternehmensverbindungen

2.1 Unternehmensverbindungen im Überblick

Im Luftverkehr existiert eine Vielzahl unterschiedlicher Unternehmensverbindungen, wobei in einem ersten Schritt zwischen Transaktionen, Kooperationen, Joint Ventures, Beteiligungen, Übernahmen und Fusionen differenziert werden kann (siehe Tabelle 11.1). Transaktio-

2 Formen von Unternehmensverbindungen

nen sind einzelfall-bezogene Geschäftsbeziehungen, die aufgrund ihrer fehlenden dauerhaften Bindungswirkung an dieser Stelle nicht weiter behandelt werden. Dauerhafte Kooperationen können allgemeiner oder luftverkehrsspezifischer Art sein, wobei im Folgenden primär die luftverkehrsspezifischen Kooperationen dargestellt werden. Bei den Kooperationen ist weiter zwischen einer branchenweiten Kooperation und einer Zusammenarbeit zwischen einer begrenzten Zahl von Partnern zu unterscheiden.

Tabelle 11.1: Unternehmensverbindungen im Luftverkehr im Überblick

	Transaktion	Kooperationen			Beteiligungen		Joint Venture	Übernahme (acquisition)	Fusion („merger")
		Branchenweite Kooperation	Codesharing	Strategische Allianz	Minderheitsbeteiligung	Mehrheitsbeteiligung			
Beschreibung	Geschäftsbeziehung im Einzelfall	Zusammenarbeit auf der Basis von Branchenabkommen	Vermarktung einzelner Flüge mittels mehrerer Flugnummern	Auf Dauer angelegte, enge und umfassende Kooperation	Erwerb/Besitz von Anteilen eines bestehenden Unternehmens	Erwerb/Besitz von Anteilen eines bestehenden Unternehmens	Neugründung eines Gemeinschaftsunternehmens durch meist zwei existierende Unternehmen	Vollständige Übernahme eines existierenden Unternehmens	Verschmelzung zweier existierender Unternehmen
Dauer	Kurzfristig	Mittel- bis langfristig	Mittel- bis langfristig	Mittel- bis langfristig	Mittel- bis langfristig	Mittel- bis langfristig	Mittel- bis langfristig	Langfristig	Langfristig
Anteile an Unternehmen	Keine	Keine	Keine	Keine	< 50 %	> 50 %	Ca. 50 % (bei zwei Partnern)	100 %	Abhängig von Größe der fusionierten Unternehmen
Risiko und Einflussnahme	Einzelfallabhängig	Gering	Mittel	Mittel	< 25 % gering; > 25 % mittel (Sperrminorität)	Hoch (beim Eigentümer)	Hoch (bei Eigentümern)	Hoch (beim Eigentümer)	Hoch (beim Eigentümer)
Entity Formation	Keine neue legal entity	Ggf. als Non for profit Organisation	Keine neue legal entity	Keine neue legal entity	Keine neue legal entity	Keine neue legal entity	Neugründung einer legal entity	Veränderter Status der legal entity	Veränderter Status der legal entity
Integrationsgrad	Gering	Gering	Gering bis mittel	Mittel bis hoch	Gering bis mittel	Mittel	Gering bis mittel	Mittel bis hoch	Sehr hoch
Beispiele aus dem Luftverkehr	Wet-Leasing	IATA-Interlining	United-Flugnummer auf einem LH-Flug	Star Alliance	Lufthansa an bmi (30 %), Amadeus (11,57 %) sowie am Terminal 2 in MUC (40 %).	SAS an Spanair (94,9 % im Jahr 2008)	Sun Express (Lufthansa und Turkish Airlines)	Lufthansa und Swiss, Air Berlin und LTU	Air France und KLM

Eine herausgehobene Bedeutung kommt bei der letztgenannten Variante dem Codesharing und den Strategischen Allianzen zu. Joint Venture bezeichnet ein neu gegründetes Gemeinschaftsunternehmen. Der Begriff „Beteiligungen" subsumiert Minderheitsbeteiligungen und Mehrheitsbeteiligungen, darüber hinaus ist eine vollständige Übernahme möglich („acquisition"). Eine Fusion („merger") führt zur Verschmelzung existierender Unternehmen.

Die einzelnen Formen von Unternehmensverbindungen unterscheiden sich hinsichtlich einer Vielzahl von Kriterien (etwa Dauer, Risiko und Möglichkeiten der Einflussnahme), die in den einzelnen Zeilen der Tabelle 11.1 dargestellt sind. Als „entity formation" wird dabei die Gründung einer neuen, rechtlich selbstständigen Unternehmenseinheit verstanden.

2.2 Kooperationen

2.2.1 Begriff und Ausprägungen von Kooperationen

Kooperation bezeichnet die freiwillige Zusammenarbeit zwischen mindestens zwei Unternehmen. Die wirtschaftliche Dispositionsfreiheit der Unternehmen wird eingeschränkt, während die rechtliche Selbständigkeit erhalten bleibt. Die Kooperationspartner nehmen bestimmte Unternehmensfunktionen gemeinsam wahr.

Merkmal	Ausprägung				
Richtung	Horizontal		Vertikal		Diagonal
Zeitdauer	Befristet			Unbefristet	
	Kurzfristig		Mittelfristig		Langfristig
Intensität	Gering		Moderat		Hoch
	Formlose Vereinbarung			Vertragliche Vereinbarung	
				Ohne Kapitalverflechtung	Mit Kapitalverflechtung
Anzahl der Bindungen	Bilaterale Bindungen		Trilaterale Bindungen	Einfache Netzwerke	Komplexe Netzwerke
Funktionsbereiche	Beschaffung	Produktion	F & E	Marketing	Vertrieb	Sonstige
Geographischer Geltungsbereich	Regional		National		International

Abbildung 11.1: Merkmale von Kooperationen

Kooperationen lassen sich anhand verschiedener Kriterien unterscheiden (siehe Abbildung 11.1). Dabei bezeichnet die **horizontale Kooperation** eine Zusammenarbeit von Unternehmen, die auf derselben Wirtschaftsstufe tätig sind. Eine **vertikale Kooperation** ist die Zusammenarbeit von Unternehmen, die zueinander in einem Abnehmer-Lieferanten-Verhältnis stehen. **Diagonale Kooperation** wird als Oberbegriff für alle sonstigen, d. h. nicht horizontalen und nicht vertikalen Kooperationen verwendet.

2.2.2 Kooperationsmotive

Kooperationen werden aus unterschiedlichen Gründen eingegangen:

Marktzugang: Kooperationspartner können helfen, administrative, ökonomische oder technische Markteintrittsbarrieren zu überwinden und fremde Märkte mit begrenztem Aufwand und Risiko zu erschließen. So ermöglicht bspw. das Codesharing, Märkte trotz fehlender Verkehrsrechte zu bedienen.

Economies of Scale (Kostendegressionseffekte): Stückkosten sinken, wenn z. B. administrative Aufgaben – die im Wesentlichen Fixkosten verursachen – nur noch von einem Unternehmen für beide Kooperationspartner erbracht oder Infrastruktureinrichtungen, z. B. Flughafenschalter, von beiden Partnern genutzt werden.

Qualitätsverbesserungen: Derjenige Kooperationspartner, der umfangreichere Erfahrungen und/oder bessere Rahmenbedingungen für die Erfüllung einer Aufgabe hat, nimmt diese Aufgabe auch für den Partner wahr. Im Rahmen der Star Alliance bearbeitet bspw. die Lufthansa den Verkaufsmarkt Deutschland für den Kooperationspartner SAS mit. SAS profitiert von der Marketingkommunikation und dem Vertriebsaktivitäten der LH im deutschen Markt („Landlord-Konzept").

Reduktion des Wettbewerbs: Durch Kooperationen mit Wettbewerbern kann die Wettbewerbsintensität reduziert werden, die Marktmacht auf Absatzmärkten wird dadurch erhöht. Aus diesem Grund werden wettbewerbsbeschränkende Kooperationen mittlerweile in allen Industriestaaten von den Wettbewerbsbehörden kritisch gesehen und können von ihnen untersagt werden.

Steigerung der Marktmacht auf Beschaffungsmärkten: Das gemeinsame Beschaffen von bspw. Flugzeugen oder Ersatzteilen reduziert die Beschaffungskosten.

Reduktion von Risiken: Die Verteilung von Risiken auf mehrere Partner reduziert die Risiken für den Einzelnen. Speziell bei vertikalen Kooperationen kann es zu einer Sicherung des Zugangs zu Absatz- bzw. Vertriebskanälen kommen.

Je nach der unternehmensspezifischen Ausgangssituation können die Kooperationsmotive unterschiedlich gewichtet sein. Generell gilt, dass Unternehmen eine Kooperation nur eingehen, wenn sich alle Partner hiervon einen Vorteil versprechen (Win-win-Situation). Dabei können jedoch auch unterschiedliche Interessenlagen vorliegen, beispielsweise bei einer Kooperation eines großen mit einem kleinen Partner.

2.2.3 Allgemeine und luftverkehrsspezifische Kooperationsformen

Bei den Kooperationsformen lassen sich in einem ersten Schritt allgemeine Kooperationsformen von luftverkehrsspezifischen Kooperationsformen unterscheiden. Innerhalb der Gruppe der luftverkehrsspezifischen Kooperationen kann weiter zwischen „technischen" und „kommerziellen" Kooperationen unterschieden werden. Dabei werden alle Kooperationen als „technisch" bezeichnet, die sich nicht auf das Kerngeschäft oder die Kernfunktionen einer Airline beziehen. Abbildung 11.2 gibt einen Überblick über die einzelnen Kooperationsformen.

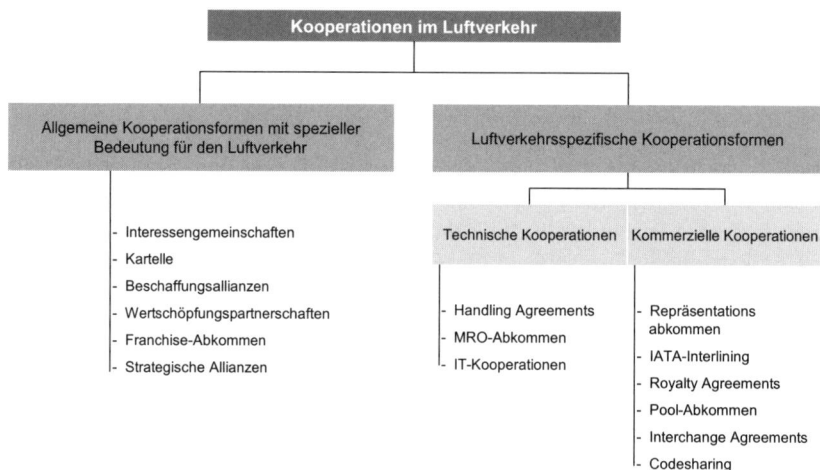

Abbildung 11.2: Kooperationsformen im Luftverkehr im Überblick

Gängige **Kooperationsformen**, die auch für den Luftverkehr relevant sind, sind Interessengemeinschaften, Kartelle, Beschaffungsallianzen, Wertschöpfungspartnerschaften, Franchise-Abkommen und strategische Allianzen.

Bei einer **Interessengemeinschaft** werden die identischen Interessen mindestens zweier wirtschaftlich selbständiger Unternehmen zusammengefasst. Interessengemeinschaften finden sich in der Regel auf horizontaler Ebene. So vertritt z. B. die AEA die Interessen ihrer Mitgliedsgesellschaften gegenüber der EU.

Kartelle sind vertragliche Regelungen von rechtlich selbstständig bleibenden Unternehmen, die den Wettbewerb beschränken oder gar beseitigen. In Deutschland, der EU und den meisten anderen Industriestaaten sind Kartelle grundsätzlich verboten. Wettbewerbsbeschränkende Absprachen von Fluggesellschaften können jedoch zulässig sein, wenn sie die im wettbewerbsrechtlichen Regelwerk festgelegten Ausnahmetatbestände erfüllen (siehe hierzu auch Kapitel III). Von besonderer Relevanz im Luftverkehr ist die US-amerikanische Wettbewerbsgesetzgebung, die insbesondere den auf dem Nordatlantik operierenden Airlines kartellähnliche Absprachen untersagt. Von den strategischen Allianzen werden Freistellungen vom Kartellverbot – die sog. **„antitrust immunity"** – angestrebt.

Beschaffungsallianzen: Beträchtliche Einsparpotenziale lassen sich durch eine gemeinsame Beschaffungspolitik erschließen. Auf dem Markt der Airline-Zulieferer gibt es bereits eine Reihe von Unternehmen, die ihre Produkte über elektronische Marktplätze anbieten. Um weitere Einsparpotenziale zu realisieren, haben inzwischen auch Fluggesellschaften Business-to-Business-Plattformen gegründet. Als Beispiel ist AEROXCHANGE zu nennen.

Wertschöpfungspartnerschaften sind Kooperationen, in denen Unternehmen aus verschiedenen Branchen zusammenarbeiten. Ein Beispiel ist die Teilnahme von Hotels und Mietwagenfirmen an Kundenbindungsprogrammen von Airlines (siehe hierzu Kapitel XIV).

Franchise-Abkommen: Franchising eröffnet etablierten Airlines die Möglichkeit, ohne hohe Investitionen ihren Markenauftritt auf aufkommensschwächere Strecken auszudehnen und dort Erlöse zu generieren. Die Franchisenehmer treten im Corporate Design des Franchisegebers auf, der Produkt- und Servicestandards vorgibt und kontrolliert. Der Franchisenehmer führt die Flüge mit eigenem Fluggerät und Personal durch. Er trägt das wirtschaftliche Risiko der Flüge und führt in der Regel für jeden geflogenen Passagier eine Franchisegebühr an den Franchisegeber ab. Der Franchisenehmer profitiert von der Marktmacht des Franchisegebers, die Partnerschaft führt für den Franchisenehmer zu einem Imagegewinn. Die Franchisenehmer der Deutschen Lufthansa bspw. operieren als „Team Lufthansa".

Strategische Allianzen sind auf Dauer angelegte, enge und umfassende Kooperationen von Airlines. Sie werden weiter unten ausführlich thematisiert.

Luftverkehrsspezifische Kooperationsformen existieren im technischen Bereich mit Handling Agreements, Reparatur-, Wartungs- und Instandhaltungsabkommen (MRO - Maintenance, Repair, Overhaul) und in der Informationstechnologie (IT), sowie im kommerziellen Bereich mit Repräsentationsabkommen, dem IATA-Interlining-System, Royalty Agreements, Pool-Abkommen, Interchange Agreements und last but not least beim sehr weit verbreiteten Codesharing (siehe Unterkapitel 2.2.4).

Handling Agreements: Vielfach ist es für Fluggesellschaften wirtschaftlich nicht sinnvoll, auf einem Flughafen mit einer eigenen Station (i. S. eigenen Personals vor Ort) vertreten zu sein. Die Fluggesellschaften beauftragen Abfertigungsdienste vor Ort („**Handling Agents**") mit der Abfertigung von Flugzeugen, Passagieren, Fracht und Post. Handling Agents sind in der Regel Flughafenbetreibergesellschaften, spezialisierte Handlingfirmen und/oder die jeweiligen National Carrier. Die Zusammenarbeit der Partner wird in „Handling Agreements" geregelt.

Reparatur-, Wartungs- und Instandhaltungsabkommen: Eine Zusammenarbeit bei Wartung, Reparatur und Instandhaltung kann für Fluggesellschaften Einsparpotenziale erbringen. Diese lassen sich insbesondere durch Arbeitsteilung sowie bei der Beschaffung und Lagerhaltung von Ersatzteilen realisieren. Wichtige Kooperationen waren ATLAS (gegründet 1969 von Alitalia, Lufthansa, Air France und Sabena) und KSSU (KLM, SAS, Swissair und UTA), die sich 1970 formierte. Durch zunehmende Allianzverbindungen haben diese Kooperationen im Laufe der Jahre an Attraktivität und Bedeutung verloren. Allerdings gibt es nach wie vor allianzübergreifende Unternehmensverbindungen im MRO-Bereich, etwa ein Joint Venture von Lufthansa Technik und Air France Industries zur Wartung des A 380 (Spairliners GmbH).

Informationstechnologie: Zum Aufbau eines einheitlichen Kommunikationssystems wurde 1949 von Luftverkehrsunternehmen aus mehreren Staaten die **SITA** (Société Internationale de Télécommunication Aéronautique) gegründet. SITA ist heute der weltgrößte Anbieter von Informations- und Telekommunikationsdienstleistungen des Luftverkehrs.

Repräsentationsabkommen (General Sales Agreements = GSA): Ist eine Fluggesellschaft nicht selbst in einer Region oder einem Land durch eigene Verkaufsorganisationen vertreten, kann sie eine andere Fluggesellschaft gegen Zahlung einer Provision als Generalagent mit ihrer Repräsentation und der Vermarktung ihrer Flüge beauftragen. Der Generalagent übernimmt in der Regel auch die Werbung, Sales Promotion und die Betreuung der Reisebüros. General Sales Agreements werden in der Regel nur in Verbindung mit Pool-Abkommen abgeschlossen, da ansonsten der Generalagent keinen Anreiz hat, Flüge des Kooperationspartners zu vermarkten, wenn diese zu den eigenen Angeboten im Wettbewerb stehen.

IATA-Interlining-System: Interlining bezeichnet die gegenseitige Anerkennung von Beförderungsdokumenten, Verkaufs- und Beförderungsbedingungen sowie Abrechnungsmodalitäten zwischen Airlines. Passagiere haben die Möglichkeit, mit mehreren Gesellschaften unter Verwendung eines einzigen Tickets zu fliegen. Hierzu ist es erforderlich, dass sich die Airlines auf einheitliche Verfahrensweisen (Standards) sowie ein Modell der Erlösaufteilung einigen. Innerhalb des Interlining lassen sich mehrere Varianten unterscheiden:

- Paralleles Interlining:
  Ein Passagier nutzt auf einem Direktflug von A nach B mit einem (Return-)Ticket das Flugangebot einer Airline, auf dem Rückflug mit demselben Ticket das Angebot einer anderen Airline.

- Komplementäres Interlining:
  Der Passagier nutzt bei einer Umsteigeverbindung die Flüge zweier Airlines.

- Darüber hinaus kann danach unterschieden werden, ob das Interlining bereits bei der Buchung der Flüge beabsichtigt ist („geplantes Interlining") oder ob sich der Passagier kurzfristig für die Interlining-Option entscheidet („flexibles Interlining").

Traditionell basierte das IATA-Interlining-System auf einheitlichen Interlining-Tarifen, die von den Airlines im Rahmen regelmäßiger Konferenzen gemeinsam festgelegt wurden. Mittlerweile hat die Europäische Kommission entschieden, dass diese Tarifkonferenzen einen Verstoß gegen die Wettbewerbsregeln in der Gemeinschaft darstellen und auch nicht mehr freistellungsfähig sind. Das IATA-Interlining für Flüge innerhalb der EU bzw. zwischen der EU und Nicht-EU-Staaten basiert daher seit dem Jahr 2007 auf Durchschnittstarifen, die von der IATA ermittelt und mit einem Interlining-Zuschlag versehen werden (sogenannte flex fares).

Royalty Agreements: Wenn Airlines aufgrund bestehender bilateraler Abkommen keine Möglichkeiten haben, Flüge in ein bestimmtes Land durchzuführen, können sie mitunter durch Royalty-Zahlungen (meist an National Carrier) die nötigen Rechte erwerben. In der Regel handelt es sich dabei um Rechte der fünften Freiheit, d. h. um die Erlaubnis, Passagiere zwischen dem eigentlichen Zielort und einem Drittstaat zu transportieren. Die Airline, die ihren Flugplan erweitert, leistet als Ausgleich für entgangene Umsätze eine Kompensationszahlung an die Airline, die ihre Streckenrechte abgetreten hat. Die Verbreitung von Royalty Agreements hat im Zuge der weltweiten Öffnung der Luftverkehrsmärkte erheblich abgenommen.

Poolabkommen: Unter Poolabkommen ist die vertragliche Vereinbarung von zwei oder mehreren Airlines über die finanzielle und betriebliche Zusammenarbeit zum gemeinsamen Betrieb des Flugverkehrs auf einer Strecke oder in bestimmten Gebieten zu verstehen. Pool-Abkommen regeln insbesondere die anzubietende Kapazität, die Frequenz der Flüge sowie die Aufteilung von Kosten und Erlösen. Viele Poolabkommen sehen Limitierungen vor. Zum einen wird schwächeren Airlines ein Mindestbetrag bei der Erlösaufteilung zugesichert, zum anderen wird ein Maximalbetrag festgelegt, den die stärkere Airline der Schwächeren zukommen lassen muss. Es soll vermieden werden, dass die effizienter arbeitende Airline durch die Erlösaufteilung ihren Vorteil wieder einbüßt. Für Airlines ergibt sich vielfach aufgrund der festgelegten Poolaufteilung keine Notwendigkeit zu wettbewerbs- und kundenorientiertem Verhalten; ein großer Teil potenzieller Mehreinnahmen muss wieder in den Pool geleitet werden. Es lassen sich jedoch durch bessere Ausnutzung des Fluggerätes und der Bodenanlagen Betriebskosten senken. Innerhalb der EU sowie auf anderen wettbewerblich organisierten Märkten sind Poolabkommen im Allgemeinen nicht zulässig.

Interchange-Agreements: Die gänzliche oder teilweise Vercharterung der Nutzlastkapazität von Flugzeugen auf bestimmten Strecken wird in Interchange-Agreements geregelt. Nachfolgende Kooperationen sind zu unterscheiden:

- On Behalf-Verkehr: Eine Airline führt auf bestimmten Routen in Auftrag für eine andere Airline Flüge durch.

- Zeitlich begrenzte Vercharterung: Ein Flugzeug wird für eine bestimmte Zeit von einer Airline an eine andere verchartert.

- Blocked Space: Ein Teil der Beförderungskapazität wird ständig an einen Partner verchartert. Der Partner trägt das Auslastungsrisiko.

- Through Plane bzw. Aircraft Exchange: Weitere Verwendung des ursprünglich eingesetzten Flugzeuges bei Anschlussflügen einer anderen Gesellschaft. Die den Anschlussflug durchführende Gesellschaft setzt ihr eigenes Personal ein.

2.2.4 Codesharing

Beim Codesharing (siehe Abbildung 11.3) werden einzelne Flüge von unterschiedlichen Airlines jeweils unter ihrer eigenen Flugnummer vermarktet. Die durchführende Airline – der „**Operating Carrier**" – führt den Flug unter seiner eigenen Flugnummer durch, die Codeshare-Partnerairline bekommt vom Operating Carrier Sitzplätze zur Verfügung gestellt, die sie unter ihrer eigenen Flugnummer – der „**Marketing-Flugnummer**" – vermarktet. Es existieren somit mehrere Flugnummern auf einem einzigen Flug.[149] Die Airlines treten weiterhin selbständig am Markt auf.

Man unterscheidet paralleles Codesharing und komplementäres Codesharing. Paralleles Codesharing liegt vor, wenn lediglich ein Flug (d. h. ein leg) von mehreren Fluggesellschaften mit eigenen Flugnummern vermarktet wird. In der Praxis findet sich auch die Bezeichnung Point-to-Point-Codesharing. Beim komplementären Codesharing stellen Airlines Anschlussflugverbindungen her, die unter jeweils eigener Flugnummer angeboten werden.

---

[149] Der Begriff „Codesharing" ist genau genommen irreführend - es wird schließlich nicht ein Code geteilt, sondern ein Flugzeug.

Beim komplementären Codesharing lassen sich wiederum das Feeder Codesharing und das Connection Codesharing unterscheiden. Beim Feeder Codesharing werden Zu- und Abbringerflüge vor oder nach dem eigentlichen Hauptflug durchgeführt. Feeder Codesharing bringt Passagiere aus dem nationalen Einzugsgebiet oder aus dem benachbarten Ausland zum Drehkreuz einer Fluggesellschaft. Im Rahmen des Feeder Codesharing werden Partnerschaften zwischen unterschiedlich großen Fluggesellschaften eingegangen. Beim Connection Codesharing werden Hauptflüge und gegebenenfalls ein Zu- oder Abbringerflug im Codesharing durchgeführt. Die Partner des Connection Codesharing sind in der Regel größere internationale Fluggesellschaften.

Des Weiteren kann zwischen oneway- und twoway-Codesharing unterschieden werden. Beim oneway-codesharing (einseitiges Codesharing) werden lediglich Plätze auf Maschinen der Airline A durch Airline B vermarktet. Beim two-way-codesharing (reziprokes Codesharing) können beide Partner Tickets für die Flüge des anderen Partners unter ihrer eigenen Flugnummer verkaufen.

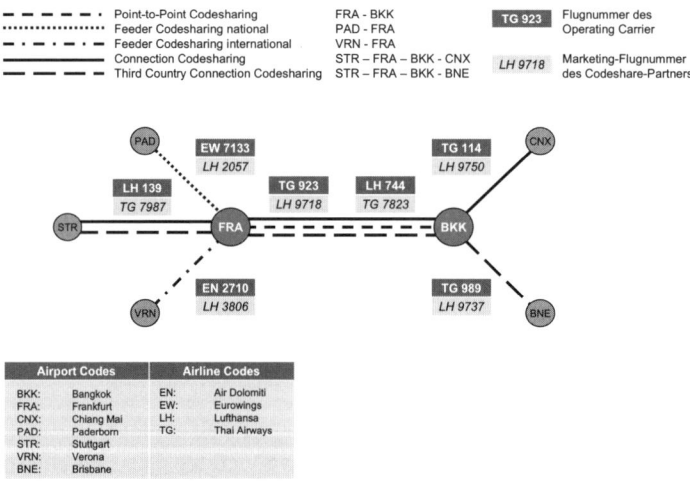

Abbildung 11.3: Formen des Codesharing

Codeshare-Abkommen sind aufgrund von verkehrsrechtlichen Restriktionen entstanden, die es Airlines nicht ermöglichen, eigene Flüge zu Orten anzubieten, die von ihren Passagieren nachgefragt wurden. Als Ausweg sicherten sich Airlines Beförderungskapazitäten auf Flügen anderer Airlines, die sie jedoch unter eigener Flugnummer anboten und damit eigene Flüge suggerierten. Allerdings ist auch das Codesharing grundsätzlich von den bilateralen Luftverkehrsabkommen erfasst, d. h. Codesharing ist nur zulässig, wenn dies in den jeweiligen Abkommen vorgesehen ist.

Bezüglich des Umgangs mit der zur Verfügung stehenden Beförderungskapazität des Operating Carriers lassen sich unterscheiden:

- **Freesale** (manchmal auch als **free flow** bezeichnet): Es findet eine selbständige Vermarktung und unabhängige Preisgestaltung für alle verfügbaren Sitze statt. Der Operating Carrier erhält vom Partner für die einzelnen Sitzplätze einen vorher festgelegten Verrechnungspreis. Das Verkaufsrisiko trägt der Operating Carrier.
- **Blocked Space:** Der Operating Carrier reserviert für den oder die Partner ein festes Sitzplatzkontingent. Der Partner trägt das Verkaufsrisiko, der Operating Carrier bekommt den Blocked Space pauschal vergütet. Können nicht verkaufte Sitzplätze unter bestimmten Bedingungen zurückgegeben werden, spricht man von Soft Block (im Gegensatz zum Hard Block, bei dem eine solche Rückgabe nicht möglich ist).
- **Revenue Sharing:** Die Partnergesellschaften legen die Flugpreise gemeinsam fest und verteilen in einer vorher festgelegten Schlüsselung die Einnahmen. Es findet keine Sitzplatzkontingentierung statt, beide Partner tragen das Verkaufsrisiko.
- **Profit Sharing:** Neben der gemeinsamen Festlegung der Flugpreise vereinbaren die Partner vorab eine Aufteilung des Gewinns oder eine festgelegte Teilung der Kosten und Erlöse.

Aus Sicht der Fluggesellschaften bieten Codeshare-Abkommen folgende **Vorteile**:

- Die Verknüpfung des eigenen Streckennetzes mit dem des Partners ermöglicht eine erhebliche **Erweiterung des Netzwerkes**. Verkehrsrechtliche Restriktionen können umgangen werden, indem Flüge unter eigener Flugnummer zu Zielen angeboten werden, die mit eigenem Fluggerät nicht angeflogen werden dürfen. Auch können eventuelle Ressourcenengpässe bei Slots und Gates durch Codeshare-Abkommen überwunden werden.
- **Verbesserung der Wirtschaftlichkeit:** Durch gemeinsame Vermarktung werden Strecken profitabler. Flüge von Operating Carriern profitieren von der Vermarktung durch den Codeshare-Partner. Häufig geht Codesharing mit einer Abstimmung der Flugpläne einher, wodurch der Wettbewerb zwischen den Codeshare-Partnern reduziert wird.
- Durch Codesharing wird ein **attraktiveres Produkt** angeboten. Kunden haben bessere Anschlüsse, Vielfliegerprogramme können auf Flügen mit dem Partner und Lounges des Partners genutzt werden. Meist besteht auch die Möglichkeit der „Durchabfertigung" mit Sitzplatzvergabe auch für Umsteigeverbindungen und eine durchgehende Gepäckbeförderung.
- Kleinere Fluggesellschaften können vom **Markennamen und Image** großer Carrier profitieren. Den größeren Airlines helfen Kostenvorteile der kleineren Partner zur flächendeckenden **Markterschließung**.
- Codeshare-Verbindungen ermöglichen **mehrmalige und verbesserte Darstellungen derselben Flüge in den Global Distribution Systems**. Verbindungen von Konkurrenten können auf hintere Plätze im Display verdrängt werden („Screen-Padding").

Als **Nachteil** des Codesharing ist insbesondere der erhöhte Koordinationsaufwand zu nennen. Die Netzwerke der Allianzpartner müssen miteinander verzahnt werden. Es ist zu berücksichtigen, dass Flugplanänderungen beim Allianzpartner Auswirkungen auf die Auslastung der eigenen Flugzeuge haben können. Codesharing führt immer zu einem teilweisen Kontrollverlust. Im Einzelfall sind beim Codesharing uneinheitliche Qualitätsstandards der Partner nachteilig für einen positiven Gesamteindruck der Reise aus Sicht der Kunden. Mittlerweile werden die Codeshare-Verbindungen von den Airlines offen kommuniziert, sodass die Passagiere im Vorhinein über den Operating Carrier informiert sind.

Tabelle 11.2: Codeshare-Abkommen von Low Cost Carriern[150]

Low Cost Carrier	Codeshare Partner	Jahr der Realisierung	Codeshare-Typ
Clickair (Spanien)	Iberia (Spanien)	2006	One-way freesale *
Gol (Brasilien)	Copa (Panama)	2005	Two-way blockspace
Jetstar (Australien)	Qantas (Australien)	2004	Two-way freesale
	Japan Airlines	2007	One-way freesale
Jet4You (Marokko)	Corsair (Frankreich)	2007	One-way freesale
Southwest (USA)	ATA Airlines	2005	Two-way freesale
Virgin Blue (Australien)	Malaysia Airlines	2006	One-way freesale
	United Airlines (USA)	2002	One-way blockspace
	Virgin Atlantic (GB)	2005	One-way freesale

Anmerkung: ATA Airlines hat den Flugbetrieb im April 2008 eingestellt.
* Lesebeispiel: Iberia verkauft unter IB-Flugnummer Sitzplätze auf Clickair im Freesale-Typ.

Da die Vorteile die Nachteile bei weitem überwiegen, ist Codesharing in der Airline-Branche seit Jahrzehnten sehr weit verbreitet. Innerhalb strategischer Allianzen, aber auch darüber hinaus werden auch heute noch immer wieder neue Abkommen geschlossen.

Ein neues Phänomen sind Codeshare-Abkommen zwischen Low Cost Carriern bzw. zwischen Low Cost Carriern und Network Carriern. Diese Entwicklung wurde 2005 von Southwest Airlines und ATA in den USA initiiert. Ausschlaggebend sind die auch von Low Cost Carriern erkannten Vorteile von Codeshare-Abkommen. Tabelle 11.2 zeigt Codeshare-Abkommen von Low Cost Carriern. Umsetzungsschwierigkeiten bereiten allerdings die IT-Systeme. Proprietäre Reservierungssysteme der Low Cost Carrier sind meist inkompatibel und verhindern damit den gegenseitigen Zugriff auf Kapazitäten. Sofern gleiche Systeme von Drittanbietern genutzt werden (Navitaire ist bspw. ein führender Anbieter von Reservierungssystemen für Low Cost Carrier), ist zu erwarten, dass Codeshare-Abkommen systemseitig ermöglicht werden.

---

[150] Quelle: Airline Business, September 2007, S. 64.

2.3 Strategische Allianzen

2.3.1 Historische Entwicklung und Begriffsbestimmung strategischer Allianzen im Luftverkehr

Strategische Allianzen sind eine der wichtigsten Kooperationsformen für Fluggesellschaften. Seit Mitte der 1990er Jahre ist eine sehr dynamische Entwicklung strategischer Allianzen im Weltluftverkehr festzustellen. Den Anfang machten bilaterale Allianzen zwischen zwei Gesellschaften. Heute prägen globale strategische Allianzen den weltweiten Linienverkehr, wobei eine globale Allianz dadurch gekennzeichnet ist, dass ihr mindestens eine größere Airline aus Europa, Nordamerika und Asien angehört.

Als erste globale Allianz wurde 1997 die Star Alliance gegründet. Im Jahr 1998 folgte oneworld und im Jahr 2000 Skyteam. Andere Allianzen wurden zwischenzeitlich wieder aufgelöst, Beispiele sind die Global Excellence oder die European Quality Alliance mit Swissair, Austrian Airlines, SAS und Finnair.

Allgemein sind Strategische Allianzen definiert als langfristige vertragliche Kooperationen zwischen rechtlich selbstständigen Unternehmen der gleichen Stufe der Wertschöpfungskette mit dem Zweck, die langfristige Wettbewerbsfähigkeit der Unternehmen durch die Erzielung strategischer Wettbewerbsvorteile zu sichern. Die Mitglieder einer strategischen Allianz geben ihre wirtschaftliche Autonomie zu Gunsten der übergreifenden Koordination teilweise auf. Strategische Allianzen beziehen sich in aller Regel nicht auf das Unternehmen als Ganzes, sondern lediglich auf bestimmte strategische Geschäftsfelder.[151]

In der Praxis werden strategische Allianzen als ein Instrument der strategischen Unternehmensführung verstanden. Die eigenen Ziele sollen effektiver und effizienter als im Alleingang erreicht werden. Damit alle Allianzpartner voneinander profitieren und ihre Wettbewerbsposition verbessern können, ist innerhalb der Allianz ein wechselseitiger Zugang zu den jeweiligen Erfolgspotenzialen zu ermöglichen. Jeder Allianzpartner verfolgt zunächst seine individuellen Ziele; ein eigenes Allianzziel bildet sich erst im Laufe der Partnerschaft durch gegenseitige Abstimmung heraus. Tabelle 11.3 stellt die begriffskonstituierenden Merkmale „strategischer Allianzen" in einer Übersicht dar.

---

[151] So sind beispielsweise die Allianzpartner im Geschäftsfeld Fracht eines Luftverkehrs-Konzerns teilweise nicht deckungsgleich mit denen des Passage-Geschäftsfeldes.

Tabelle 11.3: Begriffskonstituierende Merkmale „Strategischer Allianzen"

Begriffskomponente	Bedeutung
Strategisch	• Langfristige Ausrichtung des gemeinsamen Vorhabens • Geschäftsfeldbezug • Ausrichtung auf ein Ziel oder mehrere Ziele • Orientierung an Erfolgspotenzialen
Allianz	• Intraallianzbeziehungen im Spannungsfeld zwischen Kooperation und Wettbewerb • Gemeinsamer Außenauftritt • Rechtliche Selbstständigkeit • Teilweise eingeschränkte wirtschaftliche Selbstständigkeit • Koordination von Aktivitäten

Zieltypen bei strategischen Allianzen von Airlines sind absatzmarktgerichtete Effektivitäts- (Wirkungs-)ziele und unternehmensgerichtete Effizienzziele.

2.3.2 Kooperationsbereiche und Vorteile strategischer Allianzen

In Abbildung 11.4 sind die Kooperationsaktivitäten innerhalb strategischer Allianzen und die daraus resultierenden Vorteile für Kunden und Airlines dargestellt.

Vorteile für Kunden	Kooperationsbereiche	Vorteile für Airlines
./.	Codesharing	Erweiterte Marktpräsenz (Zugang zu neuen Märkten), Mehrerlöse durch gegenseitigen Vertrieb
Kürze Reisezeiten und verbessertes Flugplanangebot	Flugplanabstimmung	Reduktion internen Wettbewerbs und Produktverbesserung gegenüber Konkurrenz
./. (Nachteile durch höhere Marktmacht in Hubs)		Stärkung der Hubs
Steigende Attraktivität des FFPs	Gemeinsame Frequent Flyer Programs (FFPs)	Intensivere Kundenbindung
Zugang zu Lounges der Allianz-Partner und Verkürzung von Umsteigezeiten	Gemeinsame Nutzung von Airport Facilities und Schaffung gemeinsamer Abfertigungsbereiche	Kostenvorteile durch Economies of Scale
./.	Gemeinsame Marketing- und Vertriebs-Aktivitäten	Mehrerlöse und Kostenreduktion
Attraktivere Firmenverträge und günstigere Carriertarife zu mehr Destinationen	Abstimmung der Preis- und Konditionenpolitik	Mehrerlöse
Erhöhter Reisekomfort durch Durchabfertigung zu Partnerdestinationen	Abstimmung der Flughafenprozesse	./.
Bedürfnisadäquates Produkt- und Serviceangebot	Harmonisierung der Produkt- und Servicestandards	./.
./.	Gegenseitige Nutzung der Stärken	Nutzung des Partner.Know Hows und -Images
./.	Koordination der Beschaffungsaktivitäten	Reduktion von Einkaufspreisen durch Bündelung von Einkaufsmacht
./.	Abstimmung von Geschäftsprozessen	Senkung der Produktionskosten

Abbildung 11.4: Kooperationsbereiche und Vorteile strategischer Allianzen

Für Kunden ist insbesondere der Vorteil verbesserter, umfassender Flugpläne mit mehr Flugverbindungen und kürzeren Umsteigezeiten relevant. Durch die Abstimmung der Flugpläne bestehen vielfältige Möglichkeiten, Zielorte über die Hubs der Allianzmitglieder zu erreichen. Umgekehrt stellt sich häufig die Situation von Kunden dar, die zentrale Verbindungen (z. B. zwischen zwei Allianz-Hubs) nutzen. Durch Hubdominanz und Flugplanabstimmung im Hub des lokalen Allianzmitglieds werden Alternativen zum Nachteil der Kunden reduziert. Die Flugplanabstimmung geht in strategischen Allianzen mit einem umfassenden Codesharing einher.

Ein wesentlicher Kooperationsbereich sind auch die Frequent Flyer Programs (FFPs)[152]. Eine gegenseitige Anerkennung der FFPs durch die Allianzmitglieder erhöht die Attraktivität aus Kundensicht und intensiviert die Kundenbindung. In strategischen Allianzen werden Airport Facilities gemeinsam genutzt und Abfertigungsbereiche zueinander gerückt („move under one roof"). Kunden profitieren, indem sie Zugang zu den Lounges aller Allianzmitglieder erhalten und kurze Umsteigezeiten haben. Die Airlines realisieren Economies of Scale. Gemeinsame Marketing- und Vertriebsaktivitäten ermöglichen Mehrerlöse und Kostenreduktion. Hier sind eine gemeinsame Nutzung von Verkaufsbüros und Call Centern sowie die gemeinsame Betreuung von Reisebüros und Firmenkunden geläufig. Eine abgestimmte Preis- und Konditionenpolitik ermöglicht die Realisierung von Mehrerlösen. Aus Kundensicht ist das größere Angebot mit günstigen Carriertarifen vorteilhaft, für Firmenkunden sind die attraktiveren Firmenverträge relevant. Die Abstimmung der Flughafenprozesse führt zu einem höheren Reisekomfort (z. B. durch die Durchabfertigung) für die Kunden. Die Harmonisierung der Produkt- und Servicestandards beurteilen Kunden i.d.R. positiv, da Qualitätsbrüche in der Reisekette reduziert werden. Vorteilhaft für Airlines wirken sich die gegenseitige Nutzung der Stärken innerhalb einer Allianz aus, mit denen die Schwächen anderer Allianzmitglieder kompensiert werden können. Im Bereich der Beschaffung können Kostenvorteile durch koordinierte Beschaffungsaktivitäten realisiert werden. Allgemein lassen sich durch die Abstimmung der Geschäftsprozesse Kostensenkungen realisieren. Es ist jedoch darauf hinzuweisen, dass Kostensenkungsbemühungen in strategischen Allianzen an eng gesteckte Grenzen stoßen. Aus diesem Grunde genießen derzeit Fusionen und Akquisitionen eine höhere Priorität als früher.

Strategische Allianzen bringen jedoch für die Airlines auch Probleme mit sich: Notwendige Investitionen führen zu meist schwer prognostizierbaren und häufig asymmetrisch verteilten Nutzeneffekten. Daher unterbleiben notwendige Investitionen häufig. Allianzbindungen sind zudem häufig schwer revidierbar. Mit zunehmender Integrationstiefe wird es immer schwerer, sich aus einer gewählten Allianz zu lösen. Die unternehmerische Flexibilität wird dadurch erheblich eingeschränkt, dies führt zu gestiegenen Opportunitätskosten. Last but not least sind die oftmals bürokratischen Abstimmungs- und Entscheidungsprozesse, bei denen eine große Zahl von Allianzmitgliedern einzubinden ist, zu beklagen.

Die beschriebenen Nachteile führen unter anderem dazu, dass sich einige Airlines strategischen Allianzen verweigern und Alleingänge präferieren. Namhafte Airlines ohne Allianzanbindung sind bspw. Emirates, Etihad oder Qatar Airways. Air Berlin ist keiner der globa-

---

[152] Siehe hierzu auch Kapitel XIV.

len Luftverkehrsallianzen angeschlossen, ist aber eine enge Partnerschaft mit dem österreichischen Low Cost Carrier Niki eingegangen.

2.3.3 Globale Allianzsysteme im Überblick

Gegenwärtig können, wie bereits erwähnt, drei strategische Allianzen im Luftverkehr als globale Allianzen bezeichnet werden:

- Star Alliance
- Oneworld
- SkyTeam

Tabelle 11.4, Tabelle 11.5 und Tabelle 11.6 stellen die drei globalen Allianzsysteme mit ihren Mitgliedern, Allianzbeitrittsdatum und Größe der Airlines dar. Es ist zu bedenken, dass Airline-Allianzen immer noch Veränderungen unterworfen sind. Die Darstellung in diesen Tabellen ist daher als Momentaufnahme zu verstehen.

Star Alliance
Die ersten Schritte in Richtung einer strategischen Allianz wurden schon 1992 gegangen. Erste Verbindungen bestanden in mehreren bilateralen Codeshare-Abkommen, z. B. zwischen Air Canada und United Airlines sowie zwischen VARIG und Lufthansa. Von Bedeutung war die Erteilung der Antitrust-Immunity für die Partnerschaft zwischen Lufthansa und United Airlines durch das U.S. Department of Transportation im Jahre 1996, die kurze Zeit später unter Einbeziehung von SAS zur trilateralen Antitrust-Immunity ausgeweitet wurde. Die Gründung der Star Alliance erfolgte 1997 mit den Gründungsmitgliedern Air Canada, Lufthansa, SAS, Thai Airways International und United Airlines.

Abbildung 11.5 zeigt die globale Präsenz der Star Alliance anhand der wichtigsten Hubs der Allianz-Airlines.

2 Formen von Unternehmensverbindungen

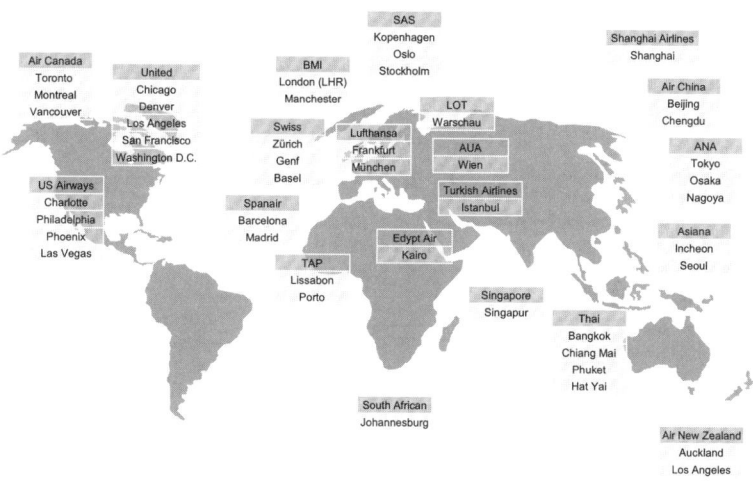

Abbildung 11.5: Hubs der Star Alliance-Mitglieder (Stand Dezember 2008)

Oneworld

1998 wurde von den Fluggesellschaften American Airlines, British Airways, Canadian Airlines, Cathay Pacific und Qantas die Allianz Oneworld gegründet. Nach Übernahme von Canadian Airlines durch Air Canada im März 2000 schied Canadian aus der Allianz Oneworld im Sommer 2000 aus. Ein großer Wettbewerbsnachteil von Oneworld im Vergleich zur Star Alliance ist die noch immer fehlende Antitrust-Immunität der beiden wichtigen Allianzmitglieder American Airlines und British Airways, die jedoch evtl. bald erteilt werden könnte.

Skyteam

Initiatoren der Skyteam-Allianz waren Delta Air Lines und Air France, die bereits 1999 eine Partnerschaft eingingen. Unter dem Namen Skyteam tritt die Allianz seit 2000 mit weiteren Partnern Aeromexico und Korean Air auf. Als nächste Partner stießen 2001 Alitalia und CSA Czech Airlines hinzu. Mittlerweile sind durch die Air France-KLM-Fusion auch KLM und Northwest Airlines zugehörig. KLM und Northwest gründeten bereits 1989 eine Allianz mit dem Namen „Wings". Die beiden Airlines erhielten als erste die Antitrust-Immunity.

Tabelle 11.4: Globale strategische Allianzen im Überblick - Star Alliance[153]

Strategische Allianz bzw. Airline	Beitrittsdatum	RPK (in Mio.)	Passagiere (in Mio.)	Passageumsatz (in Mio. US $)
Star Alliance				
Air Canada	1997	74.601	33	10.157
Air China	2007	66.986	35	6.770
Air New Zealand	1999	26.874	13	2.965
All Nippon Airways	1999	61.224	50	13.102
Asiana Airlines	2003	23.482	14	3.934
Austrian Airlines	2000	20.050	11	3.510
bmi	2000	5.542	5	2.049
Egyptair	2008	14.092	7	1.218
LOT Polish Airlines	2003	7.288	4	1.086
Lufthansa	1997	117.656	56	30.849
Scandinavian	1997	30.882	27	8.044
Shanghai Airlines	2007	11.640	9	1.546
Singapore Airlines	2000	91.485	19	10.872
South African Airways	2006	23.349	7	3.149
Spanair	2003	12.244	11	
Swiss	2006	25.852	13	
TAP Portugal	2005	19.224	8	2.642
Thai Airways	1997	60.305	20	5.669
Turkish Airlines	2008	28.969	19	3.681
United Airlines	1997	188.857	68	20.143
US Airways	2004	98.571	58	11.700
Adria Airways	2004	1.185	1	249
Blue1	2004	1.447	2	
Croatia Airlines	2004	1.303	2	274
Summe		1.013.108	491	143.609
Anteil		22,6 %	20,9 %	26,3 %
Air India		31.755	14	3.700
Ethiopian Airlines		7.244	2	753
TAM		33.500	28	4.381
Anteil (falls o. g. Airlines beitreten)		24,2 %	22,8 %	27,9 %

---

[153] Entnommen aus: Airline Business September 2008, S. 38.

Tabelle 11.5: Globale strategische Allianzen im Überblick - oneworld[154]

Strategische Allianz bzw. Airline	Beitrittsdatum	RPK (in Mio.)	Passagiere (in Mio.)	Passageumsatz (in Mio. US $)
oneworld				
American Airlines	1998	222.719	98	22.935
British Airways	1998	112.946	33	17.602
Cathay Pacific	1998	81.801	23	9.661
Finnair	2000	20.304	9	3.001
Iberia Airlines	2000	54.229	27	7.617
Japan Airlines	2007	85.888	47	19.641
LAN Airlines	2000	24.001	11	3.525
Malev	2007	4.486	3	850
Qantas Airways	1998	97.622	36	11.975
Royal Jordanian	2007	6.545	2	768
Air Nostrum (Iberia Regional)	2000	3.038	6	931
American Eagle	1998	13.422	19	
Ba Cityflyer	2007	332	1	
Japan Transocean Air	2007	1.923	3	
Summe		729.256	318	98.506
Anteil		16,3 %	13,5 %	18,0 %
Mexicana	2009	14.498	8	2.000
Anteil (falls o. g. Airlines beitreten)		16,6 %	13,9 %	18,4 %

---

[154] Entnommen aus: Airline Business September 2008, S. 40.

Tabelle 11.6: Globale strategische Allianzen im Überblick - Skyteam[155]

Strategische Allianz bzw. Airline	Beitrittsdatum	RPK (in Mio.)	Passagiere (in Mio.)	Passageumsatz (in Mio. US $)
Skyteam				
Aeroflot Russian	2006	24.675	8	3.025
Aeromexico	2000	15.650	8	1.628
Air France – KLM Gp	2000	207.227	75	34.434
Alitalia	2001	38.832	25	6.669
China Southern	2007	81.172	57	7.188
Continental Airlines	2004	135.655	51	14.232
CSA Czech Airlines	2001	7.789	6	1.202
Delta Air Lines	2000	196.403	109	19.154
Korean Air	2000	55.354	23	9.496
Northwest Airlines	2004	117.335	54	12.528
Air Europa	2007	14.408	9	1.572
Copa Airlines	2007	7.940	2	1.027
Kenya Airways	2007	7.724	3	916
Summe		910.164	429	113.071
Anteil		20,3 %	18,3 %	20,7 %
Middle East Airlines		2.236	1	414
TAROM		2.193	2	370
Vietnam Airlines		12.930	7	1.224
Anteil (falls o. g. Airlines beitreten)		20,7 %	18,7 %	21,1 %

Vergleicht man die Netzwerke der drei globalen strategischen Allianzen zeigt sich das in Tabelle 11.7 dargestellte Bild. Die drei globalen Allianzen erreichten im Jahre 2008 – gemessen an ihrer Beförderungskapazität in Available Seat Kilometers – einen Marktanteil von 57,4 %. Im interkontinentalen Luftverkehr lag der Marktanteil deutlich höher: Im Europa-Asien-Verkehr bei 80,4 %, im Nordamerika-Asien-Verkehr bei 85,4 %, im Europa-Nordamerika-Verkehr bei 81,6 % und im Nordamerika-Lateinamerika-Verkehr bei 74,2 %.

---

[155] Entnommen aus: Airline Business September 2008, S. 40.

2 Formen von Unternehmensverbindungen

Tabelle 11.7: Netzwerkvergleich der globalen strategischen Allianzen [156]

	Star Alliance	Oneworld	Skyteam	Summe
Destinationen	959	645	903	
Destinations-Überschneidung (Destinationen, die von mehreren Allianzpartnern bedient werden)	426	189	418	
Länder	162	134	162	
Frequenzen	124.000	59.000	99.000	
ASK (in Mrd.)	27,2	18,0	21,9	67,1
Marktanteil	23,2 %	15,4 %	18,7 %	57,4 %
Regionaler Aufriss				
Europa-Asien				
ASK (in Mio.)	3.266	1.882	1.480	6.628
Marktanteil	39,6 %	22,8 %	18,0 %	80,4 %
Nordamerika - Asien				
ASK (in Mio.)	1.891	1.132	1.405	4.429
Marktanteil	36,5 %	21,8 %	27,1 %	85,4 %
Europa - Nordamerika				
ASK (in Mio.)	3.494	2.176	3.750	9.420
Marktanteil	30,3 %	18,9 %	32,5 %	81,6 %
Nordamerika - Lateinamerika				
ASK (in Mio.)	273	1.045	575	1.893
Marktanteil	10,7 %	41,0 %	22,5 %	74,2 %

Legende: Linienflüge im Sommer 2008 (September). Destinationen = Airports.

2.3.4 Management des Allianzprozesses

Strategische Allianzen sollten in einem strukturierten Prozess konzipiert, verhandelt und geführt werden. Ein strukturierter Allianzprozess weist fünf Stufen auf (siehe dazu auch Abbildung 11.6):

- Grundlagen zur Allianzstrategie (Allign the alliance strategy): Es ist darauf zu achten, dass sich die Allianzstrategie mit der Unternehmensstrategie deckt. Alternative Optionen zur Realisierung des Unternehmenswachstums (insbesondere Alleingang oder Fusionen

---

[156] Entnommen aus Airline Business September 2008, S. 37.

und Akquisitionen) sind zu prüfen und gegenüber der Option strategische Allianz abzuwägen.

- Suche potentieller Allianzpartner (Conduct a partner search): Hier ist darauf zu achten, dass die volle Bandbreite potentieller Partner evaluiert wird. Potentielle Partner sind detailliert und objektiv zu bewerten. In strategischer, finanzieller und kultureller Hinsicht ist ein möglichst hoher „fit" anzustreben (siehe hiezu auch die Kriterien in Tabelle 11.8).

- Verhandlung des Allianzvertrags (Negotiate the deal): In dieser Phase sind die Entwicklung von Verhandlungszielen und die Festlegung einer sogenannten „Exitstrategie" wichtig.

- Steuerung der Allianz (Manage the alliance): Es ist darauf zu achten, dass die Allianzorganisation mit der Organisation des eigenen Unternehmens kompatibel ist und dass Managementverantwortlichkeiten klar benannt sind. Ebenso ist ein Monitoring der Allianzleistung zu etablieren.

- Bewertung der Allianzleistung (Evaluate performance): Auf Basis des Monitoring hat eine Bewertung der realisierten Vor- und Nachteile aufgrund der Allianzzugehörigkeit zu erfolgen. Auch ein Strategie-Audit, bei dem u. a. die Prämissen der Allianzstrategie geprüft werden, ist zu etablieren. Schließlich sind in aller Regel Anpassungsmaßnahmen einzuleiten, im Extremfall ist der Ausstieg zu prüfen.

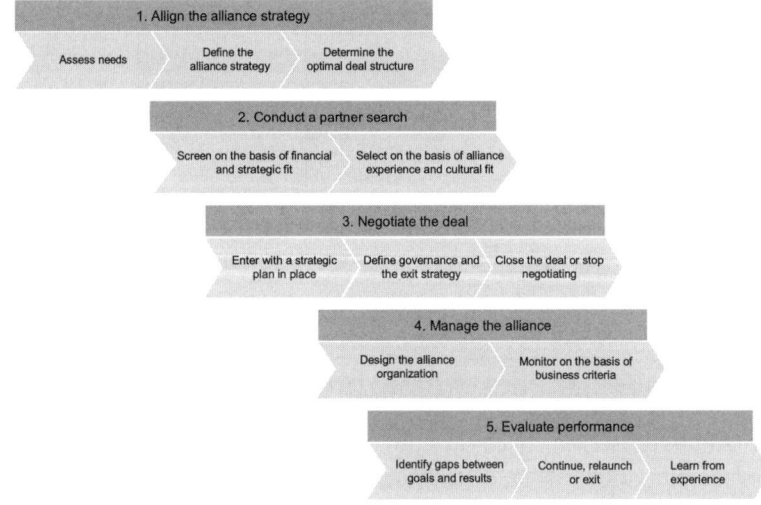

Abbildung 11.6: Strukturierter Prozess des Allianz-Managements[157]

Besonders bedeutsam ist die Phase der Partnerauswahl. Hier ist die Nutzung eines Scoring-Modells vorteilhaft, das die in Tabelle 11.8 gezeigten Kriterien enthält.

---

[157] In Anlehnung an Boston Consulting Group (2005), S. 20.

2 Formen von Unternehmensverbindungen

Tabelle 11.8: Kriterienraster zur Beurteilung potentieller Allianzpartner[158]

Firmendaten	Flotte	Verkehrssystem	Märkte
• Name, Brand • Ansprechpartner • Mitarbeiter • Eigentümerstruktur • Finanzielle Situation	• Anzahl Flugzeuge • Muster/Alter • Konfiguration • Verhältnis Kurz-/Langstrecke	• Zielorte • Hubs (Lage/Knoten/ Restriktionen) • Netzergänzung/ Überlappung • Wettbewerbsposition • Verkehrsrechte	• Heimatmarkt (Größe/ Marktanteil) • Marktwachstum • Verkehrsanteil • O & D-Analyse • Interlining mit eigener Airline
Vertrieb und Marketing	Produkt	Profitabilität	Allianzen und Strategie
• Vertriebskanäle • Pricingverhalten • Kundengruppen	• Marken- und Qualitätsimage • Bordprodukt • Safety Audit • Pünktlichkeit • FFP-Stärke	• Kostenstruktur • Erlösstruktur • Produktivität • Operatives Ergebnis	• Derzeitige Allianzzugehörigkeit • „Verträglichkeit" mit derzeitigen Partnern der Allianz • Konzernaspekte der eigenen Airline (Cargo, Technik etc.)

Beim Verkehrssystem ist insbesondere zu prüfen, ob sich die Lage des Hubs des potentiellen Allianzpartners in das bestehende Hub-Gefüge in verkehrsgeographischer Hinsicht zum gegenseitigen Nutzen einfügt. Die Hubs der Allianzpartner sollten mit den relevanten Verkehrsströmen harmonieren. Abbildung 11.7 zeigt die mögliche Streckenführung für einen Passagier, der von ATH nach MOW reisen möchte. Sofern kein Nonstop-Flug angeboten wird, sollte die Umsteigeverbindung über einen Hub eine möglichst kurze Reisezeit beinhalten, der Passagier sollte also keinen größeren Umweg zurücklegen müssen. Aus Sicht von oneworld ist diesbezüglich der Hub Helsinki (Finnair) deutlich besser gelegen als der Hub Madrid (Iberia) oder der Hub London (British Airways). Wenn oneworld Verkehrsströme wie ATH – MOW erschließen möchte, ist Finnair als Partner attraktiver als Iberia. Finnair würde hier etwa gleich attraktive Reisewege wie die Star Alliance mit den Hubflughäfen Wien, Frankfurt und München bieten.

---

[158] In Anlehnung an Deutsche Lufthansa AG.

Abbildung 11.7: Geographische Lage von Hubs und Reisewege von Passagieren

Beim Verkehrssystem ist ebenfalls die Netzergänzung/Überlappung wichtig. Eine Zusammenarbeit macht besonders Sinn, wenn die Partner wenige Überschneidungen in ihren bedienten Routen haben, jedoch viele Destinationen zusammen anfliegen. Es sind starke Synergien auf den Gebieten der gemeinsamen Nutzung von Flughafeneinrichtungen und Distributionssystemen zu erzielen. Die Vielzahl zusätzlicher Anschlussverbindungen begünstigt eine Optimierung des Netzwerkes.

2.3.5 Weiterentwicklung strategischer Allianzen

In den globalen strategischen Allianzen ist die Suche nach weiteren Partnern noch nicht beendet, da z. B. nicht alle Regionen durch die jeweiligen Allianzen zufrieden stellend abgedeckt werden. Lücken bestehen insbesondere in den rasch wachsenden Emerging Markets China, Indien, Russland und im Nahen Osten.

Der Koordinationsaufwand innerhalb der Allianz steigt mit wachsender Mitgliederzahl. Um die Koordination zu ermöglichen, werden eigens geschaffene Allianz-Managementteams etabliert. Bei der Star Alliance koordiniert ein Team von rund 70 Personen die Weiterentwicklung der Allianz, bei oneworld sind es 25 Mitarbeiter. Bereits dieser Unterschied in der Größe des Koordinationsteams deutet an, dass die Star Alliance auf eine tiefere Integration der Geschäftsprozesse zielt als oneworld.

Abbildung 11.8 zeigt die weiteren Evolutionsstufen nach strategischen Allianzen. Man geht davon aus, dass die Ausschöpfung der theoretisch möglichen Synergien bei strategischen Allianzen bei nur etwa 30 % liegt. Das liegt daran, dass lediglich Erlössynergien ausgeschöpft werden. Erst durch Joint Ventures, Fusionen und Akquisitionen gelingt auch die Ausschöpfung von Kostensynergien.

2 Formen von Unternehmensverbindungen

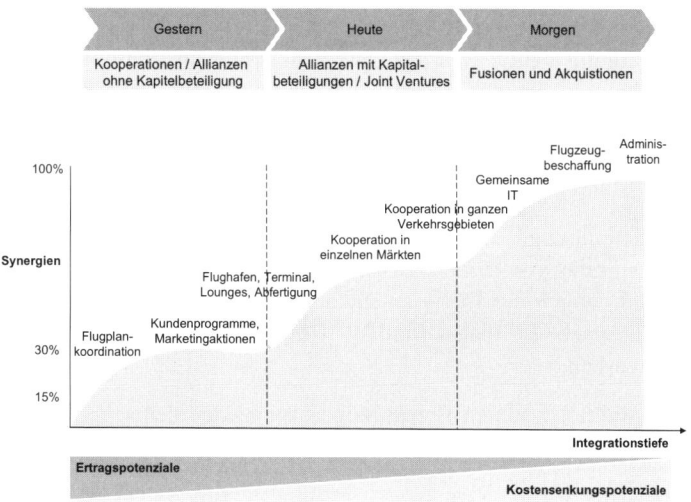

Abbildung 11.8: Zukünftige Evolutionsstufen strategischer Allianzen[159]

2.4 Beteiligungen und Joint Ventures

Bei einer **Beteiligung** erwirbt ein Unternehmen Anteile an einem anderen Unternehmen. Die wirtschaftliche Selbstständigkeit des erworbenen Unternehmens kann zugunsten der übergeordneten Wirtschaftseinheit eingeschränkt oder ganz aufgegeben werden. Der Umfang der Beteiligung liegt im Bereich von > 0 % bis 100 % der Anteile. Wichtige Schwellenwerte sind 25 % (Sperrminorität) und 50 % (Mehrheitsanteil). Bei einem Erwerb von 100 % der Anteile spricht man von einer Akquisition (acquisition) bzw. Übernahme (siehe dazu auch Tabelle 11.1).

Beteiligungen sind möglich in horizontaler, vertikaler und diagonaler Form. Bei einer horizontalen Beteiligung werden Anteile von Unternehmen der gleichen Wertschöpfungsstufe erworben. Auf diese Fälle ist im Weiteren vertieft eingegangen. Beim Erwerb von Anteilen von Unternehmen vor- oder nachgelagerter Wertschöpfungsstufen handelt es sich um eine vertikale Beteiligung. Als Beispiel sei die Beteiligung von Airlines an Global Distribution Systems genannt. Die ebenfalls vertikale Beteiligung von Airlines an (teil-)privatisierten Flughäfen dient unter anderem der besseren Durchsetzung der eigenen Interessen (so besitzt die Lufthansa rund 10 % der Fraport Aktien). Bei diagonalen Beteiligungen werden Anteile von Unternehmen anderer Branchen erworben, die Zielsetzung besteht meist in einer Risikostreuung.

---

[159] Vgl. Koch (2005).

Minderheitsbeteiligungen an anderen Airlines sind im Luftverkehr weit verbreitet. Durch den Erwerb einer Beteiligung sichert sich das Unternehmen ein institutionalisiertes Mitspracherecht bei strategischen Entscheidungen. In der Vergangenheit war aufgrund restriktiver Luftverkehrsabkommen auf internationaler Ebene oftmals nur eine Minderheitsbeteiligung möglich. Im Zuge der Öffnung der internationalen Märkte, kommt es in Europa in zunehmendem Maße zu einem vollständigen Anteilserwerb.

Interkontinentale Beteiligungen sind im Luftverkehr bislang die Ausnahme. Beispielhaft sei auf die frühere Beteiligung von British Airways an Qantas oder auf die ebenfalls mittlerweile aufgegebenen Beteiligungen der Iberia an südamerikanischen Airlines hingewiesen. Im Januar 2008 hat die Deutsche Lufthansa rund 19 % der Anteile des US-amerikanischen Billigfliegers JetBlue erworben.

Tabelle 11.9 zeigt die horizontalen Beteiligungen der beiden deutschen Luftverkehrsgesellschaften Lufthansa und Air Berlin an ausländischen Airlines (Stand Dezember 2008).

Tabelle 11.9: Anteile von Lufthansa und Air Berlin an ausländischen Airlines[160]

	Airline	Anteil
Lufthansa	Air Dolomiti (Italien)	100 %
	Swiss (Schweiz)	100 %
	bmi (Großbritannien)	30 %
	Luxair (Luxemburg)	14,44 %
	Jet Blue (USA)	19 %
	Austrian Airlines (Österreich)	100 % (geplant)
Air Berlin	Belair (Schweiz)	49 %
	Niki (Österreich)	24,9 %

Joint Venture bezeichnet ein rechtlich selbständiges Gemeinschaftsunternehmen, das durch zwei voneinander unabhängige Unternehmen gegründet oder erworben wird. Gemeinsame Aufgaben sollen im Interesse der Gesellschaftsunternehmen besser erfüllt werden. Ein Beispiel für ein Joint Venture ist die 1989 als Gemeinschaftsunternehmen von Turkish Airlines und Lufthansa gegründete Ferienfluggesellschaft SunExpress. Zahlreiche Joint Ventures existieren darüber hinaus im Bereich der Wartung/Instandhaltung (MRO).

Erfolgreiche Joint Ventures sind auch die elektronischen Vertriebssysteme. Die Global Distribution Systems Amadeus und Galileo wurden bspw. jeweils von mehreren Airlines gemeinsam gegründet. Mittlerweile (Stand Dezember 2008) halten Luftverkehrsgesellschaften nur noch eine Minderheitsbeteiligung an Amadeus, Galileo ist ebenfalls nicht mehr im Besitz von Airlines. Vor dem Hintergrund einer zunehmenden Bedeutung des Vertriebsweges Internet gründeten 2001 neun europäische Fluggesellschaften ein gemeinsames Online-Reisebüro unter dem Markennamen Opodo („Opportunity to do"). Das Leistungsspektrum

---

[160] Datenquellen: www.lufthansa.com und www.airberlin.com.

umfasst die Buchbarkeit von 700 Airlines, mehr als 80.000 Hotels sowie Autovermietungen an über 7.000 Standorten (Stand Dezember 2008). Opodo soll Reiseportalen wie Travelocity und Expedia Marktanteile streitig machen und deren Vertriebsmacht begrenzen. Zu einem ähnlichen Zweck wurde bereits 1999 von United Airlines, Delta Air Lines, Northwest Airlines, Continental Airlines und später American Airlines das Portal Orbitz gegründet.

2.5 Übernahmen und Fusionen

Fusionen im engen Sinn bezeichnen die Verschmelzung von zwei oder mehr Unternehmen. Sie können in Form der Verschmelzung durch Neubildung oder der Verschmelzung durch Aufnahme erfolgen. Bei der Verschmelzung durch Neubildung geben zwei oder mehrere Unternehmen ihre Selbstständigkeit auf und bilden ein neues Unternehmen. Bei der Verschmelzung durch Aufnahme wird das Vermögen des einen Unternehmens auf das andere Unternehmen übertragen. Mittlerweile wird der Begriff Fusion oftmals auch weiter gefasst und bezeichnet auch Unternehmenszusammenschlüsse, bei denen die beteiligten Unternehmen ihre rechtliche Selbstständigkeit behalten und lediglich ein Partner seine wirtschaftliche Selbstständigkeit verliert (Akquisition bzw. Übernahme).

Als **Vorteil** einer Fusion gilt, dass das Synergiepotential der beteiligten Unternehmen maximal genutzt wird. Der Zugang zu allen betrieblichen Ressourcen steht unmittelbar offen. Im Luftverkehr wären bspw. die Erweiterung der Streckenrechte, der Slots und der Flotte und somit eine direkte Expansionsmöglichkeit der fusionierenden Fluggesellschaften möglich. Die durch eine Fusion ermöglichte sprunghafte Erhöhung der Betriebsgröße ist durch internes Wachstum nur über einen längeren Zeitraum realisierbar. Ein wie bei Kooperationen relativ langwieriger Abstimmungsprozess zwischen noch selbstständigen Unternehmen ist nicht erforderlich. Konsequenz einer Fusion ist die Reduktion der Wettbewerbsintensität durch das Wegfallen des übernommenen Unternehmens als Marktteilnehmer bzw. Konkurrent. Es ist außerdem zu berücksichtigen, dass die Strategiedurchsetzung bei Akquisitionen und Fusionen erleichtert wird, da langwierige Überzeugungsarbeit und Verhandlungen entfallen. Ein besonders wichtiger Vorteil ist, dass Kostensenkungsmaßnahmen in erheblichem Ausmaß realisiert werden können, indem Unternehmensbereiche zusammengelegt und redundante Organisationseinheiten aufgelöst werden.

Als **Nachteil** wirkt sich beim Anteilserwerb an anderen Unternehmen ein evtl. hoher Kapitalbedarf aus. Bereits die Prüf- und Bewertungsverfahren sind zeit-, arbeits- und kostenintensiv. Durch mitbietende Unternehmen können Akquisitionskosten weiter in die Höhe getrieben werden. Fusionen bringen das Risiko mit sich, dass erhoffte Rationalisierungsmöglichkeiten und Effizienzsteigerungen nur geringfügig oder gar nicht eintreten.

Gerade in Übergangsphasen sind Fusionen mit größeren innerbetrieblichen Problemen hinsichtlich der Anpassung von Organisationsstrukturen, Vergütungsmodellen und der Mitarbeiterzahl verbunden. Insbesondere bei Zusammenschlüssen von Fluggesellschaften aus Ländern mit unterschiedlichen Wirtschafts-, Sozial- und Kultursystemen kann es zu negativen Auswirkungen kommen. Die Abstimmung verschiedener Unternehmenskulturen aufeinander kann problematisch sein. Charakteristisch für Akquisitionen und Fusionen sind nicht selten hohe Unsicherheit, geringe Erfahrung und ein großes Überraschungspotential. Gerade in der Zeit unmittelbar nach einem Zusammenschluss befassen sich Unternehmen nicht selten mehr mit sich selbst als mit dem eigentlichen Marktgeschehen.

Fusionen sind kaum bzw. nur unter Inkaufnahme hoher Kostenbelastungen revidierbar. Die Unumkehrbarkeit von Entscheidungen zum Anteilserwerb kann bei sich ändernden Strukturen und Marktbedingungen Wettbewerbsnachteile nach sich ziehen, wenn z. B. Überkapazitäten geschaffen werden, die in nachfrageschwächeren Zeiten nicht rasch abgebaut werden können.

Akquisitionen und Fusionen finden seit längerer Zeit auf nationaler Ebene statt. In jüngster Zeit ist eine deutliche Zunahme grenzüberschreitender Akquisitionen und Fusionen zu beobachten (siehe Tabelle 11.10).

Tabelle 11.10: Ausgewählte nationale und grenzüberschreitende Akquisitionen und Fusionen seit 2001

Jahr	Akquisition bzw. Fusion
2001	JAL und Japan Air System American Airlines und TWA SAS und Braathens Austrian Airlines und Lauda Air Diverse M&As in China
2002	easyJet und Go
2003	Ryanair und Buzz
2004	Alitalia und Gandalf Airlines Air France und KLM
2005	US Airways und America West Virgin Express und SN Brussels (zu Brussels Airlines) Lufthansa und Swiss
2006	Cathay Pacific und Dragonair Air Berlin und dba flybe und BA Connect
2007	Air India und Indian Airlines Air Berlin und LTU Air France-KLM und VLM (Belgien)
2008	Delta Air Lines und Northwest Airlines easyJet und GB Airways

In der Vergangenheit waren eine Reihe von problematischen Akquisitionen zu beobachten. Bei der SAir Group führten die Akquisitionen gar zum Konkurs.[161] Fluggesellschaften wie

---

[161] Bis 1997 firmierte der Konzern unter dem Namen Swissair, danach als SAir-Group und ab 2001 bis zum Konkurs als Swissair Group.

2 Formen von Unternehmensverbindungen

Air Liberté, AOM, Air Littoral, Sabena und LTU, an denen sich Swissair beteiligte, flogen größtenteils Verluste ein, die durch Swissair nicht mehr ausgeglichen werden konnten. In den 1990er Jahren war die herrschende Meinung, dass Kooperationen sinnvoller als Akquisitionen sind.

Erst in den letzten Jahren gewann die Einschätzung wieder Oberhand, dass für ein profitables Überleben der Airlines Akquisitionen und Fusionen unumgänglich sein werden. Der in jüngster Zeit stark zugenommene Kostendruck zwingt Airlines dazu, Kostensynergien durch Akquisitionen und Fusionen zu heben.

Eine empirische Erhebung von Iatrou/Oretti unter den Leitern von Allianz- und Marketingbereichen zeigt, dass 75 % der Befragten davon überzeugt sind, dass die **Konsolidierung** in der Airline-Branche langsam aber unaufhaltsam zunimmt. 13 % der Befragten sind gar der Überzeugung, dass starke Kräfte zu Gunsten einer stärkeren Konsolidierung wirken. Tabelle 11.11 zeigt, dass eine Reihe von unternehmerischen Zielen nach Einschätzung der Befragten besser mit Fusionen als mit Allianzen erreicht werden kann.

Tabelle 11.11: Vorteile von Fusionen gegenüber Allianzen im Luftverkehr[162]

Benefits	Alliance	Merger*	Benefits	Alliance	Merger*
Corporate planning synergies	12 %	88 %	Network optimization	32 %	64 %
Financial synergies	12 %	84 %	Economies of density	32 %	60 %
Maintenance synergies	18 %	76 %	Marketing synergies	34 %	60 %
IT synergies	21 %	76 %	Economies of scope	40 %	49 %
Economies of scale	21 %	72 %	Hubbing	43 %	47 %
Purchasing synergies	28 %	64 %	New market growth	52 %	38 %

*Cross-boarder mergers

Besondere Bedeutung für den europäischen Luftverkehr besitzen die grenzüberschreitenden Zusammenschlüsse von Air France und KLM sowie von Lufthansa und Swiss.

Bei Air France-KLM wurde ein Airlinekonzern mit einheitlicher Führung unter Beibehaltung zweier Airline-Marken geschaffen. Als Problem erwies sich die übliche Bestimmung in bilateralen Verkehrsabkommen, dass sich die jeweils designierte Airline im Besitz von Staatsangehörigen des Vertragsstaates befinden muss. Da sich die neue Gesellschaft Air France-KLM mehrheitlich in französischem Besitz befindet[163], wäre eine sofortige Übernahme von KLM mit der Gefahr eines Verlustes von Verkehrsrechten verbunden gewesen. Die Wahrung der Verkehrsrechte von KLM gelang mit der in Abbildung 11.9 dargestellten Interims-Organisationsstruktur, bei der sich die Mehrheit von KLM (zumindest formal) in

---

[162] Vgl. Iatrou/Oretti (2007), S. 193ff. Die empirische Erhebung unter den Leitern der Allianz- und Marketingbereiche von 32 Airlines der Star Alliance, der oneworld und des Skyteam wurde im Zeitraum Dezember 2005 bis März 2006 durchgeführt.

[163] Air France war der deutlich größere Partner bei diesem Zusammenschluss, sodass die ehemaligen Air France Eigentümer auch die Mehrheit an der neuen Gesellschaft erhielten.

niederländischem Besitz befand. Nach der Neuverhandlung aller Verkehrsrechte wurde die volle Übernahme der KLM-Anteile durch Air France-KLM möglich. Die Holding Gesellschaft Air France-KLM mit Sitz in Paris verfügt seitdem sowohl über 100 % der Air France Anteile als auch über 100 % der KLM Anteile.

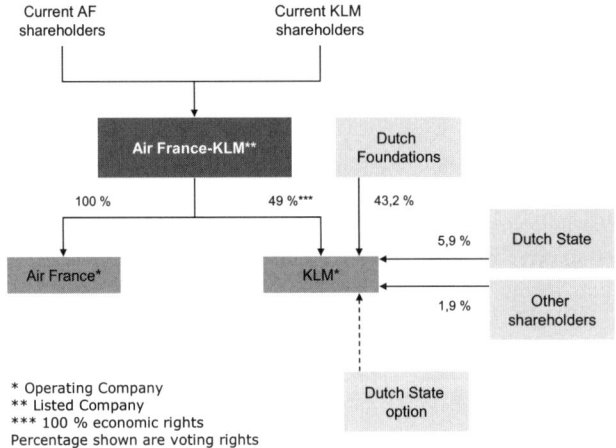

Abbildung 11.9: Vorläufige Air France-KLM post-merger Organisationsstruktur

Im Fall der Übernahme der Swiss durch die Deutsche Lufthansa wurde zur Wahrung der Verkehrsrechte ebenfalls eine Übergangskonstruktion gewählt, bei der die Anteile der Swiss bis zum Abschluss der Neuverhandlungen der Verkehrsrechte bei einer speziell zu diesem Zweck gegründeten Schweizer Stiftung lagen. Erst danach kam es zur vollständigen Übernahme der Swiss-Anteile durch die Lufthansa. Anders als bei Air France-KLM wurde bei Lufthansa-Swiss keine neue Holding gegründet, sondern die Swiss ist Teil des Lufthansa-Konzerns. Allerdings wird auch sie weiterhin als rechtlich selbstständiges Unternehmen (mit Sitz in der Schweiz) geführt und tritt mit einer eigenen Marke am Markt auf.

Nach Unternehmensangaben haben beide Zusammenschlüsse die positiven Erwartungen übertroffen, d. h. zum wirtschaftlichen Erfolg beigetragen. Konkret vermeldet beispielsweise die Lufthansa in ihrem Geschäftsbericht für das Jahr 2007 „nachhaltige Synergien" in Höhe von 233 Mio. Euro, wobei 43 % auf die Lufthansa und 57 % auf die Swiss entfallen. Air France-KLM meldet für das Jahr 2007 Synergien von 525 Mio. Euro, wobei es sich jeweils rund zur Hälfte um **Kostensynergien** (Kosteneinsparungen durch z. B. gemeinsame Beschaffung oder Zusammenlegung von zuvor doppelt vorhandenen Abteilungen) und um **Erlössynergien** (z. B. Passagierzuwächse durch verbesserte Abstimmung der Flugpläne oder eine höhere Attraktivität des gemeinsamen Vielfliegerprogramms) handelt.

Aus volkswirtschaftlicher Perspektive problematisch sind die wettbewerbsbeschränkenden Wirkungen von Unternehmenszusammenschlüssen. Diese unterliegen daher in den meisten Industriestaaten einer **Zusammenschlusskontrolle**, bei der Zusammenschlüsse ggf. nur unter Auflagen genehmigt oder sogar ganz untersagt werden können. In der EU ist die Europäische Kommission grundsätzlich für alle Zusammenschlüsse mit gemeinschaftsweiter Bedeutung zuständig. Zusammenschlüsse mit ausschließlich oder überwiegend nationaler Bedeutung liegen nach wie vor im Kompetenzbereich der nationalen Wettbewerbsbehörden. Konkret war beispielsweise die EU-Kommission für die Zusammenschlüsse Air France-KLM, Lufthansa-Swiss und den geplanten Zusammenschluss zwischen Ryanair und Aer Lingus zuständig. In die Kompetenz des Bundeskartellamtes fielen etwa die Zusammenschlüsse Lufthansa-Eurowings, Air Berlin-LTU sowie der zeitweilig geplante Zusammenschluss Air Berlin-Condor.

Besonders kritisch aus wettbewerbspolitischer Sicht sind die Relationen, auf denen die beiden fusionierenden Unternehmen zuvor im direkten Wettbewerb zueinander gestanden haben, beispielsweise die Strecken Paris-Amsterdam (Air France-KLM) oder Frankfurt-Zürich (Lufthansa-Swiss), sodass es durch den Zusammenschluss zu einer marktbeherrschenden Stellung, im Grenzfall sogar zu einem Monopol kommt. Aber auch auf anderen Strecken können **Wettbewerbsbeschränkungen** auftreten, beispielsweise wenn auf Langstrecken attraktive Umsteigeverbindungen eines Fusionspartners als partielles Substitut für Direktverbindungen des anderen Fusionspartners bestanden.

Die Wettbewerbsbehörden versuchen mithilfe von **Auflagen** die Markteintrittsbarrieren für potenzielle Wettbewerber zu reduzieren. Konkret müssen die beiden an den jeweiligen Zusammenschlüssen beteiligten Unternehmen Start- und Landerechte (slots) an ihren jeweiligen Hubs abgeben, wenn ein Newcomer in den Markt einsteigen will. Auch dürfen sie nach einem eventuellen Markteintritt die Zahl ihrer Frequenzen nicht erhöhen (frequency freeze) und es existieren bestimmte Vorgaben für die Preispolitik nach einem Markteintritt. Die Intention der letztgenannten Auflagen ist es, mögliche Verdrängungsstrategien zu erschweren.

Darüber hinaus müssen Newcomer, wenn sie dies wünschen, zu diskriminierungsfreien Bedingungen in das Vielfliegerprogramm des Etablierten aufgenommen werden und ggf. müssen vom fusionierten Unternehmen auch Blocked Space-Vereinbarungen abgeschlossen werden, sodass der Newcomer seinen Kunden eine höhere Frequenz anbieten kann. Trotz dieser detaillierten und teils tief greifenden Auflagen sind die Erfahrungen mit den durch die Fusionen vermachteten Märkten eher ernüchternd, da es kaum zu einer (Wieder-)Belebung des Wettbewerbs kam.

Im Fall des geplanten Zusammenschlusses zwischen Ryanair und Aer Lingus waren die Wettbewerbsbeschränkungen aufgrund der hohen Zahl der von beiden Unternehmen parallel bedienten Strecken so gravierend, dass der Zusammenschluss komplett untersagt wurde.

3 Kommentierte Literatur- und Quellenhinweise

Airline Business: Die Airline Business führt eine detaillierte jährliche Erhebung der globalen strategischen Allianzen und ihrer Mitglieder durch, siehe bspw. die Ausgabe September 2008.

Zu den wettbewerbsrechtlichen Aspekten strategischer Allianzen siehe beispielsweise

- Priemayer, B. (2005), Strategische Allianzen im europäischen Wettbewerbsrecht - unter besonderer Berücksichtigung der europäischen Luftfahrtindustrie nach „Open-Skies", Wien et al.

Aus betriebswirtschaftlicher Perspektive sind strategische Luftverkehrsallianzen unter anderem behandelt in:

- Boston Consulting Group (2005), The Role of Alliances in Corporate Strategy, Boston.
- Himpel, F. / Lipp, R. (2006), Luftverkehrsallianzen: ein gestaltungsorientierter Bezugsrahmen für Netzwerk-Carrier, Wiesbaden.
- Koch, A. (2005), Die Strategische Allianz der Lufthansa – Die Star Alliance, unveröffentlichter Vortrag vom 08.07.2005 an der FU Berlin.
- Langmaack, T. (2005), IT-Management in Airline Allianzen: Entwicklung und Durchführung unter Berücksichtigung einer Strategischen-Portfolio-Simulation, Frankfurt/M. et al.
- Morrell, P. S. (2007), Airline Finance, 3. Aufl., Aldershot.
- Schäfer, I. S. (2003), Strategische Allianzen und Wettbewerb im Luftverkehr, Berlin.
- Steininger, A. (1999), Gestaltungsempfehlungen für Airline-Allianzen, Diss., St. Gallen.
- Vasigh, B. / Fleming, K. / Tacker, T. (2008), Introduction to Air Transport Economics, Aldershot.

Speziell zu unterschiedlichen Aspekten von Unternehmenszusammenschlüssen zwischen Airlines siehe:

- Iatrou, K. / Oretti, M. (2007), Airline Choices for the Future. From Alliances to Mergers, Aldershot.
- Merk, C. (2008), Cooperation among airlines: a transaction cost economic perspective, Lohmar / Köln.
- Herzwurm, A. / Schäfer, J. (2004), Strategische Allianzen als Alternative zu Mergers & Acquisitions – Wertschöpfung durch Kooperationen am Beispiel der Lufthansa AG, in: Odenthal, S. / Wissel, G. (Hrsg.), Strategische Investments in Unternehmen, Wiesbaden, S. 99–116.
- Mendes de Leon, P. (2004), A New Phase in Alliance Building. The Air France / KLM Venture as a Case Study, in: ZLW, 53. Jg., S. 359–385.
- Oum, T. H. / Park, J. / Zhang, A. (2000), Globalization and strategic alliances. The case of the airline industry, Amsterdam / Lausanne.

Zu den Wettbewerbsaspekten von Unternehmensverbindungen siehe unter vielen

- Ehmer, H. / Berster, P. (2002), Globale Allianzen von Fluggesellschaften und ihre Auswirkungen auf die Bundesrepublik Deutschland, Köln.
- Knorr, A. (Hrsg.) (2002), Europäischer Luftverkehr - wem nützen die strategischen Allianzen?, DVWG, Bergisch Gladbach.
- Fichert, F., (2007), Interlining and IATA Tariff Co-ordination – Do Consumer Benefits justify potential Restrictions of Competition?, in: Fichert, F. / Haucap, J. / Rommel, K. (Hrsg.), Competition Policy in Network Industries, Berlin, S. 135–156.
- Fichert, F. (2000), Wettbewerbsprobleme durch Luftverkehrsallianzen – Marktöffnung ist vordringlich, in: Zeitschrift für Wirtschaftspolitik, 49. Jg., H. 2, S. 212–232.

Die Begründungen für die Entscheidungen der Wettbewerbsbehörden sind auf den Internet-Seiten der Wettbewerbsbehörden (Bundeskartellamt, Generaldirektion Wettbewerb der EU-Kommission) zugänglich, wobei Firmengeheimnisse geschützt sind und daher beispielsweise Marktanteile oftmals nur in Form von Bandbreiten angegeben werden.

Speziell zum Konkurs von Swissair und den Ursachen für den Konkurs siehe

- Knorr, A. / Arndt, A. (2004), Der Swissair-Konkurs – eine ökonomische Analyse, in: Zeitschrift für Verkehrswissenschaft, 75. Jg., S. 190–207.

Kapitel XII Netzmanagement

1	**Überblick**	**307**
2	**Kapazitätsplanung**	**309**
	2.1 Grundlagen der Kapazitätsplanung	309
	2.2 Strategische Optionen im Break-even-/Auslastungs-Portfolio	312
	2.3 Formen der Kapazitätsanpassung	313
	2.4 Spill-Effekte	314
	2.5 Wirtschaftlichkeitseffekte von Kapazitätsanpassungen	317
	2.6 Flottenplanung	320
	2.7 Flugzeugbestellungen	321
3	**Flugplanung (Scheduling)**	**323**
	3.1 Grundlagen der Flugplanung	323
	3.2 Entscheidungsparameter der Flugplanung	324
	3.3 Auswahl und Priorisierung von O & Ds im Rahmen der Flugplangestaltung	328
	3.4 Flugplanqualität	330
	3.5 Prozessablauf der Flugplanung	333
	3.5.1 Überblick	333
	3.5.2 Strukturierungsphase und Optimierungsphase	334
	3.5.3 Realisierungsphase	339
	3.5.4 Dynamic Fleet Management	340
	3.6 Informationstechnologiesysteme in der Flugplanung	342
4	**Preismanagement**	**343**
	4.1 Bedeutung des Preismanagements im Luftverkehr	343
	4.2 Systematisierung von Tarifen und Preisen	344
	4.3 Preistheoretische Grundlagen von Luftverkehrsmärkten	349
	4.3.1 Marktformen	349
	4.3.2 Ansätze der Preisbestimmung	350
	4.3.3 Preiselastizität der Nachfrage	351
	4.4 Strategiekonzepte der Preispolitik	353

| 5 | **Yield Management** | **359** |

5.1 Grundgedanke und Begriff 359
5.2 Entstehung von Yield Management-Systemen 363
5.3 Elemente von Yield Management-Systemen 364
    5.3.1 Überblick 364
    5.3.2 Marktsegmentierung und Preisdifferenzierung 365
    5.3.3 Nachfragelenkung im Zeitverlauf 367
    5.3.4 Überbuchung 369
    5.3.5 Bildung und Einzelsteuerung von Buchungsklassen 371
    5.3.6 Nesting 374
    5.3.7 Verkehrsstrombezogene Buchungsklassensteuerung 375
    5.3.8 Verkaufsursprungbezogene Buchungsklassensteuerung 377
    5.3.9 Prognosemodelle 379
    5.3.10 IT-Systeme für die Netzsteuerung 380

| 6 | **Kommentierte Literatur- und Quellenhinweise** | **381** |

1 Überblick

Netzmanagement im Luftverkehr beinhaltet

- Prozesse der Planung und Steuerung
- von Kapazitäten, Flugplänen, Tarifen bzw. Preisen
- mit dem Fokus Netzoptimierung (unter Ergebnisgesichtspunkten)
- unter Berücksichtigung der Faktoren Nachfrage und Wettbewerb

Ziel des Netzmanagements ist die wirtschaftliche Optimierung des gesamten Netzwerks von Flugverbindungen. Das bedeutet, dass einzelne Strecken-Suboptima bewusst zu Gunsten eines Gesamtnetz-Optimums in Kauf genommen werden.[164]

Kapazitätsplanung und -steuerung weist eine kurzfristige und eine langfristige Komponente auf. Die langfristige Komponente ist ein zentraler Bestandteil der unternehmensstrategischen Ausrichtung (siehe hierzu auch Kapitel X), die kurzfristige Komponente beinhaltet im Wesentlichen das Yield Management, bei dem die verfügbaren Sitze eines Fluges auf (nur virtuell existierende) Buchungsklassen verteilt und die Kapazitäten der einzelnen Buchungsklassen unterschiedlich gesteuert werden. Kurzfristige Kapazitätsanpassungen sind aber auch real möglich: Hier werden Fluggerätewechsel (Equipment Changes) oder Bestuhlungsänderungen (Version Changes) vorgenommen.

Netzmanagement ist bei Airlines meist auf der höchsten Leitungsebene verankert (siehe Abbildung 12.1) und stellt das Bindeglied zwischen Produktion und Vertrieb/Marketing dar. Vertriebs- bzw. Marketingeinheiten des Unternehmens fragen bestimmte Kapazitäten, Flugpläne und Tarife bzw. Preise nach, die sie in den einzelnen Verkaufsmärkten anbieten wollen. Die Kapazitätszuordnung zu verschiedenen Verkaufsmärkten folgt dem Grundsatz Kapazität für Geld: Diejenige Vertriebseinheit, die den höchsten Betrag für die bereitgestellte Kapazität bietet, bekommt diese in Form eines bestimmten Flugplans für den Verkaufsprozess zur Verfügung gestellt. Das Netzmanagement wiederum beauftragt den Flugbetriebsbereich mit der Durchführung eines bestimmten Flugplans, bei dessen Erstellung das Netzmanagement vom Flugbetriebsbereich benannte Produktionsrestriktionen berücksichtigt. Letztlich stellt der Flugbetriebsbereich die Durchführung der Flüge sicher, so dass auf dem Markt die abgerufenen Leistungen zur Verfügung gestellt werden.

---

[164] Diese mittlerweile selbstverständliche Zielsetzung wurde lange Zeit nicht genügend berücksichtigt. Airlines haben jahrzehntelang einzelne Strecken optimiert, d. h. das Ziel hoher Streckenbetriebsergebnisse verfolgt. Hierdurch kam es immer wieder zu Suboptima im Gesamtnetz. Diese resultierten z. B. daraus, dass Passagiere aus HAM, die einen Flug nach TYO antreten wollten, keinen Sitzplatz auf einem Zubringer-Flug HAM – FRA erhielten, da der mit einem höheren Streckenerlös verbundene Lokalverkehr gegenüber den im Gesamtnetz höherwertigen Interkont-Umsteigern priorisiert wurde.

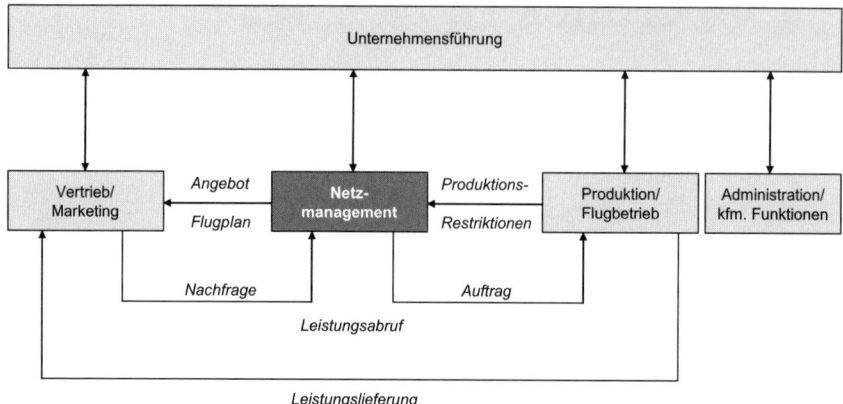

Abbildung 12.1: Stellung des Netzmanagements im Unternehmenskontext einer Airline[165]

Netzmanagement lässt sich in drei bzw. vier **Phasen** unterteilen. Im Vier-Phasen-Modell ist Preispolitik eine eigene Phase, im Drei-Phasen-Modell ist Preispolitik Teil des Yield Managements (siehe Abbildung 12.2).

Phasen	Kapazitätsplanung (synonym: Netzentwicklung)	Flugplanung (synonym: Netzplanung)	Yield Management (synonym: Netzsteuerung)
Planungshorizont	5 – 2 Jahre	2 Jahre – 4 Wochen	0,5 Jahre - Abflug
Planungsinhalte	• Grundlage: Unternehmens-strategie • Kapazitätsdimensionierung • Flottenplanung • Flugzeugbestellungen	• Reiseweggestaltung (Itinerary) • Kapazitätsoptimierung • Festlegung der Preis-positionierung	• Detaillierte Preisgestaltung • Buchungsklassensteuerung • Kurzfristige Tarif- und Preisanpassungen • Kurzfristige Flugplan- und Fluggeräteanpassungen
Prozesstyp	Prozess der strategischen Unternehmensplanung	Netzsstrukturoptimierungs- und -realisierungsprozess	Markt- und Produktions-optimierungsprozess
	Abnehmendes Risiko Zunehmender Detaillierungsgrad		

Abbildung 12.2: Phasen und Inhalte des Netzmanagements

Abbildung 12.2 gibt das Netzmanagement-Verständnis der Deutschen Lufthansa AG wieder. Die Zuständigkeit für Preispolitik und Yield Management ist bei der Deutschen Lufthansa in

165 In Anlehnung an Döring (1999), S. 147.

einer organisatorischen Einheit zusammen gefasst. Man geht davon aus, dass Preispolitik und Kapazitätssteuerung besser koordiniert werden können, wenn beide Aufgaben in einer Hand liegen. Andere Luftverkehrsgesellschaften, z. B. American Airlines, haben getrennte Zuständigkeiten für Pricing und Yield Management.

2 Kapazitätsplanung

2.1 Grundlagen der Kapazitätsplanung

Der Begriff **Kapazität** bezeichnet das maximale Produktionsvermögen eines Potenzialfaktors bzw. eines Potenzialfaktorsystems in quantitativer und qualitativer Hinsicht für eine definierte Bezugsperiode. Potentialfaktoren mit der höchsten Bedeutung bei Airlines sind die Flugzeuge (siehe hierzu auch Kapitel VII). Als Größen für die Messung der Kapazität von Passage-Airlines kommen in Frage: Angebotene Sitzplatzkilometer (ASK bzw. SKO) und die Anzahl der Sitze der Flugzeugflotte (Seats). Der Kapazitätsbegriff im Luftverkehr bezieht sich auf bestimmte Relationen, z. B. auf einzelne City Pairs oder Verkehrsgebiete. Kapazität wird dann definiert als Sitze pro Flugzeug x Frequenz. So ergibt sich eine bestimmte **Beförderungskapazität** pro Periode auf bestimmten Relationen.

Im Weltluftverkehr sind zyklische Entwicklungen auf der Nachfrage- und Angebotsseite, die die strukturellen Merkmale eines „**Schweinezyklus**" aufweisen, beobachtet worden. Abbildung 12.3 stellt idealtypisch die Entwicklung ausgehend von einer wirtschaftlichen Boomphase mit hoher Nachfrage dar (1). Hohe Nachfrage zieht Preissteigerungen und eine Erhöhung der Kapazitätsauslastung nach sich (2), was wiederum zu steigender Profitabilität führt (3). Höhere Profitabilität führt zu höheren Stückkosten, beispielsweise indem Lohnforderungen üppiger bedient werden und die Kostendisziplin nachlässt (4). Gut ausgelastete Kapazitäten und eine ausreichende Finanzausstattung der Airlines motivieren Flugzeugbestellungen (5), die mit einer Verzögerung von zwei bis drei Jahren zur Auslieferung gelangen. Zu diesem Zeitpunkt ist jedoch die Nachfrage bereits aufgrund der konjunkturellen Schwankungen rückläufig (6). Die Auslieferung der Flugzeuge erhöht somit die Beförderungskapazität in einer Phase stagnierender oder sogar sinkender Nachfrage (7). Airlines reagieren hierauf mit Preissenkungen zur Auslastung der Flotte (8). Der daraus resultierende Einbruch der Profitabilität setzt Kostensenkungsprogramme in Gang (9). Bestandteil von Kostensenkungsprogrammen sind auch Kapazitätsanpassungsmaßnahmen (10). Wenn diese Kapazitätsanpassungsmaßnahmen abgeschlossen sind, setzt die nächste konjunkturelle Boomphase ein (1).

Kapitel XII Netzmanagement

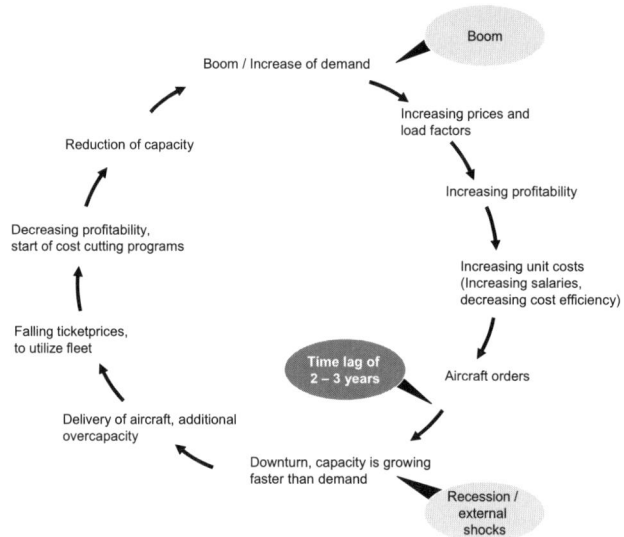

Abbildung 12.3: Zyklizität des Luftverkehrs[166]

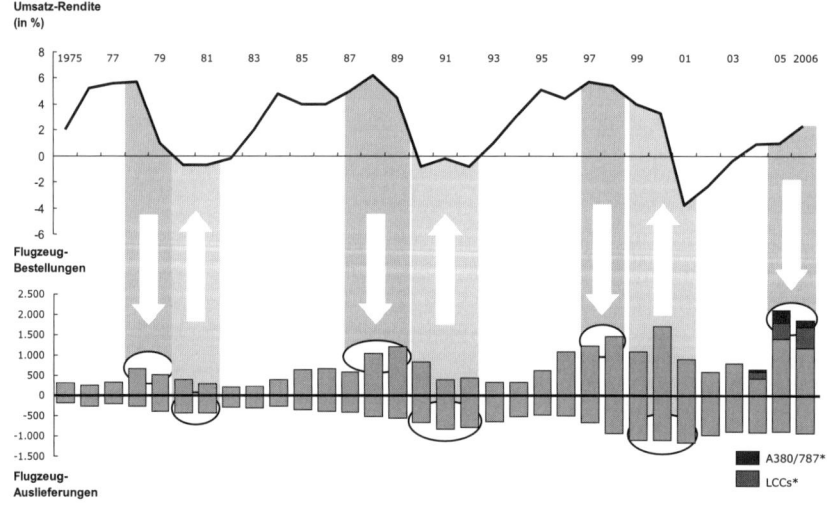

Abbildung 12.4: Flugzeugbestellungen, Flugzeugauslieferungen und Umsatzrendite im Weltluftverkehr (1975-2006)[167]

---

[166] In Anlehnung an Clark (2007) und Pompeo (2007).

[167] In Anlehnung an Clark (2007), S. 15, mit Daten von ICAO; Back Associates, Speednews; IATA; Pompeo (2007).

2 Kapazitätsplanung

Abbildung 12.4 stellt anhand realer Zahlen Flugzeugbestellungen, Flugzeugauslieferungen und die Umsatzrendite im Weltluftverkehr dar.

In den Jahren 2007 bis 2009 ist ein bisher nicht gekannter Anstieg der Beförderungskapazität im Weltluftverkehr zu beobachten. Dies führt angesichts der gleichzeitig aufgrund der weltweiten Finanzkrise einbrechenden Passagierzahlen zu mitunter erheblichen Überkapazitäten.

Die **Dimensionierung der Kapazität** einer Airline ist eine Entscheidung von unternehmensstrategischer Bedeutung. Abbildung 12.5 zeigt dementsprechend die Positionierung von Entscheidungen zur Kapazitätsdimensionierung im Airline-Strategieprozess am Beispiel der Deutschen Lufthansa AG. Es wird deutlich, dass im Strategieforum II Entscheidungen zum Unternehmenswachstum (in wirtschaftlich schwierigen Phasen kann es hier auch Schrumpfungsentscheidungen gehen) und zur Ausgestaltung der Flugzeugflotte gefällt werden. Diese Entscheidungen basieren auf den aus dem Strategieforum I hervorgehenden Grundsatzentscheidungen zur „Kernstrategie" (z. B. Ausbau von Passage-, Fracht- oder Technikgeschäft) und zu „Strategischen Führungsgrößen" (insbesondere Return on Investment (RoI), Eigenkapital-Rendite oder Cash Value Added (CVA)).

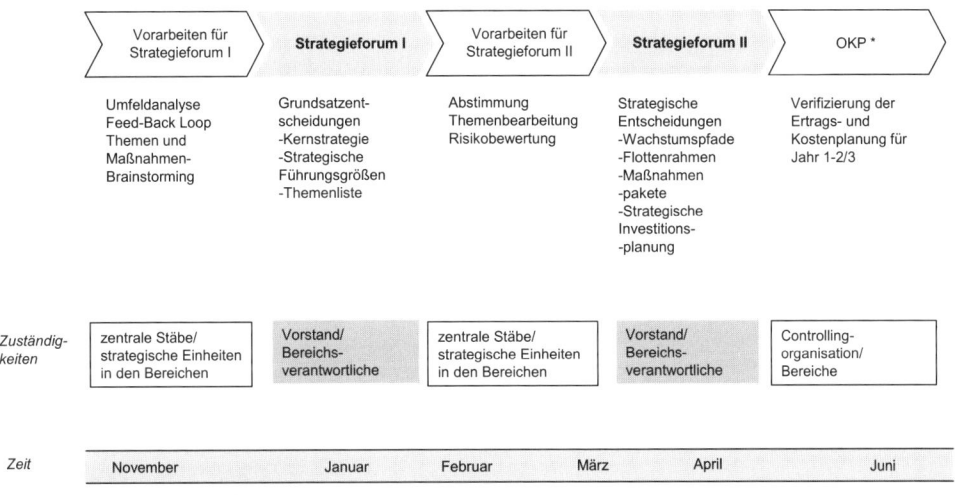

Abbildung 12.5: Kapazitätsdimensionierung im Airline-Strategieprozess

2.2 Strategische Optionen im Break-even-/Auslastungs-Portfolio

Die Break-even-Auslastung kennzeichnet im Luftverkehr den Auslastungsgrad, der erforderlich ist, um die einem Flug zuzurechnenden Kosten zu decken. In Abbildung 12.6 sind die aktuelle Auslastung (auf der Abszisse) und die Break-even-Auslastung (auf der Ordinate) abgetragen. Die 45-Grad-Linie kennzeichnet die Übereinstimmung der beiden Auslastungsgrade, d. h. die Auslastung, bei der der Break-even gerade erreicht wird.

Kapazitäten sind im Luftverkehr einerseits so knapp zu bemessen, dass die aktuelle Auslastung höher als die Break-even-Auslastung ist (unteres Dreieck in Abbildung 12.6). Andererseits sollten die Kapazitäten so üppig bemessen sein, dass die Abweisung von Passagieren („Spill"[168]) minimiert wird (die Zone hoher Spillgefahr liegt in Abbildung 12.6 im Bereich des Rechtecks rechts der 80 %-Auslastung). Maßnahmen der Kapazitätsanpassung erfolgen bei besonders niedriger oder besonders hoher Auslastung. Abbildung 12.6 zeigt bei Fall 1, dass entweder eine offensive Verkaufsstrategie oder eine Kapazitätsreduktion sinnvoll sein können, denn diese würden die aktuelle Auslastung des Flugzeugs erhöhen. Fall 2 zeigt eine Situation einer zu großen Differenz von tatsächlicher Auslastung und Break-even-Auslastung, so dass eine Schließung der Lücke nicht erreichbar erscheint. Falls negative Netzeffekte vermieden werden können, ist eine Einstellung der Strecke anzuraten. Bei Fall 3 empfehlen sich Kostensenkungsmaßnahmen oder Preiserhöhungen zur Senkung des Break-even-SLF.

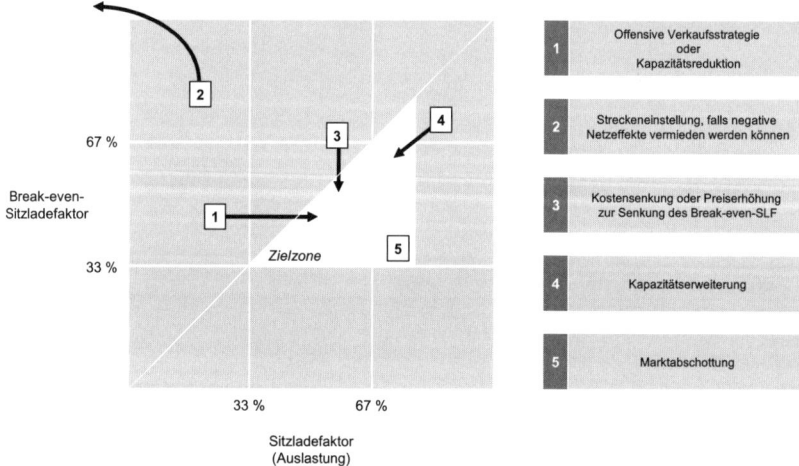

Abbildung 12.6: Break-even-Auslastungs-Portfolio im Luftverkehr

---

[168] Zum Spill vgl. Unterkapitel 2.4 in diesem Kapitel.

2 Kapazitätsplanung

Fall 4 kennzeichnet eine Situation extrem hoher Auslastung. Hier sollte eine Kapazitätserhöhung eingeleitet werden, um den „Spill" zu reduzieren. Fall 5 zeigt den Idealzustand: Die Auslastung überschreitet den Break-even-SLF bei Weitem. Hier sollten die Bemühungen auf eine Abschottung des Marktes gegenüber Konkurrenzeintritten gerichtet sein. Die anderen Maßnahmen, die keiner Kapazitätsanpassung bedürfen, werden in den folgenden Kapiteln behandelt.

2.3 Formen der Kapazitätsanpassung

Grundsätzlich bestehen sechs produktionstheoretisch bedeutsame Formen der Anpassung von Beförderungskapazitäten an Nachfragegegebenheiten (siehe Abbildung 12.7 mit Beispielen für Kapazitätserhöhungen). Bei der zeitlichen Anpassung, bei der mit dem vorhandenen Betriebsmittelbestand gearbeitet wird, erfolgt eine Ausdehnung der zeitlichen Nutzungsdauer. Im Luftverkehr könnte die Utilization des Flugzeuges durch Verkürzung der Turnaround-Zeiten von 8 auf 11 Stunden erhöht werden. Damit ließen sich weitere Flüge pro Tag durchführen. Bei der intensitätsmäßigen Anpassung wird schneller geflogen, wobei dies eher eine theoretische Option ist. Es ist aufgrund der nahe der Schallgrenze liegenden Reisegeschwindigkeit von Jets kaum praktikabel und auch wirtschaftlich kaum sinnvoll, da Geschwindigkeitssteigerungen über die optimale Reisegeschwindigkeit hinaus enorme Kostensteigerungen im Bereich des Kerosinverbrauches nach sich ziehen. Querschnittsmäßige Anpassung bedeutet eine Erhöhung der Sitzplatzanzahl, die durch eine engere Bestuhlung möglich wird.

Anpassungsformen			Beispiele aus dem Luftverkehr (Kapazitätserhöhung)
Gegebener Betriebsmittel-Bestand	1	Zeitliche Anpassung	Flugzeuge fliegen täglich 11 Stunden statt 8 Stunden
	2	Intensitätsmäßige Anpassung	Flugzeuge fliegen mit höherer Geschwindigkeit
	3	Querschnittsmäßige Anpassung	Flugzeuge werden mit mehr Sitzplätzen ausgestattet (engere Bestuhlung)
Mischform	4	Selektive Anpassung	Stillgelegte (und in der Wüste geparkte) Boeing 737 wird wieder in die aktive Flotte integriert
Variabler Betriebsmittel-Bestand	5	Quantitative Anpassung i.S. einer multiplen Betriebsgrößenvariation	Flotte von 10 Boeing 737 (mit jeweils 130 Sitzplätzen) wird um 11. Boeing 737 (mit 130 Sitzplätzen) erweitert
	6	Qualitative Anpassung i.S. einer mutativen Betriebsgrößenvariation	Aus Flotte von 10 Boeing 737 (mit jeweils 130 Sitzplätzen) wird eine Boeing 737 verkauft und durch Boeing 767 (mit 270 Sitzplätzen) ersetzt

Abbildung 12.7: Produktionstheoretisch bedeutsame Anpassungsformen im Luftverkehr

Bei der quantitativen Anpassung im Sinne einer multiplen Betriebsgrößenvariation wird im Gegensatz zu den drei erstgenannten Fällen der Betriebsmittelbestand verändert. Zu einer Flotte von zehn gleichen Flugzeugen vom Typ Boeing 737 kommt ein elftes Flugzeug gleichen Typs hinzu. Bei der quantitativen Anpassung im Sinne einer multiplen Betriebsgrößenvariation erfolgt ein Austausch von Betriebsmitteln durch Betriebsmittel anderer Kapazität. So könnte beispielsweise eine Boeing 737 mit 130 Sitzplätzen verkauft und durch eine Boeing 767 mit 270 Sitzplätzen ersetzt werden. Bei der selektiven Anpassung wird ein stillgelegtes Flugzeug, das aus technischen und wirtschaftlichen Gründen bspw. in der US-amerikanischen Wüste geparkt war, wieder in Betrieb genommen und in die aktive Flotte integriert. Um eine Mischform handelt es sich bei der selektiven Anpassung insofern, als dass der Betriebsmittelbestand gemäß dem Kriterium des Betriebsmittelbesitzes gegeben, unter dem Gesichtspunkt der Nutzung der Betriebsmittel hingegen variabel ist.

Reicht die Kapazität des gesamten Flugzeugs bei weitem nicht aus, ist ein kurzfristiger Fluggeräte-Tausch zu kalkulieren und gegebenenfalls zu initiieren (sog. „Equipment Change"). Reicht die Kapazität des Flugzeugs als Ganzes aus, sind allerdings die Compartments der Nachfrage nicht adäquat, werden in Kontinentalversionen von Flugzeugen die „Movable Cabin Dividers" (MCD) versetzt oder die „Convertible Seats" (CVS) geschoben. In Interkontinentalflugzeugen kommen häufiger auch „Version Changes" vor. Hier werden die Klassenkonfigurationen im Flugzeug geändert; so können bspw. die Business Class Compartments bei Interkont-Fluggeräten durch Versetzen von Trennwänden und Einbau zusätzlicher Sitze vergrößert werden.

2.4 Spill-Effekte

Bisher wurde bei der Darstellung der Nachfrage von einem einzigen Nachfragewert (als Durchschnittswert) pro Strecke ausgegangen. Dies entspricht nicht der Realität im Luftverkehr. Die Nachfrage im Luftverkehr ist pro Flugereignis unterschiedlich. Abbildung 12.8 zeigt exemplarisch eine innerhalb von vier Wochen stark schwankende Nachfrage. Dabei ist zwischen der Nachfrage (potenzieller Ticketabsatz) und dem Verkehrsaufkommen zu unterscheiden, wobei sich das Verkehrsaufkommen als Nachfrage abzüglich der nicht erschienenen Fluggäste („No shows") ergibt. Bei fünf von insgesamt 28 Flügen hat die Nachfrage die angebotene Kapazität überschritten (ca. 18 % aller Flüge). Hier mussten Passagiere abgewiesen werden, es entstand der so genannte „Spill".

2 Kapazitätsplanung

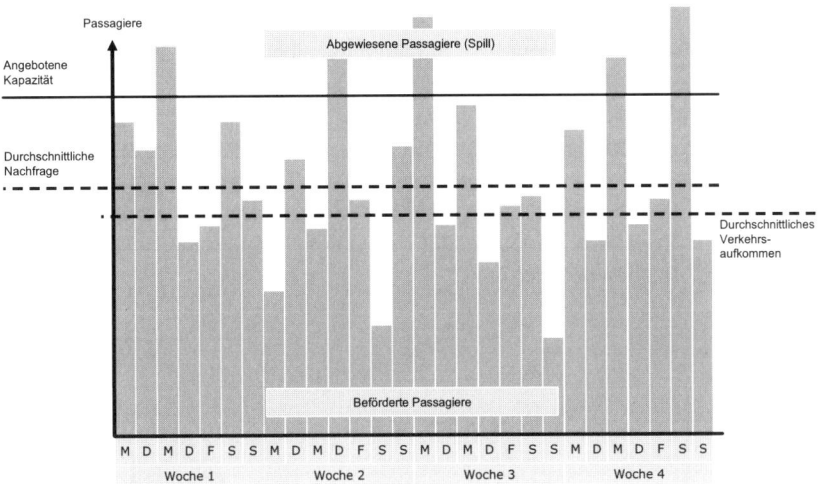

Abbildung 12.8: Nachfrage und Kapazität auf einer einzelnen Strecke

Die Höhe des Spills ist wesentlich davon abhängig, wie stark die Nachfrage kurzfristig schwankt. Abbildung 12.9 zeigt in Form einer Häufigkeitsverteilung, wie viele Flugereignisse mit welcher Nachfrage auf einer bestimmten Strecke stattgefunden haben. Flugereignisse mit einer Nachfrage von 200 Passagieren kamen am häufigsten vor. Relativ selten kamen Flugereignisse mit 100 oder 300 Nachfragern vor. Bei Flugereignissen mit einer höheren Zahl von Nachfragern als 280 (dies entspricht der Kapazität des eingesetzten Fluggeräts auf dieser Strecke) entstand Spill. Spill entsteht somit bereits dann, wenn die durchschnittliche Auslastung bei lediglich 70 % liegt (durchschnittlich 196 Passagiere bei 280 Sitzplätzen).

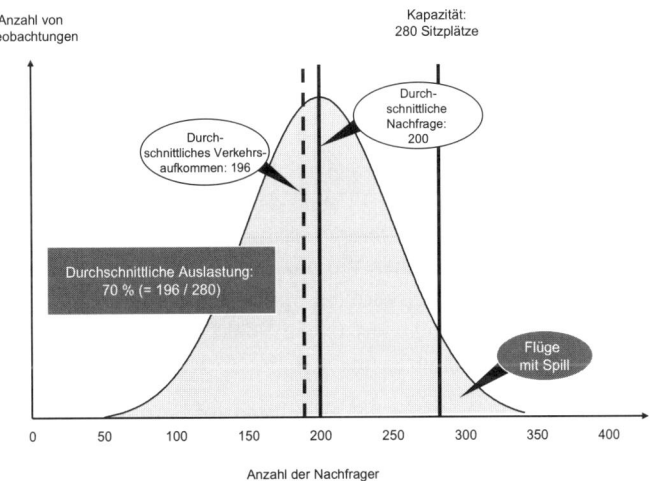

Abbildung 12.9: Häufigkeitsverteilung der Nachfrage auf einer Relation

Die Höhe des Spills ist von der Streuung der Beobachtungswerte abhängig. Gebräuchliche Streuungsmaße in der Statistik sind die Standardabweichung und die Varianz. Abbildung 12.10 zeigt im linken Teil Fälle einer starken (a) und einer schwachen (b) Streuung. Im Falle starker Streuung ist der Spill höher. Abbildung 12.10 zeigt im mittleren Teil die Entwicklung des Spills bei einer Veränderung der Nachfrage. Im Fall (a) beträgt die durchschnittliche Nachfrage 200 Passagiere, im Fall (b) ist diese auf 250 Passagiere gewachsen, womit ein deutlich höherer Spill einhergeht. Der rechte Teil der Abbildung 12.10 zeigt die Veränderung des Spills bei einer Reduktion der Kapazität. Bei einer Verringerung von 280 auf 250 Sitzplätze resultiert ein deutlich höherer Spill.

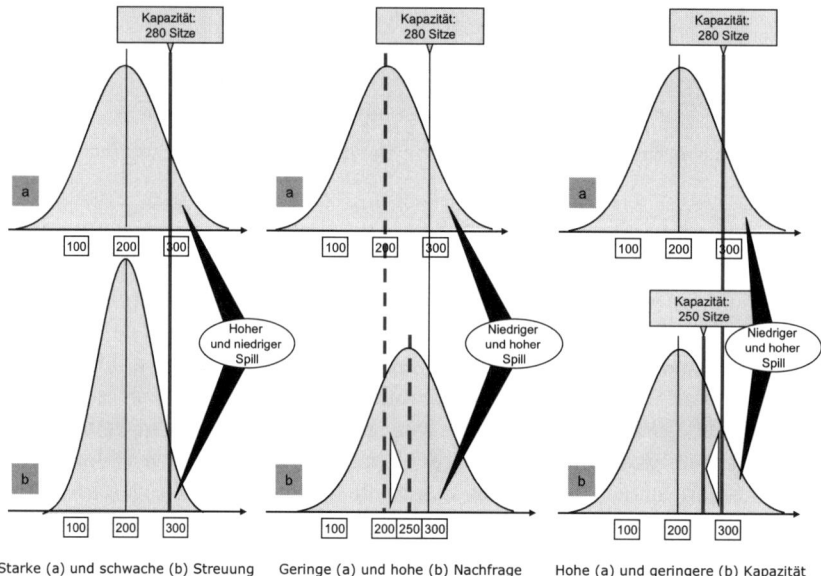

Abbildung 12.10: Zusammenhang zwischen absoluter Nachfrage, Nachfragestreuung, Kapazität und Spill

Je nach Höhe von Varianz bzw. Standardabweichung, d. h. der Streuung, wird hoher oder niedriger Spill produziert. Abbildung 12.11 stellt dar, dass bei einer Auslastung von ca. 65 % ein Spillanteil von etwa 6 % (bei mittlerer Varianz) entsteht (siehe Punkt B). Ein Auslastungsgrad von ca. 65 % führt bei hoher Varianz bereits zu einem Spillanteil von ca. 40 % (siehe Punkt D). Bei geringer Varianz wird ein Spillanteil in Höhe von ca. 6 % erst bei einem Auslastungsgrad von ca. 85 % produziert (siehe Punkt C). Bei hoher Varianz wäre dieser Spillanteil bereits bei einer Auslastung von ca. 42 % erreicht (siehe Punkt A).

Bei vorhersehbaren starken Streuungen der Nachfrage auf bestimmten Strecken ist eine heterogene Flottenstruktur mit Flugzeugen unterschiedlicher Kapazität sinnvoll, um den Spillanteil zu minimieren. Zeigen sich die starken Streuungen unvorhersehbar, d. h. lässt sich erst kurz vor Abflug erkennen, wie hoch die Nachfrage letztlich sein wird, ist es zudem wichtig,

2 Kapazitätsplanung

dass ein kurzfristiger Flugzeugtausch im Sinne eines Dynamic Fleet Management (siehe unten) möglich ist.

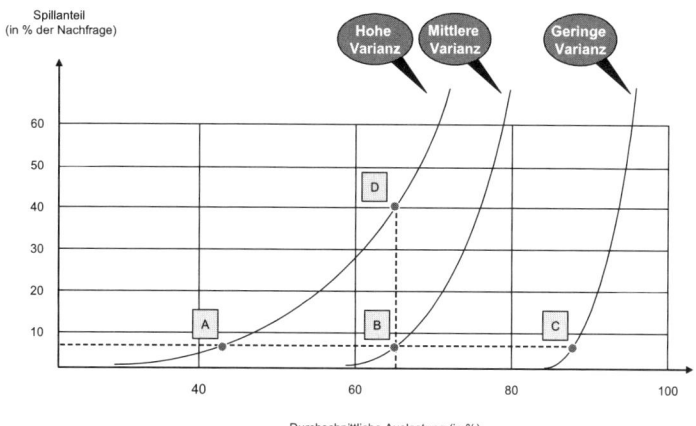

Abbildung 12.11: Zusammenhang von Spillanteil und Auslastungsgrad in Abhängigkeit der Varianz[169]

2.5 Wirtschaftlichkeitseffekte von Kapazitätsanpassungen

Kapazitätsanpassungen sind so vorzunehmen, dass sie die operative Profitabilität nicht gefährden. Im Folgenden sind zunächst die Determinanten der optimalen Kapazität isoliert für einzelne Relationen analysiert. Abbildung 12.12 zeigt am Beispiel einer mutativen Betriebsgrößenvariation die Fälle (1) einer Betriebsgrößenvariation unter Beibehaltung eines positiven Ergebnisses und (2) einer Herbeiführung eines negativen Ergebnisses. Die Pfeile repräsentieren dabei jeweils die Nachfrage. Bei einer durchschnittlichen Nachfrage von 80 (linker Teil der Abbildung) ist die Kapazitätsaufstockung von 100 auf 140 Sitze sinnvoll, denn bei Erreichen einer kritischen Spillsituation (hier angenommen bei durchschnittlich 80 Passagieren) reicht die Nachfrage immer noch aus, den Break Even Point des 140 Sitzers zu überschreiten. Dies ist bei einer unterstellten Nachfrage von 110 als kritische Spill-Grenze (rechter Teil der Abbildung) und einer Aufstockung von einem 140-Sitzer auf einen 180-Sitzer nicht mehr der Fall, hier wird der Break Even Point des 180-Sitzers unterschritten.

---

[169] Vgl. Clark (2007), S. 69.

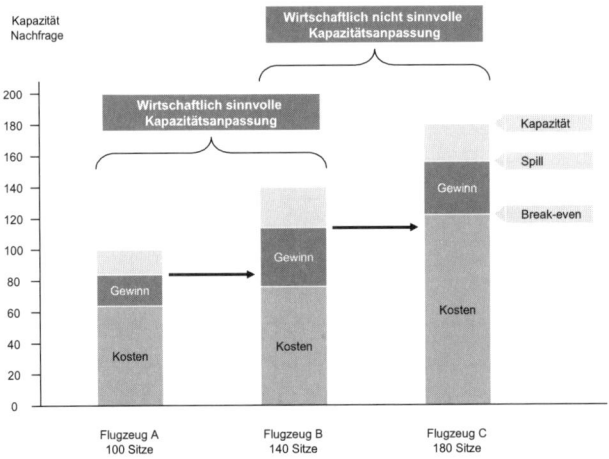

Abbildung 12.12: Ergebniseffekte einer mutativen Betriebsgrößenvariation[170]

Allgemein ist der **Break Even Point** – verstanden als Sitzladefaktor – wie folgt definiert:

$$\text{Break Even SLF} = \frac{\frac{\text{Fixkosten}}{\text{Beförderungskapazität}}}{\frac{(\text{Umsatz} - \text{variable Kosten})}{\text{Verkehrsleistung}}}$$

Kapazitätsanpassungen im Sinne multipler Betriebsgrößenvariationen haben erhebliche Auswirkungen auf die Höhe des Gewinns. Es ist zu beachten, dass Betriebsmittel- (Flugzeug-) bedingte Fixkostensprünge entstehen (z. B. durch flugzeugbezogene Finanzierungskosten, zusätzliche Cockpit- und Cabin Crews, die Kosten neu angeflogener Stationen, neue Simulatoren für die Pilotenausbildung, Ersatzteilbevorratung, administrativen Overhead etc.). Abbildung 12.13 stellt die Gewinnentwicklung in Abhängigkeit von Nachfrage und Flugzeugeinsatz dar. Der degressive Verlauf der Gewinnkurve ergibt sich aus der Zunahme des Spill bei wachsender Nachfrage. An dem Punkt, bei dem eine Kapazitätsaufstockung erfolgt, reduziert sich aufgrund des Fixkostensprungs zunächst der Gewinn.

Abbildung 12.14 zeigt, dass bei verschiedenen Nachfragestärken unterschiedliche Kombinationen aus Flugzeugbaumuster und Flughäufigkeit wirtschaftlich sinnvoll sein können. Bis zur Nachfragemenge x ist es vorteilhaft, das kleinere Flugzeug von Typ B einzusetzen. Von Nachfragemenge x bis y ist das größere Flugzeug vom Typ A sinnvoller als ein bzw. zwei Flugzeuge vom Typ B. Von Nachfragemenge y bis z sind zwei Flugzeuge des Typs B besser geeignet als zwei Flugzeuge vom Typ A. Ab Nachfragemenge z sind zwei Flugzeuge vom Typ A sinnvoller als zwei bzw. drei Flugzeuge vom Typ B.

---

[170] In Anlehnung an Clark (2007), S. 200.

2 Kapazitätsplanung

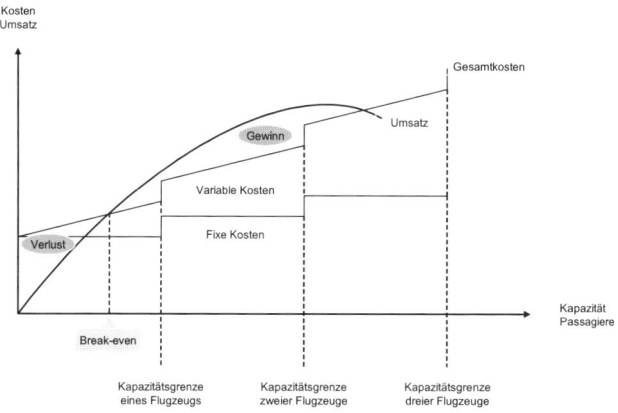

Abbildung 12.13: Kosten- und Gewinnentwicklung bei multipler Betriebsgrößenvariation[171]

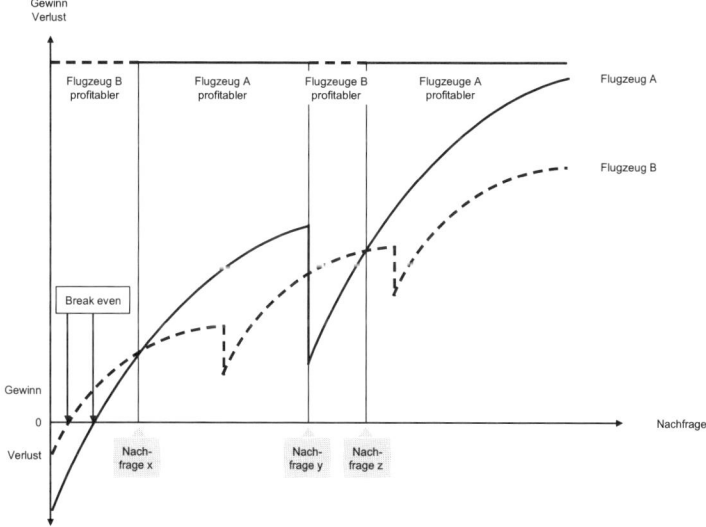

Abbildung 12.14: Wirtschaftlichkeit des Einsatzes unterschiedlicher Flugzeugtypen

---

[171] In Anlehnung an Clark (2008), S. 192.

2.6 Flottenplanung

Bestimmungsgrößen der Flottenplanung von Airlines sind:

- Entwicklung der Nachfrage in quantitativer und qualitativer Hinsicht (differenziert nach Regionen)
- Entwicklung der Kapazität von Wettbewerbern (intramodal und intermodal)
- Strategische Ziele des eigenen Unternehmens (Finanzziele, Wachstumsziele, Streckennetz, Produkt- und Serviceziele, etc.)
- Vorhandene Flotte
- Interne Rahmenbedingungen (Streckenrechte, Personal, Finanzen, etc.)
- Externe Rahmenbedingungen (Flughafeninfrastruktur, Slots, etc.)
- Kooperationsaktivitäten (Strategische Allianzen) sowie Mergers & Acquisitions.

Allgemeingültige Aussagen zu der relativen Bedeutung von **Entscheidungskriterien bei der Flugzeugauswahl** lassen sich kaum treffen. Vielmehr sind die Entscheidungskriterien vom Geschäftsmodell der Airline abhängig. Abbildung 12.15 zeigt die wichtigsten Entscheidungskriterien von Low Cost Carriern, Short Haul Network Carriern und Leasinggebern.

Low Cost Carrier	Short Haul Network Carrier	Lessor
Low operating cost	Delivers optimum economic value	Generous pricing from supplier
Rapid turn-around time	Competitive passenger appeal	Retains value
High reliability	Ability to differentiate in the cabin	Low reconfiguration costs
Easy, rapid loading procedures	Excellent customer perception	High degree of component standardization
Simplified cabin definition	Containerised freight and baggage	./.

Abbildung 12.15: Wichtige Entscheidungskriterien von Low Cost Carriern, Short Haul Network Carriern und Leasinggebern bei der Auswahl von Flugzeugen[172]

Eine grundlegende Entscheidung bei der Flottenplanung ist das Ausmaß der Flottenhomogenität bzw. –heterogenität. Im Kern ist eine starke **Flottenhomogenität** mit Kostenvorteilen, aber Erlösnachteilen verbunden, eine starke **Flottenheterogenität** bedeutet demgegenüber Kostennachteile und Erlösvorteile. Low Cost Carrier weisen daher zumeist eine hohe Flottenhomogenität, Network Carrier hingegen eine starke Flottenheterogenität auf.

---

[172] Vgl. Clark (2007), S. 40 f.

2 Kapazitätsplanung

	Flottenhomogenität	**Flottenheterogenität**
Vorteile	• Geringe Operating Costs (Cockpit- und Techniker-Ausbildung, Ersatzteilbevorratung, etc.) • Problemloser Flugzeugtausch im Rahmen des Flugbetriebes • Etc.	• Optimale Kapazitäten für unterschiedliche Nachfragegegebenheiten • Hohe Anpassungsfähigkeit an Veränderungen der Nachfrage • Etc.
Nachteile	• Suboptimale Kapazitäten für unterschiedliche Nachfragegegebenheiten • Geringe Anpassungsfähigkeit an Veränderungen der Nachfrage • Etc.	• Hohe Operating Costs (Cockpit- und Techniker-Ausbildung, Ersatzteilbevorratung, etc.) • Problematischer Flugzeugtausch im Rahmen des Flugbetriebes

Abbildung 12.16: Vor- und Nachteile von Flottenhomogenität und -heterogenität[173]

2.7 Flugzeugbestellungen

Der **Flugzeugbestellprozess** weist sechs Prozessphasen auf (siehe Abbildung 12.17).

Die Phase der **vorvertraglichen Verhandlungen** beginnt etwa zwei bis vier Jahre vor Auslieferung des Flugzeuges. Kontakt und Informationsaustausch zwischen Flugzeughersteller und Airline sind hier eher informeller Natur. Die Hersteller informieren die Airlines in unregelmäßigen Abständen über zukünftige Entwicklungen (Watching Brief). Gelegentlich werden auch gezielt Informationen von Airlines mit Hilfe eines „Request for Information" eingeholt. Die nächste Stufe der Verbindlichkeit ist ein „Request for Proposal" (RFP). Inhalte sind die Flottensituation der Airline, Anzahl der zu bestellenden Flugzeuge und Optionen, Daten der Indienststellung, Erwartungen an Preisstruktur, Spezifikation des Fluggerätes, Frist zur Abgabe des Angebotes und die Frist für die Airline interne Beurteilung. Das daraufhin erstellte erste Angebot des Flugzeugherstellers weist einen Umfang von ca. 50 Seiten auf. Es folgt der Bewertungs- und Entscheidungsprozess der Airline, dem der Letter of Intent (LOI) bzw. das Memorandum of Understanding (MOU) zur Sicherung der Auslieferungsoptionen mit der Phase intensiver Vertragsverhandlungen (Dauer ca. 6 Monate, Team von 3–4 Personen) folgen.

Mit **Abschluss des Kaufvertrages** (Purchase Agreement) beginnt Phase zwei. Der Kaufvertrag weist einen Umfang von ca. 600 Seiten auf. Regelungsgegenstand sind der Preis (einschl. Zahlungskonditionen), Lieferkonditionen, erste Ersatzteilbereitstellungen, Garantien, Ausbildung des Personals, der Auslieferungsmonat (Contractual Month), Optionen, die

---

[173] Siehe auch Holloway (2003), S. 492 ff.

Standardspezifikation, das Buyer Furnished Equipment (das die Airlines bei Wahllieferanten bestellen) und das Seller Furnished Equipment.

Der **Customization Process** beginnt mit Unterzeichnung des Kaufvertrages. Ziel ist die detaillierte vertragliche Definition des Flugzeuges für Konstruktion und Produktion. Die Standard Specification des Flugzeuges wird an die Kundenwünsche angepasst (Customization). Der Airline-Kunde erhält dazu einen Katalog (Cabin Configuration Guide). Requests for Change (RFC) sind innerhalb von 10 Wochen anzumelden. Phase drei endet mit dem Contractual Definition Freeze (CDF), bei dem die RFCs akzeptiert und in Form von Special Change Notifications (SCN) bestätigt wurden. Die SCN werden zu Vertragsbestandteilen.

Die **Herstellungsphase** beginnt mit dem Contractual Definition Freeze, der die vertragliche Seite abschließt. Produktionsseitig startet die Produktion der kundenspezifischen Module. Es erfolgt eine fortlaufende Überprüfung der Einhaltung des Vertrages durch die Technische Werksvertretung (TW) der Airline beim Flugzeughersteller. Auch in dieser Phase kooperieren Airlines und Flugzeughersteller eng, um neue technische Erkenntnisse zu gewinnen. Die TW nimmt auch an der Erprobung des Flugzeuges teil. Die Phase endet mit der Überstellung des Flugzeuges vom Produktions- ins Auslieferungszentrum (Handover).

Die **Auslieferungsphase** beginnt mit dem Handover. Es folgen die Überprüfung auf Herstellungsmängel in Form von Ground-Check und Engine-Run sowie der Abnahmeflug (Acceptance Flight) und die Technical Acceptance Completion. Die Technikaufgaben werden begleitet von der Dokumentenausstellung (Final Aircraft Documentation, EASA Form 52, Certificate of Airworthiness for Export) und der Eigentumsübertragung (Transfer of Title). Am Ende wird das Flugzeug zur Airline überführt (Ferry Flight).

Abbildung 12.17: Phasen und Inhalte des Flugzeugbestellprozesses

Die **Registrierung** bedeutet die Verkehrszulassung. Hier müssen zwei Voraussetzungen erfüllt sein: Zum einen muss eine Zulassung des jeweiligen Flugzeugmusters in dem betreffenden Land vorliegen, zum anderen sind Nachweise der Verkehrssicherheit, der Haftpflichtversicherung, der Lärmnachweis etc. zu erbringen Schließlich folgt die Eintragung in die Luftfahrzeugrolle (mit Kennzeichen und Eintragungsschein). Flugzeugkennzeichen bestehen aus fünf Buchstaben. Der erste Buchstabe kennzeichnet das Land der Zulassung, der zweite Buchstabe nach dem Gedankenstrich kennzeichnet die Gewichtsklasse des Flugzeuges, der dritte bis fünfte Buchstabe wird von der Airline vergeben. So kennzeichnet D-ABUT ein in Deutschland (D) zugelassenes Flugzeug mit einem Gewicht von mehr als 20 t (A). Nach der Inbetriebnahme werden Erfahrungs- und Störungsberichte erstellt. Technische und Neuerungs-Anleitungen werden gegeben und gegebenenfalls Garantieleistungen beantragt.

Der Kapazitätsplanung, deren zentraler Bestandteil die Flottenplanung ist, folgt in der idealtypischen Unterscheidung der Planungsphasen die Flugplanung (siehe Abbildung 12.2). In der Praxis handelt es sich jedoch eher um integrierte, sich wechselseitig bedingende, als um sukzessiv ablaufende Prozesse. Die Flotte stellt eine Restriktion bei der Gestaltung des Flugplans dar, die Flugplanung stellt umgekehrt Anforderungen an die Flotte. Die Flugplanung ist im folgenden Kapitel behandelt.

3 Flugplanung (Scheduling)

3.1 Grundlagen der Flugplanung

Der **Flugplan** ist das Kernprodukt einer Airline und für ihren wirtschaftlichen Erfolg von zentraler Bedeutung. Ein Flugplan ist die Zusammenstellung aller planmäßigen Flüge einer Airline für eine Flugplanperiode. In aller Regel existieren eine Winter- und eine Sommerflugplanperiode. Die Sommerflugplanperiode ist häufig zweigeteilt. Beispielsweise gliederte sich 2007/2008 wie folgt:

Winterflugplan: 28. Oktober 2007 bis 29. März 2008

Sommerflugplan: 30. März 2008 bis 30. Juni 2008 (Sommerflugplan 1)
01. Juli 2008 bis 25. Oktober 2008 (Sommerflugplan 2)

Flugpläne sind bei der Air Traffic Control (ATC) anzumelden (siehe § 25 LuftVO). Die Veröffentlichung von Flugplänen erfolgt über Global Distribution Systems (GDS)[174], Flug-

---

[174] Siehe hierzu ausführlich Kapitel XV.

planhefte, Broschüren und das Internet. Eine zentrale Stellung kommt den GDS zu, die Flugpläne wiederum häufig von OAG (Official Airline Guide) erhalten.

3.2 Entscheidungsparameter der Flugplanung

Entscheidungsparameter der Flugplanung sind (siehe auch Abbildung 12.19):

- Abflugorte
- Zielorte
- Abflug- und Ankunftszeiten (Abflugzeit: Zeitpunkt des Abrollens vom Gate; Ankunftszeit: Zeitpunkt des Andockens am Gate. Die Zeitspanne zwischen Abrollen und Andocken ist die Blockzeit.)
- Frequenzen (Anzahl von Flügen zwischen zwei Flughäfen, die eine Airline in einem bestimmten Zeitraum anbietet; meist wird als Zeitraum eine Woche gewählt. Sieben Frequenzen bedeuten hier, dass ein täglicher Flug angeboten wird (Kennzeichnung in diesem Fall: 7/7))
- Verkehrstage (Verkehrstage werden in Flugplänen mit den Ziffern 1 bis 7 gekennzeichnet; 1 = Montag, ... , 7 = Sonntag)
- Fluggeräte (Flugzeugtyp)

Abbildung 12.18 stellt einen beispielhaften Auszug aus dem Sommerflugplan 2008 der Lufthansa dar.

→	**Paris** PAR			+02:00
	C Ch. de Gaulle CDG			
X	**0725 –0835C**	**4210e)**	**319**	**0**
X	**0845 –0955C**	**4212e)**	**321**	**0**
X	**0930 –1040C**	**4214e)**	**320**	**0**
X	**1220 –1330C**	**4218e)**	**319**	**0**
X	**1320 –1430C**	**4220e)**	**735**	**0**
X	**1550 –1710C**	**4224e)**	**321**	**0**
X	**1640 –1750C**	**4226e)**	**320**	**0**
X	**1730 –1840C**	**4228e)**	**733**	**0**
X	**1815 –1930C**	**4230e)**	**735**	**0**
X	**1940 –2100C**	**4232e)**	**735**	**0**
X	**2025 –2140C**	**4234e)**	**320**	**0**
X	**2135 –2245C**	**4236e)**	**320**	**0**
Xe67	0905 –1215C	802DUS/4272(EW)		C
X	1300 –1705C	806DUS/4276(EW)		C
Xe67	1300 –1540C	806DUS/4274(EW)		C
Xe26	1525 –1900C	808DUS/4278		C
2	1550 –1900C	808DUS/4278		C

Abbildung 12.18: Flugplan Frankfurt (FRA) - Paris (CDG) im Sommerflugplan 2008 (erste Hälfte: 30.03.-30.06.2008)[175]

Entscheidungen im Bereich der Flugplangestaltung sind sowohl von Marktpotentialen als auch von vielfältigen Restriktionen abhängig.

---

[175] Quelle: Flugplanheft der Deutschen Lufthansa AG.

3 Flugplanung (Scheduling)

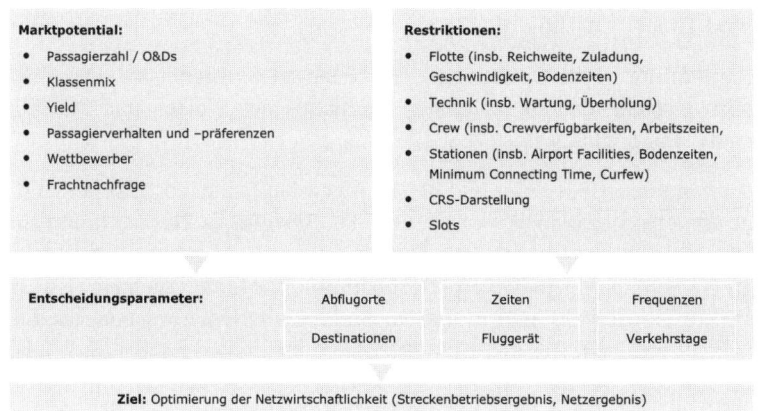

Abbildung 12.19: Entscheidungsparameter, Marktpotential, Restriktionen und Ziele der Flugplanung

Hinsichtlich des **Marktpotentials** sind Nachfragemenge und –wertigkeit entscheidend. Von grundlegender Bedeutung ist zunächst das quantitative Passagierpotential, bezogen jeweils auf die einzelnen Quelle-/Zielmärkte (O & Ds). Desweiteren ist das qualitative Passagierpotential im Sinne der Wertigkeit der Passagiere relevant, hierbei sind auch der Klassenmix (z. B. F/Cl, C/Cl, M/Cl) und der Yield abzuschätzen. Zudem sind die Präferenzen der Passagiere und das daraus resultierende Passagierverhalten zu beachten. Hier ist zu analysieren, welche Abflugzeiten, Ankunftszeiten, Umsteigezeiten und -flughäfen präferiert werden und wie sich das Nachfrageverhalten ändert, wenn die Präferenzen nicht exakt erfüllt werden. Neben der Analyse der Kunden hat eine Analyse der Wettbewerber zu erfolgen. Es ist einzuschätzen, welcher Teil des Marktpotentials von Wettbewerbern wie erfolgreich ausgeschöpft werden kann. Last but not least sind entsprechende Analysen auch für den Frachtbereich anzustellen.

Eine **Restriktion** stellt zunächst die vorhandene Flotte dar. Da Flugzeuge strengen Wartungsplänen unterliegen, sind Wartungsereignisse zu berücksichtigen. Anzahl und Verfügbarkeiten der erforderlichen Cockpit- und Cabin-Crews stellen weitere potenzielle Engpässe dar. Verfügbarkeiten der Crews sind durch gesetzliche Vorschriften, Tarifverträge und unternehmensindividuell formulierte Betriebsvereinbarungen determiniert. Stationen bedingen weitere Restriktionen. Hier sind bspw. Start- und Landebahnlängen, Fluggastbrücken, Enteisungsgeräte usw. entscheidend dafür, welche Flugzeugtypen starten, landen und abgefertigt werden können. Die Minimum Connecting Time (MCT)[176] an den Flughäfen ist eine entscheidende Bestimmungsgröße für die Verknüpfung von Zu- und Abbringerflügen. An überlasteten Flughäfen ist auch die Slotverfügbarkeit ein wichtiger Faktor. Vertriebsseitig ist die Anzeige von Flugverbindungen in Computerreservierungssystemen (CRS) zu berücksichtigen. Werden Umsteigeverbindungen auf den hinteren Seiten der CRS-Systeme angezeigt, so

---

[176] Die MCT ist die kürzest mögliche Umsteigezeit zwischen zwei Flügen.

bestehen nur geringe Aussichten auf Buchung durch Geschäftsreisende, denen häufig eine kurze „Elapsed Time"[177] wichtig ist.

Ziel der Flugplanung ist die Optimierung des Netzbetriebsergebnisses. Das Ziel wird durch einen Flugplan erreicht, der ein optimales Verhältnis aus Kosten und Ausschöpfung des Marktpotentials ermöglicht.

Aufgrund der zentralen Bedeutung und der häufigen begrifflichen Missverständnisse sollen O & Ds hier vertiefend behandelt werden. O & Ds (**Origins & Destinations**) sind wie folgt definiert: Anzahl der Passagiere in einer Flugplanperiode („Verkehrsstrom"), die von einem Ursprungsort (Origin) zu einem Zielort (Destination) ohne Unterbrechung (Unterbrechungen zum Zwecke des Umsteigens sind in diesem Sinne keine Unterbrechungen) fliegen, unabhängig davon, auf welchem Reiseweg die Passagiere ihr Ziel erreichen. Maßeinheit von O & Ds ist somit Passagiere pro Zeiteinheit. So könnte bspw. der O & D HAM - CHI (Hamburg – Chicago) 1.000 Passagiere pro Monat betragen. O & Ds beschreiben die Transportnachfrage, sie spiegeln wie kein anderer Begriff die eigentlichen Marktbedürfnisse wider.

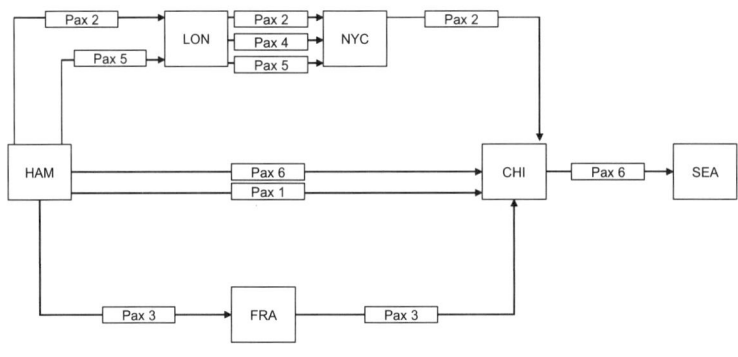

Abbildung 12.20: Beispiele für O & Ds und Itineraries

Abbildung 12.20 zeigt Passagiere, die von HAM nach CHI fliegen möchten und damit Passagiere des O & Ds HAM - CHI sind. Den Passagieren stehen verschiedene Reisewege offen: Sie könnten z. B. einen Nonstopflug nehmen (Pax 1), sie könnten von HAM nach LON (London), von LON nach NYC (New York) und von dort nach CHI fliegen (Pax 2) oder über FRA nach CHI reisen (Pax 3). Derartige (alternative) **Reisewege** werden als „**Itineraries**" bezeichnet. Auf den einzelnen Flügen, z. B. auf einem Flug LON – NYC, finden sich Passagiere verschiedener O & Ds. Hier könnten sich bspw. Passagiere der O & Ds LON – NYC

---

[177] Die Elapsed Time ist die gesamte Flugzeit auf einer Quelle-Ziel-Verbindung (einschließlich Umsteigezeiten).

3 Flugplanung (Scheduling)

(Pax 4) oder HAM – NYC (Pax 5) wiederfinden. Auch auf dem Nonstopflug HAM – CHI finden sich Passagiere anderer O & Ds, hier will bspw. Pax 6 von HAM nach SEA (Seattle).

Auf einzelnen Flügen findet sich eine starke Mischung von Passagieren, die zu einer Vielzahl unterschiedlicher O & Ds gehören. Abbildung 12.21 zeigt exemplarisch, dass auf dem Flug LH 738 FRA – HKG (Frankfurt – Hongkong) am 04.10.2005 von 364 Passagieren lediglich 96 dem O & D FRA – HKG angehörten. 224 Passagiere gehörten zu O & Ds, die an 50 verschiedenen Orten beginnen und in HKG enden. 44 Passagiere gehörten zu O & Ds, die in FRA beginnen und in acht verschiedenen Orten enden.

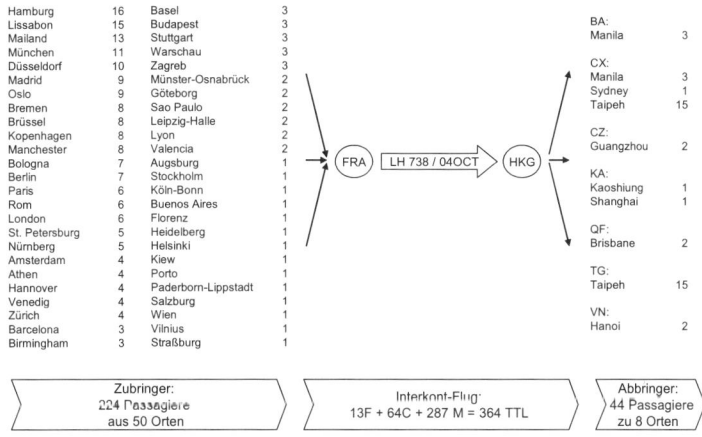

Abbildung 12.21: Passagierstruktur auf einem Lufthansa-Flug im Jahr 2005[178]

Es bleibt festzuhalten, dass nicht nur verschiedene Strecken, sondern auch verschiedene Reisewege miteinander um Kunden konkurrieren. Abbildung 12.22 zeigt, dass Passagiere, die von MAN (Manchester) nach IST (Istanbul) reisen wollen, bspw. mit BA (British Airways) über LON, mit KLM über AMS (Amsterdam), mit LX (Swiss) über ZRH (Zürich), mit AF (Air France) über CDG (Paris), mit SK (SAS) über CPH (Kopenhagen) oder mit LH über FRA (Frankfurt) oder MUC (München) fliegen (können). Sofern Nonstop-Flüge bspw. von TK (Turkish Airlines) oder BA angeboten werden, sind auch diese Itineraries möglich.

---

[178] Quelle: Deutsche Lufthansa AG.

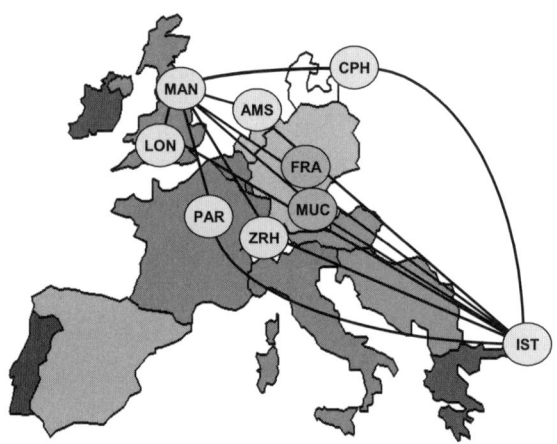

Abbildung 12.22: Mögliche Itineraries zum O & D MAN - IST

3.3 Auswahl und Priorisierung von O & Ds im Rahmen der Flugplangestaltung

O & D-Daten sind die wichtigste Informationsbasis für die Flugplanung. Quellen für O & D-Daten sind Buchungsdaten aus den CRS, Verkaufszahlen auf Basis eigener Ticketdaten, AEA/IATA-Statistiken und Passagierbefragungen. Die Lufthansa führt z. B. Erhebungen an deutschen Flughäfen durch, bei denen sie Passagiere nach ihren Abflug- und Zielorten befragt. In den USA liegen sehr detaillierte Daten des Department of Transportation (DOT) vor. Eine Validierung der Daten findet regelmäßig durch die Vertriebsverantwortlichen statt. O & D-Daten werden laufend in O & D-Datenbanken eingestellt, um einen Zugriff im Rahmen der Flugplanerstellung zu ermöglichen.

Zu Beginn der Flugplanung wird eine Vielzahl von O & Ds untersucht. Es stellt sich die Frage nach den attraktivsten O & Ds, für die ein qualitativ möglichst hochwertiger Flugplan (attraktive Itineraries) zu entwickeln ist. Abbildung 12.23 verdeutlicht das Vorgehen zur Auswahl relevanter O & Ds in einem stufenweisen Prozess der Marktanalyse und Marktauswahl. In dem dargestellten Beispiel wurden zunächst 100.000 O & Ds untersucht.

In der ersten Selektionsstufe werden unattraktive O & Ds ausgesondert. Dies sind O & Ds mit einem zu kleinen Passagiervolumen, O & Ds bei denen eine zu hohe Wettbewerbsintensität vorliegt und O & Ds, bei denen das Preisniveau zu niedrig ist.

3 Flugplanung (Scheduling)

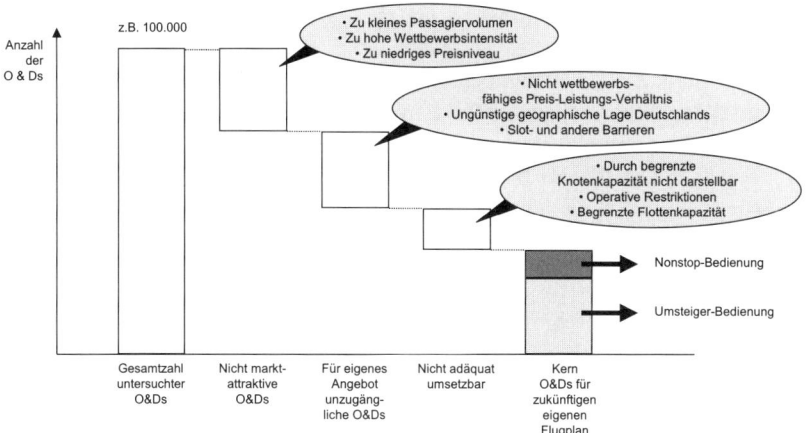

Abbildung 12.23: Stufenweises Vorgehen der Lufthansa zur Auswahl relevanter O & Ds

In der zweiten Selektionsstufe werden O & Ds aussortiert, bei denen die eigene Airline eine schlechte Marktposition innehat. Eine schlechte Marktposition ist z. B. im Falle eines nicht wettbewerbsfähigen Preis-Leistungs-Verhältnisses und bei ungünstiger geographischer Lage Deutschlands gegeben. Beispielsweise ist Deutschland ungünstig gelegen, um den O & D WAW – VIE (Warschau – Wien) mit einem attraktiven Itinerary (der den Hub FRA berühren würde) zu bedienen. Der O & D DUB – VIE (Dublin – Wien) hingegen ist attraktiv, da er mit einem Itinerary DUB – FRA – VIE ohne „Umwege" geflogen werden kann. Außerdem sind in dieser Phase gegebenenfalls Slotbarrieren zu berücksichtigen.

In einer dritten Selektionsstufe werden O & Ds ausgeschlossen, die aufgrund operativer Restriktionen nicht bedienbar sind. Dies ist z. B. der Fall, wenn die Knotenkapazitäten nicht ausreichend sind, um die erforderlichen Zu- und Abbringerflüge zu verbinden. Dabei ist naheliegend, dass mit Priorität die attraktivsten O & Ds bedient werden. Des Weiteren können operative Restriktionen und begrenzte Flottenkapazitäten zu einem Aussortieren von O & Ds führen.

Die nach der Selektion übrig gebliebenen O & Ds sind die eigentliche Nachfrage, der ein attraktiver Flugplan geboten werden muss. Als Handlungsalternativen sind Nonstop-Verbindungen, Direktverbindungen, Umsteigeverbindungen oder Bedienungen durch Partner-Airlines möglich.

Ein Sonderfall besteht bei Allianzsystemen, die ihre Hubs langfristig in der Form miteinander verzahnen können, dass verkehrsgeographisch ungünstige Itineraries ausgeschlossen werden. Es ist beispielsweise denkbar, dass Westeuropa-Japan-Verkehre in der Star Alliance bevorzugt über den SAS-Hub CPH (Kopenhagen) und Westeuropa-Südasien-Verkehre bevorzugt über den AUA-Hub VIE geführt werden.

3.4 Flugplanqualität

Wie die Produktqualität im Allgemeinen lässt sich auch **Flugplanqualität** anhand mehrerer Kriterien beurteilen, wobei das Qualitätsausmaß insgesamt umso höher ist, je eher ein Produkt den Bedürfnissen der Nachfrager entspricht. Bereits in den 1960er Jahren hat das US Civil Aeronautics Board (CAB) zur Marktanteilskalkulation den sog. **Quality of Service Index** (QSI) definiert, der die Flugplanqualität als metrisch skalierten Wert ausdrückt.

Zunächst sind die **Abflug- und Ankunftszeiten** bedeutsam. Auf kontinentalen Strecken werden Abflugzeiten in den früheren Morgenstunden und Ankunftszeiten in den frühen Abendstunden präferiert. Geschäftsreisende können so ohne Freizeiteinbußen nahezu ganze Arbeitstage und Privatreisende ganze Freizeittage am Zielort realisieren. Auf interkontinentalen Strecken sind Zeitverschiebungen und jeweilige Terminvorgaben zu berücksichtigen, so dass sich kaum allgemeingültige Aussagen treffen lassen.

Die **Routenführung** soll eine möglichst komfortable und wenig zeitaufwendige Reise ermöglichen. In den meisten Fällen präferieren Passagiere Nonstop-Verbindungen gegenüber Umsteigeverbindungen. Hub-and-Spoke-Routenführungen werden nur dann vorbehaltlos akzeptiert, wenn dies die einzige Möglichkeit ist, zum Zielort zu gelangen. Bei Umsteigeverbindungen werden jene bevorzugt, die eine möglichst kurze Gesamtreisezeit mit sich bringen. Hieraus darf nun nicht geschlossen werden, dass Umsteigeverbindungen wenig konkurrenzfähig sind. Da Umsteigeverbindungen mit höheren Frequenzen angeboten werden, ergibt sich ein frequenzbedingter Qualitätsvorteil. Bei mehreren alternativen Hubs wird die Attraktivität des Flugplans auch von der Attraktivität des Umsteigeflughafens bestimmt. So ist derzeit anzunehmen, dass der Hub Dubai bei vielen Passagieren aufgrund seiner guten Einkaufsmöglichkeiten als besonders attraktiv eingeschätzt wird.

Auch die eingesetzten **Flugzeugtypen** bestimmen die Flugplanqualität bei bestimmten Marktsegmenten. Insbesondere viel fliegende Geschäftsreisende sind häufig gut informiert. Zumeist werden wide bodies gegenüber narrow bodies und Jets gegenüber Turboprops präferiert.[179] Auf längeren Strecken über Wasser bestehen nach wie vor mitunter Vorbehalte gegenüber twin engine-Flugzeugen.

Indem bei der Flugplanung versucht wird, den Nachfragebedürfnissen weitestgehend gerecht zu werden, bestimmt die Nachfrage die qualitative Gestaltung des Angebotes. Umgekehrt bestimmt aber auch die quantitative Ausgestaltung des Angebotes die Nachfrage, es liegt also eine **Interaktion zwischen Angebot und Nachfrage** vor. So reduziert eine höhere Kapazität zunächst einmal den Spill und steigert damit die bediente Nachfrage. Zudem sind zwei weitere, indirekte Angebotseffekte bedeutsam.

Insbesondere für das Geschäftsreisesegment sind die **Frequenzen** von zentraler Bedeutung. Geschäftsreisende haben oft präzise definierte Ansprüche an Abflug- und Ankunftszeiten. Sie sind zeitlich kaum flexibel. Auch bei Reiseplanänderungen und damit verbundenen Umbuchungen erwarten sie, dass adäquate Alternativflüge verfügbar sind. Es ist somit anzu-

---

[179] Zu den unterschiedlichen Flugzeugtypen vgl. Kapitel VII.

3 Flugplanung (Scheduling)

nehmen, dass höhere Frequenzen von Geschäftsreisenden besonders honoriert werden, so dass Airlines mit hoher Frequenz ein überproportionaler Anteil der Nachfrage zufällt. Dieser Zusammenhang wird üblicherweise als „**S-Curve**" oder „**Share Gap**" bezeichnet. Abbildung 12.24 zeigt am Beispiel von zwei Airlines, dass Frequenzanteile von unter 50 % zu unterproportionalen Marktanteilen und Frequenzanteile von über 50 % zu überproportionalen Marktanteilen führen. Bei einem Frequenzanteil von 40 % wird beispielsweise ein Marktanteil von nur 30 % erreicht, bei einem Frequenzanteil von 70 % hingegen ein Marktanteil von 80 %.

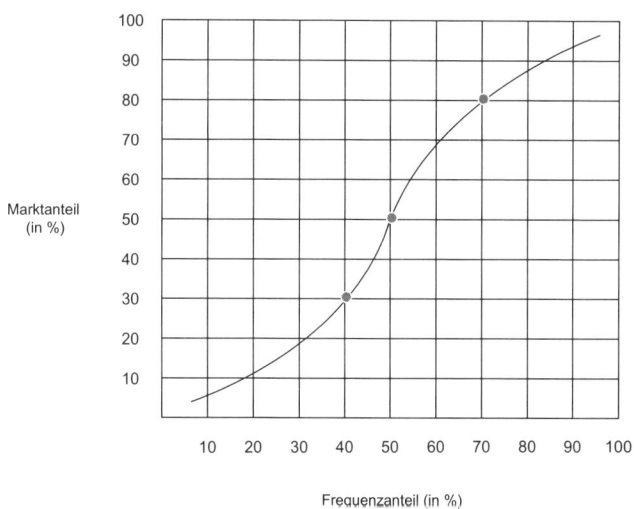

Abbildung 12.24: Zusammenhang von Frequenz- und Marktanteil („S-Kurve")[180]

Das Ausmaß der Krümmung der „S-Kurve" hängt von den spezifischen Marktbedingungen ab. Mathematisch gibt der Exponent in der Gleichung in Tabelle 12.1 das Krümmungsmaß wieder.

Tabelle 12.1: Beispiel zur Kalkulation des Marktanteils bei der „S-Kurve"

Anzahl der Frequenzen von Airline 1	5
Anzahl der Frequenzen von Airline 2	10
Frequenzanteil von Airline 1	33,3 %
Frequenzverhältnis Airline 1 zu Airline 2	(5/10) = 0,5
Exponent	2
Marktanteil von Airline 1 (am Beispiel des Exponenten 2)	$MA = \dfrac{(\text{Frequenzverhältnis})^2}{1 + (\text{Frequenzverhältnis})^2} = \dfrac{(0,5)^2}{1 + (0,5)^2} = 20\%$

---

[180] In Anlehnung an Clark (2007), S. 89 (zwei Airline Fall).

Für das Privatreisesegment sind weniger das Frequenzausmaß, sondern vielmehr niedrige Preise bedeutsam. Diese lassen sich umso eher realisieren, je größer das eingesetzte Fluggerät ist, da größere Fluggeräte im Allgemeinen niedrigere Stückkosten aufweisen. Auch für das Privatreisesegment ist zu erwarten, dass die S-Kurve gilt, wobei der Effekt schwächer ausgeprägt ist als bei den Geschäftsreisenden.

Höhere Frequenzen und größere Fluggeräte führen zu einer höheren Kapazität. Allgemein formuliert lässt sich die Abszisse in Abbildung 12.24 damit als Angebotsanteil bezeichnen.

Bei der Flugplangestaltung müssen Airlines in aller Regel einen trade-off zwischen Größe des eingesetzten Fluggeräts und Anzahl der Frequenzen beachten. Tabelle 12.2 zeigt, dass 1.560 Sitze pro Woche angeboten werden können, indem ein Fluggerät mit 390 Sitzen vier Frequenzen fliegt oder indem ein Fluggerät mit 260 Sitzen sechs Frequenzen fliegt. Alternative A ist kostengünstiger und damit eher für Strecken mit hohem Anteil von Freizeitreisenden zu empfehlen. Alternative B ist qualitativ hochwertiger und damit eher für Strecken mit einem hohen Anteil von Geschäftsreisenden geeignet.

Tabelle 12.2: Trade-off zwischen Flugzeuggröße und Frequenz

Alternative A	Alternative B
Fluggerät 1: 390 Sitze	Fluggerät 2: 260 Sitze
Frequenzen: 4	Frequenzen: 6
Sitze/Woche: 1.560	Sitze/Woche: 1.560

Unter bestimmten Bedingungen kann sich der Kostenvorteil des größeren Fluggerätes in einen Kostennachteil verwandeln. Abbildung 12.25 zeigt, dass bei einem Flugplan mit einem tag-end[181] der Einsatz des größeren Fluggeräts mit 390 Sitzen eine durchschnittliche Teilstreckenlänge von 2.750 km mit sich bringt. Das kleinere Fluggerät mit 260 Sitzen fliegt ebenfalls mit jeweils vier Frequenzen die erste Destination sowie die zweite Destination an, erreicht aber eine durchschnittliche Streckenlängen von 3.975 km und operiert daher mit geringeren Stückkosten. Dem Kostenvorteil, der sich aus den niedrigeren Stückkosten größerer Flugzeuge ergibt, steht in diesem Beispiel ein Kostennachteil aus einer geringeren durchschnittlichen Streckenlänge beim Einsatz größerer Flugzeuge gegenüber.

---

[181] Als tag-end werden kürzere „Endstücke" von Langstreckendirektflügen, also Flügen mit Zwischenlandung, bezeichnet.

3 Flugplanung (Scheduling) 333

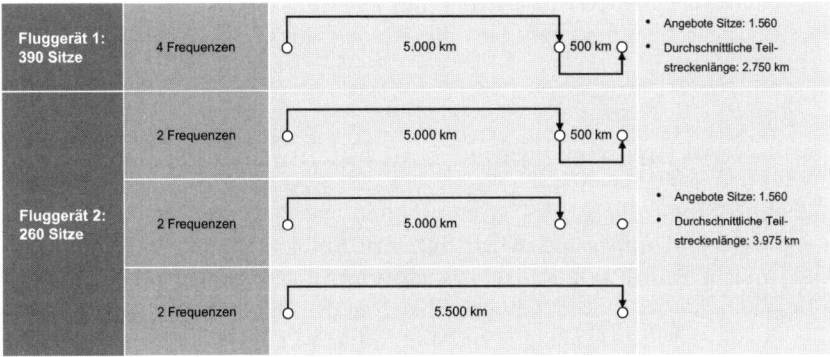

Abbildung 12.25: Teilstreckenlängen beim Einsatz unterschiedlicher Flugzeuggrößen[182]

3.5 Prozessablauf der Flugplanung

3.5.1 Überblick

Die Flugplanung folgt der Kapazitätsplanung und geht dem Yield Management voraus (siehe Abbildung 12.2).

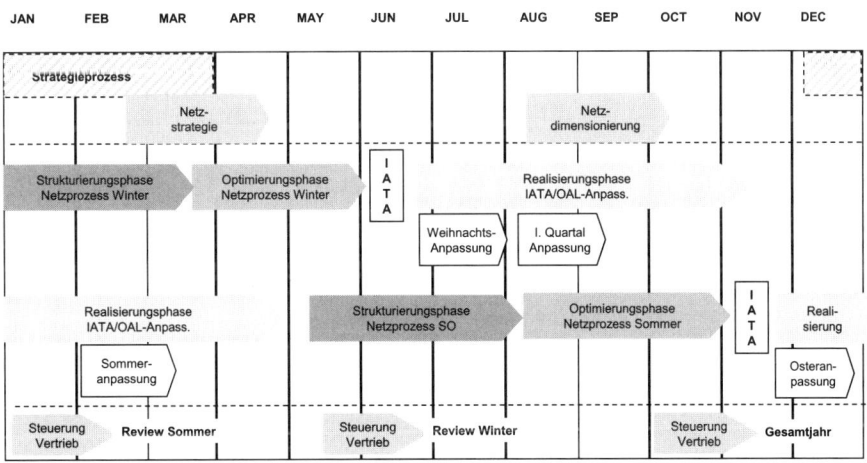

Abbildung 12.26: Zeitliche Verteilung der Flugplanungsphasen

---

[182] Vgl. Clark (2007), S. 195.

Die Flugplanung gliedert sich wiederum in drei **Phasen**: Die erste Phase ist die Strukturierungsphase, der die Optimierungs- und die Realisierungsphase folgen (siehe Abbildung 12.26).

3.5.2 Strukturierungsphase und Optimierungsphase

In der **Strukturierungsphase** wird in erster Linie festgelegt, welche Zielorte angeflogen werden und welche Marktposition in den einzelnen Abflugorten mit ihrer jeweiligen Catchment Area erreicht werden soll. So ist beispielsweise zu entscheiden, ob dezentrale Flughäfen wie Bremen mit einer großen Zahl von Flügen an den Hub Frankfurt angebunden werden oder nicht. Auch sind Entscheidungen zu Point-to-Point-Flügen zu fällen. In der Strukturierungsphase werden auch die ersten Überlegungen zu den Reisewegen (Itineraries) getätigt. So ist zu planen, ob beispielsweise Passagiere aus Bremen auf Interkont-Dienste im Hub Frankfurt oder im Hub München umsteigen. Während der Strukturierungsphase erfolgt die Veröffentlichung der Flugpläne in den CRS-Systemen. Flüge sind buchbar mit einer Vorlaufzeit von einem Jahr minus einem Tag.

In der **Optimierungsphase** werden die Itineraries mit dem Ziel einer jeweils möglichst kurzen elapsed time optimiert. Hierdurch verkürzen sich die Gesamtreisezeiten für den Passagier, so dass die Flugplanqualität zunimmt.

Hub-Optimierung
Hier werden auch die Flugzeuggrößen, die auf den einzelnen legs eingesetzt werden, festgelegt. Zudem ist über die Abflug- und Ankunftszeiten zu entscheiden. In dem Hub sind somit die Knoten zu gestalten bzw. zu optimieren. **Knoten** sind Zeitfenster, in denen eine größere Anzahl von ankommenden und abgehenden Flügen miteinander „verknüpft" werden, so dass einer großen Anzahl von Passagieren ein Umsteigeprozess im Hub mit minimaler bzw. komfortabler Umsteigezeit ermöglicht wird. Die **Minimum Connecting Time** definiert die zeitliche Untergrenze, die mindestens eingehalten werden muss, damit ein Umstieg der Passagiere und eine Umladung des Gepäckes am Umsteige-Airport gelingt. So hat der Flughafen Frankfurt Rhein-Main (FRA) eine MCT von 45 Minuten.[183] Bei 45 Min. findet ein Umsteigeprozess jedoch häufig unter großem Zeitdruck statt, so dass Passagiere eine Umsteigezeit von etwas mehr als 45 Min. als komfortabler empfinden. Ab einer Umsteigezeit von mehr als 110 Minuten reduziert sich der Umsteigkomfort wieder. Abbildung 12.27 zeigt die **Connecting Convenience** als Prinzipskizze.

---

[183] Zur MCT an anderen europäischen Flughäfen siehe Kapitel VIII, Unterkapitel 1.2.

3 Flugplanung (Scheduling) 335

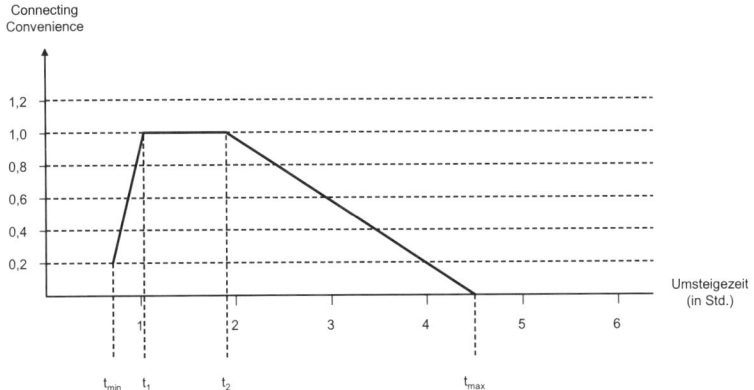

Abbildung 12.27: Connecting Convenience[184]

Abbildung 12.28 zeigt die Logik der Verknüpfung eines Zubringer-Fluges mit Abbringerflügen. Der Zubringerflug MAN – FRA mit Ankunftszeit 09:00 in FRA ist aufgrund der Unterschreitung der MCT von 45 Min. nicht mit den Abbringerflügen FRA – LON (Abflug 09:15) und FRA – IST (Abflug 09:30) verknüpft (Fälle A und B). Ein Umstieg auf die Abbringerflüge nach BUD (Budapest) und HEL (Helsinki) ist möglich und für die Passagiere komfortabel. Die Umsteigeverbindungen sind damit wettbewerbsfähig (Fälle C und D). Ein Umstieg auf die Abbringerflüge nach BCN (Barcelona) und PEK (Peking) ist ebenfalls möglich, für Passagiere jedoch weniger komfortabel, folglich ist die Umsteigeverbindung weniger wettbewerbsfähig (Fälle E und F). Folgende Maßnahmen sind zu empfehlen: Der Flug FRA – IST ist zeitlich nach hinten zu verlegen (Pfeil 1), so dass ein Umstieg von MAN möglich wird. Sofern Slotengpässe im Hub existieren, ist auch der Flug FRA – HEL nach hinten zu verlegen (Pfeil 2), da diese Umsteigeverbindung kaum nachgefragt wird und eine Verdrängung wichtigerer Abbringerflüge vermieden werden sollte. Der Abbringerflug FRA – PEK ist nach vorne zu verlegen (Pfeil 3), da eine attraktivere Umsteigeverbindung geboten werden sollte. Vor Umsetzung der Maßnahmen sind zwei von sechs Abbringerflügen mit dem Zubringerflug verknüpft (= 33 %), nach Umsetzung der Maßnahmen sind es drei von sechs (= 50 %). Die Konnektivität hat sich damit um 50 % erhöht.

Als **Konnektivität** wird allgemein die Güte der Verbindungen in einem Hub bezeichnet. Dabei wird betrachtet, wie viele sinnvolle Outbound-Flüge innerhalb eines definierten Zeitfensters auf einen Inbound-Flug folgen. Der Zeitraum wird „nach unten" durch die Minimum Connecting Time, nach oben durch die „Wartezeittoleranz" der Passagiere begrenzt.

---

[184] In Anlehnung an Busacker/Clark (2001), S. 250.

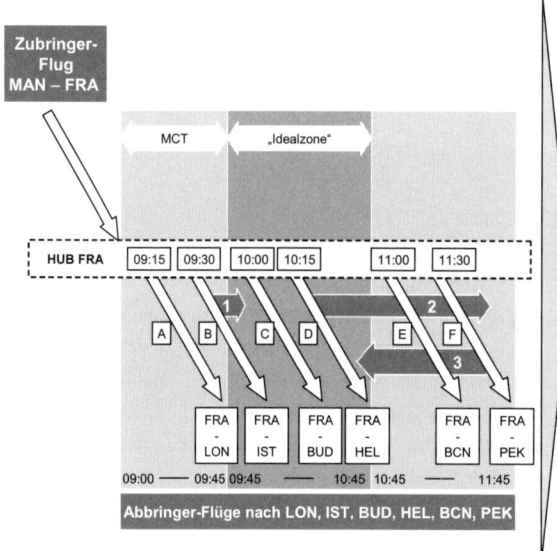

Abbildung 12.28: Verknüpfung eines Zubringerfluges mit Abbringerflügen

Werden eine Vielzahl von Zubringerflügen und Abbringerflügen miteinander verknüpft, entstehen die bereits erwähnten „**Knoten**".

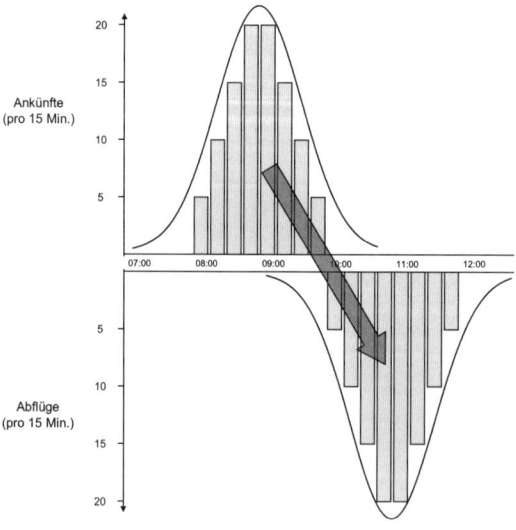

Abbildung 12.29: Entstehung von Knoten

3 Flugplanung (Scheduling)

Abbildung 12.29 zeigt die zeitliche Verteilung von Zubringerflügen (Ankünfte) und Abbringerflügen (Abflüge). Im Zeitfenster von 08:00 bis 11:00 liegt ein Knoten mit insgesamt 200 Flugbewegungen (100 Ankünfte und 100 Abflüge).

Wichtige internationale Hubflughäfen haben Vier- bis Acht-Knoten-Systeme. Die Knoten sind so zu gestalten, dass jene ankommenden Flüge mit jenen abgehenden Flügen verknüpft werden, die möglichst vielen (hochwertigen) Passagieren attraktive Reisewege ermöglichen. Tabelle 12.3 zeigt an einem einfachen Beispiel das Grundprinzip der Optimierung des Hubs Frankfurt.

Tabelle 12.3: Case Study: Hub-Optimierung

Annahmen			
Jeweils zwei Flüge pro Tag: BA und LH auf HAM - MIL sowie AF und LH auf DUS – ATH			
Preisgleichheit von BA und LH bzw. AF und LH			
Passagiere HAM - MIL: Primär zeitsensible Geschäftsreisende			
Passagiere: DUS - ATH: Primär zeitunsensible Privatreisende			
Durchschnittspreis HAM - MIL: 1.800,- € und DUS - ATH: 600,- €			
4 Slots der LH mit fest vorgegebenen Zeiten im Hub FRA			
MCT in FRA: 0:45			
O&Ds			
HAM - MIL: 2.800 Paxe/Woche			
DUS - ATH: 1.400 Paxe/Woche			
Wettbewerber-Flugpläne			
HAM - LON - MIL (BA): 9.00 - 10.00 / 11.00 - 13.00	elapsed time: 4:00		
DUS - PAR - ATH (AF): 16.00 - 17.00 / 18.20 - 20.50	elapsed time: 4:50		
LH-Flugplan vor Optimierung			
HAM - FRA - MIL: 8.00 - 9.00 / 10.20 - 12.20			elapsed time: 4:20
DUS - FRA - ATH: 08.30 - 09.30 / 10.30 - 12.30			elapsed time: 4:00
Wirtschaftliches Ergebnis vor Optimierung (aus Sicht der LH)			
Differenz elapsed time vs BA: + 0:20	BA: 2.000 Paxe/Woche		LH: 600 Paxe/Woche
Differenz elapsed time vs. AF: - 0:50	AF: 650 Paxe/Woche		LH: 750 Paxe/Woche
LH Flugplan nach Optimierung			
HAM - FRA - MIL: 8.30 - 9.30 / 10.20 - 12.20			elapsed time: 3:50
DUS - FRA - ATH: 08.00 - 09.00 / 10.30 - 12.30			elapsed time: 4:30
Wirtschaftliches Ergebnis vor Optimierung (aus Sicht der LH)			
Differenz elapsed time vs. BA: - 0:10	BA: 800 Paxe/Woche		LH: 2.000 Paxe/Woche
Differenz elapsed time vs. AF: - 0:20	AF: 700 Paxe/Woche		LH: 700 Paxe/Woche
Wirtschaftliche Bewertung des Slottausches			
Paxzuwachs HAM - MIL auf LH: + 1.400 Paxe/Woche			
Erlössteigerung: 2.520.000 €/Woche (1.400 * 1.800 €)			
Paxverlust DUS - ATH auf LH: - 50 Paxe/Woche			
Erlösreduktion: 30.000 €/Woche (50 * 600 €)			
Nettoerlöszuwachs: 2.490.000 €/Woche			

Gemäß Abbildung 12.30 ist zu entscheiden, ob O & Ds mit Nonstop-Verbindungen oder Umsteige-Verbindungen bedient werden. Letztlich ist die Größe des O & Ds ausschlaggebend dafür, ob sich eine Nonstop-Bedienung durch die Aufnahme dezentraler Strecken wirtschaftlich rechnet.

Ausgangssituation	Probleme	Lösung	Wirtschaftliche Bewertung

• Verkehrsstrom MUC - TRN: Jeweils 80 rt Paxe pro Tag
• Kundenstruktur: Hoher Geschäftsreisendenanteil mit Präferenz: morgens Anreise und abends Abreise
• Flugplan heute:
  • MUC - FRA - TRN (LH)
  • MUC - ROM - TRN (AZ)
	• Schlechtes Produkt (lange Reisezeit, Umsteigeverbindung)
	• Abwanderung auf Straße/Schiene
	• Belastung der Hubs FRA und ROM
	• Hohe passagierabhängige Kosten (Passagier reist auf zwei Legs)
		• Aus LH-Sicht: Nonstopflug MUC – TRN
		• Tagesrandverbindung MUC - TRN - MUC morgens und abends
		• Einsatz B 737 mit BE SLF von 70 % (= 70 Paxe)
			• Hohe Rentabilität der Strecke (80 % SLF vs. 70 % BE SLF)
			• Aufbau Markteintrittsbarriere für weiteres dezentrales Wettbewerberangebot (Annahme: 50 % Marktanteil der beiden Wettbewerber → jeweils 40 % SLF → neg. SBE)
			• Produktverbesserung
			• Abzug von Kunden vom Wettbewerber
			• Erlössteigerung
			• Kostenreduktion ("Passagier wird nur einmal angefasst")
			• Hubentlastung

Abbildung 12.30: Case study: Überführung von Hub-Verkehren in Point-to-Point-Verkehre

Gelegentlich findet sich ein Nebeneinander von Hub-and-Spoke-Verbindungen und dezentralen Nonstop-Verbindungen innerhalb einer Airline. Abbildung 12.31 zeigt am Beispiel der Lufthansa Umsteigeverbindungen von Mailand über Frankfurt nach Hamburg sowie parallel angebotene Nonstop-Verbindungen zwischen Mailand und Hamburg. Dabei werden die Direktverbindungen mit kleinem Fluggerät (Canadair Regional Jets) durchgeführt.

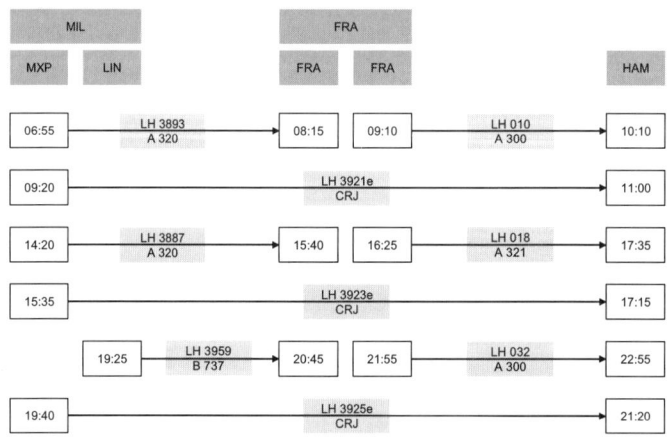

Abbildung 12.31: Koexistenz von Nonstop- und Umsteigeverbindungen am Beispiel MIL – HAM[185]

---

[185] Anmerkung: Flugplan für Verkehrstage 1 bis 5 (Montag bis Freitag), SFP (01.07. – 27.10.2007).

3 Flugplanung (Scheduling)

Eine Besonderheit ist bei Network Carriern zu beachten, die Anteile an Low Cost Carriern haben und diese steuern (z. B. Lufthansa und Germanwings). Hier kann es dazu kommen, dass Strecken parallel angeboten und dabei sogar die gleichen Flughäfen angeflogen werden (z. B. auf der Strecke Köln-München). Dies scheint nur auf den ersten Blick eine Kannibalisierung zu sein. Bei näherer Betrachtung stellt sich heraus, dass es sich um verschiedene Geschäftsfelder handelt. So handelt es sich beim Low Cost Verkehr um Point-to-Point-Verbindungen, mit denen das Lokalaufkommen bedient wird. Der Network-Carrier hingegen bietet Hub-and-Spoke-Verkehr an, bei dem Passagiere in München umsteigen. Dabei existieren auch ganz andere Anforderungen an die Flugzeiten. So achtet ein Passagier auf einer Reise Köln-München darauf, dass er zu akzeptablen Zeiten in Köln abfliegt und in München ankommt. Für einen Umsteigepassagier sind hingegen die Ankunftszeiten am Zielort von besonderer Bedeutung. Darüber hinaus ist die Wettbewerbssituation eine andere, die Wettbewerber sind für den Direktreisenden Bahn und PKW, für den Umsteiger jedoch andere Airlines mir ihren Hubs. Ein Luftverkehrskonzern kann also in beiden Geschäftsfeldern tätig sein, sofern das Marktvolumen eine ausreichende Größe hat. Ist das Marktvolumen nicht ausreichend, so wird möglicherweise der CGN – MUC-Zubringerflug nicht alleine mit Umsteigepassagieren zu füllen sein, so dass die Lokalpassagiere zum Erreichen eines akzeptablen SLF erforderlich sind.

Die **Optimierungsphase** wird mit den **IATA-Slotkonferenzen** abgeschlossen. Diese finden zweimal im Jahr statt. Für den Winterflugplan, der die Periode November bis März umfasst, findet die IATA-Slotkonferenz im Juni statt; für den Sommerflugplan, der die Periode April bis Oktober umfasst, findet die IATA–Slotkonferenz im November statt. Airlines reichen vorab einen sog. IATA-Draft (Flugplanentwurf) ein, der die gewünschten Slots enthält. Auf den IATA-Slotkonferenzen erfolgt die Vergabe der Slots an die etwa 220 IATA-Airlines. Auf den Slotkonferenzen sind die Flughafenkoordinatoren[186], die die Aufgaben der jeweiligen Zivilluftfahrtbehörden wahrnehmen, und Vertreter der IATA-Airlines anwesend.

In der Optimierungsphase werden unterschiedliche Systeme bzw. Tools als **Entscheidungsunterstützungssysteme** eingesetzt. Spill and Recapture-Modelle treffen Aussagen zu kapazitäts- und produktbedingten Abweisungen und Rückgewinnungen von Passagieren. CRS-Simulationstools zeigen die Positionen unterschiedlicher Flugplanalternativen in den CRS-Systemen und die damit verbundenen Nachfragewirkungen. Hub-Optimizer zielen auf die Optimierung von Umsteigeverbindungen in den Hubs.

3.5.3 Realisierungsphase

In der **Realisierungsphase** werden Kapazitäten im Sinne der Zuordnung konkreter Flugzeuge zum Flugplan geplant. Hier ist die konkrete Rotation der einzelnen Flugzeuge festzulegen. Da kurzfristige, kaum längerfristig vorhersehbare Nachfrageschwankungen auftreten können, ist sicherzustellen, dass Flugzeugtausche möglich sind (Dynamic Fleet Management – siehe das folgende Unterkapitel 3.5.4).

---

[186] Siehe hierzu auch Kapitel VIII, Unterkapitel 3.2.

Die Realisierungsphase schließt die Phase der Produktplanung (in Form eines marktattraktiven Flugplans) ab. Parallel dazu beginnt die **Produktionsphase** bzw. die **Operations**. Als **Fleet Assignment** wird die Flottenzuordnung zu einem definierten Flugplan bezeichnet. Im Ergebnis entsteht ein **Rotationsplan**, der pro Flugzeug immer nach folgendem Schema aufgebaut ist: 1. Abflugzeit und -ort, 2. Blockzeit, 3. Ankunftszeit und -ort, 4. Bodenzeit, 5. Abflugzeit und –ort usw. (siehe Abbildung 12.32). Der Rotationsplan muss sicherstellen, dass aus dem „marketing-optimierten" Flugplan ein „fliegbarer" Flugplan entsteht, der mit der in der Flotte verfügbaren Anzahl von Flugzeugen auskommt, genügend Zeit für technische Arbeiten lässt (Liegezeiten), zur Aufrechterhaltung der Pünktlichkeit Reserven bzw. Puffer enthält und mit einer minimalen Anzahl von Crews geflogen werden kann. Im Endeffekt sind also die Kosten der Produktion zu minimieren. Parallel zur Entwicklung des Rotationsplanes ist die Crewplanung zu starten. Hier sind dem Flugzeugmustereinsatz adäquate Crewumläufe zu planen.

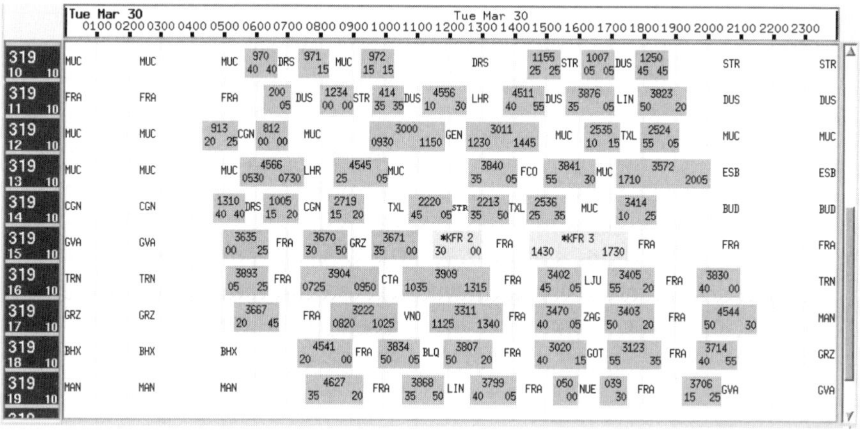

Abbildung 12.32: Beispiel für einen Rotationsplan

Es sollte versucht werden, den Start der Produktionsphase soweit wie möglich in Richtung Abflugzeitpunkt zu schieben, da sich das Ausmaß der Flexibilität mit Eintritt in die Produktionsphase deutlich reduziert.

3.5.4 Dynamic Fleet Management

Moderne Techniken des so genannten **Dynamic Fleet Management** ermöglichen kurzfristige Anpassungen der Flugzeugkapazitäten an aktuelle Marktgegebenheiten. Abbildung 12.33 zeigt den ursprünglich prognostizierten Buchungsverlauf eines bestimmten Fluges (gestrichelte Linie), der einen Monat vor dem Abflug zur Zuordnung eines adäquaten Fluggerätes geführt hat. Seither zeigt sich jedoch eine über der Prognose verlaufende aktuelle Nachfrage. Eine Woche vor Abflug erfolgt der Wechsel auf ein größeres Fluggerät, mit dem die gestiegene Nachfrage bedient und damit Spill vermieden wird.

3 Flugplanung (Scheduling)

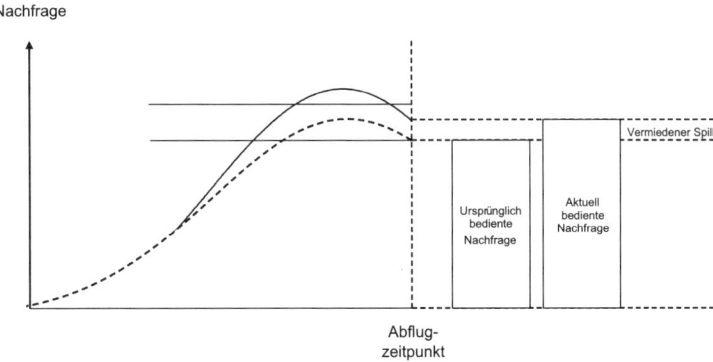

Abbildung 12.33: Wirkungsmechanismus des Dynamic Fleet Management bei einem einzigen Flug[187]

Abbildung 12.33 stellt den Wirkungsmechanismus des Dynamic Fleet Management für einen einzigen Flug dar. Im gesamten Netzwerk sind die Dinge komplizierter. Hier ist zu prüfen, ob ein geeignetes, größeres Fluggerät eingesetzt werden kann und ob zugehörige Cockpit und Cabin Crews ebenfalls zur Verfügung stehen. Die Verfügbarkeit der Cockpit Crews wird durch Flottenfamilien, die gleiche Cockpit-Ausstattungen aufweisen, erleichtert. So weisen bspw. die Flugzeuge der Flugzeugfamilie Airbus 320 gleiche Cockpits auf. Die Flugzeugtypen A 318 (ca. 100 Sitze), A 319 (ca. 130 Sitze), A 320 (ca. 160 Sitze) und A 321 (ca. 190 Sitze) unterscheiden sich lediglich durch die Rumpflänge.

Der obere Teil der Abbildung 12.34 zeigt die ursprünglich geplante Zuordnung dreier Airbus-Flugzeugtypen sowie die Nachfragehöhe auf verschiedenen Strecken. Es zeigt sich, dass der A 318 nicht in der Lage ist, die hohe Nachfrage auf dem Anschlussflug ab Madrid zu bedienen. Demgegenüber ist der A 321 zu groß für die geringe Nachfrage auf der Strecke CDG – FRA. Der untere Teil der Abbildung zeigt die Flugzeugtausche im Hub CDG (Paris Charles de Gaulle), so dass die gesamte Nachfrage bedient werden kann und eine zu starke Unterauslastung der Kapazitäten vermieden wird.

Dynamic Fleet Management auf der Netzwerk-Ebene funktioniert nur in Hubs, die zu gleichen Zeiten von verschiedenen Flugzeugtypen angeflogen werden, sodass dort getauscht werden kann. Dynamic Fleet Management lässt sich somit als Mechanismus der Hub Optimierung interpretieren, bei dem kurzfristige Anpassungen der Kapazitäten[188] an veränderte Nachfragebedingungen erfolgen.

---

[187] Vgl. Clark (2007), S. 201.

[188] Hier liegen im Gegensatz zum Yield Management reale – und nicht virtuelle - Anpassungen der Produktionskapazitäten vor.

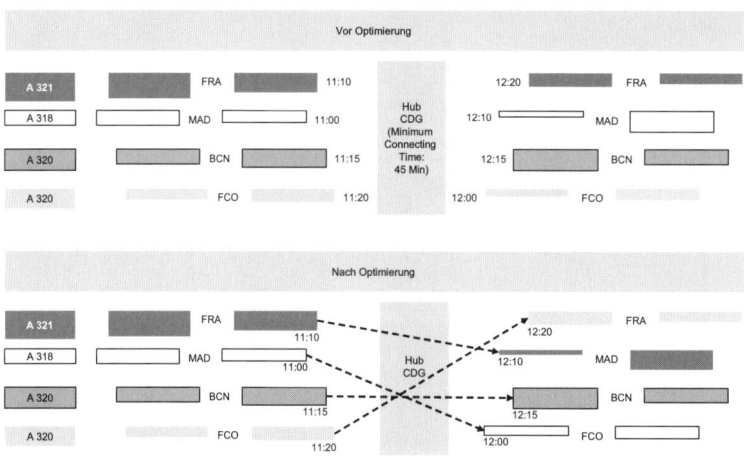

Abbildung 12.34: Wirkungsmechanismus des Dynamic Fleet Management bei mehreren Flügen[189]

3.6 Informationstechnologiesysteme in der Flugplanung

Die hohe Komplexität der Flugplanung erfordert eine Unterstützung durch Systeme der Informationstechnologie. IT-Systeme zur Flugplanerstellung und -Optimierung weisen die in Abbildung 12.35 dargestellte Grundstruktur auf. Wesentliche **Inputdaten** sind das eigene Flugplanszenario, das als Ausgangslage der folgenden Optimierungsläufe dient, die Flugpläne der anderen Airlines (OALs), O & D-Nachfragedaten, Nachfragerverhalten (Präferenz gegenüber den Airlines, Wichtigkeit von kurzen Reisezeiten usw.), O & D-Produktqualität (Vorteile in der „Elapsed Time", Servicevorteile von Airline A vs. Airline B usw.), Kostenfunktionen Fluggerät (d. h. die Kostenstruktur der auf den einzelnen Itineraries eingesetzten Flugzeugmuster). Anschließend erfolgt die Verarbeitung der Inputdaten in einem komplexen **Simulationsmodell** zur Errechung des Netzwerkprofits. Wesentliches **Ergebnis (Output)** ist der Netzwerkprofit, d. h. welches Netzergebnis kann mit einem bestimmten Flugplanszenario erzielt werden. **Feedback-Loop**: Abhängig vom Zielerreichungsgrad des Netzwerkprofites wird ein neues Flugplanszenario erstellt und durchgerechnet (2. Iteration). Ggf. werden weitere Iterationsstufen durchlaufen.

---

[189] Vgl. Clark (2007), S. 202 f. Anmerkung: Die Balkenstärke zeigt das Ausmaß der Nachfrage an.

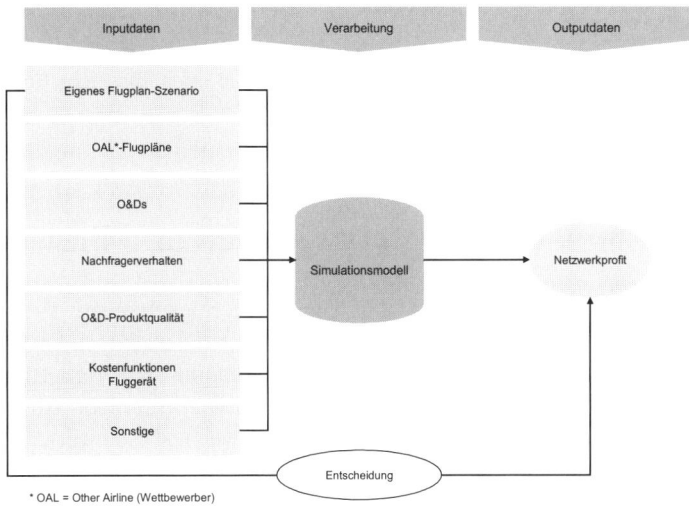

Abbildung 12.35: Grundstruktur eines Simulationsmodells zur Netzwerk-Optimierung

4 Preismanagement

4.1 Bedeutung des Preismanagements im Luftverkehr

Das Preismanagement ist in der Luftverkehrsbranche eine bedeutende Managementfunktion, die auch die Kapazitätsauslastungssteuerung beinhaltet. Aufgrund der engen Verknüpfung mit dem im nächsten Kapitel behandelten Yield Management wird das Preismanagement in der Airlinepraxis oft als Bestandteil des Netzmanagements organisiert.

Früher unterlagen Luftverkehrsmärkte starken Regulierungen, sodass Fluggesellschaften ihre Preise nicht frei festlegen konnten. Im Zuge der Deregulierung insbesondere auf dem US-Inlandsmarkt und der Liberalisierung des Luftverkehrs innerhalb der EU hat sich aufgrund des intensivierten Wettbewerbes die Preis- und Konditionenpolitik von Fluggesellschaften von einem stark bürokratisch bestimmten, kostenorientierten Instrument zu einem professionellen Preismanagement entwickelt.

In der Vergangenheit kam zudem der IATA mit ihren Tarifkonferenzen eine wichtige Rolle für die Festsetzung von Preisen im internationalen Luftverkehr zu. Heute ist das Preisgebaren viel flexibler geworden, die Tarifkonferenzen spielen nur noch für nicht liberalisierte Verkehrsgebiete eine Rolle.[190]

4.2 Systematisierung von Tarifen und Preisen

Nach dem ECAC-Abkommen von 1967 sind **Tarife** wie folgt definiert: **Preise**, die für die Beförderung von Fluggästen und Fracht zu zahlen sind und die Bedingungen, nach denen die Preise berechnet werden, einschließlich der Preise für Agentur- und Vermittlerdienste (ohne Post). Die Begriffe Tarif und Preis werden häufig synonym verwendet. Auch in der englischen Sprache ist die begriffliche Trennschärfe nicht größer, insbesondere der Begriff „fare" ist mehrdeutig. Streng genommen ist der Begriff Tarif weiter gefasst als der Begriff Preis: Er umfasst neben dem Preis auch die (Tarif-)Bedingungen. Diese werden in der Sprache des modernen Preismanagements als „Konditionen" bezeichnet. Der Begriff Tarif beinhaltet eine andere Konnotation. Tarife wecken Assoziationen an umfassende Genehmigungsprozeduren und staatliche Einflussnahme.

Der Begriff des Preises wird zumeist in liberalisierten Märkten mit freier Preisbildung verwendet. In Folge der Liberalisierung von Luftverkehrsmärkten ist heute der Begriff des Preises üblich und angemessen. Tarife bzw. Preise lassen sich nach mehreren Kriterien systematisieren (siehe Abbildung 12.36).

IATA-Tarife werden multilateral vereinbart oder mittels eines im Rahmen der IATA allgemein vereinbarten Verfahrens festgelegt. Vor der Veröffentlichung in den GDS müssen sie in nicht liberalisierten Märkten von den Luftverkehrsbehörden der beteiligten Länder genehmigt werden. IATA-Tarife gelten zwischen Airlines, die die Tarif-Strecken bedienen und die ein Interlineabkommen abgeschlossen haben. IATA Tarife sind interlinefähig. Sie beinhalten als Bruttotarife die Vergütung der Agenten, bei Nettotarifen wird eine Vergütung für die Agenturleistung aufgeschlagen.

Tarife werden nach **Beförderungsklassen** differenziert (siehe hierzu ausführlich Kapitel XIV). Unterschiede bestehen hier vor allem im Sitzkomfort (Sitzbreite, Abstand, Neigungsgrad der Rückenlehne, Anzahl der Sitze pro Reihe) und in den Serviceleistungen (separater Check-in, Lounges, Verpflegungs- und Unterhaltungsangebot an Bord usw.). Häufig werden die drei Beförderungsklassen First Class, Business Class und Economy Class unterschieden. Auch innerhalb der First und Business Class können Sondertarife zur Anwendung kommen. Seit Anfang der 1990er Jahre wird die Beförderungsklasse First von europäischen Airlines nur noch auf Interkontinentalverbindungen angeboten, während Business und Economy Class auf Domestic-, Kontinental- und Interkontinental-Flügen angeboten werden. Einzelne Airlines bieten auch sog. Zwischenklassen oder Intermediate Classes an.

---

[190] Vgl. dazu auch die Ausführungen zum IATA-Interlining in Kapitel XI.

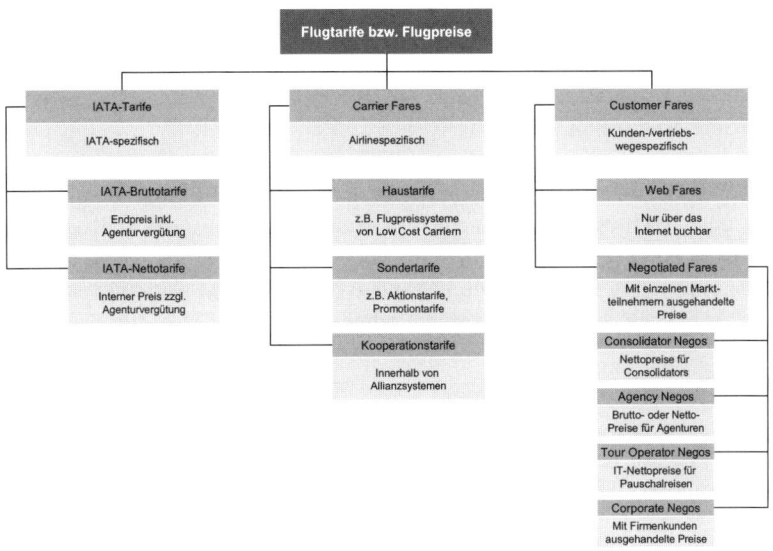

Abbildung 12.36: Systematik der Tarife bzw. Preise[191]

Normal- oder „Fullfare-Tarife" weisen keine wesentlichen, einschränkenden Tarifbedingungen auf. Normaltarife sind auf die Bedürfnisse von Geschäftsreisenden (auch als „NTP" = Normaltarifpassagiere bezeichnet) ausgerichtet, sie gestatten höchstmögliche Flexibilität bei der Reiseplanung und -durchführung. Normaltarife sind deutlich höher als Sondertarife. Die hauptsächlichen Charakteristika und Vorzüge des Normaltarifs sind:

- Keine Einschränkung hinsichtlich der Reservierung
- Keine Mindest- oder Höchstaufenthaltsdauer, Ticketgültigkeit ab Ausstellung bzw. ab Reiseantritt ein Jahr
- Flugunterbrechungen sind erlaubt
- Umbuchung und Umschreibung auf anderes Datum, bzw. andere Strecke ebenso wie Stornierung ohne Gebühren
- „No Shows" sind erlaubt
- Flugroutenwahl ist nicht an die kürzeste Strecke gebunden
- Aufgrund von Interlineabkommen freie Wahl der Fluggesellschaft

Sondertarife sollen die Auslastung eines Fluges steigern und richten sich insbesondere an Nachfrager mit hoher Preissensibilität. Sondertarife lehnen sich hinsichtlich ihrer Anwendungsbedingungen stark an die IATA-Systematik an, sie sind jedoch in ihrer Höhe und Bezeichnung carrier-spezifisch ausgeprägt. Grundsätzlich gelten Einschränkungen bzgl. der Anwendungsperiode, d. h. Sondertarife sind nur zu bestimmten, nachfrageschwachen Zeiten verfügbar. Geschäftsreisende können kaum auf Sondertarife zurückgreifen, da sie mit zahl-

---

[191] In Anlehnung an Pompl (2007), S. 279.

reichen Einschränkungen verbunden sind, die sie für diese Personengruppe uninteressant werden lassen. Wichtige Sondertarife sind (siehe auch Abbildung 12.37):

Excursion-Tarif (Excursion Fare)
Der Excursion-Tarif weist von allen Sondertarifen die wenigsten Einschränkungen auf. Es gibt eine Mindestaufenthaltsdauer (z. B. mindestens 6 bzw. 14 Tage oder Sunday-Return-Rule[192]) und eine Höchstaufenthaltsdauer (Rückflug spätestens nach 1, 3 oder 6 Monaten). Weitere Einschränkungen können hinsichtlich der Reisetage oder der Reisezeit gegeben sein. Flugunterbrechungen sowie Kombinationen mit anderen Tarifen sind nur teilweise gestattet. Eine Gebühr bei Erstattungen wird nur selten erhoben.

Purchase-Excursion-Tarif (PEX-Tarif)
Als zusätzliche Restriktionen im Vergleich zum Excursion-Tarif müssen Reservierung, Ticketing und Bezahlung innerhalb von 24 Stunden geschehen („Immediate Ticketing"). Bei Umbuchungen und Umschreibungen sowie bei einem Storno vor Reiseantritt wird eine Gebühr erhoben.

Advance-Purchase-Excursion-Tarif (APEX-Tarif)
Neben den Bedingungen des PEX-Tarifs ist beim APEX-Tarif eine Vorausbuchungsfrist einzuhalten. Reservierung, Ticketing und Bezahlung müssen mindestens ein bis drei Wochen vor Reiseantritt erfolgen. Es gilt eine zeitlich befristete Reservierungsänderung: Ab einem bestimmten Zeitpunkt ist selbst gegen Zahlung einer Gebühr keine Änderung der Reservierung mehr möglich.

Es sei darauf hingewiesen, dass Reservierung und Ticketausstellung (und die damit verbundene Bezahlung) im Normalfall zwei getrennte Vorgänge sind. Ein Sitzplatz kann frühzeitig reserviert werden, Ticketausstellung / Bezahlung können jedoch erst kurz vor Reiseantritt vorgenommen werden.

Super-APEX-Tarif
Super-APEX-Tarife stellen die preisgünstigste und restriktionsreichste Tarifklasse dar. Neben den o. g. Einschränkungen kommen das Verbot von Flugunterbrechungen im Ausland und die eingeschränkte bzw. fehlende Interlinefähigkeit hinzu. Fehlende Interlinefähigkeit bedeutet, dass es nicht möglich ist, eine andere Airline als diejenige, auf welche das Ticket ausgestellt worden ist, zu nutzen.

Die Liste der Sondertarife lässt sich um zeitlich gebundene Sondertarife, Stand-by-Tarife, Rundreise-Pässe, Budget-Tarife sowie Sondertarife für Pauschalreisen ergänzen.

---

[192] Mit der Sunday-Return-Rule werden Geschäftsreisende von der Inanspruchnahme von Sondertarifen wirkungsvoll abgehalten - kaum ein Geschäftsreisender möchte bis zum Sonntag am Arbeitsort bleiben, da sein gesamtes Wochenende massiv beeinträchtigt würde.

4 Preismanagement

Restriktionen	Sondertarife			
	Exkursion	PEX	APEX	Super APEX
Anwendungsperiode	☑	☑	☑	☑
Mindest-/ Höchstaufenthaltsdauer	☑	☑	☑	☑
Sunday-Return-Rule (Rückkehr nicht vor Sonntag 00:01 Uhr)	☑	☑	☑	☑
Immediate Ticketing (Reservierung/ Ticketing/ Bezahlung innerhalb von 24 Std.)		☑	☑	☑
Umbuchungen/Umschreibungen gebührenpflichtig		☑	☑	☑
Stornierungen gebührenpflichtig		☑	☑	☑
Vorausbuchungsfrist: Immediate Ticketing weit vor Reiseantritt (7 Tage bis 3 Wochen)			☑	☑
Zeitliche befristete Reservierungsänderungen			☑	☑
Eingeschränkte/mangelnde Interlinefähigkeit				☑
Verbot von Flugunterbrechungen (Stop Overs)				☑

Abbildung 12.37: Synopse der wichtigsten Einschränkungen bei Sondertarifen

Die Zahl der unterschiedlichen Sondertarife ist auch aufgrund airline-spezifischer Tarifsysteme vielfältig, schwer zu überblicken und stellt vor allem das Verkaufspersonal von Absatzmittlern vor große Herausforderungen.

Für eine vergleichsweise hohe Anzahl von Tarifpositionen und Sondertarifen spricht eine bessere Ausnutzung der Zahlungsbereitschaft der Nachfrager. Umfangreiche Tarifverzeichnisse verursachen jedoch hohe Kosten für die Vervielfältigung und Verbreitung, die Schulung der Verkäufer, die Ausstellung und Prüfung der Rechnungen sowie die Information der Kunden. Es besteht die Gefahr von Fehlern in der Rechnungsstellung, die zu Verärgerungen der Kunden und zu Einnahmeausfällen führen. Nachfragergruppen unterschiedlicher Preiselastizitäten sind derart gegeneinander abzugrenzen, dass ein Wechsel von Nachfragern mit hoher Zahlungsbereitschaft zu den niedrigeren Tarifarten und damit ein Rückgang des Durchschnittserlöses pro Passagier vermieden wird.

Airlines entwickelten im Laufe der Zeit parallel zu den interlinefähigen IATA-Tarifen eigene Tarife, sogenannte **„Carrier Fares"** (siehe Abbildung 12.36). Carrier-Fares werden wie IATA-Tarife über GDS veröffentlicht und stehen damit allen Agenten offen. Sie gelten allerdings nur für die eigene Airline und sind demzufolge nicht interlinefähig.

„Customer Fares" sind im Gegensatz zu IATA-Tarifen und Carrier Fares nicht allen Absatzmittlern bzw. Kunden zugänglich. Web Fares sind nur im Internet buchbar. „Negotiated Fares" sind ebenfalls carrier-spezifisch und werden nicht verprovisioniert.[193] Es sind Nettotarife, bei denen sich der Endverbraucherpreis nach Addition einer frei vom Absatzmittler kal-

---

[193] Zahlreiche Airlines haben mittlerweile ohnehin auf ein Nettopreismodell umgestellt (siehe Kapitel XIV).

kulierbaren Marge ergibt. „**Negotiated Fares**" beruhen auf Vereinbarungen zwischen Airlines und Absatzmittlern (Consolidators, Reisebüros und Reiseveranstaltern) und Firmenkunden. Sie werden Endverbrauchern gegenüber nicht veröffentlicht.

IATA-Tarife stellen oftmals nur noch Referenzpreise dar. Der Anteil der Flugscheine mit IATA-Konditionen ist stark zurückgegangen. Durch das Voranschreiten von Kooperationen und strategischen Allianzen ist damit zu rechnen, dass die Bedeutung der IATA-Tarife weiter abnehmen wird.

Erlöse im Luftverkehr errechnen sich aus der Multiplikation der Preise von Flugscheinen mit der Anzahl verkaufter Flugscheine. Hier sind so genannte **Erlösschmälerungen** zu berücksichtigen. Erlösschmälerung bezeichnet die Differenz zwischen dem Bruttoerlös der Flugscheine und dem realisierten Nettoerlös. Erlösschmälerungen im Luftverkehr resultieren aus Provisionszahlungen an Agenten (Basisprovision), aus Agenten- und Firmenförderprogrammen und Vielfliegerprogrammen.

In der Erlösterminologie im Luftverkehr gilt:

- **Brutto-Erlöse**: Preise inklusive Agentenprovision
- In den meisten Ländern werden etwa seit der Jahrtausendwende keine Provisionen durch Airlines mehr gezahlt, Agenten erheben stattdessen Serviceentgelte von Kunden.
- **Netto-Erlöse**: Preise abzüglich Agentenprovision (Basisprovision)
- **NetNet-Erlöse**: Preise abzüglich Agentenprovision abzüglich Agenten- und Firmenförderprogramme
- Agentenförderprogramme beinhalten zusätzlich zur ggf. gezahlten Basisprovision finanzielle Anreize, um den Flugumsatz der Reisemittler auf eine bestimmte Airline zu lenken. Im Rahmen von Firmenförderprogrammen versuchen Fluggesellschaften Großkunden an sich zu binden. Unternehmen bzw. ihre Reisestellen werden durch Einräumung von Mengenrabatten motiviert, Geschäftsreisen der Angestellten wenn möglich mit einer bestimmten Airline durchzuführen.
- **TripleNet-Erlöse**: Preise abzüglich Agentenprovision abzüglich Agenten- und Firmenförderprogramme abzüglich Vielfliegerprogramme
- Durch Vielfliegerprogramme wird jeder Flug eines Kunden mit einer bestimmten Anzahl von Bonuspunkten oder -meilen belohnt.[194] Nach Erreichen einer bestimmten Punkte- oder Meilenzahl können Prämien, z. B. in Form von Freiflügen, Upgrades in höhere Beförderungsklassen oder Vergünstigungen bei Partnerfirmen, eingelöst werden. Die Inanspruchnahme dieser Prämien führt zu Erlösschmälerungen bzw. Kosten bei der Airline.

Die Rabatt- und Bonusstruktur eines Unternehmens kann bei unklarer Kriteriendefinition zum Phänomen der „Preistreppe" führen: Durch die mehrfache Inanspruchnahme von Rabatten wird ein deutlich niedrigerer Preis als der Grundpreis erzielt. Geschäftsreisende gelangen

---

[194] Siehe hierzu ausführlich Kapitel XIV.

nicht selten auf dreifache Weise in den Genuss von Rabatten (sog. „Triple Dipping"), und zwar wenn er selbst an einem Vielfliegerprogramm teilnimmt, seine Firma an einem Firmenförderprogramm teilnimmt und das ihn buchende Reisebüro seine Provision zum Teil an den Kunden weitergibt.

4.3 Preistheoretische Grundlagen von Luftverkehrsmärkten

4.3.1 Marktformen

Die Preisbildung ist zunächst von der **Marktform** abhängig, d. h. ob nur ein Anbieter auf dem Markt präsent ist (Angebotsmonopol), ob wenige Anbieter den Markt versorgen (Angebotsoligopol) oder eine Vielzahl von Anbietern existiert (Angebotspolypol). Der Airline-Markt kann in weiten Teilen als oligopolistisch oder gar als duopolistisch charakterisiert werden. Im europäischen Linienflugverkehr sind derzeit noch immer viele Städteverbindungen Duopole oder Monopole (siehe ausführlich Kapitel IX).

Zudem wird die Preisbildung dadurch bestimmt, ob ein vollkommener oder unvollkommener Markt vorliegt. Ein vollkommener Markt liegt dann vor, wenn alle nachfolgend genannten Bedingungen erfüllt sind: Nach dem ökonomischen Prinzip handelnde Marktteilnehmer, Fehlen von örtlichen, zeitlichen, persönlichen und sachlichen Präferenzen der Anbieter und Nachfrager (Homogenität der Güter), vollkommene Markttransparenz, unendliche Reaktionsgeschwindigkeit (keine zeitlichen Verzögerungen bei Preisanpassungen).

Luftverkehrsmärkte sind ambivalente Märkte, da sie einerseits vollkommenen Märkten sehr nahe kommen, andererseits aber auch hochgradig unvollkommen sind. Unvollkommen sind Luftverkehrsmärkte insofern, als Airlines versuchen durch produkt-, distributions- und kommunikationspolitische Maßnahmen Nachfragerpräferenzen zu erzeugen, m. a. W. die Homogenisierung der Dienstleistungen zu vermeiden suchen. Nachfrager haben starke zeitliche und örtliche Präferenzen. Vollkommen sind Luftverkehrsmärkte insofern, als Airlines und Nachfrager nach dem ökonomischen Prinzip handeln, indem sie Gewinnmaximierung bzw. Nutzenmaximierung anstreben. Die Markttransparenz ist durch Global Distribution Systems (GDS) sowie neue Informations- und Kommunikationstechnologien wie das Internet sehr hoch. Preissteuerungssysteme in den GDS ermöglichen es, bei Preismaßnahmen von Wettbewerbern unverzüglich in Form eigener Preismaßnahmen zu reagieren. Manchmal vergehen nur wenige Sekunden, bis eine Preissenkung der Wettbewerber „gematcht" ist, d. h. bis der eigene Preis auf das Niveau der Wettbewerberpreise gesenkt wurde. Die Prämisse der unendlichen Reaktionsgeschwindigkeit ist in der Airline-Praxis nahezu erfüllt. Zudem reduziert sich die Airline-Treue der Nachfrager, d. h. sie haben geringere sachliche Präferenzen.

Es ist davon auszugehen, dass sich Hochqualitäts-Airlines mit Hilfe präferenzpolitischer Maßnahmen einen preispolitischen Spielraum in Höhe von etwa 30 - 40 EUR im Kontinentalverkehr und etwa 70 – 80 EUR im Interkontinentalverkehr aufgebaut haben.

4.3.2 Ansätze der Preisbestimmung

Grundlegende **Ansätze der Preisbestimmung** sind die kostenorientierte Preisbestimmung (Cost-based Pricing), die wettbewerbsorientierte Preisbestimmung (Competition-based Pricing) und die nachfrageorientierte Preisbestimmung (Value-based Pricing). Es ist zu beachten, dass auch Mischformen der grundlegenden Ansätze möglich sind.

Cost-based Pricing
Ein Unternehmen kann auf einem Markt nur dauerhaft existieren, wenn die Kosten zur Erstellung der Leistung durch die Erlöse aus diesen Leistungen gedeckt werden können. Beim Cost-based Pricing werden die Kosten aller betrieblichen Tätigkeiten dem Sachgut oder der Dienstleistung verursachungsgemäß zugerechnet.

Kosten haben bei der Preisbildung in der Praxis traditionell große Bedeutung. Die verursachungsgemäß ermittelten Kosten bilden eine wichtige Basis für Preisentscheidungen. Damit wird sichergestellt, dass jede Preisbestimmung unter Berücksichtigung der jeweiligen Kostensituation erfolgt. Preisunterschiede bei verschiedenen Beförderungsklassen haben ihren Ursprung zum Teil in den unterschiedlichen Kosten der einzelnen Klassen.

Preisuntergrenzen sind einzuhalten um langfristig die Vollkosten und kurzfristig die variablen Kosten (plus eines Deckungsbeitrages zu einer mehr oder weniger großen Deckung der Fixkosten) zu erwirtschaften. Aus finanzwirtschaftlicher Perspektive sollten zur Vermeidung von Liquiditätsengpässen die ausgabenwirksamen variablen Kosten und die ausgabenwirksamen Fixkosten über den Preis gedeckt werden.

Da während eines Fluges nicht genutzte Kapazitäten für die betriebliche Erlöserzielung verloren sind, kann es nicht verwundern, dass auch kurzfristige Verkäufe zu nicht vollkostendeckenden Flugpreisen als Maßnahme zur Erlösmaximierung bzw. Verlustminimierung angesehen werden.

Ein ausschließlich kostenorientiertes Pricing ist relativ einfach anwendbar, da alle dafür benötigten Informationen im Unternehmen vorliegen. Das Cost-based Pricing weist drei bedeutende Schwachpunkte auf. Erstens wird zur Ermittlung der Vollkosten die Absatzmenge benötigt, die jedoch wiederum vom Preis abhängt. Zweitens finden Nachfrageaspekte kaum Berücksichtigung, da für den Nachfrager die Kosten des Anbieters nicht von Belang sind. Dies kann u. U. dazu führen, dass die Zahlungsbereitschaft der Kunden nicht genügend ausgeschöpft wird. Drittens wird die Preisstellung der Wettbewerber nicht berücksichtigt.

Competition-based Pricing
Beim Competition-based Pricing wird eine Orientierung am Preisniveau des Wettbewerbers vorgenommen. Im Luftverkehr ist ein intensiver Wettbewerb auf deregulierten Märkten

bereits Realität. Eine Anpassung an niedrigere Preise der Wettbewerber ist jedoch nicht grundsätzlich zu empfehlen, da Ursachen für Niedrigpreise oftmals in unterschiedlichen Unternehmenszielen liegen. Konsequenzen einer ständigen Anpassung an niedrigere Preise können langfristig die Destabilisierung des Marktes und die Gefährdung der Unternehmensexistenz sein. Beim **„Predatory Pricing"** wird versucht durch besondere Niedrigpreise Wettbewerber aus dem Markt zu verdrängen.[195] Die Maßnahme kann bereits präventive Wirkung haben, wenn neue Anbieter bei einem Markteintritt damit rechnen müssen, dass etablierte Anbieter mit deutlichen Preisreduzierungen auf der entsprechenden Strecke reagieren. Die Grenze zwischen normalem Wettbewerbsverhalten und Predatory Behavior ist schwierig auszumachen.

Value-based Pricing
Beim Value-based Pricing wird der Nutzen bzw. Wert einer Leistung für den Kunden bestimmt. Damit orientiert sich die Preisbildung primär an der Zahlungsbereitschaft des Kunden. Zu unterscheiden ist das relativ preisunelastisch reagierende Marktsegment der Geschäftsreisenden mit hohen Produktanforderungen vom preissensitiven Marktsegment der Urlaubs- und Privatreisenden mit niedrigeren Ansprüchen an das Produkt (siehe auch Kapitel VI).

4.3.3 Preiselastizität der Nachfrage

Die Preiselastizität der Nachfrage ist ein zentrales Konstrukt für die Preisbestimmung.[196] Sie ist definiert als die relative Mengenänderung im Verhältnis zur relativen Preisänderung. Wie bei allen Elastizitäten steht die verursachende Größe (hier: Preis) im Nenner und die resultierende Größe (hier: Menge) im Zähler.

$$\text{Preiselastizität Gut i} = \frac{\text{prozentuale Absatzveränderung}}{\text{prozentuale Preisänderung}} = \mu_{x_i\,p_i} = \frac{dx_i}{x_i} : \frac{dp_i}{p_i} = \frac{dx_i}{dp_i} \times \frac{p_i}{x_i}$$

Mit:
x_i = Absatzmenge Gut i
p_i = Preis Gut i
dx_i = absolute Mengenänderung $(x_2 - x_1)$
dp_i = absolute Preisänderung $(p_2 - p_1)$

Abbildung 12.38: Mathematische Bestimmung der Preiselastizität der Nachfrage

---

[195] „Predatory Behavior" beinhaltet neben dem Predatory Pricing auch die Möglichkeit von Kapazitätsausweitungen, die Konkurrenten dazu veranlassen, ihre Kapazitäten ebenfalls zu erhöhen und dabei auch auf unattraktive Zeiten auszudehnen. Vgl. zur wettbewerbsrechtlichen Problematik von Predatory Behavior Kapitel III.

[196] Siehe hierzu auch Kapitel VI.

Je nach Höhe der Preiselastizität der Nachfrage ergeben sich unterschiedliche preispolitische Maßnahmen: Im Falle hoher Preiselastizität führt eine Preissenkung zu einem überproportionalen Anstieg der Nachfrage. Eine Umsatzsteigerung wird realisiert. Im Falle geringer Preiselastizität führt eine Preissenkung zu einer unterproportionalen Erhöhung der Nachfrage. Hier kommt es zu einer Umsatzreduktion.

Abbildung 12.39 zeigt im linken Teil, dass bei preiselastischer Nachfrage der Umsatzverlust durch eine Preissenkung von p_1 auf p_2 durch einen Umsatzanstieg aufgrund der höheren abgesetzten Menge überkompensiert wird. Der rechte Teil der Abbildung zeigt den umgekehrten Effekt: Bei geringer Preiselastizität kann der Umsatzverlust nicht ausgeglichen werden.

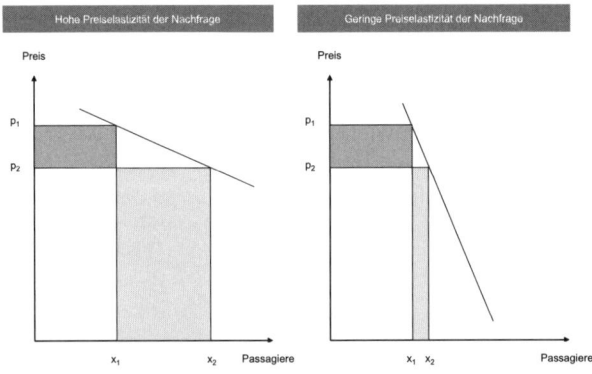

Abbildung 12.39: Preiselastizität der Nachfrage und Umsatzveränderung

Unter Rückgriff auf die unterschiedliche Preiselastizität der Nachfrage ist erklärbar, dass im Luftverkehr in der Economy Class Preise vielfach weiter reduziert werden, in der Business und First Class gleichzeitig vielfach Preissteigerungen zu beobachten sind. Preiselastizitäten liegen bei normalem Verlauf der Nachfrage theoretisch im Bereich von minus unendlich bis 0. Empirische Erhebungen zur Preiselastizität der Nachfrage im Luftverkehr zeigen die in Abbildung 12.40 dargestellten Werte.

Eine optimale Preisbildung bedarf der simultanen Berücksichtigung der Faktoren Kosten, Nachfrage und Wettbewerbsverhalten. Preispolitische Maßnahmen gehen häufig mit produktpolitischen Anpassungen einher.

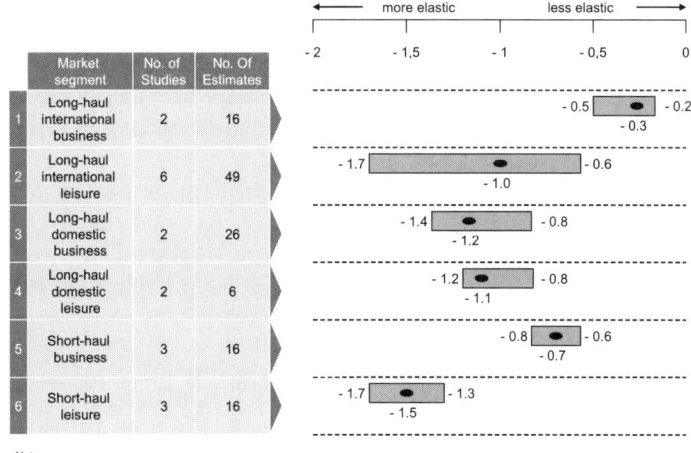

Abbildung 12.40: Zusammenstellung unterschiedlicher Studien zur Preiselastizität der Nachfrage auf Luftverkehrsmärkten [197]

4.4 Strategiekonzepte der Preispolitik

Strategiekonzepte der Preispolitik lassen sich in statische und dynamische Konzepte unterteilen. Statische Strategiekonzepte berücksichtigen die Zeitkomponente nicht, bei dynamischen Strategiekonzepten wird die Zeitkomponente berücksichtigt. Die wichtigsten Strategiekonzepte sind in Tabelle 12.4 dargestellt und im Anschluss erläutert.

Tabelle 12.4: Strategiekonzepte der Preispolitik

Statische Strategiekonzepte	Dynamische Strategiekonzepte
Prämien- und Promotionspreispolitik	Penetrations- und Skimmingpreispolitik
Preisdifferenzierung	Lebenszyklusabhängige Preispolitik
„Preisfragmentierung"	Dynamische, nicht-lineare Preispolitik
	Yield Management

Prämienpreispolitik bedeutet, dauerhaft Preisstellungen im oberen Bereich vorzunehmen. Bei der **Promotionspreispolitik** werden dauerhaft niedrige Preisstellungen realisiert. Internationale Netzwerk-Airlines streben eher eine Prämienpreispolitik an, auch wenn der preisli-

---

[197] Vgl. Hanlon (2007), S. 25 (Werte gerundet).

che Spielraum nach oben begrenzt ist. Eine eindeutige Promotionspreispolitik verfolgen Low Cost Carrier mit extrem niedrigen Preisen.

Preisdifferenzierung wird im Luftverkehr nahezu exzessiv betrieben. Preisdifferenzierung liegt vor, wenn eine Airline das gleiche Produkt zu verschiedenen Preisen verkauft und damit unterschiedliche Preisbereitschaften verschiedener Kundengruppen ausnutzt. Preisdifferenzierung ist ein Instrument zur differenzierten Marktbearbeitung auf Basis von Marktsegmentierung. Exzessive Preisdifferenzierung ist im Gegensatz zu vielen anderen Branchen im Luftverkehr möglich, da Tickets auf bestimmte Personen ausgeschrieben werden und beim Check-in die Identität überprüft wird. Tickets sind damit nicht frei handel- bzw. transferierbar.

Allerdings ist strittig, was unter dem Begriff „das gleiche Produkt" verstanden werden soll. Strittig ist beispielsweise, ob auf einem gegebenen Flug Beförderungen in verschiedenen Compartments (z. B. Business- vs. Economy-Class) als verschiedene Produkte angesehen werden können. Hier ist zu beachten, dass das eigentliche Kernprodukt – die Beförderung von A nach B – identisch, das Servicekonzept jedoch unterschiedlich ist, sodass eine Einstufung als unterschiedliche Produkte gerechtfertigt erscheint. Desweiteren ist diskussionswürdig, ob Beförderungen im gleichen Compartment generell als gleiches Produkt anzusehen sind. Hier sind das eigentliche Kernprodukt (Beförderung von A nach B) und das Servicekonzept identisch. Zwar sind die Tarifierungsbedingungen unterschiedlich, diese sind jedoch Bestandteil des Kontrahierungsmix, sodass es sich in diesem Fall eindeutig um eine Preisdifferenzierung handelt.

Preisdifferenzierungen sind aus Unternehmenssicht sinnvoll, wenn die Konsumentenrente abgeschöpft und der Gewinn maximiert wird. Dies gelingt, indem einerseits Nachfrager, die bereit sind einen höheren Preis zu zahlen als den Einheitspreis, diesen auch bezahlen; und andererseits Nachfrager gewonnen werden, die zu einem Kauf bereit sind, wenn ein niedrigerer Preis als der Einheitspreis verlangt wird. Im theoretischen Idealfall bekommt jeder Konsument einen individuell auf ihn abgestimmten Preis. Zur Veranschaulichung siehe Abbildung 12.41. Im linken Teil der Abbildung (hier wird ein Einheitspreis in Höhe von 7 Geldeinheiten und Stückkosten in Höhe von 4 Geldeinheiten angenommen) würde ein Gewinn in Höhe von 3 GE (= 7 – 4) × 30 ME = 90 GE realisiert. Im rechten Teil der Abbildung (hier wurden zwei Preise realisiert: 8 GE und 6 GE) beträgt der Gewinn 120 GE. Die Preisdifferenzierung führt zu einer Gewinnsteigerung um 30 GE.

In der Airlinebranche sind zu einem bestimmten Zeitpunkt sehr viele verschiedene Preise im Markt, die sich etwa um den Faktor 20 auf interkontinentalen Strecken (sofern eine First Class angeboten wird) und um den Faktor 5 – 8 auf kontinentalen Strecken unterscheiden. Die Steuerung der verschiedenen Preise erfolgt mit Yield Management-Techniken (siehe unten). Beispielsweise lagen im Winter 2008/09 bei British Airways die Preise für Rückflugtickets auf der Strecke London – New York zwischen 343 (Economy Sondertarif) und 4.943 (First Class) Britischen Pfund. Es sei jedoch nochmals darauf hingewiesen, dass die First und Business Class hier nicht betrachtet werden sollten, da es sich nicht um die gleichen Produkte wie die Economy Class handelt. Auch werden in den Beförderungsklassen unterschiedliche Sitzladefaktoren geplant: In der First Class etwa 40 %, in der Business Class etwa 60 % und in der Economy Class etwa 80 – 90 %. Allein hieraus resultieren sehr unterschiedliche

Preishöhen. Tabelle 12.5 zeigt die Preisspanne für Großbritannien-Flüge von British Airways, Ryanair und easyJet bzw. flybe und bmi.

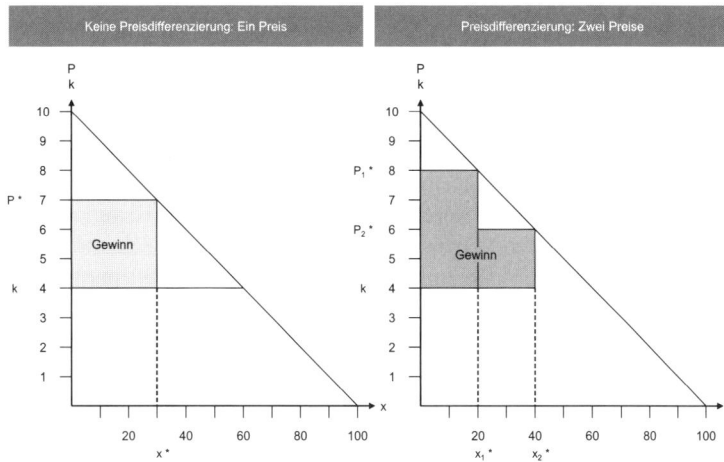

Abbildung 12.41: Klassisches Modell der Preisdifferenzierung

Tabelle 12.5: Preisspanne auf ausgewählten Relationen des britischen Luftverkehrsmarkts[198]

Strecke	British Airways	Ryanair	easyJet	flybe	bmi
Edinburgh – Birmingham	55 – 269			59 – 252	
Glasgow – Paris	66 – 406	70 – 204			
London – Berlin	90 – 448	42 – 154	44 – 132		
London – Frankfurt	82 – 526	35 – 234			
London – Genf	80 – 488		46 – 121		
London – Glasgow	47 – 290	45 – 330	21 – 173		
London – Paris			7 – 97		49 – 259
London – Stockholm	119 – 486	40 – 156			
London – Venedig	89 – 305	31 – 160	53 – 135		

British Airways steht mit der oben angesprochenen Preisdifferenzierungspraxis stellvertretend für das Geschäftsmodell der Network Carrier. Low Cost Carrier haben ein deutlich unterschiedliches Pricinggebaren. Zu einem bestimmten Zeitpunkt haben Low Cost Carrier nur einen Preis und nicht viele verschiedene Preise im Markt. Das Angebot nur eines einzi-

---

[198] Datenquelle: Air Transport Users Council, zitiert in Hanlon (2007), S. 243. Die Preise beziehen sich auf die Jahre 2003 und 2004.

gen Preises zu einem bestimmten Zeitpunkt vereinfacht den Buchungsprozess sehr stark. Allerdings wird dieser eine Preis im Zeitablauf sehr stark verändert.

Nachfolgende **Formen der Preisdifferenzierung** sind in der Airlinepraxis zu beobachten:

- **Zeitliche Preisdifferenzierung:**
  Zeitliche Preisdifferenzierung liegt vor, wenn für das gleiche Produkt zu unterschiedlichen Zeiten unterschiedliche Preise verlangt werden. Im Luftverkehr liegt zeitliche Preisdifferenzierung vor, wenn zu nachfragestarken Zeiten höhere Preise verlangt werden (Zeitpunkt des Fluges). Die Preise in den Tagesrandzeiten sind im Durchschnitt höher, da hier insbesondere das kaufkräftige, relativ preisunsensible Segment der Geschäftsreisenden befördert wird. Eine Preisdifferenzierung unter zeitlichen Kriterien trägt zudem saisonalen und wochentäglichen Schwankungen der Nachfrage Rechnung. Preisdifferenzierung kann auch nach dem Buchungszeitpunkt erfolgen. Frühbuchern wird vielfach ein Nachlass auf den Preis gewährt. Eine rigide Form der Preisdifferenzierung nach Buchungszeitpunkten ist gegeben, wenn die Buchung der Flugreise nur zum Abflugzeitpunkt des Flugzeuges bei freien Restkapazitäten erfolgen kann („Stand-by"). Eine besondere Ausprägung der zeitlichen Preisdifferenzierung ist das durchgängig zu beobachtende Preisgebaren, dass Preise mit zunehmender zeitlicher Nähe zum Abflugzeitpunkt steigen („ansteigende Preiskurve").

- **Räumliche Preisdifferenzierung:**
  Räumliche Preisdifferenzierung (manchmal auch als vertikale Preisdifferenzierung bezeichnet) liegt vor, wenn für das gleiche Produkt an verschiedenen Verkaufsorten unterschiedliche Preise verlangt werden. Räumliche Preisdifferenzierung ist im Luftverkehr zu beobachten, wenn der gleiche Sitzplatz auf dem gleichen Flug in verschiedenen Verkaufsmärkten unterschiedlich viel kostet. So ist bspw. ein Flug FRA – MIL i. d. R. in London preiswerter als in Tokio. Innerhalb der EU ist diese Form der Preisdifferenzierung jedoch nicht mehr zulässig.
  Eine Sonderform der räumlichen Preisdifferenzierung liegt im Luftverkehr vor, wenn für den gleichen Sitzplatz auf dem gleichen Flug unterschiedliche Preise verlangt werden, je nachdem, zu welchem O & D der Sitzplatz gehört. Der Sitzplatz auf einem Flug FRA – CHI ist bspw. unterschiedlich viel wert, je nachdem ob FRA – CHI Bestandteil des O & Ds JNB – CHI oder des O & Ds IST – CHI ist (siehe auch das folgende Unterkapitel zum Yield Management).

- **Personelle Preisdifferenzierung:**
  Personelle Preisdifferenzierung liegt vor, wenn unterschiedliche Nachfrager aufgrund von Unterschieden ihrer soziodemographischen Merkmale mit unterschiedlichen Preisen konfrontiert sind.
  Ob und in welchem Umfang Ermäßigungen für bestimmte Personengruppen gewährt werden, variiert von Airline zu Airline. Wesentliche Flugpreisermäßigungen sind: Kinder- und Kleinkinderermäßigungen, Jugend-, Schüler- und Studententarife, Companion Fares, Familientarife, Tarife für behinderte Menschen. Ermäßigungen können auch für Senioren, Auswanderer, Seeleute und Schiffsbesatzungen, Gastarbeiter sowie Militärangehörige gewährt werden. Auch für Reisegruppen wie Common-Interest-, Affinitäts-, Incentive-, Pauschalreise-, Own-Use- und Schulgruppen sind spezielle Ermäßigungen vor-

gesehen.

Mit einer personellen Preisdifferenzierung werden verschiedene Ziele verfolgt. Zum einen wird versucht, zukünftig attraktive Zielgruppen frühzeitig an die eigene Airline zu binden, um den hohen „Customer Lifetime Value" auszuschöpfen (z. B. Studententarife). Zum anderen kann die Zielsetzung darin bestehen, bestimmte Kundengruppen zu akquirieren (mit Kindertarifen bspw. die Kundengruppe der Familien mit Kindern). Zudem sollen Kundengruppen mit Meinungsführerfunktionen gewonnen werden. Durch Agentenermäßigungen werden bspw. Mitarbeiter und Inhaber von Reisebüros beeinflusst.

- **Quantitative Preisdifferenzierung:**
  Eine quantitative Preisdifferenzierung liegt vor, wenn die Preise in Abhängigkeit von der abgenommenen Menge variieren (sog. „Mengenrabatte").
  Im Luftverkehr sind „Kickback-Abkommen" und „Overriding Commissions", die zwischen Airlines und Firmenkunden sowie zwischen Airlines und Reisemittlern abgeschlossen werden, üblich. Unternehmen erhalten eine mit wachsendem Verkaufsvolumen steigende Rückvergütung bzw. Provision.
  Mengenmäßige Preisdifferenzierungen finden auch bei Rabatten für Gruppen und bei Kontingenten, z. B. in Form von „Companion Fares" oder Gruppentarifen, ihren Niederschlag.

- **Preisbündelung (preispolitischer Ausgleich):**
  Preise fallen unterschiedlich hoch aus, je nachdem, in welchem Kaufverbund sie angeboten werden. So wird z. B. im Charterverkehr der gleiche Flug u. U. günstiger angeboten, wenn er mit einem schwer verkaufbaren Hotelzimmer gebündelt wird.
  Eine Preisdifferenzierung nach Absatzkanälen liegt vor, wenn z. B. günstigere Tickets über das Internet (sog. „Web Fares") bezogen werden können.

Neben den Vorteilen von Preisdifferenzierungen sei auf deren Nachteile hingewiesen. Preisdifferenzierung birgt die Gefahr der Nachfrageverlagerung von Hochpreis- in Niedrigpreissegmente.[199] Die Kommunikation zwischen Kunden verschiedener Preissegmente kann erhebliche Verärgerung hervorrufen. Hier wird seitens der Geschäftsreisenden immer wieder beklagt, dass die Preisspreizung zwischen Business und Economy Class als übertrieben empfunden wird.[200] Weiterhin trägt Preisdifferenzierung zu einer erhöhten Komplexität von Preissystemen bei.

Ursprünglich war es in der Pricingpraxis bei Airlines üblich, dass der Endpreis alle Serviceleistungen und Kostenbestandteile inkludierte (sozusagen „full service" bzw. „all inclusive"). Mit Aufkommen der Low Cost Carrier hat sich dies gewandelt. Mittlerweile existiert ebenfalls ein Pricinggebaren, bei dem der Ticketpreis lediglich die Beförderung von A nach B inkludiert und sämtliche Zusatzleistungen (wobei manche der Zusatzleistungen von Passa-

---

[199] So legen inzwischen viele US-Firmen ihren Mitarbeitern nahe, den Samstag als Geschäftsreisetag zu nutzen, um in den Genuss günstigerer Tickets zu gelangen.

[200] Am Rande sei angemerkt, dass die niedrigen Preise in der Economy Class auch zu erheblichem Nachfragewachstum beigetragen haben. Das Nachfragewachstum wiederum hat zu Angebotsausweitungen geführt (u. a. in Form höherer Frequenzen und neuer Strecken), was letztlich auch Geschäftsreisenden in Form einer höheren Produktqualität zu Gute kommt.

gieren als notwendig bzw. selbstverständlich angesehen werden) extra bezahlt werden müssen. Diese Form der Preisdifferenzierung lässt sich auch als **Preisfragmentierung** bezeichnen.

Derartige Zusatzleistungen werden auch als TFC (Taxes, Fees and Charges) bezeichnet. In die Gruppe der TFCs fallen:

- Getränke und Mahlzeiten an Bord
- „Gebühren" für aufgegebenes Gepäck[201]
- Entgelte für die Sitzplatzreservierung oder für die Zuweisung besserer Sitzplätze (Fenster- oder Gangplätze)
- Flughafenentgelte
- Entgelte für die Nutzung von Kreditkarten (soll Disagio-Kosten der Airline (über-) kompensieren)
- Erhöhte Telefontarife für Anrufe in Reservierungs Call Centern
- Kerosinzuschläge (Fuel Surcharge)
- Serviceentgelte: Für die Buchung bzw. Ausstellung von Tickets durch Airlines und Reisebüros.

Die von Low Cost Carriern erhobenen TFCs machen häufig einen erheblichen Teil des Gesamtreisepreises aus.[202]

Aus Sicht von Airlines werden mit den TFCs sogenannte **Ancillary Revenues** (AR) erwirtschaftet. AR umfassen allerdings noch weitere Positionen wie Provisionen aus der Vermittlung von Hotels, Mietwagen, Versicherungen etc. über die Website der Airline. Ancillary Revenues können schon durchschnittlich bis zu 10 € pro Passagier betragen. Mittlerweile ist festzustellen, dass auch Network Carrier verstärkt bemüht sind, Ancillary Revenues zu erwirtschaften, sie passen damit ihre Preisstrategie in einem weiteren Bereich der Strategie der LCCs an. Die EU hat der Ausweisung irreführender Preise einen Riegel vorgeschoben, indem Airlines nunmehr verpflichtet sind, Endpreise auszuweisen.

Bei der **Penetrationspreispolitik** werden zunächst niedrige Preise gesetzt, die im Zeitablauf erhöht werden. **Skimmingpreispolitik** bedeutet zunächst hohe und im Zeitverlauf sinkende Preise. Im Luftverkehr ist zu beobachten, dass z. B. bei Neuanflügen westlicher Airlines in Destinationen der ehemaligen UdSSR (z. B. Odessa, Jekaterinburg, Nowosibirsk usw.) hohe Preise verlangt werden, bis Markteintritte anderer westlicher Wettbewerber erfolgen. Es wird versucht, die Anfangsinvestitionen in den Aufbau der Strecke schnell zu amortisieren. Umgekehrt ist zu beobachten, dass Newcomer mit extrem günstigen Preisen in etablierte Märkte einsteigen, um schnell die angestrebte Marktdurchdringung zu erreichen.

---

[201] Der häufig verwendete Begriff „Gebühr" ist im Zusammenhang mit TFCs meist unangemessen, denn Gebühren sind ein definierter Betrag, der für eine Dienstleistung einer Behörde, eines Gerichts, einer Anstalt oder Körperschaft des öffentlichen Rechts zu zahlen ist. Airlines sind zumeist privatwirtschaftliche Unternehmen, sie erheben daher keine „Gebühren". Im Folgenden wird daher der Begriff Entgelt verwendet.

[202] Siehe die Erhebung der fvw, in: fvw (2008), S. 12.

Die lebenszyklusabhängige Preispolitik und die dynamische, nicht-lineare Preispolitik sind im Luftverkehr weniger relevant.

5 Yield Management

5.1 Grundgedanke und Begriff

Der **Grundgedanke** des Yield Management lässt sich anhand des folgenden Entscheidungsproblems beschreiben: Soll eine Airline einen Sitzplatz heute zu einem niedrigen Preis verkaufen, wenn sie erwartet, dass sie den Sitzplatz morgen mit einer gewissen Wahrscheinlichkeit zu einem höheren Preis verkaufen kann?

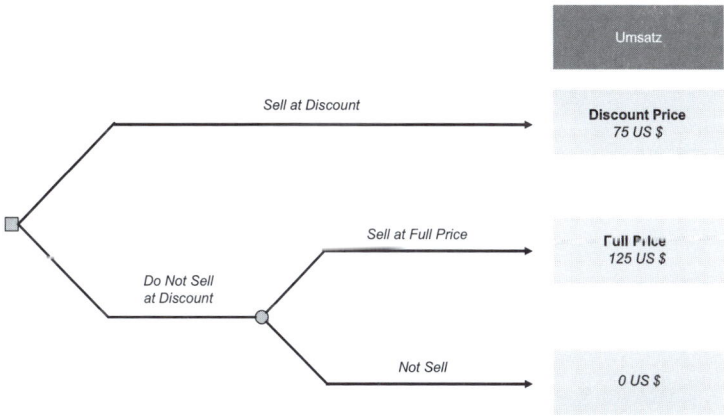

Abbildung 12.42: Grundgedanke des Yield Managements[203]

Der in Abbildung 12.42 dargestellte Entscheidungsbaum illustriert den Grundgedanken anhand eines konkreten Beispiels. Eine Airline hat auf einem Flug, der zu einem bestimmten Zeitpunkt in der Zukunft stattfinden wird, noch einen freien Sitzplatz. Die Airline hat zwei Tarife im Markt: Einen „Full-Fare-Tarif" in Höhe von 125 US $ und einen Discount-Tarif in Höhe von 75 US $, der früh zu buchen ist. Nun möchte ein Kunde den Discount-Tarif bu-

---

[203] Vgl. Vasigh / Fleming / Tacker (2008), S. 299.

chen. Es stellt sich die Frage, ob die Airline den Sitzplatz zu 75 US $ verkaufen soll, oder ob sie warten soll bis möglicherweise ein Full-Fare-Passagier auftaucht, der bereit ist, den Tarif in Höhe von 125 US $ zu zahlen. Falls sich später kein Full-Fare-Passagier finden sollte, realisiert die Airline keinen Verkauf (Umsatz = 0). Theoretisch lässt sich dieses Problem vergleichsweise einfach lösen, die Airline sollte den Platz zum Discount Preis verkaufen, wenn die Wahrscheinlichkeit, dass ein späterer Verkauf zum Full Price erfolgt, kleiner als 60 % ist. Bei einer Wahrscheinlichkeit von 60 % ist der Erwartungswert beider Alternativen identisch. Allerdings ist die entsprechende Wahrscheinlichkeit der Airline in der Realität allenfalls näherungsweise bekannt.

Yield Management im Luftverkehr wird wie folgt **definiert**: Yield Management beschreibt ein System zur Nachfragesteuerung mittels Kapazitätenverfügbarkeiten und Preisen mit dem Ziel, den Umsatz im gesamten Streckennetz einer Airline zu maximieren. Die Nachfrage mit der höchsten Zahlungsbereitschaft wird beim Yield Management mit Priorität befriedigt.

Alternative Begriffe zum Yield Management sind **Revenue Management** (RM), Ertragsmanagement und Ertragssteuerung. Bei dem Begriff des „Ertrages" handelt es sich um eine in diesem Zusammenhang wenig passende Übersetzung des Begriffs Yield. Eigentlich hat der Begriff Ertrag, der dem Kontext des externen Rechnungswesens entstammt, hier keine Berechtigung. Yield Management fokussiert auf den Umsatz bzw. den Erlös.

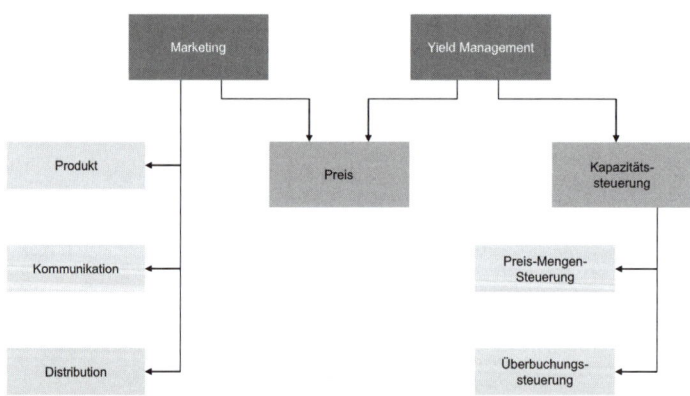

Abbildung 12.43: Zusammenhang von Marketing und Yield Management

Wie Abbildung 12.43 verdeutlicht, liegt das YM an der Schnittstelle zum Marketing, wobei das Pricing expliziter Bestandteil des YM ist. Alternativ lässt sich die Preispolitik auch als separates Themengebiet auffassen (vgl. Kapitel XIV).

Neben der Zielsetzung, den Gesamtumsatz eines Fluges bzw. des gesamten Streckennetzes zu maximieren, sind weitere Vorgaben für die Kapazitätsnutzung denkbar, nämlich die Auslastungsoptimierung und die Durchschnittserlösmaximierung. Auslastungsoptimierung und Durchschnittserlösmaximierung führen in der Regel zu Zielkonflikten. Yield Management zielt auf die Gesamterlösmaximierung, wie das Beispiel eines Flugzeugs im Kontinentalverkehr, d. h. mit einheitlicher C/Cl- und M/Cl-Bestuhlung, zeigt (siehe Abbildung 12.44).

	Option A	Option B	Option C
Sitzplätze zu 1.000,- €	40	74	60
Sitzplätze zu 400,- €	120	30	80
Summe	160	104	140
Gesamtkapazität des Flugzeugs	180	180	180
Auslastungsgrad	84 %	58 %	78 %
Gesamterlös	88.000 €	86.000 €	92.000 €
Durchschnittserlös (Erlös pro Sitzplatz)	550 €	827 €	657 €

Option A → Auslastungsgradmaximierung
Option B → Durchschnittserlösmaximierung
Option C → Gesamterlösmaximierung

Abbildung 12.44: Alternative Nutzungsoptionen von Kapazitäten

Es wird gelegentlich darauf hingewiesen, dass Yield Management-Systeme stark vereinfachend lediglich die Umsatzseite optimieren. Die Kostenseite bleibt außer Acht, da sich die Kosten, die einzelne Passagiere in gleichen Beförderungsklassen verursachen, nicht nennenswert unterscheiden. Die Kosten sind somit entscheidungsirrelevant.

Obwohl diese Argumentation meist korrekt ist, sind im Einzelfall Fehlsteuerungen nicht auszuschließen. Signifikante Kostenunterschiede liegen beispielsweise vor, wenn Buchungen von Passagieren über unterschiedliche Distributionskanäle getätigt wurden. So sind Buchungen über die eigene Website einer Airline aus der Sicht der Airline deutlich kostengünstiger als verprovisionierte Buchungen über Absatzmittler. Auch sind Buchungen mit unterschiedlich hohen Booking Fees verbunden, je nachdem, ob GDS oder alternative Distributionssysteme genutzt werden. Des Weiteren verursachen Passagiere unterschiedlich hohe Marketingkosten. Hoberg plädiert daher für eine mittelfristige Einbeziehung variabler Kosten in Yield Management-Systeme und damit für eine Optimierung von Deckungsbeiträgen statt von Umsätzen.[204]

Hinsichtlich der Umsätze sollten Yield Management-Systeme Verbundeffekte berücksichtigen. Verbundeffekte entstehen, wenn Passagiere weitere Leistungen neben der eigentlichen Flugreise in Anspruch nehmen. Dazu zählen z. B. Bordverkäufe und (verprovisionierte) Buchungen von Hotels und Mietwagen. Auch Erlösschmälerungen in Form von Rabatten, Kreditkartenprovisionen oder Zinskosten[205] sind zu berücksichtigen.

---

[204] Vgl. Hoberg (2008).

[205] Gehen die Ticketentgelte vor dem Abflug bei der Airline ein, entstehen Zinserlöse.

Zudem empfiehlt es sich, YM-Systeme mit CRM-Systemen zu verknüpfen. Kunden mit einem hohen Customer Lifetime Value sollte bei Preisgleichheit Buchungspriorität gewährt werden. Heute dienen Vielfliegerprogramme auch dazu, unterschiedlich wertigen Passagieren verschiedene Buchungsprioritäten zuzuordnen.

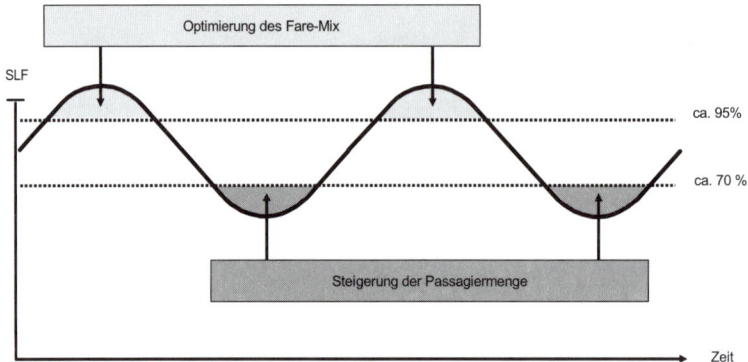

Abbildung 12.45: Maßnahmen des Yield Management in Abhängigkeit von der Kapazitätsauslastung

Abbildung 12.45 verdeutlicht, dass Yield Management-Systeme in Situationen hoher Kapazitätsauslastung Maßnahmen einleiten, um den Fare Mix so zu optimieren, dass hochwertige Nachfrage bedient und geringwertigere Nachfrage abgewiesen wird. Demgegenüber werden in Situationen geringer Kapazitätsauslastung Maßnahmen zur Steigerung der Passagierzahl ergriffen. Bei mittlerer Kapazitätsauslastung fließt die Nachfrage ungesteuert ins Unternehmen.

Der Einsatz von Yield Management-Systemen ist besonders sinnvoll, wenn die nachfolgend aufgeführten **Branchencharakteristika** gegeben sind:

- Nicht lagerfähige bzw. verderbliche Güter:
  Bei nicht lagerfähigen bzw. verderblichen Gütern (z. B. Sitzplätze in Passagier-Flugzeugen, Frachtraum auf Fracht-Flugzeugen, Hotelzimmer, Kapazitäten einer Gas-Pipeline) fallen Produktion und Absatz zeitlich zusammen.

- Identische Güter:
  Hotelzimmer, Mietwagen eines Fahrzeugtyps oder auch Sitzplätze im Compartment eines Flugzeugs sind identische Güter.

- Verkaufszeitpunkt vor Nutzungszeitpunkt:
  Der Verkauf von Gütern kann im Voraus erfolgen, die Nutzung der Güter findet erst zu einem späteren Zeitpunkt statt.

- Niedrige Grenzkosten:
  Die Grenzkosten (zusätzliche Kosten, die durch einen zusätzlichen Nachfrager entstehen) sind gering, der Fixkostenblock ist hoch.

5 Yield Management

- Schwankende Nachfrage:
  Die Nachfrage schwankt im Zeitverlauf.

- Eng begrenzte Möglichkeiten der Kapazitätsanpassung:
  Die zur Verfügung stehenden Kapazitäten lassen sich nicht ohne größere Probleme reduzieren oder erhöhen.

- Kapazitätssteuerung ist möglich:
  Der Anbieter kann die zu einem bestimmten Preis angebotenen Güter (z. B. Sitze im Flugzeug) zu jedem Zeitpunkt vor dem Abflug gezielt steuern.

- Marktsegmentierung:
  Die Märkte lassen sich gut segmentieren, d. h. die verschiedenen Konsumentengruppen, die jeweils unterschiedliche Zahlungsbereitschaften aufweisen, können mit verschiedenen Preisen bedient werden.

Im Rahmen des Yield Management ist Know-how über die Verkaufsmärkte für eine Reihe von Entscheidungen von Bedeutung:

- Bestimmung der Preise
- Bestimmung von Kontingentgrößen (der Größe verschiedener Buchungsklassen)
- Abschätzung der Marktreaktionen, z. B. auf Preissenkungen
- Potenzialabschätzung, d. h. Abschätzung, wo Zusatzerträge erwirtschaftet werden können; hieraus leiten sich Vermarktungsempfehlungen bei unterausgelasteten Kapazitäten ab
- Schätzung und Validierung von O & D-Daten (die auch für die Flugplanung benötigt werden)

Der Terminus „Marktkenntnis" wird in der Airline-Branche vielfach in zweierlei Hinsicht verwendet: Zum einen ist die Kenntnis eines Verkaufsmarktes, z. B. des US-amerikanischen Marktes, zum anderen die Kenntnis eines Verkehrsgebietes, z. B. aller Strecken zwischen den USA und Deutschland, gemeint.

5.2 Entstehung von Yield Management-Systemen

Im Folgenden ist die Entwicklungsgeschichte des Yield Management überblicksartig dargestellt:

Frühe 1960er-Jahre: Erste Ansätze der Zulassung von Überbuchungen; es wurden mehr Sitzplätze verkauft als eigentlich vorhanden waren.

Späte 1970er-Jahre: 1978 wurde der Luftverkehrsmarkt in den USA dereguliert. Die Major US-Airlines waren in ihrem Passagegeschäft (Fracht folgte erst deutlich später) gezwungen, mit den neu entstandenen Low Cost Airlines (z. B. die legendäre People Express von Freddy Laker) zu konkurrieren. Es war nicht möglich, die niedrigen Preise der Low Cost Carrier zu

„matchen", da die Major Airlines ungünstigere Kostenstrukturen aufwiesen. Yield Management-Systeme wurden erfunden, um das High Yield-Segment zu schützen und gleichzeitig mit den Low Cost Airlines im Low Yield-Segment zu konkurrieren.

Ende der 1980er-Jahre: Entwicklung des ersten leg-basierten YM-Systems durch die Major Airlines. American Airlines führte im Jahr 1985 als erste Airline mit Yield Management-Systemen kapazitätskontrollierte Discounted Fares wie die „Super Saver Fares" ein. Die ersten kommerziellen YM-Systeme (Aeronomics, DFI, PROS, SABRE) kamen zum Einsatz. Gegen Ende der 1980er-Jahre wurden auch die ersten YM-Systeme für die Hotelbranche angeboten (Aeronomics, DFI, OPUS), die zuerst von Marriott und Hyatt eingesetzt wurden.

1989: Das erste O & D-basierte YM-System wurde durch die SAS eingeführt.

1990: Die Car Rental-Branche setzte das erste YM-System ein (Hertz).

1990er-Jahre: Integration von E-Commerce, Distribution Control, Lifetime Customer Value Issues in YM-Systeme, Pricing and Revenue Optimization Systems (Talus, Manugistics, Khimetrics, ProfitLogic).

Heute sind YM-Systeme sehr komplexe, hochentwickelte Systeme, ohne die keine Airline im Wettbewerb bestehen kann. YM-Systeme gehören zum Kerngeschäft einer Airline. Auch in anderen Teilbereichen der Reise- und Tourismusbranche (Hotel, Public Transportation, Railway, Car Rental, usw.) gehören YM-Systeme heute zum State-of-the-Art.

5.3 Elemente von Yield Management-Systemen

5.3.1 Überblick

Yield Management-Systeme beinhalten die neun in Abbildung 12.46 dargestellten Systemelemente, die im Weiteren detailliert erläutert werden.

1	Marktsegmentierung und Preisdifferenzierung
2	Nachfragelenkung im Zeitverlauf
3	Überbuchung
4	Bildung und Einzelsteuerung von Buchungsklassen
5	Nesting
6	Verkehrsstrombezogene Buchungsklassensteuerung
7	Verkaufsursprungbezogene Buchungsklassensteuerung
8	Prognosemodelle
9	IT-Systeme

Abbildung 12.46: Zentrale Elemente von Yield Management-Systemen

5.3.2 Marktsegmentierung und Preisdifferenzierung

Zentrales Element jedes YM-Systems ist die Marktsegmentierung und die damit verbundene Preisdifferenzierung. Insbesondere sind die Hauptsegmente der Geschäftsreisenden (die eine geringe Preissensibilität bei hoher Zeitsensibilität aufweisen) und die Privatreisenden (die eine hohe Preissensibilität bei geringer Zeitsensibilität aufweisen) voneinander abzugrenzen.[206] Um zu verhindern, dass Nachfrager mit hoher Zahlungsbereitschaft geringe Preise in Anspruch nehmen, werden Tarifkonditionen festgelegt, die die Nutzung niedriger Preise erschweren bzw. verhindern (sog. „fencing", siehe auch die obigen Teile zu Tarifen und zur Preisdifferenzierung).

Preisdifferenzierung im YM wird im Gegensatz zur herkömmlichen Preisdifferenzierung mit einer Mengenkomponente verknüpft. Abbildung 12.47 verdeutlicht in ihrem linken Teil, dass im Falle einer zeitlichen Preisdifferenzierung zu unterschiedlichen Zeiten verschiedene Preise verlangt werden (in Zeiten hoher Nachfrage hohe Preise, in Zeiten geringer Nachfrage niedrige Preise). Beim YM werden zu jedem Zeitpunkt sowohl hohe als auch niedrige Preise angeboten. Die Kapazität („Buchungskontingent"), die zu einem hohen bzw. niedrigen Preis angeboten wird, ist jedoch jeweils unterschiedlich: Im Falle hoher Nachfrage ist das Kontingent mit niedrigen Preisen klein, das Kontingent mit hohen Preisen groß (und umgekehrt).

---

[206] Siehe hierzu auch Kapitel VI.

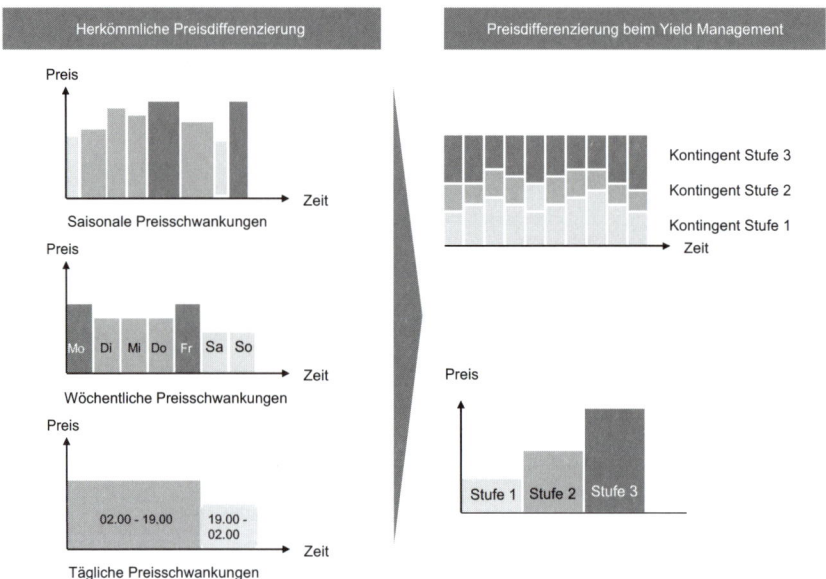

Abbildung 12.47: Unterschied zwischen der herkömmlichen Preisdifferenzierung und dem Yield Management

YM ermöglicht eine einfache Preiskommunikation. Es kann z. B. durchgängig ein Sonderpreis für eine bestimmte Flugstrecke vermarktet werden. Zu diesem Preis sind beispielsweise bei hoher Nachfrage nur fünf Sitzplätze, bei geringer Nachfrage hingegen 30 Sitzplätze verfügbar. Die aufmerksamkeitsheischende Vermarktung von Super-Billig-Preisen der Low Cost Carrier ist ein Beispiel einer einfachen Preiskommunikation. Zudem können Kontingentgrößen einfacher gesteuert werden als Preise.

Im YM werden Preise wie folgt differenziert:

- Nach Compartment: First/Business/Economy (wobei dies – wie oben bereits erläutert - im strengen Sinne keine Preisdifferenzierung ist, da es sich um unterschiedliche Produkte handelt);
- Nach Buchungszeitpunkt: Buchungszeitpunkt lange oder kurz vor Abflug;
- Nach Reisezeit: Nachfrageschwache oder -starke Zeiten;
- Nach zeitlichem Abstand zwischen Hin- und Rückreise: Geschäftsreisende präferieren i. d. R. eine Rückreise kurz nach der Hinreise, sie möchten insbesondere nicht über das Wochenende am Reiseziel bleiben (siehe die Sunday-Return-Rule);
- Nach Verkaufsursprungsort
- Nach O & D-Zugehörigkeit.

Es ist anzumerken, dass die für das YM erforderlichen Computersysteme (im Airline-Bereich die sog. Computerreservierungssysteme = CRS) i. d. R. nur eine begrenzte Anzahl von Preisen zulassen.

5.3.3 Nachfragelenkung im Zeitverlauf

Im Luftverkehr ist zu beobachten, dass die hochwertige Nachfrage (z. B. in Form kurzfristig planender Geschäftsreisender) tendenziell spät am Markt auftritt, und die eher minderwertige Nachfrage (z. B. in Form langfristig planender Urlaubsreisender) eher früh am Markt auftritt. Abbildung 12.48 verdeutlicht den typischen **Buchungsverlauf** in der Airlinebranche.

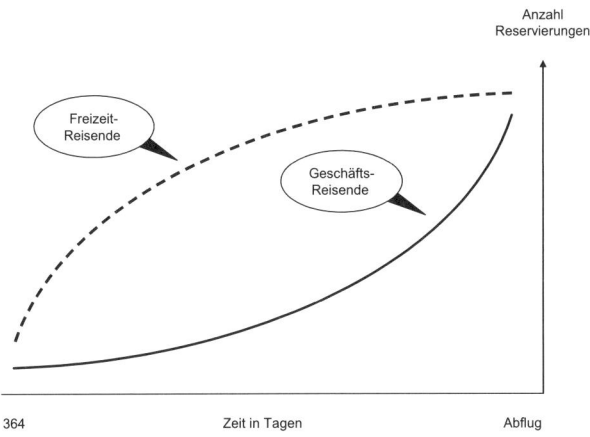

Abbildung 12.48: Typischer Buchungsverlauf im Geschäfts- und Privatreisesegment

Eine ungesteuerte Befriedigung der Nachfrage hat den Effekt, dass die minderwertige Nachfrage frühzeitig Plätze im Flugzeug füllt und für später am Markt auftretende höherwertige Nachfrage keine Plätze mehr zur Verfügung stehen. Höherwertige Nachfrage würde durch minderwertige Nachfrage verdrängt. Der Gesamterlös des Fluges wäre unbefriedigend (siehe als Beispiel Abbildung 12.49).

Würde die im Beispiel der Abbildung 12.49 dargestellte Nachfrage ungesteuert befriedigt, wird die minderwertige Nachfrage vollständig, die höherwertige Nachfrage jedoch kaum befriedigt. Idealerweise sollte jedoch die höherwertige Nachfrage vollständig befriedigt und die minderwertige Nachfrage teilweise (in Höhe des Nachfrageüberhangs) abgewiesen werden. Die wirtschaftlichen Auswirkungen der beiden Extremfälle verdeutlicht Abbildung 12.50 (wobei ein aus Sicht der Airline noch ungünstigerer Buchungsverlauf als in Abbildung 12.49 unterstellt ist). Es ist daher betriebswirtschaftlich sinnvoll, Kapazität für minderwertige Nachfrage rechtzeitig zu beschränken, um ausreichend Platz für die später am Markt erscheinende höherwertige Nachfrage vorzuhalten.

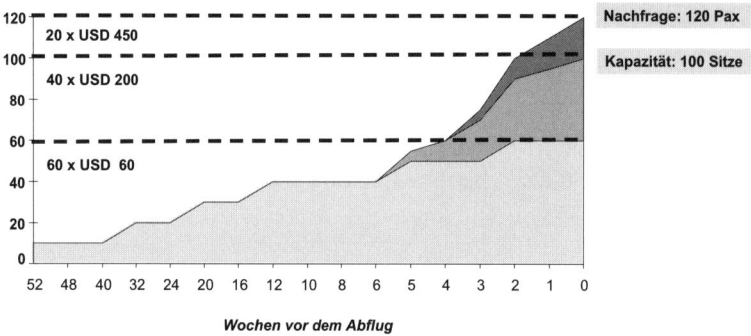

Abbildung 12.49: Beispiel eines Buchungsverlaufs für verschiedene Marktsegmente ohne Nachfragesteuerung

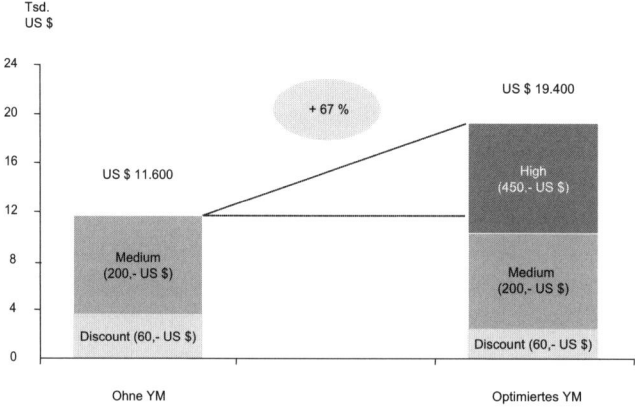

Abbildung 12.50: Erlöswirkungen ohne und mit Nachfragesteuerung

Abgewiesene Passagiere („Spill") haben mehrere Verhaltensalternativen, wie Abbildung 12.51 verdeutlicht. Außer dem Ausweichen auf eine andere Airline[207] (4) können sie einen höherpreisigen Sitzplatz auf dem gleichen Flug buchen (2), auf einen anderen Flug der gleichen Airline ausweichen (3) oder den Flug XY 001 zu einem anderen Zeitpunkt wählen (1). Bei den Alternativen (1) – (3) gelingt ein „Recapture" der Nachfrage („**Spill and Recapture**").

---

[207] Je nach Nachfragesegment ist auch ein Ausweichen auf einen bodengebundenen Verkehrsträger oder ein Verzicht auf die Reise denkbar.

5 Yield Management 369

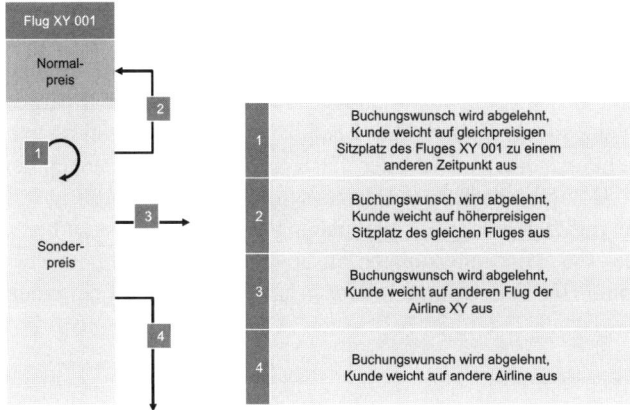

Abbildung 12.51: Grundsätzliche Alternativen der Nachfragelenkung[208]

5.3.4 Überbuchung

Eine der ersten, bereits aus den 1960er Jahren stammende Funktionalität des YM ist die Überbuchung. Überbuchung bedeutet, dass mehr Sitzplätze verkauft werden als eigentlich auf dem Flugzeug vorhanden sind. Überbuchungen finden statt,

- weil Kunden gelegentlich sehr kurzfristig Stornierungen oder Umbuchungen vornehmen, die nicht durch kurzfristige Nachfragegewinnung ausgeglichen werden können;
- weil Reisende „No-Shows" werden können. No-Show bedeutet, dass Reisende einen gebuchten Flug nicht antreten und die Airline davon nicht in Kenntnis setzen. Gründe für das Nicht-Antreten von Reisen können sein: Reisende schaffen es nicht rechtzeitig zum Flughafen, weil sich terminliche Verschiebungen ergeben haben; sie reservieren vorsorglich mehrere Flüge, um ganz sicher auf einem der gebuchten Flüge mitzukommen; sie erreichen Anschlussflüge nicht; sie vergessen die nicht mehr benötigte Reservierung zu annullieren usw. Bei Fullfare-Tickets bleibt No-Show-Verhalten für den Fluggast ohne finanzielle Folgen, Tickets bei stark ermäßigten Sondertarifen verlieren in der Regel ihre Gültigkeit.

Abbildung 12.52 stellt die Auslastung eines Fluges bei unterschiedlichen Überbuchungsquoten dar. Dabei ist zunächst anzumerken, dass sich in diesem Beispiel die Buchungszahlen kurz vor Abflug reduzieren, da annahmegemäß kurzfristige Stornierungen und Umbuchungen nicht durch zusätzliche Neubuchungen kompensiert werden.

Im Fall ohne Überbuchung wird das Flugzeug mit 90 % Auslastung fliegen („**Spoilage**"). Im Falle eines Buchungsverlaufs mit unbeschränkter Überbuchung stehen 30 % zu viel Passagiere zum Abflugzeitpunkt am Gate („**Spill**"), ein „Denied Boarding" wird notwendig. Im

---

[208] In Anlehnung an Daudel/Vialle (1992), S. 57.

Falle eines Buchungsverlaufs bei optimierter Überbuchung übersteigt die Zahl der Buchungen die Zahl der verfügbaren Sitzplätze exakt um die Zahl der No-Show-Passagiere.

In Abbildung 12.52 ist zudem das ökonomische Optimierungskalkül dargestellt. Mit zunehmender Überbuchungsquote sinken die Leerkosten (Opportunitätskosten nicht genutzter Sitzplätze), die Fehlmengenkosten (Kosten für Kompensationszahlungen bei **„Denied Boardings"** wie bspw. Hotelübernachtungen, Essensgutscheine, Upgrades in höherwertige Compartments) steigen mit zunehmender Überbuchungsquote. Dabei ist zu berücksichtigen, dass mittlerweile in der EU Mindestleistungen an abgewiesene Passagiere vorgeschrieben sind (siehe hierzu Kapitel III). Das Optimum liegt in unserem Beispiel bei einer mittleren **Überbuchungsquote** zwischen 25 und 30 %.

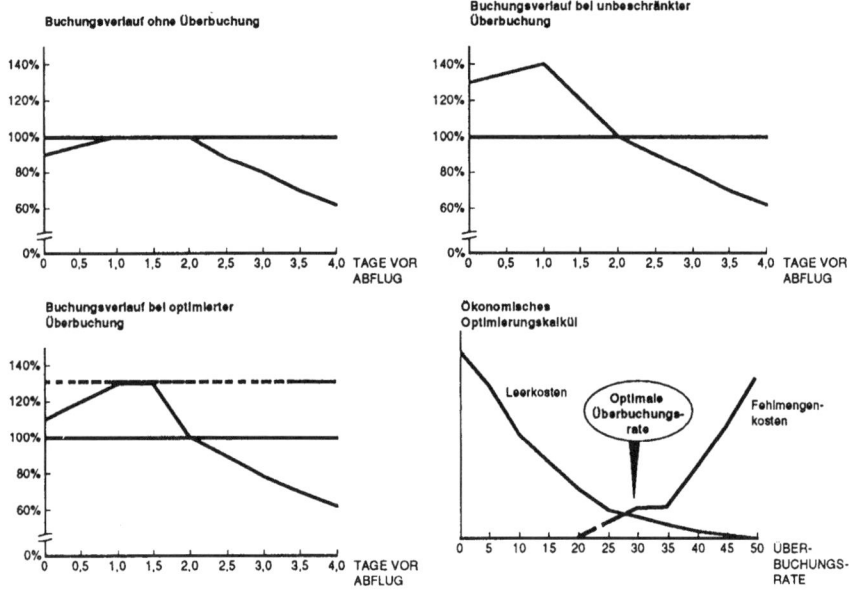

Abbildung 12.52: Buchungsverläufe bei unterschiedlichen Überbuchungsquoten[209]

Die optimale Überbuchungsquote ist von mehreren Faktoren abhängig:

- **Historische No-Show-Raten** (bezogen auf die gleiche Flugstrecke, Tageszeit, Verkehrstag und Buchungsklasse) sind die wichtigste Datengrundlage für die Bestimmung der Überbuchungsquote
- **Passagiermix** (insbesondere das Verhältnis Geschäfts- zu Privatreisenden): Geschäftsreisende weisen eine höhere No-Show-Rate auf als Privatreisende, sie neigen zudem eher zu kurzfristigen Umbuchungen und Stornierungen. Es empfiehlt sich, bei ei-

---

[209] In Anlehnung an Weber (1997).

nem hohen Geschäftsreisendenanteil stärker zu überbuchen. Andere Faktoren stehen mit dem Geschäftsreisendenanteil im Zusammenhang: Großereignisse (Messen, kulturelle Veranstaltungen, Sportereignisse etc.), Zeitenlagen (zu den Tagesrändern reisen eher Geschäftsreisende) usw.

- **Frequenzen:**
  Mit der Anzahl angebotener Frequenzen steigt die Zahl der Umbuchungen. Bei höherer Frequenzdichte kann stärker überbucht werden.

- **Verbleibende Zeit bis zum Abflug:**
  Wochen oder Monate vor dem Abflug werden u. U. ganze Gruppen teilweise oder komplett gestrichen. Eine hohe Überbuchungsquote ist zu diesem Zeitpunkt angeraten. Kurz vor Abflug werden kaum noch Gruppen umgebucht oder storniert – schon aufgrund der damit verbundenen Kosten für den Passagier (Ungültigkeit des Tickets, Umbuchungs- oder Stornierungsgebühren etc.). In den letzten Tagen vor dem Abflug nimmt die Anzahl von Umbuchungen und Stornierungen weiter ab, die Überbuchungsquote muss entsprechend sinken.

Auf Basis dieser Informationen wird die individuelle Überbuchungsquote pro Flugnummer, Verkehrstag, Saison und Buchungsklasse in jedem einzelnen Verkaufsmarkt festgelegt.

Sind Flüge zu stark überbucht worden und können deshalb Passagiere trotz bestätigter Buchung nicht befördert werden, erfolgt i. d. R. ein **„Voluntary Denied Boarding"**. Passagiere werden unter Gewährung von Vergünstigungen (spätere Beförderung in einem höherwertigen Compartment, Hotelgutschein, „Taschengeld" etc.) zu einem freiwilligen Rücktritt motiviert. Die rechtlichen Bestimmungen der EU (siehe Kapitel III) sind hierbei zu beachten.

5.3.5 Bildung und Einzelsteuerung von Buchungsklassen

Die auf Interkontinentalflügen üblichen drei physischen Compartments (First/ Business/ Economy Class) und die auf Kontinentalflügen üblichen zwei Compartments (Business/ Economy Class) werden jeweils in mehrere „virtuelle Compartments", sog. „Buchungsklassen" zerlegt (siehe die beispielhafte Darstellung in Abbildung 12.53).

Für jede der Buchungsklassen wird ein Preis sowie die Größe der Buchungsklassen, bis zu der Buchungen in dieser Buchungsklasse angenommen werden können, festgelegt. Jede Buchungsklasse wird somit einzeln gesteuert.

Die **Dimensionierung jeder einzelnen Buchungsklasse** wird wie folgt ermittelt: Die Nachfrage wird prognostiziert und dabei die Wahrscheinlichkeit des Verkaufs für jeden einzelnen Platz in jeder einzelnen Buchungsklasse ermittelt. Die Wahrscheinlichkeitswerte werden mit dem durchschnittlichen Ticketpreis jeder Buchungsklasse multipliziert, was zum „Erwartungswert" des Erlöses für jeden einzelnen Sitzplatz auf jedem Flug führt. Die Größen der Buchungsklassen werden so dimensioniert, dass alle Erwartungswerte gleich sind. Buchungsklassen mit geringen Erwartungswerten werden somit verkleinert, Buchungsklassen mit hohen Erwartungswerten vergrößert. In der englischsprachigen Literatur wird dieser Erwartungswert als „**Expected Marginal Seat Revenue**" (EMSR) bezeichnet.

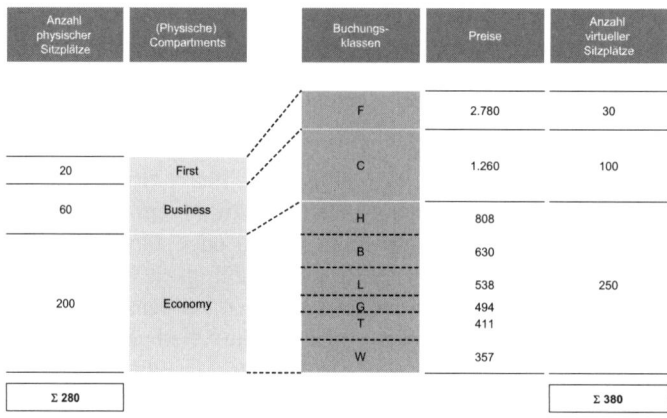

Abbildung 12.53: Zerlegung physischer Compartments in Buchungsklassen unter Berücksichtigung der Überbuchung

Folgendes **Beispiel** verdeutlicht den Mechanismus: Angenommen, ein Sitzplatz in der Business Class wird zu einem Preis von 800 EUR, ein Sitzplatz in der Economy Class zu 400 EUR angeboten. Die Wahrscheinlichkeit des Verkaufs des Business Class-Sitzplatzes beträgt 25 %. Es geht eine Buchungsanfrage für einen Sitzplatz zu 400 EUR ein. Der Erwartungswert beträgt 400 EUR × 100 % (es ist von 100 % auszugehen, da eine konkrete Buchungsanfrage vorliegt) = 400 EUR. 400 EUR übersteigt 800 EUR × 25 % (= 200 EUR). Fazit: Die geringerwertige Buchungsklasse wird vergrößert, um diese Buchungsanfrage zu bedienen.

Tabelle 12.6 zeigt für eine bestimmte Buchungsklasse, wie hoch die Wahrscheinlichkeit für jeden der 10 Sitze ist, dass er sich für einen Preis von 400 € verkaufen lässt, sowie den sich daraus errechnenden EMSR. Sitzplatz Nr. 5 kann beispielsweise mit einer Wahrscheinlichkeit von 0,9938 zu einem Preis von 400 € verkauft werden, daraus ergibt sich ein Erwartungswert von 397,52 € als EMSR.

Tabelle 12.6: Wahrscheinlichkeiten und EMSR in einer Buchungsklasse[210]

Sitz (S)	1	2	3	4	5	6	7	8	9	10
Wahrscheinlichkeit für Verkauf	1,0000	1,0000	0,9998	0,9987	0,9938	0,9772	0,9332	0,8413	0,6915	0,5000
EMSR (S) in €	400,00	400,00	399,91	399,46	397,52	390,90	373,28	336,54	276,58	200,00

---

[210] Vgl. Bazargan (2004), S. 113.

Überträgt man die in Tabelle 12.6 genannten EMSR-Werte in ein Diagramm, so erhält man eine Kurve mit s-förmigem Verlauf (siehe Abbildung 12.54). Jede einzelne Buchungsklasse weist einen spezifischen Verlauf ihrer EMSR-Kurve auf. Die unterschiedlichen Verläufe resultieren aus unterschiedlichen Preisen und Buchungsbedingungen der Buchungsklassen. Abbildung 12.54 zeigt im rechten Teil die EMSR-Kurvenverläufe für vier Buchungsklassen.

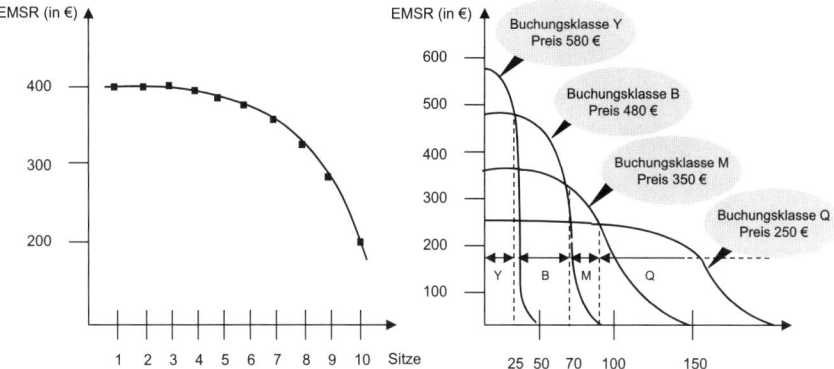

Abbildung 12.54: EMSR in einer Buchungsklasse und in vier Buchungsklassen[211]

Die Dimensionierung der Buchungsklassen erfolgt, indem die EMSR-Werte der einzelnen Buchungsklassen verglichen werden. Fällt der EMSR-Wert der Buchungsklasse Y für einen bestimmten Sitzplatz unter den EMSR-Wert der Buchungsklasse B für diesen Sitzplatz, so wird genau dieser Sitzplatz schon der Buchungsklasse B zugeordnet. In Abbildung 12.54 liegt der Sitzplatz 26 damit bereits in Buchungsklasse B. Buchungsklasse Y weist somit 25 Sitzplätze auf, die Buchungsklassen B und M weisen 45 bzw. 20 Sitzplätze auf. Auf Buchungsklasse Q entfallen die restlichen Sitzplätze.

Auf Basis historischer Daten, die die **Buchungsverläufe** bei vergleichbaren Flügen wiedergeben, wird ein Korridor als Sollbandbreite des zu erwartenden Buchungsverlaufs definiert (siehe Abbildung 12.55). Laufen die Buchungen innerhalb dieses Korridors ein, steuert das YM-System automatisch, manuelle Eingriffe sind in diesem Fall nicht erforderlich.

Es kann der Fall eintreten, dass der aktuelle Buchungsverlauf den Korridor nach oben oder unten durchbricht. Im Falle eines Durchbruchs nach oben ist zu erwarten, dass die Nachfrage höher als die Prognose sein wird; ein manueller Eingriff zur Schließung minderwertiger Buchungsklassen muss erfolgen. So wird vermieden, dass minderwertige Nachfrage zu viele Plätze für höherwertige Nachfrage blockt. Im umgekehrten Fall werden mehr Billigtarife zur Überwindung der unerwarteten Nachfrageschwäche angeboten, indem minderwertige Buchungsklassen vergrößert werden.

---

[211] In Anlehnung an Bazargan (2004), S. 118.

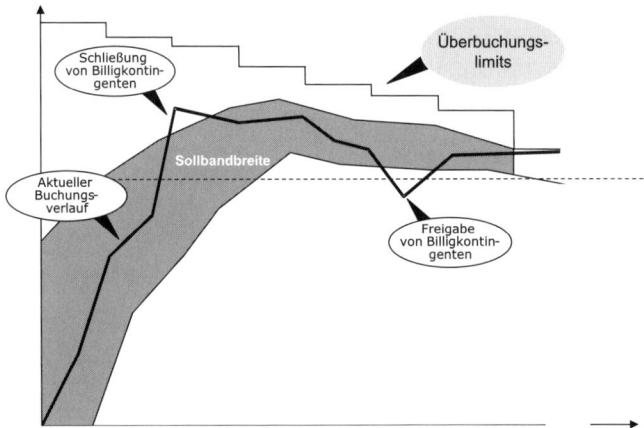

Abbildung 12.55: Buchungsverlauf und Buchungskorridor am Beispiel eines Fluges

5.3.6 Nesting

Der Mechanismus automatischer Buchungsklassensteuerung zeigt sich noch in anderer Form an folgendem Beispiel. Angenommen, auf einem Flug PAR – LIS mit 200 Sitzplätzen wurde eine Überbuchungsquote von 30 % eingestellt. Es werden 260 Sitzplätze zur Buchung freigegeben. Angeboten werden drei Tarifklassen (A = Fullfare, B = Eco, C = Eco-Sondertarif). Laut Prognose werden in A 140 Buchungen eingehen, in B 100 und in C 20. Demnach werden in Buchungsklasse A 140, in B 100 und in C 20 Sitzplätze zur Buchung freigegeben. 10 Tage vor Abflug stellt sich die Buchungssituation wie in Tabelle 12.7 dar.

Tabelle 12.7: Buchungsbestand 10 Tage vor Abflug (Beispiel)[212]

Tarifkategorie	Getätigte Buchungen	Verfügbare Sitzplätze	Summe
A	140	0	140
B	80	20	100
C	15	5	20
Summe	235	25	260

Geht die 236. Buchung als Buchung in der Tarifkategorie A ein, so müsste die Buchungsanfrage abgewiesen werden, da die Buchungsklasse A ausgebucht ist. Ein derartiger Mechanismus ist in Anbetracht noch verfügbarer Plätze in den minderwertigen Buchungsklassen unsinnig. Der Buchungsklasse der Tarifkategorie A ist der Zugriff auf Plätze der minderwer-

---

[212] In Anlehnung an Daudel/Vialle (1992), S. 116.

tigen Buchungsklassen einzuräumen. Die höchstwertigste Buchungsklasse A hätte somit Zugriff auf die volle Kapazität des gesamten Flugzeugs (= 260 Plätze). Umgekehrt haben minderwertige Buchungsklassen selbstverständlich keinen Zugriff auf die höherwertigen Buchungsklassen. Die Buchungsklassen sind ineinander geschachtelt, man spricht von „Buchungsklassenschachtelung" oder „Nesting". Zur Verdeutlichung der vorstehenden Ausführungen siehe Abbildung 12.56.

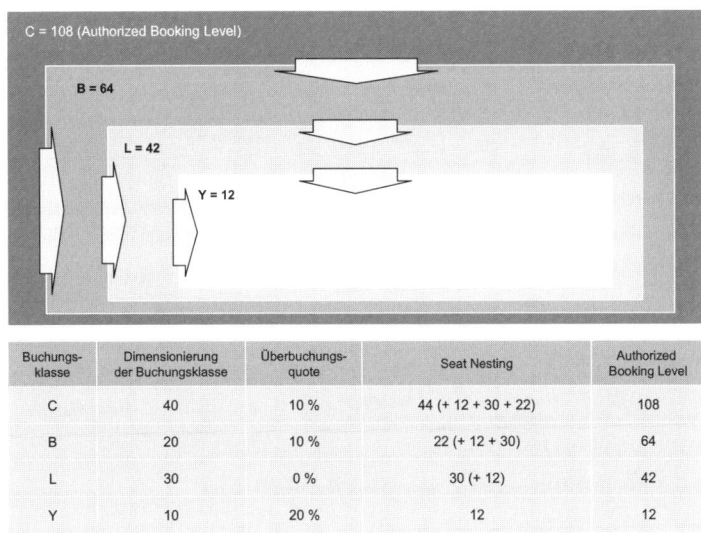

Abbildung 12.56: Grundmodell des Nesting

5.3.7 Verkehrsstrombezogene Buchungsklassensteuerung

Eine rein leg-bezogene Buchungsklassensteuerung ist unter bestimmten Bedingungen unzureichend. Reisende derselben Buchungsklasse können eine unterschiedliche Wertigkeit je nach Zugehörigkeit zu O & Ds aufweisen.

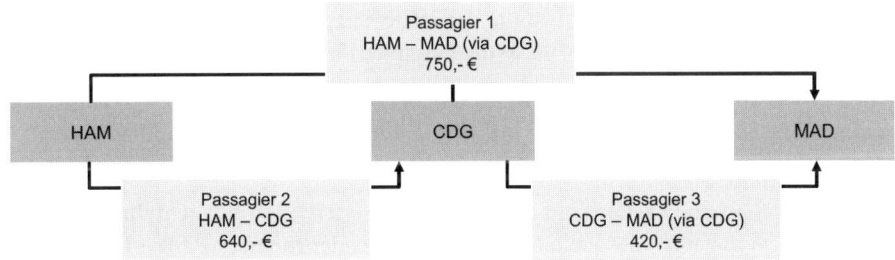

Abbildung 12.57: Wertigkeit verschiedener Reisender in Abhängigkeit von deren O & D-Zugehörigkeit

Abbildung 12.57 verdeutlicht beispielhaft, dass auf einem Itinerary HAM – PAR – MAD Passagier 1 (O & D HAM – MAD) einen Netzerlös in Höhe von 750 EUR bringt. Passagier 1 bringt einen höheren Netzerlös als Passagier 2 (O & D HAM – PAR) mit 640 EUR und Passagier 3 (O & D PAR – MAD) mit 420 EUR. Passagiere 2 und 3 bringen zusammen mit 1.060 EUR Netzerlös einen höheren Netzerlös als Passagier 1.

Die Steuerung hat daher auch in Abhängigkeit von der Verkehrsstromzugehörigkeit zu erfolgen (O & D-bezogene Steuerung):

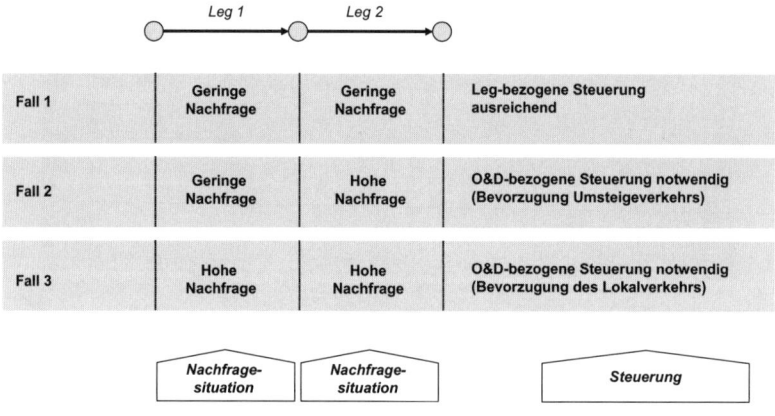

Abbildung 12.58: Leg- und O & D-bezogene Steuerung von Buchungsklassen

Abbildung 12.58 verdeutlicht z. B. im Fall 2 (Kapazitätsengpässe auf einem Leg), dass die Buchungsklasse für den Lokalverkehr geschlossen und für den Umsteigerverkehr offen bleiben sollte. Im Fall 3 (Kapazitätsengpässe auf beiden Legs) sollten die Buchungsklassen für den Umsteigeverkehr geschlossen und für beide Lokalverkehre geöffnet bleiben.

Am Beispiel der Abbildung 12.58 hieße das Folgendes:

- **Fall 1:** Sind sowohl auf dem Leg HAM – CDG als auch auf dem Leg CDG – MAD ausreichend Sitzplätze frei, so ist eine leg-bezogene Buchungsklassensteuerung ausreichend

- **Fall 2:** Ist auf dem Leg HAM – CDG nur noch ein Sitzplatz frei, auf dem Leg CDG hingegen noch ausreichend Platz, so sollte der letzte Sitzplatz nicht an Passagier 2, sondern an Passagier 1 vergeben werden, da so der Gesamterlös maximiert wird.

- **Fall 3:** Ist sowohl auf dem Leg HAM – CDG als auch auf dem Leg CDG – MAD jeweils nur noch ein Sitzplatz frei, so sollte der jeweils letzte Sitzplatz nicht an Passagier 1, sondern an die Passagiere 2 und 3 vergeben werden, da so der Gesamterlös maximiert wird.

Diese Form der Steuerung erfolgt mit der Methode der **virtuellen Schachtelung**. Abbildung 12.59 verdeutlicht anhand eines weiteren Beispiels, dass der Itinerary PAR – LIS (via MAD) einer höheren (virtuellen) Buchungsklasse zugeordnet ist als das Leg PAR – MAD. Unter Umständen ist das Leg PAR – MAD alleine nicht mehr verkaufbar, für PAR – MAD – LIS hingegen stehen noch Plätze zur Verfügung, da aufgrund des Nestings in die tieferliegenden

Buchungsklassen eingegriffen werden kann. Interessanterweise drehen sich die virtuellen Kategorien um, wenn die beiden Lokalverkehre zu stark für die vorhandene Kapazitäten sind; dem Umsteigeverkehr würde keine Kapazität zur Verfügung gestellt, da man bevorzugt die beiden Lokalverkehre bedienen möchte.

Ausgangslage 1)			
Tarifkategorie	PAR - MAD	PAR - LIS	MAD - LIS
A	1200 €	1800 €	950 €
B	875 €	1650 €	790 €
C	775 €	1100 €	685 €
D	599 e	899 €	499 €

Virtuelle Schachtelung für PAR - MAD		
Virtuelle Kategorie	Reale Kategorie	
I	A PAR – LIS	1800 €
	B PAR – LIS	1650 €
II	A PAR - MAD	1200 €
	C PAR - LIS	1100 €
III	D PAR - LIS	899 €
	B PAR - MAD	875 €
IV	C PAR - MAD	775 €
	D PAR - MAD	599 €

- PAR - LIS ist immer teurer als PAR - MAD oder MAD - LIS
- PAR - MAD + MAD - LIS ist immer teurer als PAR - LIS
- Schutz des O & Ds PAR - LIS (z. B. ist PAR - LIS in höherer Kategorie als PAR - MAD)
- PAR - MAD kann ggfls. nicht mehr verkaufbar sein, wenn PAR - LIS via MAD noch verkaufbar ist
- Problem: Verknüpfung mit der Wahrscheinlichkeit, daß MAD - LIS eigenständig verkauft werden kann

1) Flug PAR - MAD - LIS

Abbildung 12.59: Methode der virtuellen Schachtelung[213]

Bei der Deutschen Lufthansa erfolgt die O & D-bezogene Steuerung mit Hilfe des **„Bid Price-Mechanismus"**, der greift, wenn der prognostizierte SLF im Compartment größer als 80 % oder der bereits gebuchte SLF größer als 85 % ist. Der „Bid Price" ist wie folgt definiert: Mindestwert, zu dem der nächste Sitz eines Compartments auf einem Leg verkauft werden soll, d. h. unterhalb dieses Wertes wird kein Sitz verkauft. Der Bid Price legt als Steuerungswert fest, welche Buchungsklassen verkaufbar sind. Er wird für jeden Flug und für jede Buchungsklasse definiert.

5.3.8 Verkaufsursprungbezogene Buchungsklassensteuerung

Bei der Errechnung der Verfügbarkeit mit Hilfe des Bid Price-Mechanismus beeinflusst neben der Ertragswertigkeit des angefragten Reiseweges (O & D) auch die Ertragswertigkeit des Verkaufsortes (Ursprungsverkaufsort = UVO oder Point of Sale = POS) die Verfügbarkeit in einer Buchungsklasse. Bid Pricing dient somit der reisewegbezogenen Steuerung und der verkaufsursprungsbezogenen Steuerung. Je nach UVO und Zugehörigkeit eines Sitzplatzes einer Buchungsklasse zu einem O & D kann der Sitzplatz verfügbar sein oder nicht.

---

[213] In Anlehnung an Daudel/Vialle (1992), S. 122.

Für Flüge, die nicht über einen Bid Price-Mechanismus gesteuert werden, ist die Verfügbarkeit von Sitzplätzen im Flugzeug für alle Agenten (für alle POS) auf der Welt gleich. Falls über Bid Price gesteuert wird, kann die Verfügbarkeit an verschiedenen POS unterschiedlich sein. Abbildung 12.60 verdeutlicht diesen Zusammenhang.

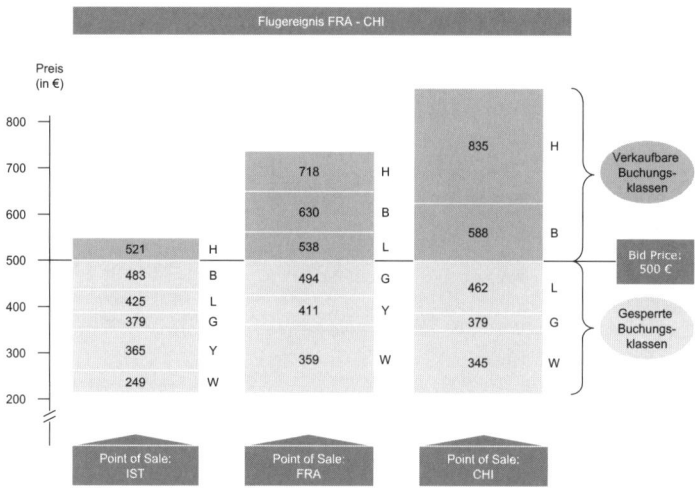

Abbildung 12.60: Mechanismus einer verkaufsursprungsbezogenen Buchungsklassensteuerung am Beispiel des Bid Price-Mechanismus der Lufthansa

Für das Flugereignis FRA – CHI wurde ein Bid Price von 500 EUR definiert. In diesem Fall waren am POS in CHI die Buchungsklassen H und B, am POS FRA die Buchungsklassen H, B und L, am POS IST lediglich die Buchungsklasse H geöffnet, da dies die einzigen Buchungsklassen mit einer Wertigkeit von über 500 EUR sind. Dies bedeutet beispielsweise, dass ein Sitzplatz der Buchungsklasse B auf dem Flug FRA – CHI in FRA und in CHI verkaufbar, in IST dagegen nicht verkaufbar ist. Einzelne Sitzplätze werden daher regional differenziert zur Verfügung gestellt werden, m. a. W., der gleiche Sitzplatz kann in Region A buchbar sein, in Region B hingegen nicht.

Technisch funktioniert dieser Mechanismus wie folgt: Angenommen, ein Flug von FRA nach NYC weist einen prognostizierten SLF von 90 % auf, hier würde der Flug über den Bid Price-Mechanismus gesteuert. Die GDS wie Amadeus oder Sabre erkennen, dass die Verfügbarkeiten auf diesem Flug nicht aus den Vertriebssystemen, sondern nur direkt bei der Lufthansa ermittelt werden können. Die Buchungsanfrage wird sofort zum LH-Reservierungssystem weitergeleitet, wo ein Vergleich der Wertigkeit der Anfrage (des Preises) mit dem Bid Price erfolgt. Bei einer höherwertigen Anfrage (Überschreitung des Bid Price) kann die Buchung erfolgen, eine minderwertige Anfrage wird abgelehnt.

Bei zu geringer Nachfrage sind Ertragschancen zu identifizieren. So könnten bspw. auf den Strecken FRA – MAD und MUC – MAD (siehe Abbildung 12.61) wenige freie Sitzplätze verfügbar sein. Es stellt sich die Frage, in welcher Verkaufsregion diese Sitzplätze am besten verkauft werden können, d. h. welche Verkaufsregion den höchsten Netzerlös zu den geringsten Verkaufskosten realisieren kann. Diesen Verkaufsregionen würde die entsprechende Kapazität zum Verkauf zur Verfügung gestellt, den anderen Verkaufsregionen dürfte kein Zugriff auf knappe Kapazitäten gewährt werden. Im Beispiel der Abbildung 12.61 wären dies TYO und SIN über FRA sowie BER über MUC, nicht aber über FRA. NYC, OSL und WAW dürften FRA – MAD nicht verkaufen, da der Netzerlös zu niedrig wäre. Ein Verkauf in BOS kommt schon deshalb nicht in Frage, da die Kapazitäten auf BOS – FRA nicht vorhanden sind.

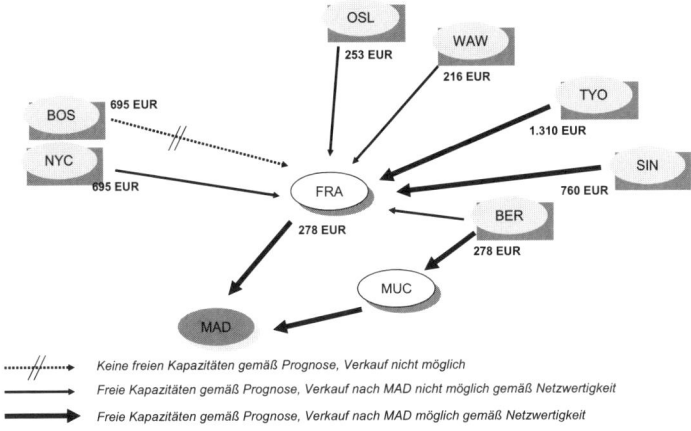

Abbildung 12.61: Verkaufsursprungsbezogene Buchungsklassensteuerung gemäß Netzwertigkeit

Die Identifikation von Ertragschancen läuft in vier Schritten ab: Erstens erfolgt ein monatlicher Check der Auslastungsprognosen mit einem Zeithorizont von 3 – 6 Monaten. Zweitens erfolgt eine Identifikation von Destinationen mit sich abzeichnender geringer Vorausbuchung und voraussichtlich freibleibenden Kapazitäten. Drittens erfolgt die Analyse von Buchungseingängen, MIDT-Zahlen[214] und Yield- bzw. Mengen-Trends der letzten Monate sowie Einschätzung möglicher Risiken einer Preisaktion (Kannibalisierung, Reaktion der Wettbewerber). Viertens erfolgt die Abstimmung und Festlegung von Maßnahmen (Preisen, Konditionen, Vertriebskanälen) in Zusammenarbeit mit den Vertriebsorganisationen.

Für Gruppenbuchungen werden meist gesonderte Gruppensteuerungssysteme betrieben, um den Besonderheiten von Gruppenbuchungen Rechnung zu tragen. Bei der Lufthansa ist dies das sogenannte GRIPS-System.

5.3.9 Prognosemodelle

Die beiden wichtigsten Prognosegrößen im YM sind Nachfrage und No-Show-Verhalten. In Prognosen sind neben historischen Daten aktuelle Besonderheiten, die sich nicht in histori-

---

[214] MIDT (Marketing Information Data Tapes) zeigen das Buchungsvolumen aller in einem CRS getätigten Buchungen sowie die Anteile der eigenen Airline.

schen Daten widerspiegeln können, zu erfassen (z. B. Fare Changes, Wettbewerbermaßnahmen zu Preisen und Flugplänen, besondere Ereignisse wie kulturelle Events etc.). Die Abschätzung des Marktpotenzials wird in sog. „Booking Surveys" hinterlegt. Diese Prognosen sagen aus, wie viele Passagiere auf einem Flug fliegen würden, vorausgesetzt es gäbe keine Kapazitätsbeschränkung.

Schlechte Nachfrageprognosen führen zu verschwendeten Sitzplätzen und schlechtem Fare Mix; schlechte No-Show-Prognosen führen zu verschwendeten Sitzplätzen und Denied Boardings. Eine grobe Daumenregel besagt, dass eine Verbesserung der Prognose um 10 % einen Erlöszuwachs von 1 – 2 % bedeutet.[215]

5.3.10 IT-Systeme für die Netzsteuerung

Aufgrund ihrer Komplexität sind Yield Management-Entscheidungen ohne IT-Unterstützung nicht möglich. Die Anzahl von Steuerungsentscheidungen ist sehr hoch. Beispielsweise werden bei größeren Airlines wie der Lufthansa ca. 1.500 Flüge pro Tag gesteuert, die 17 – 200 mal vor Abflug in 15 – 20 Buchungsklassen bei ca. 30.000 O & D-Kombinationen im Streckennetz optimiert werden.

Zur Erfassung historischer Daten werden Datenbanken benötigt, zur Errechnung von Wahrscheinlichkeiten werden stochastische Modelle und zur Optimierung Modelle des Operations Research eingesetzt.

Am Beispiel der Lufthansa seien nachfolgend die verschiedenen IT-Systeme des YM dargestellt:

- EMP (Ertragsmanagement Passage): Enthält Buchungsdaten und Buchungsprognosen
- PROS (Passenger Revenue Optimization System): Sammlung von Buchungs- und Check-in-Daten pro Einzelflug, heruntergebrochen auf Buchungsklasse und Leg; Erstellung von Prognosen und Steuerungsempfehlungen ⇒ Input für das EMP-System
- MIDT (Marketing Information Data Tapes): Buchungsvolumen aller in einem CRS getätigten Buchungen aller Airlines und Anteile der eigenen Airline
- AMADEUS: Flugplanqualität und Angebotsdarstellung
- PHOENIX: System zur Aufbereitung von Verkaufsdaten (bereitgestellt von der Verkehrsabrechnungszentrale der LH)
- Marktpreisdatenbank für die verschiedenen Marktpreise und für das Monitoring der Preisaktionen von Wettbewerbern
- BRAIN (Basis Reference System for Airline Integrated Network Management): Zentrales System zur Bereitstellung von Flugplandaten
- Bid Price Server: Zwischengeschaltetes System zwischen PROS und Reservierungssystem; ermöglicht die verkehrsstrom- und verkaufsursprungbezogene Steuerung im Hinblick auf den höchstmöglichen Netzerlös

---

[215] Zu den Methoden der Nachfrageprognose siehe auch Kapitel VI.

- GRIPS (Gruppen-Reservierungs-Informations-, Prognose- und Steuerungssystem): Bewertung und Buchung von Gruppen
- MARWIN: Zentrale Nutzeroberfläche für die verschiedenen Datenquellen

Viele der bei Airlines im Netzmanagement eingesetzten Systeme sind von unabhängigen Anbietern für die Airline-Branche entwickelt worden.[216] Abschließend ist auf die herausragende Bedeutung der GDS im Rahmen des Netzmanagement hinzuweisen. Ohne GDS-Unterstützung könnte eine effektive und effiziente globale Verkaufssteuerung nicht erfolgen (siehe hierzu Kapitel XV).

6 Kommentierte Literatur- und Quellenhinweise

Zum Netzmanagement von Airlines allgemein:

- Airbus (2006), Global Market Forecast – The Future of Flying 2006–2025, Blagnac Cedex.
- Boeing (2008), Current Market Outlook, Seattle.
- Clark, P. (2007), Buying the Big Jets – Fleet planning for airlines, 2. Aufl., Aldershot.
- Döring, T. (1999), Airline-Netzwerkmanagement aus kybernetischer Sicht, Bern / Stuttgart / Wien.
- Hanlon, P. (2007), Global Airlines. Competition in a transnational industry, 3. Aufl., Amsterdam et al.
- Holloway, S. (2003), Straight and Level: Practical Airline Economics, 2. Aufl., Aldershot.
- Jacquemin, M. (2006), Netzmanagement im Luftverkehr, Diss., Wiesbaden.
- Pompeo, L. (2007), Vortrag auf dem ITB Aviation Day, www.itb-kongress.de.
- Pompl, W. (2007), Luftverkehr. Eine ökonomische und politische Einführung, 5. Aufl., Berlin u. a. O.
- Vasigh, B. / Fleming, K. / Tacker, T. (2008), Introduction to Air Transport Economics, Aldershot.
- Weber, G. (1997), Erfolgsfaktoren im Kerngeschäft von europäischen Luftverkehrsgesellschaften, St. Gallen.

---

[216] Beispielsweise ist PROS von der Firma PROS Revenue Management (www.prosrm.com) entwickelt worden; diese wurde im Jahr 1985 in Houston gegründet und hat mittlerweile mehr als 80 Kunden in 37 Ländern, wovon 17 der Top 25 Airlines bedient werden.

- Wensveen, J. G. (2007), Air Transportation – A Management Perspective, 6. Aufl., Aldershot.

Zur Flugplanung:

- Bazargan, M. (2004), Airline Operations and Scheduling, Aldershot.
- Burghouwt, G. (2007), Airline Network Development in Europe and its Implications for Airport Planning, Aldershot.
- Cook, A. (Hrsg.) (2007), European Air Traffic Management, Aldershot.
- Czerny, A.I. / Forsyth, P. / Gillen, D. / Niemeier, H.-M. (Hrsg.) (2008), Airport Slots, Aldershot.
- Jasvoin, L. (2006), Integration der Unsicherheitsaspekte in der Schedule-Optimierung, Wiesbaden.
- Kliewer, G. (2006), Optimierung in der Flugplanung: Netzwerkentwurf und Flottenzuweisung, Diss., Paderborn.
- Oster, C.V. / Strong, J.S. (2007), Managing the Skies. Public Policy, Organization and Financing of Air Traffic Management, Aldershot.
- Starkie, D. (2008), Aviation Markets - Studies in Competition and Regulatory Reform, Aldershot.

Zum Pricing:

- fvw (2008), fvw Spezial Airlines & Airports, 20.06.2008, Hamburg.
- Einschlägige Fachliteratur zur Mikroökonomie und zum Marketingmanagement.

Zum Yield Management:

- Daudel, S. / Vialle, G. (1992), Yield-Management – Erträge optimieren durch nachfrageorientierte Angebotssteuerung, Frankfurt/Main.
- Hoberg, P. (2008), Yield Management aus betriebswirtschaftlicher Sicht, in: Controller Magazin, September/Oktober, S. 58–63.
- Klein, R. / Steinhardt, C. (2008), Revenue Management. Grundlagen und Mathematische Methoden, Heidelberg.
- Tscheulin, D.K. / Lindenmeier, J. (2003), Yield-Management – Ein State-of-the-Art, in: ZfB, 73. Jg., H. 6, S. 629–662.

Strategieplanungs- und Netzmanagement-Prozesse in der Praxis:

- Deutsche Lufthansa AG: Diverse Materialien.

Kapitel XIII Strecken- und Netzergebnisrechnung

1	**Begriffe und Funktionen**	**383**
2	**Voraussetzungen**	**386**
3	**Kosten von Airlines**	**387**
	3.1 Systematisierung der Kosten	387
	3.2 Kostenarten von Airlines	388
	3.3 Kostenstruktur von Airlines	395
4	**Strecken- und Netzerlöse**	**397**
5	**Aufbau einer Streckenergebnisrechnung**	**399**
6	**Aufbau einer Netzergebnisrechnung**	**404**
7	**Kennzahlen der Netzergebnisrechnung**	**406**
8	**Kommentierte Literatur- und Quellenhinweise**	**407**

1 Begriffe und Funktionen

Streckenergebnisrechnung (SER) und Netzergebnisrechnung (NER) sind zentrale Bestandteile der Kosten- und Leistungsrechnung von Airlines. SER und NER dienen dem Netz-Controlling und stellen eine wichtige Voraussetzung für die Profitabilität einer Airline dar. SER und NER sind „Kostenträgerzeitrechnungen" und „Kostenträgerstückrechnungen", bei denen den einzelnen Kostenträgern Kosten und Erlöse möglichst verursachungsgerecht zugeordnet werden. Kostenträger ist zunächst ein einzelner Flug (ein Leg) an einem bestimmten Datum, der bestimmte Erlöse erwirtschaftet und Kosten verursacht (Kostenträgerstückrechnung). Durch die Aufsummierung aller Kosten und Erlöse in einem bestimmten Zeitraum entsteht die Kostenträgerzeitrechnung.

Funktionen der SER und der NER sind:

- **Ermittlungsfunktion:**
  Das monetäre Ergebnis des betrieblichen Leistungsprozesses wird nach Verursachern – im Sinne einer Gliederung nach Kostenträgern – ermittelt. „Ergebnis" ist als Saldo von bewerteten Leistungen und den dafür entstandenen Kosten zu verstehen („Betriebsergebnis").

- **Analysefunktion:**
  SER und NER unterstützen die Analyse des Streckennetzes hinsichtlich der Identifikation von Gewinn- und Verlustquellen. Die gewonnenen Erkenntnisse bilden die Basis für ergebnisverbessernde Maßnahmen im Streckennetz.

- **Vorgabefunktion:**
  Aus SER und NER gewonnene Erkenntnisse werden in Plänen umgesetzt oder in Ad-hoc-Steuerungseingriffen berücksichtigt. Für besonders profitable Strecken kann bspw. eine Frequenz- oder Kapazitätsaufstockung vorgenommen werden.

- **Kontrollfunktion:**
  Es wird überprüft, ob Optimierungsentscheidungen im Bereich der Flugplanung den geplanten Erfolg gebracht haben.

- **Prognosefunktion:**
  SER und NER ermöglichen Erlös- und Kostenschätzungen und damit Ergebnisprognosen. Diese sind u. a. für die Finanzplanung einer Airline erforderlich.

- **Sonderfunktionen:**
  SER und NER liefern Input für Statistiken der IATA und der AEA. Zudem liefern SER und NER Datengrundlagen für die Verhandlung von bi- und multilateralen Prorate-Agreements und für die Verhandlung von Charterraten. Im Falle rechtlicher Auseinandersetzungen um die Angemessenheit von Flugpreisen bieten SER und NER wichtige Datengrundlagen.

1 Begriffe und Funktionen

- **Koordinationsfunktion:**
  SER und NER koordinieren die betrieblichen Teilbereiche, sie richten die Einzelaktivitäten auf gemeinsame Ziele aus. Dabei kommt ihnen auch eine motivierende Wirkung zu.

Strecken– und Netzergebnisse können nicht nur für einzelne Flugereignisse, sondern auch aggregiert ermittelt werden. Auf der ersten Aggregationsstufe werden alle Flüge einer bestimmten Flugnummer in einer Periode (z. B. Monat) betrachtet. In der darauf folgenden Aggregationsstufe erfolgt die Analyse des Citypairs usw. (siehe Abbildung 13.1 zu den Aggregationsstufen).

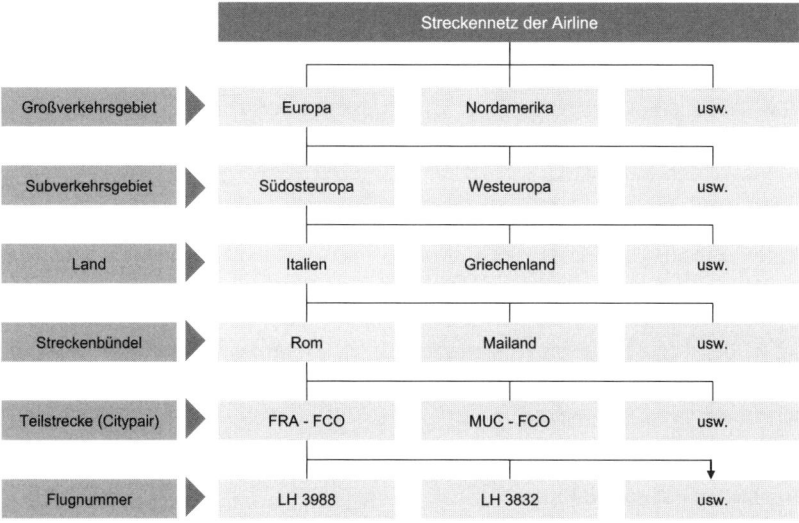

Abbildung 13.1: Aggregationsstufen von SER und NER

2 Voraussetzungen

Voraussetzungen der SER und NER sind die Erfassung der technischen Leistungen[217], die Kostenerfassung und -zurechnung und die Erlöserfassung und -zurechnung.

Bei der **Erfassung der technischen Leistung** erfolgt die Ermittlung folgender Daten bzw. Kennzahlen: Zahl der Passagiere an Bord einzelner Flüge; Zahl der Flugstunden; Zahl der Blockstunden (siehe Kapitel XII); geflogene Kilometer; angebotene Sitzplatzkilometer (SKO bzw. ASK); geflogene Passagierkilometer (PKT bzw. RPK); Sitzladefaktor (SLF); tatsächlicher Kerosinverbrauch; Einsatztage Cockpit- und Cabin-Crew; Ausbleibezeit Cockpit- und Cabin Crew[218] sowie Kapazitätsbindung. Die Erfassung der technischen Leistungen ist Voraussetzung für die Zuordnung von Kosten, die anhand von Schlüsselgrößen auf die Kostenträger verteilt werden müssen.[219]

Bei der **Kostenerfassung und -zurechnung** ist zwischen Einzelkosten und Gemeinkosten zu unterscheiden. Einzelkosten lassen sich zweifelsfrei einzelnen Kostenträgern zuordnen (z. B. einzelnen Strecken). Gemeinkosten müssen über Schlüsselungen auf die einzelnen Kostenträger verteilt werden. Dabei wird wie folgt vorgegangen: 1. Festlegung von Leistungsgrößen mit Bezug zu den verschiedenen Kostenarten; 2. Messung der Leistungsgrößen pro Kostenträger; 3. Errechnung eines Kostensatzes pro Leistungseinheit; 4. Verteilung der Kosten nach Inanspruchnahme von Leistungen.

Abbildung 13.2 verdeutlicht das Vorgehen anhand eines Beispiels zur Errechnung der Cockpit-Personalkosten auf einem Flug.

1.	Festlegung von Leistungsgrößen mit Bezug zu den verschiedenen Kostenarten	Einsatztage des Cockpitpersonals (je Flugzeugtyp) für die Kostenart Personalkosten für den Flug xyz
2.	Messung der Leistungsgrößen pro Kostenträger	1,5 Einsatztage für 2 Cockpit-Crewmembers (z. B. auf A 340) auf dem Flug xyz
3.	Errechnung eines Kostensatzes pro Leistungseinheit	4.000,- EUR/Tag und Person (je Crewmember auf A 340)
4.	Verteilung der Kosten nach Inanspruchnahme von Leistungen	3 Einsatztage für Flug xyz x 4.000 EUR /Tag = 12.000,- EUR/Flug xyz
		Personalkosten des Fluges (Cockpit-Crew): 12.000,- EUR/Flug xyz

Abbildung 13.2: Errechnung der Cockpit-Personalkosten eines Fluges (Beispiel)

---

[217] Der Begriff der (technischen) Leistung stellt lediglich auf die Mengenkomponente ab. In der Kosten- und Leistungsrechnung hingegen wird der Begriff der Leistung wertbezogen verwendet. Leistung stellt hier den mit Preisen bewerteten Output eines Unternehmens dar.

[218] Abwesenheit von der Homebase.

[219] Hier handelt es sich um das typische Schlüsselungsproblem der Vollkostenrechnung.

Bei der **Erlöserfassung und -zurechnung** werden Erlöse aus den „Scheduled Services" (Passagier- und Übergepäckerlöse, Fracht- und Posterlöse, Bordverkaufserlöse) und den „Non-scheduled Services" (Erlöse aus der Vercharterung von Fluggerät) ermittelt.

Bei der Erlöserfassung ist zu bedenken, dass lediglich im Falle des Lokalverkehrs eine eindeutige Zuordnung erfolgen kann. Bei Umsteigepassagieren, die i. d. R. Durchgangstarife in Anspruch nehmen, muss eine Aufteilung des Ticketerlöses auf die einzelnen Strecken erfolgen, womit immer eine gewisse Willkür verbunden ist. Grundsätzlich geht man bei der Erlösaufteilung entweder nach dem Provisio-Verfahren (Zuteilung eines festen Prozentsatzes vom regulären Preis – der Rest geht an den Weiterflug) oder nach dem Prorate-Verfahren vor. Prorate-Verfahren lassen sich nach entfernungsbasierten Ansätzen (bei denen eine Erlösverteilung nach gewichteten Kilometeranteilen, nach „Standard-Allocation"- oder „Route-Allocation"-Prinzip erfolgt) und Full Fare-Ratios unterscheiden. Full Fare-Ratios errechnen sich nach der in Abbildung 13.3 dargestellten Systematik.

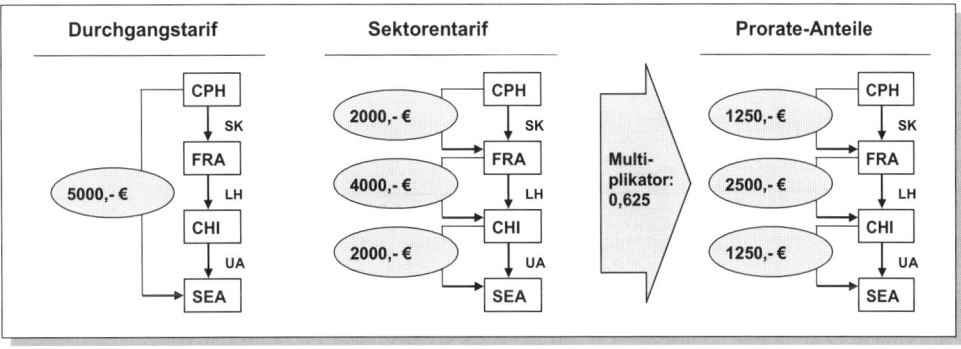

Abbildung 13.3: Erlösaufteilung nach dem Prinzip der Full Fare Ratios

3 Kosten von Airlines

3.1 Systematisierung der Kosten

Die folgende **Definition von Kosten** ist gebräuchlich: Kosten sind der leistungsbedingte, mit Preisen bewertete Verzehr von Produktionsfaktoren in einer bestimmten Periode. Kosten lassen sich nach verschiedenen Kriterien systematisieren.

Von besonderer Bedeutung ist zum einen die Systematisierung nach der Zurechenbarkeit auf Kostenträger (siehe im Folgenden Abbildung 13.4). Dies impliziert die Unterscheidung in **Einzelkosten und Gemeinkosten**, die gelegentlich auch als direkte bzw. indirekte Kosten bezeichnet werden. Im Englischen wird von Direct Operating Costs (DOC) bzw. Indirect Operating Costs (IOC) gesprochen. Im Luftverkehr ist dies bspw. die Unterscheidung der Kosten nach der Zurechenbarkeit zu einem Flugereignis (das einen Kostenträger darstellt). Üblich ist auch die **Zurechenbarkeit** zu einem konkreten Fluggerät. Einzelkosten (direkte Kosten) sind also jene Kosten, die sich einem einzelnen Fluggerät verursachungsgerecht, d. h. ohne Kostenschlüsselungen, zurechnen lassen. Gemeinkosten (indirekte Kosten) hingegen lassen sich nur unter Anwendung von Schlüsselgrößen einem einzelnen Fluggerät zurechnen.

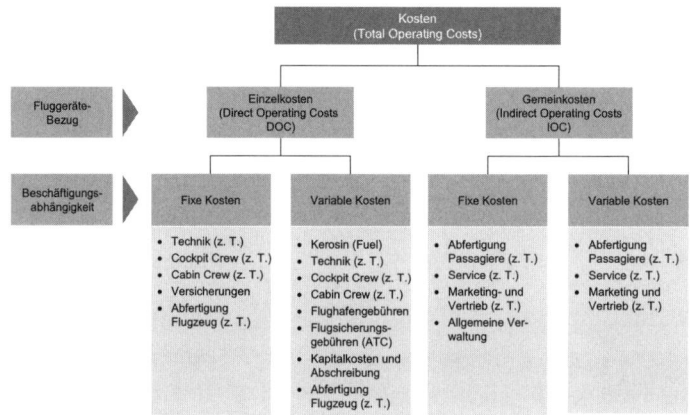

Abbildung 13.4: Systematisierung der Kostenarten einer Airline

Zum anderen ist die Systematisierung nach der Beschäftigungsabhängigkeit bedeutsam. Dies führt zur Unterscheidung in **fixe Kosten und variable Kosten**. Fixe Kosten sind von der **Beschäftigung** unabhängige Kosten, variable Kosten sind von der Beschäftigung abhängige Kosten. Beschäftigung lässt sich im Luftverkehr in zweierlei Hinsicht interpretieren. Einerseits kann Beschäftigung verstanden werden als Anzahl beförderter Passagiere, andererseits als Anzahl von Flügen.

3.2 Kostenarten von Airlines

Im Folgenden werden die wichtigsten Kostenarten im Luftverkehr kurz beschrieben, Möglichkeiten der Ermittlung erläutert, die Abhängigkeit von bestimmten Größen bzw. Maßnahmen dargestellt und Maßnahmen zur Beeinflussung angesprochen.

3 Kosten von Airlines

Kerosin (Fuel)

Der Preis für Kerosin ist unmittelbar vom Rohölpreis abhängig und wird üblicherweise in US-$ berechnet, sodass sich die europäischen Airlines nicht nur einem Ölpreis-, sondern auch einem Wechselkursrisiko gegenübersehen. Der starke Preisanstieg beim Rohöl hat folglich zu einer erheblichen Kostenbelastung für die Airlines geführt. Abbildung 13.5 informiert über die Entwicklung des Kerosinpreises von Juni 1986 bis Dezember 2008 (Monatswerte).

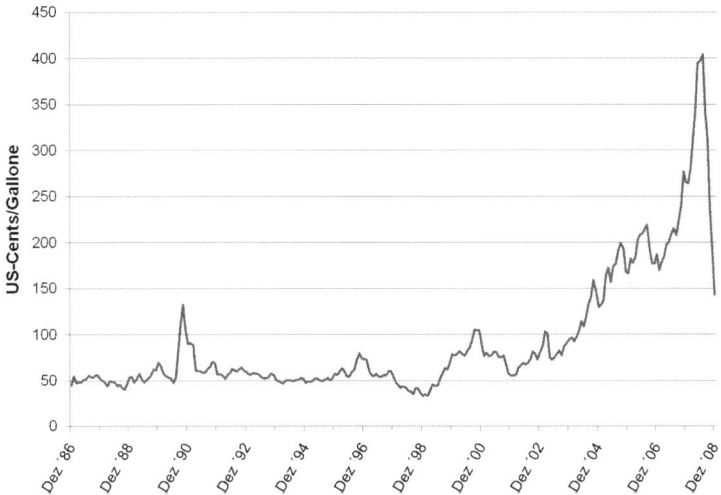

Preise für Jet Fuel Spot Markt Amsterdam-Rotterdam-Antwerpen (ARA). 1 Gallone = 3,7852 Liter.

Abbildung 13.5: Entwicklung des Kerosinpreises 1986 - 2008[220]

Der Anteil der Kerosinkosten an den Gesamtkosten der Airlines (Datenbasis: AEA-Mitglieder) ist von ca. 10 % Ende der 1990er Jahre auf nahezu 25 % im Jahr 2007 gestiegen. Für das Jahr 2008 wird ein Anteil von rund einem Drittel an den Gesamtkosten erwartet. Bei den Low Cost Carriern ist der Anteil der Treibstoffkosten an den Gesamtkosten meist noch höher, da die LCCs bei Kerosin im Unterschied zu zahlreichen anderen Kostenarten keinen Kostenvorteil haben (vgl. auch das Kapitel X).

Die Airlines machen in unterschiedlichem Ausmaß von den Möglichkeiten Gebrauch, sich mithilfe von Termingeschäften gegen einen Anstieg des Öl- bzw. Kerosinpreises abzusichern. Damit ist jedoch keine vollständige Abkopplung von der Preisentwicklung möglich, bei einem steigenden Preistrend dient die Absicherung jedoch einer Verlangsamung der zusätzlichen Kostenbelastung. Allerdings verursachen diese Absicherungen auch Kosten für die Gesellschaften.

---

[220] Datenquelle: US Energy Information Administration.

Durch die Ölpreissteigerungen insbesondere im Jahre 2008 (siehe Abbildung 13.5) haben sich die Kosten für Kerosin zu einer der größten Kostenpositionen entwickelt. Je nach Geschäftsmodell liegen Kerosinkosten zwischen 20 % und 40 % der Gesamtkosten (Abbildung 13.6 mit den wichtigsten Aufwandsgruppen).

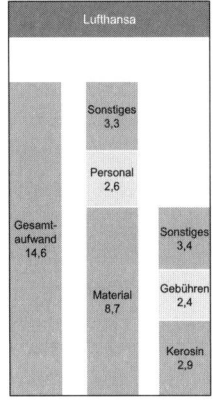
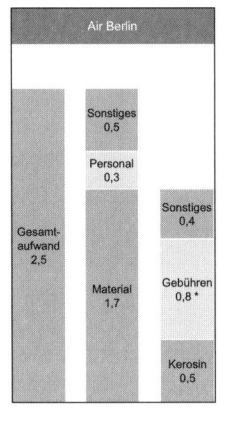
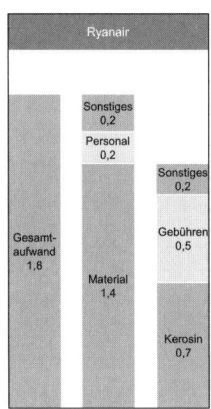

Abbildung 13.6: Aufwandspositionen von Lufthansa (2007), Air Berlin (2007) und Ryanair (2006/2007), jeweils in Mrd. €.[221]

Kerosinkosten lassen sich durch Preisverhandlungen nur in sehr engen Grenzen beeinflussen. Selbst große Airlines, die Kerosinkosten in Milliarden aufweisen, besitzen kaum Verhandlungsmacht gegenüber den Mineralölkonzernen.[222]

Zur Absicherung gegen Kerosinpreisschwankungen betreiben Airlines **Fuel Hedging**[223]. Das Ausmaß des Fuel Hedging unterscheidet sich von Airline zu Airline z. T. beträchtlich: manche Airlines sichern den überwiegenden Teil ihres Kerosineinkaufs ab, andere verzichten (fast) gänzlich auf Hedging. Beim Fuel Hedging agieren Airlines als Käufer und Banken als Verkäufer.

Im Grunde existieren drei Formen des Fuel Hedging:[224]

- Collars:
  Collars sind die am weitesten verbreitete Form des Fuel Hedging. Hier kann die Airline Kaufoptionen innerhalb eines definierten Korridors des Ölpreises ausüben. Das Preis-

---

[221] Vgl. Geschäftsberichte, eigene Berechnungen.

[222] Am Rande sei angemerkt, dass Kerosin im Gegensatz zu Kraftfahrzeug-Benzin oder –Diesel in Deutschland und den meisten anderen Staaten nicht besteuert wird (vgl. Kapitel IV, Unterkapitel 4.3).

[223] Grundsätzlich bezeichnet der Begriff Hedging Geschäfte zur Absicherung von (Rohstoff-)Preisschwankungen.

[224] Vgl. Airline Business September 2008, S. 58 und Morrell (2007), S. 188

schwankungsrisiko bewegt sich innerhalb des Korridors und ist damit begrenzt. Bei Collars wird keine Abschlagzahlung fällig.

- Swaps:
Bei Swaps wird im Vorhinein für einen längeren Zeitraum festgelegt, wann eine Airline zu welchem Preis welche Menge an Kerosin kauft (Festkontrakt).
- Caps:
Bei Caps wird ein Preisaufschlag gezahlt. Dafür wird eine Höchstgrenze (Cap) für den zu zahlenden Kerosinpreis festgelegt.

Der Kerosinverbrauch wird von einer Reihe von Faktoren beeinflusst. Zunächst ist der Kerosinverbrauch als Mengenkomponente in starkem Maße vom Fluggerät abhängig. Moderne Flugzeuge weisen einen deutlich niedrigeren Kerosinverbrauch pro Flugkilometer auf als konstruktiv veraltete Flugzeuge. Des Weiteren beeinflusst der Flugplan den Kerosinverbrauch. Viele kurze Strecken treiben den Durchschnittsverbrauch hoch, da sich das Flugzeug länger in den verbrauchsintensiven Phasen des Starts und des Steigflugs sowie in geringer Flughöhe befindet. Ebenso treiben längere Phasen außerhalb der optimalen Geschwindigkeit den Kerosinverbrauch nach oben. Die Beladung des Flugzeugs beeinflusst den Kerosinverbrauch ebenso wie die Wetterverhältnisse (Winde, etc.). Auch die Nutzung stark genutzter Airports führt über häufige Warteschleifen zu erhöhtem Kerosinverbrauch auf einer Strecke.

Technikkosten (Wartung, Reparatur und Instandhaltung MRO)
Technikkosten lassen sich nach der Art der technischen Arbeit in Wartungs-, Reparatur- und Überholungskosten (Maintenance, Repair and Overhaul (MRO)) einteilen. Technikkosten können auch nach dem Objekt der technischen Arbeit in line maintenance, airframe maintenance oder engine maintenance gegliedert werden. Zur line maintenance zählen Arbeiten, die vor jedem Flug routinemäßig durchgeführt werden (Prüfung von Reifendruck und Ölständen etc.). Zur airframe maintenance zählen Technikarbeiten an Bauteilen von Flugzeughülle und an Systemen und Komponenten. Zur engine maintenance zählen Technikarbeit an Turbinen bzw. Triebwerken.

Wartungsarbeiten erfolgen nach den Wartungsmanuals der jeweiligen Flugzeughersteller. Ausschlaggebend sind entweder die Anzahl der Flugstunden, die Anzahl von Starts und Landungen oder die Zeit. Overhaul-Kosten erreichen gelegentlich beträchtliche Ausmaße, diese können für große Flugzeuge leicht 5 Mio. $ überschreiten.

Cockpit Crew
Moderne Flugzeuge haben ein Zwei-Mann-Cockpit mit einen Flugkapitän (Piloten) und einem Kopiloten. Auf sehr langen Flügen fliegt eine zweite Cockpit Crew mit. Piloten sind auf bestimmte Flugzeugtypen geschult (sogenanntes „type rating"), sie können daher nicht auf allen Flugzeugen der Flotte eingesetzt werden.

Kosten der Cockpit Crew setzen sich aus Gehältern, Reisekosten und Schulungskosten zusammen. Die Gehälter variieren stark von Airline zu Airline. Reisekosten sind von den

Crew-Rotationen abhängig. Im Langstreckenbereich sind Übernachtungen fast unvermeidbar. Die Produktivität der Cockpit Crew (im Sinne von Flugstunden pro Periode) ist auch stark von Gesetzen und Verordnungen (siehe Kapitel VII) sowie durch Betriebsvereinbarungen bestimmt. Ein geläufiger Wert für die Produktivität von Cockpit Crews sind 70 Blockstunden/Monat. Durch Urlaub, Krankheit, Höhergewichtung bestimmter Dienste, Schulung usw. sinkt die tatsächliche Stundenzahl allerdings häufig auf bis zu 50 Blockstunden/Monat. Da die Utilization von Flugzeugen deutlich höher liegt, sind pro Flugzeug mehrere Cockpit Crews notwendig. Bei einer Utilization von 12 Std./Tag an 330 Tagen wird das Flugzeug 4.020 Stunden/Jahr genutzt. Hier würden annähernd fünf Cockpit Crews, unter Berücksichtigung der unproduktiven Zeiten bis zu sieben Cockpit Crews benötigt.

Cabin Crew
Auch bei der Cabin Crew fallen Gehälter und Reisekosten an. Schulungskosten sind im Vergleich zur Cockpit Crew wesentlich geringer. Auch die Cabin Crew ist für einzelne Flugzeugtypen ausgebildet. Aufgrund gesetzlicher Vorschriften, die auf die Gewährleistung der Sicherheitsstandards zielen, ist eine bestimmte Anzahl von Mitgliedern der Cabin Crew pro Flugzeug erforderlich. Üblich ist die Relation eines Crew Mitglieds auf 50 Sitzplätze. Letztlich entscheidend für die Anzahl der Crew Mitglieder sind die Servicestandards der Airlines. Im Extremfall ist in der First Class ein Crew Mitglied für vier Passagiere eingesetzt. Üblich sind die in Abbildung 13.7 genannten Relationen.

	4–15	Sitze in der First Class
Ein Crew Mitglied je	10–20	Sitze in der Business Class
	20–50	Sitze in der Economy Class

Abbildung 13.7: Crew Complement nach Beförderungsklassen[225]

Flughafenentgelte und Handlingkosten
Flughafenentgelte und Abfertigungskosten werden häufig zur Kostenposition „Station and Ground" zusammengefasst. Flughäfen belasten Airlines mit einer Reihe von Entgelten: Start- und Landeentgelte, Lärmentgelte, Abstellentgelte, Positionsentgelte, Entgelte für die Benutzung der Finger, der Vorfeldbusse oder der Fluggasttreppen, Entgelte für De-Icing, Entgelte für die Betankung, Passagierentgelte, Sicherheitsgebühr (siehe dazu ausführlich Kapitel VIII).

Seit der Liberalisierung der Bodenverkehrsdienste in der Europäischen Union werden Bodenabfertigungsdienste nicht nur von Flughäfen und Airlines, sondern auch von unabhängigen Handling Agents durchgeführt.[226] Bodenabfertigungsdienste sind Passagierabfertigung, Frachtabfertigung, Gepäckabfertigung und Vorfelddienste (am Flugzeug bzw. „auf der Ram-

---

[225] Vgl. Clark (2007), S. 183.
[226] Vgl. Templin (2007).

pe"). Kosten für die Flugzeugabfertigung zählen zu den direkten Kosten, Kosten für die Passagierabfertigung (einschl. Gepäckabfertigung) zählen zu den indirekten Kosten, sofern der Kostenträger das Fluggerät ist, (vertiefend siehe Kapitel VIII).

Wenn Handling Agents tätig sind, werden diese von den Airlines bezahlt, wobei Handling Agents wiederum **Konzessionen** an die Flughäfen zahlen.

Flugsicherungsgebühren (Air Traffic Control (ATC))
Nationale Flugsicherungsbehörden (wie in Deutschland die Deutsche Flugsicherung DFS) und supranationale Flugsicherungsbehörden (wie Eurocontrol in Europa) erheben Gebühren für Flugsicherungsdienste beim Überflug über die jeweiligen Länder (siehe dazu ausführlich Kapitel VII). Die Gebührenhöhe ist sehr unterschiedlich von Region zu Region.

Die Flugsicherung finanziert ihre Leistungen über spezielle Entgelte, die grundsätzlich eine Deckung der Gesamtkosten ermöglichen sollen. Für die An- und Abflugkontrolle sowie die Streckenkontrolle gelten unterschiedliche Berechnungsformeln. In beiden Fällen ist die Gebühr vom maximalen Startgewicht eines Flugzeuges (Maximum Take-Off Weight – MTOW) abhängig. Hinzu kommt jeweils die Umsatzsteuer (in Deutschland 19 %).

Im Bereich der An- und Abflugkontrolle lautet die Formel zur Berechnung der Gebühr (G):

$$G = \sqrt{\frac{MTOW}{50}} \times Gebührensatz$$

Der Gebührensatz der DFS für die An- und Abflugkontrolle beträgt für Flugzeuge mit mehr als zwei Tonnen MTOW für den Flug nach Instrumentenflugregeln im Jahr 2008 162,34 Euro. Dadurch ergibt sich beispielsweise für eine Boeing 737-300 (MTOW 62,8 Tonnen) eine Gebühr von 181,94 Euro, für einen Airbus A 340 (MTOW 275,0 Tonnen) eine Gebühr von 380,72 Euro. Es ist erkennbar, dass die Gebührenformel bezogen auf das MTOW zu einem degressiven Gebührenverlauf führt.

Im Bereich der Streckenkontrolle lautet die Formel zur Berechnung der Gebühr (G):

$$G = \sqrt{\frac{MTOW}{50}} \times \frac{Flugstrecke(km)}{100} \times Gebührensatz$$

Die meisten europäischen Staaten nehmen am EUROCONTROL Route Charges System teil. Die Gebühren werden dabei zentral von EUROCONTROL – Central Route Charges Office (CRCO) erhoben und an die beteiligten Flugsicherungsgesellschaften weitergeleitet. Für Deutschland beträgt der Gebührensatz im Jahr 2007 67,21 Euro. Konkret bedeutet dies, dass bei einer Flugstrecke über deutschem Territorium von 500 km beispielsweise für eine Boeing 737-300 eine Gebühr von 376,62 Euro anfällt, für einen Airbus A 340 beträgt die Gebühr bei gleicher Streckenlänge 788,11 Euro.

Versicherungskosten

Kosten entstehen durch die Versicherung von Fluggeräten, Gepäck und Fracht, die Versicherung gegen kriegerische und politische Risiken, durch Haftpflichtversicherungen und Selbstbeteiligungen.

Kalkulatorische Kapitalkosten und kalkulatorische Abschreibung

Kapitalkosten (Ownership Costs) entstehen durch die Aufnahme von Fremdkapital in Form der Kreditaufnahme zur Finanzierung von Flugzeugen und von Eigenkapital. Beim Einsatz von Eigenkapital entstehen Opportunitätskosten (kalkulatorische Kosten). Abschreibungen (die auch zu den Ownership Costs zählen) werden zur Berücksichtigung des Werteverzehrs an Potentialfaktoren gebildet.

Das Beispiel in Abbildung 13.8 zeigt die Kalkulation der Abschreibung bei Anwendung der linearen Abschreibungsmethode.

Anschaffungspreis des Flugzeugs	100 Mio. US $
Abschreibungsdauer	20 Jahre *
Restwert	10 %
Blockstunden pro Jahr	4.000
Abschreibungsbetrag pro Blockstunde	1.125 US $ (= 90 Mio. US $ / 20 / 4.000)

* Ryanair schreibt Flugzeuge in 23 Jahren auf einen Restwert von 15 % ab, American Airlines in 30 Jahren auf 5 bzw. 10 %, Southwest Airlines in 25 Jahren auf 15 %.[227]

Abbildung 13.8: Kalkulation der Flugzeugabschreibung anhand eines Beispiels

Dazu addieren sich die Kosten für die Kapitalbindung. Diese werden üblicherweise ermittelt, indem die durchschnittliche Kapitalbindung mit dem Kapitalkostensatz (weighted average cost of capital) multipliziert wird. Eleganter und genauer lässt sich der Kapitaldienst (die Annuität) über Wiedergewinnungsfaktoren ermitteln, was auch bei der Lufthansa zum Einsatz kommt, um den zusätzlichen Mindest-Cash-Flow aus Investitionen zu ermitteln.

Wird das Flugzeug von einer Leasinggesellschaft wie ILFC oder GECAS geleast, fallen statt Kapitalkosten und Abschreibungen Leasinggebühren an. Zum Flugzeugleasing siehe die ausführliche Darstellung in Kapitel VII.

Servicekosten

Servicekosten entstehen durch Bord- und Bodenservices für Passagiere und Fracht. Der Bordservice umfasst das Angebot von Speisen und Getränken, Unterhaltungsmaterialien und weiteren Zusatzleistungen (Decken, Geschenke etc.). Servicekosten hängen häufig von der Anzahl der Passagiere ab. Der Bodenservice umfasst das Angebot von Lounges, Wheelchair-Services, Unattended Minor Programs, u. v. a. m. (siehe hierzu ausführlich das Unterkapitel zur Servicepolitik in Kapitel XIV).

---

[227] Vgl. Morrell (2007).

Marketing- und Vertriebskosten
Marketing- und Vertriebskosten werden verursacht durch Agenturprovisionen (sofern diese noch gezahlt werden), Eigenvertriebsaktivitäten (z. B. für den Betrieb eigener Call- bzw. Service-Center oder einer eigenen Website), durch die eigene Verkaufsorganisation (sales staff), durch GDS-Gebühren, durch Kreditkartendisagien, durch den Betrieb von Vielfliegerprogrammen und durch Werbe- und Verkaufsförderungsmaßnahmen.

Kosten der Allgemeinen Verwaltung
Kosten der allgemeinen Verwaltung werden verursacht durch höhere Managementebenen (Vorstand, Direktoren) und unternehmerische Zentralfunktionen (Personal, Justiziariat, Rechnungswesen und Controlling, Finanzen etc.).

3.3 Kostenstruktur von Airlines

Die o. g. Kosten weisen die in Tabelle 13.1 dargestellten Anteile bei den in der AEA zusammengeschlossenen Airlines auf.

Tabelle 13.1 zeigt, dass eine Reihe von Kosten fixer Natur ist. Folglich treten „**Economies of Scale-Effekte**" auf. Zum einen sinken die Stückkosten bei zunehmender Streckenlänge durch streckenlängen-unabhängige Kosten wie Start- und Landeentgelte, Abfertigungsentgelte oder GDS-Kosten. Zum anderen sinken die Stückkosten bei größeren Flugzeugen durch größenunabhängige Kosten z. B. der Cockpit Crew und Cabin Crew und durch zur Größe unterproportional verlaufende Kosten wie Cost of Ownership, Kerosinkosten etc. Abbildung 13.9 zeigt die Economies of Scale-Effekte schematisch.

Tabelle 13.1: Kostenstruktur der AEA-Airlines 2008 (gerundet)[228]

Kostenarten	Anteil an Total Operating Costs	Kostenarten	Anteil an Total Operating Costs
Fuel and Oil	33 %	Navigation Charges	4 %
Station and Ground	10 %	Passenger Services	4 %
Ticket, Sales and Promotion	9 %	Airport Charges	4 %
Maintenance and Overhaul	9 %	Rental	4 %
Flight Deck Crew	7 %	General and Administration	4 %
Cabin Attendants	7 %	Load Insurance	4 %
Depreciation	5 %	Flight Equipment Insurance	1 %

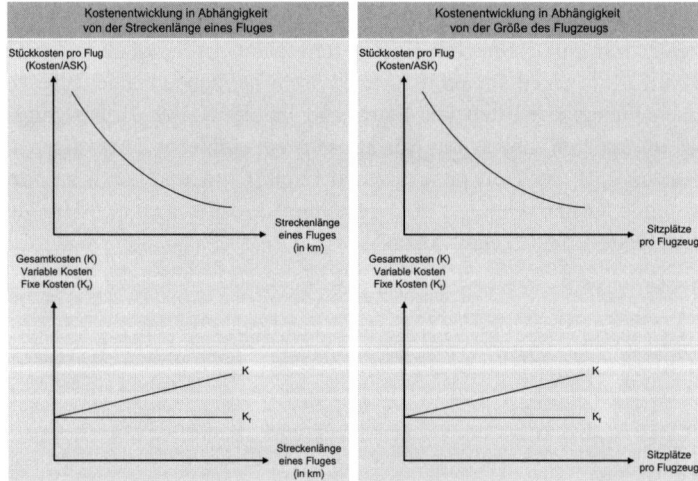

Abbildung 13.9: Economies of Scale-Effekte bei Airlines.

---

[228] Vgl. AEA (2008).

4 Strecken- und Netzerlöse

Die Ermittlung von Streckenerlösen ist bei Low Cost Carriern meist wenig problematisch, da Passagiere in aller Regel nicht umsteigen. Bei Network Carriern reicht die Ermittlung von Streckenerlösen nicht aus, um geeignete Entscheidungsgrundlagen für das Airline-Management zu generieren. Durch den Umstieg der Passagiere im Netzwerk entstehen Verbundeffekte, indem einzelne Strecken zur Generierung von Erlösen auf anderen Strecken beitragen. Die Berücksichtigung der Umsteigeerlöse ist zwingend erforderlich, da einzelne Strecken zwar geringe Streckenerlöse (und damit negative Streckenbetriebsergebnisse) aufweisen, jedoch hohe Beiträge zum Netzerlös leisten können. Dies ist regelmäßig bei Zubringerflügen auf Kurzstrecken der Fall (z. B. Stuttgart (STR) – Frankfurt (FRA)). Fehlentscheidungen sind die Folge, wenn Streckenentscheidungen ausschließlich auf der Basis der Streckenergebnisrechnung ohne Berücksichtigung von Netzergebnissen gefällt werden.

Der Zusammenhang von Strecken- und Netzerlösen ist in der Abbildung 13.10 und der Abbildung 13.11 dargestellt.

Streckenerlöse (= Onboard-Erlöse)	Lokalverkehrserlöse (Erlöse von Lokalverkehrspassagieren)
	+ Prorate-Erlöse (Erlösanteile aus Durchgangstarifen von Umsteigepassagieren)
+ Upline-/Downline-Erlöse (Erlöse, die zunächst Ab- bzw. Zubringerflügen zugerechnet wurden)	+ Upline-/Downline-Erlöse (Erlöse, die zunächst Ab- bzw. Zubringerflügen zugerechnet wurden)
= Netzerlöse	= Netzerlöse

Abbildung 13.10: Zusammenhang von Strecken- und Netzerlösen

Der Netzerlös setzt sich wie vorstehend allgemein und in Abbildung 13.11 am Beispiel des Itinerary STR – FRA – JFK dargestellt zusammen.

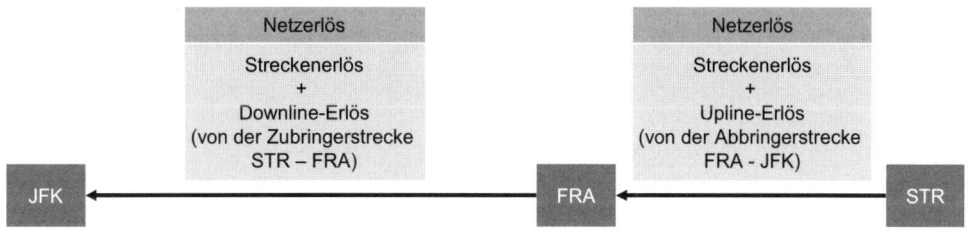

Abbildung 13.11: Beispiel für Netzerlöse des Itinerary STR - FRA - JFK

Die verschiedenen Erlösdefinitionen im Luftverkehr werden anhand der Strecke STR – FRA in Abbildung 13.12 erläutert. Der Durchgangstarif für den Reiseweg STR über FRA nach JFK beträgt in diesem Beispiel 2.000 €. Zudem ist unterstellt, dass auf der Strecke STR-FRA Lokalverkehrserlöse von 600 € anfallen.

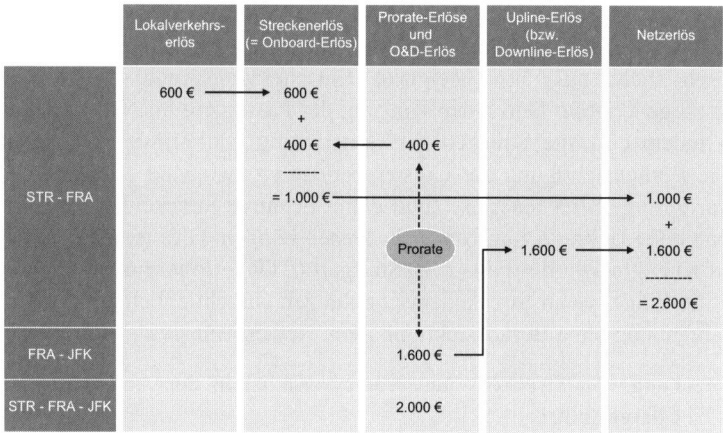

Abbildung 13.12: Erlösdefinitionen am Beispiel der Strecke STR - FRA

Es wird deutlich, dass eine Einstellung der Strecke FRA – STR nicht nur Erlösausfälle in Form des Streckenerlöses (hier 1.000 €), sondern Erlösausfälle in Höhe von 2.600 € zur Folge hätte, da die Passagiere aus STR nicht mehr über FRA nach JFK fliegen könnten.[229]

Im konkreten Fall der Strecke STR – FRA ist bspw. bei der Lufthansa der Netzerlös um ein Vielfaches höher als der Streckenerlös (siehe Tabelle 13.2).

Diese Form der Netzerlösrechnung ist jedoch nicht unproblematisch. Zum einen ist zu berücksichtigen, dass bei der Einstellung eines Zubringerfluges nicht der gesamte Erlös entfallen würde, da zumindest ein Teil der Passagiere mit bodengebundenen Verkehrsmitteln zum Hub reisen (durch eine geeignete Kooperation mit der Bahn lässt sich dieser Anteil erhöhen) oder über einen anderen Hub der Airline bzw. der Allianz reisen wird. Zum anderen führt die Netzerlösrechnung generell zu einer doppelten Berücksichtigung von Erlösen, was bei der Betrachtung der Gesamtsituation zu Fehlschlüsse über die Gesamtprofitabilität führen kann.

---

[229] Es sei der Genauigkeit halber angemerkt, dass bei Wegfall von STR - FRA sicher nicht alle Umsteigepassagiere nach JFK wegfallen. Einige Passagiere werden den Zubringerflug durch eine PKW- oder Bahnfahrt ersetzen oder über München nach JFK fliegen.

Tabelle 13.2: Erlöse im Streckennetz der Lufthansa[230]

STR – FRA	Lokalverkehrserlöse	8 Mio €
	Prorate-Erlöse	27 Mio €
	Streckenerlöse	35 Mio €
FRA – Deutschland	Upline-/downline-Erlöse	3 Mio €
FRA – Europa	Upline-/downline-Erlöse	39 Mio €
FRA – Amerika	Upline-/downline-Erlöse	60 Mio €
FRA – Asien/Afrika/Nahost	Upline-/downline-Erlöse	52 Mio €
	Summe upline-/downline-Erlöse	154 Mio €
Netzerlöse		189 Mio €

5 Aufbau einer Streckenergebnisrechnung

Am Beispiel der Deutschen Lufthansa AG wird die Grobstruktur einer SER (Abbildung 13.13) dargestellt:

---

[230] Bei den aufgeführten Beträgen handelt es sich um in ihrer absoluten Höhe fiktive Werte, die lediglich die Erlösrelationen anzeigen sollen.

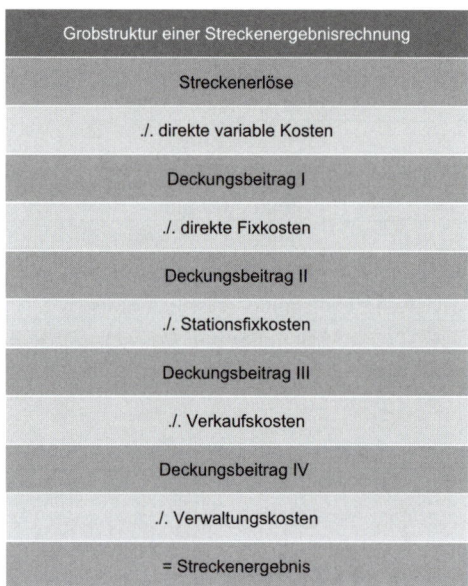

Abbildung 13.13: Grobstruktur der SER bei der Deutschen Lufthansa AG

Die Feinstruktur der Streckenergebnisrechnung ist häufig wie folgt gestaltet. Zunächst sei die **Struktur der Streckenerlöse** erläutert:

- Bruttoerlöse Passage
- ./. Agenturprovisionen (sofern diese noch gezahlt werden)
- = Netto-Erlöse Passage
- ./. Zusatzprovision Passage (Overriding Commissions, Agentenförderung, Firmenförderung)
- = NetNet-Erlöse Passage
- ./. Erlösschmälerungen (z. B. aus Vielfliegerprogrammen)
- + Chartererlöse
- + Belly-Erlöse (Fracht)
- + Erlöse aus Verträgen/Poolabkommen
- + PAD-Erlöse (Passenger Available for Disembarking = auf Standby-Basis reisende Airline-Mitarbeiter)
- + Übergepäckerlöse
- + Bordverkaufserlöse (und sonstige ancillary revenues, siehe Kapitel XII)
- + Erlöse aus Vielfliegerprogrammen
- + Erlöse aus Fluggastgebühren
- + Sonstige kalkulatorische Erlöse Passage
- = Streckenerlöse Passage

5 Aufbau einer Streckenergebnisrechnung

Zu den **direkten variablen Kosten (beförderungsabhängige Kosten)** zählen:

- Bordverpflegung
- Fluggastentgelte
- Passagierversicherung
- Passagierabhängige Stationsabfertigung
- EDV-Vertriebskosten
- Kreditkartenprovisionen
- Ticketingkosten
- Gepäckschäden
- Sonstige beförderungsabhängige Kosten (Ersatzbeförderung)[231]
- Charterkosten (sofern passagierabhängige Charterentgelte gezahlt werden)

Die genannten Kostenpositionen zählen zu den beförderungsabhängigen Kosten, d. h. zu den Kosten, die mit der Anzahl beförderter Passagiere auf einem Flug variieren.

Zu den **direkten variablen Kosten (flugereignisabhängige Kosten)** zählen:

- Abfertigungsentgelte Fluggerät
- Landeentgelte
- Flugsicherungsgebühren
- Dritthaftpflichtversicherung
- Treibstoff
- Bordservicekosten
- Reisekosten Cockpit/Kabine
- Variable Instandhaltungskosten
- Variable Frachtkosten (z. B. für Anlieferung)
- Charterkosten

Die genannten Kostenpositionen zählen zu den flugereignisabhängigen Kosten, d. h. zu den Kosten, die durch die Durchführung des Fluges verursacht sind.

Die **direkten Fixkosten** (Kapazitätsvorhaltungskosten) umfassen:

- Direkte fixe Technikkosten
- Stationswartung
- Kapitalkosten Fluggerät
- Leasingkosten Fluggerät
- Zinsen Fluggerät
- Vorlaufkosten Fluggerät
- Versicherungen Fluggerät
- Personalkosten Cockpit/Kabine
- Trainings-/Vorlaufkosten Cockpit/Kabine

---

[231] Der Genauigkeit halber sei angemerkt, dass der zusätzliche Kerosinverbrauch, der durch das Gewicht eines zusätzlichen Passagiers entsteht, hier berücksichtigt werden müsste. In der Praxis geschieht dies jedoch nicht.

Zu den **Stationsfixkosten** zählen[232]

- Personalkosten Inland
- Personalkosten Ausland
- Sachkosten Inland
- Sachkosten Ausland
- Stationstechnikkosten Inland
- Stationstechnikkosten Ausland

Zu den **Verkaufskosten** zählen:

- Personalkosten Inland
- Personalkosten Ausland
- Sachkosten Inland
- Sachkosten Ausland

Zu den **Verwaltungskosten** zählen:

- Indirekte Technikkosten
- Verwaltung Cockpit, Kabine
- Verwaltung Flugbetrieb
- Verwaltung Station/Bodendienste
- Verwaltung Marketing/Verkauf
- Allgemeine Verwaltung (Konzern)

Die Deckungsbeiträge haben im Rahmen des Airline-Management folgenden Aussagegehalt (siehe Abbildung 13.14).

Deckungsbeitrag I	Wirtschaftlichkeitsmaßstab für ein einzelnes Flugereignis (in einer Kurzfristbetrachtung)
Deckungsbeitrag II	Wirtschaftlichkeitsmaßstab für Fluggerät und Besatzungen (Grundlage für Kapazitätsentscheidungen, Flugplanentscheidungen)
Deckungsbeitrag III	Wirtschaftlichkeitsmaßstab für Abfertigungsorganisationen (Entscheidungsgrundlage für größere Änderungen der Streckenstruktur)
Deckungsbeitrag IV	Wirtschaftlichkeitsmaßstab für Verkaufsorganisationen
Streckenergebnis	Beurteilung der gesamten Streckenwirtschaftlichkeit (zu Vollkosten)

Abbildung 13.14: Aussagegehalt der Deckungsbeiträge und des Streckenergebnisses

Die deckungsbeitragsorientierte Kostenstruktur eines Netzwerk-Carriers stellt sich wie in Abbildung 13.15 dar. Die direkten variablen Kosten liegen meist bei etwa 45 %. Nur etwa 15 % der Kosten sind beförderungsabhängige Kosten (BAK), etwa 30 % sind flugereignis-

---

[232] Auch hier ist der Genauigkeit halber anzumerken, dass ein Teil der Stationskosten als variabel eingestuft werden könnte.

5 Aufbau einer Streckenergebnisrechnung

abhängige Kosten (FAK). Werden die Personalkosten dazu gerechnet, so sind es sogar über 60 % aller Kosten.

Dies ist der Grund für die z. T. beträchtlichen Preisnachlässe im Falle unterausgelasteter Flüge. Aus betriebswirtschaftlicher Perspektive macht es im Falle unterausgelasteter Flüge Sinn, Preise bis auf die „kurzfristige Preisuntergrenze" herabzusetzen, um Flugzeugsitze zu füllen und Deckungsbeiträge zu erwirtschaften. Zeitliche und sachliche Interdependenzen bleiben dabei zunächst unberücksichtigt. Es wird bspw. nicht berücksichtigt, dass bei dauerhaften Niedrigpreisen im Markt die Preisbereitschaft der Konsumenten erodiert.

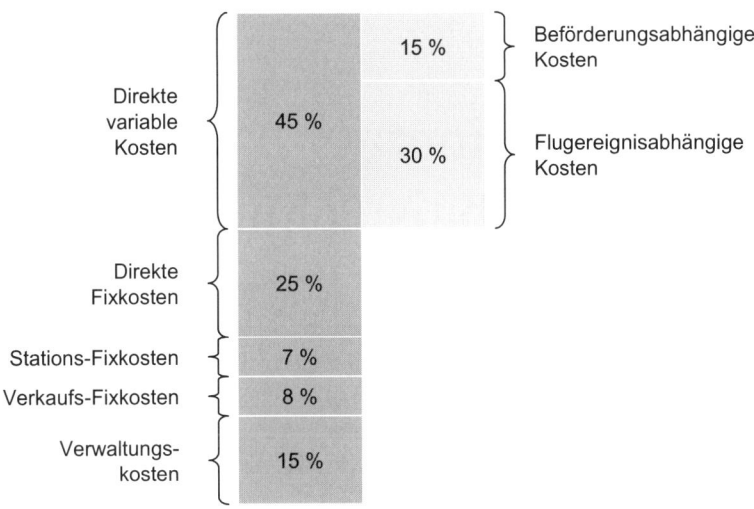

Abbildung 13.15: Deckungsbeitragsorientierte Kostenstruktur internationaler Netzwerk-Carrier[233]

Tabelle 13.3 zeigt ein konkretes Beispiel mit Kennzahlen aus der SER der Lufthansa. Auf der dargestellten Strecke fanden 717 Flüge statt, die einen durchschnittlichen Sitzladefaktor von 82,9 % erreichten. Es wurden 215.322 Zahlgäste befördert und Onboard-Erlöse in Höhe von 143.011.744 € erwirtschaftet. Onboard-DB I und Onboard-DB II betrugen 71.081.642 € bzw. 37.413.472 €. Das Onboard-Ergebnis belief sich auf 22.121.985 €. Pro Leg wurden durchschnittlich 300 Zahlgäste, von denen 23,5 % einen Normaltarif gebucht hatten, gezählt. Der NetNet-Erlös pro Zahlgast lag durchschnittlich bei 554 €. Die Onboard-DB II-Rendite lag somit bei 26,2 %. Der Break Even-Sitzladefaktor lag bei 67,1 %. Dieses Beispiel zeigt anhand einer wirtschaftlich stark positiv herausragenden Strecke der Lufthansa, welche Kennzahlen bei der Netzergebnisrechnung besondere Aufmerksamkeit genießen.

---

[233] Branchenübliche Werte.

Tabelle 13.3: Kennzahlen der SER am Beispiel einer Strecke der Deutschen Lufthansa AG

Onboard-Erlös	143.011.744 €	Flüge	717
Onboard-DB I	71.081.642 €	Sitzladefaktor	82,9 %
Onboard-DB II	37.413.472 €	Zahlgäste	215.322
Onboard-Ergebnis	22.121.985 €	Zahlgäste je Flug	300
Onboard-DB II Rendite	26,2 %	Anteil Normaltarifpassagiere	23,5 %
NetNet je Zahlgast	554 €	Break Even-Sitzladefaktor	67,1 %

6 Aufbau einer Netzergebnisrechnung

Analog zur Überführung der Streckenerlöse in die Netzerlöse erfolgt eine Überführung der Streckenergebnisse in die Netzergebnisse. Abbildung 13.16 verdeutlicht den Aufbau einer NER am Beispiel der Deutschen Lufthansa AG.

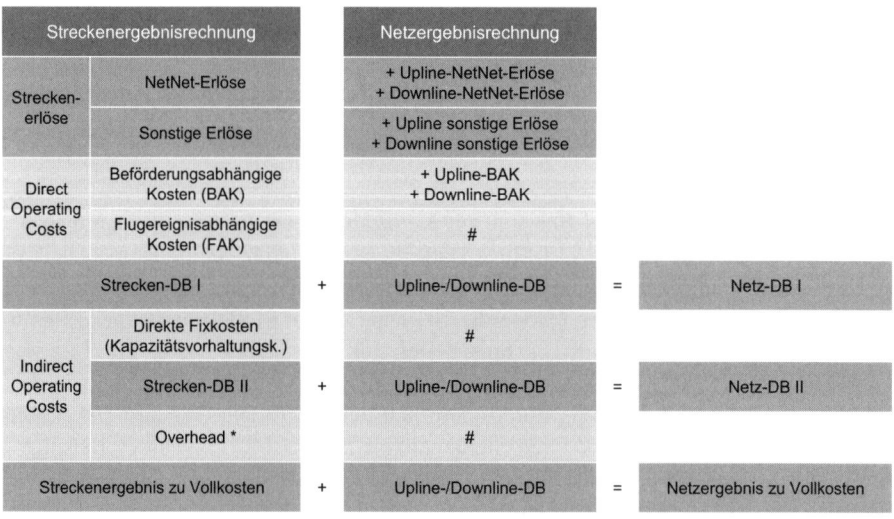

Abbildung 13.16: Aufbau einer Netzergebnisrechnung am Beispiel der Lufthansa

6 Aufbau einer Netzergebnisrechnung

Negative Streckenbetriebsergebnisse könnten dazu verleiten, Strecken einzustellen, um die Streckenbetriebsergebnisse zu verbessern. Eingestellte Strecken führen jedoch zu einem Wegfall von Upline- und Downline-Erlösen, was zur Reduktion von Netzerlösen und Netzergebnissen führen kann. In Abbildung 13.17 weist die betrachtete Strecke Onboard-Erlöse in Höhe von 7.013.692 € auf. Nach Abzug der BAK und FAK erwirtschaftet die Strecke einen negativen DB I in Höhe von -853.426 € und einen negativen DB II in Höhe von - 3.759.896 €. Aufgrund der beträchtlichen Upline- und Downline-Erlöse wird jedoch ein Netz-DB I in Höhe von 18.416.651 € und ein Netz-DB II in Höhe von 15.510.180 € erwirtschaftet. Bei einer Streckeneinstellung würden diese Deckungsbeiträge im Netz entfallen, die Einstellung der Strecke würde die Wirtschaftlichkeit der Airline verschlechtern.

	Upline	Onboard		Downline
Zahlgäste	29.718	Lokal	16.315	32.119
		Umsteiger	71.235	
NetNet-Erlöse	9.139.751	Lokal	1.205.039	11.049.110
		Umsteiger	4.078.156	
Streckenerlös	9.144.140	7.013.692		11.066.899
BAK	371.798	2.269.179		659.164
FAK		5.597.939		
DB I	8.772.342	- 853.426		10.497.735
DB II		- 3.759.896		
Netz-DB I	18.416.651			
Netz-DB II	15.510.180			

Abbildung 13.17: Beispielhafte Netzergebnisrechnung

7 Kennzahlen der Netzergebnisrechnung

Im Netz-Controlling finden weitere Kennzahlen Verwendung:

$$\text{Netz-DB II-Rendite} = \frac{\text{Netz-DB II}}{\text{Netzerlöse}} = +\,A\,\%$$

$$\text{Netzergebnis-Rendite zu Vollkosten} = \frac{\text{Netzergebnis zu Vollkosten}}{\text{Netzerlöse}} = +\,B\,\%$$

Bei der Netz-DB II-Rendite stellt A % die geforderte Mindestrendite dar. Bei der Netzergebnisrendite zu Vollkosten wird eine Mindestrendite von B % gefordert. Je nach Ausprägung der Netz-DB II-Rendite bzw. der Netzergebnisrendite zu Vollkosten werden die in Abbildung 13.18 dargestellten Maßnahmen eingeleitet.

	Netz-DB I	Netz-DB II	Netz-DB II-Rendite	Netzergebnisrendite zu Vollkosten	Bedeutung	Maßnahme
1	negativ	negativ	- X % bis - Y %	- M % bis - N %	Strecke ist unwirtschaftlich	Einstellung der Strecke
2	positiv	negativ	- Y % bis - Z %	- N bis - O %	Strecke erwirtschaftet Kosten der Kapazität nicht	Bedienung nur, sofern Kapazität nicht anderweitig eingesetzt werden kann
3	positiv	positiv	+ E % bis A %	- O bis B %	Strecke deckt Overhead-Kosten nicht bzw. erzielt keinen angemessenen Gewinn	Anpassung (Programm-Umstrukturierung und u.U. Flugzeugfreisetzung), wenn über längeren Zeitraum keine Verbesserung
4	positiv	positiv	Ab A %	Ab B %	Strecke ist profitabel	Beibehaltung Status Quo

Legende:
X < Y < Z < E < A
M < N < O < B
A und B sind positiv

Abbildung 13.18: Bedeutung der Kennzahlen der Netzergebnisrechnung

Im Fall 1 sind Netz-DB I und Netz-DB II negativ. Die Strecke ist unwirtschaftlich, eine Einstellung der Strecke sinnvoll. Im Fall 2 ist der Netz-DB II negativ, die Strecke erwirtschaftet die Kosten der Kapazität nicht. Eine Einstellung der Strecke ist dann sinnvoll, wenn die Kapazität nicht anderweitig sinnvoller eingesetzt werden kann. Im Fall 3 ist der Netz-

DB II zwar positiv, die Netz-DB II-Rendite erreicht jedoch nicht die geforderten A % und die Netzergebnisrendite zu Vollkosten erreicht nicht die geforderten B %. Die Strecke deckt nicht die Overhead-Kosten bzw. erzielt keinen angemessenen Gewinn. Hier sind eine Anpassung des Streckennetzes und u. U. eine Flugzeugfreisetzung sinnvoll, wenn über einen längeren Zeitraum keine Verbesserung zu erwarten ist. Im Fall 4 kann der Status Quo beibehalten werden, Netz-DB II-Rendite und Netzergebnisrendite zu Vollkosten überschreiten die geforderten A % bzw. B %.

8 Kommentierte Literatur- und Quellenhinweise

- Clark, P. (2007), Buying the Big Jets – Fleet planning for airlines, 2. Aufl., Aldershot.
- Morrell, P. S. (2007), Airline Finance, 3. Aufl., Aldershot.
- Templin, C. (2007), Bodenabfertigungsdienste an Flughäfen in Europa. Deregulierung und ihre Konsequenzen, Köln.
- Die AEA berichtet über Kosten und Erlöse ihrer Mitglieder, siehe www.aea.be.
- Die Airline Business berichtet monatlich zu betriebswirtschaftlichen und technischen Fragen im globalen Passagierluftverkehr.
- Deutsche Lufthansa AG: Diverse Materialien.
- Die US Energy Information Administration berichtet über Preisentwicklungen auf den Ölmärkten.

XIV Marketingmanagement

1	**Einleitung**	**410**
2	**Produkt- und Servicepolitik**	**411**
	2.1 Grunddefinitionen	411
	2.2 Entscheidungstatbestände der Produkt- und Servicepolitik	411
	2.3 Die Servicekette im Luftverkehr	414
	2.4 Klassenkonzepte im Luftverkehr	418
	2.5 Informationstechnologien in der Produkt- und Servicepolitik	424
3	**Distributionspolitik**	**426**
	3.1 Grunddefinition	426
	3.2 Entscheidungsfelder der Distributionspolitik	427
	3.3 Distributionskanäle im Luftverkehr	432
	3.4 Struktur des Reisemittlermarktes	436
	3.5 Vergütung von Distributionsleistungen	440
4	**Kommunikationspolitik**	**443**
	4.1 Grundlagen der Kommunikationspolitik	443
	4.2 Instrumente der Kommunikationspolitik	446
5	**Vielfliegerprogramme als Instrument eines Customer Relationship Management**	**453**
	5.1 Entstehung und Einordnung von Vielfliegerprogrammen	453
	5.2 Funktionsweise von Vielfliegerprogrammen	454
	5.3 Beispiel: Miles & More von Lufthansa	457
6	**Kommentierte Literatur- und Quellenhinweise**	**460**

1 Einleitung

Herzstück des Marketingmanagement sind die vier Marketing-Mix-Instrumente Produkt-, Preis-, Distributions- und Kommunikationspolitik. Zudem existieren Mix-übergreifende Instrumente wie das Kundenbindungsmanagement (Customer Relationship Management – CRM), das im Luftverkehr in Form von Vielfliegerprogrammen eine besondere Rolle spielt.

Für das Netzmanagement, dessen Aufgaben sich mit denen des Marketingmanagement teilweise überlappen, herrscht bei Airlines allerdings häufig eine andere Gliederungslogik, bei der zwischen Kapazitätsplanung, Flugplanung und Yield Management unterschieden wird (siehe hierzu ausführlich Kapitel XII). Dabei überschneiden sich Netzmanagement und Marketingmanagement in zwei Bereichen, nämlich in der Produkt- und in der Preispolitik (siehe Abbildung 14.1).

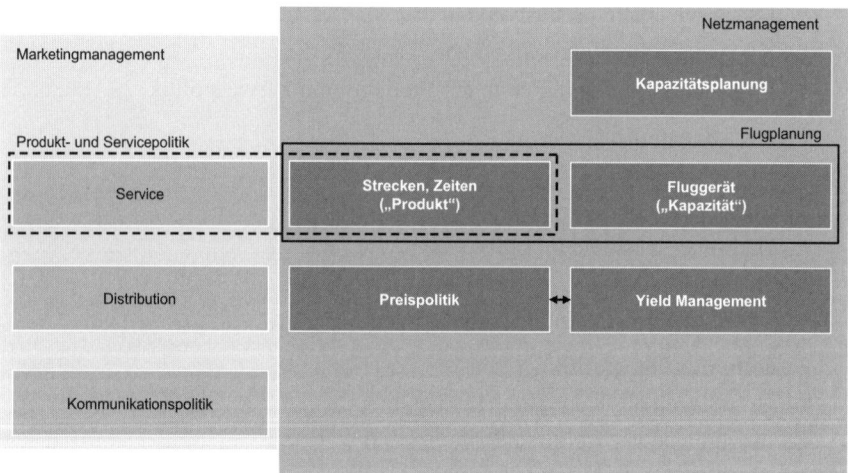

Abbildung 14.1: Abgrenzung von Marketingmanagement und Netzmanagement

Die Preispolitik ist im Kapitel XII im Unterkapitel Yield Management ausführlich dargestellt, sodass sie in diesem Kapitel nicht weiter behandelt wird. Innerhalb der Produktpolitik ist der Flugplan als wesentliches Element des Kernprodukts ebenfalls in Kapitel XII erläutert, sodass sich das folgende Unterkapitel auf die Servicepolitik als Teilbereich der Produktpolitik konzentriert.

2 Produkt- und Servicepolitik

2.1 Grunddefinitionen

Eines der zentralen Instrumente des Marketingmanagement ist die Produktpolitik. Sie beinhaltet alle Entscheidungen, die sich auf die marktgerechte Gestaltung der angebotenen Leistungen beziehen. Grundsätzlich kann der Begriff „Produkt" sowohl ein Sachgut (als physische Einheit) als auch eine Dienstleistung (als Service oder „Verrichtung") bezeichnen. Ein Produkt lässt sich auch als ein Bündel von Eigenschaften ansehen, das auf die Befriedigung von Kundenbedürfnissen abzielt und die Nutzenerwartungen von Kunden mehr oder weniger gut erfüllt. Kern des Produktes bildet die reine Funktionserfüllung, die dem Konsumenten einen so genannten „**Grundnutzen**" stiftet. Produkte bieten zudem in aller Regel einen „**Zusatznutzen**" (z. B. in Form von Prestige oder besonderem Komfort).

Für den Luftverkehr ist diese Begriffsauffassung nur bedingt geeignet, zudem deckt sie sich nicht mit der Begriffsverwendung in der Airline-Praxis. Im Folgenden wird daher als Produkt die einen Grundnutzen stiftende, sichere und zuverlässige Beförderung von A nach B verstanden. Als Service wird die Ergänzung bzw. Anreicherung des Produktes definiert. Services können mehr oder weniger stark mit dem Produkt verknüpft sein. So ist etwa der Check in-Vorgang für eine Beförderung von A nach B unerlässlich. Nicht zwingend erforderlich ist hingegen beispielsweise ein umfangreiches Unterhaltungsangebot an Bord (In flight entertainment). Services sind im Luftverkehr besonders geeignet, die eigenen Leistungen gegenüber Wettbewerber-Leistungen zu differenzieren.

Im Luftverkehr stellt der Flugplan das Produkt dar (quasi als „Kernprodukt"). Die das Produkt ergänzenden bzw. anreichernden Services werden häufig anhand der so genannten „**Servicekette**" systematisiert (siehe das folgende Unterkapitel 2.3). Produkt und Services können grundsätzlich in unterschiedlicher Qualität angeboten werden. Bei Low Cost Carriern weist beispielsweise das Produkt häufig eine hohe Qualität auf, indem sicher und zuverlässig von A nach B transportiert wird. Nicht zwingend erforderliche Services hingegen werden kaum angeboten oder müssen zusätzlich bezahlt werden.

2.2 Entscheidungstatbestände der Produkt- und Servicepolitik

Die Produkt- und Servicepolitik weist vier bzw. fünf Entscheidungstatbestände auf (siehe Abbildung 14.2). Dabei wird im Folgenden vereinfachend nur von Entscheidungen im Bereich der Produktpolitik gesprochen, Servicebestandteile werden unter diesem Oberbegriff subsumiert.

Entscheidungs-tatbestände	Beschreibung	Beispiele aus dem Luftverkehr
Produkt-innovation	• Angebot völlig neuer Produkte • Markt- und Unternehmensinnovationen	• Low Cost-Geschäftsmodell • Boeing B787 (Dreamliner) • Internetzugang an Bord • Check-in und Boarding mit Barcode-Reading vom Handydisplay
Produkt-variation	• Veränderung (Modifikation) von Eigenschaften eines bestehenden Produktes • Modifikation in physikalischer, funktionaler, ästhetischer und/oder symbolischer Hinsicht • Anpassung an veränderte Gegebenheiten	• Anpassung des Zeitschriften- und Speiseangebotes • Anpassung der Sitzkonstruktion • Abflug- und Ankunftszeiten (Thema der Flugplanung)
Produkt-differenzierung	• Angebot einer weiteren Produktvariante zusätzlich zu den bestehenden Varianten • Konzept zur differenzierten Marktbearbeitung • Bedienung unterschiedlicher Marktsegmente • Aufbau von Konsumentenpräferenzen	• Klassenkonzepte, z.B. First Class, Business Class, Economy Class oder Premium Economy Class
Produkt-elimination	• Entfernung von Produkten bzw. Produktvarianten aus dem Absatzprogramm	• Beseitigung der First Class aus Kontinentalflugzeugen • Streckenstreichungen (Thema der Flugplanung)
Diversifikation	• Ausrichtung der Unternehmensaktivitäten auf neue Produkte für neue Märkte • Formen: horizontale, vertikale und laterale Diversifikation	• Aufbau einer Cargo-Airline durch eine Passage-Airline (horizontale Diversifikation) • Kauf einer Catering-Gesellschaft durch eine Airline (vertikale Diversifikation) • Aufbau einer Airline durch einen Musikkonzern (laterale Diversifikation)

Abbildung 14.2: Entscheidungstatbestände der Produkt- und Servicepolitik und Beispiele aus dem Luftverkehr

Produktinnovationen kommt generell eine zentrale Rolle für das Wachstum und die Profitabilität von Unternehmen zu. Bei vielen Unternehmen wird ein Großteil der Gewinne mit relativ neuen Produkten erwirtschaftet. Produktinnovationen gliedern sich in Marktinnovationen (synonym: Marktneuheiten) und Unternehmensinnovationen (synonym: Unternehmensneuheiten). Marktinnovationen sind Innovationen, die bisher noch nicht am Markt existieren, Unternehmensinnovationen sind bereits am Markt verfügbar, sie werden durch das eigene Unternehmen allerdings bislang noch nicht angeboten.

Unter Produktinnovation soll im Folgenden ausschließlich die echte Innovation, d. h. das Angebot vollkommen neuer, bisher noch nicht existierender Produkte verstanden werden. Dabei ist jedoch nicht eindeutig zu definieren, wann im Luftverkehr von einer Produktinnovation gesprochen werden kann. Die Bedienung einer neuen Strecke sollte eher nicht als Produktinnovation bezeichnet werden, da ansonsten der Innovationsbegriff „überstrapaziert" würde. Eine Produktinnovation ist sicher das Low Cost Geschäftsmodell. Auch die Boeing B787 (Dreamliner) weist viele innovative Elemente auf (große Fenster, Klimatisierung mit hoher Luftfeuchtigkeit, elipsenförmiger Kabinenquerschnitt etc.). Desweiteren sind Internetzugang an Bord sowie Check-in und Boarding mit Hilfe von Barcode-reading vom Handydisplay Produktinnovationen. Generell lässt sich feststellen, dass Produktinnovationen in erheblichem Maße durch neue Technologien im Flugzeugbau und insbesondere durch Informationstechnologien erreicht werden (siehe zum letztgenannten Aspekt Kapitel XV).

2 Produkt- und Servicepolitik

Produktvariation ist die bewusste Veränderung (Modifikation) von Eigenschaften des bisher angebotenen Produktes. Je nach Grad der Modifikation kann der Eindruck entstehen, dass es sich nur um ein leicht verändertes oder aber um ein gänzlich neues Produkt handelt. Ziel der Produktvariation ist es, ein bereits am Markt eingeführtes Produkt sich verändernden Nachfrageransprüchen, Wettbewerberangeboten oder politisch-rechtlichen Rahmenbedingungen anzupassen. Produktvariationen können auch mit dem Ziel einer Verbesserung der Wirtschaftlichkeit vorgenommen werden.

Bei Airlines finden sich viele Beispiele für Produktmodifikationen. Nahezu alle Bestandteile der Servicekette sind permanenten Veränderungen unterworfen (z. B. neue Sitze, geänderte Bordverpflegung). Erwähnt sei hier auch die Veränderung von Abflug- und Ankunftszeiten innerhalb des Flugplans.

Bei der **Produktdifferenzierung** tritt neben eine bereits vorhandene Variante eines Produktes eine weitere Variante. Produktdifferenzierung ist ein Konzept zur differenzierten Marktbearbeitung. Sie dient dem Ziel, Präferenzen beim Kunden aufzubauen und ihn dadurch für das eigene Produkt zu gewinnen bzw. ihn an das eigene Produkt zu binden.

Im Luftverkehr ist der wichtigste Ansatz einer Produktdifferenzierung die Einteilung in verschiedene Beförderungsklassen (siehe hierzu das folgende Unterkapitel 2.4). Allerdings gehen die Meinungen auseinander, inwieweit eine Differenzierung gegenüber Wettbewerbern (dies ist eigentlich ein anderer Sinngehalt des Begriffs „Differenzierung") im Luftverkehr möglich ist.

Gelegentlich wird die Auffassung vertreten, dass Passage-Luftverkehr in jeder Hinsicht eine sog. „Commodity" bzw. ein „Me-too-Produkt" sei. Dies würde bedeuten, dass es sich beim Luftverkehr um ein einheitliches (homogenes) Gut handelt und erfolgreiche Innovationen bzw. Variationen stets innerhalb einer sehr kurzen Zeit von den Wettbewerbern imitiert werden. Dieser extremen Auffassung soll nicht ohne weiteres gefolgt werden, sind doch z. B. Kabinenausstattung und Inflight-Service auch bei Unternehmen, die vergleichbare Geschäftskonzepte verfolgen, durchaus unterschiedlich. So variieren etwa die Business-Class-Sitzkonfigurationen im Interkont-Verkehr der Network Carrier z. T. deutlich. Im Kontinentalbereich existieren geringere Differenzierungsmöglichkeiten. Das größte Potential für Produktdifferenzierungen gegenüber Wettbewerbern liegt in der Flugplangestaltung, z. B. Schaffung von Verbindungen zu attraktiven Morgen- und Abendzeiten und Umsteigeverbindungen mit kurzen Anschlusszeiten.

Produkte die den Unternehmenszielen nicht mehr förderlich sind, müssen auf eine Entfernung aus dem Sortimentsprogramm geprüft werden **(Produktelimination)**. Neben quantitativen Größen wie Umsatzentwicklung, Marktanteil, Deckungsbeiträge und Rentabilität sind auch qualitative Größen wie Konkurrenzumfeld, Einfluss auf das Unternehmensimage, Änderungen der Bedarfsstruktur sowie technologische Veralterung von Belang.

Ein luftverkehrstypisches Beispiel für eine Produkteliminierung ist die Abschaffung einer Serviceklasse. Lufthansa und Swissair schafften als letzte Airlines in Europa Anfang der

1990er Jahre ihre First Class innereuropäisch ab.[234] Ein wichtiges Beispiel für Produkteliminationen aus dem Bereich der Flugplanung ist die Streichung einer Strecke. Produktentscheidungen in Form von Flugplanentscheidungen sind dabei weitgehend reversibel.

Diversifikation bezeichnet die Ausrichtung der Unternehmensaktivitäten auf neue Produkte für neue Märkte. Bei der Diversifikation lassen sich drei Formen unterscheiden. Die horizontale Diversifikation ist gekennzeichnet durch die Erweiterung des bestehenden Sortiments um Produkte, die mit diesem in einem sachlichen Zusammenhang stehen. Beispielhaft sind gleiche Produktionsanlagen, gleiche Vertriebswege oder gleiche Abnehmer zu nennen. So bietet bspw. Lufthansa eigene Frachtdienste durch Lufthansa Cargo an oder KLM UK gründete den Low Cost Carrier Buzz. Auch der Eintritt der Lufthansa in den norditalienischen Markt auf dem Flughafen Mailand-Malpensa, auf dem eine eigenständige Flugzeugflotte stationiert wurde, ist als Beispiel zu nennen. Die vertikale Diversifikation bezeichnet die Erweiterung des Sortiments um Produkte, die der eigenen Wertschöpfungsstufe vor- oder nachgelagert sind (= Rückwärtsintegration bzw. Vorwärtsintegration). Als Beispiele für Rückwärtsintegration bei Fluggesellschaften sind der eigene Betrieb von Catering-Gesellschaften für die Bordverpflegung sowie der Betrieb von Bodenabfertigungsdiensten zu nennen. Bei der Vorwärtsintegration können die Tätigkeit als Reiseveranstalter sowie das Betreiben einer eigenen Reisebürokette angeführt werden. Bei der lateralen Diversifikation bricht ein Unternehmen aus der Branche aus und unternimmt einen Vorstoß in völlig neue Produkt- und Marktgebiete. Ein Beispiel stellt der Virgin-Konzern dar, der ursprünglich nur in der Musikbranche präsent war.

2.3 Die Servicekette im Luftverkehr

Die Beförderung von Passagieren von A nach B auf dem Luftwege ist mit einer Abfolge einzelner Serviceelemente verbunden, die als „Servicekette" bezeichnet wird. Abbildung 14.3 zeigt die Servicekette im Überblick. Die Servicekette lässt sich vereinfacht in die drei Phasen „Service vor dem Flug", „Service während des Fluges" und „Service nach dem Flug" unterteilen.

Service vor dem Flug
Der Zeitraum „vor dem Flug" ist nicht einheitlich definiert. Vielfach wird erst ab dem Zeitpunkt der Reservierung angesetzt, d. h. wenn die Entscheidung über die Nachfrage nach einer Flugreise bereits gefallen ist. Gelegentlich wird in die Servicekette schon die Kundenansprache, die eine Entscheidung zu Gunsten des Produkts Flug erst ermöglicht, mit eingeschlossen (siehe hierzu das folgende Unterkapitel zur Distributionspolitik).

---

[234] Am 01.06.2002 schaffte die SAS auf Flügen zwischen Dänemark, Norwegen und Schweden sowie innerhalb dieser Länder die Business Class ab.

2 Produkt- und Servicepolitik

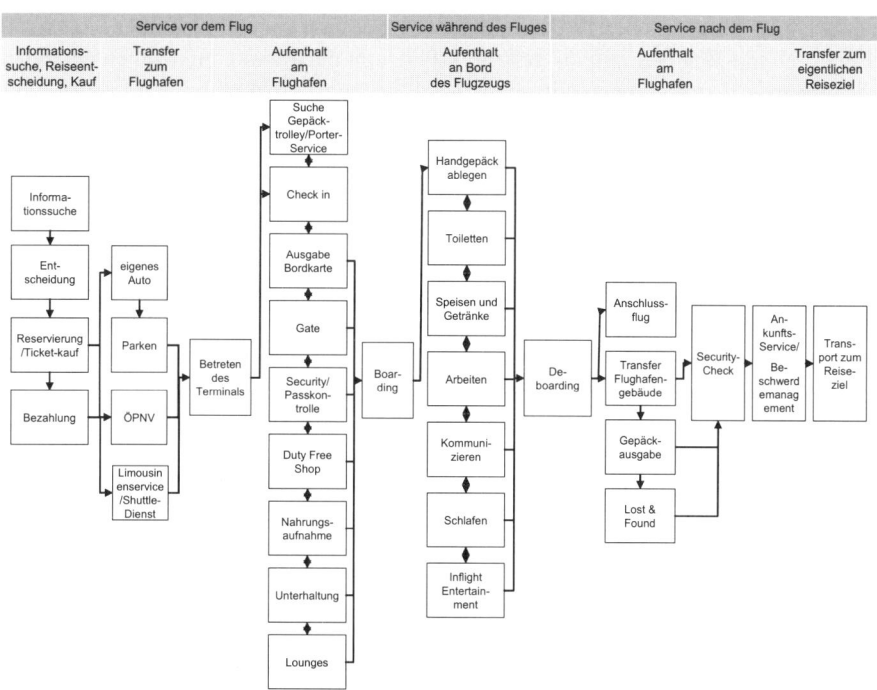

Abbildung 14.3: Servicekette im Luftverkehr

Bei der Buchung können bereits weitere Leistungen wie die Reservierung von Sitzplätzen, Special Meals, Mitnahme von Haustieren, Sport- und Sondergepäck offeriert werden. Auch kann die Betreuung für alleinreisende Kinder sowie für Fluggäste mit Behinderungen angemeldet werden. Zusatzdienstleistungen wie Beförderungsarrangements zum Flughafen mit Bus oder Bahn, Parkservice am Flughafen (Valet Parking), günstige Raten bei Übernachtungen in kooperierenden Hotels vor Abflug und Gepäckträgerdienste können vor der Inanspruchnahme des Kernprodukts genutzt werden.

Der Check-in wird inzwischen auf vielfältige Weise durchgeführt; zum einen auf konventionelle Art am Schalter am Abflugtag bzw. am Vorabend sowie kurzfristig am Gate, zum anderen am Check-in-Automaten, per Telefon sowie über in zunehmendem Maße per Internet oder Mobiltelefon. Die Möglichkeiten sind davon abhängig, ob der Passagier aufzugebendes Gepäck mit sich führt und in welcher Beförderungsklasse er gebucht ist. Bei Hin- und Rückreise innerhalb eines begrenzten Zeitraumes können Passagiere oftmals bereits für beide Strecken ihre Bordkarten erhalten. Passagiere der First und Business Class können ebenso wie Reisegruppen den Check in an gesonderten Schaltern vornehmen. Zudem stehen an bestimmten Flughäfen für ausgewählte Passagiere sogar eigene Terminals zur Verfügung (z. B. Frankfurt und München).

Der Aufenthalt am Flughafen wird für Passagiere der Business und First Class sowie für Reisende, die einen bestimmten Vielfliegerstatus erlangt haben, durch den Zugang zu Lounges angenehmer gestaltet. Der Prozess des Boardings lässt sich vereinfachen, indem Kinder und Fluggäste mit Behinderung als erste ihre Plätze in der Kabine einnehmen (Preboarding) und das weitere Boarding nach Sitzzonen im Flugzeug durchgeführt wird. Passagiere mit einem elektronischen Ticket können an vielen Flughäfen durch das sog. Quick-Boarding nach Passieren eines Drehkreuzes nach eigenem Ermessen an Bord gehen.

Als allgemeiner Trend lässt sich eine „Zweiteilung" der Services vor dem Flug beobachten. Die Airlines sind bestrebt, für den Großteil der Passagiere eine möglichst hohe Automatisierung zu erreichen, nicht zuletzt um so Personalkosten zu sparen. Auch die meisten Kunden schätzen die Vielfalt der zur Verfügung stehenden Optionen, vorausgesetzt, dass ihnen bei Problemen ein kompetenter Ansprechpartner zur Verfügung steht. Auf der anderen Seite werden die persönlichen Services (Individualisierung) für diejenigen Kunden bereitgehalten und teilweise ausgebaut, die auf einen solchen Service besonderen Wert legen (z. B. bestimmte Gruppen von Geschäftsreisen) bzw. auf ihn angewiesen sind (z. B. Fluggäste mit Mobilitätseinschränkungen).

Service während des Fluges

Zum Service während des Fluges zählt bereits der Zustand der Flugzeugkabine hinsichtlich des Dekors und der Sauberkeit. Von besonderer Bedeutung sind Design und Ergonomie der Sitze sowie deren Breite, Neigung der Rückenlehne und Abstand zueinander, die Qualität der Luft sowie die Einstellungen der Klimaanlage. Ein weiteres Qualitätsmerkmal ist das Catering an Bord, d. h. Art und Umfang der Mahlzeiten, Auswahl an Menus sowie das Angebot an Special Meals, die aus medizinischen, kulturellen oder religiösen Gründen nachgefragt werden. Je nach Flugziel ist der Bordverkauf zollfreier Waren Bestandteil des Inflight-Services. Eine weitere Produktkomponente stellt die Bordunterhaltung in Form von Musik- und Videoprogrammen dar, die je nach Beförderungsklasse und Gesellschaft zum Teil bereits direkt am Sitzplatz zur Verfügung stehen und individuell gestaltet werden können. Geschäftsreisenden eröffnet sich die Möglichkeit, durch Anschlüsse für Laptops an Bord zu arbeiten; mitunter stehen Telefone zur Verfügung. Das Kabinenpersonal trägt zum einen durch Anzahl, zum anderen durch seine Betreuung, Servicebereitschaft, Sprachkenntnis und interkulturelle Kompetenz zum Servicegesamteindruck bei.

Befragungen von Flugreisenden haben ergeben, dass auf Langstrecken die Servicemerkmale Sitzkomfort, Bordverpflegung und Unterhaltungsprogramm einen besonders hohen Stellenwert besitzen, während ihre Bedeutung auf Kurzstreckenflügen wesentlich geringer ist.

Service nach dem Flug

Nach der Ankunft am Zielflughafen ist es für Reisende mit Umsteigeverbindungen wichtig, möglichst schnell zu ihrem Anschlussflug zu gelangen. Eine „Connecting Gate Info" unmittelbar vor oder nach Ankunft ist hilfreich, darüber hinaus werden entsprechende Informationen zum Teil bereits an Bord zur Verfügung gestellt. Bei kurzen Übergangszeiten besteht die Möglichkeit, die Passagiere durch einen direkten Bustransfer auf dem Vorfeld zum Anschlussflug zu befördern. Für First- und Business-Class-Reisende sowie für Frequent Traveller wird in den Lounges unter anderem die Benutzung von Duschen sowie die vergünstigte oder kostenfreie Reservierung von Tageszimmern in Hotels angeboten.

2 Produkt- und Servicepolitik

Für Passagiere am Endzielflughafen ist eine schnelle Gepäckausgabe wesentlich. Bei bestimmten Gepäckstücken ist eine „Delivery at Aircraft", bei der der Reisende sein Gepäck gleich beim Flugzeug erhält, möglich. Die Ausgabe von „Priority Baggage" von Passagieren der First und Business Class ist zu gewährleisten. Im Fall vermisster Gepäckstücke ist umgehend eine Gepäckermittlung durch Personal an „Lost & Found"-Schaltern einzuleiten. Bei Gepäckschäden und weiteren Reklamationen müssen im Rahmen eines Beschwerdemanagements Ansprechpartner geboten werden, die mit der Regulierung von Schadensfällen und der Wiederherstellung der Kundenzufriedenheit betraut sind.

Prozessdauer
Passagiere präferieren in aller Regel einen kurzen Prozess der Leistungserstellung. Die Bedeutung des Kriteriums Schnelligkeit ist vom jeweiligen Mobilitätszweck abhängig, wobei Geschäftsreisende typischerweise eine besonders starke Präferenz für schnelle Prozesse aufweisen. Für den Reisenden ist im Sinne einer schnellen Beförderung i. d. R. der gesamte Zeitraum zwischen dem Abgang vom einen Ort bis zum Zugang zum gewünschten Ort unter Einschluss aller Zwischenaufenthalte und Umsteigevorgänge von Interesse. Zu den Elementen der Prozessdauer gehören die:

- Zugangszeit zum Flughafen
- Systemzeit (vielfach auch Abfertigungszeit genannt)
- Wartezeit
- Flugzeit (die evtl. auch die Umsteigezeit enthält)
- Abgangszeit vom Flughafen

Nicht jeder tatsächliche oder potenzielle Kunde einer Fluggesellschaft wohnt im unmittelbaren Einzugsgebiet eines Flughafens. Zur Überwindung der Strecken vom Quellort bis zum Flughafen und vom Flughafen bis zum Zielort wird Zeit benötigt, die als Teil der Gesamtreisezeit zu betrachten ist. Die zeitliche Komponente zur Überwindung dieser Strecken wird als **Zu- und Abgangszeit** bezeichnet.

Von besonderer Bedeutung ist das Verhältnis der Zu- und Abgangszeit zur reinen Flugzeit. Die individuellen Zu- und Abgangszeiten nehmen im Bewusstsein des Passagiers mit der Kürze der mit dem Flugzeug zu bewältigenden Strecke zu, was sich im intermodalen Wettbewerb zwischen dem Luftverkehr und den bodengebundenen Verkehrsträgern auswirkt (siehe hierzu auch Kapitel VI).

Als **Systemzeit** einer Flugreise wird derjenige Teil der Gesamtreisezeit bezeichnet, der die notwendige Aufenthaltszeit des Reisenden innerhalb des Flughafengebäudes ausmacht. Die Systemzeit kann insbesondere nachfolgende Tätigkeiten umfassen: Flugscheinkontrolle, Gepäckannahme, Kontrolle von Einreisepapieren, Ausgabe der Bordkarten, Passkontrolle, Sicherheitskontrolle, Boarding, Weg bzw. Transport zum Flugzeug.

Die Systemzeit erhöht sich, wenn – wie in Spitzenzeiten häufig festzustellen – zentralisierte Abfertigungseinrichtungen zu Nadelöhren werden. Eine Verkürzung der Systemzeit kann insbesondere durch die bereits aufgeführten Check in-Verfahren unter Einbeziehung neuer Telekommunikationsmedien erreicht werden.

Passagiere und Handgepäck werden vor dem Start aufwändigen Sicherheitskontrollen unterzogen (siehe hierzu auch Kapitel V). Auf die Dauer dieser Kontrollen und die Kundenorientierung des Personals haben die Fluggesellschaften keinen unmittelbaren Einfluss.

Wartezeit entsteht, wenn der Zeitpunkt der Erledigung der letzten Aktivität in der Systemzeit und der Abflug des Flugzeugs zeitlich auseinanderfallen. Um zu einer Verringerung der Wartezeit und damit der Prozessdauer zu gelangen, muss die Luftverkehrsgesellschaft versuchen, Flugplanabweichungen zu vermeiden und damit die unfreiwilligen Wartezeiten zu reduzieren. Da die Verantwortlichkeit für eventuelle Verspätungen vielfach in externen Einflüssen begründet ist[235], können die Möglichkeiten der Prozesspolitik innerhalb dieses Bestandteils der Prozessdauer sehr begrenzt sein.

Die Wartezeit wird subjektiv länger empfunden als sie tatsächlich ist. Gründe für das subjektive Empfinden einer längeren Wartezeit können sein, wenn der Kunde am Ende einer Warteschlange steht und sich noch nicht als zugehörig fühlt, selbst bei bevorzugter Behandlung durch First oder Business Check-in Wartezeiten in Kauf genommen werden müssen, der Kunde unter Flugangst leidet, Wartezeiten nicht begründet werden und ein Ende des Wartens nicht absehbar ist, die Umgebung unangenehm ist und kaum Ablenkungsmöglichkeiten geboten werden, der Passagier bereits negativ voreingenommen ist, alleine wartet oder bereits unter Zeitdruck aufgrund fester Termine steht, andere Wartende sich vordrängeln oder vom Personal bevorzugt werden. Ein gutes „Warteschlangenmanagement" hilft auch im Bewusstsein des Kunden, Wartezeiten zu verkürzen.

Der Komponente **Flugzeit** kommt innerhalb der gesamten Reisezeit insofern erhebliche Bedeutung zu, als ihr zeitlicher Anteil an der gesamten Prozessdauer – sieht man vom Kurzstreckenbereich ab – der größte ist. Die quantitative Ausprägung der Flugzeit wird insbesondere durch die Entfernung und Geschwindigkeit bestimmt. Die Geschwindigkeit ist im Wesentlichen das Ergebnis

- technischer Eigenschaften des Flugzeugs (z. B. Höchstgeschwindigkeit),
- der Geradlinigkeit des Beförderungsweges (z. B. Umwegfreiheit),
- betrieblicher Verlustzeiten (z. B. Warteschleifen),
- witterungsbedingter Faktoren und
- der Zahl und der Dauer eventueller Zwischenlandungen.

2.4 Klassenkonzepte im Luftverkehr

Die **Ausstattung der Flugzeugkabine** ist das Kernstück der verschiedenen Klassenkonzepte von Airlines im interkontinentalen Luftverkehr. Die Flugzeugkabine wird hier in verschiedene Bereiche unterteilt, die sich in physischer Hinsicht mehr oder weniger stark unterscheiden. Die entstandenen Bereiche nennt man Beförderungs- oder Serviceklassen.

---

[235] Damit werden sie zum Bestandteil der Systemzeit.

2 Produkt- und Servicepolitik

Im interkontinentalen Luftverkehr ist die Einteilung in drei Klassen weit verbreitet (First Class, Business Class und Economy Class). Ebenso existieren Vier- und Zwei-Klassen-Konzepte. Bei Zwei-Klassen-Konzepten ist die Business Class häufig zu einer sog. „BusinessFirst" aufgewertet. Generell sind zwischen den Airlines vielfältige Mischformen entstanden. Selbst innerhalb einzelner Airlines wird oft keine durchgängige Systematik praktiziert. Je nach Verkehrsgebiet und Flugzeugmuster können sich unterschiedliche Kabinenkonzepte finden. Man versucht hiermit, sich den in den einzelnen Verkehrsgebieten unterschiedlichen Nachfragegegebenheiten anzupassen.

Im kontinentalen Luftverkehr wird meist auf eine Unterscheidung der Kabinenausstattung nach Business und Economy Class verzichtet. Hier erfolgt oftmals eine Abtrennung der Klassen durch sog. „Movable Cabin Dividers" (verschiebbare Vorhänge).

Klassen	\multicolumn{11}{c}{Network Carrier}
	Lufthansa	British Airways	Air France/ KLM	American Airlines	United Airlines	Delta Air Lines	Singapore Airlines	Japan Airlines	Air India	South African Airways	Emirates	Qantas
First	x	x	x	x	x		x		x		x	
BusinessFirst						x						x
Business	x	x	x	x	x		x	x	x	x	x	
Premium Economy		x						x				
Economy	x	x	x	x	x	x	x	x	x	x	x	x

Abbildung 14.4: Ausgewählte Beispiele von Klassenkonzepten im Luftverkehr

Die in den jeweiligen Klassen unterschiedliche **Bestuhlung** wird insbesondere durch den Sitzabstand, die Sitzbreite, die maximale Sitzneigung und die Anzahl der Sitze pro Reihe charakterisiert. Sehr wichtige Komponenten sind auch Ergonomie und Design der Sitze. Passagiere legen hohen Wert auf Beinfreiheit, die stark vom Sitzabstand abhängig ist. Üblicherweise beträgt der Sitzabstand in der Economy-Class durchschnittlich 75 cm, in der Business-Class ungefähr 175 cm und in der First-Class mehr als 200 cm. Insbesondere Reisende in der First und Business Class wollen entspannt am Ziel ankommen. Hier wird neben dem Sitzanstand ebenfalls Wert auf Breite und Neigungswinkel der Rückenlehne gelegt. In letzter Zeit führen immer mehr Fluggesellschaften Sitze mit einem Neigungswinkel von 180° in der Business Class ein („flat bed"). Sitzabstände und Ausstattung sind stark von der jeweiligen Fluggesellschaft und dem jeweiligen Flugzeugtyp abhängig. Zudem müssen die Sitze nicht nur Komfort- und Designansprüchen genügen, sondern auch den Sicherheitsvorschriften der Luftfahrtbehörden entsprechen. Gleiches gilt für Zubehör wie Schlafdecken oder Kissen.

Ein beachtliches Qualitätsniveau weisen die neuen **First Class-Konzepte** auf, die häufig in Verbindung mit der Einführung des Airbus A380 stehen (siehe Abbildung 14.5). Emirates bietet bspw. auf ausgewählten Flügen exklusive private Suiten in der First Class an. Die privaten Suiten sind vollständig ausgestattet mit eigenem Stauraum, Garderobe, Schminktisch und persönlicher Minibar. Die besonders großen Sessel lassen sich vollständig zurückklappen und in ein völlig flaches Bett verwandeln. Auf dem 23 Zoll LCD-Bildschirm stehen über 600 Unterhaltungskanäle zur Verfügung

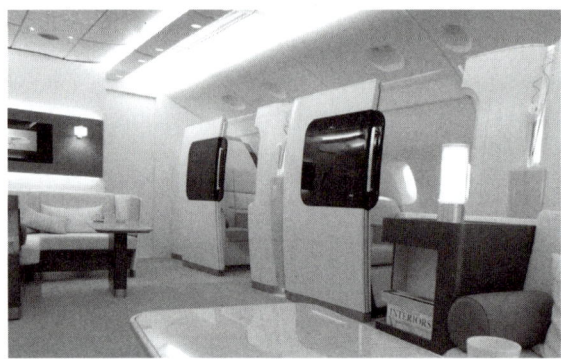

Abbildung 14.5: First Class-Kabinen einer A380

Des Weiteren ergeben sich unterschiedliche Klasseneinteilungen eines Flugzeugs durch differenzierte Anforderungsprofile der unterschiedlichen Betriebstypen von Fluggesellschaften. Während die Hauptkunden der Linienfluggesellschaften, die Geschäftsreisenden, gleichzeitig eine hohe Ausgabebereitschaft aufweisen und dabei Wert auf eine bequeme Sitzgelegenheit legen, orientiert sich das Angebot der Leisure und Low Cost Carrier an den preisbewussten Privatreisenden, die einen niedrigeren Komfort für einen günstigen Flugpreis in Kauf nehmen. Somit verfügen Flugzeuge des Leisure- und Low Cost Geschäftsmodells meist nur über eine Beförderungsklasse und eine oft deutlich engere Bestuhlung mit schmaleren Sitzen. Beispielsweise kann eine Boeing 757 im Ferienflugverkehr über 235 Sitze in einer Ein-Klassen-Konfiguration verfügen, während im Linienverkehr nur 180 Sitze in einer Mehr-Klassen-Konfiguration eingesetzt werden.

Letztendlich steht die Festlegung der Sitzplatzdichte in einem Spannungsfeld zwischen den Interessen der Kunden und den Interessen einer Fluggesellschaft. Der Fluggast wünscht sich innerhalb der Kabine möglichst viel Platz und Komfort. Die Fluggesellschaft hingegen versucht, durch eine hohe Anzahl an Sitzen eine maximale Ausnutzung der Transportkapazität des Fluggerätes zu erreichen. Hierbei gilt es, eine umsatzmaximierende Sitzkonfiguration zu finden.

Methodisch können alternative Klassenkonzepte entworfen werden, für die die zugehörige Anzahl von Sitzen je Beförderungsklasse errechnet wird und die durchschnittlichen Preise unter Berücksichtigung der Sitzladefaktoren je Beförderungsklasse prognostiziert werden. Hieraus ergibt sich das Umsatzpotential alternativer Klassenkonzepte.

Abbildung 14.6 zeigt eine Flugzeugkonfiguration A mit 8 F/Cl-Sitzen, 84 C/Cl-Sitzen und 280 M/Cl-Sitzen (Summe 372 Sitze). Der durchschnittliche **Yield Koeffizient** liegt bei 1,8 (F/Cl), 1,0 (C/CL) bzw. 0,6 (M/Cl). Durch Multiplikation errechnen sich die äquivalenten Business Class Sitze (266,4). Dieser Wert spiegelt das Umsatzpotential einer Klassen-konfiguration wider. Im Beispiel der Abbildung 14.6 weist Flugzeugkonfiguration A mit 266,4 ein höheres Umsatzpotential als Flugzeugkonfiguration B mit 237,6 auf. Dabei ist jedoch insbesondere zu beachten, dass für die einzelnen Klassen jeweils auch eine hinreichend große Zahl an Nachfragern gegeben sein muss.

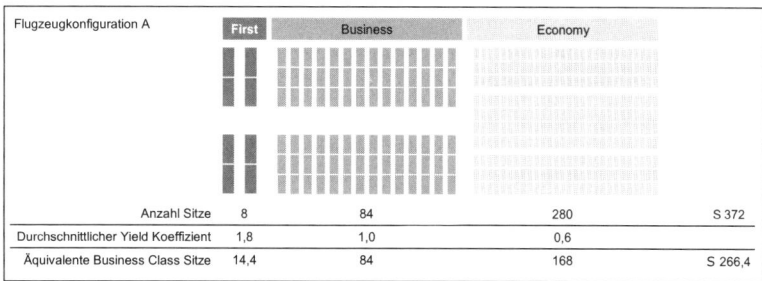

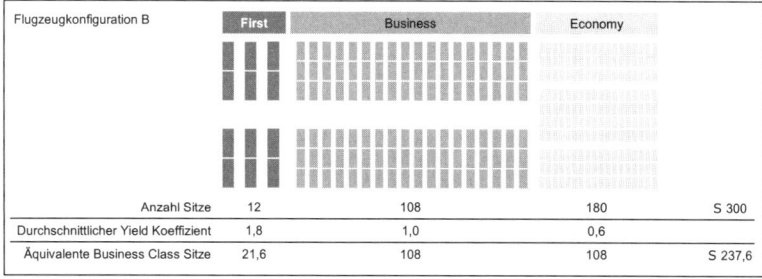

Abbildung 14.6: Kalkulation des Umsatzpotentials alternativer Klassenkonzepte

Servicekonzepte

Das Servicekonzept ist eine Erweiterung der bloßen physischen Unterteilung der Flugzeugkabine in die unterschiedlichen Klassen. Neben den Unterschieden im Sitzkomfort wird die Abstufung in Beförderungsklassen durch ein breites Angebot an Zusatzleistungen vervollständigt. Die weitere Individualisierung des ansonsten standardisierten Produktes erfolgt über zahlreiche Zusatzleistungen vor, während und nach der Flugreise.

Im Rahmen der Produktdifferenzierung unterscheiden sich die Klassenkonfigurationen vor allem auf der Langstrecke in der First- und Business-Class in vielerlei Hinsicht von der Economy Class. Von der Vorbestellung spezieller Magazine und Zeitungen als Lesestoff, der Auswahl an Unterhaltungsmöglichkeiten (Musik, Film und Information) bis hin zum Bordtelefon wird eine Vielzahl von Serviceleistungen angeboten.

Die Art und Anzahl der Mahlzeiten bzw. Erfrischungen ist bei den Fluggesellschaften verschieden. Bei den Billigfluggesellschaften gibt es entweder keine Getränke und Speisen an Bord oder der Gast muss dafür extra zahlen. Ferienfluggesellschaften bieten ihren Gästen meist einen kleinen Imbiss und ein nichtalkoholisches Getränk auf innereuropäischen Strecken sowie eine warme Mahlzeit auf interkontinentalen Flügen. Dieser Service unterscheidet sich kaum von der Economy Class vieler Linienfluggesellschaften, wobei diese besonderes auf Flügen nach Asien und Afrika eine weit größere Auswahl an medizinisch, kulturell oder religiös erforderlichen Special Meals anbieten, um ihrem internationalen Klientel gerecht zu werden. Auch die Auswahl der kostenfreien Getränke unterscheidet sich von einer Fluggesellschaft zur anderen und von eine Beförderungsklasse zur nächst höheren. Des Weiteren prägt die Attraktivität der höheren Klassen der besondere und zuvorkommende Service des Kabinenpersonals, der durch eine höhere Crew Complement (Anzahl von Kabinenpersonal pro Passagier) ermöglicht wird. Die nachfolgende Tabelle 14.1 verdeutlicht den Unterschied der einzelnen Klassen auf der Langstrecke am Beispiel der Deutschen Lufthansa.

Tabelle 14.1: Beförderungsklassen der Deutschen Lufthansa AG[236]

	Economy-Class	Business-Class	First-Class
Sitze	81 cm Sitzabstand 43 cm Sitzbreite 113° Neigung	150 cm Sitzabstand 50 cm Sitzbreite 170° Neigung	216-234 cm Sitzabstand 53 cm Sitzbreite 180° Neigung
Mahlzeiten	2-3 Menüs zur Auswahl	Frei wählbare, höherwertige Menüs, Spitzenköche, Vinothek	Frei wählbare, noch höherwertige Menüs, Speisezeit frei wählbar
Unterhaltung	12 Video-, 16 Audiokanäle	24 Video-, 16 Audiokanäle, 10 Spiele auf Video Player, Internet	
Service	Standard	Individuelle Betreuung durch eigens zuständiges Personal	
Lounge	Keine	Business Lounges	First Class Lounges
Freigepäck	20 kg	30 kg	40 kg
Schalter	Standard	Priority Check-In, Security Fast Lane	Wie Business, auch per SMS möglich
Ein- bzw. Aussteigen	Standard	Priorisiert	

Die Unterhaltungsmedien an Bord sind eine weitere Servicekomponente während des Fluges. Das Spektrum reicht von der Bereitstellung von Tageszeitungen und Zeitschriften, über Briefpapier und Postkarten bis hin zur kompletten Multimediaausstattung mit kleinem Bildschirm an jedem Platz. Für den Reisenden in der First oder Business Class bieten die Fluggesellschaften neben dem individuellen Unterhaltungsprogramm mit DVD/CD Player auch Anschlussmöglichkeiten für Notebooks und Telefon-, Fax- und Internetdienste.

Die Qualität des Service an Bord ist stark abhängig vom Kabinenpersonal. Freundliche Flugbegleiterinnen und Flugbegleiter, die die Sprache des Gastes verstehen und sprechen und sich durch interkulturelle Kompetenz und Servicebereitschaft auszeichnen, prägen den Eindruck einer guten Serviceleistung.

---

[236] Entnommen aus Schulz (2009), S. 85.

Aktuelle Entwicklungen

Eine neuere Entwicklung ist die **Premium Economy Class**. Eine Reihe von Airlines bietet diese Klasse bereits an: Qantas, Japan Airlines, Virgin Atlantic Airways, EVA Air, British Airways, Air New Zealand, United Airlines, bmi, SAS, ANA etc.

Entstanden ist sie aufgrund des Auseinanderdriftens von Business Class (die zur Rechtfertigung hoher Preise zunehmend aufgewertet wurde) und Economy Class (die aus Gründen der Produktanpassung an niedrige Preise zunehmend abgewertet wurde). Die Premium Economy gilt als viel versprechendes Klassenkonzept, da sie die entstandene Marktlücke zu schließen vermag. Eine wohlhabende Generation von Privatreisenden ist vermutlich bereit, einen Preiszuschlag für einen besseren Service als in der Economy Class zu zahlen, ohne gleich Business Class-Tarife zu zahlen. Umgekehrt kann mit einer Premium Economy Class die (Reiserichtlinien-bedingte) Abwanderung von Geschäftsreisenden auf das Niveau der Economy Class gebremst werden. Der starke Abfall der Yields von der First und Business Class zur Economy Class könnte damit abgefedert werden. Zu befürchtende Kannibalisierungseffekte zwischen Business und Premium Economy Class werden als akzeptabel eingeschätzt.

Zentrale Bedeutung beim Premium Economy Konzept kommt dem Sitzkomfort zu. Eine Sitzbreite von 53 cm und ein Sitzabstand von 96 bis 102 cm werden als sinnvoll angesehen. Zu höheren Beförderungsklassen differenziert sich ein derartig aufgewerteter Sitz, indem in höheren Klassen „flat beds" geboten werden. Neben einem höherem Sitzkomfort werden in einer Premium Economy Class einige Services unentgeltlich geboten, die in der Economy Class zunehmend extra bezahlt werden müssen (Getränke, Mahlzeiten, Zeitschriften, Lounge-Zugang etc.).

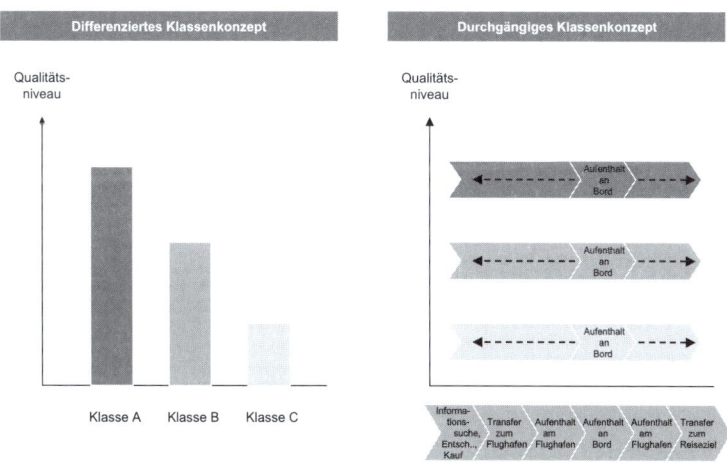

Abbildung 14.7: Differenziertes Klassenkonzept in der gesamten Servicekette - schematische Darstellung

Insgesamt zeichnen sich zwei Tendenzen in der Produkt- und Servicepolitik ab. Zum einen zeigt sich eine stärkere Differenzierung der Klassenkonzepte von Network, Leisure und Low Cost Carrier, um den unterschiedlichen Ansprüchen verschiedener Marktsegmente Rechnung zu tragen (siehe den linken Teil der Abbildung 14.7). Zum anderen zeigt sich eine zunehmende Differenzierung auch in den dem Flug vor- und nachgelagerten Stufen der Wertschöpfungskette (siehe den rechten Teil der Abbildung 14.7). Als Beispiel sei das Top-Kunden-Terminal der Lufthansa angeführt, das Flughafenprozesse auf höchstem Qualitätsniveau bietet. Passagiere werden exklusiv empfangen, sie können im Top-Kunden-Terminal „auf Sterne-Niveau" speisen, arbeiten oder entspannen, sie werden mit einem eigenen Fahrzeug zum Flugzeug gefahren usw.

2.5 Informationstechnologien in der Produkt- und Servicepolitik

Auch in der Produkt- und Servicepolitik spielen Informationstechnologien (IT) mittlerweile eine Schlüsselrolle. Airlines und Airports planen eine Reihe innovativer Services, die die Servicekette im Luftverkehr optimieren und zur Umsatzsteigerung bzw. Kostensenkung beitragen (siehe Tabelle 14.2).

Tabelle 14.2: Geplante Informationstechnologie-Lösungen im Rahmen der Produkt- und Servicepolitik[237]

Neue Services	In Planung	Neue Services	In Planung
Support BCBP (Bar Coded Boarding Pass) on passenger mobile phone	72 %	Retail marketing on mobile phone (e. g. airline products, airport retail)	40 %
Staff Internet Services	56 %	Provide passenger receipt on passenger mobile phone	32 %
Support c-payment via passenger mobile phone	55 %	Use barcode to provide other value-added services (e.g. airport directions, info services)	30 %
Automate access control via BCBP	48 %	Automate lounge access via BCBP	30 %
In-flight Internet connectivity	43 %	Use locations sensing on mobile phone to improve passenger boarding	22 %
Kiosk-based staff services	40 %		

---

[237] Vgl. Jenner (2008), S. 50, der die Ergebnisse der Airline Business/SITA IT Trends Survey 2008 wiedergibt.

2 Produkt- und Servicepolitik

An Bord des Flugzeugs zeichnet sich ab, dass Telefongespräche sowie der Versand und Empfang von SMS bzw. e-mails möglich werden. Zu erwarten ist auch, dass der Zugang zum Internet verstärkt angeboten wird. Internet-Zugänge (einschließlich des Zugriffs auf Firmennetzwerke) sind fast ausschließlich für Langstreckenflüge, SMS, e-mails und Telefonate auch für Kurzstreckenflüge relevant. Es ist jeweils zu unterscheiden, ob die telekommunikativen Möglichkeiten mit Hilfe eigener Endgeräte (wie Mobile Phone, BlackBerry oder anderer Personal Digital Assistants (PDAs)) oder mit Hilfe fest installierter Airlinesysteme geboten werden.

Airlines und IT-Provider arbeiten mit Hochdruck an derartigen IT-Lösungen. Die Gründe dafür sind zum einen das Bemühen um eine Befriedigung der Bedürfnisse von Geschäftsreisenden, zum anderen versuchen Airlines „ancillary revenues" zu erwirtschaften. Neben schon heute vielfach kostenpflichtigen Spielen und Filmen in In-Seat-Video-Systemen können Internet-Zugang, Versand von SMS, Telefonate etc. separat mit Preisen versehen werden. Zudem können Hotels, Mietwagen, Ausflüge etc. beworben und buchbar gemacht werden. Airlines würden hier Vermittlungsprovisionen erwirtschaften. Besonders gut gelingt dies in fest installierten Systemen, bei denen Oberfläche, Navigation und gezeigte Inhalte vollständig kontrolliert werden können.

Eine Reihe von Innovationen zeichnet sich auch bei den Flughafen-Prozessen ab (siehe Tabelle 14.3).

Tabelle 14.3: Airport-bezogene IT-Innovationen in der Servicekette[238]

Innovation	Bereits realisiert	In 2009 oder 2010 realisiert	Nach 2011 realisiert	Nicht in Planung
Web check-in	59 %	34 %	6 %	2 %
Passenger notification services on mobile phone (e.g. delays, transfers etc.)	42 %	40 %	11 %	7 %
Online trip change services	25 %	43 %	13 %	19 %
Check-in via passenger mobile phone	21 %	46 %	20 %	13 %
Self boarding kiosks	21 %	19 %	26 %	34 %
Off airport baggage check-in services	15 %	18 %	16 %	51 %
Lost baggage self service	12 %	32 %	21 %	35 %

Beim Check-in zeichnet sich ab, dass neben dem etablierten Verfahren des Check-ins an Check-in-Countern auch Internet-Check-in mit Ausdruck des Boarding Passes zu Hause/im Büro, Check-in über Kiosk-Systeme und über mobile Endgeräte verstärkt angeboten werden.

Vorteile bestehen hierbei für Kunden, indem sie mehr Wahlfreiheit bzgl. der Check-in-Verfahren haben, Wartezeiten verkürzt werden oder das Einchecken schon außerhalb des Flughafens möglich wird. Vorteile aus Airline-Sicht sind, dass durch Selbstbedienung Perso-

---

[238] Vgl. Jenner (2008), S. 50, der die Ergebnisse der Airline Business/SITA IT Trends Survey 2008 wiedergibt.

nal eingespart werden kann, Check-in-Vorgänge in Hotels, Konferenzzentren usw. verlagert werden können und Engpässe an Flughäfen reduziert werden. Zudem wird der Kundenservice verbessert.

Bei Kiosk-Systemen sind proprietäre Airline-Systeme von sog. Common User Service-Systemen (CUSS) zu unterscheiden. CUSS-Systeme werden meist von Flughäfen betrieben und stehen allen Airlines zur Verfügung. Dies bietet sich bei Flughäfen an, die von vielen Airlines genutzt werden, ohne dass eine Airline deutlich dominiert. Betrieb und Wartung von CUSS-Systemen gelten als technisch aufwendig. Proprietäre Airline-Systeme haben den Vorteil, dass sie die Markenführung der Airline unterstützen und eine durchgängige Gestaltung der Servicekette einer Airline erleichtern. Die Gepäckaufgabe erfolgt beim Check-in an Kiosk-Systemen mit Hilfe eines separaten Baggage-drop-off-Schalters. Kiosk-Systeme sind auch multifunktional gestaltbar. Sie können bspw. auch für Umbuchungen von Flügen genutzt werden.

Mittlerweile werden neue Airport-Terminals grundsätzlich mit Arealen für Self-Service Kiosk-Systeme ausgestattet (siehe bspw. Terminal 5 in London Heathrow oder Terminal 3 beim Singapur Changi-Airport). Auch Airlines planen einer Umfrage von IT-Verantwortlichen zu Folge zu 67 % die Steigerung der Anzahl von Kiosk-Systemen für Check-in-Prozesse.[239]

Eine echte Produktinnovation ist das Boarding mit Hilfe eines auf ein mobiles Endgerät übertragenen Barcodes, der am Gate ausgelesen wird. Hier entfällt der Vorgang des Eincheckens vollständig.

3 Distributionspolitik

3.1 Grunddefinition

Distributionspolitik[240] umfasst alle Entscheidungen und Maßnahmen, die mit dem Weg eines Sachgutes oder einer Dienstleistung zum Endabnehmer verbunden sind. Sie wird häufig in akquisitorische Distribution (die Prozesse von der Anbahnung des Kundenkontakts bis zum

---

[239] Vgl. Jenner (2008), S. 49, der die Airline Business/SITA IT Trends Survey 2008 zitiert.

[240] Der Begriff Distribution ist ein Synonym des Begriffs Vertrieb. Das angelsächsische Marketingverständnis umfasst die Distribution („sales") häufig nicht, sondern sieht sie als eigenen Bereich neben dem Marketing („Marketing and Sales").

Verkauf) und physische Distribution (die logistischen Prozesse der Lieferung des Produktes zum Kunden) unterschieden.

Unter **akquisitorischer Distribution** ist die Organisation der Distributionskanäle zu verstehen; die rechtlichen, ökonomischen, informatorischen und sozialen Beziehungen der Distributionspartner sind zu gestalten. Eng verknüpft mit der akquisitorischen Distribution (auch Distributionsmanagement genannt) ist die Wahl der Absatzwege. Fragen der akquisitorischen Distribution beziehen sich im Besonderen auf die wirtschaftlich-rechtliche Übertragung von Verfügungsmacht über Güter (Transaktionsmacht). An die akquisitorische Distribution werden je nach Komplexität der gewünschten Leistung und der Erfahrung des Kunden unterschiedliche Anforderungen hinsichtlich der Beratungsintensität und -qualität gestellt.

Die **physische Distribution** hat zum Ziel, Raum und Zeit durch Transport und Lagerung zu überbrücken. Im Luftverkehr ist die physische Distribution mittlerweile fast durchgängig auf die Informationslogistik bei der Erstellung elektronischer Tickets (Etix) beschränkt.

Distributionspolitik im Luftverkehr beinhaltet somit alle Maßnahmen und Entscheidungen von der Information[241], Beratung und Buchung bis hin zur Ticketerstellung.

3.2 Entscheidungsfelder der Distributionspolitik

Entscheidungsfelder der Distributionspolitik sind die Gestaltung der Distributionskanäle bzw. -wege, die Gestaltung der Distributionsorganisation und die Gestaltung der Distributionslogistik (siehe Abbildung 14.8).

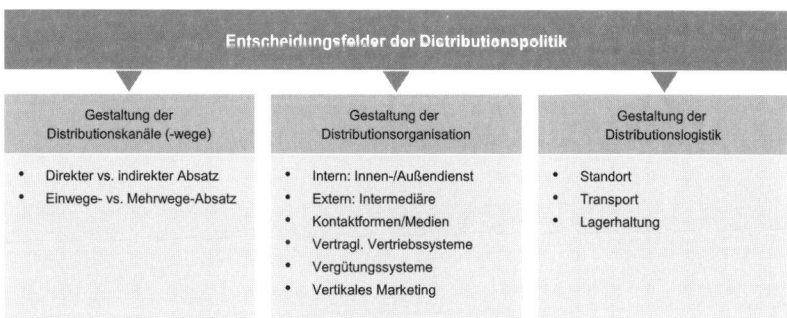

Abbildung 14.8: Entscheidungsfelder der Distributionspolitik

Entscheidungen zu Distributionssystemen betreffen die Distributionskanäle und die Distributionsorganisation. Distributionssysteme lassen sich in vertikaler und horizontaler Hinsicht

---

[241] Hier liegt eine Schnittstelle zur Kommunikationspolitik vor.

gliedern. Abbildung 14.9 zeigt die Gliederung in vertikaler Hinsicht als Auswahl zwischen den Distributionsstufen und in horizontaler Hinsicht als Auswahl innerhalb der Distributionsstufen.

Innerhalb der vertikalen Struktur sind Entscheidungen zwischen indirektem und direktem Vertrieb zu treffen. Beim **direkten Vertrieb** erfolgt der Kontakt zwischen dem Unternehmen und dem Kunden unmittelbar, beim **indirekten Vertrieb** sind „Absatzmittler" zwischengeschaltet. Innerhalb des indirekten Vertriebs ist zu unterscheiden, ob die Absatzmittler rechtlich und wirtschaftlich selbstständige Unternehmen sind oder ob sie rechtlich und wirtschaftlich vom Produzenten bzw. der Airline abhängig sind. Im ersten Fall spricht man von **Fremdvertrieb**, im zweiten Fall von **Eigenvertrieb**. Im Falle des Fremdvertriebs ist zu bestimmen, ob ein detailliertes Vertragswerk zur Steuerung fremder Absatzmittler dienen soll (vertragliche Bindung der Absatzmittler, z. B. Franchising) oder ob die Absatzmittler relativ frei sein sollen.

Innerhalb der horizontalen Struktur wird die Auswahl der Absatzmittler in der jeweiligen Stufe vorgenommen. Die Breite des Absatzweges bezieht sich auf die Anzahl der eingesetzten Mittler innerhalb einer Stufe, während sich die Tiefe auf deren Art bezieht.

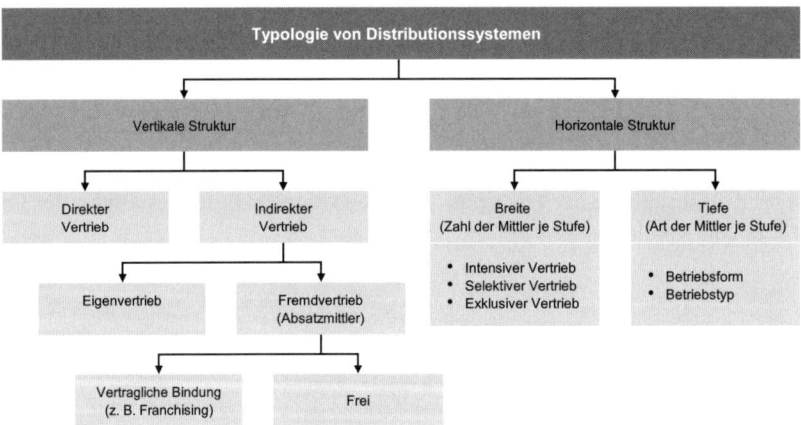

Abbildung 14.9: Systematisierung von Distributionssystemen[242]

Funktionen von Absatzmittlern
Die Leistung eines Absatzmittlers (Handelsleistung) lässt sich als Ersparnis von Kontaktkosten interpretieren (Theorem der Kontaktkostenreduktion von Baligh/Richartz). Abbildung 14.10 zeigt, dass im Falle des Direktkontaktes bei drei Produzenten und drei Konsumenten neun Kontakte entstehen, die jeweils Kosten implizieren. Bei Einschaltung eines Intermediärs (synonym: Absatzmittler) lässt sich in diesem Beispiel die Anzahl der Kontakte auf sechs

---

[242] In Anlehnung an Meffert (1998), S. 597.

3 Distributionspolitik

reduzieren. Bei polypolistisch geprägten Märkten klafft die Anzahl der Kontakte bei Direktkontakt und indirektem Kontakt weit auseinander.

Neben der Kostensenkung im Distributionssystem haben Absatzmittler sechs weitere Funktionen für Produzenten und Konsumenten (siehe Abbildung 14.10). Im Luftverkehr erfüllen bspw. Reisebüros als Absatzmittler eine Verkaufsfunktion, indem sie einen „Point-of-Sale" bilden, an dem Flugtickets verkauft werden können. Damit kann eine nahezu flächendeckende Marktpräsenz mit der Konsequenz einer Überallverfügbarkeit (Ubiquität) von Flugangeboten erreicht werden. Die Beratungsfunktion erbringen Absatzmittler, indem sie bspw. Klassenkonzepte hinsichtlich der Unterschiede zwischen Economy und Business Class erläutern. Die Kommunikationsfunktion bedeutet, dass sie bspw. Kunden überzeugen, bei der eigenen Airline und nicht bei der Konkurrenz-Airline zu fliegen. Die Raumüberbrückungsfunktion war früher wichtig, wenn Papiertickets zum Kunden gebracht werden mussten. In Deutschland herrscht generell eine hohe Reisebürodichte, so dass meist ein Reisebüro in unmittelbarer Nähe aufgesucht werden kann. Die Beschwerdefunktion kommt zum Tragen, wenn bspw. Beschwerden über die Servicequalität der Flugreise vorgetragen und Schadensersatzansprüche geprüft werden. Die Sortimentsfunktion wird erfüllt, wenn neben der Flugreise weitere, zur Flugreise passende Reiseangebote wie Hotelaufenthalte, Mietwagen oder Reiseversicherungen angeboten werden.

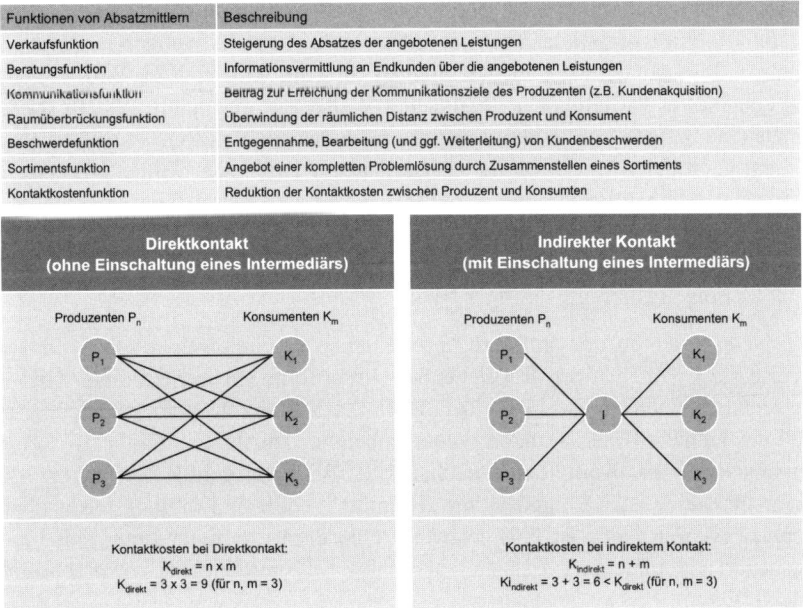

Abbildung 14.10: Funktionen von Absatzmittlern

Damit Absatzmittler ihre Funktionen im vollen Umfang wahrnehmen können, sind vom Produzenten absatzmittlergerichtete Maßnahmen (Handelsmarketing) durchzuführen. Dazu zählen die Bereitstellung von Informationsmaterialien (z. B. Flugplanhefte), die Bereitstellung von Musterverträgen (z. B. Anträge für Vielfliegerprogramme), die Bereitstellung von Verkaufsförderungsmaterialien (z. B. Schaufensterdisplays), die Durchführung von Schulungen des Kundenkontaktpersonals des Absatzmittlers (z. B. Verkaufsschulung, Betriebsbesichtigungen[243], usw.).

In den letzten Jahren ist aus einer Reihe von Gründen eine rückläufige Bedeutung stationärer Absatzmittler zu beobachten. Insbesondere technologische Entwicklungen im Bereich des **Internet** bewirken, dass stationäre Reisebüros ihre traditionellen Stärken bei der Erfüllung der o. g. Funktionen schlechter zur Geltung bringen können.

Kontaktkostenreduktion und Verkaufsfunktion kommen dem Internet in stärkerem Maße zu, denn mit dem Internet existiert eine hohe Anzahl von Points-of-Sale. In Deutschland haben fast 50 Mio. Menschen Internet-Zugang, damit existieren 50 Mio. Points-of-Sale „in den Wohnzimmern" der Konsumenten (zum Vergleich: in Deutschland existieren etwa 15.000 stationäre Reisebüros). Die Verkaufsfunktion wird bspw. durch e mail-Newsletter oder Push-Technologien wie Ding! von Southwest Airlines (automatische Zustellung von Sonderangeboten) gut erfüllt. Ohnehin gelten die Möglichkeiten von Reisebüros, die Nachfrage auf bestimmte Airlines zu steuern als sehr begrenzt. Vielfliegerprogramme, Preispolitik und Flugpläne der Airlines sind Pull-Maßnahmen (s. u.), die eine Prädisposition zu Gunsten bestimmter Airlines bewirken, und gegen die Absatzmittler nur schwer ankommen. Die Beratungsfunktion übernimmt das Internet mittlerweile ebenfalls vielfach besser als stationäre Reisebüros. Insbesondere die Entwicklungen im Umfeld von Web 2.0, in denen „user generated content" in vielfältiger, authentischer Weise zur Verfügung gestellt wird, ermöglicht oftmals eine bessere Produkteinschätzung als Aussagen von Reisebüromitarbeitern. Das Internet dient auch der Akquisition neuer Kunden mit Hilfe von Online-Werbung in Suchmaschinen etc. Beschwerden können mit Hilfe von e-mails sehr effizient bearbeitet werden. Die Sortimentsfunktion wird durch Dynamic Packaging-Systeme effizienter und effektiver als in stationären Reisebüros erfüllt. Der Bedeutungsverlust ist dieser betriebswirtschaftlichen Logik zu Folge fast zwangsläufiger Natur.

Allerdings ist zu beachten, dass auf dem Luftverkehrsmarkt unterschiedliche Kundengruppen mit teilweise stark voneinander abweichenden Anforderungen präsent sind. Zum einen ist zwischen technikaffinen und weniger technikaffinen Kunden zu unterscheiden, wenngleich der Anteil der technikaffinen Kunden weiter zunehmen dürfte. Zum anderen werden Leistungen unterschiedlicher Komplexität nachgefragt. Während eine Reise im innerdeutschen Luftverkehr für die meisten Fluggäste zur „Routine" gehört und folglich leicht über das Internet gebucht werden kann, ist beispielsweise eine Fernreise nicht selten mit besonderem Beratungsbedarf verbunden, so dass auch stationäre Reisemittler über entsprechende Marktpotenziale verfügen.

---

[243] Airlines veranstalten bspw. häufig Führungen für Reisebüromitarbeiter auf ihren Heimatflughäfen.

3 Distributionspolitik

Strategien für die Zusammenarbeit mit Absatzmittlern

Anbietern bietet sich im Hinblick auf die Zusammenarbeit mit Absatzmittlern die „Push-" und die „Pullstrategie" (siehe Abbildung 14.11) an, die zwei grundsätzliche Alternativen zur Schaffung von Kaufanreizen darstellen.

Bei der **Push-Strategie** betreibt das Unternehmen eine absatzmittlergerichtete Strategie, bei der die Leistung durch das Distributionssystem „gedrückt" wird. Die Push-Strategie kommt insbesondere zur Anwendung, wenn die Markentreue eher gering ist und eine Kaufentscheidung erst während des Verkaufsvorgangs fällt.

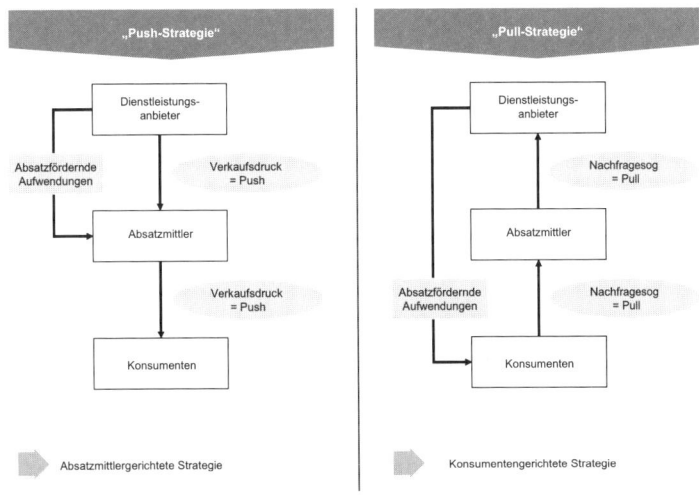

Abbildung 14.11: Funktionsmechanismen von Push- und Pull-Strategie

Bei der **Pull-Strategie** wendet der Anbieter eine konsumentengerichtete Strategie an. Die Endkunden sollen dazu motiviert werden, die Leistung beim Absatzmittler gezielt abzufragen; die Leistung wird wie in einem Nachfragesog durch das Distributionssystem „gezogen". Die Pull-Strategie kommt insbesondere zur Anwendung, wenn große Markentreue herrscht bzw. aufgebaut werden soll und wenn es sich um High-Involvement-Produkte handelt. Im Luftverkehr überwiegt mittlerweile die Pull-Strategie.

Entscheidungskriterien für die Gestaltung von Distributionssystemen

Zentrale Entscheidungskriterien für die Gestaltung von Distributionssystemen sind:

- Erreichbarkeit von Kunden:
  Eine wesentliche diesbezügliche Kennzahl stellt die „Distributionsquote" dar. Die Distributionsquote ist eine Maßzahl für die Erhältlichkeit eines Produktes. Fluggesellschaften müssen sicherstellen, dass die regional verteilte Bevölkerung die Leistung beziehen kann. Daher sind Überlegungen hinsichtlich der Standortwahl von Verkaufsstellen sowie mög-

licher Partner anzustellen. Es ist anzustreben, dort vertreten zu sein, wo der Kunde den Kauf tätigen möchte bzw. diejenigen Distributionskanäle vorzuhalten, die der Kunde nutzen möchte. Im Zweifel ist angeraten, alle zur Verfügung stehenden Kanäle zu offerieren. Hier sind Telefon (in Form von Call-Centern) und Telefax, das Internet in Form höchst verschiedenartiger Websites und die verschiedenen stationären Präsenzen (Reisebüros, Stadtbüros der Airlines, Airport Ticket Counter usw.) zu nennen. Im Endeffekt ist eine „Überallverfügbarkeit" (Ubiquität) anzustreben, um dem Kunden den Zugang zum Produkt auf mühelose Art und Weise zu ermöglichen.

- Höhe der Distributionskosten:
  Typische Arten von Distributionskosten sind Handelsspanne, Kosten für Vertriebsinnen-/-außendienst, für Vertragsabschlüsse mit Absatzmittlern, Verkaufsförderungsaktionen und weitere POS-Maßnahmen sowie Kosten für Informationstechnologien bzw. den Aufbau einer Systeminfrastruktur (z. B. in Form der eigenen Website mit Buchungsfunktion).

- Steuerbarkeit des Marketing-Instrumentariums im Vertriebssystem:
  Produktpräsentation und Produktplatzierung am POS, Preisgestaltung, Unterstützung durch den Absatzmittler (Beratungsqualität, Werbung, Verkaufsförderung etc.).

- Kontrollierbarkeit des Distributionssystems:
  Beeinflussbarkeit der Intermediäre, Steuerbarkeit der Intermediäre.

- (Langfristige) Anpassungsfähigkeit des Distributionssystems bei strukturellen Veränderungen in der weiteren und engeren Unternehmensumwelt.

Das Ganze ist zu sehen vor dem Hintergrund der eigenen Unternehmensziele und Unternehmensstrategie, den Eigenschaften der Produkte, den Eigenschaften der Endverbraucher, der Absatzmittler und der Wettbewerber sowie der Faktoren der weiteren Unternehmensumwelt (vgl. die PESTE-Analyse in Kapitel X).

3.3 Distributionskanäle im Luftverkehr

Im Luftverkehr lässt sich folgende Typologie der Distributionskanäle entwickeln (siehe Abbildung 14.12). Neben dem o. g. Kriterium der Einschaltung von Absatzmittlern (das den Direktvertrieb vom indirekten Vertrieb trennt) und dem o. g. Kriterium der Selbstständigkeit der Absatzmittler (das den Eigenvertrieb vom Fremdvertrieb trennt), sind die Kriterien Branchenzugehörigkeit des Absatzmittlers, Ortsbindung des Distributionskanals und Persönlichkeitsgrad des Distributionskanals zur Typologisierung von Distributionskanälen heran zu ziehen.

3 Distributionspolitik

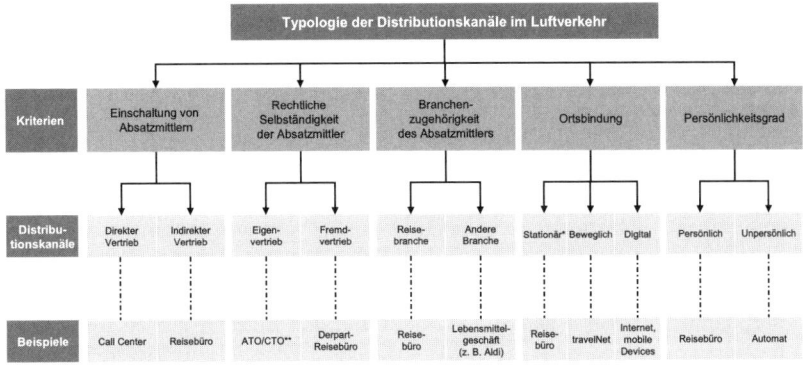

Abbildung 14.12: Typologie der Distributionskanäle im Luftverkehr

Insgesamt existieren die in Abbildung 14.13 aufgeführten acht Distributionskanäle in der Reisebranche bzw. im Luftverkehr.

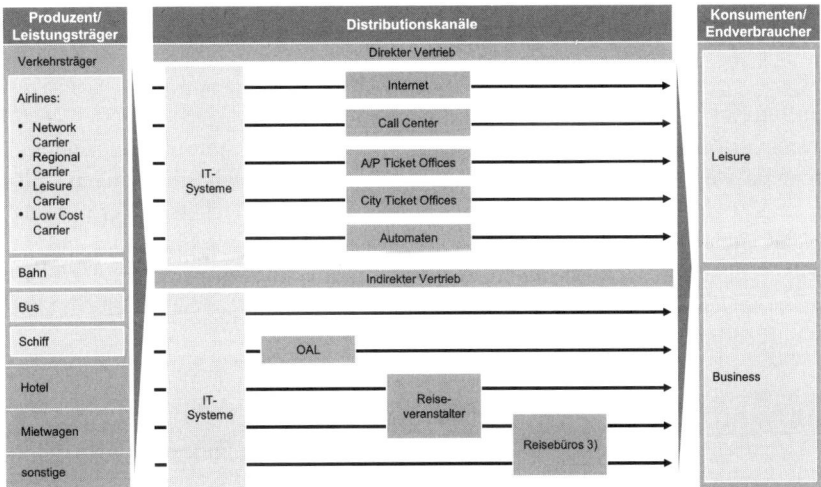

Abbildung 14.13: Distributionskanäle in der Reisebranche

Internet
Der zunehmenden Bedeutung des Distributionskanals **Internet** wird die ausführliche Darstellung in Kapitel XV gerecht.

Call Center

Call Center sind Organisationseinheiten mit dem Geschäftszweck, einen serviceorientierten und effizienten telefonischen Dialog mit Kunden und Interessenten zu führen und telefonisch Verkäufe zu tätigen. Zu den hauptsächlichen Aufgaben des Call Centers zählen neben Serviceleistungen die Übermittlung von Informationen zum Flugplan und den Produkten einer Airline, das Management von Beschwerden und die Gewinnung von Kundendaten. Die wichtigsten Aufgaben von Call Centern sind die Annahme von Buchungswünschen und die Reservierung von Sitzplätzen. Aus reinen Call Centern werden zunehmend „Customer Interaction Center", die Kunden einen umfassenden Service anbieten. Durch den Einsatz ihrer Call Center in Berlin, Kassel, Dublin, Kapstadt, Los Angeles, Melbourne, New York und Toronto kann bspw. Lufthansa neben einer 24-stündigen Bereitschaft auch einen Ausgleich in den Peak-Zeiten realisieren. Im Jahre 2007 wurden 13,4 % der weltweiten Ticketverkäufe von Airlines über Call Center abgewickelt.[244]

Airport Ticket Offices und City Ticket Offices

Eine traditionelle Form des Eigenvertriebs sind Airline-eigene Verkaufsbüros an Flughäfen (Airport Ticket Offices = ATOs) und in größeren Städten (City Ticket Offices = CTOs). Die Aufgaben der Verkaufsbüros liegen neben dem Absatz von Tickets auch in Serviceleistungen gegenüber Passagieren und Agenturen in Form von Auskünften über Flugpläne, Tarife und Umbuchungen. Flughafenverkaufsbüros dienten zudem lange als Abholstelle für hinterlegte und vorausbezahlte Tickets.

Ticketautomaten

Bisher wenig erfolgreich waren erste Versuche in den USA, Tickets über Ticketautomaten zu vertreiben. Es waren vor allem die teilweise komplexen Tarifbestimmungen, die bei den Kunden zu Verwirrung führten, so dass Buchungen eher an Ticketschaltern vorgenommen wurden. Automaten könnten an hochfrequentierten Standorten wie Flughäfen und Bahnhöfen aufgestellt werden. Für Kunden, deren Reisewünsche fest liegen, kann der Verkaufsprozess vereinfacht werden. Bei Problemen kann über den Automaten Kontakt zu einem Call Center-Agenten aufgenommen werden.

Other Airlines (OAL)

Andere Airlines übernehmen ebenfalls Distributionsfunktionen, indem sie Tickets in eigenen Distributionskanälen verkaufen.

Reiseveranstalter

Reiseveranstalter stellen Distributionskanäle dar, indem sie als Großhändler fungieren. Sie nehmen häufig größere Kontingente von Sitzplätzen ab und „packetieren" diese als Pauschalreisen, die wiederum über die Distributionskanäle des Reiseveranstalters vertrieben werden. Leisure Carrier vertreiben (verchartern) auf diesem Kanal einen Großteil ihrer Sitzplatzkapa-

---

[244] Vgl. Airline Business, Juli 2008, S. 51.

zität, aber auch Network Carrier und in besonderem Maße Low Cost Carrier vertreiben zunehmend über Reiseveranstalter.

Die größten zehn deutschen Reiseveranstalter im Touristikjahr 2007/2008, gemessen nach Umsatz mit Flugreisen, sind Tabelle 14.4 zu entnehmen.

Tabelle 14.4: Umsätze der 10 größten Reiseveranstalter mit Flugreisen in Deutschland (Touristikjahr 2007/2008) [245]

Reiseveranstalter	Umsatz mit Flugreisen (in Mio. €)	Reiseveranstalter	Umsatz mit Flugreisen (in Mio. €)
TUI Deutschland	4.211,5	Öger-Gruppe	773,0
Thomas Cook	2.573,0	Schauinsland	303,0
REWE Group	2.127,4	GTI Travel	246,0
Alltours	1.300,0	Studiosus/Marco Polo	210,0
FTI	k.A.	Big Xtra	139,5

Folgende **Charterkonzepte** können zur Anwendung kommen:[246] Vollcharter (plane load): Ein Reiseveranstalter nimmt alle Plätze eines Flugzeugs unter Vertrag; Splitcharter: Die Kapazität des Flugzeugs wird von mehreren Reiseveranstaltern geteilt; Partcharter: Ein Reiseveranstalter chartert eine bestimmte Anzahl von Plätzen auf einem Linienflug; Einzelplatz-Buchung: Ein Reiseveranstalter bucht einzelne Plätze bei der Fluggesellschaft oder einem Consolidator je nach vorhandenem Bedarf.

Bei den von Reiseveranstaltern angebotenen Produkten lassen sich vier Typen unterscheiden (siehe Abbildung 14.14). Die vier aufgeführten **Produkttypen** implizieren jeweils spezifische distributionspolitische Maßnahmen von Airlines. Die Ausgestaltung der IT-Systeme unterscheidet sich grundsätzlich, zudem sind vertragliche Regelungen und Pricing-Mechanismen sehr verschieden.

---

[245] Vgl. fvw Dossier Deutsche Veranstalter 2008.

[246] Vgl. Pompl (2007), S. 286f.

	Pauschalreise	Bausteinreise	Dynamic Bundling-Reise	Dynamic Packaging-Reise
Wählbarkeit der Reisekomponenten (Anzahl, Zeiten, Anbieter)	Nicht möglich	Möglich, einzeln buchbar	Möglich, einzeln buchbar	Möglich, einzeln buchbar
Mindestleistungen	I.d.R. zwei Teilleistungen (Reisekomponenten) wie z.B. Beherbergung, Beförderung.	Eine Teilleistung buchbar	I.d.R. zwei Teilleistungen (Reisekomponenten) wie z.B. Beherbergung, Beförderung.	I.d.R. zwei Teilleistungen (Reisekomponenten) wie z.B. Beherbergung, Beförderung.
Anbieter	(Ein) Reiseveranstalter (z.B. TUI)	(Ein) Reiseveranstalter (z.B. Dertour)	Einzelne Leistungsträger treten in den Vordergrund	(Ein) Reiseveranstalter (z.B. Expedia)
Preisanzeige	Ein Gesamtpreis	Mehrere Einzelpreise	Mehrere Einzelpreise	Ein Gesamtpreis (evtl. mit Anzeige der Preisersparnis ggü. Einzelbuchung)
Inventory-System	Ein Inventory-System / des Reiseveranstalters	Ein Inventory-System / des Reiseveranstalters	Mehrere Inventory-Systeme / der Leistungsträger (Abruf und Vakanzprüfung in Echtzeit)	Mehrere Inventory-Systeme / der Leistungsträger (Abruf und Vakanzprüfung in Echtzeit)
Preisaktualität	Keine tagesaktuellen Preise	Keine tagesaktuellen Preise	Tagesaktuelle Preise	Tagesaktuelle Preise

Abbildung 14.14: Typen von Reiseveranstalter-Produkten

Gelegentlich treten Airlines auch selbst als Reiseveranstalter auf, indem sie im Rahmen von Stop-Over-Programmen Pauschalanschlussarrangements anbieten.

Reisebüros
Der zentralen Funktion von Reisebüros wird in Form einer ausführlichen Darstellung des deutschen Reisemittlermarktes im folgenden Unterkapitel Rechnung getragen. Es ist auch zu berücksichtigen, dass Reisebüros häufig als Reiseveranstalter agieren.

Flugtickets beim Discounter

Mehrere Low Cost Airlines haben bereits mit dem Vertrieb über Discounter experimentiert (z. B. in Deutschland im Jahr 2005 Air Berlin über den Discounter Penny). Allerdings erfordert der Vertrieb von Luftverkehrsleistungen, im Unterschied etwa zum Schienenverkehr, einen Zugriff auf die IT-Systeme der Airlines. Folglich wurden in den Discountern lediglich „Gutscheine" verkauft, mit denen die Kunden jeweils (über Internet bzw. Call-Center) bestimmte Flüge buchen konnten.

3.4 Struktur des Reisemittlermarktes

Ein Reisemittler ist ein Betrieb (oder ein Betriebsteil), der Leistungen Dritter zur Befriedigung des zeitweiligen Ortsveränderungsbedürfnisses und damit zusammenhängender anderweitiger Bedürfnisse vermittelt. Der Markt stationärer Reisemittler ist in Deutschland durch folgende Strukturmerkmale gekennzeichnet (Stand 2007):[247]

- Umsatz: 21,5 Mrd. €
- Geschäftsreiseumsatz: 7,5 Mrd. €
- Privatreiseumsatz: 14,0 Mrd. €
- Flugumsatz (inkl. Consolidators): 8,1 Mrd. €
- Zahl der Haupterwerbsreisebüros: 11.404
  - Klassische Vollreisebüros: 3.301 (mindestens eine Veranstalter-Lizenz und eine DB- oder IATA-Lizenz)
  - Büros mit IATA-Lizenz: 3.884

Reisebüroorganisationen
Auf dem deutschen Markt finden sich vier Typen von Reisebüroorganisationen (siehe Abbildung 14.15.

Typen von Reisebüro-organsationen	Hauptmerkmale	Typische Beispiele
Ketten	• Reiseketten sind Filialunternehmen; Filialen im Eigentum der Kette • Führung aus der Kettenzentrale heraus, angestellte Filialleiter • Straffe Organisation, zentrale Steuerung • Einheitliche Buchhaltung, IT-Systeme, Marketing, u.v.a.m. • Einheitlicher Außen- und Innenauftritt	• Hapag-Lloyd • American Express • DER • Carlson Wagonlit • ...
Franchisesysteme	• Rechtlich selbständige Reisebüroinhaber, wirtschaftlich eingeschränkte Selbständigkeit • Wahrnehmung wichtiger zentraler Funktionen, z.B. Einkauf, Sortimentsgestaltung, Buchhaltung, IT, Corporate Identity, ... • Einheitlicher Außen- und Innenauftritt	• Lufthansa City Center • Derpart • Holiday Land • ...
Kooperationen	• Rechtlich und weitgehend wirtschaftlich selbständige Reisebüroinhaber • Ursprünglich klassische Einkaufsgenossenschaft • Heute organisierter Verbünde, die Mitgliedern zentralen Einkauf, Buchhaltung, IT-Betreuung, usw. bieten • Uneinheitlicher Aussenauftritt	• Schmetterling • TSS • TUI Travel Star • ...
Unabhängige Reisebüros	• Rechtlich und wirtschaftlich vollkommen unabhängige Reisebüroinhaber • Uneinheitlicher Außen- und Innenauftritt ("schwaches Branding")	• „Reisebüro Meier" • ...

Abbildung 14.15: Reisebürotypen

In den vergangenen Jahren ist die Anzahl von Reisebüros, die zu Reisebüro-Ketten, -Kooperationen oder Franchise-Systemen gehören, deutlich gewachsen. Unabhängige Reisebüros hingegen sind fast völlig vom Markt verschwunden. Airlines müssen sich aufgrund dieser Konzentrationstendenzen im Reisemittlermarkt mit einer steigenden Nachfragemacht

---

[247] Entnommen aus: fvw Dossier Ketten und Kooperationen 2007, S. 6.

auseinander setzen. Der Ausbau des Eigenvertriebs setzt der Nachfragemacht jedoch Grenzen.

Die Top 10 im deutschen Reisebürovertrieb sind in Tabelle 14.5 dargestellt. Nicht erfasst sind hier die Umsätze der Online Travel Agencies (OTAs), die im Kapitel XV dargestellt sind.

Tabelle 14.5: Die Top 10 im deutschen Reisebürovertrieb[248]

	Umsatz (in Mio €)	Vertriebsstellen
REWE Touristik	4.312,0	2.565
TUI Leisure Travel	2.800,0	1.535
Lufthansa City Center	1.900,0	496
BCD Travel	1.832,6	134
Thomas Cook Partner Group	1.400,0	1.279
Carlson Wagonlit Travel	918,0	60
OFT	867,9	415
TVG	317,8	268
Alltours Reisecenter	216,5	208
Reise Quelle Neckermann Urlaubswelt	202,3	125

Typen von Reisemittlern

Eine zentrale Rolle im Vertrieb von Flugtickets nehmen die **IATA-Reisebüros** (oder **IATA-Agenturen**) ein. Reisebüros mit einer sog. IATA-Lizenz sind berechtigt, Flugtickets aller IATA-Fluggesellschaften auszustellen. International tätige Airlines gewinnen Passagiere in nennenswertem Umfang auch in Auslandsmärkten. Bei den großen Network Carriern liegen die Auslandsumsätze häufig zwischen 40 – 50 %. Das IATA-Agentursystem, das 1952 mit dem Standard Agency Agreement etabliert wurde, schafft die Möglichkeit, auch im Ausland ohne eigene Verkaufsorganisationen flächendeckend eigene Flüge anzubieten. Im Jahren 2008 existierten etwa 81.000 IATA-Agenturen weltweit.

Reisebüros erhalten eine IATA-Lizenz nach Erfüllung bestimmter Kriterien. Über die Zulassung entscheidet in Deutschland das Agency Service Office in Frankfurt am Main. Bei Erfüllung aller Kriterien wird mit dem Reisebüro ein Agenturvertrag abgeschlossen. Dem Reisebüro wird eine IATA-Nummer zugeteilt, und es erhält die für die Ausstellung von Tickets notwendige „Ausrüstung", zu der insbesondere ein elektronischer „Ticket Stock" zählt. Hier wird der IATA-Agentur eine Reihe von Etix-Nummern zur Ausstellung elektronischer Beförderungsdokumente zur Verfügung gestellt.

Die Abrechnung zwischen den IATA-Agenten und Airlines erfolgt über den von der IATA entwickelten **Billing and Settlement Plan (BSP)**, vormals Bank Settlement Plan. Im Jahre 2007 existierten 81 BSP-Organisationen, die für 160 Länder zuständig waren. Das abgewickelte Umsatzvolumen lag im Jahre 2007 bei 220 Mrd. US $. In Deutschland lag das abge-

---

[248] Quelle: fvw Dossier Ketten und Kooperationen 2007, S. 12.

wickelte Umsatzvolumen der 180 in Deutschland aktiven IATA-Airlines bei 8,9 Mrd. € (2006).[249]

Als **Non-IATA-Agentur** bezeichnet man eine Agentur, die mit einer oder mehreren Fluggesellschaften zusammenarbeitet, ohne im Besitz einer IATA-Lizenz zu sein. Der Agent erhält keinen IATA-Ticket Stock, sondern verfügt entweder über Tickets der jeweiligen Fluggesellschaft, die auch mit diesen direkt (und nicht über BSP) abzurechnen sind oder er bestellt die ausgestellten Flugscheine direkt bei der Fluggesellschaft, bei einem General Sales Agent (GSA) oder bei einem Consolidator.[250] Die bezogenen Tickets werden oftmals mit einem Nettopreis versehen, auf den die Non-IATA-Agentur einen Aufschlag vornimmt und damit den Endverbraucherpreis autonom festlegt. Ermöglicht wurden Non-IATA-Agenturen durch die IATA-Resolution 814, die bilaterale Verträge als Geschäftsgrundlage zwischen Luftverkehrsgesellschaften und Reisebüros billigt.

Ein **Consolidator** hat die Funktion eines Großhändlers. Er erwirbt eine relativ große Anzahl von Sitzplätzen von Airlines und verkauft diese Sitzplätze üblicherweise zu einem Preis, der deutlich unter den offiziellen Tarifen der Fluggesellschaft liegt, an Reisebüros weiter. Consolidators werden von Airlines stark vergünstigte Nettopreise gewährt, da sie in relativ kurzer Zeit eine große Anzahl von Sitzplätzen im Markt platzieren können. Der Distributionsprozess von Consolidators ist hochgradig automatisiert und rationalisiert, so dass sehr niedrige Distributionskosten anfallen.

Eine Airline, die in einer bestimmten Region oder einem Land nicht selbst durch eine eigene Verkaufsorganisation vertreten ist, kann eine andere IATA-, Non-IATA-Fluggesellschaft oder Reisebüroorganisation gegen Leistung einer Provision als „**General Sales Agent**" **(GSA)** einsetzen und sie mit der Repräsentation und Vermarktung ihrer Flüge beauftragen. Neben der Reservierung und dem Verkauf von Tickets ist der Generalagent auch für Werbung sowie Sales Promotion verantwortlich. Repräsentationsabkommen können sowohl einseitig als auch bilateral geschlossen werden.

Eine Sonderform des Fremdvertriebs sind **Reisevertriebsassistenten**, die neue, bisher kaum erreichte Kundengruppen ansprechen sollen. Im Rahmen des mobilen Reisevertriebssystems travelNet vermitteln bspw. über 4.000 freiberufliche Vertriebsassistenten eine Angebotspalette von Flügen über Hotels bis Pauschalarrangements in Beratungsgesprächen an Privatkunden in deren Räumlichkeiten. Die Buchungswünsche werden durch den Vertriebsassistenten an ein Call Center weitergeleitet.

Unter **Firmenreisestellen** werden Reiseorganisationsabteilungen in z. B. Industrie- und Handelsbetrieben, Behörden und öffentliche Betrieben verstanden. Airlines verkaufen Tickets gelegentlich direkt an Reisestellen. In seltenen Fällen entsenden Airlines eigene Mitarbeiter in Firmenreisestellen bzw. unterhalten dort eigene Verkaufsstellen (sog. „**Implants**") mit eigenem Ticketstock. Hierbei würden Buchungen auf die eigene Airline gelenkt.

---

[249] Vgl. www.iata.org.
[250] Auch bei der Ausstellung von elektronischen Tickets müssen entsprechende Nummernkreise „bestellt" werden.

In Deutschland verfügen die meisten Firmenreisestellen nicht über die Voraussetzungen zum Erhalt einer IATA-Lizenz. Die Ticketausstellung erfolgt meist in Zusammenarbeit mit einem Reisebüro. Zunehmend haben die Aufgaben der Reisestellen den Charakter eines professionellen **Business Travel Managements** (BTM). Auf das Business Travel-Segment spezialisierte Reisemittlerorganisationen werden als **Travel Management Companies** (TMCs) bezeichnet. Die größten TMCs sind American Express, Carlson Wagonlit, Hogg Robinson und BCD Travel.

3.5 Vergütung von Distributionsleistungen

Grundsätzliche Varianten der Vergütung von Absatzmittlern sind in Abbildung 14.16 dargestellt. Bis vor wenigen Jahren war das **Bruttopreismodell** im Luftverkehr üblich. Hier setzte die Airline einen Ticketpreis als Endverbraucherpreis fest. Absatzmittler verkauften Flugtickets zu den festgesetzten Preisen, die eine Standard-Provision für die Vergütung der Absatzmittlerleistung beinhaltete (meist 9 %). Die Provision wurde von den Reisebüros einbehalten, der restliche Betrag wurde über den BSP an die Airlines weitergereicht. Wurden bestimmte Verkaufsziele von den Absatzmittlern erreicht, gewährten Airlines zudem Zusatzprovisionen (Travel Agency Commission Overrides (TACOs)).

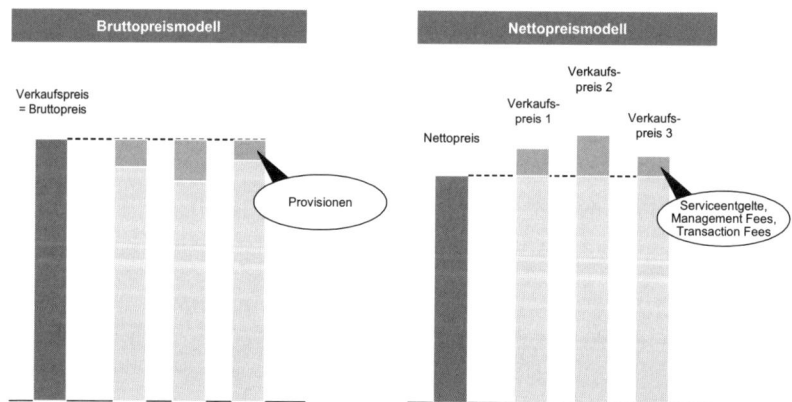

Abbildung 14.16: Varianten der Vergütung von Absatzmittlern

Gegen Ende der 1990er Jahre leiteten die Fluggesellschaften eine Vielzahl an Provisionssenkungen ein. Mittlerweile werden in vielen Märkten keine Provisionen mehr gezahlt („Nullprovision"). Das Bruttopreismodell wandelt sich zu einem **Nettopreismodell**, das keine Provision mehr beinhaltet. Der Absatzmittler muss nunmehr dem Kunden zur Deckung seiner Kosten ein **Serviceentgelt** in Rechnung stellen. Im Business Travel werden Serviceentgelte in Form von Transaction Fee- oder Management Fee-Modellen ausgestaltet. Durch die Umstellung vom Netto- auf das Bruttopreismodell verändert sich auch der Status der Absatzmittler: Waren sie im Bruttopreismodell Handelsvertreter bzw. Agenten nach § 84 HGB, so sind sie nunmehr Makler bzw. Eigenhändler.

Die Systematik der im Geschäftsreisesegment üblichen **„Management Fee-"** und **„Transaction Fee-Modelle"** zur Abrechnung der Absatzmittlerleistungen für Firmenkunden ist in Abbildung 14.17 dargestellt.

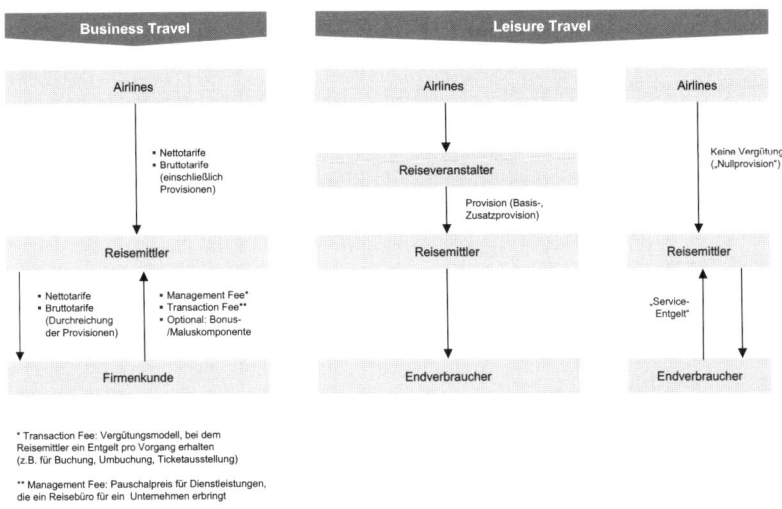

Abbildung 14.17: Die Vergütung von Absatzmittlern im Business und Leisure Travel

Bei einer Vergütung mittels einer Management Fee erhält der Absatzmittler für die Wahrnehmung seiner Aufgaben (z. B. Flugauskünfte, Buchungen, Umbuchungen etc.) einen Pauschalbetrag, der die Kosten deckt und einen Gewinnaufschlag beinhaltet. Vorteil dieses Vergütungsmodells ist die unkomplizierte Handhabung, der Abrechnungsaufwand wird erheblich reduziert.

Bei einer Vergütung mittels einer Transaction Fee (synonym: Handling Fee) wird dem Absatzmittler jede einzelne getätigte Transaktion (bspw. Flugauskunft, Flugbuchung usw.) mit einem bestimmten Betrag vergütet.[251]

Sofern Leistungsträger Standard-Provisionen und Zusatz-Provisionen (Travel Agency Commission Overrides (TACOs)) zahlen, werden diese in beiden Vergütungsmodellen vollständig an den Firmenkunden „durchgereicht".

---

[251] Die Kalkulation und Berechnung von Transaction Fees wird durch GDS unterstützt. Beispielsweise schafft die Transaction Fee-Lösung von Amadeus Germany die Möglichkeit, das Transaction-Fee-Modell zu automatisieren und damit praktikabel zu machen: Das Reisebüro hat die Möglichkeit, seine mit einem Unternehmen ausgehandelten Fees im Amadeus-System zu hinterlegen. Bei der Buchung einer Leistung wird die Fee automatisch in die Abrechnung übernommen und dem Kunden berechnet.

Management- und Transaction-Fee-Modelle verändern die Distributionsstrukturen erheblich. Absatzmittler haben kein Interesse mehr daran, möglichst hochwertige Flugscheine auszustellen: Das Kräfteverhältnis im Dreieck Airline - Absatzmittler – Firmenkunde verschiebt sich zu Gunsten der Firmenkunden und zu Lasten der Airlines. Ein Beispiel für Transaction Fees ist in Tabelle 14.6 dargestellt.

Tabelle 14.6: Beispiel für Transaction Fees

Vorgang	Einheit	Fee (in €)
Flug Inland /Europa (elektronisches Ticket)	Je Ticket	37,07 €
Flug Interkontinental (elektronisches Ticket)	Je Ticket	50,00 €
Flugticket Internet Inland/ Europa/ Interkontinental	Je Ticket	17,24 €
Aufpreis Papierticket Inland/ Europa/ Interkontinental	Je Ticket	6,90 €
Stornierung/ Umbuchung nach Ticketerstellung	Je Ticket	21,55 €
Agenturentgelt Inland/ Europa/ Interkontinental	Je Ticket	11,21 €
Ausarbeitung individueller Reiseangebote	Je Reiseziel	47,41 €
Versand von Reiseunterlagen		4,31 €
Kopien/Fax/Telefon	Pro Einheit	0,17 €
Rückbestätigung Flug		9,48 €

Des Weiteren erhalten Reisebüros bei vielen Fluggesellschaften im Rahmen von **Agentenförderungsprogrammen** (AFö) **Zusatzeinnahmen** (synonym: Incentives oder Travel Agency Overrides), sobald bestimmte Vorgaben erfüllt werden.

Lufthansa hat ein Kundenbindungs- bzw. Firmenförderprogramm für mittelständische Unternehmen entwickelt (Markenname PartnerPlusBenefit). Die Prämien sind: Freiflüge auf deutschen und internationalen Strecken von Lufthansa und Partner-Airlines, Upgrades von der Economy in die Business Class oder von der Business in die First Class auf europäischen und internationalen Flügen von Lufthansa und Partner-Airlines, Übergepäck für Lufthansa Flüge, Gutschrift des Gegenwertes der gesammelten Punkte in Euro auf eine Kreditkarte oder Sachprämien aus dem Lufthansa WorldShop.

Unter Einbeziehung von Kreditkartenorganisationen, über die ein großer Teil der Zahlungen abgewickelt wird und unter Einbeziehung der GDS (siehe Kap. XV), ergeben sich die in Abbildung 14.18 dargestellten Finanzflüsse bei der Distribution von Flugtickets im Geschäftsreisebereich. Aus Sicht der Airline entstehen im Falle eines Tickets für 500,- € im Falle der Kalkulation mit branchenüblichen Werten Gesamtkosten der Distribution in Höhe von 31,- €.

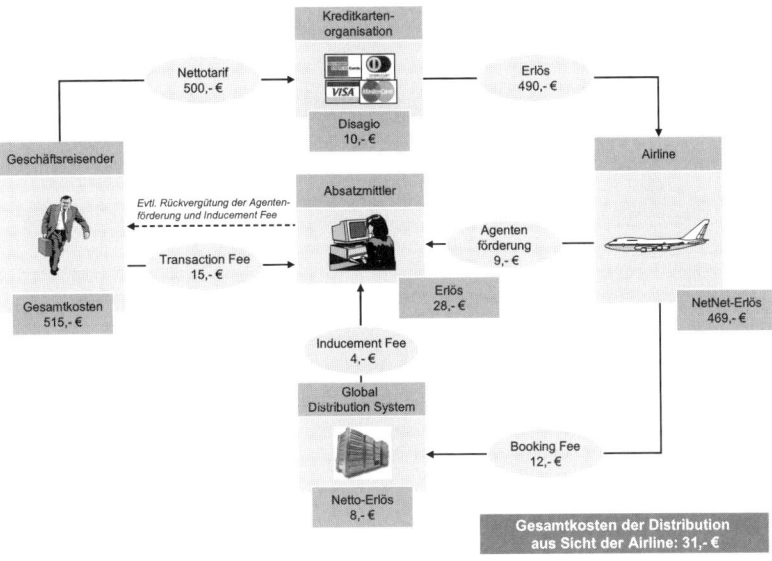

Abbildung 14.18: Vergütung von Distributionsleistungen im Luftverkehr

Zu den aktuellen Entwicklungen im Distributionsbereich siehe auch die Ausführungen in Kapitel XV.

4 Kommunikationspolitik

4.1 Grundlagen der Kommunikationspolitik

Kommunikationspolitik lässt sich wie folgt unterteilen: Die Marketingkommunikation richtet sich an potenzielle und aktuelle Konsumenten, Absatzmittler und Lieferanten. Die Investor Relations richtet sich an Investoren und Branchenanalysten. Die Presse- und Öffentlichkeitsarbeit richtet sich an die Presse und an diverse Gruppen der allgemeinen Öffentlichkeit. Die Marktteilnehmer kommunizieren auch untereinander, so dass zwischen allen Beteiligten eine kommunikative Rückkopplung besteht.

Kommunikation kann in persönlicher oder unpersönlicher Form geschehen. Zwischen dem Kommunikator und dem Adressaten kann ein einstufiger, direkter oder ein mehrstufiger, indirekter Kontakt bestehen. Kommunikationsformen und Beispiele zum Luftverkehr sind in Abbildung 14.19 dargestellt.

	Direkter Kontakt	**Indirekter Kontakt**
Unpersönliche Kommunikation	• Direct Mailing an Teilnehmer eines Vielfliegerprogramms • E mail an registrierte Website-Nutzer • Beantwortung des Beschwerdebriefs eines Kunden an die Airline • Lufthansa Politikbrief als Medium für Entscheider in Politik, Wirtschaft und Medien • Usw.	• Imagewerbung in Publikumszeitschriften • Fernsehwerbung zum Erstflug des A 380 • Bannerwerbung auf Medien-Websites wie www.spiegel.de • Sponsoring von Sport- und Kultur-Events • Berichterstattung im redaktionellen Teil von Medien • Usw.
Persönliche Kommunikation	• Persönlicher Verkauf der Airline an Reisebüros und Firmenkunden • Telefonate mit dem Call Center-Agent einer Airline • Präsentation des Finanzvorstandes im Rahmen einer Investoren-Roadshow • Events (Kamingespräche, Mitarbeiterfeste, etc.) und Dialogforen (Diskussion mit Bürgerinitiativen, etc.)	• Meinungsführerkommunikation durch Travel Manager bei großen Firmenkunden • Meinungsführerkommunikation durch Vielflieger • Usw.

Abbildung 14.19: Kommunikationsformen und Beispiele aus dem Luftverkehr

Marketingkommunikation in Sinne einer Absatzkommunikation beschäftigt sich mit der bewussten Gestaltung der auf Absatzmärkte gerichteten Informationen eines Unternehmens zum Zweck einer Verhaltenssteuerung aktueller und potenzieller Käufer. Die Verhaltenssteuerung erfolgt durch den Einsatz geeigneter kommunikationspolitischer Instrumente. Die im Regelkreis der Marketingkommunikation entstehenden Entscheidungsprobleme sind in Abbildung 14.20 dargestellt.

Wie die anderen Marketing-Mix-Instrumente basiert die Kommunikationspolitik auf einer Situationsanalyse, die Bestandteil der allgemeinen Marketingplanung ist. Aus der Situationsanalyse werden die Marketingziele abgeleitet, die auch bzgl. kommunikationspolitischer Aspekte konkretisiert werden, so dass Kommunikationsziele und -zielgruppen definiert werden.

Nach der Zielbestimmung werden die Kommunikationsstrategie und die Höhe des Budgets für die Marketingkommunikation festgelegt. Die Gestaltung der Kommunikationsbotschaft bezieht sich auf Überlegungen, was der Zielgruppe wie gesagt werden soll. In engem Zusammenhang zur Gestaltung der Botschaft steht die Mediaselektion, d. h. die Auswahl von Werbeträgern und Werbemitteln. Nach der Streuung der Werbebotschaft ist im Rahmen der Erfolgskontrolle die Kommunikationswirkung und die Absatzwirkung zu ermitteln. Wird eine Diskrepanz zwischen den ermittelten Ist-Werten und den ursprünglich angestrebten Soll-Werten festgestellt, sollten Ziele oder Strategie angepasst werden.

4 Kommunikationspolitik

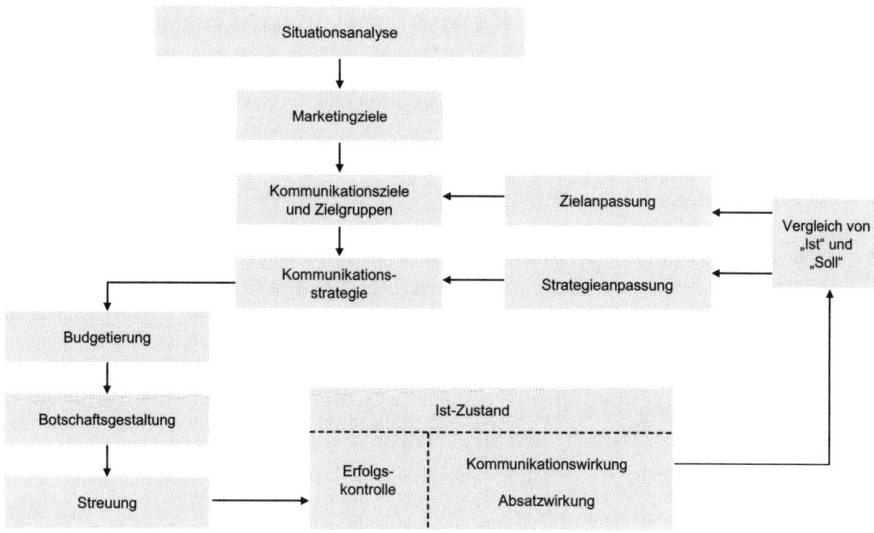

Abbildung 14.20: Entscheidungsprobleme im Regelkreis der Marketingkommunikation[252]

Im Rahmen der Marketingkommunikation werden Kommunikationsinstrumente eingesetzt, die in Abbildung 14.21 dargestellt und nachfolgend behandelt werden.

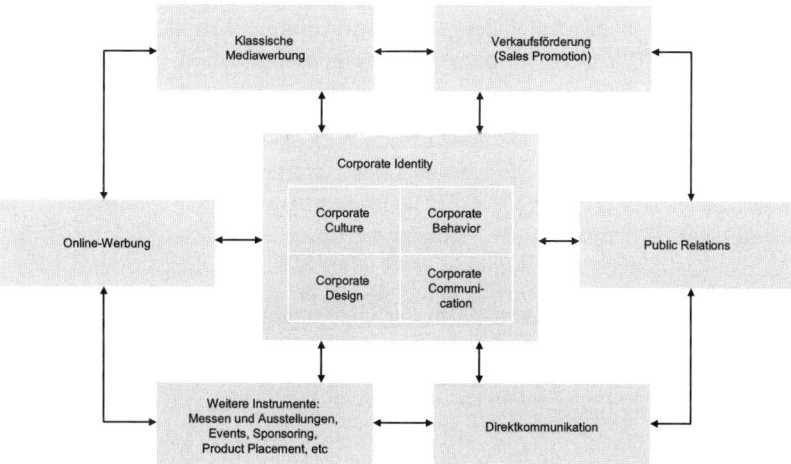

Abbildung 14.21: Instrumente der Kommunikationspolitik.

---

[252] Vgl. Meffert (1998), S. 668.

4.2 Instrumente der Kommunikationspolitik

Corporate Identity

Der Begriff „Corporate Identity" bezeichnet die Identität bzw. Persönlichkeit des Unternehmens. Corporate Identity ist ein ganzheitliches Strategiekonzept zu verstehen, das darauf ausgerichtet ist, Selbstdarstellung und Verhalten des Unternehmens nach innen und außen auf der Basis einer definierten Mission und eines definierten (Soll-)Images des Unternehmens unter einem einheitlichen Dach zu dirigieren. Die Aufgabe der Corporate Identity besteht in der Koordination aller Kommunikationsziele und -aktivitäten eines Unternehmens und ist von zentraler Bedeutung in der Marketingkommunikation.

Zu den Elementen der Corporate Identity zählen das Corporate Design, die Corporate Communication, das Corporate Behavior und die Corporate Culture.

Corporate Design bezeichnet ein in allen Bereichen des Unternehmens abgestimmtes visuelles Erscheinungsbild mit dem Zweck der Wiedererkennung. Dies erstreckt sich auf alle Objekte, die ein Unternehmen in seinen Außenbeziehungen verwendet, z. B. Logos, Drucksachen, Broschüren und Dienstbekleidung. Typische Beispiele für das Corporate Design von Fluggesellschaften sind die Gestaltung der Flughafeneinrichtungen, die Flugzeugbemalung, Kabinengestaltung und -ausstattung, Bordmagazine und Kleinigkeiten wie Besteck, Servietten, Salz-, Pfeffer- und Zuckerbeutel. Das wichtigste Corporate Design-Element bei Airlines ist das Firmenlogo oder Signet.

Mit Corporate Communication wird eine zentrale Kommunikationsstrategie für den abgestimmten Einsatz aller innen- und außengerichteten Kommunikationsinstrumente bezeichnet. Insbesondere Werbung, Verkaufsförderung, Direktkommunikation, Sponsoring und Öffentlichkeitsarbeit sind auf die Corporate Communication abzustimmen.

Corporate Behavior hat die Aufgabe, eine in sich schlüssige und widerspruchsfreie Ausrichtung aller Verhaltensweisen der Mitarbeiter eines Unternehmens im Innen- wie Außenverhältnis zu gewährleisten. Das Corporate Behavior wird nach außen z. B. durch Messeauftritte, Pressegespräche, Veranstaltungen, Kundenmeetings, Interviews, Telefonate und insbesondere bei den Kundenkontaktpunkten in der Service-Kette deutlich.

Die Corporate Culture wird meist in Form der Unternehmensvision schriftlich niedergelegt und beinhaltet Mission und Werte eines Unternehmens. Im Gegensatz zu einer derartigen Soll-Corporate Culture wird die Ist-Corporate Culture durch die Summe der Werte und Normen aller Mitarbeiter bestimmt.

Klassische Mediawerbung

Klassische Mediawerbung wird verstanden als ein kommunikativer Beeinflussungsprozess mit Hilfe von (Massen-)Kommunikationsmitteln in verschiedenen Medien, der das Ziel hat, beim Adressaten marktrelevante Einstellungen und Verhaltensweisen im Sinne der Unternehmensziele zu verändern.

Große Bedeutung kommt der Formulierung der **Werbeziele** zu. Hier hat insbesondere die sog. „AIDA-Formel" Berühmtheit erlangt. AIDA bezeichnet die Stufenfolge der Werbeziele Attention – Interest – Desire – Action. Werbeziele sind so konkret wie möglich zu definieren, um den Erfolg von Werbemaßnahmen beurteilen zu können. Sie lassen sich in außerökonomische und ökonomische Werbeziele gliedern. Zu den außerökonomischen Werbezielen zählen die Aktualisierung der Wahrnehmungsbereitschaft, das Auslösen von Emotionen für das Angebot sowie die Vermittlung von Informationen über das Angebot. Jedem Beeinflussungsziel lassen sich auf Adressatenseite Wirkungen zuordnen, die letztlich Einfluss auf das Verhalten nehmen. Ökonomische Werbeziele stellen etwa auf umsatzsteigerndes Kaufverhalten oder die Wahl kostenminimierender Vertriebswege (z. B. Internet) ab.

Der Definition der Werbeziele folgt die **Festsetzung des Werbebudgets**. In der Praxis werden insbesondere folgende Methoden zur Bestimmung des Werbebudgets eingesetzt: Percentage-of-Sales-Methode: Budgetierung in Abhängigkeit vom Umsatz oder Absatz (als Plan- oder Vorjahresgröße); Competitive-Parity-Methode: Budgetierung nach Orientierung am Wettbewerb; All-you-can-afford-Methode: Budgetierung nach verfügbaren Finanzmitteln des Unternehmens; Objective-and-Task-Methode: Budgetierung nach definierten Werbezielen und -aufgaben.

Entscheidungen über die **Werbebotschaft** beziehen sich auf Überlegungen, was der Zielgruppe wie gesagt werden soll. Komponenten der Gestaltungsstrategie sind das kommunikative Versprechen (hier ist insbesondere der USP = „Unique Selling Proposition" zu definieren), die Begründung des Versprechens („Reason Why") und die Gestaltungslinie (z. B. Bild-Text-Verhältnis, Tonality, Layout usw.).

Bei der Gestaltung der Werbebotschaft internationaler Netzwerk-Carrier ist unter anderem zu klären, inwieweit die Werbebotschaft länderübergreifend standardisiert oder differenziert werden soll bzw. kann. Auf länderspezifische Traditionen, Religionen, Einstellungen, Werte, Sitten und Gebräuche ist Rücksicht zu nehmen. Bei der Ausgestaltung ist auch auf die unterschiedliche Interpretation von Farben und Symbolen zu achten. Übersetzungen der Botschaft in Printmedien können zu einer Veränderung des Layouts führen. Eine Lösung dieses Problems wird versucht, indem international nur in Englisch geworben wird (z. B. Lufthansa: „There's no better way to fly"). Die Gestaltung der Werbebotschaften von Low Cost Carriern fokussiert sehr stark auf Preisaktionen (siehe bspw. Abbildung 14.22 mit Anzeigen von Germanwings in verschiedenen europäischen Ländern, in denen der Eckpreis von umgerechnet 19,99 € beworben wird).

Entscheidungen über die Wahl der **Werbemittel** (z. B. im Falle des Werbeträgers Zeitung die Anzeigenseite oder die Tip-on-Card) sowie die Wahl und Belegung der **Werbeträger** (z. B. Zeitung, Fernsehen, Hörfunk, Kino, Internet usw.) sind zu treffen.[253] Die Botschaftsgestaltung ist ausschlaggebend für die Auswahl von Werbemittel und Werbeträger. Emotionale Botschaften lassen sich z. B. eher mit Bildern und Musik (z. B. im Fernsehen) erzielen.

---

[253] Zu unterscheiden sind die Intermediaselektion und die Intramediaselektion. Die Intermediaselektion bezeichnet die Auswahl zwischen verschiedenen Werbeträgergruppen (also z. B. um die Wahl zwischen Fernsehen und Zeitschrift); die Intramediaselektion bezeichnet die Auswahl innerhalb einer Werbeträgergruppe (also die Belegung des Stern, des Spiegel oder des Focus).

Tabelle 14.7 listet Kriterien für die Werbeträgerselektion mit Beispielen zum Luftverkehr auf.

Abbildung 14.22: Anzeigen von Germanwings in verschiedenen europäischen Ländern (September 2008)

Tabelle 14.7: Kriterien für die Werbeträgerselektion (Intermediaselektion) mit Beispielen zum Luftverkehr

Kriterien	Beispiele
Situation	Anzeige für eine Wochenend-Last-Minute-Reise im Spiegel (Erscheinungstag Montag => 5-tägiger Vorlauf sehr geeignet)
Verhältnis Werbung – Medium	Werbung für ein Vielfliegerprogramm in Erotikmagazinen (Kontraproduktives Werbeumfeld)
Darstellungsmöglichkeiten	Darstellung des neuen First Class-Sitzes im Hörfunk (Hörfunk als ungeeignetes Medium)
Zeitfaktor	Mehrfache und ausgiebige Betrachtung einer First Class-Beschreibung in einem Werbebrief (Hohe Eignung des Werbebriefes)
Zielgruppenansprache	Plakatwerbung an viel befahrenen Straßen (Plakate als ungeeignete Medien für zielgruppengenaue Ansprache)
Reichweite (Durchdringung)	Geringe quantitative Reichweite/hohe qualitative Reichweite bei Special Interest Titeln wie Reisezeitschriften (bspw. Geo Saison)
Erscheinungshäufigkeit	Hohe Eignung von Tageszeitungen für Kurzfristvermarktung, geringe Eignung von Monatsmagazinen für Kurzfristvermarktung
Verfügbarkeit	Belegung einer Anzeigenseite zum Wunschtermin nicht mehr möglich
Kosten	Hohe Kosten der Fernsehwerbung für geringe Anzahl preislich stark reduzierter Sitzplätze (Fernsehen als ungeeigneter Werbeträger)

Eine wichtige Kennzahl für die Werbeträgerauswahl ist der **„Tausender-Kontakt-Preis" (TKP)**. Der TKP gibt an, wie teuer es ist, 1.000 Kontakte zu den Adressaten herzustellen.

4 Kommunikationspolitik

Eine besondere Herausforderung ist die **Kontrolle der Werbewirkung**. Analog zur Unterscheidung außerökonomischer und ökonomischer Werbeziele lassen sich Kommunikations- und Verkaufswirkungen unterscheiden. Bei der kommunikativen Werbewirkung werden meist der **Bekanntheitsgrad** und häufig zusätzlich die **Wiedererkennung** (Recognition), z. B. von Anzeigen, gemessen. Des Weiteren kann die Messung von **Einstellungs- bzw. Imagewirkungen** erfolgen. Es wird ermittelt, ob sich die mit einem Werbeobjekt verbundenen Kognitionen verändert haben, ob ein Werbeobjekt bspw. sympathischer, innovativer oder preiswerter wahrgenommen wird. Die Messung der Werbewirkung erfolgt in der Praxis mit Hilfe von Werbe-Pretests und -Posttests. Pretests werden vor Start der Werbekampagne durchgeführt und dienen dazu, Korrekturen und Wirkungsprognosen zu ermöglichen. Posttests werden nach Beendigung der Werbekampagne durchgeführt und dienen der Wirkungskontrolle und -diagnose.

Schwieriger gestaltet sich die Messung der **Verkaufswirkung** von Werbemaßnahmen. Auf die Verkäufe wirken eine Vielzahl von Größen, z. B. Preisstellung, Distributionsmaßnahmen, Aktivitäten der Wettbewerber, sowie eine Reihe situativer Faktoren, z. B. Wetter, ein. Die „Multikausalität" erschwert die valide Bestimmung eines Ursache-Wirkungs-Zusammenhangs oder kann sie sogar unmöglich machen. Lediglich „Experimente" sind geeignet, die Verkaufswirkungen von Werbemaßnahmen zu bewerten.

Airlines setzen Werbemaßnahmen zur Bewerbung des eigenen Unternehmens und Streckennetzes, ihrer Tarife oder ihres Servicekonzeptes ein. Fluggesellschaften mit umfangreichem Streckennetz können Economies of Scale in der Marketingkommunikation realisieren, da sie z. B. mit nur einer Anzeige ein größeres Streckennetz bewerben.

Auffällig sind Werbemaßnahmen der Low Cost Carrier, die ausnahmslos die günstigen Preise für einzelne Flugverbindungen bewerben. Zum einen soll das Image des Preisführers gestärkt, zum anderen der Absatz von Sitzplätzen forciert werden. Speziell in der „Anfangszeit" der LCC wurde dabei auch eine vergleichende Werbung genutzt, in der die eigenen Preise denen des Hauptwettbewerbers gegenübergestellt wurden. Die vergleichende Werbung führt zu einer vergleichsweise hohen Aufmerksamkeit.

Nachdem die **Werbeaufwendungen** der Luftfahrtbranche in Deutschland 2004 und 2005 noch erheblich reduziert worden waren, zogen sie 2006 um 15 % an und stiegen damit über die 100 Mio. Euro-Grenze. Zwar bleiben die Zeitungen wichtigstes Medium, 2003 war ihr Anteil aber noch erheblich höher gewesen als 2006. Nur leichten Schwankungen unterworfen sind die weiterhin auf dem zweiten Platz rangierenden Publikumszeitschriften. Zu den Aufsteigern zählen die Mediagattungen Hörfunk und Plakat. Auch bei den Airlines waren 2005 die Werbeausgaben noch um 18 % gesunken, sie legten aber 2006 wieder um 14 % zu. Auch hier liegen die Zeitungen trotz Marktanteilsverlusten mit 44 % des Mediaetats eindeutig an der Spitze, die Publikumszeitschriften kommen auf 19 %, gefolgt von den Wachstumsmedien Plakat und Hörfunk.[254]

---

[254] Vgl. Gruner & Jahr (2007), S. 11.

Verkaufsförderung
Verkaufsförderung (Sales Promotion) sind jene primär kommunikativen Maßnahmen, die der Unterstützung und Erhöhung der Effizienz der eigenen Absatzorgane, der Marketingaktivität der Absatzmittler und der Beeinflussung der Verwender bei der Beschaffung und Benutzung der Produkte dienen. Sales Promotion-Aktionen üben zusätzliche und außergewöhnliche Anreize auf eine oder mehrere Zielgruppen aus. Durch Verkaufsförderungsmaßnahmen kann sowohl zusätzliche Nachfrage generiert werden als auch Nachfrageschwankungen zu einer gleichmäßigen Auslastung geglättet werden. Verkaufsförderungsmaßnahmen setzen in vier Bereichen an (siehe Abbildung 14.23).

Beispiele für Staff Promotions sind: Schulungen im Umgang mit neuer Software, Verkaufstrainings, Verkaufshandbücher, Argumentationshilfen, Sales Folder, Verkaufs- und Mitarbeiterwettbewerbe, Prämien, Incentives, Events, Teilnahme an Messen. Beispiele für Dealer Promotions sind: Verkaufsseminare, Schulungsveranstaltungen, Anzeigen, Beilagen, Werbekostenzuschüsse, Partneraktionen, Displays wie Flugzeugmodelle, Rabatte, Sonderkonditionen, Verkaufswettbewerbe, Preisausschreiben, Incentives, Präsenz auf Fachmessen. Beispiele für Consumer Promotions sind: Handzettel, Broschüren, Prospekte, Kundenzeitschrift, Betriebsbesichtigungen, Preisausschreiben, Gewinnspiele, Events, Rabatte, Sonderkonditionen, Zugaben, Self-Liquidating-Offers (z. B. Reisetaschen), Präsenz auf Endverbraucher-Messen.

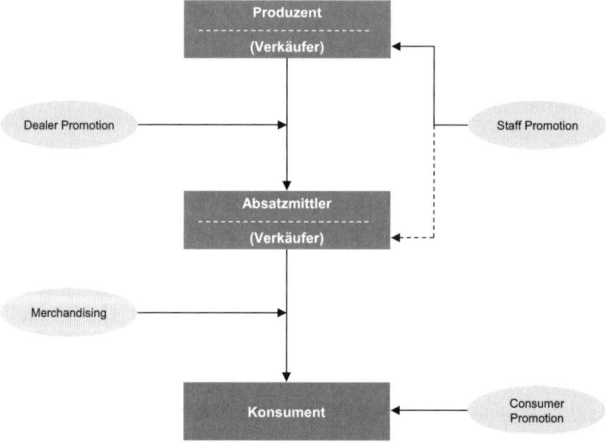

Abbildung 14.23: Bereiche der Verkaufsförderung

Public Relations
Public Relations (Presse- und Öffentlichkeitsarbeit) bezeichnet die planmäßig zu gestaltende Beziehung zwischen den Unternehmen und den verschiedenen Teilöffentlichkeiten (z. B. Medien und ihre Vertreter, Kunden, Aktionäre, Lieferanten, Institutionen, Verbände, Vereine, Bürgerinitiativen, Gewerkschaften, Behörden und Politiker aber auch die unternehmens-

interne Öffentlichkeit wie die Arbeitnehmer). Public Relations umfasst sämtliche Maßnahmen, mit denen Unternehmen um Vertrauen und Verständnis für ihre Belange werben. Es soll ein positives Verhältnis zwischen dem Unternehmen als Ganzes und der allgemeinen Öffentlichkeit hergestellt werden.

Aktivitäten im Bereich der Öffentlichkeitsarbeit sind bspw. die Veranstaltung von Betriebs- und Hauptversammlungen, Tage der offenen Tür, Betriebsführungen, aber auch die Veröffentlichungen von Bilanzen, Geschäftsberichten, Pressemeldungen und weiteren Informationsbroschüren.[255]

Besondere Bedeutung kommt der **Pressearbeit** im Rahmen der Öffentlichkeitsarbeit zu. Im Vergleich zu anderen Kommunikationsinstrumenten sind Presseveröffentlichungen glaubwürdiger und kostengünstiger. Pressearbeit ist daher ein besonders effizientes Kommunikationsinstrument.

Flugzeugunglücke oder -entführungen werden in den Medien meist als Topmeldungen dargestellt. Der Presse- und Öffentlichkeitsarbeit kommt die Aufgabe zu, den Informationsfluss gegenüber Angehörigen und den Medien so schnell und umfassend wie möglich zu gestalten, um den entstandenen Schaden und Vertrauensverlust zu mindern.

Direktkommunikation
Unter Direktkommunikation werden alle Kommunikationsaktivitäten verstanden, bei denen die beabsichtigte Beeinflussungswirkung in direktem Kontakt zum Konsumenten erfolgt und ein Dialog bzw. eine Interaktion zwischen Produzent und Konsument ermöglicht wird. Bei der Direktkommunikation erfolgt damit eine unmittelbare Ansprache bestimmter Personen. Werbebotschaften lassen sich zielgruppengerecht gestalten und streuen, wodurch die Zielpersonen effizienter angesprochen und Streuverluste vermieden werden. Das interaktive Potenzial der Direktkommunikation ermöglicht je nach Reaktion auf die Botschaft durch die Zielpersonen die zukünftige Ansprache entsprechend anzupassen.

Eine der am weitesten verbreiteten Formen der Direktkommunikation stellt das **Direct Mailing** dar. Unternehmen versprechen sich vom Direct Mailing eine hohe Aufmerksamkeitswirkung und die erwünschte Reaktion beim Kunden. Telefonmarketing und der Einsatz elektronischer Kommunikationsmittel (z. B. e-mails) zählen ebenfalls zur Direktkommunikation.

Direktkommunikation setzt die Kenntnis der relevanten Adressaten voraus. Den Airlines liegen aufgrund ihrer Kundenbindungsprogramme (siehe das folgende Unterkapitel 5) Daten zu den wichtigsten Merkmalen der Adressaten vor. Direktkommunikation findet daher bevorzugt mit den eingeschriebenen Mitgliedern der Vielfliegerprogramme statt. Die Lufthansa schickt bspw. ihren Miles & More-Mitgliedern regelmäßig aktuelle Informationen mit dem Miles & More-Kontoauszug.

---

[255] Ein Beispiel für weitere Informationsbroschüren ist der von Lufthansa veröffentlichte Nachhaltigkeitsbericht „Balance", der jährlich erscheint.

Weitere Kommunikationsinstrumente

Messen und Ausstellungen dienen u. a. der Informationsbeschaffung über derzeitige Trends, aktuelle Marktgegebenheiten und das Verhalten der Wettbewerber. Zudem nehmen sie Aufgaben der Produkt- und Imagewerbung sowie der Verkaufsförderung, der Öffentlichkeitsarbeit und mitunter des Direktvertriebs wahr. Für Fluggesellschaften stehen Imagewerbung, Produktinformationen und PR im Vordergrund von Messe- und Ausstellungsaktivitäten. Auch auf Konferenzen engagieren sich Airlines häufig in Form von Referaten und in Podiumsdiskussionen (siehe das Beispiel der Airline-Repräsentanten auf dem ITB Aviation Day 2009).

Unter **Event-Marketing** versteht man die Planung, Durchführung und Kontrolle erlebnisorientierter Inszenierungen von produkt- oder firmenbezogenen Ereignissen. Vorteile des Event-Marketings liegen in der hohen Dialogfähigkeit und in der Möglichkeit der zielgruppengerechten Gestaltung einer Veranstaltung. Neben dem eigentlichen Event steht das Unternehmen mit seinen Leistungen bzw. Produkten im Mittelpunkt, wodurch eine Erhöhung des Bekanntheitsgrades, Kommunikation von Produktinformationen und Imagetransfers erreicht werden können. Als aktuelles Beispiel lässt sich der erstmalige Einsatz eines A 380 nennen.

Sponsoring ist die systematische Förderung von Personen, Organisationen oder Veranstaltungen im sportlichen, kulturellen, sozialen, ökologischen Bereich und/oder im Medienbereich durch Geld-, Sach- oder Dienstleistungen zur Erreichung von Marketing- und Unternehmenszielen. Durch Sponsoring lassen sich Zielgruppen erreichen, die mit herkömmlicher Werbung kaum erreicht werden können. Sponsoring stellt lediglich eine Ergänzung zu den anderen Kommunikationsinstrumenten dar.

Product Placement bezeichnet die gezielte Einbringung des Produkts bspw. in Spielfilme und TV-Serien gegen Leistung von Geld- oder Sachzuwendungen.

Online-Werbung
Die Online-Werbung ist in Kapitel XV genauer behandelt.

5 Vielfliegerprogramme als Instrument eines Customer Relationship Management

5.1 Entstehung und Einordnung von Vielfliegerprogrammen

In der Airline-Branche existieren seit Anfang der 1980er Jahre Vielfliegerprogramme („frequent flyer programs" (FFPs)). Damit hat die Airline-Branche die Bedeutung von Kundenbindungsprogrammen sehr frühzeitig erkannt. Das erste Vielfliegerprogramm wurde 1981 von American Airlines als Reaktion auf die aufkommenden Low Cost Carrier ins Leben gerufen. Die anderen großen US-Carrier zogen bald mit eigenen Vielfliegerprogrammen nach. In Europa führte British Airways im Jahre 1991 das erste Vielfliegerprogramm ein, die Deutsche Lufthansa folgte 1993 mit dem „Miles and More"-Programm. Mittlerweile existieren etwa 170 Vielfliegerprogramme weltweit. Das Vielfliegerprogramm von American Airlines AAdvantage zählt mehr als 50 Mio. Mitglieder, alle Vielfliegerprogramme weltweit dürften weit über 200 Mio. Mitglieder zählen.

Vielfliegerprogramme fallen in die Gruppe der Bonusprogramme. Ein Bonusprogramm ist ein langfristig angelegtes Marketinginstrument, das von einem oder mehreren Unternehmen eingesetzt wird, um Kunden als Mitglieder des Programms aufgrund von Belohnungen, die an ihr Einkaufsverhalten geknüpft sind, stärker an das Unternehmen zu binden. Vielfliegerprogramme sind damit Kundenbindungsprogramme.

Eine Bindung von Kunden an das eigene Unternehmen wird aus einer Vielzahl von Gründen angestrebt: Die Bindung existierender Kunden gilt als kostengünstiger als die Neugewinnung von Kunden, mit gebundenen Kunden lassen sich höhere Umsätze durch Mehrverkäufe und Preissteigerungen erwirtschaften und gebundene Kunden zeigen (kostenloses und wirksames) Weiterempfehlungsverhalten zu Gunsten des eigenen Unternehmens.

Kundenbindungsmanagement als systematische Analyse, Planung, Durchführung und Kontrolle sämtlicher auf den aktuellen Kundenstamm ausgerichteter Maßnahmen mit dem Ziel, dass diese Kunden auch in Zukunft die Geschäftsbeziehung aufrecht erhalten oder intensiver pflegen, ist zentraler Bestandteil eines Customer Relationship Management (CRM). Das Konzept des CRM, das seit einigen Jahren eine hohe Popularität genießt, lässt sich wie folgt definieren: „CRM ist eine kundenorientierte Unternehmensstrategie, die mit Hilfe moderner Informations- und Kommunikationstechnologien versucht, auf lange Sicht profitable Kundenbeziehungen durch ganzheitliche und individuelle Marketing-, Vertriebs- und Servicekonzepte aufzubauen und zu festigen."[256] CRM ist damit Teil des seit einigen Jahrzehnten in der Unternehmensführung zu beobachtenden Paradigmenwechsels von der Produkt- zur Kundenorientierung.

Das Konstrukt der Kundenbindung steht mit anderen geläufigen Konstrukten des CRM in enger Beziehung. Die Konstrukte der Kundenzufriedenheit und der Kundenloyalität gelten als in der Wirkungskette der Kundenbindung vorgelagert. Der Zusammenhang von Kundenzufriedenheit und Kundenbindung ist zwar plausibel, er ist jedoch bei näherer Betrachtung von außerordentlich komplexer Natur.

CRM-Systeme bestehen aus drei Komponenten: dem analytischen CRM, dem operativen CRM und dem kommunikativen CRM (siehe Abbildung 14.24).

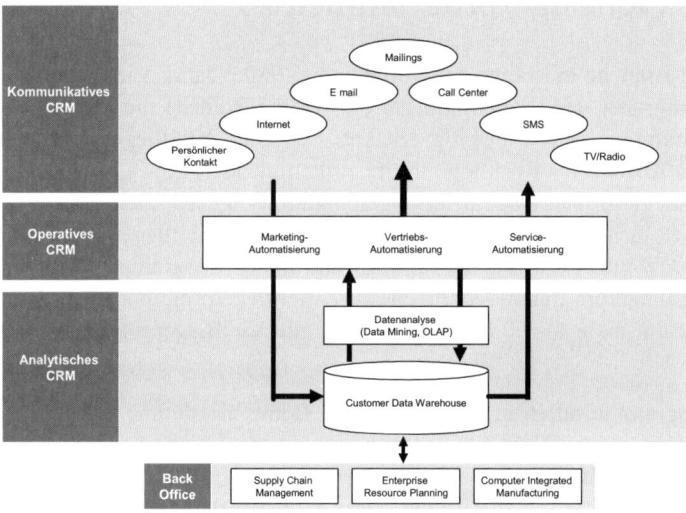

Abbildung 14.24: Aufbau von CRM-Systemen[257]

5.2 Funktionsweise von Vielfliegerprogrammen

Die Funktionsweise ist bei allen Vielfliegerprogrammen ähnlich. Nach einer meist kostenlosen Anmeldung können die Mitglieder des Programms bei jedem Flug der betreffenden Airline oder auch bei Flügen mit Partner-Airlines sowie bei Inanspruchnahme von Dienstleistungen anderer Partner-Unternehmen Punkte sammeln. Dabei gelten Meilen als Standardein-

---

[256] Hippner/Wilde (2003), S. 6.

[257] In Anlehnung an Hippner/Wilde (2003), S. 14.

5 Vielfliegerprogramme als Instrument eines Customer Relationship Management

heit. Ab einer bestimmten Zahl gesammelter Punkte bzw. Meilen können diese in Prämien, z. B. Freiflüge, Upgrades oder auch in Prämien von Partnerunternehmen wie freie Hotelaufenthalte oder Mietwagenanmietungen etc., eingelöst werden.[258] Die gesammelten Meilen müssen üblicherweise innerhalb eines bestimmten Zeitraums eingelöst werden. Neben den beschriebenen Prämienmeilen bieten Airlines häufig auch Statusmeilen. In Abhängigkeit von der Anzahl gesammelter Prämienmeilen werden Kunden in unterschiedliche Statusklassen eingeteilt, mit denen zusätzliche, kostenfreie value-added Services einhergehen. So werden kostenlose Upgrades, Wartelistenpriorität, Loungezugang etc. geboten. Vielfliegerprogramme werden häufig mit Kundenkarten, die als Identifikationsmedium dienen und den Status den Kunden anzeigen, kombiniert.

Vielfliegerprogramme zielen darauf ab, bei Kunden „Wechselkosten" („switching costs") aufzubauen. Wenn Kunden eine Reihe von Meilen bei einer Airline gesammelt haben, ist es empfehlenswert, weiterhin Meilen bei dieser Airline zu sammeln, um attraktivere Prämien zu erhalten. Dadurch wird die Bereitschaft, bei anderen Airlines zu buchen, reduziert und Kundenbindung erzeugt.

Vielfliegerprogramme unterscheiden sich hinsichtlich des Komplexitätsgrades. Network Carrier haben hochentwickelte, umfangreiche Programme, die dadurch auch relativ hohe Kosten verursachen. Die Vielfliegerprogramme von Low Cost Carriern sind dagegen unkompliziert und verursachen geringe Administrationskosten. Viele Low Cost Carrier haben sogar noch gar kein Vielfliegerprogramm eingeführt.

Abbildung 14.24 zeigt, wie sich Vielfliegerprogramme in CRM-Systeme einordnen. Die Komponente des **analytischen CRM** beinhaltet zunächst die Erfassung und Speicherung der Flugdaten sowie weiterer beobachtbarer Mitgliederaktivitäten in einem Customer Data Warehouse. Mit Hilfe von Analysetools werden Kennzahlen gebildet (On-Line Analytical Processing (OLAP)) und bislang verborgene Zusammenhänge aufgedeckt (sog. „Data Mining"), um kundenbezogene Geschäftsprozesse fortlaufend zu verbessern. Durch Data Mining könnte bspw. dem Unternehmen bekannt werden, dass Rückflüge von hochwertigen Kunden sehr häufig auf Wettbewerber-Airlines umgebucht werden, was Hinweise auf Mängel im eigenen Flugplan bietet.

Im Rahmen des analytischen CRM kommt dem Kundenwert besondere Bedeutung zu, denn Bindung soll bevorzugt bei bestimmten, beispielsweise umsatzstarken Kunden erreicht werden. Der Kundenwert kann mit Hilfe verschiedener Methoden bestimmt werden. Neben der ABC-Methode, der Scoring-Methode und der Kundenportfolio-Methode verdient die Customer Lifetime-Value-Methode (CLV-Methode) Aufmerksamkeit. Hier wird der Kundenwert berechnet, indem alle Wertbeiträge eines Kunden über dessen gesamte Lebensdauer ermittelt werden. Der Kundenwert ist die Summe alle diskontierten Ein- und Auszahlungen eines einzelnen Kunden, die während der Akquisitionsphase und im Verlauf der gesamten Ge-

---

[258] Ist das Sammeln und Einlösen von Meilen nicht nur bei der Airline möglich, sondern auch bei Partner-Unternehmen, spricht man von „Multi-Partner-Programmen", andernfalls von „Stand-alone-Programmen". Multi-Partner-Programme gelten aus naheliegenden Gründen als attraktiver.

schäftsbeziehung entstehen (siehe Abbildung 14.25). Die CLV-Methode ist eine Variante der aus der Investitionsrechnung bekannten Kapitalwertmethode.

$$CLV = \sum_{t=0}^{n} \frac{e_t - a_t}{(1+i)^t} = e_0 - a_0 + \frac{e_1 - a_1}{(1+i)} + \frac{e_2 - a_2}{(1+i)^2} + \ldots + \frac{e_n - a_n}{(1+i)^n}$$

e_t = erwartete Einnahmen aus der Geschäftsbeziehung in Periode t
a_t = erwartete Ausgaben aus der Geschäftsbeziehung in Periode t
i = Diskontierungsfaktor
n = Betrachtungshorizont

Abbildung 14.25: Berechnungsformel des Customer Lifetime Value[259]

Das Customer Data Warehouse ist mit den Back Office-Systemen der Airline verbunden. So werden bspw. Daten in die Kostenrechnung oder Finanzbuchhaltung übertragen.

Das **operative CRM** beinhaltet alle Anwendungen an der Schnittstelle zum Kunden. Dazu gehören Lösungen zur Marketing-, Sales- und Service-Automation, die die kundenbezogenen Geschäftsprozesse und damit den Dialog zwischen Unternehmen und Kunden ganzheitlich und stimmig koordinieren und fördern. Hervorzuheben ist hier das Kampagnenmanagement, das darauf abzielt, dem richtigen Kunden das passende Informations- und Leistungsangebot im passenden Kommunikationsstil über den passenden Kommunikationskanal zum passenden Zeitpunkt zu vermitteln. So könnten ausgewählte Mitglieder des Vielfliegerprogramms zu ihrem bisherigen Reiseverhalten passende Informationen über Service-Innovationen der Airline per Newsletter geschickt werden.

Eng verbunden mit dem operativen CRM ist das **kommunikative CRM**. Dieses bezieht sich auf die Gestaltung und Organisation sämtlicher Kommunikationsprozesse zwischen Unternehmen und Kunde. Alle Kommunikationskanäle zwischen Unternehmen und Kunde sind miteinander zu verzahnen (gelegentlich bezeichnet man das kommunikative CRM daher auch als „collaboratives CRM"). Der Einrichtung eines sog. Customer Interaction Centers (CIC) kommt hier zentrale Bedeutung zu. Vielfliegern wird bspw. eine spezielle Telefonnummer des CIC genannt, bei der Anrufe ohne Wartezeiten entgegen genommen werden.

---

[259] Vgl. Homburg/Krohmer (2003), S. 1022 f.

> **Wettbewerbspolitische, ethische und steuerrechtliche Kritik an Vielfliegerprogrammen**
>
> Vielfliegerprogramme werden aus unterschiedlichen Gründen kritisiert. Aus wettbewerbspolitischer Perspektive verstärkt ein Vielfliegerprogramm die dominante Stellung eines Anbieters an seinem Hub. Der jeweilige Hub-Carrier verfügt über ein umfassendes Angebot, einschließlich einiger Monopolrelationen. Für Nachfrager, die zu unterschiedlichen Zielen fliegen, ist eine Mitgliedschaft im Vielfliegerprogramm des Hub-Carrier stets attraktiver als die Mitgliedschaft in mehreren Vielfliegerprogrammen von Airlines, die jeweils auf unterschiedlichen Relationen mit dem Hub-Carrier konkurrieren. Der Verfall von Meilen nach einiger Zeit sowie die Modalitäten der Prämienvergabe (Erfordernis einer Mindestzahl von Meilen zum Erhalt einer Prämie, nicht-lineare Staffelung des Prämienwertes in Abhängigkeit der eingelösten Meilen) verstärken diesen Sogeffekt zugunsten des dominanten Anbieters. Aus wettbewerbspolitischer Perspektive werden Vielfliegerprogramme daher meist kritisch gesehen. Es gibt Staaten, in denen Vielfliegerprogramme zumindest auf Inlandsflügen von den Wettbewerbsbehörden untersagt werden. Zudem gibt es Auflagen im Rahmen von Fusionskontrollverfahren, nach denen Vielfliegerprogramme unter bestimmten Voraussetzungen auch für Wettbewerber geöffnet werden müssen (siehe hierzu Kapitel XI).
>
> Aus ethischer Perspektive kann es sich als problematisch erweisen, wenn Meilen, die auf dienstlichen Flügen erworben werden, für private Flüge genutzt werden können. Der Mitarbeiter eines Unternehmens hat in einer solchen Konstellation möglicherweise einen Anreiz, einen teureren Flug zu buchen, um in den Genuss privater Vorteile zu gelangen (Prinzipal-Agenten-Konflikt). In zahlreichen Unternehmen sehen die Reiserichtlinien vor, dass Meilen, die auf dienstlichen Flügen erworben wurden auch für dienstliche Flüge genutzt werden müssen.
>
> Schließlich ist zu berücksichtigen, dass bei einer privaten Nutzung dienstlich erworbener Meilen im einkommensteuerrechtlichen Sinn ein geldwerter Vorteil entsteht, der grundsätzlich vom Arbeitnehmer zu versteuern ist. Allerdings hat in Deutschland die Lufthansa eine Vereinbarung mit den Finanzbehörden geschlossen, nach der die Meilen von der Lufthansa pauschal versteuert werden und folglich beim Empfänger steuerfrei bleiben.

5.3 Beispiel: Miles & More von Lufthansa

Als Beispiel eines Vielfliegerprogramms sei das „Miles & More"-Programm der Lufthansa skizziert.[260]

---

[260] Siehe www.lufthansa.com.

Meilen sammeln
Sobald sich Personen bei Miles & More angemeldet haben, kann mit dem Meilen sammeln begonnen werden. Meilen können beim Fliegen, aber auch bei einer großen Anzahl weiterer Partner aus unterschiedlichsten Branchen gesammelt werden (Multipartnerprogramm).

Es sind drei unterschiedlichen **Arten von Meilen** zu unterscheiden: Prämien-, Status- und HON Circle Meilen.

Prämienmeilen können in Prämien eingelöst werden und sind 36 Monate gültig. Für Frequent Traveller, Senatoren, HON Circle Member und JetFriends sind Prämienmeilen unbegrenzt gültig, solange sie ihren Status innehaben.

Statusmeilen entscheiden über den Frequent Traveller und Senator Status und werden jeweils im Kalenderjahr der Gutschrift gezählt. Jede Statusmeile wird ebenfalls als Prämienmeile angerechnet.

HON Circle Meilen zählen zur Erreichung des HON Circle Status. Sie werden über zwei aufeinanderfolgende Jahre gezählt.

Meilen sammeln auf Flügen: Vom Inlandsflug bis zur Weltreise sammeln Kunden auf nahezu allen Flügen der Miles & More Airline-Partner Prämienmeilen. Je nach Airline können ebenfalls Status- und HON Circle Meilen gesammelt werden. Um Meilen zu sammeln, wird bei der Buchung die Miles & More Kartennummer angegeben oder diese wird beim Check-in vorgelegt.

Meilen sammeln bei Hotel-, Reise- und Mietwagen-Partnern: Für einen Aufenthalt in einem der Partnerhotels werden dem Meilenkonto Prämienmeilen gutgeschrieben. Und auch bei den vier großen, weltweit operierenden Mietwagenpartnern können bei jeder Anmietung Meilen gesammelt werden.

Meilen sammeln bei weiteren Partnern: Parfümerien, Modegeschäfte, Zeitungs- und Zeitschriftenverlage oder auch Online-Buchhandlungen sind ebenfalls Partner des Miles & More-Programms.

Diverse Aktionen ergänzen das Programm. Der Miles & More Online Newsletter informiert monatlich über alle wichtigen Neuigkeiten und Angebote aus der Miles & More Welt. Sobald ein neuer Inhalt auf der Website erscheint, benachrichtigt der RSS-Reader darüber.

Beim Miles & More-Programm sind drei **Stati** vorgesehen: Der Frequent Traveller, der Senator und der HON Circle-Status.

Frequent Traveller-Status wird ab 35.000 Statusmeilen im Kalenderjahr erreicht. Vorteile sind: Silberne Frequent Traveller Karte, Zutritt zu den Business Lounges von Lufthansa, der Austrian Airlines Group, LOT Polish Airlines und SWISS, Gesammelte Prämienmeilen bleiben während der Statuslaufzeit unbegrenzt gültig, Check-in am Business Class Counter, Wartelistenpriorität, Frequent Traveller Hotline (nicht in allen Ländern), Freigepäckmenge von 40 kg bei Gewichtskonzept auf allen von Lufthansa, Lufthansa Regional, Adria Airways, der Austrian Airlines Group, Croatia Airlines, LOT Polish Airlines und SWISS durchgeführten Flügen, Lufthansa Frequent Traveller Credit Card zum Vorzugspreis.

Senator-Status wird ab 100.000 Statusmeilen im Kalenderjahr gewährt. Zusätzlich zu den Privilegien des Frequent Travellers gelten folgende Vorteile: Goldene Senator Karte, Zutritt zu den Lufthansa Senator Lounges sowie zu den Star Alliance Gold Lounges der Star Alliance Partner, First Class Check-in, Hohe Wartelistenpriorität, Buchungsgarantie bis 48 Stunden vor Abflug in der Business Class, Erhöhte Flugprämienverfügbarkeit (Senator Premium Award), 50% Meilenermäßigung für eine Begleitperson bei Flugprämien mit Lufthansa, der Austrian Airlines Group, Adria Airways, Croatia Airlines, LOT Polish Airlines und SWISS (Companion Award), Senator Hotline, Bevorzugte Gepäckbeförderung, Zusätzliche Freigepäckmenge auf allen von Lufthansa, Lufthansa Regional oder einem Star Alliance Partner durchgeführten Flügen (20 kg bei Gewichtskonzept/ein Gepäckstück bei Stückkonzept), zwei elektronische Upgrade Voucher (eVoucher) bei Ernennung zum Senator und Verlängerung des Status, Lufthansa Senator Credit Card ohne Jahresgebühr.

HON Circle Member wird, wer 600.000 HON Circle Meilen innerhalb von zwei aufeinanderfolgenden Kalenderjahren erfliegt. HON Circle Member kommen in den Genuss außergewöhnlicher Privilegien: Schwarze HON Circle Karte, Zugang zum Lufthansa First Class Terminal in Frankfurt inklusive Limousinen-Service vom und zum Flugzeug, Zugang zu den First Class Lounges in Frankfurt und München, Sechs elektronische Upgrade Voucher (eVoucher) bei Ernennung zum HON Circle Member und Verlängerung des Status, 25% Aufschlag auf alle Entfernungsmeilen bzw. festen Meilenwerte (Executive Bonus), Senator Karte für den Ehe- oder Lebenspartner, Höchste Flugprämienverfügbarkeit, Buchungsgarantie bis 24 Stunden vor Abflug in der Business Class, Höchste Wartelistenpriorität, Lufthansa HON Circle Credit Card ohne Jahresgebühr, Exklusive Benefits bei ausgewählten Partnern.

Meilen einlösen

Es existieren zahlreiche Möglichkeiten, gesammelte Meilen einzulösen. Meilen können eingelöst werden für Flüge und Upgrades. Flugprämien erhalten Miles & More Mitglieder bei allen Star Alliance Airline Partnern und den weiteren Miles & More Airline-Partnern. Bei einer Online-Buchung wird die Flugprämie noch günstiger. Upgrade-Prämien sind eine Aufwertung des gebuchten Flugtickets in eine höhere Reiseklasse und können bei vielen Star Alliance Partnern und Condor gebucht werden. Meilen können ebenfalls für Hotelaufenthalte, Mietwagenanmietungen, und Sachprämien eingelöst werden. Zudem können Meilen für gute Zwecke gespendet werden. Auch beim Meilen einlösen wird wie beim Meilen sammeln kommuniziert (s. o.).

6 Kommentierte Literatur- und Quellenhinweise

Grundlagenwerke zum Marketing-Management:

- Becker, J. (2006), Marketing-Konzeption: Grundlagen des zielstrategischen und operativen Marketing-Managements, 8. Aufl., München.
- Homburg, C. / Krohmer, H. (2003), Marketingmanagement. Strategie – Instrumente – Umsetzung – Unternehmensführung, Wiesbaden.
- Kotler, P. / Keller, K. L. / Bliemel, F. (2007), Marketing-Management: Strategien für wertschaffendes Marketing, 12. Aufl., München.
- Meffert, H. (1998), Marketing: Grundlagen marktorientierter Unternehmensführung. Konzepte – Instrumente – Fallstudien, 8. Aufl., Wiesbaden.
- Meffert, H. / Burmann, C. / Kirchgeorg, M. (2007), Marketing: Grundlagen marktorientierter Unternehmensführung. Konzepte – Instrumente – Fallstudien, 10. Aufl., Wiesbaden.
- Meffert, H. / Bruhn, M. (1997), Dienstleistungsmarketing. Grundlagen – Konzepte – Methoden, 2. Aufl., Wiesbaden.

Umfassende Abhandlung der Marketing-Mix-Instrumente im Luftverkehr:

- Alamdari, F. / Mason, K. (2006), The Future of Airline Distribution, in: Journal of Air Transport Management, Vol. 12, S. 122–134.
- Freyer, W. (2008), Tourismus-Marketing: Marktorientiertes Management im Mikro- und Makrobereich der Tourismuswirtschaft, 6. Aufl., München.
- Gruner & Jahr (2007), G & J Branchenbild Luftverkehr, o. E.
- Holloway, S. (2003), Straight and Level: Practical Airline Economics, 2. Aufl., Aldershot.
- Pompl, W. (2007), Luftverkehr. Eine ökonomische und politische Einführung, 5. Aufl., Berlin u. a. O.
- Schulz, A. (2009), Verkehrsträger im Tourismus, München.
- Shaw, S. (2007), Airline Marketing and Management, 6. Aufl., Aldershot.
- Wensveen, J. G. (2007), Air Transportation – A Management Perspective, 6. Aufl., Aldershot.

Zur Produktpolitik von Airlines:

- Clark, P. (2007), Buying the Big Jets – Fleet planning for airlines, 2. Aufl., Aldershot.
- Field, D. (2008), in: Airline Business, Januar, S. 45–47 (zum Airline Business/SITA IT Trends Survey 2008).
- Jenner, G. (2008), in: Airline Business, Juli, S. 42–47 und S. 48–51 (zum Airline Business/SITA IT Trends Survey 2008).

- Merten, P. S. (2009), The Future of the Passenger Process, in: Conrady, R. / Buck, M. (Hrsg.), Trends and Issues in Global Tourism 2009, Berlin / Heidelberg.

Zu Reiseveranstaltern und Reisemittlern im Rahmen der Distributionspolitik:

- Mundt, J. W. (2007), Reiseveranstaltung, 6. Aufl., München / Wien.
- Schetzina, C. (2009), The PhoCusWright Consumer Technology Survey Second Edition, in: Conrady, R. / Buck, M. (Hrsg.), Trends and Issues in Global Tourism 2009, Berlin / Heidelberg.
- Die fvw International gibt mit den so genannten fvw Dossiers jährlich Marktanalysen zur deutschen Reiseveranstalter- und Reisebürolandschaft heraus.
- Pompl, W. / Freyer, W. (Hrsg.) (2008), Reisebüro-Management, Gestaltung der Vertriebsstrukturen im Tourismus, 2. Aufl., München.

Zum Customer Relationship Management:

- Hippner, H. / Wilde, K. D. (2003), CRM – Ein Überblick, in: Helmke, S. / Uebel, M. F. / Dangelmaier, W. (Hrsg.), Effektives Customer Relationship Management – Instrumente – Einführungskonzepte – Organisation, 3. Aufl., Wiesbaden, S. 3–37.
- Rück, H. (2005), Kundenwertmanagement. Den richtigen Kunden das richtige Angebot, in: Schwarz, T. (Hrsg.), Leitfaden Permission Marketing, Waghäusel, S. 81–128.

In der Zeitschrift **Airline Business** finden sich zahlreiche Informationen und Beispiele um Airline-Marketing.

Kapitel XV
Informationstechnologien im Luftverkehr

1	**Die Bedeutung von Informationstechnologien im Luftverkehr**	**464**
2	**Global Distribution Systems (GDS)**	**467**
	2.1 Begriff und Architektur von GDS	467
	2.2 Historische Entwicklung von GDS	469
	2.3 Anbieterüberblick	472
	2.4 Funktionsumfang von GDS	473
	2.5 Ordnungsmuster der Flugplandarstellung in den GDS	476
	2.6 Vergütungsstrukturen und GDS-Kosten	477
	2.7 Disintermediation durch alternative Distributionssysteme	482
3	**Internet**	**485**
	3.1 Entwicklung des Internet	485
	3.2 Stärken und Schwächen des Internet	485
	3.3 Nutzung des Internet	488
	3.4 Geschäftsmodelle und Buchungsvolumina zu Reisen im Internet	489
	3.5 Das Internet als Distributionskanal für Flugreisen	491
	3.6 Perspektiven des Online-Vertriebs im Luftverkehr	492
4	**Kommentierte Literatur- und Quellenhinweise**	**494**

1 Die Bedeutung von Informationstechnologien im Luftverkehr

Wie in den meisten anderen Unternehmen, so werden auch bei Airlines große Teile der Geschäftsprozesse durch informationstechnologische Systeme (IT-Systeme) unterstützt. IT-Systeme von Airlines gliedern sich in vier Bereiche.

Der erste Bereich umfasst Systeme zur Unterstützung des Netzmanagements, d. h. **Systeme zur Kapazitäts-, Flotten- und Flugplanung sowie zum Yield Management**. Hauptaufgaben dieser Systeme sind die Optimierung des Ressourceneinsatzes und die bestmögliche Ausrichtung des Angebotes an Nachfrage- und Wettbewerbsbedingungen.[261]

Der zweite Bereich umfasst **Passagier Service Systeme**, d. h. Systeme, die Distributionsprozesse und Kundenservice unterstützen. Eine zentrale Stellung im Distributionsprozess kommt dem Inventory-System zu, welches für jeden Flug die verkauften und noch verfügbaren Sitzplätze pro Buchungsklasse enthält. Reservierungen werden über Reservierungssysteme verwaltet, entweder durch Direktvertrieb von Airlines (z. B. in Form des Vertriebes über die eigene Website) oder über Reisemittler, die über externe Global Distribution Systems (GDS) Reservierungen durchführen. Global Distribution Systems kommt eine zentrale Stellung im Luftverkehr zu. Sie bieten mittlerweile einen Funktionsumfang, der tief in die anderen drei genannten Bereiche hinein ragt. Weitere Systeme existieren für das Kundenbindungsmanagement und die Passagierabfertigung.

Der dritte Bereich umfasst die **operativen Systeme zur Flugdurchführung ("Operations")**. Im Gegensatz zu Systemen des Netzmanagements, die mittel- bis langfristige Prozesse unterstützen, werden die operativen Systeme wenige Tage vor Abflug bzw. am Flugtag eingesetzt. Anwendungsfelder sind die Einsatzplanung von Personal und Fluggerät sowie die Flugvorbereitung (z. B. Errechnen von Beladung und Kerosinbedarf, Einreichung des Flugplans bei der Flugsicherung). Zudem umfasst dieser Bereich Catering-, Wartungs- und Flugüberwachungssysteme sowie Systeme der laufenden Bord-Boden-Kommunikation.

Der vierte Bereich kennzeichnet **administrative Systeme**, welche die Verwaltungsprozesse einer Airline unterstützen. Neben meist SAP-basierten Enterprise Resource Planning-Systemen (ERP-Systeme) wie Personalverwaltung, Finanzbuchhaltung, Einkauf oder Controlling kommen bei Airlines zusätzlich branchenspezifische Systeme zum Einsatz. Hierzu zählen Abrechnungssysteme (Revenue Accounting-Systeme), die die Zahlungsströme mit anderen Fluggesellschaften bzw. Vertriebspartnern verwalten sowie Systeme zur Ergebnisrechnung (Strecken- und Netzergebnisrechnung). Hier schließt sich der Kreis zu den o. g.

---

[261] Siehe hierzu ausführlich Kapitel XII.

1 Die Bedeutung von Informationstechnologien im Luftverkehr

Systemen des Netzmanagement, indem Ergebnisinformationen für die Kapazitäts- und Flugplanung genutzt werden.

„With technology absolutely mission critical to airlines, IT bosses are at the heart of strategies to respond to current challenges, helping reduce costs and drive up revenues through improving customer service and enabling new revenue opportunities"[262]. Dieses Zitat anlässlich des Airline Business/SITA IT Trends Survey bringt die herausragende Bedeutung der Informationstechnologie (IT) für Airlines zum Ausdruck.

Tabelle 15.1 zeigt die Einsatzbereiche von IT auf der Grundlage der jährlich durchgeführten Airline Business/SITA Airline IT Trends Survey. Zudem ist erkennbar, welche IT-Funktionen bereits durch Outsourcing an externe Dienstleister vergeben wurden bzw. in Zukunft vergeben werden sollen und welche IT-Funktionen die Airlines selbst erbringen.

Tabelle 15.1: Einsatzbereiche und Outsourcing von IT bei Airlines[263]

IT-Funktionen	Bereits outgesourced	Outsourcing geplant	Keep in-house	Keine Angabe
Check-in	57 %	10 %	29 %	4 %
Reservations	55 %	8 %	33 %	4 %
Network management	46 %	10 %	42 %	2 %
Voice communications	38 %	15 %	43 %	4 %
Desk-top management	37 %	21 %	39 %	3 %
Maintenance of applications	37 %	19 %	42 %	2 %
Datacentre operations	36 %	19 %	42 %	3 %
Maintenance (MRO)	26 %	16 %	52 %	6 %
Flight schedule management	22 %	4 %	71 %	3 %
Revenue management	21 %	6 %	67 %	6 %
Finance & Accounting	20 %	7 %	71 %	2 %
Operations control/ dispatch	19 %	4 %	71 %	6 %
Flight crew/ attendant scheduling	18 %	4 %	74 %	4 %

Airlines investieren seit der Jahrtausendwende etwa 2 – 3 % ihres Umsatzes in Informationstechnologien, wobei in den letzten Jahren ein deutlicher Anstieg zu verzeichnen ist, der vermutlich auch in den nächsten Jahren anhalten wird. Treiber der IT-Entwicklungen sind Kostendruck und Produktivitätsstreben, Serviceansprüche der Nachfrager und Erlösziele (siehe Tabelle 15.2).

---

[262] Jenner (2008), S. 42.
[263] Vgl. The Airline Business/SITA Airline IT Trends Survey 2007.

Tabelle 15.2: Treiber von IT-Investitionen[264]

	Hohe Priorität (5)	... (4)	Mittlere Priorität (3)	... (2)	Geringe Priorität (1)
Reducing Costs	62 %	27 %	8 %	2 %	1 %
Improving customer service	54 %	34 %	8 %	2 %	2 %
Enabling new market offering & revenue opportunities	45 %	37 %	10 %	6 %	1 %
Improving workforce productivity	40 %	43 %	15 %	2 %	1 %

Investitionen werden in den in Tabelle 15.3 dargestellten Bereichen getätigt. Es fällt auf, dass passagierbezogene Investitionen, die auf eine Erhöhung des Serviceniveaus zielen, mit höchster Priorität angegangen werden. An zweiter Stelle folgen Investitionen in Systeme zur Optimierung des (kapitalintensiven) Einsatzes von Flugzeugen. In Folge eines gestiegenen Sicherheitsbedürfnisses von Passagieren sowie strengerer staatlicher Auflagen folgen an dritter Stelle Investitionen in die Erhöhung der Passagiersicherheit. Umweltschutztechnologien kommt nur eine mittlere Priorität zu. Die hier geplanten Investitionen fallen weniger in die Gruppe der IT-Investitionen, sondern in die Gruppe der Technik-Investitionen.

Tabelle 15.3: Prioritäten bei IT-Investitionen[265]

Investment areas	High priority	Investment areas	High priority
Passenger processes & services	63 %	General IT infrastructure updates	20 %
Aircraft management/ operations	44 %	Baggage processing & management	18 %
Passenger security	34 %	Business support functions, e.g. finance/HR	17 %
Employee security	21 %	Supporting environmental strategy or new regulations	15 %

Aus den o. g. vier Bereichen von IT-Systemen im Luftverkehr werden Systeme zum Netzmanagement in Kapitel XII und Systeme zur Administration bzw. zum Controlling in Kapitel XIII behandelt. Im Folgenden werden Systeme zur Unterstützung von Distributionsprozessen und Internet-basierte Systeme vertieft dargestellt.

---

[264] Vgl. Jenner (2008), S. 46 zu den Ergebnissen der IT Trends Survey 2008 (Umfrage unter 121 Airline IT-Verantwortlichen).

[265] Entnommen aus: Airline Business Juli 2008, S. 46 zu den Ergebnissen der IT Trends Survey 2008 (Umfrage unter 121 Airline IT-Verantwortlichen).

2 Global Distribution Systems (GDS)

2.1 Begriff und Architektur von GDS

Die Begriffe **Computerreservierungssystem (CRS)** und **Global Distribution System (GDS)** sind eng verwandt. Computerreservierungssysteme im Luftverkehr weisen die folgenden Kerninhalte bzw. –funktionen auf:

- Flugpläne und Tarifinformationen
- Verfügbarkeiten
- Buchungen und Umbuchungen
- Ticketausstellungen und Abrechnungen.

CRS beinhalten des Weiteren allgemeine Informationen über Fluggesellschaften und andere Leistungsträger wie Hotels, Mietwagenunternehmen, Reiseveranstalter, Bahnen, Schifffahrt-Gesellschaften, Destinationen usw.

GDS sind weltweit operierende, leistungsträgerunabhängige Computerreservierungssysteme, in die häufig bestehende nationale und internationale CRS integriert wurden (so z. B. in Deutschland Start in Amadeus). GDS beinhalten die o. g. Kerninhalte bzw. -funktionen im Bereich der Distribution sowie weitere Funktionen zur Unterstützung der Geschäftsprozesse global tätiger Leistungsträger.

In der **Systemarchitektur** werden drei Akteurkreise unterschieden (siehe auch Abbildung 15.1):

- **Systembetreiber:**
  Unternehmen, die ein GDS betreiben bzw. kontrollieren und auf kommerzielle Weise Dritten zugänglich machen. Ist eine Airline selbst Betreiber eines GDS, so spricht man von einem Host-Carrier oder Host.

- **Systemteilnehmer:**
  Alle Unternehmen (neben Airlines auch Hotels, Mietwagenfirmen usw.), die ihr Angebot über ein GDS verfügbar machen und gegen Zahlung einer Buchungsgebühr die Funktionen eines GDS in Anspruch nehmen.

- **Systemabonnenten:**
  Unternehmen, die mit dem Systembetreiber auf vertraglich vereinbarter Basis ein GDS für den Verkauf von Luftverkehrs- oder anderen Reiseleistungen einsetzen. Die wichtigsten Systemabonnenten sind Reisebüros.

Wesentliche Vorteile von GDS liegen für Airlines im schnellen und globalen Austausch von Informationen mit Reisebüros und Kunden, der Steigerung der Marktdurchdringung und der Reduktion von Vertriebskosten.

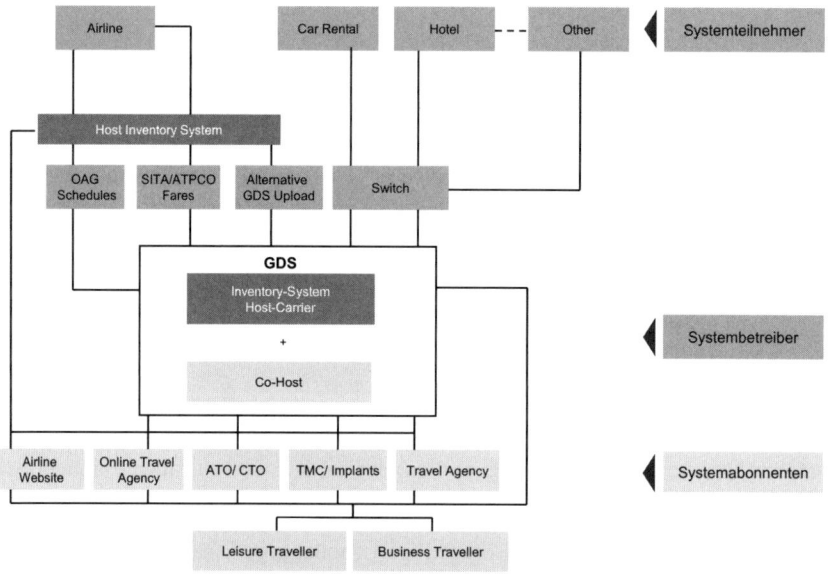

Abbildung 15.1: Systemarchitektur eines GDS Hostsystems[266]

Aus „historischer" Perspektive lassen sich anhand der Systemarchitektur der Distributionssysteme verschiedene Grundtypen unterscheiden. Hierzu gehören Host- und Non Host-Systeme sowie Single Access- und Direct Access-Systeme. Bei den Host-Systemen ist das Inventory des Host-Carriers als Systembetreiber mit der zentralen Datenbank des Distributionssystems identisch. Die Datenbank wird um die Angebotsdaten der teilnehmenden Airlines erweitert und kann über das Single Access-System z. B. der SITA, der ATPCO (Airline Tariff Publishing Company) oder das Direct Access-System angeschlossen sein.

Beim Single Access-System besteht bei der Buchung die Gefahr, dass die Verfügbarkeitsinformationen der Systemteilnehmer nicht wie die Daten des Hosts auf dem aktuellsten Stand sind („architectural bias"). Beim Direct Access-System kann auf das Inventory System der Airline direkt zugegriffen werden, jedoch erfordert dies einen zusätzlichen Zeitaufwand bei der Buchung, da nur die Daten des Hosts im Hauptdisplay erscheinen. In Europa wurde das Multi Access-Konzept verfolgt, welches eine spezielle Form des Non Host-Systems ist. Beim Multi Access-Konzept werden die Angebotsinformationen der Systemteilnehmer nicht

---

[266] Eigene Darstellung in Anlehnung an Weinhold (1995) und Werthner (1999).

in einer zentralen Datenbank vereint; vielmehr existiert eine zentrale Schnittstelle, über die die Abfragen der Reisemittler direkt an die Inventory Systeme der teilnehmenden Airlines weitergeleitet werden. Bei den beiden im Jahr 1987 gegründeten multinationalen Systemen Amadeus und Galileo handelt es sich um Non-Host /Direct Access-Systeme.

2.2 Historische Entwicklung von GDS

Bis in die 1960er Jahre hinein erfolgten Sitzplatzreservierungen manuell mit Hilfe von Karteikarten und Telefonaten. Im Jahr 1959 ist mit Sabre als Tochtergesellschaft von American Airlines das erste CRS gegründet worden. Dieses und auch die folgenden CRS dienten primär der Vereinfachung des Vertriebs von Flugreisen und der Inventarverwaltung von Sitzplätzen. Aus verschiedenen Gründen hatten Airlines ein starkes Interesse an leistungsfähigen CRS, so dass sie sich als Anteilseigner von CRS engagierten. Airlines zielten dabei auf eine Ausweitung ihrer Vertriebsmacht und auf Kostensenkungen durch Automation im Bereich der Distribution ab.

Die Entwicklung von CRS und GDS ist eine Folge der Deregulierung der Luftverkehrsmärkte, des Entstehens globaler Mega-Carrier und der Entwicklung der Datenverarbeitungs- und Kommunikationstechnologie. Die Liberalisierung von Flugplänen und Tarifen war Ursache für eine enorme Ausweitung der Angebotsvielfalt, die sich nur noch mit Systemen der Informationstechnologie bewerkstelligen ließ. In den Datenbanken der GDS sind viele Tausend Flüge und Millionen von Tarifen gespeichert. Täglich werden Millionen von Transaktionen mit einer durchschnittlichen Bearbeitungszeit von wenigen Millisekunden verarbeitet.

Um Machtmissbrauch der Airlines als GDS-Eigner zu verhindern erfolgte sehr bald eine Regulierung der GDS-Systeme. Da sich die GDS im Eigentum der Airlines befanden, konnten diese die Nachfrage über ihre eigenen GDS auf die eigene Airline steuern. Die Gefahr bestand, dass Airlines ohne GDS-Anteile diskriminiert wurden, indem sie unattraktive Listings erhielten oder gar keinen Zugang zu GDS-Systemen bekamen. Das US Department of Transportation (DOT) regulierte die GDS im Jahr 1984 mit Hilfe einer „Final Rule" genannten Richtlinie (sec. 411 des Federal Aviation Act). Die Europäische Kommission stellte im Jahr 1989 den **„Code of Conduct"** als Verhaltenskodex auf (Verordnung 2289/89). Die folgenden Regulierungen wurden erlassen.

- **Neutralität:**
  Flug- und Preisinformationen sind neutral („unbiased") darzustellen. GDS-Eigner dürfen ihre eigenen Flugverbindungen nicht bei der Darstellung bevorzugen. Hintergrund war die Erkenntnis, dass 85 % aller gebuchten Flüge von der ersten Bildschirmseite gebucht werden.

- **Mandatory Participation:**
  GDS-Eigentümer müssen in allen anderen GDSs teilnehmen, um Wettbewerber-GDS nicht zu diskriminieren.[267]

- **Nicht-Diskriminierung:**
  Allen Airlines ist Systemzugang zu gleichen Konditionen auf einer nicht-diskriminierenden Basis zu verschaffen. Ziel war der Schutz kleiner Airlines vor Machtmissbrauch bzw. höheren Kosten. Neben gleichen Konditionen mussten GDS gleichen Service bieten. So mussten allen Airlines Analysen aus den so genannten „Marketing Information Data Tapes" (MIDT) bereitgestellt werden. Inhalte von MIDT waren Informationen über die Verkäufe von Absatzmittlern zu einzelnen Airlines, Buchungsklassen und Strecken. Airlines werten diese Informationen für Flugplanungs-, Yield Management- und Marketing-Zwecke aus.

- **Vertragsregulierung:**
  Missbräuchliche Bedingungen in den Verträgen mit Agenten wurden untersagt. Es sollte verhindert werden, dass großen Reisemittlerorganisationen Exklusivverträge zu Lasten von Wettbewerber-GDS gewährt wurden.

In den 1990er Jahren entstand mit dem Internet ein innovatives technologisches System, das sich als alternativer Distributionskanal zu den bisherigen GDS anbot. Tabelle 15.4 stellt die wichtigsten Unterschiede von GDS und Internet dar. In technologischer Hinsicht stellt das Internet einen Paradigmenwechsel dar.

Tabelle 15.4: Vergleich von GDS- und Internet-Systemwelt

GDS	Internet
Proprietäre Technologie	Offene Technologie
Limitierter Zugang	Offener Zugang (überall und für jeden über Online-Computer und Mobiltelefon zugänglich)
Absatzmittler hat Wissensmonopol	Endverbraucher hat vollen Informationszugang
Kostenintensiv	Kostengünstig

Unterschiedlich sind auch die Logiken der Angebotsdarstellung. Während die Architektur der GDS die Darstellung der Flüge nach elapsed time, Abflug- oder Ankunftszeit vorsehen, trägt das Internet auch weiteren wichtigen Kaufentscheidungskriterien von Konsumenten Rechnung, indem der Flugpreis als Sortierkriterium fungiert. Abbildung 15.2 zeigt anhand einer traditionellen Buchungsmaske eines GDS und anhand der Opodo-Website die übliche Sortierlogik von Flugverbindungen.

---

[267] Es wäre beispielsweise eine hohe Hürde für Galileo oder Worldspan gewesen, hätte American Airlines als Sabre-Eigentümer entschieden, American Airlines-Flüge nicht in Galileo oder Worldspan einzustellen. Galileo bzw. Worldspan wären aus Sicht der US-amerikanischen Reisebüros unattraktiv geworden.

2 Global Distribution Systems (GDS)

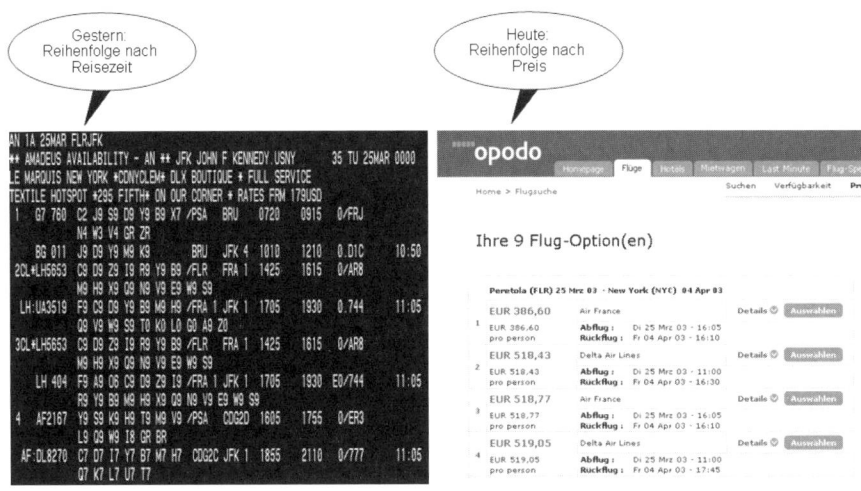

Abbildung 15.2: Sortierlogik von Flügen in GDS und im Internet am Beispiel von Opodo

Im Laufe der letzten Jahre haben Airlines ihre Anteile an den GDS größtenteils abgegeben, und zwar aus mehreren Gründen: Die starke Regulierung erschwerte eine Vertriebssteuerung über die GDS, so dass ursprüngliche Intentionen nicht realisiert werden konnten. Airlines konzentrierten sich zudem stärker auf ihr Kerngeschäft. Vor allem bot das Internet den Airlines Möglichkeiten der Umgehung von GDS, so dass die Wettbewerbsposition der GDS unter Druck geriet bzw. von Airlines aktiv unter Druck gesetzt werden konnte. GDS-Beteiligungen erschienen daher weniger attraktiv.

Im neuen Jahrtausend setzten folglich **Deregulierungsbestrebungen** bei den GDS ein. Die USA haben den Bereich der GDS im Jahr 2004 weitestgehend dereguliert. Der so genannte Brattle-Report, der im Auftrag der Europäischen Kommission erstellt wurde, enthält eine Reihe von Deregulierungsoptionen für die EU (siehe Abbildung 15.3).

Um das Jahr 2008 standen Neuverhandlungen der Verträge zwischen GDS und Airlines an. Dabei zeichnet sich eine grundlegende Änderung in den Beziehungsstrukturen der Wertschöpfungskette ab, indem nunmehr zwei wichtige Vertragstypen existieren: „Full Content-Verträge" zwischen Airlines und GDS und „Opt In-Verträge" zwischen Absatzmittlern und GDS. Zu einer näheren Darstellung siehe die Ausführungen weiter unten.

	Parent carriers must participate equally in all GDS	All participating GDS must provide equally comprehensive information to all GDS	All GDS must provide neutral screen display	All GDS must provide non-discriminatory conditions (e.g. pricing)	All GDS must avoid restrictive contract provisions with TMCs
Regulation (Status quo)	Yes	Yes	Yes	Yes	Yes
Full deregulation (Option 1)	No	No	No	No	No
Partial regulation (Option 2)	No	No	Streamline rules	No	Yes
Partial regulation (Option 3)	Yes: in each parent carrier's home market	No	Streamline rules	Yes: all service improvements provided equally in each parent carrier's home market	Yes

Abbildung 15.3: Deregulierungsoptionen des Brattle-Reports[268]

2.3 Anbieterüberblick

Mittlerweile haben sich mit Sabre, Amadeus und den unter der Dachmarke Travelport vereinten Systemen Galileo und Worldspan drei führende Anbieter von GDS herausgebildet.

Tabelle 15.5: Die größten GDS im Überblick[269]

GDS	Anteilseigner	Marktanteil (nach Segmenten)	Anzahl der Vertriebsstellen weltweit
Amadeus	Cinven/BC Partners* (52,59 %), Amadeus Management (1,28 %), LH (11,53 %), AF (23,07 %), IB (11,53 %).	31 %	89.000 Reisebüros 28.000 Airline Sales Officcs
Sabre	Silver Lake, Texas Pacific Group*	30 %	56.000 Reisebüros
Galileo	Travelport (Blackstone Group*)	24 %	40.000 Reisebüros
Worldspan	Travelport (Blackstone Group*)	15 %	16.000 Reisebüros
Abacus	SQ, MH, PR, GA, CI, CX, BI und Sabre (35%)	n.v.	15.000 Reisebüros

* Private Equity Gesellschaften

---

[268] Entnommen aus Carlson Wagonlit Travel (2007), S. 20.

[269] Quelle: Websites.

2.4 Funktionsumfang von GDS

Am Beispiel von Amadeus soll der Funktionsumfang eines GDS aufgezeigt werden.

Distribution & Content
- IT-Lösungen für die Distribution und den Point of Sales (POS),
- 330.000 POS in 217 Märkten. Mehr als 500 Airlines (95% des Linienverkehrs) sind mit 75.000 Reisebüros weltweit verbunden,
- Global Sales Portfolio: Alliance Display Management: Visualisierung der Display Darstellung der Allianzmitglieder, Operational Flight Information: Zugriff auf Flight Details vor und nach Abflug, Gate, Abflugszeiten, geschätzte Ankunft, Echtzeitdaten der Landung. Unterschiedliche Access Technologien zum Inventory, wie Amadeus Access, Direct Access, Standard Access, etc. Ticketing-Lösungen, Flugtarif-Einspeisung, Web Flight Update, Customer Service Point,
- Cost Management Portfolio: Tracking der Passive Segmente, Analyse der Reisebüro Distribution, Kontrolle der Passenger Name Records (PNR), Namensänderungen, Ticket Number Transmission, komplette Darstellung des PNR (Image PNR),
- Servicing Portfolio: Frequent Flyer Validierung, Interaktive Sitzplanvisualisierung und Advanced Seat Reservation, E-Ticketing, Boarding Pass, Bordverpflegung,
- Revenue Maximisation Portfolio: Hosting- und vertriebs-kanalbasierte Profitabilitätskontrollinstrumente.

Sales & E-Commerce
- IT-Lösungen für den Zugang zum Markt und die Optimierung des Absatzes über die verschiedenen Absatzkanäle des E-Commerce und der Amadeus Altéa Reservation Plattform,
- Amadeus Altéa Reservation (Sell): Gemeinsame IT-Plattform für Reservierung. Bietet als Teil der Amadeus Customer Management Solution (s.u.) komplette Buchungsinformationen, einen Echtzeit Zugang zu den Sitzplatzverfügbarkeiten, Speicherung von Kundenprofilen,
- Amadeus e-Service Solution: E-Consulting, Online Rebooking, Reisedaten Management, Online Voucher, Web-Design, ASP Hosting etc.,
- Amadeus e-Merchandise Solution: E-Commerce Shopping, Flugpreis Pricinginstrumente (Flexpricer) kalenderbasierte Darstellung der günstigen Flugpreise weltweit für B2B und B2C etc.,
- Amadeus e-Retail Solution: Internet Booking Engine (Planitgo: von 60 Airlines verwendet, 120 Websites weltweit), Website Analyse und Monitoring etc.,

- Advertising & Communication Solution: Werbemaßnahmen über Amadeus TV, Amadeus Information Pages (AIS).

Business Management
- Lösungen zur Optimierung der Geschäftsprozesse, Airline Operations und Administration (mehr als 215 Airline-Kunden),

- Altéa Customer Management Solution (CMS): Hosting IT-Plattform: Hosting der Airline Reservation-, Inventory- und Departure Control–Systeme. Die Systeme sind integriert und interoperabel und arbeiten untereinander mit Echtzeitinformationen,

- Amadeus Altéa Reservation (Sell): Distributionsplattform für Reservierung und Vertrieb (mehr als 150 Airline-Anwender),

- Amadeus Altéa Inventory (Plan): Integriertes Airline Inventories Hosting, mit integrierten Revenue Management-Systemen, vollautomatisches Schedule-Management und Veröffentlichung, grafische Benutzeroberfläche (GUI) zur Reduzierung Mitarbeiterschulung, kundenorientierte Sitzpläne etc.,

- Amadeus Altéa Departure Control (Fly): Unterstützung des Flight Management, Decision Support am Flughafen, Optimierung der Load-Performance, automatisches Inflight–Scheduling, automatisierter Dialog über Schnittstellen zu Cargo- und Treibstoffsystemen der Airline, A380 Technik berücksichtigt,

- Amadeus Ticketing Solution: Amadeus E-Ticket Server, Tickethosting–Lösungen, Interlining, und Ground Handling Lösungen,

- Fares & Availability Management: Weltweite Flugpreis-Distribution nach IATA Standards, ATPCO Updates,

- Revenue Integrity: PNR Revenue Optimierung, PNR Echtheitskontrolle, Werkzeuge zur Vermeidung von Passivbuchungen, Automatisierung des Beschwerdemanagements,

- Amadeus PNR Data Feed: PNR Datenanalyse und Aggregierung,

- Amadeus Business Intelligence Portfolio: Management Decision-Support Instrumente zur Marktanalyse, Wettbewerber-, Codeshare- und Risiko-Analyse. Integriertes ATO/CTO Management, Sales, Marketing, Distribution, Strategie und Planung, Revenue Management. Weltweite Marktanalyse durch MIDT Analyse.

Service & Consulting
Dieses Geschäftsfeld dient zur Optimierung und Ausschöpfung der o. g. IT-Lösungen und umfasst die folgenden Beratungsdienstleistungen:

- Consulting
- Customer Development
- Integration

- Hosting & IT Outsourcing
- Support Services Project Management
- Educational Services
- Communication & Network
- IT Procurement Services

Eine der zentralen Funktionen eines GDS ist die Reservierung von Flügen (siehe Sales & E-Commerce, Amadeus Altéa Reservation (Sell)). Abbildung 15.4 zeigt eine Buchungsmaske mit Erläuterungen der Inhalte. Wenn die Buchung eines Fluges erfolgt ist, wird ein sog. Passenger Name Record (PNR) angelegt, der alle relevanten Buchungsinformationen enthält (siehe Abbildung 15.5).

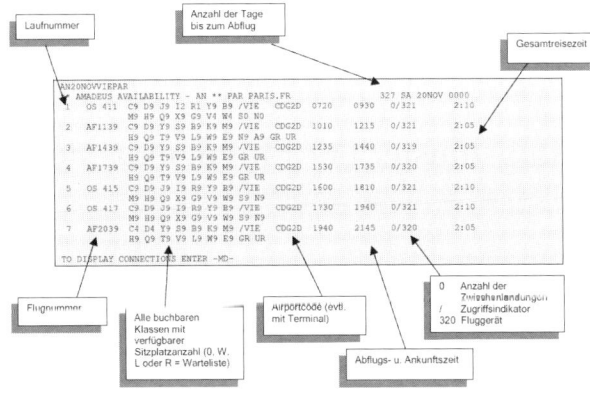

Abbildung 15.4: Beispielhafte Buchungsmaske für Flüge VIE - PAR am 20. November[270]

---

[270] Entnommen aus Amadeus (2006).

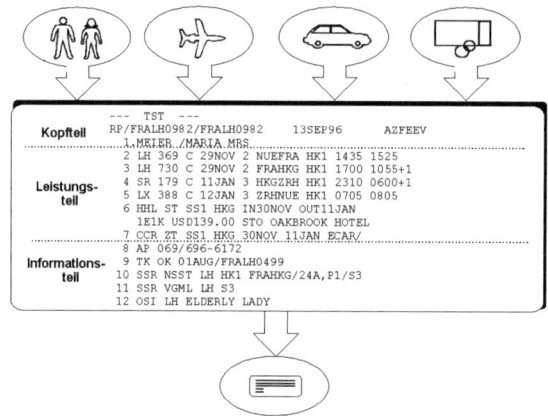

Abbildung 15.5: Beispielhafte Abbildung eines Passenger Name Record (PNR) in Amadeus

2.5 Ordnungsmuster der Flugplandarstellung in den GDS

Eines der zentralen Anliegen von Airlines ist die vorteilhafte Darstellung ihrer Flüge in den GDS. So lange in Europa der oben bereits dargestellte **Code of Conduct** gilt, werden bspw. in Amadeus Flüge nach dem in Abbildung 15.6 gezeigten Ordnungsmuster sortiert.

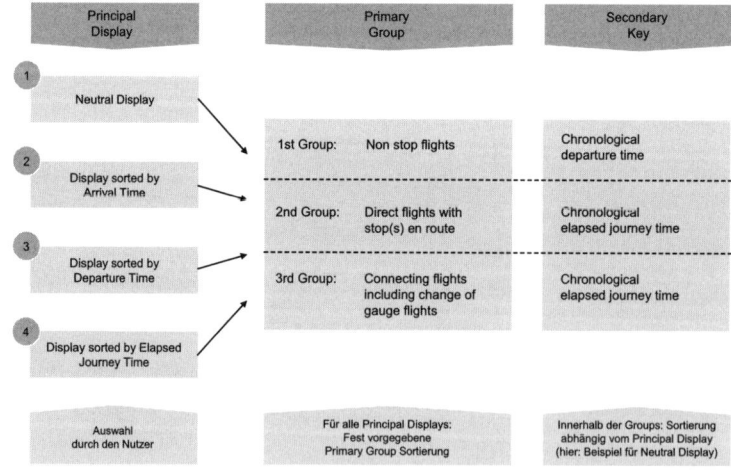

Abbildung 15.6: Ordnungsmuster der Darstellung von Flügen in Amadeus

Das Principal Display kann der Systemabonnent, also bspw. der Reisemittler selbst wählen. Die Primary Group-Einstellung ist unabhängig vom Principal Display vorgegeben. Flugverbindungen werden hier in drei Gruppen eingeteilt: In die erste Gruppe fallen Nonstop-Verbindungen. In die zweite Gruppe fallen Direktverbindungen, wobei auch Umsteigeverbindungen unter gleichem Airline-Code zu dieser Gruppe zählen. Dies hat übrigens Codeshare-Aktivitäten angetrieben, da diese bevorzugt gegenüber Umsteigeverbindungen unter verschiedenen Airline-Codes dargestellt werden, die somit in die dritte Gruppe fallen. Innerhalb der Primary Groups erfolgt die Sortierung im Secondary Key in Abhängigkeit der Primary Group-Einstellung. Im Falle des Neutral Display erfolgt die Sortierung in der ersten Gruppe nach Abflugzeit, in der zweiten und dritten Gruppe jedoch nach der elapsed time. Hier wird erkennbar, welche außerordentlich hohe Bedeutung kurzen Umsteigezeiten in Hubs und kurzen Reisewegen zukommt. Zu lange elapsed times sind nicht wettbewerbsfähig, da sie auf den hinteren Plätzen des Computerbildschirms angezeigt werden und damit kaum Chance auf Buchung haben.

2.6 Vergütungsstrukturen und GDS-Kosten

Abbildung 15.7 gibt einen Überblick über die Zahlungsströme zwischen Airlines, GDS, Absatzmittlern und Endverbrauchern.

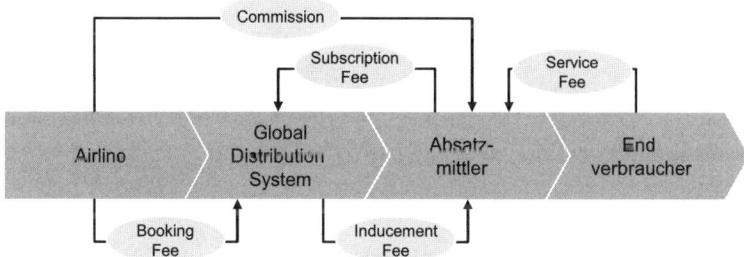

Abbildung 15.7: Zahlungsströme in der touristischen Wertschöpfungskette

Besonders prägnant werden die Zahlungsströme im Brattle-Report beschrieben (siehe den folgenden Kasten).

Zahlungsströme gemäß Brattle-Report

„**Booking fees**: When a travel agency books a ticket using a CRS, the ticketing airline pays the CRS a booking fee. The booking fee is a flat charge per passenger per flight segment, and the fee is the same regardless of whether the travel agency making the booking is a brick-and-mortar or an online agency. However, the fee varies depending on the level at which the ticketing airline participates in the CRS used to make the booking. For example, a small airline may participate at only a basic level, which allows an agent to book a flight. By contrast, major network carriers typically participate at the highest level of functionality, which allows agents to access information on seat availability in real time, among other things. All four CRSs charge roughly the same booking fee for a given level of carrier participation (i. e., there is no low-cost CRS). The average booking fee today is about $ 4.00-$ 4.40 per segment, or about $ 11 for the average passenger ticket. …carriers maintain (and CRSs dispute) that the steady climb in these fees is a reflection of CRS market power, and that key provisions of the Code have facilitated the exercise of that market power.

Subscription Fees: The vast majority of all travel agencies rely on only one CRS. The major reason is efficiency: for an agency to use multiple reservation systems, it would have to incur additional training costs and implement a costly accounting and recordkeeping system to consolidate transactions across systems. Travel agencies pay a subscription fee to rent equipment from the CRS to which they subscribe. The subscription fee is typically structured as a monthly rental payment. …for many travel agencies, their subscription fee is now more than offset by payments they receive from the CRS to which they subscribe.

Inducement Fee: CRS Payments to Travel Agents. CRS payments to travel agencies have risen significantly in recent years, as CRSs have increasingly competed with one another to place their systems in agencies. For smaller agencies, the CRS payment may simply offset the subscription fee. However, for larger travel agencies, which can generate substantial booking fee revenue, the CRS effectively pays the travel agency to subscribe. The CRS typically makes an upfront cash payment—a kind of "signing bonus"—to the travel agency. In addition, the CRS may pay the agency a rebate (sometimes called a "marketing incentive" or "productivity payment") for each booking it makes. In the United States, where CRSs compete for travel agents much as they do in Europe, this rebate can equal $ 1.00-$ 1.50 of the roughly $ 4.25 per segment booking fee that the CRS receives.

2 Global Distribution Systems (GDS)

> **Travel Agent Commissions**: Before travel agencies began getting paid to subscribe to a CRS, agents were compensated entirely by the airlines. Airlines paid all travel agencies a basic (or base) commission equal to a percentage of the price of each ticket the agency sold. In addition to this automatic payment, airlines gave many agents an incentive payment that varied with the number of tickets sold. In recent years, in an effort to lower their distribution costs, European carriers have reduced basic commissions in favour of fixed fees and incentive payments (also called "override" commissions because they go beyond, or override, the base commission). These override payments are based on the agency's ability to meet an agreed-upon target for bookings on a particular airline. The target is generally expressed as a share (say, 30 percent) of the agency's total bookings or as some increment (say, 10 percent) above last year's bookings for that airline.
>
> **Service Fees**: To offset the loss of base commissions, many brick-and-mortar travel agencies have begun charging their customers a service fee for air travel transactions."[271]

Die von Airlines an GDS entrichteten Booking Fees pro Ticket lagen bei etwa 12 US $ (bei einer durchschnittlichen Couponanzahl von etwa drei pro Ticket). Diese wurden Abbildung 15.8 zu Folge zu etwa 40 % für die Deckung der GDS-Kosten verwendet (entspricht etwa 5 US $), 30 % (entspricht etwa 4 US $) sind Marge (GDS sind damit außerordentlich margenstarke Unternehmen in der touristischen Wertschöpfungskette) und etwa 30 % wurden in Form von Incentives an Absatzmittler weitergegeben.

Im Vergleich zu den 12 US $ sind alternative Vertriebskanäle deutlich kostengünstiger (siehe Abbildung 15.8). Falls ein Direct Link (oder Direct Connect) zu Absatzmittlern realisiert wird, ist von Kosten in Höhe von 4 US $ auszugehen. Bei Global New Entrants betragen die Kosten etwa 2 – 3 US $, beim Airline Online Direktvertrieb liegen die Kosten nur bei 1 – 2 US $. Vor diesem Hintergrund sind die laufenden Bemühungen der Airlines nachvollziehbar, Kostensenkungen im Bereich der GDS-Nutzung zu realisieren.

Insbesondere bei sehr billigen Tickets ist es aus Sicht der Airlines unvertretbar, wenn für die GDS Kosten in Höhe von ca. 4 US $ pro Segment entstehen. Bei einem Flug mit einem Preis von 30 US $ macht dies etwa 13 % aus. Airlines sind daher seit einiger Zeit bemüht, kostengünstige alternative Distributionskanäle für den Vertrieb billiger Tickets zu nutzen sowie durch Druck auf die GDS eine Reduktion der Booking Fees zu erreichen. GDS werden damit gedrängt, Kosten für die Nutzung von GDS an Absatzmittler weiter zu belasten.

---

[271] The Brattle Group/Norton Rose (2003), S. 22 f.

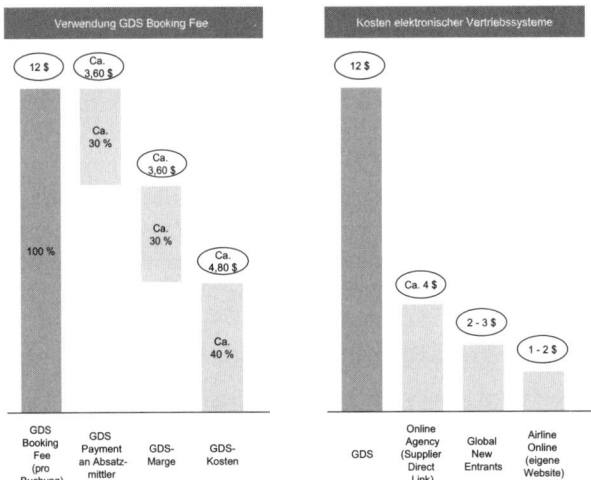

Abbildung 15.8: Kosten elektronischer Vertriebskanäle

Die in den USA mittlerweile verbreiteten **„Full Content-Verträge"** und **„Opt in Modelle"**[272] – die sich auch in Europa durchsetzen – sehen vor, dass Airlines an GDS nicht mehr die volle Booking Fee, sondern eine auf 6 – 8 US $ reduzierte Booking Fee zahlen (siehe Abbildung 15.10 mit Beispielen zum Business Travel-Segment). Der Umsatzverlust der GDS soll (teilweise) dadurch ausgeglichen werden, dass Absatzmittler eine sog. „Opt-in-Fee" für die Möglichkeit der Buchung aller im GDS vorhandenen Preise zahlen (d. h. für den Zugriff auf den „Full Content"). Die Absatzmittler erhalten gegen eine Zahlung von 0,8 US $ pro Segment bzw. 2 US $ pro Ticket als Pauschalgebühr (flat fee) an das GDS Zugang zu allen buchbaren Tarifen und Verfügbarkeiten der Airlines. Die GDS Gebühren werden im Zusammenhang mit den Service Entgelten an den Endkunden berechnet. Dieses Modell wurde bei nahezu allen Reisemittlern in den USA durchgesetzt.

Entscheidet sich ein Reisemittler gegen einen solchen Opt-in-Vertrag und damit für das so genannte **„Airline Surcharge Model"**, so hat er keinen Zugang zum Full Content (ihm bleiben damit stark verbilligte Tickets verwehrt) und muss zusätzliche Segmentbuchungsgebühren von 3,5 US $ pro gebuchten Segment, also bei einem Round Trip mit zwei Flugsegmenten 7 US $, über die Airlines Reporting Corp. der IATA an die Airlines abführen.

---

[272] Die Opt-in-Programme heißen: Amadeus Content Plus, Galileo Content Continuity, Sabre Efficient Access Solution und Worldspan Super Access.

2 Global Distribution Systems (GDS)

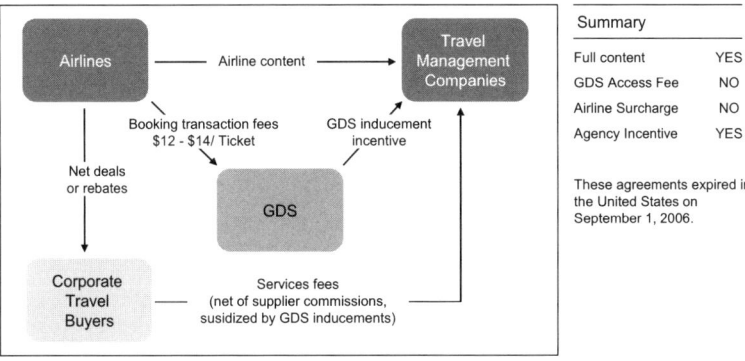

Abbildung 15.9: Zahlungsströme im herkömmlichen Modell[273]

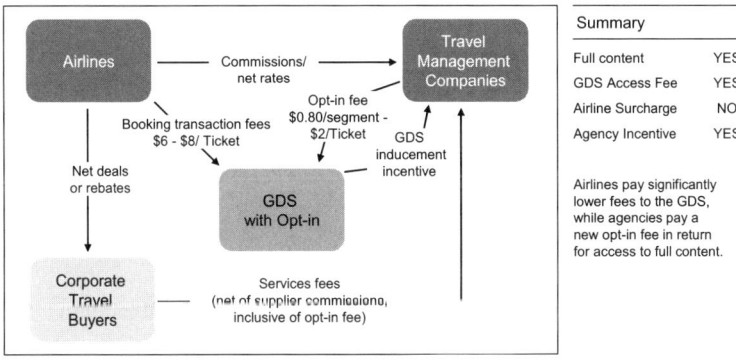

Abbildung 15.10: Zahlungsströme im Opt-in Modell[274]

---

[273] Vgl. Carlson Wagonlit (2007).

[274] Vgl. Carlson Wagonlit (2007).

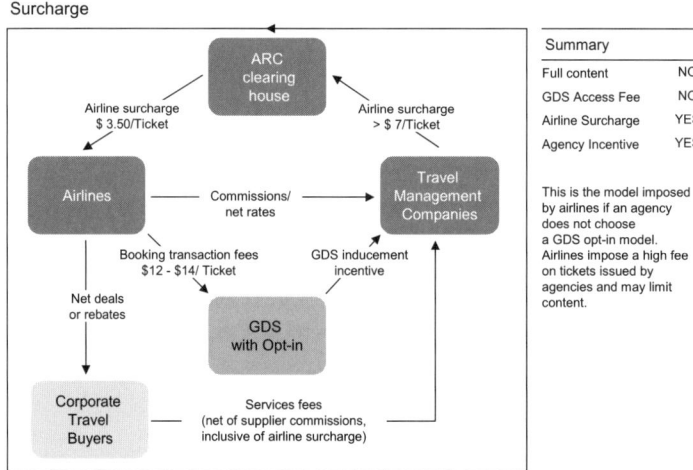

Abbildung 15.11: Zahlungsströme im Surcharge Modell[275]

2.7 Disintermediation durch alternative Distributionssysteme

Früher war es selbstverständlich, dass alle Buchungen von Flügen über GDS liefen (siehe das traditionelle System in Abbildung 15.9). Mittlerweile existieren vielfältige Formen der Umgehung der GDS („GDS Bypass"). Airlines vertreiben Flüge über direkt angebundene Websites oder Call Center und binden im Geschäftsreisebereich tätige Travel Management Companies (TMCs) und Online Travel Agencies über einen „Direct Connect" direkt an.

---

[275] Vgl. Carlson Wagonlit (2007).

2 Global Distribution Systems (GDS)

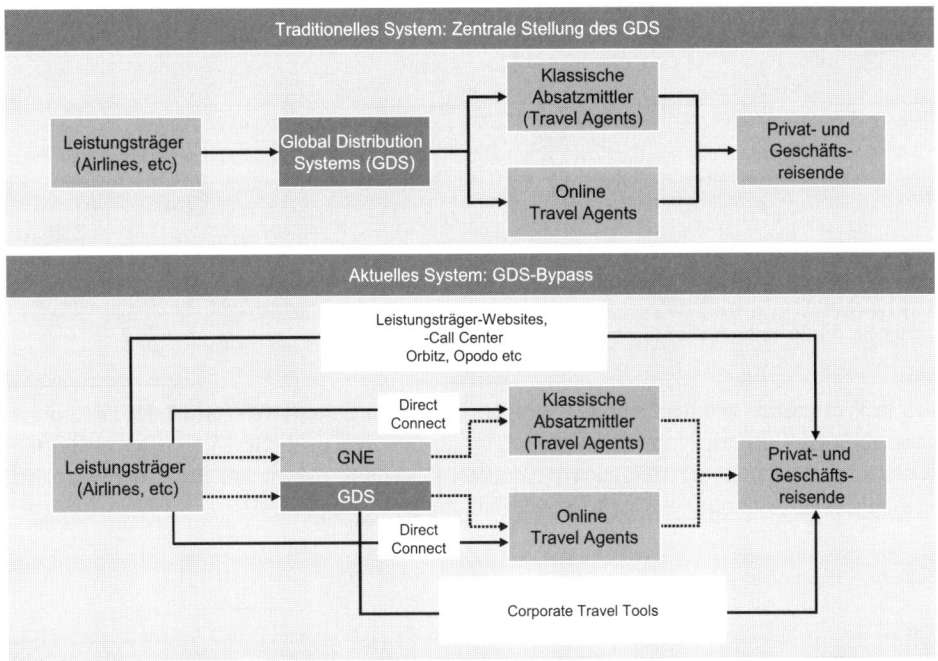

Abbildung 15.12: Alternative Distributionswege und Disintermediation

Im Zuge der Ausbreitung des Internet traten im Jahr 2005 zudem neue globale GDS-Alternativen auf den Markt. Die so genannten **„Global New Entrants"** (GNE) wie beispielsweise Farelogix, ITA oder G2 Switchworks boten den Airlines eine Distributionsalternative zu Kosten weit unterhalb der GDS Buchungskosten. GNEs gelten damit als Low Cost Anbieter im Markt der Distributionssysteme (siehe Tabelle 15.6).

Tabelle 15.6: Vergleich GDS vs. GNE

	GDS	GNE
Preis	4,27 US $ pro Buchung	0,40 – 1,30 US $ pro Buchung
Incentivierung des Absatzmittlers	Ja	Nein
Aktionsraum	Global	US Domestic Markt
Distributionsmodell	Komplexe O & D-Gestaltung	Einfache One Way/Return-Buchungen
Anbindung Low Cost Carrier	Nein	Anbindung angestrebt
Technologie	Legacy Mainframe Technologie	Flexible Client/Server-Technologie
Status	Etabliertes System seit 20 Jahren	Entwicklungsphase

Mittlerweile entfällt auf die GDS nur noch ein Anteil von unter 60 % an allen Buchungen im Luftverkehr (siehe Tabelle 15.7).

Tabelle 15.7: Anteile GDS- vs. Non GDS-Buchungen (2005) [276]

	Nordamerika	Mittel- und Südamerika	EMEA	Asien/Pazifik	Weltweit
GDS (in %)	54 %	89 %	65 %	63 %	59 %
Non-GDS (in %)	46 %	11 %	35 %	37 %	41 %

Legende: EMEA: Europe, Middle East, Africa

Auch in Westeuropa zeichnet sich seit einigen Jahren ein Bedeutungsverlust der GDS ab, der sich auch in den kommenden Jahren fortsetzen dürfte (siehe Tabelle 15.8). Treiber des GDS Bypass sind auch hier die steigende Anzahl an Distributionskanälen, das Onlinewachstum und die direkten Anbindungen von Travel Management Companies.

Tabelle 15.8: Entwicklung der Vertriebsstruktur in Westeuropa 2004 - 2010 [277]

	2004	2005	2006	2007	2008	2009	2010
Direkte Airline Distribution [1)]	41 %	42 %	46 %	50 %	53 %	57 %	60 %
Indirekte (GDS) Distribution [2)]	59 %	58 %	54 %	50 %	47 %	43 %	40 %

[1)] Offline und Online, incl. Low Cost, [2)] Offline und Online, incl. Reisebüro

Es ist zu erwarten, dass auch in Zukunft Airlines ihre Verkäufe weiterhin in Richtung kostengünstiger Distributionskanäle verschieben werden. Besonders günstige Tarife werden mitunter als so genannte „WebFares" nur noch auf der eigenen Homepage im Internet angeboten. Damit haben GDS und Absatzmittler keinen Zugang zum vollen Content mehr. Es wird ein Wettbewerb zwischen verschiedenen Distributionskanälen (bspw. Airline-Direktvertrieb, Online Travel Agencies wie Expedia oder Orbitz, GDS und stationäre Reisebüros) um Content und intelligente Shopping-Funktionen entstehen. GDS und Travel Agents werden ihre Geschäftsbeziehung als Typus „geringere Booking Fee und eingeschränkter Content" oder als Typus „höhere Booking Fee und voller Content" ausgestalten.

Trotz des zunehmenden Wettbewerbsdrucks und ihrer vergleichsweise schlechten Kostenposition gelten GDS als langfristig nur schwer ersetzbar. Das Transaktionsvolumen im globalen Luftverkehr kann kaum anders abgewickelt werden. Auch entwickeln sich GDS technologisch weiter, indem sie neue Technologien selbst entwickeln oder in Form von Unternehmens-Akquisitionen zukaufen. GDS haben zudem eine starke globale Vertriebsmacht und sind finanziell für die Herausforderungen der Zukunft gut gerüstet.

---

[276] Vgl. Lufthansa Systems (2006).

[277] Vgl. Amadeus, Dresdner Kleinwort Wasserstein (2005).

3 Internet

3.1 Entwicklung des Internet

Das Internet wurde im Jahre 1969 für militärische Zwecke unter dem ursprünglichen Namen ARPAnet entwickelt. Zu Zeiten des kalten Krieges suchte man nach einem Informationstechnologie-System, bei dem auch im Falle der Zerstörung einzelner Server-Computer eine globale Datenkommunikation aufrechterhalten werden konnte. Die technische Struktur des Internet sieht vor, dass Informationen in einzelne Datenpakete verteilt und mit Absender und Adresse versehen auf den Weg zum Empfänger geschickt werden. Die einzelnen Datenpakete suchen sich den besten Weg innerhalb eines globalen Netzwerkes von Computerverbindungen. Falls einzelne Stellen des Netzwerks zerstört sind, suchen sich die Datenpakete automatisch andere, intakte Wege zum Empfänger.

Im Jahre 1989 wurde ein weiterer Meilenstein in der Historie des Internet erreicht. Am schweizerischen Forschungsinstitut CERN wurde das World Wide Web (WWW) und die Hypertext Markup Language (HTML) erfunden. Weitere Meilensteine folgten in kurzen Abständen: 1991 wurden die Restriktionen einer kommerziellen Nutzung des Internet durch US-amerikanische Behörden gelockert, 1993 wurde der erste Browser (der Mosaic-Browser) an der University of Illinois der Öffentlichkeit vorgestellt und 1994 folgte der Netscape Navigator-Browser. 1995 kann als die Geburtsstunde der kommerziellen Nutzung des Internet betrachtet werden. Unternehmen wie Dell und Amazon, aber auch die Lufthansa nutzten als Pioniere die Möglichkeiten des rasch wachsenden Internet-Netzwerks. Lufthansa nimmt innerhalb der Airlines eine Pionierrolle ein, da sie als erste Airline weltweit Buchungen im Internet ermöglichte.

3.2 Stärken und Schwächen des Internet

Das Internet weist eine lange Reihe von Stärken auf, die in besonderem Maße für die Reise- und Tourismusbranche relevant sind. Die Liste der Schwächen des Internet ist existent, aber deutlich kürzer (siehe Abbildung 15.13).

Die **Stärken des Internet** für die Airline-Branche sind die Rund-um-die-Uhr-Verfügbarkeit. Viele Privat- und Geschäftsreisende informieren sich außerhalb der (oft restriktiven) Öffnungszeiten von Reisebüros über Flugverbindungen und wollen anschließend gleich ihre Buchung tätigen. Die multimedialen Darstellungsmöglichkeiten unterstützen Ziele der Marketingkommunikation, indem bspw. Klassenkonzepte bebildert oder Sitzpläne bei Buchungen angezeigt werden können. Die Reichweite des Internet ist deutlich höher als bei allen anderen Medien. Im Jahr 2008 ist die Zahl der weltweiten Internet-Nutzer auf rund

1,5 Mrd. gestiegen.[278] Insbesondere für die an weltweiter Präsenz interessierten Airlines ist das Internet damit ein hochgradig geeignetes Medium. Manche Autoren betonen sogar, dass das Internet das einzige wirklich globale Medium sei.

Das Internet unterstützt Direktvertrieb und Direktkommunikation effektiv sowie kosteneffizient. Damit werden Kosten im Distributionsprozess gespart und Kommunikationsziele besser erreicht, denn kommunikationsziel-dissonante Informationen der Intermediäre können ausgeschaltet werden. Das Internet ermöglicht eine hochgradig aktuelle Darstellung von Informationen und Angeboten in Form von Flugplänen, Verfügbarkeiten und Preisen. „Auf Knopfdruck" gelangen aktualisierte Informationen zum Endverbraucher. Damit können z. B. Sonderangebote ohne zeitliche Verzögerung an den Markt gebracht werden.

Das Internet ist ein interaktives Medium, Kommunikation kann als „Zwei-Wege-Kommunikation" stattfinden. Endverbraucher haben bspw. die Möglichkeit der Email-Kommunikation mit einer Airline. Es ist bekannt, dass Zwei-Wege-Kommunikation zu höherer Kundenbindung führt. Individualität bezeichnet die Möglichkeit der Personalisierung von Informationen und Produktangeboten. So können bspw. Emails oder Newsletter an die individuellen Bedürfnisse angepasst werden. Wenn Abonnenten lediglich Interesse an europäischen Städtereisen haben, werden ihnen andere Angebote zugeschickt als Abonnenten mit Interesse an Asien-Rundreisen.

Ein besonderer Vorteil liegt in der Konstruktion von Websites: Die Navigationsstruktur, bei der mit Hyperlinks gearbeitet wird, ermöglicht im Gegensatz zu allen anderen Medien die Beschreitung individueller Informationspfade. Internet-Nutzer erhalten damit jeweils auf sie individuell zugeschnittene Informationsangebote. Das Internet ist ein „Pull-Medium": Internet-Nutzer müssen sich die gewünschten Informationen aktiv durch Adresseingabe und Klicken beschaffen. Aktiv beschaffte Informationen werden der Werbewirkungsforschung zu Folge besser aufgenommen, verarbeitet und gespeichert.

Das Internet ist des Weiteren ein hochgradig controlling-affines Medium. Das Verhalten von Internet-Nutzern kann kostengünstig, zeitnah (real-time) und valide erfasst werden. Im Sinne eines Regelkreises können („on the fly", d.h. simultan) verhaltensadäquate Angebote dargestellt werden. Last but not least sind die Kosten der Kommunikation und Distribution über das Internet deutlich geringer als bei anderen Kanälen. Dies gilt auf jeden Fall für einzelne Transaktionen: die Buchung eines einzelnen Fluges verursacht lediglich Kosten in Höhe weniger Cents. Auch unter Berücksichtigung der Investitionen in den Aufbau der Internet-Infrastruktur (Website, Booking Engine etc.) liegen die Distributionskosten zumeist unter den Kosten alternativer Distributionskanäle.

Die **Schwächen des Internet** liegen zunächst auf der Kostenseite. Um erfolgreich Marketingkommunikation und Distribution über das Internet betreiben zu können, sind nennenswerte Investitionen in die Internet-Infrastruktur erforderlich. Eine Website muss konzipiert, entwickelt und laufend aktualisiert werden. Auch muss eine Anbindung an bestehende IT-Systeme (wie an GDS oder Airline-eigene Systeme) erfolgen. Des Weiteren entstehen ggfls.

---

[278] Vgl. zu jeweils aktuelle Daten www.internetworldstats.com.

beträchtliche Kosten für die Bewerbung der Website in Form von Suchmaschinenmarketing oder Print-Werbung.

Eine weitere Schwäche ist, dass Zielgruppen über die technische Ausstattung eines Online-PC verfügen müssen. Heute haben zwar viele Menschen, aber i. d. R. eben nicht alle Personen einer Zielgruppe einen Online-Zugang. So wird eine Airline bspw. zur Erreichung der zahlungskräftigen Zielgruppe der Senioren auch andere Medien nutzen müssen. Problematisch aus Sicht einer Airline ist auch, dass bei Pull-Medien Informationen nach Bedarf der Nutzer abgerufen werden, Nutzer sind somit autonom bzgl. der Informationsaufnahme. Damit gelingt die Zwangs-„Beglückung" mit Informationen, die bspw. für Bekanntmachung und Markenführung wichtig ist, nicht.[279]

Die grundsätzliche Schwäche, dass Internet-Nutzer eine nur geringe Zahlungsbereitschaft für Informationsangebote und Funktionalitäten aufweisen, trifft andere Branchen stärker als die Airline-Branche. Airlines geht es (bspw. im Gegensatz zur Verlagsbranche) nicht um den Verkauf von Informationen, sondern um den Verkauf von Tickets. Eine der wichtigsten Barrieren von Internet-Verkäufen sind Bedenken der Internet-Nutzer, dass ihre persönlichen Informationen, zu denen insbesondere Zahlungsinformationen wie Kreditkartennummern oder Kontodaten zählen, missbräuchlich verwendet werden könnten.

Stärken des Internet		Schwächen des Internet	
„24/7"	„Rund-um die Uhr-Verfügbarkeit an jedem PC mit Online-Zugang	Start-up Investitionen	Hohe Kosten für Hardware, Software und Vermarktung von Websites
Multimedialität	Anschauliche Darstellungsmöglichkeiten mit Hilfe von Bild, Film, Ton, Text und Graphik	Technische Voraussetzungen	Online-Zugang von Zielgruppen notwendig
Reichweite	Hohe Anzahl globaler Internet-Nutzer	„Nutzer-Autonomie"	„Informations-Push" bei „Pull-Medien" kaum möglich
Direktmarketing	Direktvertrieb und -kommunikation	„Free-Lunch"-Mentalität der Nutzer	Geringe Zahlungsbereitschaft der Internet-Nutzer für Informationen und Funktionalitäten
Aktualität	„Real-time"-Aktualisierung von Informationen und Produktangeboten	Sicherheitsbedenken	Starke Bedenken einer missbräuchlichen Verwendung im Internet übertragener Daten
Interaktivität	Zwei-Wege-Kommunikation	Markttransparenz	Hohe Angebots- und Preistransparenz am Point of Sale („auf Mausklick")
Individualität	„One-to-One"-Kommunikation, Personalisierung von Informationen und Produktangeboten		
Werbewirksamkeit	Hohe Werbewirksamkeit durch „Pull-Charakters" des Internet		
Erfolgskontrolle	Effiziente Möglichkeiten Verhaltensbeobachtung, z.B. durch „Logfile-Analysen" (Web-Controlling)		
Kosten	Geringe Kosten für Kommunikation und Distributions-Transaktionen		

Abbildung 15.13: Stärken und Schwächen des Internet

Für die meisten Airlines ist die durch das Internet geschaffene extreme Markttransparenz problematisch. Qualitätsunterschiede und insbesondere Preisunterschiede werden sofort, aufgrund eines Mausklicks, deutlich sichtbar. Üblich ist mittlerweile eine Sortierlogik nach der Preishöhe. Damit treten andere Wettbewerbsparameter in den Hintergrund, es erfolgt eine starke Konzentration auf den Preis als Kaufentscheidungskriterium mit der Konsequenz,

---

[279] Eine Ausnahme stellt die Online-Werbeform von „Pop up-" und „Pop under-Fenstern" dar. Um eine Mischform handelt es sich bei RSS-Feeds.

dass der Preisführer gestärkt und alle anderen Anbieter geschwächt werden. Auch in der Airline-Branche werden Verschiebungen zu Lasten höherwertiger Tickets beobachtet.[280]

Insgesamt überwiegen die Stärken des Internet die Schwächen bei Weitem. Konsequenz sind die weiterhin rasante Ausbreitung der Internet-Nutzung und die von Airlines mit intensivem Nachdruck betriebene Nutzung des Internet als Kommunikations- und Distributionskanal.

3.3 Nutzung des Internet

Mitte 2008 nutzten mehr als 1,4 Mrd. Menschen weltweit das Internet (siehe Tabelle 15.9). Die absolute Anzahl der Internet-Nutzer ist dabei von Land zu Land ebenso wie der Anteil der Internet-Nutzer an der Gesamtbevölkerung unterschiedlich. Für die hochentwickelten Industrieländer lässt sich das Fazit ziehen, dass sich das Internet längst fest etabliert hat und bereits in breite Bevölkerungsschichten diffundiert ist. Auch zukünftig ist von einem weiteren Wachstum der Internet-Nutzerschaft auszugehen.

Tabelle 15.9: Anzahl der Internet-Nutzer und Internet-Penetration, Stand Juni 2008[281]

	Anzahl der Internet-Nutzer	Internet-Penetration (in % der Bevölkerung)
Asien	578.538.300	15,3 %
Europa	384.633.800	48,1 %
Nordamerika	248.242.000	73,6 %
Lateinamerika/Karibik	139.009.200	24,1 %
Afrika	51.065.600	5,3 %
Mittlerer Osten	41.939.200	21,3 %
Ozeanien/Australien	20.204.300	59,5 %
Summe (Welt)	1.463.632.400	21,9 %

In Deutschland waren im September 2008 41 Mio. Menschen Internet-Nutzer, das entspricht 63 % der Bevölkerung über 14 Jahre.[282]

Internet-Nutzer unterscheiden sich von der Gesamtbevölkerung hinsichtlich vier soziodemographischer Merkmale.[283] Geschlecht: Internet-Nutzer sind zu 54 % männlich. Alter: Jüngere Altersgruppen sind im Internet überrepräsentiert, wenngleich ältere Altersgruppen

---

[280] Sobie (2008), S. 46: „online bookings are lower yielding."

[281] Vgl. www.internetworldstats.com.

[282] Vgl. AGOF (2008).

[283] Vgl. AGOF (2008) und W3B (2008).

(sog. „silver surfer") hohe Wachstumsraten aufweisen. Ausbildung: Internet-Nutzer weisen im Durchschnitt einen höheren Ausbildungsgrad auf. Einkommen: Internet-Nutzer erwirtschaften ein signifikant höheres Haushaltseinkommen als der Gesamtbevölkerungsdurchschnitt.

Das Internet zieht einen zunehmenden Teil der Mediennutzungszeit von Menschen auf sich. Mittlerweile gehen 45 % der Deutschen zwischen 14 und 64 Jahren (mehrmals) täglich ins Internet. 51 % davon verbringen mehr als eine Stunde im Internet.[284] Damit ist das Internet das drittwichtigste Medium nach Fernsehen und Hörfunk.

Dem Internet kommt eine hohe Bedeutung als Informationsquelle bei Reisebuchungen zu. Internet-Informationen sind für Reiseentscheidungen von gleicher Relevanz wie Empfehlungen von Bekannten, Freunden und Verwandten.[285]

Das Internet ist für Unternehmen zunächst insofern relevant, als dass Internet-Nutzer in starkem Maße Informationen zu Unternehmen und Produkten aus dem Internet beziehen. Der Reise- und Tourismusbranche kommt diesbezüglich eine Schlüsselrolle zu. Wie keine andere Branche ist sie für das Internet prädestiniert. Etwa 56 % der Internet-Nutzer bestätigen ein Interesse an Informationen zu Flugangeboten. Ein Online-Buchungsinteresse bestätigen knapp 51 %, eine Online-Buchung haben angabegemäß bereits mehr als 41 % getätigt.[286] Von einer weiteren Zunahme der Nutzung des Internet in der Airline-Branche ist auszugehen.

3.4 Geschäftsmodelle und Buchungsvolumina zu Reisen im Internet

Informationen und Buchungsmöglichkeiten zu Reisen bzw. Flügen finden sich in Form unterschiedlicher Geschäftsmodelle im Internet: Suchmaschinen (z. B. Google oder Yahoo), Online-Reisebüros (z. B. expedia.com, opodo.com, lastminute.com), Websites von Reiseveranstaltern (z. B. tui.com, studiosus.com, thomascook.com), Websites von Airlines (z. B. lufthansa.com, british-airways.com), Websites von Hotels (z. B. icohotels.com, hilton.com), Kundenbewertungs-Websites (z. B. holidaycheck.de, ciao.de), Reise-Community-Sites (z. B. reisen.de, geo-reise-community.de), Preisvergleichs-Websites (z. B. kelkoo.de, froogle.de, billigflieger.de), Reisebereiche von Portalen (z. B. de.reisen.yahoo.com), Werbebanner auf Internet-Seiten, Reisekataloge der Reiseveranstalter und Metasearch-Websites (z. B. kinkaa.de, kayak.com, mobissimo.com).

---

[284] Vgl. ACTA (2008).
[285] Vgl. Fittkau & Maass (2008), S. 32.
[286] Vgl. Fittkau & Maass (2008), S. 46.

Je nach Phase im Kaufprozess nehmen die o. g. Informationsquellen eine unterschiedlich hohe Bedeutung ein (siehe Abbildung 15.14). Suchmaschinen kommt in allen Phasen des Reise-Kaufprozesses eine hohe Bedeutung zu.

	Prozess-einstieg	Reiseziel-auswahl	Preis-vergleich	Produkt-information	Produkt-entscheidung	Anbieter-wahl	Buchung
Suchmaschine	34%	81%	75%	87%	71%	77%	-
Online-Reisebüro	18%	73%	71%	73%	71%	73%	50%
Veranstalterseite	10%	74%	65%	73%	70%	74%	40%
Seite einer Fluggesellschaft	11%	67%	62%	53%	66%	67%	49%
Seite eines Hotels	3%	69%	55%	79%	70%	64%	41%
Kundenbewertungsseiten	4%	61%	54%	65%	58%	55%	21%
Reise-Community-Seiten	<1%	35%	37%	39%	36%	36%	4%
Preisvergleichsseiten	5%	49%	65%	45%	49%	50%	18%
Reisebereiche von Portalen	2%	43%	45%	43%	40%	41%	10%
Werbebanner auf Internetseiten	-	24%	25%	26%	25%	28%	-
Reisekataloge der Veranstalter	-	-	53%	55%	54%	57%	-

Anmerkung: Prozent der Nutzer, die angegeben haben, die Seite hätte Ihnen stark geholfen oder geholfen, bzw. sie hätten die Seite für den Einstieg oder die Buchung genutzt.

Abbildung 15.14: Nutzung von Informationsquellen in den Phasen des Kaufentscheidungsprozesses[287]

Mittlerweile werden beachtliche Online-Reiseumsätze getätigt.[288] Im Jahre 2008 wurden in Europa Reisen im Wert von 61 Mrd. € Online gebucht (siehe **Fehler! Verweisquelle konnte nicht gefunden werden.**). Dies entspricht 28 % des gesamten europäischen Reisemarktes. In Deutschland hatte der Online-Reisemarkt im Jahre 2006 ein Marktvolumen von 8,5 Mrd. €.[289]

---

[287] Vgl. Google (2007).

[288] „Online-Reiseumsatz": Über eine webbasierte Technologie realisierte Umsätze von touristischen Leistungsträgern aus den Bereichen Transport (Luft, Schiene, Wasser, Straße) und Beherbergung sowie von Reiseveranstaltern, die von Endverbrauchern für private oder geschäftliche Zwecke selbständig gebucht werden.

[289] Vgl. PhoCusWright (2006).

Tabelle 15.10: Online-Marktvolumen Leisure und Unmanaged Business Travel in Europa[290]

	2004	2005	2006	2007	2008
Online Buchungs-volumen in Europa [1)]	19,5 Mrd. €	28,5 Mrd. €	39,3 Mrd. €	50,0 Mrd. €	61,0 Mrd. €
Online-Anteil	9 %	14 %	19 %	23 %	28 %

[1)] European Online Leisure and Unmanaged Business Travel Market. „Unmanaged" bedeutet, dass Buchungen über Business Travel Management-Systeme in Großunternehmen, bei denen Flugbuchungen mittlerweile grundsätzlich über IT-gestützte Systeme abgewickelt werden, ausgenommen sind.

3.5 Das Internet als Distributionskanal für Flugreisen

Im Jahre 2007 wurden 35 % aller Flugreisen weltweit online gebucht (siehe Abbildung 15.15), in Nordamerika sogar nahezu zwei Drittel. Neben großen regionalen Unterschieden bei den Online-Buchungsanteilen sind deutliche Unterschiede auch zwischen den einzelnen Airlines festzustellen. Das Geschäftsmodell der Low Cost Carrier weist extrem hohe Online-Buchungsanteile auf: Ryanair (99 %), Clickair (97 %), Monarch Airlines (90 %), JetBlue (80 %), Southwest (ca. 75 %) und Aer Lingus (72 %).[291] Network Carrier weisen aufgrund ihres anders gearteten Geschäftsmodells (siehe Kapitel X) deutlich niedrigere, aber ebenfalls zunehmende Online-Buchungsanteile auf.

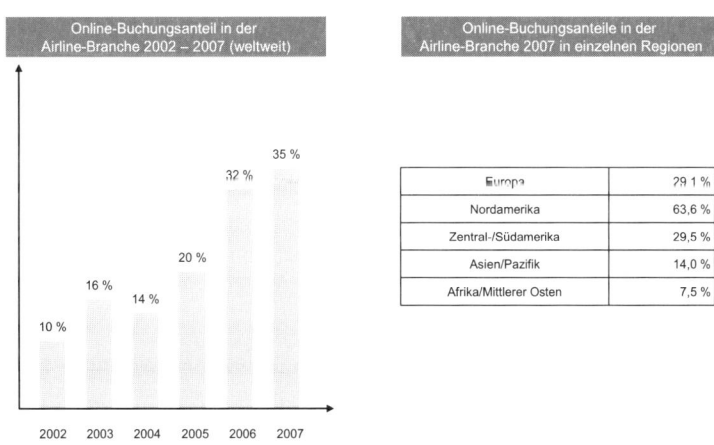

Abbildung 15.15: Online-Buchungsanteile in der Airline-Branche[292]

---

[290] Vgl. Papenhoff/Fischer/Conrady (2008), die Ergebnisse von PhoCusWright zitieren.

[291] Vgl. Sobie (2008), S. 46 ff.

[292] Vgl. Jenner (2008), S. 51 und Sobie (2008), S. 48, die den Airline Business/SITA IT Trends Survey 2008 zitieren.

Online-Buchungen werden über verschiedene Online-Kanäle abgewickelt (siehe Tabelle 15.11). Besonders hohe Umsätze werden über airline-eigene Websites getätigt. Es ist anzunehmen, dass mehr als zwei Drittel aller Online-Buchungen über Airline-Websites erfolgen.

Tabelle 15.11: Nutzungsgrade von Online-Distributionskanälen in der Airline-Branche 2007[293]

Online channels		Online channels		Online channels	
Own website	90 %	Own travel agency booking portal	36 %	Auction / bid sites (e.g. priceline.com)	9 %
Online travel agencies (e.g. Expedia)	50 %	Joint airline site (e.g. Opodo, Orbitz, Zuji)	32 %	Do not sell own seats	4 %
Own website for corporate accounts	43 %	Joint alliance website	22 %	Do not use web / online sales	3 %

3.6 Perspektiven des Online-Vertriebs im Luftverkehr

Aus folgenden Gründen ist von weiter steigenden Online-Buchungsanteilen auszugehen: Die Anzahl der Internet-Nutzer wird weiter steigen, die Qualität der Websites (z. B. bezüglich der Angebotsdarstellung und des Buchungsprozesses) wird steigen, die Kaufbereitschaft wird aufgrund verbesserter Sicherheitstechnologien und allgemeiner Gewöhnung an Online-Einkäufe weiter steigen.

Airlines sehen folgende Herausforderungen im Online-Vertrieb:

- **Zahlungssicherheit und Zahlungsverfahren:**
  Steigerung der Zahlungssicherheit von Internet-Buchungen, wobei insbesondere bei Kreditkartenzahlungen der Missbrauchsschutz erhöht wird. Einführung alternativer Zahlungsverfahren wie Rechnungsstellung, Zahlungseinzugsverfahren, mobile Zahlungsverfahren etc.

- **Kooperationsaktivitäten:**
  Ausbau von Codesharing- und Interlining-Möglichkeiten insbesondere bei proprietären Low Cost Carrier-Systemen.

- **Optimierung der Website:**
  Optimierung der Usability durch Verbesserung von Navigation und Buchungsprozessen. Verbesserung der Kundenbindung mit Hilfe der Website, Entwicklung in Richtung eines eCRM. Steigerung der Conversion Rate bzw. des „book-to-look-ratio": „lookers" sollen zu „bookers" gemacht werden.

---

[293] Quelle : Airline Business/SITA IT Trends Survey 2007.

- **Volumenbewältigung:**
  Durch Robotic-Systeme von Preisvergleichsseiten wie z. B. Metasearch-Sites werden Datenbankzugriffe gesteigert. Airline-Websites werden häufig durch sog. „Screen-Scraping" ausgelesen. Teilweise werden pro Buchung bis zu 300 Flugplan- und Preisabfragen berichtet. Diese enorme Anzahl von Zugriffen treibt die IT-Kosten in die Höhe. Airlines arbeiten daher am Ausbau der Caches, also an vorgeschalteten Zwischenspeichern, in denen Flugplan-, Verfügbarkeits- und Preisinformationen vorgehalten werden.

- **Pricing:**
  Management der Komplexität des Airline-Pricing und Beherrschung von Web Fare-initiierten Konflikten mit traditionellen Distributionskanälen.

- **Multi Channel Management:**
  Steuerung und Verzahnung verschiedener Distributionskanäle, einschließlich der Online-Distributionskanäle. Hier sind auch die Bemühungen um Konfliktbeherrschung in Verbindung zu traditionellen Vertriebskanälen wie Reisebüros zu sehen.

- **Erlössteigerung:**
  Steigerung des Yield durch Upselling und Cross Selling. Zudem wird die Erwirtschaftung von Ancillary Revenues angestrebt, indem auf der airline-eigenen Website weitere flugbezogene Leistungen angeboten werden (prefered seating, priority boarding etc.) und indem weitere Reiseprodukte in den Buchungsprozess integriert werden (z. B. Reisegepäckversicherungen, Mietwagen und Hotelangebote).

- **Dynamic Packaging:**
  Integration der eigenen Angebote in Dynamic Packaging-Angebote von Reiseveranstaltern bzw. Reisemittlern.

- **Ausbau der Funktionalitäten der Website:**
  Hier ist insbesondere das Web Check-in zu nennen. Mit Hilfe eines Web Check-in werden Kundenservice verbessert und Kostenreduktion bei Airport-Prozessen erreicht.

- **Web 2.0:**
  Nutzung von User Generated Content (z. B. in „Wikis", Rankings, Communities, File Sharing Sites) für die Marketingkommunikation.

4 Kommentierte Literatur- und Quellenhinweise

Umfangreiche Grundlagenwerke zum Einsatz von Informationstechnologie im Luftverkehr und im Tourismus:

- Buhalis, D. (2003), eTourism – Information technology for strategic tourism management, Harlow / London / New York u. a. O.
- Pease, W. / Rowe, M. / Cooper, M. (2007), Information and Communication Technologies in Support of the Tourism Industry, Hershey / London / Melbourne u. a. O.
- Schulz, A. (2009), Verkehrsträger im Tourismus, München.
- Shaw, S. (2007), Airline Marketing and Management, 6. Auflage, Aldershot 2007.
- Sheldon, P. (2001), Information and Communication Technologies in Tourism, Wien / New York.
- Taneja, N. K. (2002), Driving airline business strategies through emerging technology, Aldershot.

Grundlagenwerke zu Global Distribution Systems:

- Amadeus (2006), Amadeus Basic Grundlagen Seminar Handbuch.
- Bach, T. (2006), Amadeus. Ein Handbuch für die Praxis, 3. Aufl., Frankfurt am Main.
- Carlson Wagonlit Travel (2007), The Great DGS Debates, in: CWT Vision, Ausgabe 1, Mai.
- Global Aviation Associates, Ltd. (ga2). In conjunction with: Gellman, A. / Fitzgerald, C. (2001), The History and Outlook for Travel Distribution in the PC-Based Internet Environment.
- Lufthansa Systems (2006), unveröffentlichtes Material.
- Schmidt, A. (1995), Computerreservierungssysteme im Luftverkehr, Hamburg.
- The Brattle Group/Norton Rose (2003): Study to assess the potential impact of proposed amendments to council regulation 2299/89 with regard to computerised reservation systems (October 2003). Prepared for the European Commission, DG TREN.
- Weinhold, D. M. (1995), Computerreservierungssysteme im Luftverkehr, Baden-Baden.
- Werthner, H. / Klein, S. (1999), Information Technology and Tourism – A Challenging Relationship, Wien.

Empirische Studien zum Einsatz von IT im Luftverkehr:

- Airline Business and SITA: The IT Trends Survey 2007 und 2008.
- Jenner, G. (2008), in: Airline Business, Juli 2008, S. 42 – 47 und S. 48 – 51.
- Sobie, B. (2008), Weaving the Web, in: Airline Business März 2008, S. 46 – 49.

Zur Bedeutung und Nutzung des Internet:

- Alby, T. (2007), Web 2.0 – Konzepte, Anwendungen, Technologien, München – Wien.
- ACTA (2008): Allensbacher Computer- und Technik-Analyse, o. E.
- AGOF (2008): Internet Facts 2008 II, September 2008, o. E.
- Bernecker, M. / Beilharz, F. (2009), Online-Marketing, o. E.
- Conrady, R. (2006), Controlling des Internet-Auftritts, in: Reinecke, S. / Tomczak, T. (Hrsg.), Handbuch Marketingcontrolling, 2. Aufl., Wiesbaden, S. 669 – 694.
- Conrady, R. (2007), Travel technology in the era of Web 2.0, in: Conrady, R. / Buck, M. (Hrsg.), Trends and Issues in Global Tourism, Berlin / Heidelberg / New York, S. 165 – 184.
- Egger, R. (2005), Grundlagen des E-Tourism, Aachen.
- Fittkau & Maass (2008), Reisen im Internet, Chartsammlung zur W3B-Studie, April/Mai 2008, o. E.
- Google (2007), Internetreisebuchung – Kundenverhalten und Kundenbewertung von Werbeformen und Anbietern, Convois Consulting, o. E.
- Mills, J. E. / Law, R. (Hrsg.) (2004), Handbook of Consumer Behavior, Tourism, and the Internet, Binghamton/USA.
- Papenhoff, M. / Fischer, K. / Conrady, R. (2008), European Online Travel Overview – An Abstract of PhoCusWright Online Travel Overview Third Edition, in: Conrady, R. / Buck, M. (Hrsg.), Trends and Issues in Global Tourism 2008, Berlin / Heidelberg / New York, S. 179 – 190.
- PhoCusWright Inc. (2008), US Online Travel Overview, 8th edition, Sherman/USA.
- PhoCusWright Inc. (2008): European Online Travel Overview, 4th edition, Sherman/USA.
- ROPO Impulsstudie (2008): ROPO Research Online Purchase Offline in der Touristik, FVW Kongress 2008.
- Schetzina, C. (2009), The PhoCusWright Consumer Technology Survey Second Edition, in: Conrady, R. / Buck, M. (2009), Trends and Issues in Global Tourism, Berlin / Heidelberg.
- Schwarz, T. (Hrsg.) (2008), Leitfaden Online Marketing, 2. Aufl., Waghäusel.
- Verband Internet Reisevertrieb VIR (2008): Daten & Fakten zum Online-Reisemarkt 2008, 3. Ausgabe, in: www.v-i-r.de.

Empfehlenswerte Websites:

- www.amadeus.com
- www.sabre.com
- www.worlspan.com
- www.galileo.com
- www.travelport.com
- www.atw.com
- www.farelogix.com
- www.lhsystems.com
- www.flightglobal.com
- www.staralliance.com

- www.travelmanager.ch
- www.abacus.sg.com
- www.eyefortravel.com
- www.travelweekly.com
- www.iata.org
- www.dot.org
- www.ec.europa.eu/transport/air_portal
- www.carlsonwagonlit.com/en/
- www.internetworldstats.com

Literaturverzeichnis

A. T. Kearney (2007), Verkehrsknotenpunkte – Handelsstandorte der Zukunft, o. E.

Aberle, G. (2002), Transportwirtschaft. Einzelwirtschaftliche und gesamtwirtschaftliche Grundlagen, 4. Aufl., München / Wien.

Abeyratne, R. (2003), The Decision of the European Court of Justice on Open Skies and Competition Cases, in: World Competition, Vol. 26, No. 3, S. 335–362.

ACI Europe (div. Jahrgänge), Airport Traffic Report, Genf / Brüssel.

ACTA (2008): Allensbacher Computer- und Technik-Analyse, o. E.

ADV (2007), Luftfahrt und Umwelt, Berlin.

AEA (div. Jahrgänge), AEA Yearbook, Brüssel.

AEA (div. Jahrgänge), Operating Economy of AEA Airlines, Brüssel.

AEA (div. Jahrgänge), State of the Industry, Brüssel.

AGOF (2008): Internet Facts 2008 II, September 2008, o. E.

Air Berlin (div. Jahrgänge), Geschäftsbericht, o. E.

Airbus (2006), Global Market Forecast – The Future of Flying 2006–2025, Blagnac Cedex.

Airline Business, diverse Jahrgänge.

Airline Business/SITA IT Trends Survey 2008, o. E.

Airport Research Center / Desel Consulting (2007), Fluggast- und Flugbewegungsprognose für den Flughafen Lübeck bis zum Jahr 2020, Aachen / Niedernhausen.

Alamdari, F. / Mason, K. (2006), The Future of Airline Distribution, in: Journal of Air Transport Management, Vol. 12, S. 122–134.

Alby, T. (2007), Web 2.0 – Konzepte, Anwendungen, Technologien, München / Wien.

Amadeus (2006), Amadeus Basic Grundlagen Seminar Handbuch.

Armbruster, J. (1996), Flugverkehr und Umwelt, Berlin / Heidelberg.

Arndt, A. (2004), Die Liberalisierung des grenzüberschreitenden Luftverkehrs in der EU, Frankfurt/M.

Arthur D. Little (2005), Aviation Insight: Demystifying the Aviation Industry, Wiesbaden.

Bach, T. (2006), Amadeus. Ein Handbuch für die Praxis, 3. Aufl., Frankfurt am Main.

Bachmann, P. (2005), Flugsicherung in Deutschland, Stuttgart.

Badura, F. (2006), Auswirkungen einer EU-weiten Besteuerung von Kerosin auf Luftverkehrsgesellschaften aus betriebswirtschaftlicher Sicht, Wien.

Bazargan, M. (2004), Airline Operations and Scheduling, Aldershot.

Becker, J. (2006), Marketing-Konzeption: Grundlagen des zielstrategischen und operativen Marketing-Managements, 8. Aufl., München.

Bentzien, J. (2007), Das Luftverkehrsabkommen zwischen der EG und ihren Mitgliedstaaten und den USA vom 30. April 2007, in: ZLW, H. 4, S. 587–609.

Bernecker, M. / Beilharz, F. (2009), Online-Marketing, o. E.

Beyen, R. K. / Herbert, J. (1991), Deregulierung des amerikanischen und EG-europäischen Luftverkehrs, Hamburg.

Beyhoff, S. (1995), Die Determinanten der Marktstruktur von Luftverkehrsmärkten, Diss., Köln.

Beyhoff, S., et al (1992), Verkehrspolitische Optionen zur Lärmreduktion an Flughäfen dargestellt am Beispiel des Flughafens Hamburg, Köln.

Boeing (2008), Current Market Outlook, Seattle.

Booz|Allen|Hamilton (o. J.), „Aero"-Dynamik im europäischen Flughafensektor, Düsseldorf.

Boston Consulting Group (2005), The Role of Alliances in Corporate Strategy, Boston.

Boyfield, K. (Hrsg.) (2003), A Market in Airport Slots, The Institute of Economic Affairs, London.

Brattle Group (2002), The Economic Impact of an EU-US Open Aviation Area, London, Washington D.C.

Brosthaus, J., et al. (TÜV Rheinland, DIW, Wuppertal Institut) (2001): Maßnahmen zur verursacherbezogenen Schadstoffreduzierung des zivilen Flugverkehrs, Umweltbundesamt Texte 17/01, Berlin.

Brueckner, J. K. (2001), The economics of international codesharing: an analysis of airline alliances, in: International Journal of Industrial Organization, Vol. 19, S. 1475–1498.

Buhalis, D. (2003), eTourism – Information technology for strategic tourism management, Harlow / London / New York u.a.O.

Bundesministerium für Verkehr, Bau und Stadtentwicklung (Hrsg.) (div. Jahrgänge), Verkehr in Zahlen, Hamburg.

Bundesministerium für Verkehr, Bau und Wohnungswesen (2000), Flughafenkonzept der Bundesregierung, Berlin.

Bundesstelle für Flugunfalluntersuchung (2007), Jahresbericht 2006, Braunschweig.

Burghouwt, G. (2007), Airline Network Development in Europe and its Implications for Airport Planning, Aldershot.

Butler, G. F. / Keller, M. R. (Hrsg.) (2001), Handbook of Airline Strategy. Public Policy, Regulatory Issues, Challenges, and Solutions, New York.

CAA (2006a), No Frills Carriers: Revolution or Evolution?, London.

CAA (2006b), CAA Passenger Survey Report 2006, London.

Carlson Wagonlit Travel (2007), The Great GDS Debates, in CWT Vision, Ausgabe 1, Mai.

Clark, P. (2007), Buying the Big Jets – Fleet planning for airlines, 2. Aufl., Aldershot.

Competition Commission (2008), BAA Airports Market Investigation, London.

Conrady, R. (2006), Controlling des Internet-Auftritts, in: Reinecke, S. / Tomczak, T. (Hrsg.), Handbuch Marketingcontrolling, 2. Aufl., Wiesbaden, S. 669 – 694

Conrady, R. (2007), Travel technology in the era of Web 2.0, in: Conrady, R. / Buck, M. (Hrsg.), Trends and Issues in Global Tourism 2007, Berlin / Heidelberg / New York, S. 165 – 184.

Conrady, R. / Bakan, S. (2008), Climate change and its impact on the tourism industry, in: Conrady, R. / Buck, M. (Hrsg.), Trends and Issues in Global Tourism 2008, Berlin / Heidelberg, S. 27 – 40.

Conrady, R. / Buck, M. (Hrsg.) (2007), Trends and Issues in Global Tourism 2007, Berlin / Heidelberg / New York.

Conrady, R. / Buck, M. (Hrsg.) (2008), Trends and Issues in Global Tourism 2008, Berlin / Heidelberg.

Conrady, R. / Buck, M. (Hrsg.) (2009), Trends and Issues in Global Tourism 2009, Berlin / Heidelberg.

Cook, A. (Hrsg.) (2007), European Air Traffic Management. Principles, Practice and Research, Aldershot.

Czerny, A. I. / Forsyth, P. / Gillen, D. / Niemeier, H.-M. (Hrsg.) (2008), Airport Slots: International experiences and options for reform, Aldershot.

Daudel, S. / Vialle, G. (1992), Yield-Management – Erträge optimieren durch nachfrageorientierte Angebotssteuerung, Frankfurt/M.

DB AG (2008), Mobilität sichern – Klima schützen, Berlin.

Delfmann, W., et al. (Hrsg.) (2005), Strategic Management in the Aviation Industry, Aldershot.

Dempsey, P. S. / Gesell, L. E. (2006), Airline Management: Strategies for the 21st Century, 2. Aufl., Chandler, AZ.

Dennis, N. (2007), End of free lunch? The responses of traditional European airlines to the low-cost carrier threat, in: Journal of Air Transport Management, Vol. 13, S. 311–321.

Deutsche Lufthansa (div. Jahrgänge), Balance, Köln.

Deutsche Lufthansa (div. Jahrgänge), Geschäftsbericht, Köln.

Deutsche Lufthansa, diverse unveröffentlichte Materialien.

DFS (div. Jahrgänge), Geschäftsbericht, Langen.

DFS (div. Jahrgänge), Luftverkehr in Deutschland, Langen.

DG TREN (2007), Guide to European Community legislation in the field of civil aviation, Brüssel.

DG TREN (div. Jahrgänge), Analysis of the European Air Transport Industry, Brüssel (teilweise Änderungen im Titel).

Diederich, H. (1977), Verkehrsbetriebslehre, Wiesbaden.

DLR/ADV (div. Jahrgänge), Low Cost Monitor, Köln / Berlin.

DLR (div. Jahrgänge), Luftverkehrsbericht. Daten und Kommentierungen des deutschen und weltweiten Luftverkehrs, Köln.

Doganis, R. (1992), The Airport Business, London / New York.

Doganis, R. (2002), Flying Off Course, 3. Aufl., London / New York.

Doganis, R. (2006), The Airline Business, 2. Aufl., London / New York.

Döring, T. (1999), Airline-Netzwerkmanagement aus kybernetischer Sicht, Bern / Stuttgart / Wien.

Dressler, F. (2007), Wettbewerbsfähigkeit von Luft-Schiene-Kooperationen zur Substitution von Zubringerflügen. Eine empirische Analyse des Passagierwahlverhaltens, Lohmar / Köln.

Droege & Comp. (2008), Aviation 2007/2008: Zwischen Wachstum, Konsolidierung und Kostenführerschaft, Düsseldorf.

EASA (div. Jahrgänge), Jahressicherheitsbericht, Köln.

ECAD (2006), Die Liberalisierung des Luftverkehrs: Ein branchenübergreifender Vergleich, Darmstadt.

Eckey, H.-F. / Stock, W. (2000), Verkehrsökonomie. Eine empirisch orientierte Einführung in die Verkehrswissenschaften, Wiesbaden.

Egger, R. (2005), Grundlagen des E-Tourism, Aachen.

Ehmer, H. / Berster, P. (2002), Globale Allianzen von Fluggesellschaften und ihre Auswirkungen auf die Bundesrepublik Deutschland, Köln.

Ehmer, H., et al (2000), Liberalisierung im Luftverkehr Deutschlands – Analyse und wettbewerbspolitische Empfehlungen, DLR Forschungsbericht 2000–17, Köln.

Eurocontrol (2006), Getting to the Point: Business Aviation in Europe, in: www.eurocontrol.int.

Eurocontrol – Performance Review Commission (2006), Evaluation of the Impact of the Single European Sky Initiative on ATM Performance, Brüssel.

European Competition Authorities (o. J.), Code-sharing agreements in scheduled passenger air transport, o. E.

Eurostat (div. Jahrgänge), Fluggastverkehr in Europa, Statistik kurz gefasst, Straßburg.

Fakiner, H. (2005), The Role of Intermodal Transportation in Airport Management – The Perspective of Frankfurt Airport, in: Delfmann, W., et al. (Hrsg.), Strategic Management in the Aviation Industry, Aldershot, S. 427–449.

Fichert, F. (1999), Umweltschutz im zivilen Luftverkehr. Ökonomische Analyse von Zielen und Instrumenten, Berlin.

Fichert, F. (1999), Flughafenmärkte in Europa: Potentiale wettbewerblicher Selbststeuerung und Anforderungen an einen geeigneten staatlichen Ordnungsrahmen, in: Zeitschrift für Verkehrswissenschaft, 70. Jg., H. 4, S. 233–256.

Fichert, F. (2000), Wettbewerbsprobleme durch Luftverkehrsallianzen – Marktöffnung ist vordringlich, in: Zeitschrift für Wirtschaftspolitik, 49. Jg., H. 2, S. 212–232.

Fichert, F. (2002), Predatory Behaviour in Air Transport Markets: A Perpetual Challenge to Competition Policy?, in: Esser, C. / Stierle, M. H. (Hrsg.), Current Issues in Competition Theory and Policy, Berlin, S. 261–275.

Fichert, F. (2004), Wettbewerb im innerdeutschen Luftverkehr – Empirische Analyse eines deregulierten Marktes, in: Institut für Wirtschaftsforschung Halle (Hrsg.), Deregulierung in Deutschland – theoretische und empirische Analysen, Halle, S. 83–116.

Fichert, F. (2006), Economic Instruments for Reducing Aircraft Noise: Theoretical Framework and Recent Experience, in: Pickhardt, M., Pons, J.S. (Hrsg.), Perspectives on Competition in Transportation, Münster, S. 59–75.

Fichert, F. (2007), Interlining and IATA Tariff Co-ordination – Do Consumer Benefits justify potential Restrictions of Competition?, in: Fichert, F. / Haucap, J. / Rommel, K. (Hrsg.), Competition Policy in Network Industries, Berlin, S. 135–156.

Fichert, F. / Hüschelrath, K. (2008), Air transport: Economic Effects of a further Transatlantic Liberalisation, in: Bazart, C. / Böheim, M. (Hrsg.), Network Industries between Competition and Regulation, Berlin, S. 155–172.

Field, D. (2008), in: Airline Business, Januar 2008, S. 45–47.

Fittkau & Maass (2008), Reisen im Internet, Chartsammlung zur W3B-Studie, April/Mai 2008, o. E.

Flight International (2008), World Airline Directory 2008, Surrey.

Flouris, T. G. / Oswald, S. L. (2006), Designing and Executing Strategy in Aviation Management, Aldershot.

Forsyth, P. (Hrsg.) (2004), The economic regulation of airports, Aldershot.

Forsyth, P., et al. (Hrsg.) (2005), Competition versus Predation in Aviation Markets, Aldershot.

Fraport AG (div. Jahrgänge), Flughafenentgelte, Frankfurt/M.

Fraport AG (div. Jahrgänge), Geschäftsbericht, Frankfurt/M.

Frerich, J. / Müller, G. (2006), Europäische Verkehrspolitik, Band 3, München / Wien.

Freyer, W. (2008), Tourismus-Marketing: Marktorientiertes Management im Mikro- und Makrobereich der Tourismuswirtschaft, 6. Aufl., München.

Freyer, W. (2001), Tourismus-Marketing, 3. Aufl., München / Wien.

Freyer, W. / Naumann, M. / Schröder, A. (2004), Geschäftsreise-Tourismus: Geschäftsreisemarkt und Business Travel Management, Dresden.

Freyer, W. / Pompl, W. (Hrsg.) (2008), Reisebüro-Management, 2. Aufl., München / Wien.

Fritzsche, S. (2007), Das europäische Luftverkehrsrecht und die Liberalisierung des transatlantischen Luftverkehrsmarkts, Berlin.

Forschungsgemeinschaft Urlaub und Reisen (F.U.R.) (div. Jahrgänge), Reiseanalyse, Hamburg.

Fuchs, W. / Mundt, J. W. / Zollondz, H.-D. (Hrsg.) (2008), Lexikon Tourismus, München.

fvw Fremdenverkehrswirtschaft International, verschiedene Jahrgänge, Hamburg.

Gesell, L. E. / Dempsey, P. S. (2005), Aviation and the Law, 4. Aufl., Chandler, AZ.

Giemulla, E. / Rothe, B. (2008), Recht der Luftsicherheit, Berlin / Heidelberg.

Giemulla, E. / Schmid, R., Europäisches Luftverkehrsrecht, Loseblattsammlung.

Giemulla, E. / Schmid, R., Frankfurter Kommentar zum Luftverkehrsrecht, 3 Bände, Loseblattsammlung, Bd. 1: LuftVG, Bd. 2: Luftverkehrsordnungen, Bd. 3: Warschauer Abkommen.

Giemulla, E. / van Schyndel, H. (Hrsg.) (2007), Recht der Luftfahrt, 5. Aufl., Köln.

Giesberts, L. / Geisler, M. (1999), Bodenabfertigungsdienste auf deutschen Flughäfen: Kommentar zur Verordnung über Bodenabfertigungsdienste auf Flughäfen – BADV, Berlin.

Gillen, D. / Morrison, W. G. / Stewart, C. (2002), Air Travel Demand Elasticities: Concepts, Issues and Measurement.

Girvin, R. (2009), Aircraft noise-abatement and mitigation strategies, in: Journal of Air Transport Management, Vol. 15, S. 14–22.

Global Aviation Associates, Ldt. (ga2), In conjunction with: Gellman, A. / Fitzgerald, C. (2001), The History and Outlook for Travel Distribution in the PC-Based Internet Environment.

Google (2007), Internetreisebuchung – Kundenverhalten und Kundenbewertung von Werbeformen und Anbietern, Convois Consulting, o. E.

Graham, A. (2008), Managing Airports: An international perspective, 3. Aufl., Oxford.

Gran, A. (1998), Die IATA aus der Sicht des deutschen Rechts: Organisation, Agenturverträge und allgemeine Geschäftsbedingungen, Diss., Frankfurt/M.

Gröteke, F. / Kerber, W. (2004), The case of Ryanair – EU State Aid Policy on the Wrong Runway, in: ORDO – Jahrbuch für Wirtschaft und Gesellschaft, 54. Jg., S. 313–332.

Groß, S. / Schröder, A. (Hrsg.) (2006), Handbook of Low Cost Airlines - Strategies, Business Processes and Market Environment, Berlin.

Gruber, G. (2007), Neuere Entwicklungen im Fluglärmrecht – Materiellrechtliche Vorgaben und Rechtsschutz, in: Scholz, R. / Moench, C. (Hrsg.), Flughäfen in Wachstum und Wettbewerb. Aktuelle Rechtsfragen bei Bau und Betrieb, Baden-Baden, S. 185–219.

Grundmann, S. (1999), Marktöffnung im Luftverkehr, Baden-Baden.

Gruner & Jahr (2007), G & J Branchenbild Luftverkehr, o. E.

Hamann, C. (2007), Klimaschutz und Luftverkehr – Zur geplanten Ausdehnung des europäischen Emissionszertifikatehandels, in: Scholz, R. / Moench, C. (Hrsg.), Flughäfen in Wachstum und Wettbewerb. Aktuelle Rechtsfragen bei Bau und Betrieb, Baden-Baden, S. 220–232.

Hanlon, P. (2007), Global Airlines. Competition in a transnational industry, 3. Aufl., Amsterdam et al.

Herzwurm, A. / Schäfer, J. (2004), Strategische Allianzen als Alternative zu Mergers & Acquisitions – Wertschöpfung durch Kooperationen am Beispiel der Lufthansa AG, in: Odenthal, S. / Wissel, G. (Hrsg.), Strategische Investments in Unternehmen, Wiesbaden, S. 99–116.

Heuer, K. / Klophaus, R. (2007), Regionalökonomische Bedeutung und Perspektiven des Flughafens Frankfurt-Hahn, Birkenfeld.

Heymann, E. (2006), Zukunft der Drehkreuzstrategie im Luftverkehr, DB Research, Frankfurt/M.

Heymann, E. / Vollenkemper, J. (2005), Ausbau von Regionalflughäfen – Fehlallokation von Ressourcen, Deutsche Bank Research, Aktuelle Themen Nr. 337, Frankfurt/M.

Himpel, F. / Lipp, R. (2006), Luftverkehrsallianzen: ein gestaltungsorientierter Bezugsrahmen für Netzwerk-Carrier, Wiesbaden.

Hippner, H. / Wilde, K. D. (2003), CRM – Ein Überblick, in: Helmke, S. / Uebel, M. F. / Dangelmaier, W. (Hrsg.), Effektives Customer Relationship Management – Instrumente – Einführungskonzepte – Organisation, 3. Aufl., Wiesbaden, S. 3 – 37.

Hoberg, P. (2008), Yield Management aus betriebswirtschaftlicher Sicht, in: Controller Magazin, September/Oktober, S. 58–63.

Hochfeld, C., et al. (2004), Ökonomische Maßnahmen zur Reduzierung der Umweltauswirkungen des Flugverkehrs: Lärmabhängige Landegebühren, Studie von DIW und Öko-Institut für das Umweltbundesamt, Berlin.

Höfer, B. J. (1994), Strukturwandel im europäischen Luftverkehr. Marktstrukturelle Konsequenzen der Deregulierung, Frankfurt/M. u. a. O.

Holloway, S. (2003), Straight and Level: Practical Airline Economics, 2. Aufl., Aldershot.

Homburg, C. / Krohmer, H. (2003), Marketingmanagement. Strategie – Instrumente – Umsetzung – Unternehmensführung, Wiesbaden.

HSH Nordbank (2005), Business Jets Branchenstudie, März.

Hujer, R., et al. (2004), Einkommens- und Beschäftigungseffekte des Flughafens Frankfurt Main, Frankfurt/M., Darmstadt.

Hüschelrath, K. (1998), Liberalisierung im Luftverkehr, Marburg.

IATA (div. Jahrgänge), Airline Cost Performance, Montreal.

IATA (div. Jahrgänge), Environmental Review, Montreal.

IATA (div. Jahrgänge), Financial Forecast, Montreal.

Iatrou, K. / Oretti, M. (2007), Airline Choices for the Future. From Alliances to Mergers, Aldershot.

ICAO (2007), Environmental Report 2007, Montreal.

INFRAS / IWW (2004), External Costs of Transport – Update Study, Zürich / Karlsruhe.

Initiative Luftverkehr für Deutschland (2006), Masterplan zur Entwicklung der Flughafeninfrastruktur, Frankfurt/M.

InterVISTAS (2007), Estimating Air Travel Demand Elasticities, Final Report, Prepared for IATA.

InterVISTAS (2006), The Economic Impact of Air Service Liberalization, o. E.

Intraplan (2006), Luftverkehrsprognose Deutschland 2020 als Grundlage für den „Masterplan zur Entwicklung der Flughafeninfrastruktur zur Stärkung des Luftverkehrsstandortes Deutschland im internationalen Wettbewerb", München.

Intraplan Consult GmbH (2006a), Luftverkehrsprognose 2020 für den Flughafen München, München.

Intraplan Consult GmbH (2006b), Luftverkehrsprognose 2020 für den Flughafen Frankfurt Main und Prognose zum landseitigen Aufkommen am Flughafen Frankfurt Main, München.

IPCC (1999), Special Report on Aviation and the Global Atmosphere, Cambridge.

Jacquemin, M. (2006), Netzmanagement im Luftverkehr, Diss., Wiesbaden.

Jarach, D. (2004), Airport Marketing: strategies to cope with the new millenium environment, Aldershot.

Jasvoin, L. (2006), Integration der Unsicherheitsaspekte in der Schedule-Optimierung, Wiesbaden.

Jenkins, D. (Hrsg.) (2002), Handbook of Airline Economics, 2. Aufl., New York.

Jenner, G. (2008), in: Airline Business, Juli 2008, S. 42–47 und S. 48–51.

Joppien, M. G. (2006), Strategisches Airline-Management, 2. Aufl., Bern / Stuttgart / Wien.

Kaspar, C. (1998), Management der Verkehrsunternehmen, München / Wien.

Kimes, S. E. (1998), Yield Management: Airline Tool for Capacity-Constrained Service Firms, in: Journal of Operations Management, Vol. 8, S. 348 – 363.

Klein, R. / Steinhardt, C. (2008), Revenue Management. Grundlagen und Mathematische Methoden, Heidelberg.

Kliewer, G. (2006), Optimierung in der Flugplanung: Netzwerkentwurf und Flottenzuweisung, Diss., Paderborn.

Klophaus, R. (2009), Kerosene's Price Impact on Air Travel Demand: A Cause-and-Effect Chain, in: Conrady, R. / Buck, M. (Hrsg.), Trends and Issues in Global Tourism 2009, Berlin / Heidelberg, S. 79 - 94.

Klophaus, R. / Schaper, T. (2004), Was ist ein Low Cost Airport?, in: Internationales Verkehrswesen, 56. Jg., H. 5, S. 191–196.

Knorr, A. (1997), Wettbewerb und Flugsicherheit - ein Widerspruch?, in: Zeitschrift für Verkehrswissenschaft, 68. Jg., S. 94–122.

Knorr, A. (1998), Zwanzig Jahre Deregulierung im US-Luftverkehr – eine Zwischenbilanz, in: ORDO – Jahrbuch für die Ordnung von Wirtschaft und Gesellschaft, Bd. 49, S. 419–464.

Knorr, A. (2006), „Schwarze Listen" – mehr Sicherheit im Luftverkehr?, in: Internationales Verkehrswesen, 58. Jg., S. 79–85.

Knorr, A. (Hrsg.) (2002), Europäischer Luftverkehr - wem nützen die strategischen Allianzen?, DVWG, Bergisch Gladbach.

Knorr, A. / Arndt, A. (2004), Der Swissair-Konkurs – eine ökonomische Analyse, in: Zeitschrift für Verkehrswissenschaft, 75. Jg., S. 190–207.

Koch, A. (2005), Die Strategische Allianz der Lufthansa – Die Star Alliance, unveröffentlichter Vortrag vom 08.07.2005 an der FU Berlin.

Koch, H. J. (Hrsg.) (2003), Umweltprobleme des Luftverkehrs, Baden-Baden.

Kohlhase, C. (2006), Die Verordnung (EG) Nr. 2111/2005 – die „Schwarze Liste" in der EU und transparentere Informationen für Fluggäste, in: Zeitschrift für Luft- und Weltraumrecht, H. 1, S. 22–33.

Kotler, P. / Bliemel, F. (1995), Marketing-Management, 8. Aufl., Stuttgart.

Kotler, P. / Keller, K. L. / Bliemel, F. (2007), Marketing-Management: Strategien für wertschaffendes Marketing, 12. Aufl., München.

Krahn, H. (1994), Markteintrittsbarrieren auf dem deregulierten US-amerikanischen Luftverkehrsmarkt: Schlußfolgerungen für die Luftverkehrspolitik der Europäischen Gemeinschaft, Frankfurt/M. u. a. O.

Kuchinke, B. A. / Sickmann, J. (2007), The Joint Venture Terminal 2 at Munich Airport and its Consequences: An Analysis of Competition Economics, in: Fichert, F. / Haucap, J. / Rommel, K. (Hrsg.), Competition Policy in Network Industries, Berlin, S. 107–133.

Kummer, S. (2006), Einführung in die Verkehrswirtschaft, Wien.

Kummer, S. / Schnell, M. (2001), Strategien und Markteintrittsbarrieren in europäischen Luftverkehrsmärkten: Theorie und neue empirische Befunde, Bergisch Gladbach.

Kyrou, D. (2000), Lobbying the European Commission. The case of air transport, Aldershot.

Langmaack, T. (2005), IT-Management in Airline Allianzen: Entwicklung und Durchführung unter Berücksichtigung einer Strategischen-Portfolio-Simulation, Frankfurt/M. et al.

Lawton, T. C. (Hrsg.) (2007), Strategic Management in Aviation – Critical Essays, Aldershot.

Lee, D. (Hrsg.) (2006), Competition Policy and Antitrust, Advances in Airline Economics, Vol. 1, Amsterdam et al.

Lindenmeier, J. (2005), Yield-Management und Kundenzufriedenheit. Konzeptionelle Aspekte und empirische Analyse am Beispiel von Fluggesellschaften, Wiesbaden.

Luftfahrtbundesamt (div. Jahrgänge), Jahresbericht, Braunschweig.

Maleri, R. / Frietzsche, U. (2008), Grundlagen der Dienstleistungsproduktion, 5. Aufl., Berlin u. a. O.

Malina, R. (2006), Potenziale des Wettbewerbs und staatlicher Regulierungsbedarf von Flughäfen in Deutschland, Göttingen.

Malina, R., et al. (o. J.), Die regionalwirtschaftliche Bedeutung des Dortmund Airport, Münster.

Mason, K. / Alamdari, F. (2007), EU network carriers, low cost carriers and consumer behaviour: A Delphi study of future trends, in: Journal of Air Transport Management, Vol. 13, S. 299–310.

Maurer, P. (2006), Luftverkehrsmanagement. Basiswissen, 4. Aufl., München / Wien.

Meffert, H. (1998), Marketing: Grundlagen marktorientierter Unternehmensführung. Konzepte – Instrumente – Fallstudien, 8. Aufl., Wiesbaden.

Meffert, H. / Burmann, C. / Kirchgeorg, M. (2007), Marketing: Grundlagen marktorientierter Unternehmensführung. Konzepte – Instrumente – Fallstudien, 10. Aufl., Wiesbaden.

Meffert, H. / Bruhn, M. (1997), Dienstleistungsmarketing. Grundlagen – Konzepte – Methoden, 2. Aufl., Wiesbaden.

Meincke, P. (2005), Kooperation der deutschen Flughäfen in Europa, DLR-Forschungsbericht 2005–08, Köln.

Mendes de Leon, P. (2004), A New Phase in Alliance Building. The Air France / KLM Venture as a Case Study, in: ZLW, 53. Jg., S. 359–385.

Mensen, H. (2003), Handbuch der Luftfahrt, Berlin.

Mensen, H. (2004), Moderne Flugsicherung, 3. Aufl., Berlin.

Mensen, H. (2007), Planung, Anlage und Betrieb von Flugplätzen, Berlin, Heidelberg.

Merk, C. (2008), Cooperation among airlines: a transaction cost economic perspective, Lohmar / Köln.

Merten, P. S. (2009), The Future of the Passenger Process, in: Conrady, R. / Buck, M. (Hrsg.), Trends and Issues in Global Tourism 2009, Berlin / Heidelberg, S. 95 - 109.

Milde, M. (2008), International Air Law and ICAO, Utrecht (NL).

Mills, J. E. / Law, R. (Hrsg.) (2004), Handbook of Consumer Behavior, Tourism, and the Internet, Binghamton/USA.

Möller, C. / Schuckert, M. (2005), Low Cost Airlines als Innovationskatalysator in der Touristik, in: Pechlaner, H., et al. (Hrsg.), Erfolg durch Innovationen – Perspektiven für den Tourismus- und Dienstleistungssektor, Wiesbaden, S. 431–444.

Möller, C. / Schuckert, M. / Thomsen, S. (2004), Electronic Customer Care in der Touristik, in: Salmen, M. / Gröschel, M. (Hrsg.), Handbuch Electronic Customer Care, Heidelberg, S. 265–278.

Morrell, P. S. (2007), Airline Finance, 3. Aufl., Aldershot.

Morrison, S. A. / Winston, C. (1995), The Evolution of the Airline Industry, Washington D. C.

Mott McDonald (2006), Study on the Impact of the Introduction of Secondary Trading at Community Airports, Study commissioned by the European Commission, London-Croydon.

Mundt, J. W. (2004), Tourismuspolitik, München / Wien.

Mundt, J. W. (2007), Reiseveranstaltung, 6. Aufl., München / Wien.

NBAA (2004), NBAA Business Aviation Fact Book 2004, Washingtion, in: www.nbaa.org

Nasr, A. Y. (o. J.), The Management Guide to Airline Indicators – Terms, Definitions and Methodology.

Netzer, F. (1999), Strategische Allianzen im Luftverkehr, Frankfurt/M.

Neuscheler, T. (2008), Flughäfen zwischen Regulierung und Wettbewerb. Eine netzökonomische Analyse, Baden-Baden.

O´Connor, W. E. (2001), An introduction to airline economics, 6. Aufl., Westport.

Odenthal, F. W. (1983), Determinanten der Nachfrage nach Personenlinienluftverkehr in Europa – Erfassung, Schätzung und Prognose, Frankfurt/M.

Oster, C. V. / Strong, J. S. (2007), Managing the Skies. Public Policy, Organization and Financing of Air Traffic Management, Aldershot.

Oum, T. H. / Park, J. / Zhang, A. (2000), Globalization and strategic alliances. The case of the airline industry, Amsterdam / Lausanne.

Pache, E. (2005), Möglichkeiten der Einführung einer Kerosinsteuer auf innerdeutschen Flügen, Rechtsgutachten im Auftrag des Umweltbundesamtes, Würzburg.

Papenhoff, M. / Fischer, K. / Conrady, R. (2008), European Online Travel Overview – An Abstract of PhoCusWright Online Travel Overview Third Edition, in: Conrady, R. / Buck, M. (Hrsg.), Trends and Issues in Global Tourism 2008, Berlin / Heidelberg, S. 179–190.

Pease, W. / Rowe, M. / Cooper, M. (2007), Information and Communication Technology in Support of the Tourism Industry, Hershey / London / Melbourne u. a. O.

PhoCusWright Inc. (2008), US Online Travel Overview, 8th edition, Sherman/USA.

PhoCusWright Inc. (2008), European Online Travel Overview, 4th edition, Sherman/USA.

Pilarski, A. M. (2007), Why Can't We Make Money in Aviation?, Aldershot.

Pompeo, L. (2007), Vortrag auf dem ITB Aviation Day, www.itb-kongress.de.

Pompl, W. (2007), Luftverkehr. Eine ökonomische und politische Einführung, 5. Aufl., Berlin u. a. O.

Pompl, W. (2002), Internationale Strategien von Luftverkehrsgesellschaften, in: Pompl, W. / Lieb, M. (Hrsg.), Internationales Tourismus-Management, München, S. 183 – 208.

Pompl, W. / Freyer, W. (Hrsg.) (2008), Reisebüro-Management, Gestaltung der Vertriebsstrukturen im Tourismus, 2. Aufl., München.

Priemayer, B. (2005), Strategische Allianzen im europäischen Wettbewerbsrecht - unter besonderer Berücksichtigung der europäischen Luftfahrtindustrie nach „Open Skies", Wien et al.

Prognos / Booz|Allen|Hamilton / Airport Research Center (2008), Der Köln Bonn Airport als Wirtschafts- und Standortfaktor, Düsseldorf / Aachen.

Rasch-Sabathil, S. (2008), Lehrbuch des Linienluftverkehrs, 5. Aufl., Frankfurt/M.

Reuschle, F. (2005), Montrealer Übereinkommen, Kommentar.

Rolls-Royce (div. Jahrgänge), Market Outlook.

ROPO Impulsstudie (2008): ROPO Research Online Purchase Offline in der Touristik, FVW Kongress 2008.

Rück, H. (2005), Kundenwertmanagement. Den richtigen Kunden das richtige Angebot, in: Schwarz, T. (Hrsg.), Leitfaden Permission Marketing, Waghäusel, S. 81 – 128.

Saß, U. (2005), Die Privatisierung der Flugsicherung: Eine ökonomische Analyse, Göttingen.

Schäfer, I. S. (2003), Strategische Allianzen und Wettbewerb im Luftverkehr, Berlin.

Schäffer, H. (2007), Der Schutz des zivilen Luftverkehrs vor Terrorismus: der Beitrag der International Civil Aviation Organization (ICAO), Baden-Baden.

Scheelhaase, J. D. / Grimme, W. G. (2007), Emissions trading for international aviation – an estimation of the economic impact on selected European airlines, in: Journal of Air Transport Management, Vol. 13, S. 253–263.

Sheldon, P. (2001), Information and Communication Technologies in Tourism, Wien / New York.

Schetzina, C. (2009), The PhoCusWright Consumer Technology Survey Second Edition, in: Conrady, R. / Buck, M. (Hrsg.), Trends and Issues in Global Tourism, 2009, Berlin / Heidelberg, S. 113 – 133.

Schladebach, M. (2007), Luftrecht, Tübingen.

Schmidt, A. (1994), Die Anwendbarkeit der umweltökonomischen Lizenzlösung auf die Umweltbelastungen durch den zivilen Luftverkehr, Frankfurt/M.

Schmidt, A. (1995), Computerreservierungssysteme im Luftverkehr, Hamburg.

Schmidt, G. H. E. (2000), Handbuch Airlinemanagement, München / Wien.

Schmitt, S. (2003), Wettbewerb und Effizienz im Luftverkehr, Baden-Baden.

Schöller, O. / Canzler, W. / Knie, A. (Hrsg.) (2007), Handbuch Verkehrspolitik, Wiesbaden.

Schuberdt, C.-H. (2008), Flugunfälle: Flugunfalluntersuchung in Deutschland, Stuttgart.

Schuckert, M. / Möller, C. (2005), Krisenantizipation und –reaktion in der Touristik am Beispiel von Luftverkehrsunternehmen, in: Pechlaner, H. / Glaeßer, D. (Hrsg.), Krisen und Strukturbrüche, Berlin, S. 131–141.

Schulte-Strathaus, U. (2004), Auf dem Weg zu einem europäischen Luftverkehrsmarkt – Worauf muss Deutschland achten?, in: Deutsche Verkehrswissenschaftliche Gesellschaft (Hrsg.), Luftverkehrsmärkte der Zukunft, 11. Luftverkehrsforum der DVWG, Berlin, S. 82 – 97.

Schulz, A. (2009), Verkehrsträger im Tourismus, München.

Schwarz, T. (Hrsg.) (2008), Leitfaden Online Marketing, 2. Aufl., Waghäusel.

Schwenk, W. / Giemulla, E. (2005), Handbuch des Luftverkehrsrechts, 3. Aufl., Köln u. a. O.

Shaw, S. (2007), Airline marketing and management, 6. Aufl., Aldershot.

Sheehan, J. J (2003), Business and Corporate Aviation Management – On Demand Air Transportation, New York.

SH&E (2002), Study on the quality and efficiency of ground handling services at EU airports as a result of the implementation of Council Directive 96/67/EC, London.

Smith, M. J. T. (1989), Aircraft noise, Cambridge.

Sobie, B. (2008), Weaving the Web, in: Airline Business März 2008, S. 46 – 49.

Soltész, U. / Seidl, S. (2006), Regionalflughäfen im Visier der Brüsseler Beihilfenkontrolle – Die Ryanair-Praxis der Kommission und die neuen Leitlinien, in: Europäisches Wirtschafts- und Steuerrecht, Vol. 17, H. 5, S. 211–218.

Stanovsky, R. K. (2003), Deregulierung im europäischen Luftverkehr. Notwendigkeiten, Möglichkeiten und Grenzen, Bayreuth.

Starkie, D. (2008), Aviation Markets - Studies in Competition and Regulatory Reform, Aldershot.

Statistisches Bundesamt (div. Jahrgänge), Luftverkehr, Fachserie 8, Reihe 6, Wiesbaden.

Steininger, A. (1999), Gestaltungsempfehlungen für Airline-Allianzen, Diss., St. Gallen.

Stiehl, U.-M. (2004), Die Europäische Agentur für Flugsicherheit (EASA). Eine moderne Regulierungsagentur und Modell für eine europäische Luftfahrtbehörde, in: ZLW, H. 3, S. 312–333.

Stoetzer, M.-W. (1991), Regulierung oder Liberalisierung des Luftverkehrs in Europa, Baden-Baden.

Stolzer, A. J. / Halford, C. D. / Goglia, J. J. (2008), Safety Management Systems in Aviation, Aldershot.

Talluri, K. / Van Ryzin, G. (2004), The Theory and Practice of Revenue Management, New York.

Taneja, N. K. (1978), Airline Traffic Forecasting, Lexington, Toronto.

Taneja, N. K. (2002), Driving airline business strategies through emerging technology, Aldershot.

Taneja, N. K. (2004), Simpli-Flying. Optimizing the Airline Business Model, Aldershot.

Teckentrup, R. (2006), Low Cost Airlines from a Charter Perspective – Analysis of Strategic Options for Charter Airlines und Positioning of Condor, in: Groß, S. / Schröder, A. (Hrsg.), Handbook of Low Cost Airlines - Strategies, Business Processes and Market Environment, Berlin, S. 123 – 129.

Templin, C. (2007), Bodenabfertigungsdienste an Flughäfen in Europa. Deregulierung und ihre Konsequenzen, Köln.

Teuscher, W. (1994), Zur Liberalisierung des Luftverkehrs in Europa, Göttingen.

The Brattle Group/Norton Rose (2003): Study to assess the potential impact of proposed amendments to council regulation 2299/89 with regard to computerised reservation systems (October 2003). Prepared for the European Commission, DG TREN.

Trautmann, P. (2007), Aviation Alliance Airport-Airline am Flughafen München, in: Wald, A. / Fay, C. / Gleich, R. (Hrsg.), Aviation Management. Aktuelle Herausforderungen und Trends, Berlin, S. 61–75.

Tscheulin, D. K. / Lindenmeier, J. (2003), Yield-Management – Ein State-of-the-Art, in: ZfB 73. Jg., H. 6, S. 629–662.

Vasigh, B. / Fleming, K. / Tacker, T. (2008), Introduction to Air Transport Economics, Aldershot.

Verband Internet Reisevertrieb VIR (2008): Daten & Fakten zum Online-Reisemarkt 2008, 3. Ausgabe, in: www.v-i-r.de.

VDR (2005), VDR Geschäftsreiseanalyse, Frankfurt/Main.

von Einem, A. (2000), Die Liberalisierung des Marktes für Bodenabfertigungsdienste auf den Flughäfen in Europa, Frankfurt/M. u. a. O.

Wald, A. / Fay, C. / Gleich, R. (Hrsg.) (2007), Aviation Management: Aktuelle Herausforderungen und Trends, Berlin.

Weber, G. (1997), Erfolgsfaktoren im Kerngeschäft von europäischen Luftverkehrsgesellschaften, St. Gallen.

Weber, L. (2004), Convention on International Civil Aviation – 60 Years, in: ZLW, H. 3, S. 289–311.

Weber, L. (2007), International Civil Aviation Organization: An Introduction, Leiden.

Weimann, L. C. (1998), Markteintrittsbarrieren im europäischen Luftverkehr, Hamburg.

Wells, A. T. / Young, S.B. (2007), Airport Planning and Management, 5. Aufl., New York.

Wenglorz, G. (1992), Die Deregulierung des Linienluftverkehrs im Europäischen Binnenmarkt, Heidelberg.

Wensveen, J. G. (2007), Air Transportation – A Management Perspective, 6. Aufl., Aldershot.

Wiedmann, K. (2004), Kundenbindung und Kundenbindungsinstrumente: Einsatzmöglichkeiten bei Low Cost Airlines, Hannover.

Wiedmann, K. / Hennings, N. / Hammersen, M. (2005), Profitabilitätsorientiertes Zielkundenmanagement in der Luftverkehrsbranche, Hannover.

Wiezorek, B. (1998), Strategien europäischer Fluggesellschaften in einem liberalisierten Weltluftverkehr, Frankfurt/M.

Williams, G. (2002), Airline Competition. Deregulation's Mixed Legacy, Aldershot.

Williams, G. / Pagliari, R. (2004), A Comparative Analysis of the Application and Use of Public Service Obligations in Air Transport within the EU, in: Transport Policy, Vol. 11, S. 55–66.

Wittmann, M. (1994), Die Liberalisierung des Luftverkehrs in der Europäischen Gemeinschaft, Konstanz.

Wolf, D. (1996), Flugzeugleasing, Erlangen / Nürnberg.

Wolf, H. (2003), Privatisierung im Flughafensektor. Eine ordnungspolitische Analyse, Berlin / Heidelberg.

Yeoman, I. / Ingold, A. (1997), Yield Management – Strategies for the Service Industries, London.

Stichwortverzeichnis

(Tarif-)Bedingungen 344
11. September 2001 .... 2, 56, 100, 127, 128
Abbringerflüge 336
Abflug- und Ankunftszeiten 330
abgeleitete Nachfrage 14
Abkommen von Chicago 24, 28, 32, 75, 86, 100, 160
Absatzmittler 428
Abstellentgelt 181, 392
ACARE 83
Acceptance Flight 322
ACI 20, 27, 28
ACMI 147
administrative Systeme 464
ADV 20, 25, 161
Advance-Purchase-Excursion-Tarif 346
AEA 20, 26, 155, 156, 215
AENA 189
Aer Lingus 56
Agentenförderungsprogramme 442
Air Berlin 59, 151
Air France 56, 148, 187, 213
Air Operator's Certificate 52
Air Traffic Control 323
Airbus 132, 143, 144, 161
Aircraft-Charter 230
airframe maintenance 391
Airline Surcharge Model 480
Airport Ticket Office 434
Airport-Slot 172
AirTran 96
Airway-Slot 172
Akquisition 295
Akquisitorische Distribution 426
Alitalia 54
Allianzstrategie 291
Amadeus 472

analytischen CRM 455
Ancillary Revenues 358
Angebotsdarstellung 470
Annex 16 .... 75, 81, 180
Anpassungsformen 313
Anreizregulierung 193
antitrust immunity 276
architectural bias 468
ATLAS 277
ATPCO 468
Auflagen 301
Aussteiger 6, 7, 134
Ausstellungen 452
Austrian Airlines 12
Austro Control 22
Available Seat Kilometer 9
Aviation-Bereich 177
BAA 187, 188, 189
BADV 183
Bar Coded Boarding Pass 424
BARIG 25
Barrierefreiheit 34
BAZL 22
BDF 20, 25
beförderungsabhängige Kosten 402
Beförderungskapazität 309
Beförderungsklassen 344
behinderte Flugreisende 62
Beihilfen 36, 52, 55, 56, 188
Bermuda-I-Abkommen 47
Beschaffungsallianzen 276
Beschäftigungseffekte 195
Bestreitbarkeit 187, 212
Bestuhlung 419
Beteiligung 295
Betreibermodelle 260
Betriebsbeschränkungen 77

Betriebsgenehmigung 51, 52
Betriebsmittel 138
Bewegungsentgelt 179
BGB 64
Bid Price-Mechanismus 377
bilaterale Luftverkehrsabkommen .. 44, 49, 86, 138
Billing and Settlement Plan 438
blacklist .... Siehe Schwarze Liste
Blocked Space 279, 281
BMVBS 20, 21, 161, 188
Boarding 112
Bodenpersonal 138, 150
Bodenprozesse 117
Bodenverkehrsdienste 177, 183
Boeing 132, 144
Bonusliste 78
Bonusprogramme 453
Booking fees 478
Bordpersonal 138
Brattle-Report 471
Break Even Point 317
Break-even-Auslastung 312
British Airways 48, 59, 187, 213
Brutto-Erlöse 348
Bruttoinlandsprodukt 126
Bruttopreismodell 440
Buchungsklassen 371
Buchungsklassenschachtelung 375
Buchungsmaske 470, 475
Buchungsverlauf 367, 373
Business Aviation 230
Business Class 419
Business Jet 142
Business Travel Management 440
Buyer Furnished Equipment 322
CAA 114
Cabin Crew 392
Call Center 434
Carrier Fares 347
catchment area 186
change of gauge 45
Chapter 3 76
Charges 358
Charleroi 188

Charter 262
Charter Carrier 252
Charterverkehr 4
Check-in 112, 415, 425
Check-in-Counter 165
Chicagoer Abkommen ....
.... Siehe Abkommen von Chicago,
City Ticket Office 434
Citypairs 385
Cockpit Crew 391
Code of Conduct 469, 476
Codesharing 46, 279
collaboratives CRM 456
Common User Service-System 426
Commonality 143
Compartments 371
Competition-based Pricing 350
Computerreservierungssystem 467
Connecting Convenience 334
Consolidator 439
Consumer Promotion 450
contestable markets theory 212
Convertible Seats 314
Corporate Identity 446
Cost-based Pricing 350
Crew Complement 392
Crewumläufe 340
CRS 57
Customer Fares 347
Customer Interaction Center 434
Customer Lifetime-Value-Methode 455
Customer Relationship Management 453
Customization 144
Customization Process 322
Dauerschallpegel, äquivalenter 72
Dealer Promotion 450
Deckungsbeitrag 402
Delivery at Aircraft 417
Demographie 107
denied boarding 63, 370
Deregulierung 3, 36, 96
Deregulierungsbestrebungen 471
derivative Nachfrage 116
Designierung 45
Destination 326

Stichwortverzeichnis 515

Detour-Faktor 206
Deutsche BA 60
Deutsche Flugsicherung 9, 17, 21, 22, 103, 152, 161, 166
Dezibel 72
DG TREN 20, 23
Diagonale Kooperation 274
Dimensionierung der Kapazität ... 311
Direct Access-Systeme 468
Direct Operating Costs 388
Direct-Mailing 451
Direkter Vertrieb 428
Direktkommunikation 451
Discounter 436
Disintermediation 482
Distribution 426
    Akquisitorische Distribution 426
    Physische Distribution 427
Distributionskanäle 427
Distributionslogistik 427
Distributionsorganisation 427
Distributionspolitik 426
Distributionsquote 431
Distributionssysteme 427
Distributionswege 427
Diversifikation 414
DLR 17, 161
Double approval 46
Double disapproval 46
Double-Hub 209
Drittabfertiger 184
Duopol 116, 144, 211
Durchgangstarife 387
Dynamic Fleet Management 340
EASA 20, 23, 28, 56, 103
ECAA 51
ECAC 23, 98
Economies of Scale-Effekte 395
Economy Class 419
Eigentümerklausel 46
Eigenvertrieb 428
Einkommenselastizität 106
Einsteiger 6, 7, 8, 134
Einzelplatz-Buchung 435
elapsed time 326, 477

ELFAA 26
Emission 70
Emissionsabgabe 81
Emissionsrechtehandel 88, 90
engine maintenance 391
Engine-Run 322
Enterprise Resource Planning-Systemen 464
Entgeltregulierung 79
EPNdb 72
Equipment Change 314
ERAA 26
Erlösschmälerungen 348
Erlössynergien 294, 300
Ertragschancen 378
essential facilities 185
ETOPS 140
Eurocontrol 23, 153
EUROCONTROL Route Charges System . 393
Eurowings 59
Event-Marketing 452
Excursion-Tarif 346
Expected Marginal Seat Revenue 372
externe Kosten 71, 85
FAB 153
fare 344
Fees 358
Ferry Flight 322
Fertigungstiefe 229
Final Aircraft Documentation 322
Finanzinvestoren 189
Firmenreisestellen 439
First Class 419
First Class-Konzepte 419
Five Forces-Modell 224
flat bed 419
Fleet Assignment 340
Flotteneinsatzplanung 79
Flottenheterogenität 320
Flottenhomogenität 320
Flottenplanung 320
flugereignisabhängige Kosten 403
Flugfrequenz 112
Fluggastanlagen 165
Fluggastrechte 21
Fluggeräte-Tausch 314

Flughafen 70
   Amsterdam-Schiphol 189, 194
   Berlin-Schönefeld 41, 188
   Bremen 162
   Düsseldorf 155
   flugplanvermittelter 173
   Frankfurt/Main .. 79, 81, 101, 155, 171, 180, 181, 182, 195
   Frankfurt-Hahn 41, 113, 114, 168, 182, 194, 195, 196
   Hamburg 114
   Hannover 114
   koordinierter 173
   Landseite 100
   London-Heathrow 108, 124, 155, 177
   Luftseite 100
   Mailand 54
   München 114, 155, 172, 186, 189, 194
   Stuttgart 189
   Wien 167, 188
   Zürich 81, 189
Flughafenentgelte 179, 392
Flughafenkonzept 34
Flughafenkoordinator 22, 173
Flughafensystem 53, 54, 195
Fluglärm 14, 26, 35, 57, 70, 72
Fluglärmgesetz 72, 75
Fluglinienplan 46
Fluglinienverkehr 39, 57
Flugplan 122, 323
Flugplankonferenz 175
Flugplanqualität 330
Flugplanung 323
Flugplatz 160
Flugreise 7
Flugsicherung 14, 97, 152
Flugsicherungsgebühren 393
Flugzeit 418
Flugzeugabfertigung 393
Flugzeugbestellprozess 321
Flugzeugbestellungen 321
Flugzeuge 139
Flugzeugkabine 416, 418
Flugzeugkennzeichen 323
Formen der Preisdifferenzierung 356

Fractional Ownership 262
Franchise-Abkommen 277
Franchising 428
Fraport 178, 186, 189, 194, 195
Freesale 281
Freiflüge 455
Freiheiten der Luft 39, 43
Fremdabfertiger 184
Fremdvertrieb 428
frequent flyer programs 453
Frequent Traveller 458
Frequenz 120, 324, 330, 331
fuel dumping 70, 80
Fuel Hedging 390
Full Content-Verträge 471, 480
Full Fare-Ratios 387
Full Ownership 261
Fullfare-Tarife 345
Fusionen 297
Galileo 472
Gates 165
GDS Bypass 482
GDS-Kosten 477
Gelegenheitsverkehr 58, 174
gemeinwirtschaftliche Verpflichtungen . 52, 53
General Aviation 230
General Sales Agent 439
General Sales Agreements 277
Gepäckabfertigung 166
Germania 60
Gesamtreisezeit 119
Geschäftsmodell 230
Geschäftsreisende 109, 111, 112, 115, 120, 121, 124
Global Distribution System 464, 467
Global New Entrants 483
Golfkrieg 127, 128
Großvaterrecht 173, 213
Ground-Check 322
Grundnutzen 411
GSA 277
GWB 58
Haager Abkommen 100
Handling Agents 277, 393
Handling Agreements 277

Stichwortverzeichnis 517

Handling Fee 441
Handlingkosten 392
Handover 322
Hinterland-Hub 208
Hochgeschwindigkeitsverkehr, Schiene 119
HON Circle Meilen 458
HON Circle Member 458
horizontale Kooperation 274
Host-Systeme 468
Hourglass-Hub 207
Hub 161
Hub-and-Spoke-System 41, 204
Hub-Optimierung 334
Hushkit 78
IATA .16, 20, 27, 47, 49, 83, 99, 109, 175, 183
IATA-Agentur 27, 438
IATA-Interlining-System 278
IATA-Reisebüros 438
IATA-Slotkonferenzen 339
IATA-Tarife 344
ICAO 16, 20, 24, 28, 33, 44, 61, 160, 164
Immission 70
Implants 439
Inbounds 206
Indirect Operating Costs 388
Indirekter Vertrieb 428
Inducement Fee 478
Inflight-Services 416
Informationstechnologie 277, 424, 464
In-House Flight Department 261
Inlandsverkehr 87
In-Seat-Video-Systeme 425
Integrator 168
Interchange-Agreements 279
Interessengemeinschaft 276
Interkontinentalverkehr 84
Interlineabkommen 344
Interlining 27, 278
intermodaler Wettbewerb 114, 117
Intermodalität 91, 176
Internet 430, 433, 485
Internet-Zugang 425
Inventory-System 464
IOSA 99
IPCC 84

Itineraries 326
IT-Investitionen 466
JAA 23
JAR 23
  FCL 148
  OPS 149
Jet Membership Cards 262
JetBird 264
Joint Ownership 261
Joint Venture 296
Kabinenpersonal 151
Kabotage 13, 39, 41, 51, 58
Kapazität 121, 141, 309
Kapazitätsanpassung 313, 317
Kapazitätsplanung 309
Kapitalkosten 394
Kartell 54, 59, 276
Kerosin 80, 82, 138, 151, 389
Kerosinsteuer 86
Kerosinzuschlag 152
Kickback-Abkommen 357
Klassenkonzepte 418
Klimawandel 82
KLM 56
Knoten 334
Knoten-Systeme 337
Kohlendioxid 80, 82
Kommunikationspolitik 443
kommunikative CRM 456
Kondensstreifen 83
Konditionen 344
Konjunktur 127
Konnektivität 335
Konsolidierung 299
Konsumentenrente 354
Konversionsflughafen 187
Konzessionen 393
Kooperationsformen 276
Kooperationsmotive 274
Kostenstruktur 246
Kostensynergien 300
KSSU 277
Kundenbindungsprogramme 113
Kundenkarten 455
Kurzstrecken 112

Landeentgelte	78
Landeplätze	161
Langstrecke	217
Lärmemissionen	145
Lärmentgelt	78, 180, 392
Lärmschutzbereich	75
Lärmteppich	74
Lärmzonen	73
launching customer	144
LBA	20, 21, 58, 148, 166
Leasing	144
Dry	146
Finanzierungs-	146
Operating	146
Wet	146
Leisure Carrier	230
Liberalisierungspakete	49
Liegezeiten	340
Linienverkehr	4, 174
Load-factor	216
Lokalverkehrserlöse	397
Lokalverkehrspassagiere	397
Lost & Found	417
Lounges	416
Low Cost Airport	162, 194
Low Cost Carrier	41, 112, 113, 114, 119, 182, 187, 206, 230
Low Cost Terminals	162
Low Cost-Airlines	363
LTO-Zyklus	81
LTU	59
Luftfahrt	3
Luftfahrtindustrie	3
Luftfahrzeugrolle	21
Lufthansa	12, 25, 29, 56, 59, 60, 84, 90, 91, 113, 142, 145, 146, 151, 187, 194, 205, 210, 213
Lufthansa Regional	237
Lufthansa Technik	147
LuftPersV	58, 148
Luftsicherheitsgebühr	101, 181
Luftsicherheitsgesetz	57, 101
Lufttaxi	230
Lufttüchtigkeit	57
Luftverkehr	
gewerblich	4
Inlands-	4, 8
innerdeutsch	7
öffentlich	4
Luftverkehrsgesetz	21, 34, 44, 57, 58, 64, 148, 152, 160, 175, 193
Luftverkehrsnachweissicherungsgesetz	46
Luftverkehrsspezifische Kooperationsformen	277
Luftverkehrssystem	2
LuftVO	57, 58
LuftVZO	58, 148, 160
Maersk Air	55
maintenance	147
Management Fee-Modell	441
Mandatory Participation	470
Marketing Information Data Tapes	470
Marketing- und Vertriebskosten	395
Marketing-Flugnummer	279
Marketingkommunikation	444
Marktabdeckungsstrategien	228
Marktfeldstrategien	227
Marktformen	349
Marktraumstrategien	229
Marktsegmentierung	365
Maximum Take-Off Weight	393
Mediawerbung	446
Mega-Hub	210
Mehrheitsanteil	295
Mengenrabatte	357
Messen	452
Microjets	262
MIDT-Zahlen	379
Miles & More	457
Minderheitsbeteiligungen	296
Minimum Connecting Time	163, 325, 334
Minimum Noise Routing	77
Modal Split	13, 106
Monopol	210
Montrealer Übereinkommen	61, 62, 64, 100
Movable Cabin Dividers	314, 419
Multi Access-Konzept	468
Multiplikator	197
Musterzulassung	56, 97
Nachfragelenkung	369

Nachfrageschwankungen 112, 121, 171
Nachhaltigkeit 33
Nachtflugbeschränkungen 167
Narrowbody 140
natürliches Monopol 14, 152, 186
    Regulierung 192
Negotiated Fares 348
Nesting 374
net profit 217
NetNet-Erlöse 348
Netto-Erlöse 348
Nettopreismodell 440
Network Carrier 230
Netz-Controlling 384, 406
Netz-DB II-Rendite 406
Netzergebnisrechnung 384
Netzergebnisrendite zu Vollkosten 406
Netzerlöse 397
Netzmanagement 307
Nichtöffentliche Betriebsflächen 165
No shows 314
noise footprint .... Siehe Lärmteppich
Non Host-Systeme 468
Non-addition-rule 77, 78
Non-Aviation-Bereich 177, 185, 192
Non-IATA-Agentur 439
Nordatlantikverkehr 11
Normaltarife 345
No-Shows 369
O & D-Markt 205, 210
O & Ds 326
Öffentlichkeitsarbeit 451
Official Airline Guide 324
Ölkrise 127
Olympic 56
On Behalf-Verkehr 279
Onboard-Erlöse 397
Oneworld 287
Online-Reiseumsätze 490
Online-Vertrieb 492
Open-Skies-Abkommen 47
Operating Carrier 279
operating profit 217
operating ratio 217
Operations 340, 464

operative CRM 456
Opt in Modelle 480
Opt In-Verträge 471
Option 145
Origins & Destinations 326
Other Airlines 434
Outbounds 206
Outsourcing 465
Overriding Commissions 357
Ownership Costs 394
Paarigkeit 6
Palma de Mallorca 124
Partcharter 435
Passagier Service Systeme 464
Passagierabfertigung 393
Passagierentgelt 180, 392
Passagierkilometer 8, 10, 84, 96
Passagierrechte 62
Passagierzahl 130
Passenger Kilometers Transported 8
Passenger Name Record 476
Passiver Schallschutz 75
Pauschalreisen 116
Payload 141
peak load pricing 176
Penetrationspreispolitik 358
Personaleinsatzplanung 150
Personenkilometer 134
PESTE-Analysis 223
Phase-out-rule 77
Physische Distribution 427
Pilot 97, 148, 150
Planfeststellungsverfahren 166
Planungs- und Steuerungssysteme 464
Point-of-Sale 429
Point-to-Point-System 204
Poolabkommen 278
Pooling 47
Positionsentgelte 392
Prämien 455
Prämienmeilen 458
Prämienpreispolitik 353
Predatory Pricing 60, 351
Predetermination 45
Preisbestimmung 350

Preisdifferenzierung................................. 354
Preise 344
Preiselastizität der Nachfrage 114, 351
Preisfragmentierung................................... 358
Preismanagement....................................... 343
Premium Economy Class........................... 423
Pressearbeit... 451
Price-Cap-Regulierung 193
Primärflughäfen... 161
Priority Baggage.. 417
PrivatAir 206
Privatreisende 110, 115, 124
PRM-Entgelt.. 180
Product Placement 452
Produktdifferenzierung.............................. 413
Produktelimination 413
Produktinnovationen................................. 412
Produktionsphase...................................... 340
Produktvariation 413
Profit Sharing.. 281
Prognosen 130
Promotionspreispolitik............................... 353
Prorate-Erlöse... 397
Prorate-Verfahren..................................... 387
Provisio-Verfahren 387
Prozessdauer... 417
PSO.................. Siehe Gemeinwirtschaftliche
    Verpflichtungen
Public Relations.. 451
Pull-Strategie 431
Pünktlichkeit..................................... 112, 155
Purchase Agreement 321
Purchase-Excursion-Tarif......................... 346
Push-Strategie... 431
Quality of Service Index............................ 330
ramp check 98
Regional Carrier 230
Regionalflughafen 56, 161, 187
Regionalluftverkehr 4
Regionalverkehr.. 84
Registrierung... 323
Reisebürotypen.. 437
Reisekomfort.. 110
Reisemittler 436
Reisende 8

Reiseveranstalter....................................... 434
Reisevertriebsassistenten 439
Reisewege.. 326
Reiseweite.. 10
Reparatur-, Wartungs- und
    Instandhaltungsabkommen 277
Repräsentationsabkommen 277
Reservierung.. 346
Reservierungssysteme................................ 464
Revenue Management 360
Revenue Passenger Kilometers...................... 8
Revenue Sharing.. 281
Rollwege 164
Rotationsplan... 340
Routenführung... 330
Royalty Agreements 278
Ryanair 41, 56, 113, 162, 182, 188
Sabre 472
SAFA 98
Safety 97
Sales Promotion 450
SARS 128
SAS 55
Schallemissionen 74
Scheduling... 323
Schwarze Liste.. 98
Schweinezyklus 309
S-Curve 331
Seat Kilometers Offered 9
Seat Load Factor 9
Security... 100
Segelfluggelände 161
Sekundärflughäfen.................................... 161
Sekundär-Hub 210
Selbstabfertigung 183
Seller Furnished Equipment...................... 322
Senatoren 458
Service Fees 479
service level agreement............................. 185
Serviceentgelt.. 440
Servicekette 411, 414
Servicekonzept 421
Servicekosten 394
SESAR 154
Share Gap 331

Stichwortverzeichnis 521

Shared Hub 210
Sicherheit 33
Sicherheitsentgelt 181
Sicherheitsgebühr 392
Sicherheitsplan 101
Single Access-Systeme 468
single aisle 140
Single European Sky 153
Single-till 192
SITA 277
Sitzabstand 419
Sitzbreite 419
Sitzladefaktor .... Siehe Seat Load Factor
Sitzneigung 419
Skimmingpreispolitik 358
Skyteam 287
slots 57, 121, 138
Slotverfügbarkeit 325
Slotvergabe 170, 172, 213
Sommerflugplan 323
Sonderflughäfen 160
Sondertarife 345
Sperrminorität 295
Spill 312, 314, 369
Spill and Recapture 368
Splitcharter 435
Spoilage 369
Sponsoring 452
Staff Promotion 450
Star Alliance 286
Start- und Landebahnen 171
Start- und Landeentgelte 392
Startbahn 164
Statusmeilen 458
Stickoxide 80, 82
Stornierungen 369
Strategiekonzepte 227
Strategiekonzepte der Preispolitik 353
Strategische Allianzen 277, 283
Strategische Investoren 189
Strategisches Management 222
Stratosphäre 82
Streckenergebnisrechnung 384, 399
Streckenerlöse 397
Streckengenehmigung 51, 52

Stückkostenvorteil 246
Subscription Fees 478
Subventionen 36
Super-APEX-Tarif 346
Swiss 12, 56
Swissport 185
switching costs 455
SWOT-Analyse 226
Systemarchitektur 467
Systemzeit 417
Tarife 51, 58, 344
Tausender-Kontakt-Preis 448
Taxes 358
Technical Acceptance Completion 322
Technische Werksvertretung 322
Terminal 171
Ticket tax 88
Ticketausstellung 346
Ticketautomaten 434
Tonnenkilometer 8
Touristen 110, 111
Transaction Fee-Modelle 441
Transatlantikverkehr 133
Transitpassagiere 182
Transitvereinbarung 39
Transportvereinbarung 40
Travel Agency Commission Overrides 441
Travel Agent Commissions 479
Travel Management Companies 440
Travelport 472
Treibhauseffekt 70
Treibstoffverbrauch 140, 145
Trendfortschreibung 131
Triebkräfte des Wettbewerbs 224
Triebwerke 140
TripleNet-Erlöse 348
Trucking 168
Turboprop 140
twin aisle 141
type rating 143, 391
Überbuchung 369
Überbuchungsquote 370
Überflugrechte 40
Übernahmen 297
Ubiquität 432

Umbuchungen	369
Umsatzrentabilität	217
Umsatzsteuer	87
Umsteigepassagiere	187
Umsteigeverbindung	87
Umsteigeverkehr	7, 213
Umweltmanagement	90
Unfall	97
uno actu Prinzip	14
Unternehmensleitlinien	90
Unternehmensstrategie	222
Unternehmensverbindungen	229, 272
Upgrades	455
Upline-/Downline-Erlöse	397
Urlaubsreise	116
Use it or lose it-Regel	174
user generated content	430
Value-based Pricing	351
ValuJet	96
VC	26
Verkaufsförderung	450
Verkaufsursprungbezogene Buchungsklassensteuerung	377
Verkehrliche Abfertigung	163
Verkehrsaufkommen	6, 10
Verkehrsflughäfen	160, 161
Verkehrsleistung	6, 8, 10, 11, 13
Verkehrsrechte	39
Verkehrsstrom	326
Verkehrsstrombezogene Buchungsklassensteuerung	375
Verkehrszulassung	323
Versicherungskosten	394
Version Changes	314
Verspätungen	156
vertikale Kooperation	274
Very Light Jets	262
VFR	110, 112
Videokonferenzen	120
Vielfliegerprogramme	213, 453
Virgin Atlantic	59
Virtuelle Schachtelung	376
Vollcharter	435
Voluntary Denied Boarding	371
Vorfeld	164
Warschauer Abkommen	61
Wartelistenpriorität	455
Wartezeit	418
Wartung, Reparatur und Instandhaltung MRO	391
Web check-in	425
WebFares	357, 484
Wechselkosten	455
Wegsicherungsfunktion	163
Werbebotschaft	447
Werbebudget	447
Werbemittel	447
Werbeträger	447
Werbewirkung	449
Werbeziele	447
Werkstoffe	138
Werksverkehr	4
Wertschöpfungspartnerschaften	276
Wettbewerbsbeschränkungen	301
Wettbewerbsvorteilsstrategien	228
Widebody	140
Winterflugplan	323
Work-load-Unit	170
Worldspan	472
Yield	214
Yield Koeffizient	420
Yield Management	116, 307, 359
Zahlungsbereitschaft	351
Zeitnischenpool	174
Zu- und Abgangszeit	417
Zubringerflüge	336
Zubringerverkehr	176
Zusammenschlusskontrolle	55, 300
Zusatznutzen	411

Klimawandel:
Reisen ohne schlechtes Gewissen

Hansruedi Müller
Tourismus und Ökologie
Wechselwirkungen und Handlungsfelder
3., überarbeitete Auflage 2007. XV, 245 Seiten, gebunden € 32,80, ISBN 978-3-486-58336-6

Lehr- und Handbücher zu Tourismus, Verkehr und Freizeit

Es geht in diesem Buch darum, dass die erlangte Reisefreiheit als populärste Form von Glück auch unseren Enkelkindern erhalten bleibt, und darum, den Tourismus als Grundlage des Wohlstandes und der kulturellen Identität vieler Regionen auch unseren Enkelkindern mit Stolz zu vererben. Im Vordergrund steht die Generationenverträglichkeit, das heißt, dass mit dem heutigen Handeln nicht Optionen zukünftiger Generationen maßgeblich eingeschränkt werden dürfen. Dies aber wird nur möglich sein, wenn wir unsere natürliche Umwelt lebenswert und erlebnisvoll bewahren. Voraussetzung dazu ist ein ökologischer Kurswechsel.

Dieses Buch umfasst das heutige, für den Tourismus relevante Wissen über die ökologischen Zusammenhänge und leitet daraus generelle Verhaltensgrundsätze für eine auf Nachhaltigkeit ausgerichtete touristische Entwicklung ab.

Prof. Dr. Hansruedi Müller, 1947, lehrt „Theorie und Politik von Freizeit und Tourismus" an der Universität Bern und leitet das Forschungsinstitut für Freizeit und Tourismus (FIF) seit 1989.

Oldenbourg

Chinesen sind keine Japaner

Wolfgang-Georg Arlt
und Walter Freyer (Hrsg.)
Deutschland als Reiseziel chinesischer Touristen –
Chancen für den deutschen Reisemarkt
2008 | 212 Seiten | gebunden
€ 32,80 | ISBN 978-3-486-58359-5

China hat sich im ersten Jahrzehnt des 21. Jahrhunderts nicht nur zu einer führenden Wirtschaftsmacht entwickelt, sondern ist inzwischen auch ein bedeutender Quellmarkt für internationale Touristen. Europareisen dienen der chinesischen Oberschicht als Statussymbol, Einkaufsmöglichkeit und zum Vergleich des Fortschritts im eigenen Land mit der Situation in den besuchten Ländern. Für die deutsche Tourismusindustrie stellen die Gäste aus dem Reich der Mitte mit ihren besonderen Bedürfnissen und Verhaltensweisen eine Chance, aber auch eine Herausforderung dar.

Die Herausgeber des vorliegenden Bandes beschäftigen sich seit vielen Jahren mit der Tourismusentwicklung in China. Es ist ihnen zudem gelungen, eine große Zahl von Wissenschaftlern und Praktikern aus Deutschland, aber auch aus China für Beiträge zu gewinnen. Auf dieser Grundlage kann der chinesische Tourismus nach Deutschland aus ganz unterschiedlichen Perspektiven beleuchtet werden.

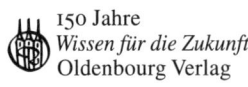

150 Jahre
Wissen für die Zukunft
Oldenbourg Verlag

Bestellen Sie in Ihrer Fachbuchhandlung oder direkt bei uns: Tel: 089/45051-248, Fax: 089/45051-333
verkauf@oldenbourg.de

Impulsgeber für die Wirtschaft

Bernd O. Weitz
Bedeutende Ökonomen
2008. VIII, 205 S., gb.
€ 19,80
ISBN 978-3-486-58222-2

Das Werk porträtiert herausragende Ökonomen vom 17. Jahrhundert bis heute. Die Autoren wollen neben dem wissenschaftlichen Vermächtnis der ausgewählten Wirtschaftswissenschaftler Eindrücke von deren historisch-sozialem Umfeld vermitteln, Querverbindungen zu anderen Ökonomen aufzeigen und verdeutlichen, welche Impulse für die weitere wirtschaftswissenschaftliche und gesellschaftliche Entwicklung erfolgten. Der Leser wird auf eine ökonomiehistorische Entdeckungsreise geschickt. In diesem Buch werden auch Werkauszüge, weitergehende Literaturanregungen sowie Hinweise auf vertiefende Quellen im Internet gegeben.

Behandelte Ökonomen: Adam Smith, Francois Quesnay, Johann Peter Becher, Jean-Babtiste Say, Johann Heinrich von Thünen, Thomas Robert Malthus, David Ricardo, Karl Marx, Leon Walras, Vilfredo Pareto, Max Weber, Joseph Alois Schumpeter, Walter Eucken, John Maynard Keynes, Friedrich von Hayek, Wassily Leontief, John Kenneth Galbraith, Ronald H. Coase, Milton Friedman, Ludwig Erhard, Alfred Müller-Armack.

Prof. Dr. Bernd O. Weitz lehrt an der Universität zu Köln Wirtschaftswissenschaft und ihre Didaktik.